智能平板电视
工作原理与检修技巧

赵德秀　赵政先　编著

科学出版社
北京

内 容 简 介

本书首先全面介绍了智能电视的概念、软硬件标准、智能电视产品独有的操作系统和应用程序；介绍了长虹、海信、TCL等品牌智能产品的特色。其次，本书采用“实物图+文字注解或电路图+原理描述”等编写手段，着重对长虹智能等离子PM38机芯、长虹液晶智能LM38机芯、TCL爱奇艺智控机芯MS901、海信VIDAA电视系列之280X3D/280J3D系列产品和长虹LM41智能机芯等智能机芯的主芯片工作特点、机芯产品概貌、整机结构、智能特色功能实现、主板电压分布网络及各种DC-DC块、TV信号、AV信号、HDTV、HDMI1.4、MHL节目源、VGA信号、USB、SD卡、Wi-Fi、摄像头、Ethernet以太网、数字电视信号CI卡、变频电路、LVDS信号输出和控制电路、伴音电路、数字光纤、3D成像原理、智能控制系统等功能单元电路或信号源工作原理进行了分析，并将一线维修人员收集的典型故障案例和维修经验与大家分享，以期读者快速掌握智能电视维修技巧。最后，在本书的相关章节，整理了很多实用的资料，目的是快速集成维修人员的经验，提高读者快速处理智能平板电视机各种故障的能力。

本书适合电视维修人员、家用电子从业人员、电子产品爱好者、大专院校相关专业师生等人员参考学习。

图书在版编目（CIP）数据

智能平板电视工作原理与检修技巧/赵德秀，赵政先 编著.—北京：科学出版社，2015.8

ISBN 978-7-03-044574-2

Ⅰ.智… Ⅱ.①赵… ②赵… Ⅲ.①平板电视机-原理 ②平板电视机-维修 Ⅳ.TN949.16

中国版本图书馆CIP数据核字（2015）第125939号

责任编辑：孙力维 杨 凯 / 责任制作：魏 谨

责任印制：赵 博 / 封面设计：杨安安

北京东方科龙图文有限公司 制作

http://www.okbook.com.cn

科 学 出 版 社 出版

北京东黄城根北街16号

邮政编码：100717

http://www.sciencep.com

天津新科印刷厂 印刷

科学出版社发行 各地新华书店经销

*

2015年8月第 一 版 开本：787×1092 1/16

2015年8月第一次印刷 印张：31 1/4

印数：1—3 000 字数：720 000

定价：78.00元

（如有印装质量问题，我社负责调换）

前言

2012年市场还鲜见智能电视的身影，可如今智能电视、智能手机、智能空调、以智能家庭为中心的所谓云罐、智能冰箱等众多智能概念产品随处可见，智能在网络语言中频繁出现。智能云、智能语音、智能搜索等不断涌现。那么智能究竟指什么，它能实现什么功能？智能电视工作原理与普通平板电视区别在哪？人们喜欢智能产品原因是什么？带着这满满的疑问我们编写了《智能平板电视工作原理与检修技巧》一书。此书满足了一线维修人员时间紧、但又急需掌握新技术产品的工作原理与维修技巧的具体要求，以直观、简捷、一目了然的方式完成编写。

通过本书，读者不仅可以学习到几个品牌智能电视的工作原理，同时，还可以了解到市场上正在和即将面市的各种智能电视的技术发展方向，甚至还能了解到智能手机、平板电脑、各种泛智能家电的工作原理。总之，通过对本书学习，可全面系统地了解智能产品特色、电路工作原理、电路组成特点、新技术发展动态、软件特色等。本书不仅可以作为广大电视维修人员学习智能平板电视机工作原理与维修技巧的技术维修手册，也可作为其他智能行业从业人员、大中专职业技术学院学生学习平板技术、智能技术的参考书、工具书。

下面就本书内容给大家作介绍，本书可分成这样几部分：

第一部分：全面介绍了智能电视的概念及标准、智能电视产品操作系统和应用程序等内容，并通过长虹、海信、TCL等品牌的操作窗口及各种具体智能功能，如多屏互动、体感游戏、传屏等实现的原理、必备条件、软件下载方法、安装方法等内容介绍，让读者完整了解和掌握实现智能控制，以及实现手机、平板电脑与智能电视或更多智能产品间互控的方法，真正体会智能产品概念及无缝连接的内涵。

第二部分：着重介绍智能产品工作原理与维修技巧。为了方便大家快速理解和掌握智能电视工作原理与维修技术，我们采用“实物图+文字注解+文字描述+知识链接”等方式进行内容介绍和编写。内容涉及智能机芯产品概貌、智能功能实现方法、整机结构、主板电压分布网络及DC-DC块、主板关键单元电路及主要信号源的工作过程、典型故障现象及各单元电路的检修技巧等内容。

在进行“产品概貌”介绍时，主要通过对长虹、海信、TCL不同品牌智能机芯及派生机芯产品的介绍，使大家全面了解厂家同机芯发展的状况，以便更好地对机芯产品进行维护。同机芯派生了不同功能、不同价格的产品，这与厂家经营发展、技术不断更新和市场需求的变化等原因有关。如在第2章中，着重对长虹38机芯、41机芯进行了全面介绍，详细列出了LM38机芯及派生机芯生产的产品在电视机型号编码、整机功能和软件技术及电路上的区别。

在介绍智能电视实现的智能功能时，着重介绍了不同品牌智能产品的典型功能，如智能语音、多媒体节目“大传小、小传大”、电视共享计算机文件等功能。在第2~5章中详细介绍了各品牌机芯发展的概貌和整机特殊智能功能实现的手段和方法，方便读者参考。

在具体介绍“各代表品牌机芯产品的工作原理与维修技巧”时，介绍了以主芯片MT5502A（属于MTK系列）、MT5505（属于MTK系列）、MSD6A801（属于MST系列）生产的不同品牌智能电视特色、机芯概貌、主板电路、接插件实物图解、整机信号处理板组成与主板信号流程、整机主板电压分布、主板供电块（DC-DC转换块）、主板信号处理过程［主要围绕着主芯片完成的TV信号（调谐器）］、AV信号、HDTV、HDMI、MHL、VGA信号、摄像头、USB、网络、数字电视信号CI/CA卡、变频电路、LVDS信号输出和控制电路、伴音电路、控制系统、系统总线进入方法、典型案例汇总等方面的内容。介绍电压分布网络和主板供电DC-DC块的内容，目的是让大家了解平板电视的电路设计理念，也是根据维修人员处理平板电视故障的习惯，先简后难地编写的。因为维修人员在对平板检修时，除目测外，首先便是测量电压。先测电路板易见的DC-DC块输出电压值后，再根据测试结果判定是电压形成电路故障还是负载故障。确定某DC-DC输出电压不正常引起整机工作不正常时，可通过给出的DC-DC块资料进行故障排查，也可通过电压分布网络发现各DC-DC块之间的关系，做进一步具体电路维修。

在介绍各种信号源工作过程时，采取“电路原理图+文字说明”配上简单关键文字描述，让维修人员很快掌握这些信号处理的关键特点及维修方法。由于智能电视处理“信号源”种类较多，各信源的标准、规格较多，对一些在以往平板电视资料中没见到的信号源的标准或格式，也随同信源进行了介绍。例如，在讲解长虹38智能机芯射频信号处理部分，对于学习过平板技术的人来讲，调谐器不就是对ATV接收、放大、解调，输出音频或视频吗？如果这样理解就太简单了，因为智能电视除了能实现传统ATV信号的处理外，还可以处理DTV信号。DTV信号的接收就涉及DTV数字信号工作原理常识、条件接收、CA/CI卡知识等，故在此部分较详细地介绍了智能电视射频信号处理的内容，不但让大家学习了DTV的工作原理，也了解了具有DTV接收功能的所有产品，包括家用的数字机顶盒接收电视信号的原理。又如在介绍DDR3数据缓存器时，对各种类型的DDR3作了介绍，让大家增加对DDR3的认识，了解了为何其在电路中起到“不仅为图像格式转换过程中产生的数据提供暂存场所，而且整机所有应用程序的运行也在此保存数据缓存，还为网络信号处理提供数据交换暂存空间”的作用，它在电路中的作用与在电脑上完成的功能有许多相似性。通过这样对比学习，许多电脑上的知识也能灵活运用在智能电视技术中了。随着DDR3运行速度和存储量的提高，选择不同时钟的DDR3决定了电视机的速度，这也是智能电视畅游网络的先决条件之一，是形成同机芯不同特殊产品的原因之一，也就是说，同机芯不同产品使用的DDR3有可能完全不同，但电路工作原理是相同的。在控制系统部分，介绍了智能电视控制系统组成特点、启动时序、智能电视软件特色等。从这些介绍的内容可以看出，DDR3本属于信号处理电路中的元件但也是控制系统的元件，这说明智能电视开机不正常时必须检查DDR相关电路。又如我们天天在使用USB移动设备，大家注意过USB端口标准发展到USB3.0端口的目的是什么，这些标准的变化说明了什么？通过在TCL机芯部分对USB3.0的介绍，我们便能很好地理解USB端口标准发展的意义了。同样在TCL部分还详细介绍了电视标配端口HDMI标准发展的意义，让我们理解了手机上为何没有广泛设置HDMI端口的原因。又如在购买电脑时，提到单核、双核、多核处理器，在软件上又提到引导程序、操作程序等，这些内容在第2章长虹LM41机芯中有较详细介绍。在第2章中，还整理了大量的智能电视主芯片能兼容处理的各类数字压缩标准信号的内容，以方便读者理解智能电视机能接收处理播放各种网络多媒体的原因，也说明了有些节目源不能播放的原因。如我们常在用户说明书上看到电视机能播放MPEG MP@ML格式的文件。但这文件究竟是什么标准信号？通过对第4章节内容的学习，便一目了然了。

为了帮助大家理解智能产品涉及的许多新技术名词，本书通过“知识链接”方式给大家介绍众多新术语、新名词、新知识。如Android智能操作系统、单核、多核、RF信号、UI界面、电视网络软件PPS、P2P软件、云技术、DLNA、闪联、家庭分享、传屏、随心控、小传大、大传小、互联互控、MHL（移动高清）、WLAN、One-by-one新型屏接口传输技术、Mini-LVDS、MPEG-4、H.264解码器、3D成像之快门式3D技术与主动快门式3D等。通过解释说明使读者了解新型电子产品的前沿技术，更好地理解当今流行的智能产品的发展动向。

为了帮助大家更好地处理智能产品的故障，本书介绍了市场上流行的两大品牌芯片MST和MTK软件升级方法，包括升级应具备的条件、使用的工具和软件种类，利用软件如何查找电视机故障等。对一线维修人员来讲，采用U盘软件升级排除整机故障非常普遍，必须掌握方法和技巧才能很好地处理故障，为此书中详细介绍了长虹不同平板机芯的软件识别，USB端口软件升级的方法、要求和升级中遇到问题的处理措施等内容。例如，PS20A机芯U盘升级时找不到“升级软件”怎么办？PS20A机芯软件升级识别名为MERGE.bin，即扩展名仅为一个bin，如果升级文件后面还有其他扩展名将无法识别，判定方法是在电脑上打开保存有软件的U盘，点击“工具”—“文件夹选项”—“查看”—“隐藏已知文件类型的扩展名”，设置为“取消”，此时便能看见升级软件扩展名后面是不是多了更多的扩展名。通过案例讲解，为维修人员提供实战实用技巧，这些技巧在平板电视维修中具有很强的通用性。

另外，智能电视机故障还可采用专用软件平台查找故障发生部位，这对不开机故障的排查较为适用，这也是当今电视机发展的趋势。电路故障并不是一定要采用数字表测量电路工作参数才能发现故障，智能电视与打印机一样，我们也可通过给定的某种特定软件，通过电脑连接电视机后运行程序，在电脑桌面上显示电视机故障发生部位。为此本书也列举了不同智能产品故障通过软件进行查询的方法，供维修人员参考使用。

最后，本书详细介绍了易于维修人员掌握及操作的各种网络环境下路由器的设置方法，提供了维修人员设置路由器时容易遇到的各类问题，以便更好地服务于用户，掌握路由器设置方法，实现TV、电脑、手机与互联网连接。

本书主要由多年从事电视产品技术支持、具有丰富理论与实践经验的赵德秀与中国工程物理研究院工学院赵政先先生编写。曹露、张吉术、郑小伟、王平、赵一鸣、曹洪俊、唐仕海、李平等对书中资料进行了整理，由唐海平、胡明、杨明等对资料进行了技术审核，并由长虹、海信、TCL等众多售后人员提供了智能电视特殊问题的处理案例和方法，在此，对他们的支持表示衷心的感谢。

由于编者水平有限，书中难免有疏漏，望读者批评指正。

编 者

目　录

第1章　智能电视概述

第2章　长虹38机芯产品识别、工作原理与维修

第3章 TCL爱奇艺电视工作原理与维修

第4章 海信智能电视工作原理与维修

第5章 汇编资料

第1章　智能电视概述

1.1　智能电视概念及标准

1.1.1　智能电视概念及操作系统

“智能电视”这个名词在2010年出现的频率还较低，但到了2011年，不同品牌的智能电视已陆续在市场上出现，这主要归功于智能手机、平板电脑在消费群体中大量推广，目前智能产品已随处可见；另一个主要原因得益于谷歌（Google）公司研发的开放式Android（安卓）操作系统。目前，数字信息飞速发展，各种终端设备的软件、硬件也飞快发展，但人们在用智能手机、平板电脑玩转各类应用时，都会感觉到音响效果差和画面太小。玩游戏没有身临其境的感觉，声音没有震撼力。与之相比，如今的电视机不但具有屏幕大、音响效果好等优势，在实现传统电视机所具有的一切功能的同时，还能播放各种媒体的音视频节目、展示图片、上网畅游。普通平板电视机用户没有权力改变电视机功能，只能使用由第三方提供的有限服务平台上的内容等。更多的用户希望电视操作功能更贴近智能手机和平板电脑的操作界面和效果，实现自由“玩、看、听”的功能。这一愿望的实现，在于电视硬件及内程技术的发展，当大屏幕平板电视控制系统插上开放的智能操作系统的翅膀时，加上各种应用程序的快速开发及各种后台云服务器的建立，集成了“玩、看、听+超高清大屏幕+优美音响+华丽的外表”于一身的电视机便产生了。智能电视一投放市场便得到了80后、90后年轻人的宠爱，60后、70后的中老年人也跃跃欲试，智能电视所具有的功能，绝非传统电视所能替代。

截至目前，不同品牌对智能电视功能的描述可谓百花齐放，给人眼花缭乱的感觉。例如，长虹推出的智能电视叫smartTV、CHIQ电视、智能语音电视、多屏互动等；TCL的智能电视叫智能云电视；创维叫“天赐”智能电视、云智能健康电视等；海信智能电视则更多体现在如何实现更快更直接享受传统电视和网络影视电视等。“智能”概念给人的初步感觉是“云中飞、雾中行”。智能电视究竟是什么，云电视又是什么？

所谓智能电视，它最大的特点是应用程序采用全开放式平台（Open Platform）。此平台的特点是搭载了开放式的操作系统，其应用程序编程接口（API）或函数（Function）是开放的，开发者可以将开发的应用软件接入，用户可以随意自行下载各种应用程序进行安装、卸载。

智能电视之所以可以实现用户随意下载安装软件，是因为搭载了操作系统。操作系统的特点是功能强大，具有开放性、多用户、多任务、适用面宽、可移植性好等基本特征。那么，智能电视使用的操作系统究竟是什么？操作系统是使整机直接运行的系统软件，所有软件都需要它的支持才能运行，它是连接用户与智能电视的桥梁。这就好比计算机在运行了BIOS系统后，再运行Windows系统一样。计算机如果没有Windows操作系统，整机将无法执行所有操作功能。目前，智能手机使用的操作系统主要有苹果的iOS系统、谷歌（Google）的Android（安卓）系统、Windows Phone、Symbian、黑莓、Linux等。以Linux来讲，Linux作为UNIX大家庭中的一员，由于其核心源代码是公开的，通过众多系统软件设计师们的共同改进和提高，目前为止，它已成为具有全部UNIX特征与POSIX（可移植操作系统界面）兼容的操作系统。特别值得一提的是，在个人计算机和工作站上使用Linux，能更有效地发挥硬件的功能，使个人计算机可以作为工作站和服务器使用，从而使工作站发挥出更高的效能。

绝大多数品牌智能电视、智能手机所用的操作系统都是谷歌公司研发的Android操作系统，也有部分智能电视采用微软的Windows系统，未来苹果智能电视应该采用其智能手机使用的iOS系统，还有一小部分彩电厂商使用Linux系统或者自己开发的系统。各品牌电视搭载操作系统后，再开发具有自己特色的控制界面，即VI，由此便形成了拥有自己品牌的各种各样的智能电视。

Android操作系统是一种基于Linux自由及开放源代码的操作系统，主要用于移动设备，如智能手机和平板电脑，由Google公司和开放手机联盟领导并开发。中国大陆地区较多人使用Android操作系统，主要支持电视机、手机。现在，Android操作系统已成为智能电视主流操作系统，长虹、TCL、康佳、创维、索尼等彩电厂商都推出了Android智能电视。由于Android操作系统是全开放式平台，软件开发者比较容易研发各种程序应用，创造海量的应用内容。据2012年11月数据显示，Android操作系统占据全球智能手机操作系统市场76%的份额，中国市场占有率为90%。2013年9月24日，谷歌开发的Android操作系统迎来了5岁生日，全世界采用这个系统的设备数量已经达到10亿台。由此可见，无论是智能电视，还是智能手机，只要使用了同样的操作系统，其特点均有相似处，操作均有其许多共性。

1.1.2 智能电视技术标准

1. 智能电视行业标准

真正的智能电视应该从三个方面来衡量：智能平台、智能应用和智能操控。具备多元化的开放式操作系统，可实现良好的人机互换是智能电视基本的入门界定。

为此国内几大智能电视品牌，长虹、TCL、海信、创维等就智能电视必备的硬件技术指标作了约定，其具体内容是：

① 主芯片：采用一体化或分体式智能电视主芯片，主频不低于800M，ARM架构，带DSP（视频硬解码）。

② 内存：不低于256M DDR2。

③ Nand（内部存储）：不低于2G。

④ 操作系统：Android 2.1或Android 2.2（安卓操作系统）。

⑤ 外部接口：至少4个USB接口，可连接U盘、移动硬盘、键盘、鼠标、无线键鼠接

收器、Wi-Fi无线网卡、游戏手柄等周边设备，即插即用。

⑥ RF接收：可选，针对RF遥控器。

⑦ 摄像头：可选，针对可视通话。

⑧ 指令输入：红外遥控器（或RF带3轴重力感应器的遥控器），仍尊重电视用户的使用习惯（此部分内容见1.2.5节“长虹智能电视体感棒”相关内容）。

⑨ 遥控器必备按键：上下左右、确认、返回、Menu（菜单键）、Home（返回键）、数字键。

⑩ 屏幕分辨率：屏幕物理分辨率不得低于1280×720（应用程序实际显示区域的分辨率为1220×660）。

⑪ UI：尊重电视用户使用习惯，采用非常大的按钮及上下左右的操作方式。

⑫ 输入法：屏幕虚拟键盘输入及使用0~9、拼音、字母、符号的输入选择。

⑬ 首页：标准Android首页，允许Widget加载，允许常用程序图标排列。

实际上，我们无论使用智能手机、平板电脑还是智能电视都会发现操作图标有相似性，用户不看说明书，直接看操作界面的图标提示便能操作，其原因就是Android等系统对在其环境下图标所代表的意义和大小进行了统一规范。需要了解更多这方面的知识可参考其他帮助文档《Android 环境下的图标设计原则》，它统一精炼了图形外表风格，统一了规范设计，支持Android系统设计的图标在不同分辨率显示器和设备上共享显示，方便大众认知。同时还规定了所有图标应该有独立的文字标签，文字设计不能嵌入到图标里面。执行的和未执行的操作在图标处应有标识。长虹A系列智能电视产品自定义的各图标下有说明文字，已经下载安装且可用的图标处有“√”，没有打钩的图标表示电视机能运行此应用，但用户要重新下载相应的程序进行安装。

⑭ 应用程序商店：非常重要的程序，具有应用程序下载、应用程序管理、充值计费等功能。

⑮ 应用和游戏：满足分辨率、操控、菜单设定等规则。

2. 智能电视硬件标准中涉及的新名词或概念

1）ARM架构

ARM架构就是人们常说的高级精简指令集机器，是一个32位精简指令集（RISC）处理器架构，它广泛地应用在许多嵌入式系统设计中。ARM架构具有节能的特点，故在智能电视、便携式设备（PDA平板电脑、移动电话、多媒体播放器、掌上型电子游戏和计算机）等领域广泛使用。采用ARM架构的CPU处理器具有设计成本低、性能高、耗电低等特性。智能电视中的CPU系统多采用ARM架构。

2）主频

主频也叫时钟频率，单位为Hz，用来表示CPU的运算速度。对于同系列微处理器，主频越高表示整机的速度越快；但对于不同类型的处理器，它只能作为一个参数来参考。由此可见，主频是描述系统运行速度的一个指标，在采用相同的系统处理器时，主频越高，系统速度越快。

3）内存

内存是人们与CPU进行沟通的桥梁。在计算机中所有程序的运行都是在内存中进行的，因此内存的性能对计算机的影响非常大。内存也称为内存储器，用于暂时存放CPU中的运算数据。只要计算机在运行，CPU就会把需要运算的数据调到内存中进行运算，当运算完成后CPU再将结果传送出来，内存的运行情况也决定了计算机的运行情况。在智能电视中，内存由DDR组成。DDR要保存图像格式转换时产生的数据，同时还要留出一个区域来保存系统运行的程序，主要是应用程序。

4）RF

表示射频信号之意，频率范围为300kHz ~ 30GHz。射频就是射频电流，它是一种高频交流变化电磁波的简称。每秒变化小于1000次的交流电称为低频电流，变化大于10 000次的交流电称为高频电流，射频就是一种高频电流。智能电视使用的遥控器、体感游戏棒、蓝牙系统以及家庭中使用的无线路由器Wi-Fi、小米手机使用的检测睡眠质量的手环等几乎都采用射频无线信号。蓝牙使用的射频信号频段为2.4GHz，Wi-Fi使用的射频信号频段为4GHz，现在的手机、计算机和智能电视有些已使用抗干扰能力更强、速度更快、网络更顺畅的5GHz的Wi-Fi，解决了网络拥堵、掉线、信号太弱等问题。由于现在用Wi-Fi上网的人数较多，需求也在发生变化，通过Wi-Fi收发邮件、浏览网站都只是最基本的需求，人们还希望可以看电影、玩游戏、听音乐，以及处理各种数据，所以Wi-Fi的技术也在提高。5G Wi-Fi覆盖了2.4GHz和5GHz频段，彻底解决了网络拥堵的问题。

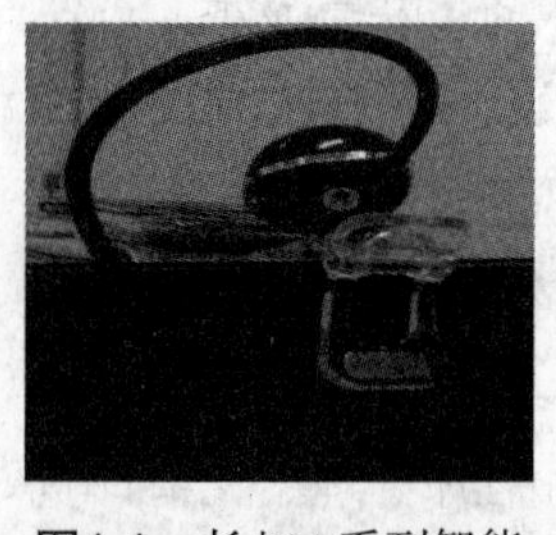

图1.1 长虹A系列智能电视所使用的摄像头

5）摄像头

智能电视可装配摄像头，进行网络视频聊天和互动游戏时，就需要此装备。图1.1所示为长虹A系列智能电视所使用的摄像头，此摄像头与计算机使用的摄像头功能相似，但各厂家使用的产品可能相互不通用，故在市场购买的产品没法直接使用。使用摄像头时需插入指定的端口，特点是即插即用，无需安装驱动程序。

注：外购此设备时，改造插座端口也可以用。

6）UI

UI即User Interface（用户界面）的简称。UI设计是指对软件的人机交互、操作逻辑、控制界面及产品外观的整体设计。好的UI设计不仅要让软件变得有个性、有品味，还要让软件的操作变得舒适、简单、自由，充分体现软件的定位和特点。图1.2所示是长虹A系列智能电视在主场景下的界面。图标所代表的意思，用户只需看图便知，图标上有“e”表示可从此处进入网页。图标有天空、云彩和温度，表示此图标代表天气预报。控制图标更为简单，上下左右移动遥控器OK（确定）键进行选择，再按OK键便可进入下级菜单。图1.3所示是长虹第三代智能产品C5000系列的控制界面，控制界面更加漂亮、直观，而且下载安装及卸载在同一页面下操作，更方便用户使用。用户要执行什么控制，可直接看图标或文字，便知道要做什么控制。

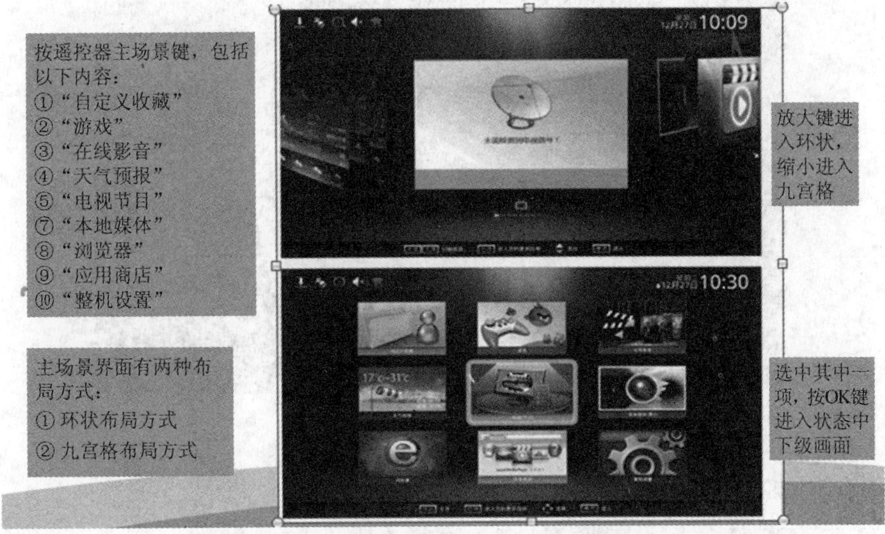

图1.2　长虹A系列智能电视主场景下的界面

图1.3　长虹第三代智能产品C5000系列的控制界面

7）输入法

智能电视具有搜索和上网功能，故智能电视必须具备输入法功能。海信的VIDAA电视还可选择输入法，例如，用户可以选择常用的搜狗拼音输入法。长虹及TCL智能电视常用讯飞输入法，电视机在搜索状态时，屏幕上会自动弹出讯飞电视输入法，如图1.4所示，移动遥控器上下左右键便可选择字母或符号，实现用户搜索或符号选择。

3. 智能电视的具体技术指标

下面以长虹A系列智能电视为例，介绍智能电视的一些具体技术指标，读者可以此了解智能电视的功能及电路特点。长虹A系列智能电视采用MTK公司生产的MT5502A作为主芯片，采用此芯片的整机具有以下功能特点：

① 支持ITV（网络电视）和DTV（DVB-C），并且支持CI/CA大卡、小卡兼容设计。

② 支持Android智能操作系统。

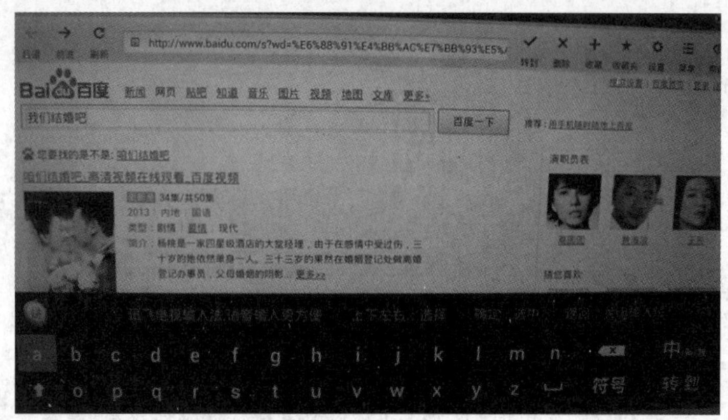

图1.4　讯飞输入法

③ 支持2D转3D（HW）。

④ 支持3D@60Hz。

⑤ 支持H.264 MVC Decode解码。

⑥ 支持3D UI、3D GPU（图形处理器）。

⑦ 支持H.264@720P编码。

⑧ 支持Flash10.1（注：它是IE浏览器插件，观看优酷视频或者土豆视频时需要安装这个软件）。

⑨ 支持HDMI1.4（注：HDMI1.4版的数据线增加了一条数据通道，支持高速双向通信。支持该功能的互连设备能够通过百兆以太网发送和接收数据，可满足任何基于IP的应用。HDMI以太网通道将允许基于互联网的HDMI设备和其他HDMI设备共享互联网接入，无需另接一条以太网线）。

⑩ 支持USB2.0（注：USB2.0的速度可以达到480Mbps，并且可以向下兼容USB1.1）。

⑪ 支持I2S音频输出[注：I^2S是专门用于音频传输的总线信号，I^2S有3个主要信号：串行数据（SD）、字段（声道）选择（WS）、时序要求]。

⑫ 支持SD卡接口[注：SD卡（Secure Digital Memory Card）是数码相机、个人数码助理（PDA）和多媒体播放器上使用的记忆设备]。

⑬ 支持摄像头。

⑭ 均衡高级设置、平衡、自动音量控制、环绕立体声。

⑮ TV下缩放模式：4：3模式（Normal）、16：9全屏模式（Full）、电影模式（Cinema）及动态扩展模式（Panorama）。

⑯ 3D COMB Filter、3D 降噪、LTI、CTI画质改善功能、黑白电平扩展、彩色增强引擎等。

图1.5所示是长虹38机芯5000A系列智能电视的操作系统及版本相关信息。查询此信息，和查看计算机的硬件、软件系统信息（见图1.6）一样，可以掌握所使用的电视机的CPU和操作系统、主时钟及内存大小等硬件信息。

表1.1列出的是海信VIDAA智能电视K680系列产品的软硬件指标。

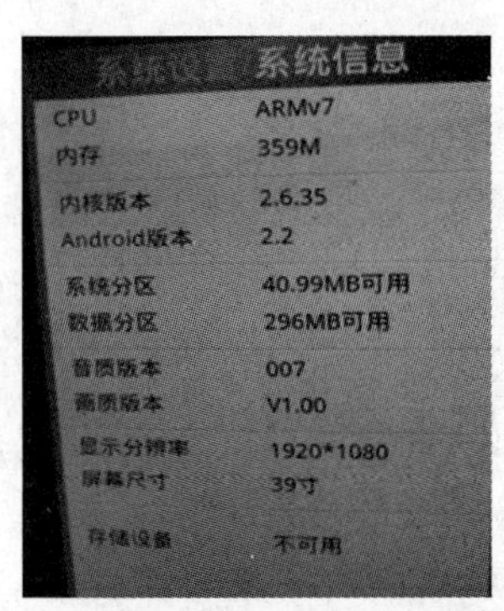

图1.5　长虹38机芯5000A系列智能电视的系统信息

图1.6　某计算机的系统信息

表1.1　海信VIDAA智能电视K680系列产品的软硬件指标

硬件信息	屏幕信息（Panel Information）	分辨率	Resolution	3840 × 2160
		屏类型	Panel Type	A + 3D-LED ECO
		色域	Colour Gamut	NTSC 72%
		色深	Color Depth	10bit + 10bit + 10bit
		可视角度	Viewing Angle	± 176°
	机芯硬件（Chip&Hardware）	架构	Core Microarchitecture	Cortex ARM 9
		主频	CPU rate	双核1.2GHz
		内存/存储	Memory/Flash	DDRⅢ/8GB
		扩展存储	SD Card	32GB
		图形处理器	GPU	SGX543双核GPU
		底层系统	Basic System	Hi SMART
		操控界面	User Interface	Jamdeo Cinese 2.5
		3D主控芯片	3D-CPU	3D-SOC 300MHz
		3D图形处理	3D-GPU	115.72M
		主控平台	Control Platform	Jamdeo UXD
		无线网络模块	Wi-Fi Module	2.4GHz/5G Wi-Fi
能效特性		节能技术	Energy-Saving Technology	3E-ECO
软件功能		图像处理	炫彩4K	3D+
		音效软件	DTS 2.0	SRS-TruSurround HD
核心应用		智能交互	4K APP	蓝牙2.4GHz BT3.0
			Hi-Point遥控器	海信分享
		特色功能	四键直达	人性化记忆
		信号接收	DVB-C	DTMB

该智能电视硬件强大，号称4K处理芯片，率先实现四键直达切换，瀑布式的极速换台，且实现了USB下4K视频读取解码，再搭配4K × 2K超高清显示屏，让用户在家轻松控制感观，享受极致娱乐生活。

注：4K × 2K表示屏的物理分辨率。

1.2 长虹智能电视主要功能介绍

1.2.1 操作界面

长虹智能电视的操作界面以图标+文字的形式出现。图标美观、色彩清晰、亲和力强，充分体现了人性化。直接启动图标便可进入下级窗口或下级菜单。这一操作过程符合智能手机、智能平板电脑用户的操作习惯。图1.7所示是长虹A5000系列智能电视采用Android操作系统的用户控制窗口，按下遥控器上的“主场景”键，便进入有9个小窗口的页面，这9个小窗口也叫九宫格布局页面。

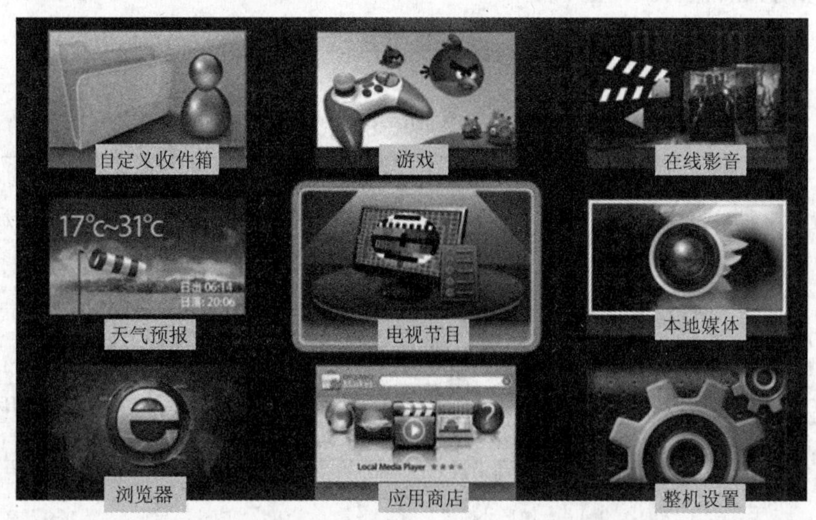

图1.7 长虹A5000系列智能电视的用户控制窗口

用户选中这些图标便能进入下一级功能，可尽情享受智能电视带来的无穷乐趣。如进入本地媒体播放界面，便能读取U盘、USB移动硬盘、USB读卡器等移动存储设备及共享网络中的计算机、手机等存储设备，对USB移动存储设备中保存的相应文件进行文件浏览、图片播放、影视播放、音乐播放等操作。

进入本地媒体播放界面，选择并确定媒体播放类型后，便能看到此设备中保存的内容，如图1.8所示。本地媒体指用户用U盘、SD卡等设备存储的节目。

图1.8显示了媒体设备（USB设备）中存储的不同分辨率的图片。表1.2～表1.4给出了电视机对不同图片、音乐和视频文件格式的种类和要求，供大家参考。

像长虹智能电视这样采用“图标+文字”的层层推进方式，用户操作非常方便，想返回上级菜单按“返回”键即可。例如，长虹A5000系列进入“整机设置”后，再选择“网络设置”，便进入下级网络信息设置页面，对IP地址、网关等进行设置后，电视机便可与网络进行通信了。在“整机设置”菜单的下级子菜单里，还有“时钟设置”、“开机旋乐（开机时音乐的开与关）”、“软件升级（通过U盘进行手动升级）”等子项目，手动升级菜单如图1.9所示。

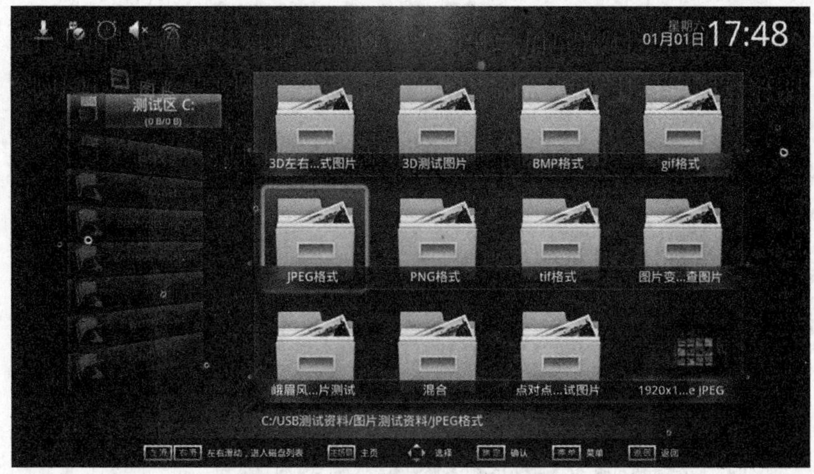

图1.8 本地媒体播放内容

表1.2 图片格式

相关参数 文件类型	分辨率	压缩选项
JPEG	3000 × 3000	Progressive JPEG基线 （“标准”）基线已优化
BMP	3000 × 3000	单色 16色 256色 8bit位深
PNG	3000 × 3000 1000 × 1000	无交错 交　错

表1.3 音频格式

相关参数 文件类型	采 样 率	波 特 率	声音通道
MP3	8k~48kHz	32K~320Kbps	Mono, Stereo

表1.4 视频格式

相关参数 文件类型	支持后缀名	内部编码	波 特 率
MPEG1	DAT\MPG	/	/
MPEG2	MPG	/	最高20Mbps
MPEG4	AVI	/	最高20Mbps
RM	Rm/Rmvb	/	最高20Mbps
H.264	Mov/Mkv/AVI/TS/TP	/	最高20Mbps

由上面介绍的内容可知，智能电视的操作系统通常采用主菜单、层级下拉子菜单方式，层层推进。菜单放置方式各不相同，有的在屏幕顶部，有的放在屏幕的左边。通过移动光标，再配合确认键即可进入下级子菜单（确认键与鼠标左键的功能相同）。智能电视控制界面非常直观，易操作，界面亲和力强，窗口漂亮，并且各操作界面上均有如何进行简单操作和返回上级菜单的功能键的使用提示内容，用户即使不看说明书也能操作，这与前几年推出的平板电视有较大不同。

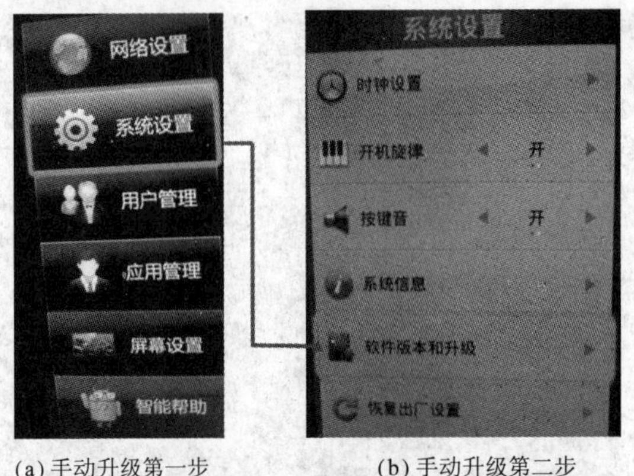

(a) 手动升级第一步　　(b) 手动升级第二步

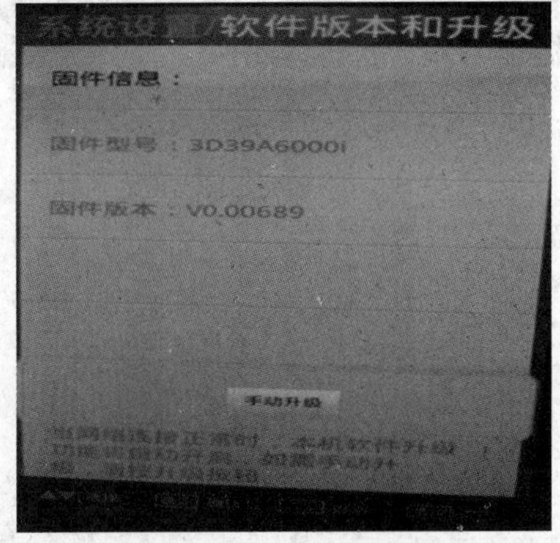

(c) 手动升级第三步

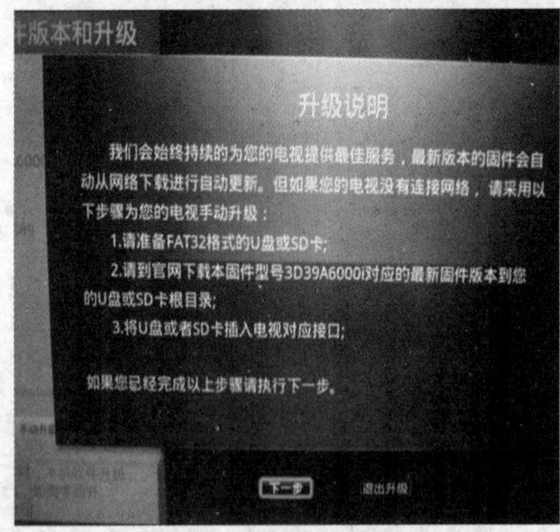

提示：手动升级时在整机设置中选择系统设置，再进入软件版本与升级，点击手动升级，便可将U盘中保存的程序实现对整机软件刷新。智能机机芯手动软件升级容易，其操作过程容易掌握

(d) 手动升级第四步

图1.9　手动升级菜单

1.2.2　智能电视应用功能

互联网中各类影音服务平台的建立，为丰富用户的家庭娱乐生活提供了强有力的服务支持平台。服务种类繁多，不光有听的看的，还有健身、养生、讲故事、理财、教育、游戏、益智教育、咨询等各式各样的应用内容，以满足不同用户的需求，例如，下载PPTV、PPS、爱奇艺影视软件安装到电视机上就可以观看这些服务平台提供的各类娱乐节

目。也可以去互联网或Android市场下载操作系统支持的文件，如程序后缀名为“.APK”的各种应用程序（见图1.10），进行电视机应用扩展，不需要这些程序时，也可卸载。这与手机、计算机应用程序的使用是一样的。

图1.10　下载应用程序

随着国家推行“三网合一”（网络、电视、电话通过一根网线入户）政策和光纤入户，加上软硬件产品的配合，个性化的电视已成为现实。只要掌握应用程序的安装和卸载方法，电视机就不仅成为接收传统电视节目的家用电器，通过网线还可以方便地实现网上自由冲浪，享受电影、音乐、游戏和各种网络信息给我们带来的乐趣，使人们的家庭生活变得更加生动和轻松自在，这就是智能电视的优点所在。

智能电视另外一个优点在于，用户不喜欢的游戏或应用程序，均可进行卸载，再重新下载喜欢的应用程序，这是以往电视不可实现的。以前的电视机设计的游戏软件简单，只有几个固定游戏，枯燥、单调、无趣，画面质量及声音效果都较差，大多数用户从购机后几乎从未玩过这类游戏。而且现在人们喜欢自由点播电视节目、电影等，只要电视像计算机一样下载了电视网络软件PPS，用户不但可以上网看电视，还可以自由点播，更能玩游戏。

网络电视软件PPS（全称PPStream），也叫P2P软件，是集直播、点播于一身的网络电视软件。安装了此应用软件，用户便可在线收看电影、电视剧、体育直播、游戏竞技、动漫、综艺、新闻、财经资讯等。其最大的特点是播放流畅，采用P2P传输，收看的人越多，越流畅。

◎知识链接……………………………………………………………………

P2P是一种对等网络，也称对等连接，是一种新的通信模式，如图1.11所示。每个接入网络的设备具有同等的能力，可以发起一个通信会话。P2P又称点对点技术，是一种无中心服务器、依靠用户群（peers）交换信息的互联网体系。与有中心服务器的中央网络系统不同，对等网络的每个用户端既是一个节点，又有服务器的功能，任何一个节点无法直接找到其他节点，必须依靠其用户群进行信息交流。P2P在网络隐私要求高和文件共享领域中，得到了广泛应用。它具有区别于固定服务器网络的优势：P2P网络的一个重要的目标就是让所有的客户端都能提供资源，包括带宽、存储空间和计算能力。因此，当有节点都加入且对系统请求增多时，整个系统的容量

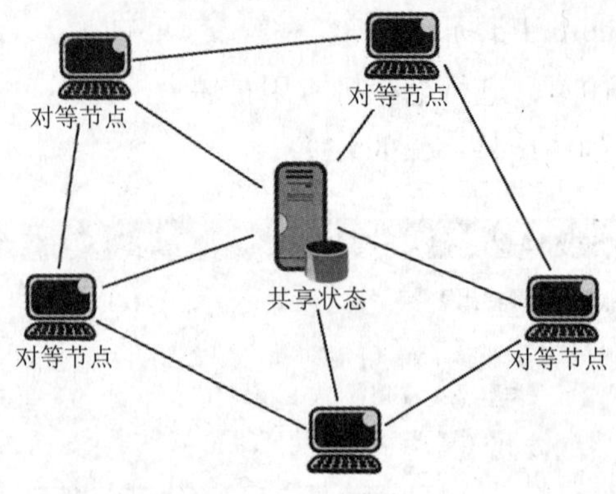

图1.11 P2P网络

也增大。这是具有一组固定服务器的Client-Server（即C/S结构，客户机和服务器结构）结构不能实现的，因为在这种结构中，客户端的增加意味着所有用户的数据传输变得更慢。

1.2.3 语音智控技术特点及使用技巧

1. 语音控制技术及特点

随着现代科学和计算机技术的发展，人们在与机器的信息交流中，需要一种更加方便、自然的方式，而人的直观感觉可以给人最直接的印象，获取信息速度也最快。在人类所有固有的感觉（视觉、听觉、嗅觉、味觉和触觉）中，最重要、最精细的信息源只有图像和语言两种。而且，语言是人类最重要、最有效、最常用、最方便的信息交流手段，这就很容易让人想到能否用自然语言代替传统的人机交互方式，如按钮、开关等。

智能语音控制的目的是实现人机交换，技术的关键是解决语音的自动识别（包括自然语言理解）和合成。语音识别功能其实在现实生活中早有应用，那便是我们常用的电话。语音识别基于语音拾取、预处理、A/D转换，将语言信号传送给如计算机、智能电视控制系统，通过对信号进行系列数字运算处理后，再进行语音合成，将人发出的信息转化成标准流畅的语音，识别判定后，再由机器发出。

智能电视能根据发音人说的是普通话还是四川话，自动转换成相应的地方语音与发音人进行交流，这是一件有很有趣的人机交互控制方式。

采用语音控制技术，机器会像人一样具有“能听会说”的本领。语音合成如同人的嘴巴，语音识别如同人的耳朵。语音控制技术随着信息化、网络化的进一步提高，已深入到社会生活的各行各业。语音智能控制必然成为未来移动互联网终端用户体验的关键之一。

采用语音控制技术后，人的双手得到了解放，网络连接变得飞快且轻松。目前国内有很多语音服务平台，做得较好的是讯飞语音云平台，如图1.12所示。各终端设备传送回来的语音信息经互联网接入不同的语音云服务器，通过Internet服务的方式提供动态可伸缩的虚拟化资源。

云技术本身就是一个概念，它是近几年互联网和计算机行业出现频率较高的一个词。

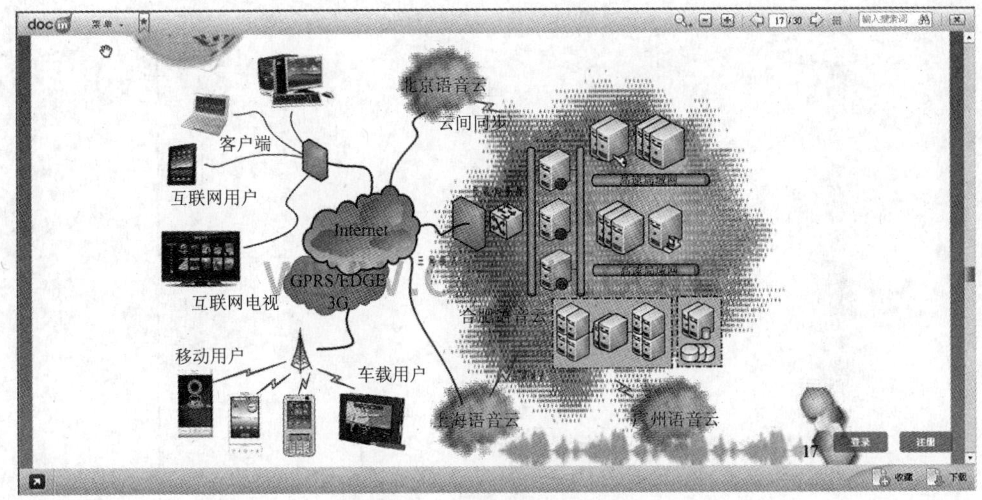

图1.12 讯飞语音云平台

它是指计算机、手机等电子应用产品能够通过互联网提供包括云服务、云空间、云搜索、云浏览、云社区、云应用等一系列资源分享应用。云服务基于“云计算”技术，实现各种终端设备之间的互连互通。手机、计算机等只是一个单纯的显示和操作终端，它们不需要具备强大的处理能力，用户享受的所有资源、所有应用程序全部都由一个存储和运算能力超强的云端后台来提供。我们享受云服务的终端设备同时也是参与云支持的云服务的提供者。像我们现在经常使用的在线杀毒、网络硬盘、在线音乐、PPS、PPTV、酷狗音乐播放器、语音云平台等都属于云服务范畴。

云技术的最大特点如下：

① 云计算平台具备强大和无限扩展的存储和计算能力。

② 通过对海量数据的训练，可以更好地处理困扰语音识别的技术难点。

③ 用户在实际使用中形成的数据可以反馈到平台中，形成不断迭代优化的正反馈机制，持续提高效果，这是云概念的显著特征。

云技术相互之间的关系可用图1.13来表示。

人机交互信号通过网络传输与云后台语音云库的支撑，经语音识别、语音合成，最终通过用户体验与智能语音控制两项技术，达到与智能电视进行人机交互的目的，这是目前智能语音电视特点之一。

2. 智能语音成为智能电视控制方式

智能电视采用智能语音控制是近几年智能电视快速发展过程中，终端应用最重要的一项应用技术。目前，众多品牌电视都具有此项功能，而将此功能做得较好的是长虹智能电视。长虹智能电视采用讯飞语音智控技术，它解决了人们对电视机远距离控制仅采用传统的遥控器控制的问题。遥控器控制指令虽然也是按人的意识在进行控制，却存在控制信号经控制系统识别后在屏幕上显示的位置精度不高，常出现控制的光标不知在屏幕上什么地方的情况。用过智能手机上网的人都有过这种体会，控制时网页上的光标不知移到什么位置了。遥控器控制与计算机使用键盘和鼠标配合控制的精度，目前还有较大的距离，计算

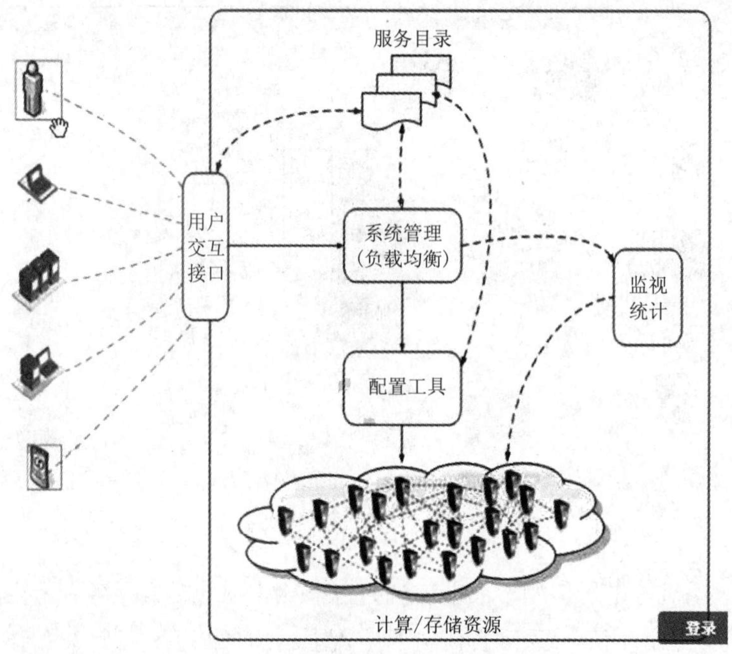

图1.13 云技术

机控制与人的思路几乎完全同步。计算机屏幕上光标标识明显，人机交换轻松、自然。而电视机虽然实现了智能控制，软件技术发展也突飞猛进，但发展时间较晚，用遥控器控制网页时不够完美。其次，遥控器面板按键少，多采用功能键复用，没有计算机外配的键盘和鼠标，故智能电视在进行网页或对话框操作时，需要屏幕上显示的模拟键盘与遥控器上的方向键配合完成，如图1.14所示。显然，相对人的10个手指的配合在键盘上灵活地控制，电视机控制的速度显得慢了很多，加之在电视机屏幕上移动的光标与计算机不同，且移动步长小，所以电视机在进行网页控制时会出现“控制位置不易发现，尤其在网页操作时，有时找不到光标的位置”的情况。为此如果能让电视机根据语音去执行使用者所要做的操作，控制将变得轻松、自在，因为声音可通过远距离传送。电视机采用语音控制这应成为电视机发展的一个里程碑。

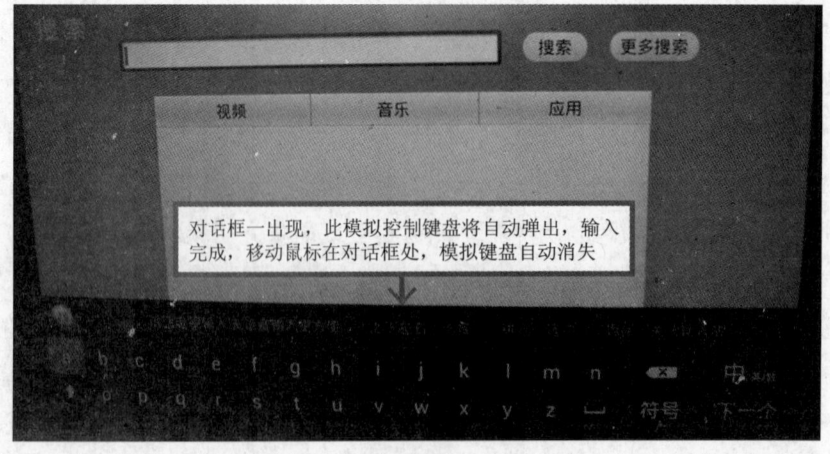

图1.14 智能电视对话框操作

3. 长虹A系列语音智能电视特点

长虹开发的A系列智能电视A5000、A2000、A3000、A4000、A6000、A7000、A9000等和2013年推出的B系列、C系列智能电视均拥有长虹Ciri语音智能识别功能。

Ciri昵称“小C”，如图1.15所示，它采用了国内领先的人工语音智能系统，主要以普通话为主，还能自动识别四川、湖南、东北、广东等多地方言，满足更多人的语言习惯。使用时按住遥控器的语音按钮，对着遥控器说话，Ciri就能与你对话，自动完成语音解答、语音搜索，过程简单快捷，明显优于市场上其他普通类语音电视产品烦琐的操作过程。采用多屏互动控制时，可按住手机虚拟话筒，对手机讲话，电视机也能识别，并执行相应的动作。

图1.15 Ciri语音智能识别功能

使用遥控器的过程是：按住遥控器上的语音键，屏幕上会弹出Ciri语音（小C）卡通人物，此时用户便可与小C进行对话，执行你所要实现的功能。图1.16所示是长虹A系列智能电视带有语音功能的遥控器，在遥控器的前端设计有拾音的麦克风。图1.17所示是TCL爱奇艺电视的遥控器。

图1.16 长虹A系列智能电视遥控器

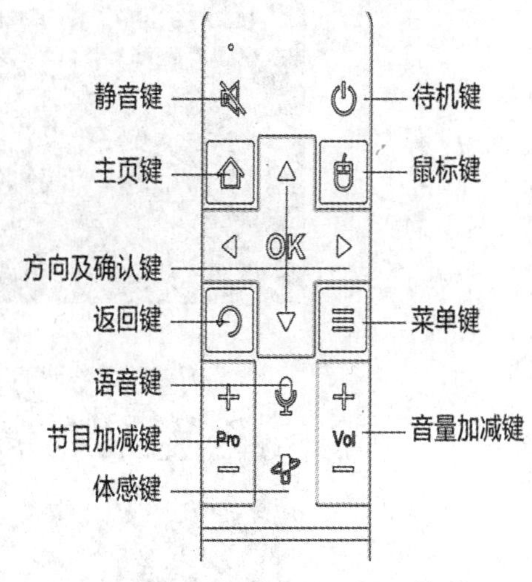

图1.17 TCL爱奇艺电视遥控器

例如，用户想在长虹智能电视上观看电影《让子弹飞》，只需对遥控器说“我想看《让子弹飞》”，此时小C将确认你是不是要看此电影，得到用户确认后，电视机便自动到互联网搜索此电影。搜索到此电影后，用户只需选择、确认后，便可观看此电影了，其过程如图1.18所示。

4. 长虹B、C系列智能电视特点

长虹第二代智能产品B4000、B4500、B5000、B2080、C2080、B2180、B2280、C2000、C2180、C3000、C3070、C3080采用更为先进的智能语音芯片，具有语音网页浏览功能，轻松实现语音换台、语音调音、智能语音搜索、语音训练学习、远距离（在6m内）智控，支持四川话、普通话、广东话等语种，语音识别率达90%以上。智能语音搜

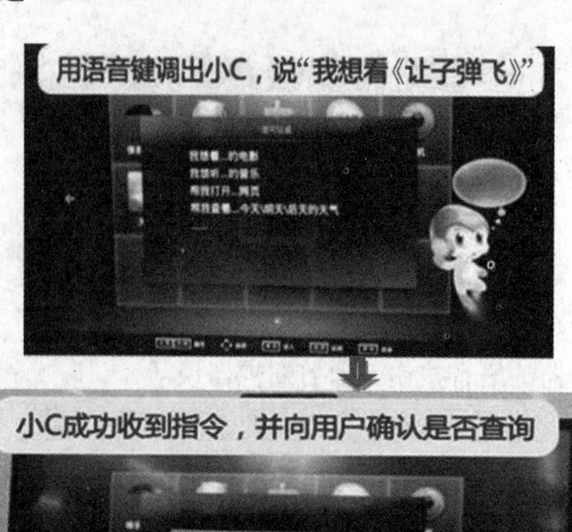

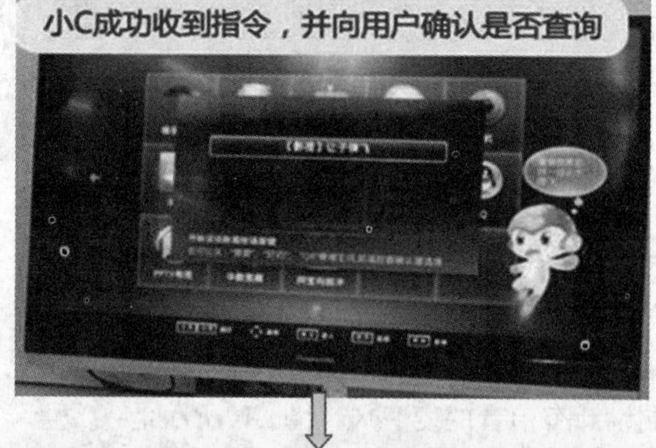

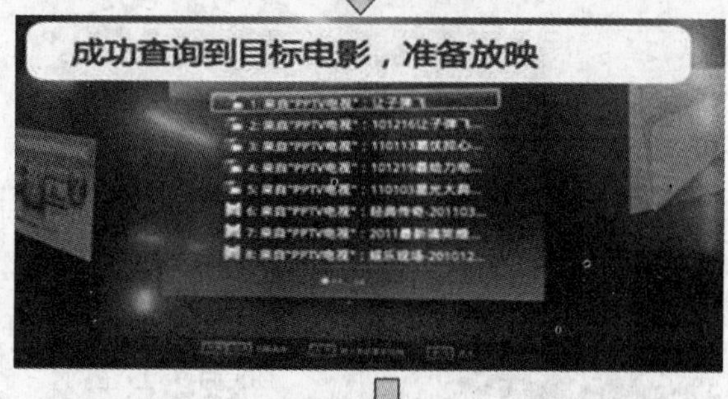

图1.18 长虹智能电视语音控制过程

索功能除了能执行网络操作涉及的搜索网站、搜索电影等内容外，还能在收看任意电视节目的同时，完成不同节目源的切换和搜索。例如，在收看电视节目时，语音对讲“新浪”，小C将自动弹出确认页面，确认后，电视机工作状态将切换到新浪网页界面下。除此之外，智能语音控制还能就节目搜索、电视亮度、音量、语音换台（中央一、湖南卫视……）等进行切换控制。智能语音的不足之处是个别语音识别还不太准确，不能完全去执行用户下达的所有命令。这是因为目前智控语音库存储的字库量有限，更精确的语音识别芯片和语音识别软件还有待开发和完善，相信将来的电视要实现全面语音智控是必然的趋势，这是电视未来发展的方向。

1）智能语音搜索功能的使用

① 搜索网站。如果想进入新浪网，按住遥控器语音键，对遥控器讲“打开新浪网站”，Ciri听到后会回复你，然后电视机将转到相应网页下。如果因为讲话方式或其他原因，Ciri没识别出来，会提示再次讲话，同时屏幕上会提示用户语音控制的方法。

② 观看电视节目、天气预报等。例如，长虹B4500系列智能电视，语音输入“**电视台”，就能观看你想看的节目；语音输入“音量**”，即可完成音量控制；语音输入“查看天气”，即可查看当天的天气情况，如图1.19所示。只要你对着遥控器说出想要的操作，长虹语音机器人小C就会帮你完成了。

图1.19　语音输入命令查看北京天气

③ 长虹B4500系列智能电视还配备了全新的Cworld视界语音浏览器，用户可以直接语音发布命令，让浏览器实现一系列网页控制功能，包括翻页、缩放、打开链接、添加收藏、组合搜索、语音读报、播放控制等，配合鼠标和键盘来操控更为快速。内部还存有语音命令表，方便用户使用。

图1.20所示是长虹C系列智能电视的语音智控界面，点击此窗口，呼叫搜索内容，打开语音键，屏幕上将出现图1.21所示的画面。网页执行语音搜索功能时，屏幕上将提示你使用语音搜索的方法，如“打开百度网站”等提示。图1.22所示是小C识别到用户搜索的

图1.20　长虹C系列智能电视语音智控界面

图1.21 语音搜索

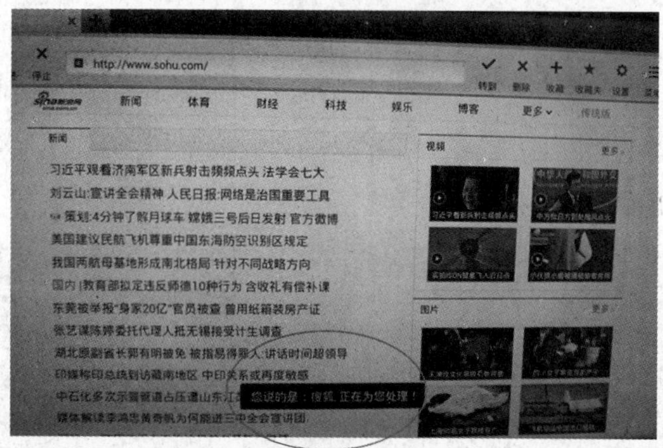

图1.22 确认搜索信息

信息时，确认用户搜索的是“搜狐”网页，得到确认后的画面。

2）未来语音智控的发展方向

语音智控的语音搜索功能不仅在电视机上应用，平板电脑、手机上也在应用。图1.23所示是2010年一篇有关语音搜索功能的新闻报道。

由此可见，未来语音智控功能还将在家用电器上广泛应用，推出智控语音空调、微波

谷歌称Android 2.0设备语音搜索量占25%

http://www.sina.com.cn 2010年08月13日 07:59 新浪科技

新浪科技讯 北京时间8月13日早间消息，据国外媒体报道，谷歌周四在旧金山举行新闻发布会。谷歌移动产品管理主管胡戈·巴拉(Hugo Barra)在发布会上表示，美国市场采用Android 2.0系统的设备中，有1/4的搜索是通过语音搜索功能完成的。

这一数据表明，谷歌对语音搜索的投资得到了回报。巴拉表示，谷歌也对用户使用语音搜索的频率之高感到惊讶。他同时表示，iPhone用户使用谷歌语音搜索的频率与Android用户有很大差异，不过他并未披露具体数据。这一差异很可能是由于谷歌语音搜索已经被嵌入在Android系统中，而在iPhone 上用户需要单独打开一个谷歌语音搜索应用。

巴拉同时谈到了移动设备未来的发展。他指出，当前智能手机的计算性能比PC落后10年。然而4G网络的发展将推动智能手机计算性能的大幅提升。巴拉认为，用户最终将会使用“口袋中的迷你超级计算机”。(张楠)

图1.23 关于语音搜索的新闻报道

炉、电磁炉、电饭煲等，语音智控已成为家电未来发展方向，取代手控将成为一种必然。

1.2.4 多屏智控（多屏互动）的特点、实现原理及互控实现条件

1. 多屏智控产生的理由

随着科技产品不断数字化、智能化，家用PC、智能手机、平板电脑、高清播放器甚至智能电视等各种终端设备的广泛应用，家中各种遥控器可谓品种繁多，人们迫切需要多媒体之间信息互换互控，这预示着我们将要进入多屏互动时代。

① 智能电视具备丰富的多媒体播放、互联网应用和互动控制游戏等功能，功能丰富，界面人性化，但传统遥控器由于按键数量及设置的原因，在输入中英文、数字，以及互联网进行搜索和选择时操作缓慢且复杂，而且遥控误码率较高。

② 随着智能电视应用软件的不断开发，电视机应用功能进一步扩大，操作菜单界面将变得越来越复杂，在输入命令和信息时往往会想到电视机如果也有计算机的键盘和鼠标该多好啊，遥控器虽然设置了功能复用键，用户却难以有效操作和控制智能电视的新功能，大大增加了人机交互的难度。

③ 智能手机有模拟键盘，随身携带方便且有移动Wi-Fi。而智能电视、计算机也有Wi-Fi功能及智能控制功能。利用手机的操作方便，计算机的海量搜索，电视机屏幕大、分辨率高，声音优美、震撼，将手机、电视机结合起来，建立起以家为中心的娱乐场所，已得到众多用户的欢迎。在多屏互动中让手机扮演指挥的角色，因为它天生就是一个社交性的产品或者是一个遥控性的产品，让电视扮演舞台表演者的角色，两者相互结合实现了终端设备更多资源共享，将手机或计算机的画面在电视机播放，或者将电视机的画面在小屏幕上播放，这叫大传小或小传大，海信VIDAA电视还具有跟屏控制功能。

智能电视结合了遥控器、智能手机、鼠标、键盘，再加上语音控制等功能，便给人们搭建起了在家中实现“智、看、听、玩、乐”的快乐中心。

2. 多屏互动的特点

多屏互动要求在同一个路由器内，实现电视、手机、计算机的互控。以电视为中心，实现手机对电视遥控，实现内容点播、节目推送等众多功能，见表1.5。多屏互动的主要特征如下：

① 移动手机等终端都会成为控制多媒体平台的一个控制器。

表1.5 多屏互动的主要功能

遥控器功能	通过手机可实现遥控器上几乎所有的按键操作，用户只需在手机上进行对电视的遥控
搜索功能	当用户想要搜索视频资源，需要输入中英文信息时，在手机上输入中英文，然后发给电视机，电视机直接接收输入的信息并进行相应的操作
影视导航	当需要播放在网络上搜索到的视频时，可以用手机进行联网并选中，将搜索到的视频地址和播放确认信息打包发给电视机，电视机可以直接播放，省却了电视机进行搜索和选择的过程
资源共享	网上下载内容或其他资源，可以共享
模拟鼠标	可以通过手机模拟鼠标，直接使用

② 相互间可成为网上邻居。

③ 手势识别。手势识别可实现体感游戏，运动互动。

④ 当用手机作为终端控制器时，可代替本机遥控器上的所有功能，同时还具有语音识别、触摸书写、语音搜索等功能。由此可见，多屏互动大大地提升了人机交互的便捷和人性化，使人机交互更加直观，实现家庭信息产品之间的交流。多屏互动是在智能化基础上实现的，也是智能的体现。

3. 手机作为多屏互动控制终端的使用方法

图1.24所示是在智能手机上安装了长虹智控5.0版本插件后的控制界面。

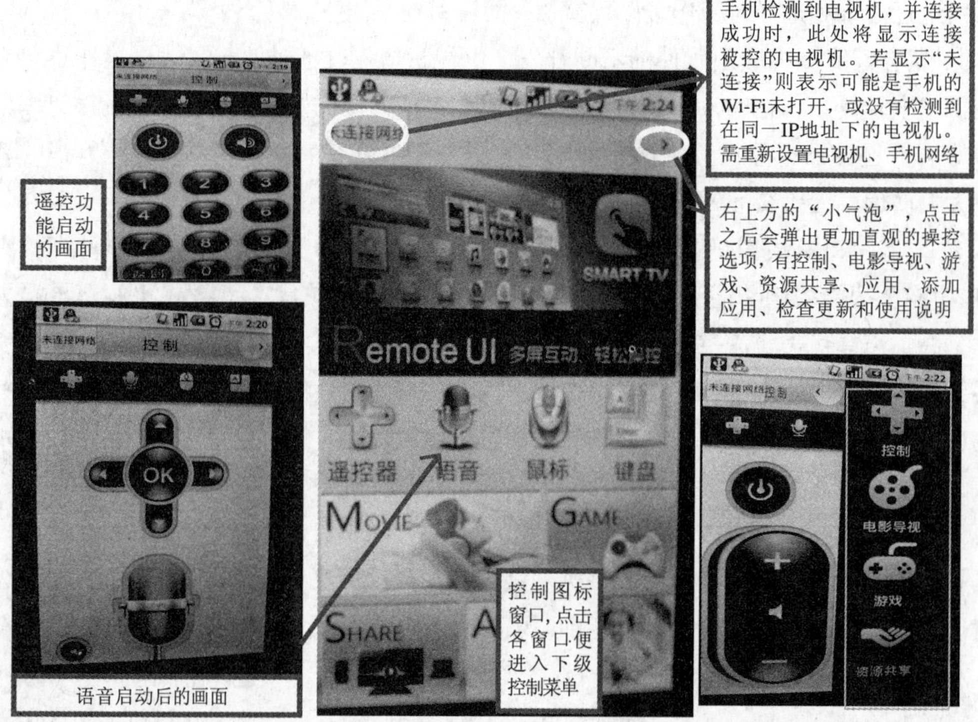

图1.24　智能手机上安装了长虹智控5.0版本插件后的控制界面

手机作为多屏互控的控制中心，各图标窗口功能及操作方法如下：

① 遥控功能：将长虹智控5.0Android插件置入手机后，打开手机上的“遥控器的按钮”，便能用手机替代本机遥控器上所有按钮，如菜单键，频道加减键，音量加减键，数字0、1～9键。图1.25是长虹智控5.0的遥控器界面，共有三屏，可以通过滑动切换。第一屏主要是看电视时进行频道、音量调节等模拟控制界面；第二屏是数字按键，可以快速调节频道及输入一些数字等；第三屏是功能按键，可以进入主菜单、智能界面、应用界面等，主要进行一些智能功能的操控。

② 语音控制：按下图1.26中的模拟控制图标，会出现话筒和遥控器上的上下左右移动键。进行语音控制时，需要把手放在话筒图标处（相当于按住不放），再对着手机说话，由此代替本机遥控器上的语音功能，执行相应的语音控制，如语音搜索网站、语音音量控

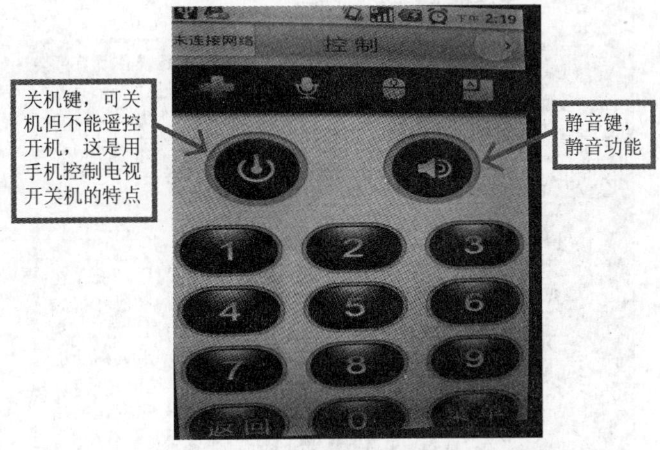

图1.25 长虹智控5.0的遥控器界面

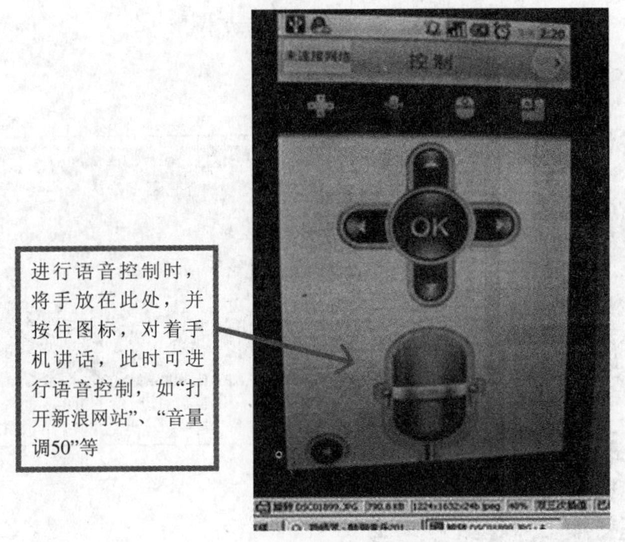

图1.26 语音控制图解

制、频道加减控制等。

③ 鼠标：如图1.27所示，鼠标用于浏览网页，进行下级链接控制。手在手机屏幕上移动，相当于鼠标滑轮的滚动。用手指点击屏幕一次实现鼠标左键的功能，用手指点击屏幕两次模拟传统鼠标点击两次的效果，实现鼠标右键的功能。也就是说，用手机屏幕实现鼠标滑轮移动和左键、右键的控制与实际鼠标的控制有点不同。

④ 键盘：点击“键盘”图标，会出现搜索提示框。点击对话框，手机上将出现键盘界面，此时可进行拼音、字母、数字、符号的选择，同时电视机上也会出现软键盘，按遥控器上的返回键可关闭此软键盘。此时在手机上进行词语拼写，如新浪、CCTV等，拼写完成，点击“完成”，再移动光标到电视机屏幕上搜索处，电视机便可进行信息搜索了。

说明：采用“手机键盘”控制电视机时，操作快速、直接，切换输入法容易。手机按键排列与电脑键盘排列方式完全相同，与电脑、手机操作习惯相同。而电视机使用的讯飞键盘如图1.28所示，它与人们习惯使用的键盘在结构上有较大差异，而且在进行拼音输入

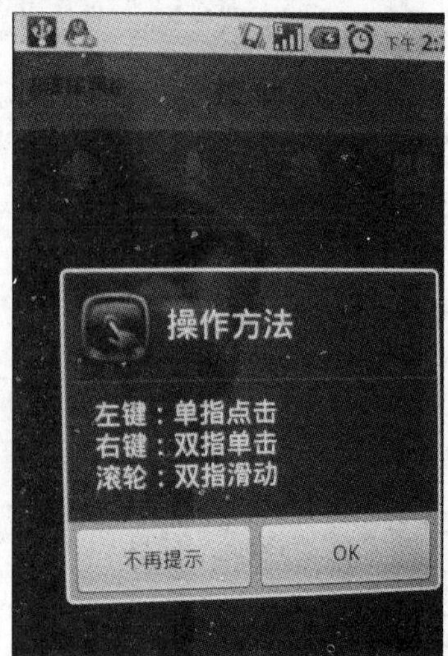

说明：鼠标操作均在手机屏幕上进行，手指移动将体现在电视机屏幕上光标位置的移动，单指点击等同于传统鼠标点击左键的功能，如果双指单击，则相当于按鼠标右键

手机的鼠标操作在网页浏览、播放音视频节目时很有用。尤其是进行拼写时，用鼠标功能移动和选择拼写字母，会加快拼写速度，给用户带来方便

图1.27 鼠标操作提示图解

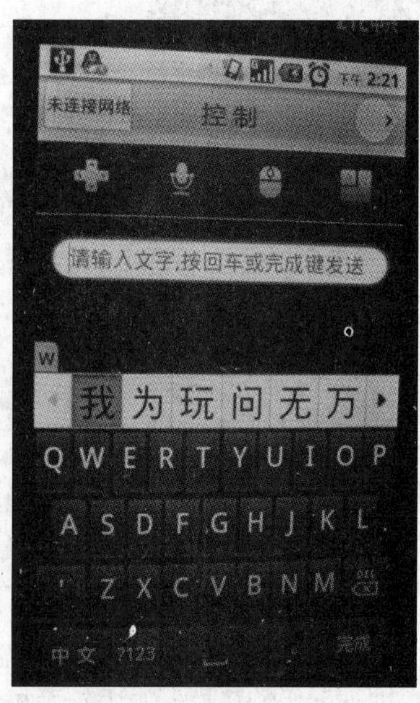

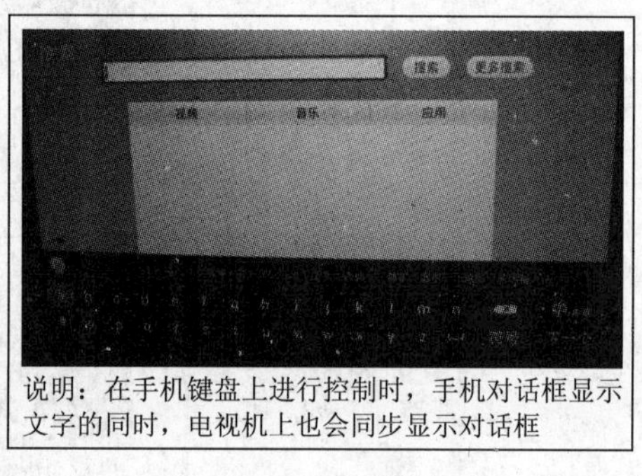

说明：在手机键盘上进行控制时，手机对话框显示文字的同时，电视机上也会同步显示对话框

图1.28 多屏互控时智控手机键盘图解

时，字母的选择需依靠遥控器上的方向键进行，麻烦、费时。

⑤ 其他键介绍，Movie（直接进入影视）、Game（游戏）、Share（互动时，选择手机对不同IP地址的电视进行控制切换）、APP进入应用商店等。

4. 多屏互控实现的原理

多屏互动指的是基于DLNA协议或闪联协议，通过Wi-Fi网络连接，在不同多媒体终端上进行无线影音传送和相互控制。例如，在iOS（苹果公司的移动操作系统）、Android（安卓系统）、Symbian（塞班公司为手机而设计的操作系统）等不同操作系统上的不同智能终端设备，如手机、PAD、TV等之间，进行多媒体（音频，视频，图片）内容传输、解析、显示和控制等系列任务，也可以在不同平台设备上同时共享内容，丰富用户的多媒体生活。简单地说，多屏互控就是几种设备的屏幕通过专门的连接设备可以实现互相连接转换。比如手机上的电影可以在电视上播放，平板电脑上的图片可以在电视上浏览，电脑上的内容可以投影到电视上。

① 参与多屏互动的产品，如手机和电视必须通过无线网在同一路由器网络内，才能实现互连互通，手机通过Wi-Fi搜索附近所有无线网络，添加同一网络的IP地址和密码锁后，实现手机与电视机在同一网内。一个手机可对应一台或多台电视机，根据IP地址对一台或多台电视机进行命令和数据传输控制。

② 手机端通过应用软件来进行操作，电视机通过对应的操作系统进行连接和通信，手机或电脑端控制和遥控器控制电视可同时接收并执行，冲突时以遥控器控制为优先。

③ 目前大多智能电视采用Android操作系统的手机来进行控制，当智能手机与电脑也是Android智能系统时，只需安装一个Android智控、文件格式为APK的插件，便可实现手机、电脑多屏互动。

◎知识链接……………………………………………………………

DLNA、闪联等网络互控技术

DLNA由索尼、英特尔、微软等公司发起成立，旨在解决个人PC、消费电器、移动设备在内的无线网络和有线网络的互连互通技术。闪联是联想、TCL、康佳、海信、长城联合发起的协议标准，支持各种3C设备智能互连、资源共享和协同服务，实现“3C设备+网络运营+内容/服务”的全新网络架构。采用这些互控技术可以让电脑、智能手机中的相片、视频和音乐等通过无线网传输到电视机进行高清晰度播出，这些互控技术还具有USB 2.0、以太网、Wi-Fi、HDMI、复合视频输出、声效和光纤输出等功能，人们可以轻易地在家中享受数字体验的美妙。DLNA协议对网络互连、网络协议、媒体传输、设备的发现控制和管理及媒体格式进行了规定。

① 网络互连：对所接入的有线网络与无线网络的类型进行了定义。

② 网络协议：规定了所使用的网络协议。现在必须支持IPv4，将来还需支持IPv6。

IPv4是IP协议的版本号，发展至今已经使用了30多年。IPv4的地址位数为32位，也就是说最多有2的32次方台的电脑可以连到Internet上。IPv6是下一个版本的互联网协议，由于IPv4定义的有限地址空间因为网络的快速发展将被耗尽，地址空间的不足必将妨碍互联网的进一步发展。为了扩大地址空间，拟通过IPv6重新定义地址空间。IPv6采用128位地址长度，几乎可以不受限制地提供地址。按保守方法估算IPv6实际可分配的地址，整个地球的每平方米面积上仍可分配1000多个地址。

③ 媒体传输：规定了所有DLNA设备都必须使用HTTP协议进行媒体的传输。这里的HTTP协议即超文本传送协议。HTTP（Hypertext transfer protocol）协议详细规定了浏览器和万维网服务器之间互相通信的规则，是通过因特网传送万维网文档的数据传送协议。

④ 设备的发现、控制和媒体的管理：这个功能组件是最重要的一个层次。目前，DLNA协议采用了UPnP Device Architecture 1.0、UPnP AV 1.0和UPnP Printer.1。通过一系列的步骤和协议来实现设备的发现和管理，同时也通过厂商定义的AV和Printer标准实现对媒体的管理。这里的UPnP（Universal Plug and Play）技术对即插即用进行了扩展，它简化了家庭或企业中智能设备的联网过程。结合了UPnP技术的设备以物理形式连接到网络中之后，它们可以通过网络自动连接在一起，而且连接过程无需用户参与。UPnP规范是基于TCP/IP协议，针对设备彼此间通信制订的Internet协议，它之所以被称作“通用”（Universal）的原因是UPnP技术不依赖于特定的设备驱动程序，而是使用标准的协议。UPnP设备可以自动配置网络地址，宣布它们在某个网络子网的存在，以及互相交换对设备和服务的描述。UPnP为家庭用户或者小型办公环境中的非专业用户带来的是一道更加美味的“大餐”，他们可以利用UPnP进行多人游戏，进行实时通信（Internet电话，电话会议）以及使用类似Windows XP的远程协助等其他技术。

⑤ 媒体格式：这是最后的一个组件了，其规定了进行数字媒体和内容的共享及使用时的媒体格式，默认格式是JPEG，LPCM，MPEG2，见表1.6。

表1.6 DLNA协议规定的媒体格式

媒体分类	默认格式	支持的格式
Image	JPEG	PNG, GIF, TIFF
Audio	LPCM	AAC, AC-3, ATRAC 3plus, MP3, WMA9
AV	MPEG2	MPEG-1, MPEG-4, AVC, WMV9

以上，就DLNA技术做了简单的阐述，仅就技术而言，DLNA离我们应该说很近了。通过多种智能设备和网络，我们可以时刻转换使用各种终端设备，随时分享自己的心情和生活中的点点滴滴。

……………………………………………………………………………………

5. 多屏互动的实现

1）准备工作

① 一台长虹平板智能电视，并能通过无线或有线网络接收路由器信号。无内置无线Wi-Fi的电视机需外购Wi-Fi，并接入电视的USB端口；通常有线网络更稳定、速度快。

② 一台无线路由器（供手机Wi-Fi和电视机使用）。

③ 一部智能手机（最好是Android系统），通过Wi-Fi与电视机由同一无线路由器进行网络通信。确保无线路由器与电视、手机在同一IP段网内。

2）智控软件下载

智控软件的下载途径有多种，此处介绍两种途径。

① 第一种途径：在百度网站直接搜索“长虹智控5.0”（见图1.29），进入下载链接地址，下载到电脑的桌面保存，此时桌面上多了一个文件名为1212131656178796.APK的压缩文件（Android系统要求文件格式为APK才能识别），如图1.30所示。将电脑桌面的下载文件拷贝到手机的新建文件夹中，如图1.31所示。

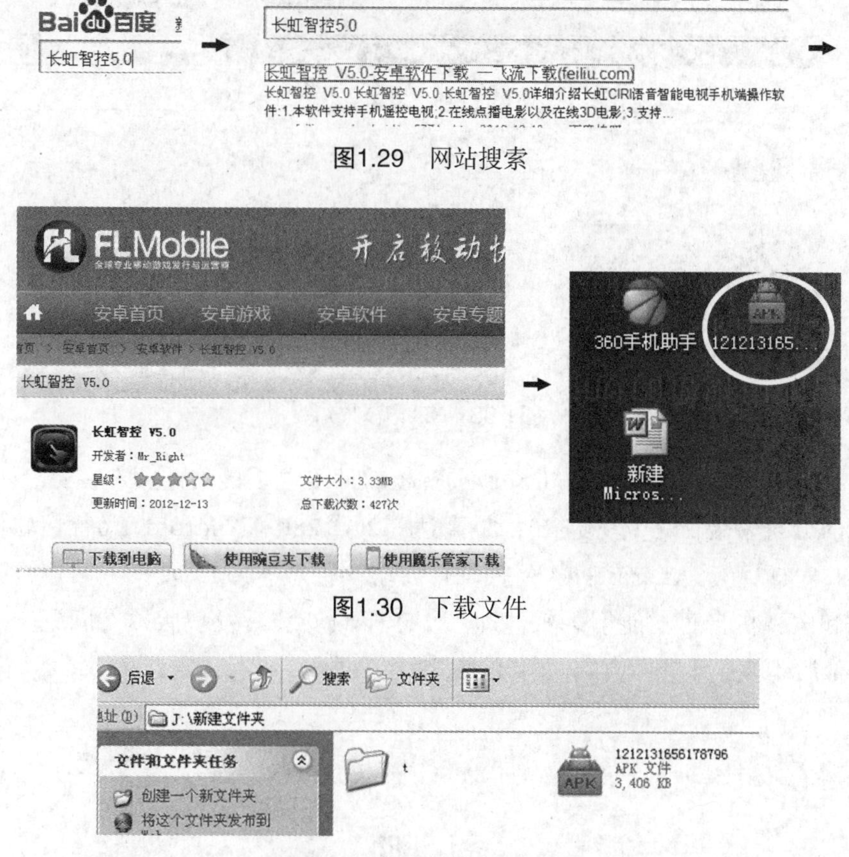

图1.29　网站搜索

图1.30　下载文件

图1.31　将文件拷贝到手机

注：也可以将文件直接下载到手机保存。

② 第二种途径：在安卓市场上直接下载智控软件。安卓市场下载的软件在Android系统中可以保证产品的可靠性、安全性。

在百度网站搜索“安卓市场”，在搜索到的所有信息中选出安卓市场的官网，点击进入。

在安卓市场官网的搜索栏内输入“长虹智控”，并点击搜索，如图1.32所示。

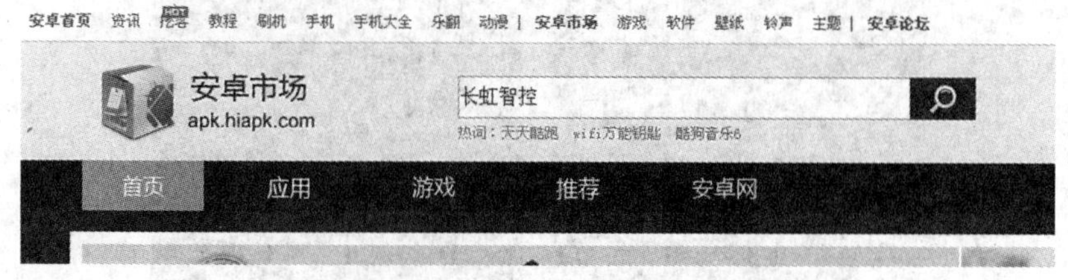

图1.32　搜索“长虹智控”

此时在安卓市场的网页内会搜索到多条与长虹智控有关的软件，其中前三条显示的是目前长虹智能电视已使用过的三个多屏互动软件，如图1.33所示。每个软件均有智控功能的介绍，同时在下载页的右边还有软件应用时的要求说明，如对手机固件版

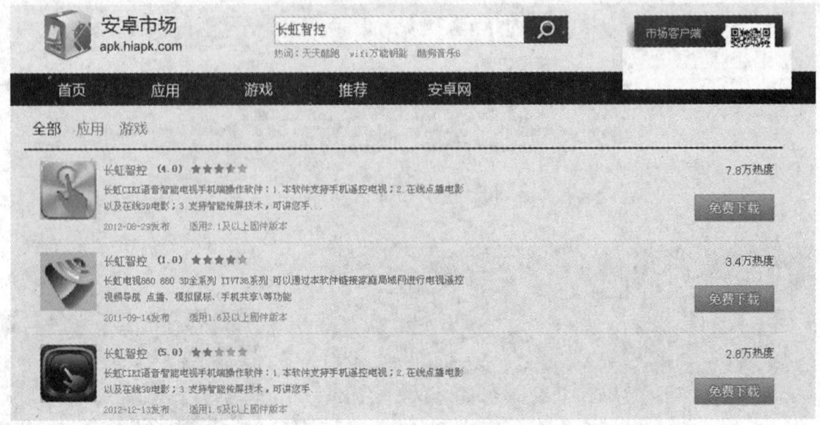

图1.33　多屏互动软件

本和显示屏分辨率的要求等。Android 4.0智控软件要求手机固件版本在2.1及以上，手机显示屏的分辨率最低是240 × 320，最高达752 × 1280。Android 1.0智控软件要求固件版本在1.6及以上。Android 5.0智控软件要求固件版本在1.5及以上。用户根据手机版本信息和电视机自身功能下载软件即可。若下载安装后发现版本有问题，可卸载，再安装其他版本。

◎知识链接……………………………………………………………………

固　件

手机固件版本相当于电脑的操作系统版本。固件是指固化的软件，它是把某个系统程序写入到特定的硬件系统中的FlashROM。手机固件相当于手机的系统，刷新固件就相当于刷新系统。查看手机固件版本的路径一：设置→关于手机→软件信息 →固件版本，如图1.34所示。另一种方法是在手机的任务管事器中。打开任务管理器，里面便会有手机Android系统的固化版本信息。

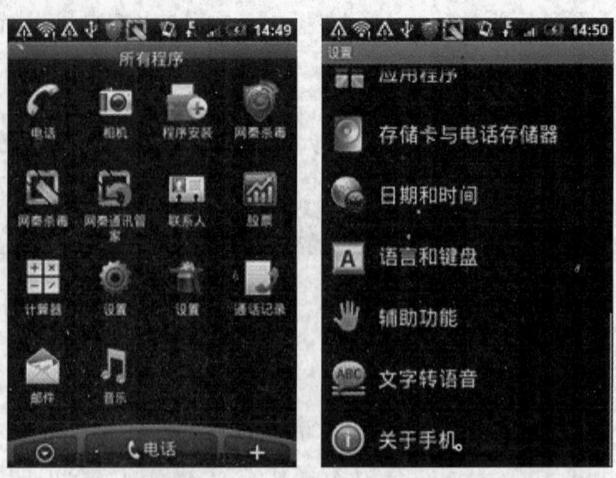

图1.34　手机固件版本信息

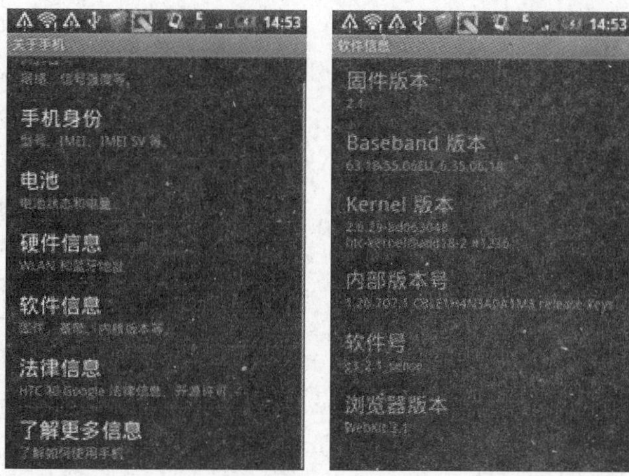

续图1.34

3）多屏互控软件的安装

① 按手机菜单键，进入手机操作页面，找到文件管理器图标，如图1.35（a）所示。在此窗口下进入Sdcard（中兴880手机），找到并打开新建文件夹或直接找到文件名为1212131656178796.apk的文件。

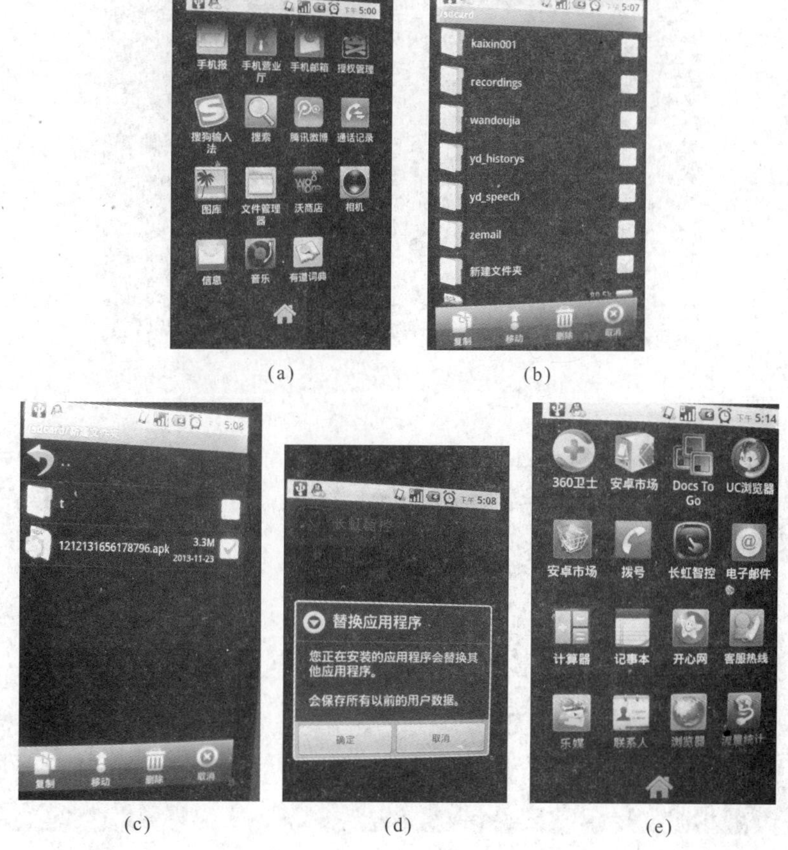

(a) (b) (c) (d) (e)

图1.35 多屏互控软件的安装

② 点击1212131656178796.apk，将弹出安装对话框，点击“确定”后便进行安装。

③ 安装完成后你将发现手机的主菜单下多了长虹智控图标，整个过程如图1.35所示。

④ 如果你不想使用此软件，可以进入手机任务管理器中找到长虹智控图标，按提示卸载此软件。

以上就是关于多屏互动软件的使用介绍，若大家家里有长虹系列的智能电视，就可下载安装进行体验。

4）智控软件版本

长虹智能电视的多屏互控目前仅支持Android系统，不支持苹果的iOS系统。目前，长虹智能电视使用的智控软件有三个版本，分别为智控1.0、智控4.0和智控5.0版本，其中最早的智控1.0版本在2011年7月发布，智控5.0版本在2012年12月推出。早期版本与后期版本由于产品软硬件已非常不同，故相互间并不兼容。也就是说，低版本长虹智控软件无法控制高版本的产品。例如，长虹智控1.0是2011年推出的互动控制软件，其主要是针对长虹早期的智能电视，因此无法操控后续生产的长虹B8000、C5000、A5000等系列产品。想更多了解三个版本间的区别，用户可一一下载下来体验便知。图1.36所示是智控1.0的操作界面，图1.37所示是智控4.0的界面，图1.38所示是智控5.0的界面。只要将智能设备置于同一个局域网中，打开软件，智能设备之间就自动连接了。

图1.36 智控1.0的操作界面

图1.37 智控4.0的操作界面

图1.38 智控5.0的操作界面

5）多屏互动——手机、电脑与电视进行连接

在具体使用时，相信许多朋友都会疑惑，他们之间到底如何进行连接控制呢？这也是许多智能电视多屏互动时遇到的难点。其实他们之间主要依靠路由设备来传送信号，通过路由器建立小范围的DLNA网络，Wi-Fi将射频信号传送给路由器，路由器分析后又通过Wi-Fi或有线网络将射频信号传送给电视机。要成功实现手机或电脑对电视的控制，应注意以下几点：

① 确认电视可以通过无线或有线与网络连接，电视能成功上网。在电视机网络设置中可以进行“有线”或“无线”设置，有线设置时需要对路由器分配给电视机的IP地址进行手动设置。如果选择“无线”方式，则通过Wi-Fi自动扫描，搜索到各种路由信号，再填写所要连接的路由设置的名称和网络密码后，便实现电视机与路由的通信了，图1.39~图1.41所示为电视设置网络时的几个关键步骤。

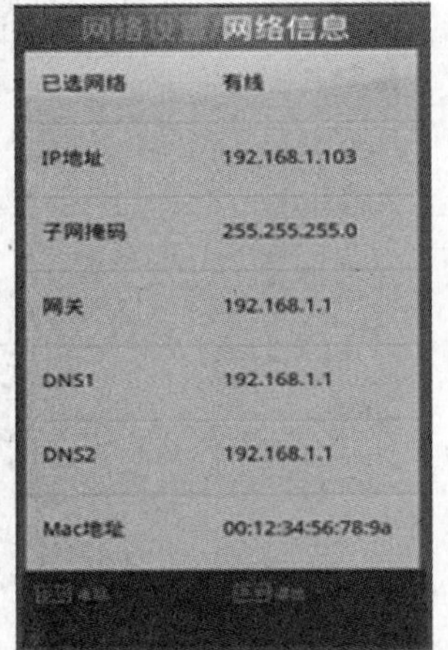

图1.39 电视机有线网络设置成功时的状态

图1.40 电视机无线上网时设置路由器的密码（网络密码）

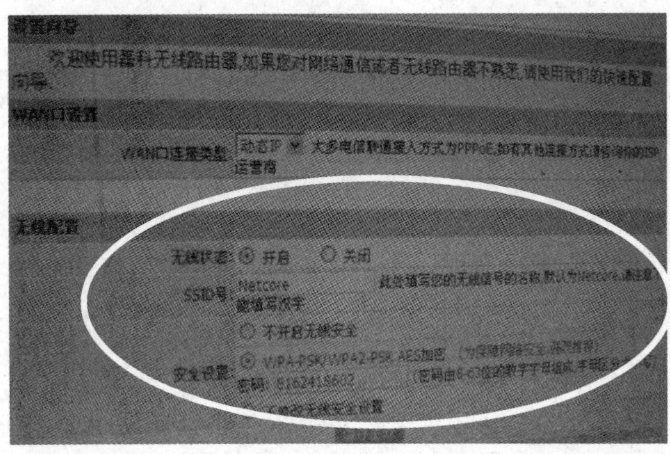

此图示意了设置路由器进行无线连接时所要进行的网络名称和密码设定的选项。Wi-Fi也需要进行此设置，否则Wi-Fi就变成开放公用的网络

图1.41 路由器设置无线配置，此处要定义网络的名字和密码

② 手机要安装长虹智控软件（仅适用于Android系统智能手机）。

③ 手机无线与路由器的连接。手机与路由器连接时需要启动手机无线Wi-Fi的

WLAN功能，此时手机将搜索附近的无线上网路由设备的名字。图1.42表明手机已搜索到附近至少有5个无线路由器存在。此时需确认电视机连接路由器的名字，查看“网络通知”下路由器的编号，使电视机与手机使用同一路由器如TP-LINK-573AAC，并点击它，此时手机上将出现图1.43所示的对话框，要求填写网络密码，即设置路由器无线功能时设置的密码，它与电视无线网络的密码是一样的，目的是防止别人盗用无线网络资源。将此密码填入手机密码框内，手机便可上网了。

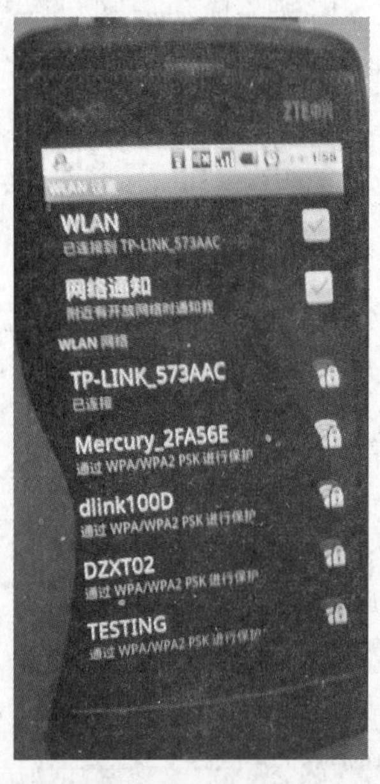

图1.42 搜索附近无线上网路由器设备

图1.43 填写网络密码

◎知识链接……………………………………………………………………

WLAN

WLAN即无线局域网络，是指在同一座建筑内在办公室和家庭中使用的短距离无线技术的无线电广播频段通信。Wi-Fi是WLAN的一个标准，Wi-Fi包含于 WLAN中，属于采用WLAN协议的一项新技术。Wi-Fi的覆盖范围约90m，频段为 5GHz，具有频段公开、不需要执照的特点，满足工业、教育、医疗等专用频段使用，支持的最大传输速度为 54Mbps。

………………………………………………………………………………

④ 启动手机对电视机进行控制。通过上面的操作，已确保电视机、手机与同一路由器进行网络通信了，此时如何实现电视机与手机连接？启动手机或电脑桌面上的“长虹智控”图标，手机会自动搜索到连接在同一路由器下的电视机，连接成功后将在手机智控界面的左上角自动显示连接电视机的名字，如图1.44所示。如果未扫描到电视机，会提示未连接到电视，如图1.45所示。此时需重新启动自控图标再次进行检测，或者检测电视机、手机能不能上网。

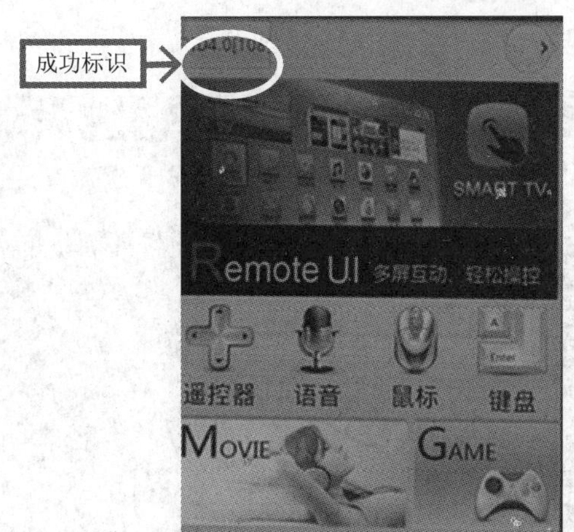

图1.44 连接成功

图1.45 连接失败

如果手机搜索到多台同时上网的电视机，要确认是对哪台电视机进行控制。此时需查看被控电视机与手机连接的路由器的名称，再重复上述步骤进行设置。

6）智控控制举例

① 手机为电视机点播电影电视剧，实现小传大（或大传小）。在多屏分享中，我们除了用手机遥控电视机外，还有一个重要功能就是通过手机来点播电影电视剧，然后再发送到电视机上进行播放。如果手机安装长虹智控5.0版本时，点击手机上的电影导视，可以选择电影播放或本机播放（即手机播放），如图1.46所示。可以在对话框中输入要播放的电影名，然后执行搜索并选择播放。长虹智控5.0版本提供的影视播放还提供“推荐、排行榜及类别选择”供用户选择。

图1.46 长虹智控5.0 的电影导视界面

在排行榜中，我们可以看到长虹智控5.0推荐的目前热播的电视剧，例如《盛夏晚晴天》、《女相陆贞传奇》、《甄嬛传》、《新编辑部故事》等，如图1.47所示。

选择影片之后，长虹智控5.0会提示用户选择“本地播放”还是“电视播放”，选择“电视播放”之后，电视机就会进入影片读取状态，在2M的带宽下，待一段时间后，从手机上选择《盛夏晚晴天》，电视机就会进行播放了，如图1.48所示。

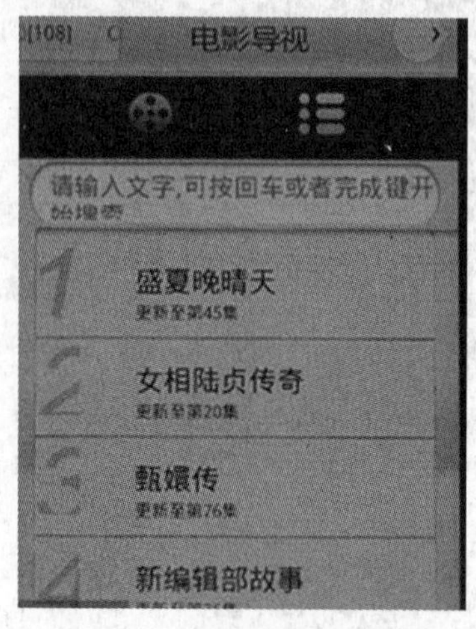

图1.47 当前服务器提供影视排行榜界面

图1.48 播放影片

用户还可以将手机上好看的内容推送到电视机上进行观看。这样方便一边看电视一边玩手机的人，发现手机上好看的影片或好听的音乐即刻推送到电视上播放，在电视机上观看清晰的画面，听到动听的音乐，这不仅是一个操控方式的改变，更是一种生活体验方式的改变。这就是多屏互动的乐趣，它真正实现了多屏互享。

② 资源共享。打开手机上的“资源共享”，进入资源共享页面，此时屏幕上会提示，选择“电脑”与电视机连接，或选择“手机”与电视机连接。若选择手机连接电视机，点击连接后，手机上的“影视频文件”将推入电视机，并在电视机上进行播放。

智能电视能将遥控器、智能手机、鼠标、键盘，再加上语音控制等功能有机结合，让家里成为“智、看、听、玩、乐”的快乐中心。

1.2.5 智能电视机的功能——玩体感游戏

1. 体感游戏的产生

以前玩过任天堂Wii、XBOX360、PlayStation3等一些著名体感游戏机的人都知道，玩此类游戏时在电视机外连接设备非常麻烦，但由智能电视机作为载体来实现却变得容易很多，用户只需配备体感游戏柄，或用本机遥控器或用多屏互动的手机，再利用大屏幕的电视机，便可在客厅中畅玩游戏，体验体感游戏运动带来的乐趣了。

长虹2012年推出的LED系列智能电视中内置的互动游戏“欢乐家庭”、“运动加加”等，里面装载了如网球、乒乓球、羽毛球、田径、射击、走钢丝、飞镖、保龄球、瑜伽等多种类型的运动游戏，还有各种各样的趣味益智类游戏，如“捕鱼达人”、赛车、“切水果”等。互动游戏是一种通过肢体动作变化来进行或操控的新型电子游戏，以体感手柄作为操作设备，用户能通过体感的方式进行人机交互和联网互动游戏（单机游戏与联网游戏），通过游戏用户可以进行运动、健身、教育、娱乐、交友等有益于身心的社交活动，内容绿色健康、类型丰富、操作简单，适合从小孩到老人各个年龄段不同人群。

2. 互动游戏必备条件

1）网上下载、安装游戏

也可在安卓市场或电视机提供的应用商店中“推荐”页面下或“游戏”窗口中下载安装，详见长虹智能A、B系列产品。也可将U盘中保存的游戏安装到电视机。在长虹智能A、B系列产品中，“推荐”页面下提供许多应用窗口，如PPTV、“捕鱼达人”等应用程序。在浏览此页面时，你会发现PPTV等程序左下角有个白色的小钩，这表明此应用程序已经安装。但有的窗口下没有白色的小钩，这说明此应用程序没有下载安装，如果用户要操作此程序，需要外加一个U盘接在电视机上，然后下载此应用程序，下载安装完毕，会发现推荐页面或游戏窗口中多了刚才安装的程序图标。图1.49所示为电视机上推荐的各种应用程序的安装与下载过程。网上的下载安装与前面讲述的“长虹智控”软件的下载安装过程相似，在此不再讲述。

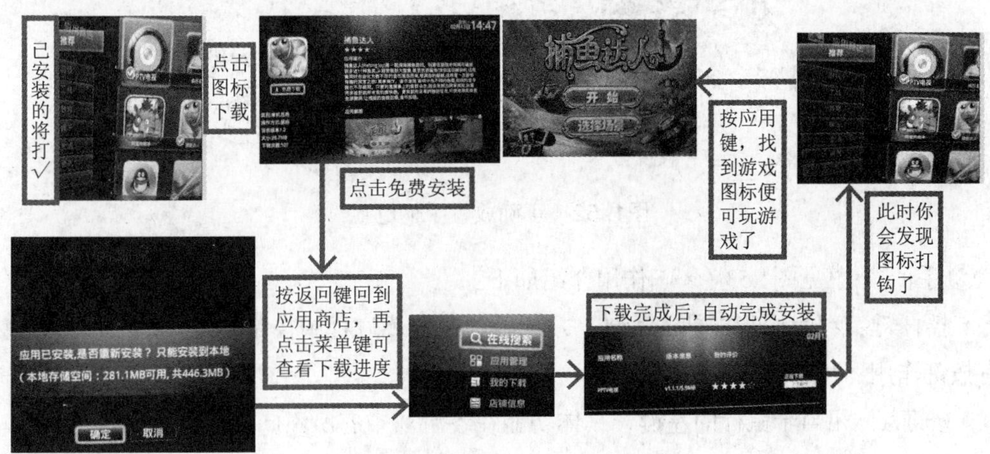

图1.49　下载安装应用程序

2）用本机遥控器、智能手机或体感棒进行控制

开始游戏前，每个游戏都会介绍控制器上的按键功能及使用方法。有些游戏玩之前会提示收费，这点要注意。

用手机控制时，见前述智控部分，要使手机与电视机处于同一IP地址内，然后启动长虹智控软件，进入手机控制界面。在手机控制界面上标有游戏图标，点击游戏，此时将出现控制按钮A\B，如图1.50所示，其中A、B键相当于以前游戏手柄的左右键，上下左右方向键移动方向。

互动游戏体感棒，也叫体感游戏手柄，型号为iho-SJ101A，外观形状如图1.51所示。

① 手柄启动准备：根据手柄后盖的箭头指示推开电池仓，正确放置2节5号电池，如图1.52所示。在智能电视USB端口插入产品配套的蓝牙适配器。进入游戏后按下蓝牙连接键（用于手柄和游戏的连接），连接过程中4个指示灯顺序闪烁，配对成功后，单一指示灯亮。

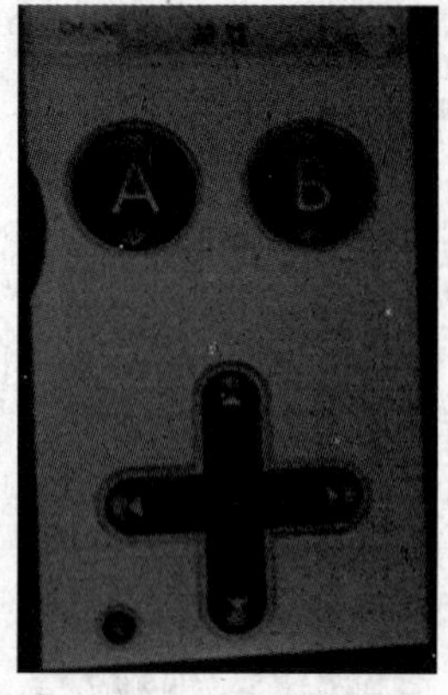

图1.50 手机控制按钮

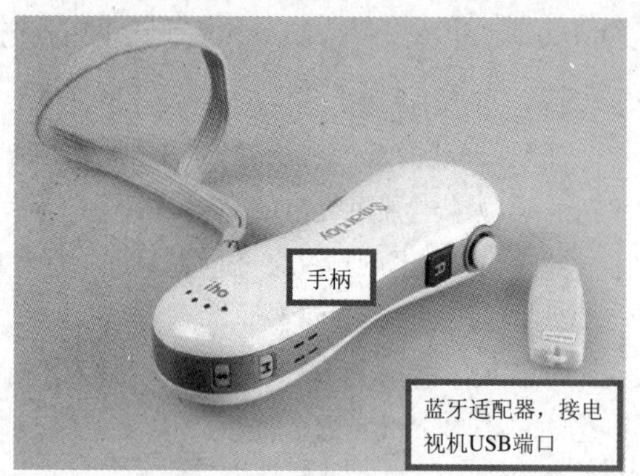

图1. 51 互动游戏体感棒

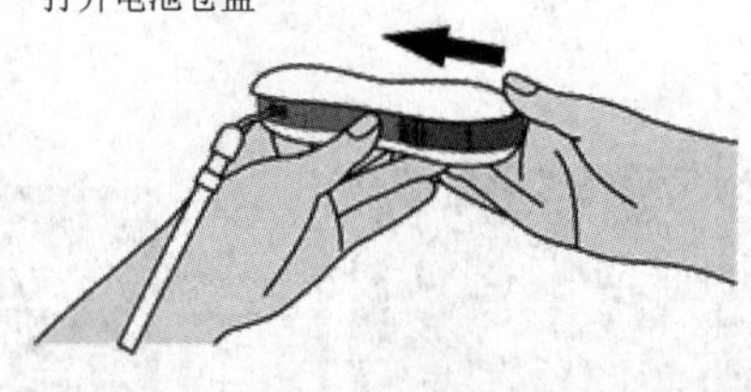

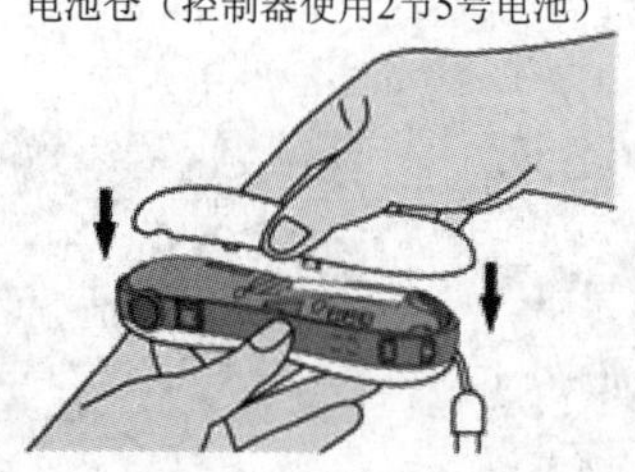

图1. 52 正确放置手柄电池

② 手柄按键[见图1.53（a）]作用介绍如下：

● 摇杆键：绿色圆形按钮，A键上方，用于在游戏过程中控制游戏运动方向等，按下时有按键作用，用来确定。

● 按键A：相当于鼠标的左键，具体功能在各游戏中有所不同。

● 按键M：菜单键，用于在游戏中调出菜单等。

● 蓝牙连接键：用于手柄和游戏的连接。

● 按键B：相当于鼠标的右键，具体功能在各游戏中有所不同。

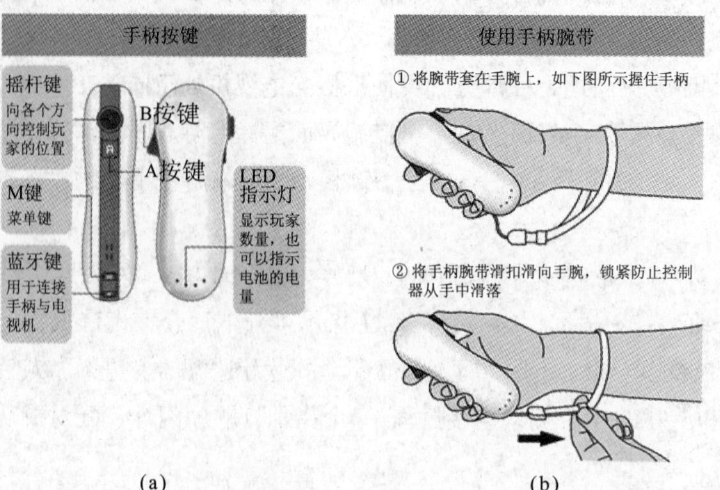

图1. 53 手柄按键

• 腕带连接孔：为确保安全，请在游戏过程中使用腕带，如图1.53（b）所示。

使用游戏手柄进行游戏时请确认周围有足够的空间，以防止伤到自己或者损坏设备。

3）体感棒工作原理

体感棒使用的主芯片是蓝牙模块BCM20730，它是由美国博通研发的一块新型的面向人机接口设备（HID）的蓝牙3.0单芯片块，内部集成了PCB（印制电路板）作为天线设备、外设E^2PROM存储器、时钟振荡（工作频率范围在2042～2480MHz）、内置开关稳压器。采用此芯片的产品在全球2.4GHz频段（射频信号）内广泛采用，具有卓越的接收灵敏度，最大限度地延长和扩大了蓝牙外设的连接距离和覆盖范围（接收距离范围超过10m）。具有电池使用寿命长、电路设计成本低等优势，完全符合蓝牙射频规范的要求。采用此芯片的产品主要用于无线设备。芯片集成了许多端口，可用于蓝牙鼠标、激光笔、姿态控制、无线键盘、3D眼镜、无线遥控、游戏控制器、销售终端的POS机、遥感器、家庭自动化、个人健康监测等设备上。

长虹互动游戏使用的体感手柄，也是利用此芯片生产的蓝牙遥控控制器，此部件工作原理如图1.54所示。

主芯片共有48个引脚，其中，1、2、18、48引脚为接地引脚，16引脚为复位引脚，低电平时复位。19引脚为电池接入引脚，提供电源给LDO转换器。20、21引脚为I^2C总线通信引脚，与E^2PROM进行交换。38、39引脚接时钟振荡。其他引脚全部作为开发各种蓝牙设备时的GPIO端口。例如，可开发内置3D眼镜的快门控制功能，可实现先进的、通过蓝牙（提供比红外技术更可靠的连接，红外技术目前在这类应用中占主导地位）与3D电视机进行信号同步的主动快门式眼镜。

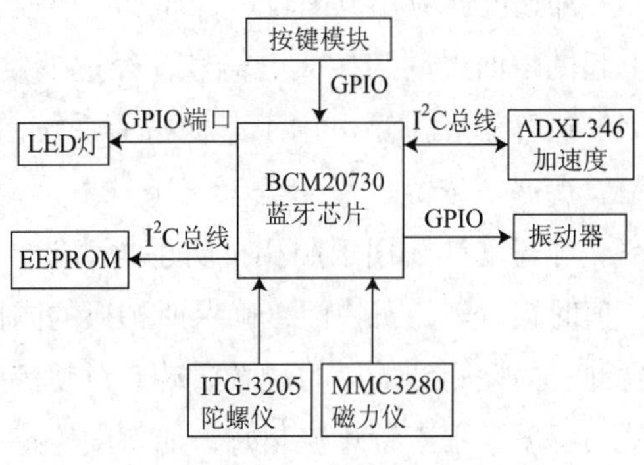

图1.54 信息处理框图

① BCM20730外挂电路功能：BCM20730外挂E^2PROM保存控制信息和控制程序。LED灯用于控制指示。

按键模块集成了可编程键扫描矩阵接口，支持8×20键扫描矩阵，因此就键盘和鼠标产品而言，省去了其他方案所需的外部组件。

现就BCM20730外挂的几个用于体感运动的检测电路给大家作介绍。

体感游戏就是利用电视机的大屏幕和智能控制的强大硬件平台，外加智能手机、遥控器或体感棒来实现的。其实这些用于个人训练的设备内部均设计有人机交换的蓝牙技术，如本文介绍的体感棒，通过蓝牙无线控制技术，对个人运行的数据进行统合运算，传输至电视机，实现电视运动画面与人运动互动。这些手持设备多采用传感器技术，只是有些设备是单一门类的，有些是多门类的。这类技术设备能通过空间和时间精确地跟踪人们的运动。像体感棒这样的传感器内设计有加速度计、陀螺仪和磁力传感器，它能全面跟踪人体的运动，并将信息通过蓝牙传送到电视机，实现电视中游戏人物与玩游戏的人进行竞赛。但要实现这一行为，需要用微型传感器提取运行过程的精确数据，并将这些数据整合成精确可靠的指向和跟踪信息，需要用一种比大多数人想象的更具挑战性的算法操作来实现，并产生大量的数据，因此要实现人体体感运动需要软硬件的支撑。

体感棒围绕蓝牙控制芯片外设有运动检测传感器IC，它们分别是三轴陀螺仪、三轴加速度计和三轴地磁传感器（进行*XYZ*三个方向的检测运算）。在运动跟踪和绝对方向方面每种传感器都有自己固有的强项和弱点。蓝牙芯片融合来自各种传感器的输入信号进行组合运算，产生一个更加精确的运动检测结果。这需要一种强大的软件系统对几百个变量进行复杂的运算。

② 三轴加速度传感器ADXL346。在介绍具体电路前，来了解一下加速度传感器的特点。

加速度传感器是一种能够测量加速力的电子设备。加速力就是物体在加速过程中作用在物体上的力。加速度传感器通过测量由于重力引起的加速度，计算出设备相对于水平面的倾斜角度。通过分析动态加速度，可以分析出设备移动的方式。

加速度计应用范围较广，如设计成地震检波器，用于地质勘探和工程测量，将地震波引起的地面震动转换成电信号，经过模/数转换器转换成二进制数据，进行数据组织、存储、运算处理。还可用于车祸报警系统，以及监测高压导线舞动，分析在野外高温、高湿、严寒、浓雾、沙尘等天气条件下，输电导线某一点上下振动和左右摆动的振幅和频率。加速度计还用于照相机防手抖功能，检测手持设备的振动/晃动幅度，当幅度达到某一值时锁住照相机快门，确保所拍摄的图像永远是清晰的。电脑内的硬盘保护也利用加速度计，当检测到外界的轻微振动会对硬盘产生很坏的后果时，使磁头复位，以减少硬盘的受损程度。用于游戏控制时，加速度传感器可以检测上下左右的倾角变化，通过前后倾斜手持设备来实现对游戏中物体的方向控制。尤其是陀螺仪这种传感器具有姿态检测、运动检测等功能，故这样的电子设备很适合现在智能时代玩体感游戏的人们。

加速度传感器利用重力加速度，检测人体运动时设备的倾斜角度，判定人体位置，再利用陀螺仪和磁传感器补偿，提供手势识别、基本的运动跟踪和控制器定位等功能，以此确定人体运动行为。加速度传感器已经在智能手机和平板电脑中十分普及了。

手机里面集成的加速度传感器，能够分别测量*X*、*Y*、*Z*三个方向的加速度值。*X*方向值的大小代表手机水平移动；*Y*方向值的大小代表手机垂直移动；*Z*方向值的大小代表手机的空间垂直方向，天空的方向为正，地球的方向为负，然后把相关的加速度值传输给操作系统，通过判断其大小变化，就能知道人们的控制动作，如图1.55所示。

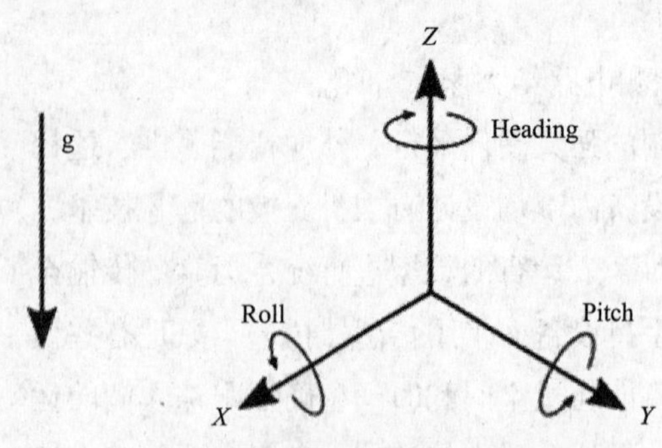

图1.55 手机里的加速度传感器

上面介绍的蓝牙体感棒使用的加速度传感器型号是ADXL346，它用于检测运动物体的运行轨道。是由美国模拟器件公司Analog Devices, Inc.ADI提供的全球领先的高性能信号处理芯片。它是一块小而薄的超低功耗、三轴加速度检测计，分辨率高（13位），测量范围达±16g。数字输出数据为16位二进制补码格式，可通过SPI（3线或4线）或I^2C与数字接口进行访问。

ADXL346非常适合移动设备使用，它可以在倾斜检测应用中测量静态重力加速度，还可以测量运动或冲击导致的动态加速度。它具有高分辨率（4mg/LSB），能够分辨出不到1.0° 的倾斜度变化。

ADXL346提供了多种特殊检测功能。活动和非活动检测功能通过比较任意轴上的加速度与用户设置的阈值来检测有无运动发生。敲击检测功能可以检测任意方向的单击和双击动作。自由落体检测功能可以检测器件是否正在掉落。方向检测功能可以同时进行四位置和六位置检测，并在方向变化时提供用户可选的中断功能，适用于2D或3D应用。低功耗模式支持基于运动的智能电源管理，从而以极低的功耗进行阈值感测和运动加速度测量。

ADXL346采用3mm×3mm×0.95mm、16引脚小型超薄塑封封装。它广泛应用在手机、医疗仪器、游戏和定点设备、工业仪器仪表、个人导航设备、硬盘驱动器（HDD）保护。

ADXL346的特点和优势如下：

- 超低功耗：VS=2.6V（典型值）时，测量模式下低至23μA，待机模式下低至0.2μA。
- 功耗随带宽自动按比例变化。
- 单击/双击检测。
- 活动/非活动监控，其内部信号处理框图如图1.56所示。

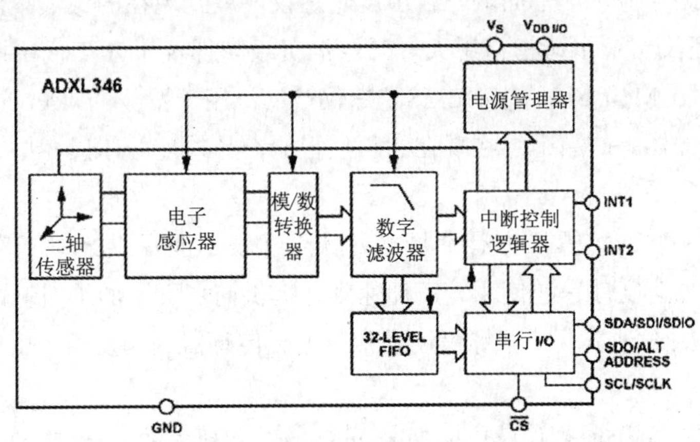

图1.56 ADXL346内部信号处理框图

现在智能电视机能玩的体感游戏有许多，如网球游戏、乒乓球、躲猫猫游戏、阿宝向前冲、瑜伽等，图1.57所示为部分体感游戏的画面。

③ 三轴陀螺仪ITG3205。陀螺本意是绕一个支点高速转动的刚体。它在一定的初始条件和一定的外在力矩作用下会在不停自转的同时，环绕着另一个固定的转轴不停地旋转，这就是陀螺的旋进。利用此力学特性做成的各种功能检测仪器便是陀螺仪，可分为传感陀螺仪和指示陀螺仪。传感陀螺仪用于飞行体运动的自动控制系统中，作为水平、垂直、俯

动动看游戏

网球游戏

躲猫猫游戏

阿宝向前冲游戏

图1.57 部分体感游戏的画面

仰、航向和角速度传感器。指示陀螺仪主要用于飞行状态的指示，作为驾驶和领航仪表使用。陀螺仪最主要的基本特性是它的稳定性和进动性。在工作时要给它一个力，使它快速旋转起来，一般能达到每分钟几十万转，可以工作很长时间。然后用多种方法读取轴所指示的方向，并自动将数据信号传给控制系统。陀螺仪从供航行和飞行物体作方向基准用的寻找并跟踪地理子午面的三自由度陀螺仪发展到现在的低成本低功耗小型化的集成 IC，体积还没一个小拇指指甲大。当今消费级陀螺仪于90年代中期最先集成进了Gyration公司的Air Mouse，后来MEMS陀螺仪被广泛用于罗技的MX Air定点设备和LG的智能电视机遥控器等产品中，在现在的长虹智能产品外配的体感棒中，进一步增强了游戏体验。

与加速度计一样，陀螺仪也有不足之处。陀螺仪不能提供绝对基准。因为这个原因，它们通常与加速度计一起使用，由加速度计提供向“下”的绝对基准，从而也为倾斜和滚动读数提供绝对基准。陀螺仪还经常与地磁传感器一起使用，由后者提供航向的绝对基准。

此处介绍的ITG3205陀螺仪感应IC是InvenSense公司研发的，且与3200兼容。ITG3205在业界也称得上是一款开创性的三轴陀螺仪，输出为数字量。三个整合的16bit的模/数转换器（ADC），提供陀螺仪同步取样，且不需要额外的多任务器（multiplexer）。用户可选择内部数字低通滤波器，并可编程改变其带宽，且带有快速模式（400kHz）的I^2C接口。它专为游戏、3D鼠标，以及3D遥控应用而设计。ITG3205的特性在于运用三个16bit的模/数转换器来数字化陀螺仪输出端，有程控的内建低通滤波器带宽，以及快速模式（Fast Mode）。此外，它还嵌入了温度传感器和精度为2%的内部晶振。InvenSense将ITG3205的包装尺寸，革命性地缩小至4mm × 4mm × 0.9mm（QFN），满足了手持式消费性电子电路产品的需求，提供最高效能、最低噪声、最低成本的半导体包装尺寸。其特性也包含10 000g的耐震容忍度，来符合手持式消费性产品的需求。

三轴陀螺仪ITG3205的特征参数有：

- 数字输出*X*、*Y*、*Z*轴角速度值传感器整合在单一电路上，具有16位最低有效位（LSB）的敏感度与±2000°/s的全格感测范围（Full Scale Range）。
- 可编程控制的数字低通滤波器。
- 低于6.5mA的工作电流，大大延长了电池的使用寿命，待机电流仅5μA。
- VDD的供电范围：2.1~3.6V。
- 数字输出温度传感器。
- 高速I^2C串行接口（400kHz）。
- 可选择的外部时钟输入32.768kHz或19.2MHz。
- IC应用范围：运动感测游戏遥控、运动感测手持式游戏、运动感测3D鼠标及3D遥控、“无触控”人机界面、健康与运动的监控设备。
- 快速模式（Fast Mode，400kHz）接口。
- 具有弹性的VLOGIC参考电压，容许1.71V到VDD的接口电压。
- 可提供手持式产品最小最薄的包装尺寸（4mm×4mm×0.9mm QFN）。
- 开机时间：50ms。
- 内建温度传感器。
- 10 000g的耐震容忍度。
- 符合RoHS及环境标准。

三轴陀螺仪ITG3205的引脚功能分布如图1.58所示。

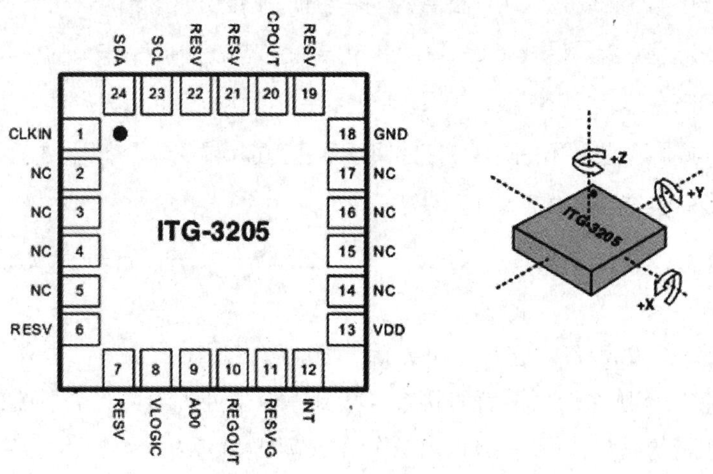

图1.58　ITG3205引脚功能分布

三轴陀螺仪ITG3205引脚功能描述见表1.7。

表1.7 三轴陀螺仪ITG3205引脚功能

1脚	CLKIN	外部控制基准时钟输入
6、7、19、21、22脚	RESV	预留端，不接地
8脚	VLOGIC	数据I/O口供电，晚于VDD供电
9脚	ADO	LSB最低有效位，地址保护引脚
10脚	REGOUT	控制器外接滤波电容到地
11脚	RESV-G	预留端，接地
12脚	INT	中断信号输入
13脚	VDD	供电
20脚	CPOUT	自举电容连接引脚
23、24脚	IIC	IIC总线数据、时钟信号
18脚	GND	地

◎知识链接

陀螺仪

陀螺仪（角运动检测装置），用高速回转体的动量矩敏感壳体相对惯性空间绕正交于自转轴的一个或两个轴的角运动检测装置。在运动体的自动控制系统中将使用此电路，作为水平、垂直、俯仰、航向和角速度传感器。陀螺仪传感器是一个简单易用的基于自由空间移动和手势的定位和控制系统。在假象的平面上挥动鼠标，屏幕上的光标就会跟着移动，并可以绕着链接画圈和点击按键。当你正在演讲或离开桌子时，这些操作都能够很方便地实现。陀螺仪传感器原本是运用到直升机模型上的，现在已经被广泛运用于手机这类移动便携设备上（iPhone的三轴陀螺仪技术）。陀螺仪可以完整监测游戏者手的位移，从而实现各种游戏操作效果。有关这一点，想必用过任天堂Wii的读者会有很深的感受。其实陀螺仪还有许多用途，如导航，陀螺仪被发明时就用于导航，先是德国人将其应用在V1、V2火箭上。如果配合GPS，手机的导航能力将达到前所未有的水准。实际上，目前很多专业手持式GPS上也装了陀螺仪，如果手机上安装了相应的软件，其导航能力绝不亚于目前很多船舶、飞机上用的导航仪。还有防抖，陀螺仪与手机上的摄像头配合使用，检测校正防抖，这会让手机的拍照摄像能力得到很大的提升。

④ 磁力仪MMC3280MS，它是一块美新三轴地磁传感器，是一个集成了片上信号处理和I^2C总线的完整的传感系统，装置直接被连接到一个微处理器而不需要A/D转换器，更节省时间，可以测量的磁场范围是±8G，工作温度范围-40℃~+85℃，I^2C数字接口400kHz频率输出，快速模式操作。

其工作基本参数：工作电压1.6~3.6V单电源电压；消耗电流0.22mA（采样时间为50ms时），比其他地磁传感器减少3到8倍的功耗；精确度极高，±3°；响应速度7ms；拥有自己的运算方法（动态补偿、自动校正和倾斜补偿）。主要在手机、指南针、步行导航等产品上应用。

◎知识链接……………………………………………………………

地磁传感器

地磁传感器是一类利用被测物体在地磁场中的运动状态不同，通过感应地磁场的分布变化而指示被测物体的姿态和运动角度等信息的测量装置。

由于被测设备在地磁场中处于不同的位置状态，地磁场在不同方向上的磁通分布是不同的，地磁传感器就是通过检测三个轴线上磁场强度的变化而指示被测设备的状态的。

地磁传感器的应用包括汽车罗盘（在后视镜中）、手表、雷达探测器、传动轴和机器人。然而，真正广泛的应用起始于iPhone 3GS，它是美国首款包含罗盘并得到广泛普及的智能手机。当今的体感游戏手柄也加入了此电子设备。

地磁传感器的主要问题是它们测量所有磁场，不仅是地球磁场。例如，像电池或含铁元件等系统元件都会干扰传感器附近的磁场。这些被认为是系统内的固定干扰，可以通过校准进行补偿。

更大的问题是改变局部磁场会临时性地干扰航向信息。桌椅上的金属部件、开过的汽车、附近的其他手机和电脑、窗框、建筑物内的雷达等物件都会干扰读数。补偿这些磁场和其他瞬时地磁异常要求开发出复杂的算法，以便有效地将地球的磁场与其他临时性“侵入”磁场区分开。

目前，可用于检测地磁场分布变化的技术原理主要有：

- 磁阻效应：当沿着一条长而且薄的铁磁合金的长度方向施加一个电流、在垂直于电流的方向施加一个磁场，则合金自身的阻值将会发生变化，此阻值变化的大小与磁场和电流的大小密切相关。
- 霍尔效应：通过电流的半导体在垂直电流方向的磁场作用下，在与电流和磁场垂直的方向上形成电荷的积累而出现电势差。
- 电磁感应：线圈切割地磁场的磁力线则将在线圈的两端产生感应电动势。
- AMR（相异性磁力阻抗感应）。
- GMR（巨磁）效应。

……………………………………………………………………

说明：上述地磁感应检测的具体应用及工作原理需请读者参考其他资料介绍。

地磁传感器的应用如下：

- 健身计划（step-counter）。
- 导航应用。盲区导航（过隧道，地下商场），驴行天下（electronic compass）。
- 游戏应用。
- 手势及姿态识别。
- 其他。

不同传感器工作方式检测运动物体的角度是不同的，检测的信号转换成数字信号通过红外处理芯片进行混合处理，再通过蓝牙发射给电视机，通过电视机解码、识别、运算，实现游戏画面控制与显示。

3. 体感游戏体验

游戏前的准备工作（长虹智能U-MAX客厅电视3D65B8000i体感游戏准备工作，以“欢乐家庭”为例）：

图1.59　游戏光盘

① 把光盘里的文件拷贝到U盘里，U盘最好是4G的。游戏光盘如图1.59所示，由销售配送。

② 将U盘和蓝牙插到电视的USB插槽上。

③ 用遥控器启动“欢乐家庭”程序。

④ 提示连接手柄，按说明进行连接即可。

⑤ 登录的时候，用赠送的新手卡里的账号和密码登录，便可进行互动游戏了。

1）游戏——“阿宝向前冲”

在游戏开始前，先利用摄像头识别并确认正确手势，如图1.60所示。游戏画面如图1.61所示。

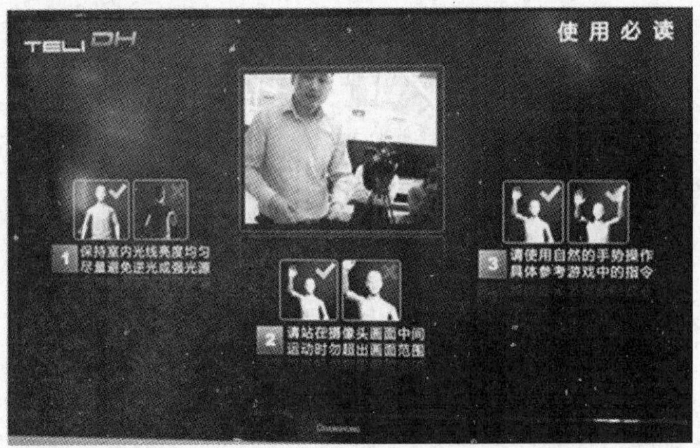

图1.60　识别及确认手势

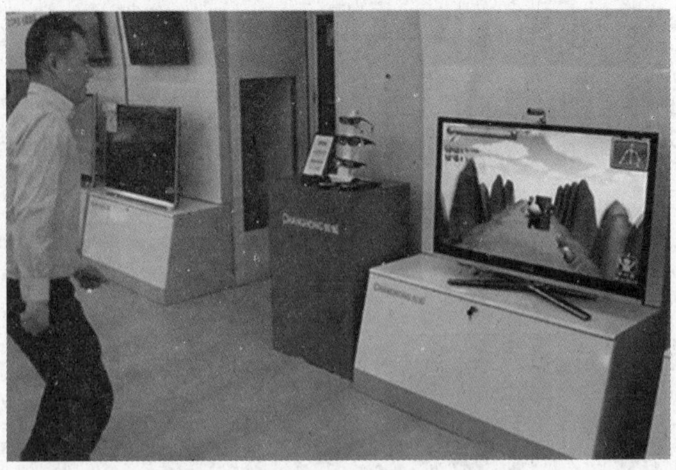

图1.61　“阿宝向前冲”游戏画面

这是一款通过摄像头识别用户手势的游戏，用户通过特定手势，完成游戏体验；由于长虹A5000I的高系统配置，让用户在玩体感游戏的时候，相比过去有了全新的感受。

2）游戏二——网球游戏

该游戏所使用的体感棒是通过蓝牙连接电视，具有灵敏度高、延时小的特点，通过玩网球游戏，人们可以真实体验网球运动的乐趣，使人乐在其中且锻炼了身体，如图1.62所示。女士下载安装一款瑜伽体感游戏，还可起到健美的效果，这突破了传统游戏只用两手操作的局限。

图1.62 网球游戏

1.2.6 智能电视摄像头

智能电视摄像头可用于QQ视频对讲，此外，玩某些体感游戏时也需外配摄像头，摄取人的动作用于电视同步跟踪判定，实现人机互动控制。此设备需接入电视机指定的端口中，而且要用公司指定的部件。长虹智能产品使用的摄像头由整机产品厂家提供，型号为iho-SE101A，黑色（分辨率为720P），其特点如下：

① 长虹定制黑色外观，全面匹配长虹智能电视。

② 无驱动版设计，全方位兼容智能电视系统。

③ 全高清图像，720P动态分辨率。

④ 首创多方位角度调节，全方位满足客户需求。

⑤ 手动调焦，色彩鲜艳逼真。

⑥ 兼容互动游戏手势识别功能，识别反应灵敏。

⑦ 万分之一秒动态影像捕捉技术。

⑧ 对比度优化引擎：对比度平衡感。

⑨ VFW：支持动态和静态图像捕捉。

⑩ Direct Show：支持动态远程视讯即时传输。

⑪ 其他：自动曝光控制、自动增益控制、自动白平衡。提供色彩饱和度、对比度、伽马等高级数码影像控制功能。

使用智能电视摄像头时对整机系统要求如下：

① CPU：1GHz以上CPU处理器。

② 内存：256MB或以上。

③ 操作系统：Windows98SE/Me/2000/XP/Vista/7/Linux。

④ 显卡：2D/3D显卡，至少4M RAM支持16bit以上色彩。

⑤ 接口：长虹自有接口。

⑥ 数据传输：USB2.0。

使用时需参照电视机说明书找到电视上摄像头接口所在位置（一般位于电视后部中间位置），将其按图1.63所示正确安装在长虹智能电视上即可正常使用。

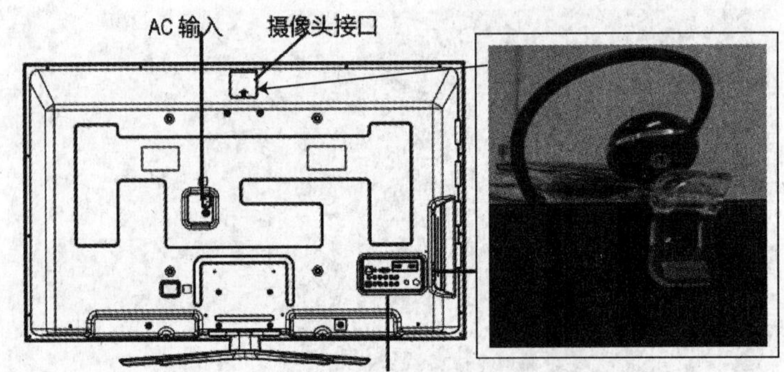

图1.63 摄像头安装示意图

摄像过程中遇到的问题与排除方法如下：

现象：电视无图像或互动游戏手势无效果。

解决方法：请检查摄像头是否正常插入电视专用接口，接触是否正常。

现象：电视成像效果模糊。

解决办法：请按照说明书手动调节镜头盖，直至成像效果最佳为止。

现象：摄像头转动角度异常。

解决办法：请勿在摄像头可调角度外使用过度外力旋转，易造成产品损坏。

1.2.7 智能电视无线鼠标

特点介绍：长虹A系列智能电视使用的无线鼠标型号为iho-SM101，满足长虹Android系统智能电视，具有免对码开机智能连接、可靠的2.4GHz无线连接、1000DPI高精度跟踪引擎、功耗低等特点。产品的外观形状与电脑上所配的鼠标几乎相同，如图1.64所示。传感器模组A3000，MCU+ RF IC型号为IA3M3，控制距离达6m。

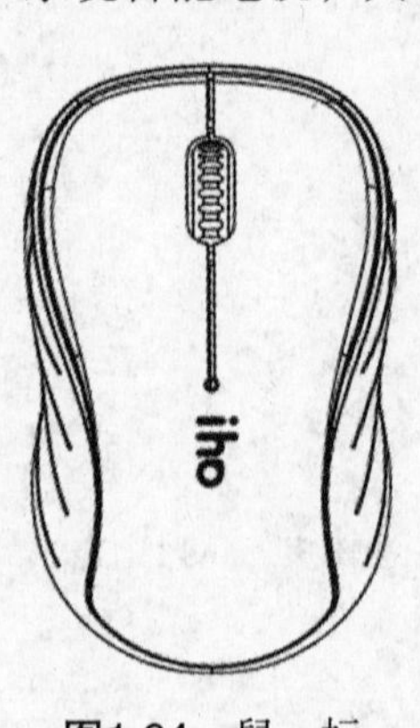

图1.64 鼠 标

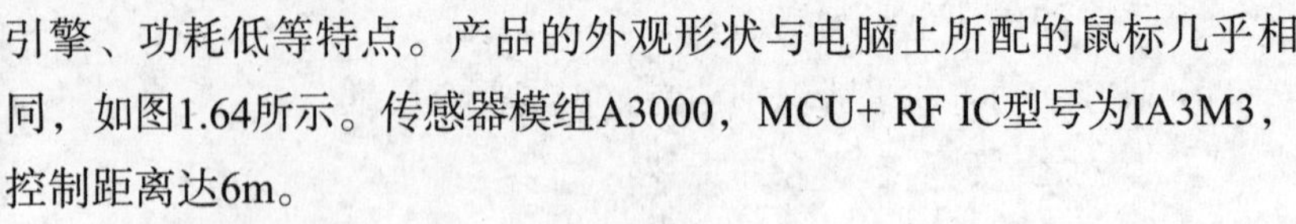

使用步骤如下：

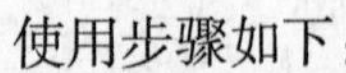

（1）开机。

打开底盖，安装2节5号电池，把电源开关拨至ON打开位置。

（2）配对。

在鼠标与电视机保持2m距离之内，电源开关重新拨至ON打开位置，鼠标自动与电视连接，当鼠标对码成功时指示灯会慢闪10次，表示配对成功。

说明：当自动配对不成功时，可以进行强制配对。强制配对方法是在开机状态下，保持鼠标与电视机2m距离之内，同时按下左、中、右键5s不松开，当鼠标常亮时表示配对成功，以后每次打开电都可以正常使用，无需重新对码。

（3）故障分析。

现象：鼠标和电视无法连接。

解决办法：

① 确保没有与其他同类型设备配对。

② 确保距离在2m之内，避免距离太长，而导致无法成功完成配对。

③ 确保电源开关已打开。

1.2.8 智能电视无线键盘

长虹A系列智能电视机的蓝牙智控键盘型号为iho-SK101。

（1）使用范围。

长虹Android系统智能电视。

（2）主要功能。

2.4G无线操控，开机智能连接，支持长虹智能电视上网功能，支持多达12个电视机系统热键。

（3）智能无线连接。

电视内置2.4G无线模块，无需接收器，拆开包装即可使用。

（4）远程操控智能电视。

可以在沙发上、餐桌边对音量、电视频道、菜单等进行快捷操控。

（5）持久使用寿命。

采用新一代低功耗技术以及电源开关省电设计，键盘有18个月的使用寿命，免去经常更换电池的烦恼。最大输入电压：1.6V；最小输入电压：0.9V。

（6）键控设置及功能。

① 标准按键个数：82，具体详见产品功能外观图（见图1.65）。

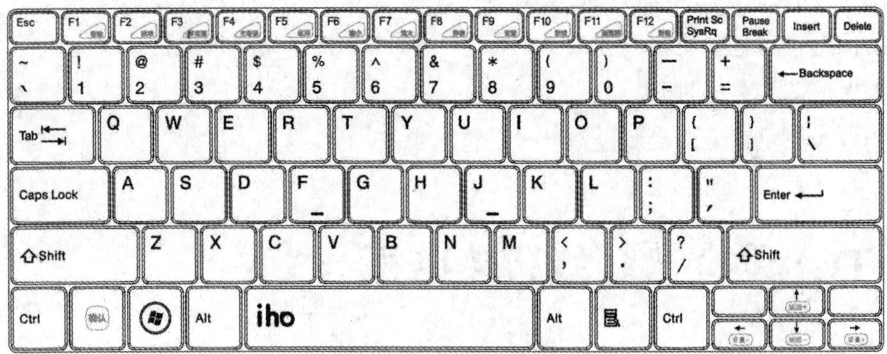

图1.65 无线键盘外观图

② 电视机系统热键个数：12，分别为确认、菜单、节目源、主场景、应用、缩小、放大、静音、音量–、音量+、频道–、频道+。

（7）安装步骤。

① 开机。打开底盖，安装2节5号电池，把电源开关拨至ON打开位置。

② 配对。在无线键盘与电视机保持2m距离之内，电源开关重新拨至ON打开位置，无线键盘将自动与电视连接，当键盘有实际功能时，表示配对成功。

说明：当键盘自动配对不成功时，可以进行强制配对。强制配对方法是在开机状态下，保持键盘与电视机距离2m之内，同时按下Esc键和Pause Break键5s不松开，当键盘有实际功能时表示配对成功。

（8）使用。

① 标准键使用：直接敲击键盘按键，能实现键盘上标准按键的功能。具体按键功能详见键盘丝印外观图。

② 电视机系统热键使用：电视机系统热键个数为12，电视系统热键是在电视模式下实现的，包括确认、菜单、节目源、主场景、应用、缩小、放大、静音、音量–、音量+、频道–、频道+，分别对应电脑模式下的F1、F2、F3、F4、F5、F6、F7、F8、F9、F10、F11、F12，具体对照方式见表1.8。

表1.8 电视机系统热键

组 别	电脑模式	电视模式	组 别	电脑模式	电视模式
1	F1	确认	7	F7	放大
2	F2	菜单	8	F8	静音
3	F3	节目源	9	F9	音量–
4	F4	主场景	10	F10	音量+
5	F5	应用	11	F11	频道–
6	F6	缩小	12	F12	频道+

（9）故障分析。

现象：键盘和电视无法连接。

解决办法：

① 确保没有与其他同类型设备配对。

② 确保键盘与电视机距离在2m之内，避免距离太长，而导致无法成功完成配对。

③ 确保电源开关已打开。

④ 当电压不足，请更换新电池。

1.3 TCL爱奇艺超级智控电视

1.3.1 产品性能介绍

TCL爱奇艺超级智控电视除了具有传统电视的接收TV、AV、VGA、HDMI、YPBPR

等功能外，还具有接收DTV数字电视功能、上网冲浪和接收SD卡信号的能力。根据《智能平板电视技术标准》，TCL爱奇艺超级智控电视的主要软件及硬件具有以下特色。

① 操作系统采用Android4.2。

② 显示屏为1920×1080分辨率全高清屏。

③ 采用电视机专业芯片。

④ 双核CPU+四核GPU（GPU即图像显示处理CPU，相当于电脑的显卡，核心越多，说明处理速度越快）。

⑤ 8Gb+64Gb超大内存（内存容量是衡量电视机记忆能力的指标，容量越大，电视机的控制能力和规模也越大）。

⑥ 开机和信源切换时间是传统电视的五分之一。

⑦ 人机交换界面UI（见图1.66）。

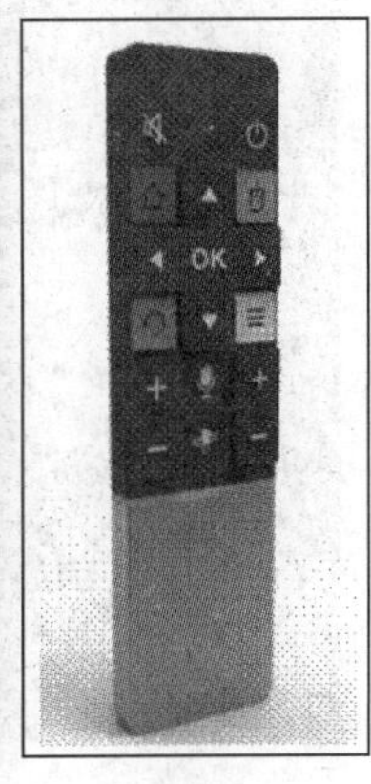

图1.66　人机交换界面

⑧ 机身超窄边框，5.9mm超窄边框使屏幕显得无边无界，观看大片更震撼。

⑨ 2.9cm超薄机身，Smooth一体化纯平机身设计，轻盈灵动，时尚简洁。

⑩ “时光之弧”底座，黄金比例打造完美弧线造型，仿佛时光逆转，彰显青春活力的艺术之美。

⑪ 遥控器采用琴键式设计，立体浮雕图标，利用高度差将各功能按键划分开来，达到17键全盲控效果。射频2.4GHz红外无线控制。具有电视机遥控功能、机顶盒控制功能和体感游戏控制功能。

说明：此智能机芯遥控器使用前需要与本机进行遥控对码。其过程是：开机，遥控器距离电视机1m以内，同时按下“体感键+鼠标键”2s以上，遥控器进入自动对码状态，若对码成功则电视机上显示“对码成功”，若20s内电视无提示则不成功，此时无法使用交互功能，需要重新对码。

⑫ 控制窗口采用独特六窗口极简界面，开机即上网设计，全球独家实现直播频道与网络视频点播的无缝切换与互动。

1.3.2 智能特色介绍

1. 应用界面特色

TCL智能电视整机具有的应用种类全部集成在一个叫“应用”的窗口内，如图1.67所示。窗口简约、大气、色彩优美、功能明确，全部采用标准的智能产品“图标+文字”控制小窗口，如同Windows8的Metro界面。按下遥控器找到并打开“应用”窗口，九类应用窗口图标出现在你眼前。逐一打开这些图标，在互联网的支持下，众多“听、玩、看”的页面将一一出现，这时你将感叹电视机已完全可以媲美电脑、手机了。

图1.67 “应用”窗口

应用窗口各图标功能介绍如下：

①“应用商店”。TCL做得非常细心，精选了适合电视的APP程序，提供下载、安装、卸载等操作。例如，在应用商店里找到新浪微博的图标，点击进行下载安装即可。在应用商店里电视厂家已经给用户推荐了许多应用程序，根据需求、爱好下载安装即可。还可以到安卓市场、爱奇艺的应用中心去下载安装更多的应用程序。当你不再需要某些已安装的程序时，在电视卫士中找到软件管理进行卸载即可。

②“USB多媒体”。利用USB设备播放图片、音乐、视频。爱奇艺智能电视有一个USB3.0接口，两个USB2.0接口。

③“电视卫士”。杀毒防护软件，保护智能电视健康。

④“多屏互动”。通过APP实现多屏无线互动（L48A71内置的多屏互动程序已经是最新的3.0版本）。

⑤“云赏K歌”。内置K歌软件，在家就能K歌。

⑥“跳吧”。舞蹈教学应用，用户可以和电视互动，学习舞蹈。

“跳吧”应用就是跳舞教学和互动应用，内置了很多种类的舞蹈，一边教学，一边互动。选择热门舞蹈、时尚街舞等，再配上外接摄像头，就能进行互动了，电视能拍下舞蹈视频，和教学视频对比，学习效率更高。

⑦“激流快艇”。大型体感3D游戏。只需启动遥控器体感键，遥控板立刻变身体感操纵器。3D游戏效果仿真自然，水道水纹、波浪质感、人物造型、建筑物材等都做得非常好。

⑧“宝石秘境”。宝石消除类游戏。

⑨“3D游戏地带”。管理电视上的3D游戏，下载、安装、删除等。

⑩“游戏中心”。TCL游戏平台，包括斗地主、投篮、象棋等经典互动游戏。这些游戏均需下载再安装才能使用。

⑪“消息盒子”。显示最新系统推送消息等。

⑫“全部应用”。显示电视上安装的所有程序。

2. 智能语音

与长虹智能电视一样，爱奇艺智能电视可以通过遥控器对电视机进行红外遥控控制，实现语义定向操控、语义全域搜索、语义换台，其基本控制原理如图1.68所示。

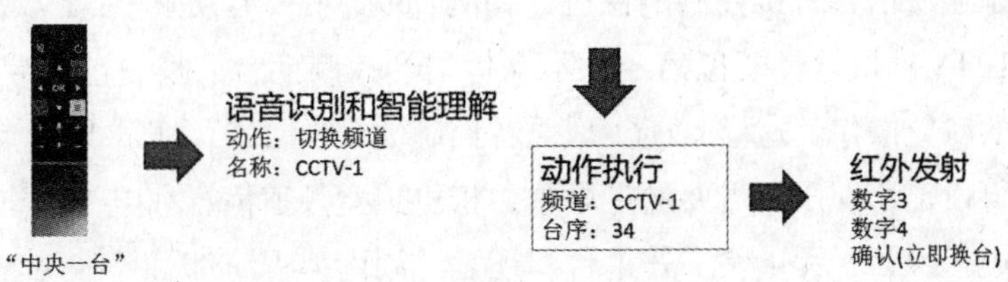

图1.68　智控语音换台基本原理

TCL爱奇艺超级智控电视语音功能具体体现在：离线状态下，支持语音控制频道切换；打开预装应用；语音控制基本命令等功能。联网状态下，可支持语音切换频道（例如，33频道，所有频道名称）；支持语音控制和电视连接的数字电视机顶盒；语音打开安装的应用；语音控制命令；语音搜索影视、音乐内容；语音搜索电视节目；语音打开日常网页；语音搜索互联网内容等功能；同时支持语音聊天等功能；支持语音输入文本信息等。支持遥控器语音输入，同时支持手机语音输入方式（需要下载安装手机多屏互动软件）。

（1）语义定向操控（语音控制）。

语义定向操控是指对语言指令进行智能分析，并精准执行的语音识别技术。用户只需要说一句话（一个指令），便可完成对电视的应用、功能、日常设置进行开启和操控。例如，用户在执行机顶盒设置时，只要按住遥控器“语音”键，对讲“云赏K歌”，界面自动跳转到此界面下。

进入“云赏K歌”页面后，用户可通过“热榜”、“新歌”、“歌星”等图标继续进行选择。此外用户还可以通过语音对电视屏幕亮度和音量进行调整。在任意界面下长按语音键，说出“调暗一点”，电视画面变暗；在任意界面下长按语音键，说出“声音大一点”，电视音量变大。

（2）智控语音助手。

语音定向功能还可直接语音呼叫“打开浏览器”、“我要上网”或者“语音帮助”等命令。整机所有语音控制功能及实现都可在语音帮助里找到。语音帮助功能相当于语音控制助手，它教会用户如何进行语音控制和说话。同时还可设置语音音量的大小。显示语音助手界面时，按遥控器“左”键（或者说“语音帮助”命令），弹出语音帮助界面，用户可仿照类似实例，发出控制命令。按遥控器“右”键（或者说“取消帮助”命令），关闭语音帮助界面。

（3）语义全域搜索。

对语言指令进行智能分析，在互联网和本地范围内（如外接U盘中保存）搜索相关内容，用户可根据自己的喜好选择相关内容浏览和使用。例如，在任意控制界面下，只要按住遥控器语音键，讲出“刘德华”，电视机将自动搜索出关于刘德华的所有娱乐、音乐、综合等相关内容信息。如果未接互联网，电视机将搜索本地范围内有关刘德华的相关信息。用户通过遥控器选择相应信息继续进行操作即可。利用搜索功能为用户节约了操作时间，而且可以提供更全面的信息咨询。

（4）语义换台（模拟信号除外）。

语义换台是通过语言直接控制电视机，如图1.69所示，但仅限于DTV数字电视、广电机顶盒、电信IPTV机顶盒，模拟信号暂不支持语音控制换台。换台前需要进行电视频道名称与频道号的对应操作。这样就能实现语音控制电视换台了。实现此功能需要对机顶盒的信息提前进行设定，即用户需要通过设置，将机顶盒频道信息和电视机进行匹配，才可直接通过语音进行换台，无论是“芒果台”还是“湖南卫视”都可精准跳转，使用更加便捷。在任意界面下，按遥控器“语音”按键，启动语音助手，直接说“电视频道名称”、“频道序号”等命令，即可快速切换电视换台。

图1.69 语义换台

（5）遥控器对机顶盒的控制。

遥控器可以实现对机顶盒进行语音和按键两种控制方式。

① 对机顶盒的属性进行设置：先将电视联网，机顶盒和电视相连，进入应用程序

“智控设置”，打开“机顶盒设置”，如图1.70所示。根据提示，可手动填写机顶盒的属性，也可以利用“智能定位”、“智能匹配”进行机顶盒属性的自动配置，利用“台序管理”对台序进行自定义修改（注意，必须保持电视机端的频道顺序和机顶盒的频道顺序一致）。填写完机顶盒属性后，点击“确定”即可。当电视全屏播放电视频道时，若此信号源与机顶盒预设的信号源一致，则遥控器将自动切换到机顶盒状态，遥控器的上下左右等按键将自动被转发到机顶盒。当电视切换到其他信号源，或返回主页、应用程序等状态下，遥控器自动退出机顶盒控制。当用户未设置机顶盒型号，而用机顶盒观看电视频道时，用户按上下左右键，电视将提示“是否开始设置机顶盒”，用户可选择“开始设置”，启动机顶盒设置界面。

图1.70　打开“机顶盒设置”

② 机顶盒设置完成后，可按下遥控器语音键，弹出语音助手，说出想要跳转的频道或音量调节，即可通过语音完成相应操作。

③ 遥控器操控机顶盒必须要做的步骤如下：

- 选择设置→机顶盒设置，按“OK”键弹出使用说明。
- 阅读完“使用说明”后按“OK”键弹出“机顶盒设置”提示对话框。
- 按照具体情况填写对话框，设置完成后点击保存。
- 弹出设置成功对话框，可以选择完成或测试。
- 按照向导，选择所用数字电视提供商（运营商）、机顶盒型号等参数，进行保存，测试通过后，即可直接控制机顶盒了。
- 根据提示测试设置是否正确，如不正确请确认信息后重新设置。

3. 爱奇艺多屏互动

（1）目的。

爱奇艺多屏互动能够将手机端的全部爱奇艺VIP资源（需要付费点播的内容）直接推送到爱奇艺电视上，在大屏幕上免费观看。手机安装了互动软件后，将代替实体遥控器的全部功能，对电视机进行遥控控制。

手机推拉片说明如下：

① 从手机的任意视频资源展示位置、播放中位置推片到电视上播放。

② 从电视的任意视频资源展示位置、播放中位置拉片到手机上播放。无缝衔接，统一记录。手机控制可实现浏览界面，调节音量，翻页，快进快退等跨屏操控功能。眼睛再也不用在电视屏和手机屏之间来回切换，100%实现盲控操作。

（2）实现爱奇艺多屏互动的条件。

首先需要用手机扫描电视上多屏互动功能的二维码，打开电视爱奇艺图标，电视画面会提示下载安装，并出现与多屏互动相关的提示内容，如图1.71所示。

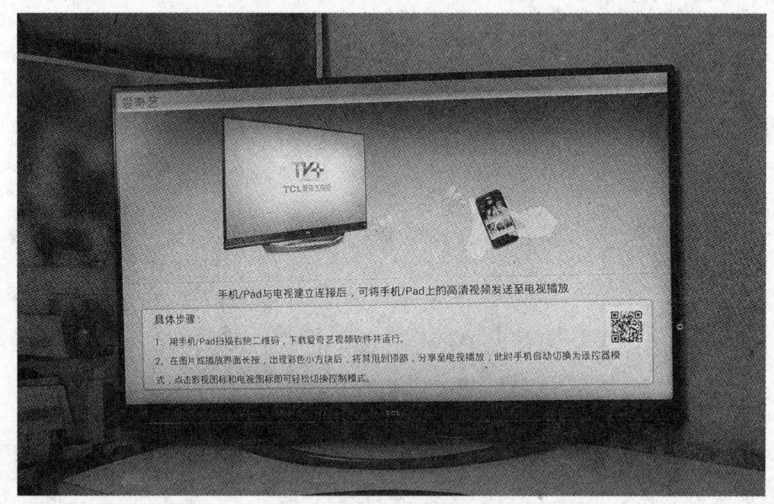

图1.71 提示内容

爱奇艺多屏互动可实现多种控制功能，每个控制功能模块都有单独介绍。爱奇艺视频多屏互动只是其中的一个功能，主要针对视频收视和遥控。如果想单独安装，也可以扫描爱奇艺视频的二维码，下载安装，然后运行。在图片或播放界面长按，出现彩色小方块后，将其甩到顶部，分享至电视播放，此时手机自动切换为遥控器模式，点击影视图标和电视图标可轻松切换控制模式。

（3）手机智控软件下载与安装。

智能手机要求操作系统是iOS系统或者Android系统。iOS系统安装爱奇艺客户端，版本要求4.6.1以上；Android系统也可安装TCL爱奇艺多屏互动。

① 操作系统是iOS版本的多屏互动手机可以到苹果的App Store中安装爱奇艺视频软件；如果已经安装，请升级到4.6.1版本（最新版本）。

② Android系统的手机可以打开电视的互动界面，用二维码扫描方式下载爱奇艺视频软件。扫描电视机出现的二维码，会自动下载APP，下载完正常安装，打开APP就行了。

③ 用户还可以到机锋市场下载手机客户端——TCL多屏互动爱奇艺版。在百度网站输入“机锋市场”，找到网站，在网页搜索框中输入“爱奇艺客户端”，找到下载地址，将软件下载到电脑，然后再拷贝到手机，安装即可，如图1.72所示。

图1.72　机锋市场下载软件

后续安装过程均与长虹智控软件安装过程一样，在此不再详述，最终手机桌面上会显示QIY图标。

将手机和电视接入同一Wi-Fi局域网下，不要有防火墙，此过程的设置与长虹智控相同。

在爱奇艺电视应用中打开多屏互动，进入爱奇艺多屏互动模式，电视不需要进行其他操作。

启动手机控制，打开爱奇艺视频手机客户端，在“我的奇艺”中找到“爱奇艺电视”选项。

手机会自动搜索同一局域网内的爱奇艺电视，点击连接。这一过程与长虹智控手机与电视机配对过程方法相同。

配对成功之后，手机顶部出现小电视图标（见图1.73）。手机的屏幕就变成了一个大大

图1.73　配对成功

的触控板。这个触控板能代替遥控器，上面部分能实现左右上下互动、文字输入等，而下面部分则是“返回”和“菜单”按键。

此时，可选中任何来源于爱奇艺的视频拖拽到小电视上进行播放（见图1.74）。

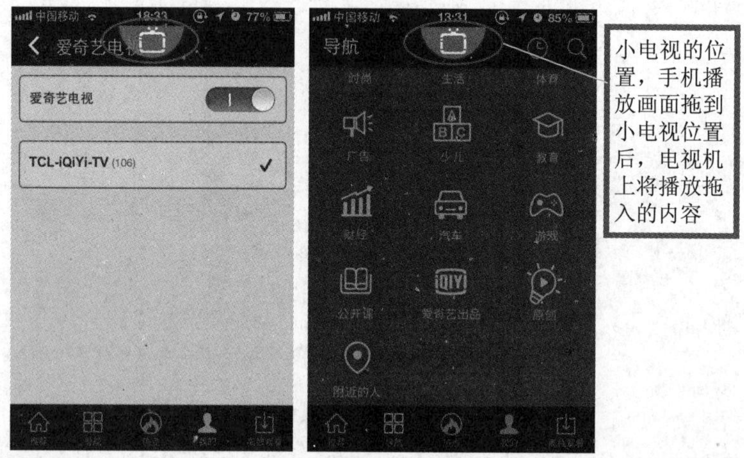

图1.74 播放视频

（4）手机高清自适应技术。

智能手机不但可以将手机内容上传到电视屏幕上，或者将电视屏幕的内容传到手机屏幕上，还可以实现手机高清自适应推拉片，将手机上的低像素片源推送到电视上，自动转换成全高清或高清分辨率，完美展现电视播放的优势；正在观看的电视影视综艺节目，也可以推送到手机上，自动变素成适合手机的低像素，让播放更流畅。具体操作方法如下：

① 手机元素推送到电视。在爱奇艺手机客户端内容界面任意位置的专辑图片上长按，出现彩色小方块，而且最上面一栏多了一个电视的图标。把这个彩色的色块移动到电视图标之上。完成之后，手机的显示内容就通过Wi-Fi网络推送到电视上了。

② 电视元素变素拉放到手机。当焦点位于电视上某个专辑图或者播放界面时，长按小电视图标，出现彩色小方块，将其从绿色区域拉出来，即可在手机上播放，并支持断点续播。

除了前述介绍的方法外，还可用手机玩游戏、K歌等，操作方法都差不多，就是将手机上的内容无线发送到电视上。

4. TCL爱奇艺“电视卫士”功能

爱奇艺“电视卫士”如图1.75所示，这也是智能电视的特色，功能相当于电脑的杀毒软件。因为电视的功能多，开放性大，所以难免有感染病毒软件的风险，内置的电视卫士也能避免这样的危险，保护电视。电视卫士提供了电视体检、信息查询、开机加速等系列功能，优化智能电视，保护系统安全。通过这些内容的介绍，我们已深刻感觉到现在的智能电视机更像一台电脑的操作界面了。

(a)

(b)

图1.75　爱奇艺“电视卫士”

1.4　海信智能电视概述

1.4.1　VIDAA智能电视特点

2013年海信主推的智能电视是被誉为全球速度最快、操作最方便的极简电视——VIDAA，这里“VIDAA”是西班牙词语，意指丰富多彩的生活。设计此电视机的理念是想让用户真正围绕家庭休闲娱乐生活，体会一种简单轻松、快乐、自在休闲的娱乐生活。这是侧重为用户看电视而打造的一款智能电视，而不像其他智能电视侧重在各种应用程序的推广、使用。VIDAA电视让用户从众多智能应用功能、网络功能中解放出来，轻松玩转智能电视。从电视机给出的节目源显示的分类内容上有直播电视、视频点播、媒体中心、应用中心、HDMI1、HDMI2、HDMI3、分量、AV1、AV2、VGA，电视机要执行的主要功能和信号源一目了然，如图1.76所示。电视机控制采用下拉菜单方式。VIDAA电视最大的特点是简化功能，强调实用性。

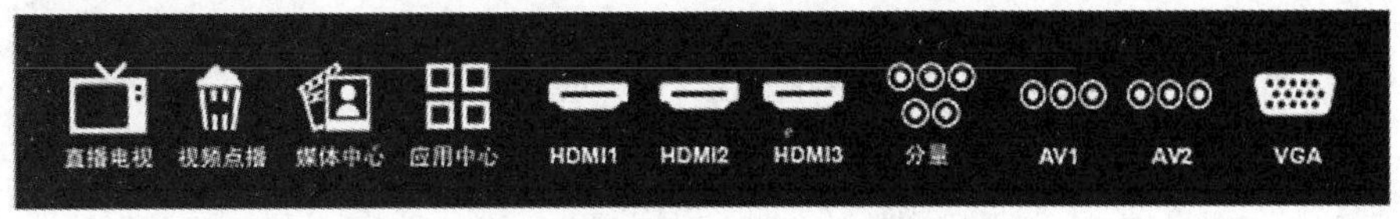

图1.76　海信智能电视节目源

VIDAA智能电视分为K600系列和K680系列。K600系列硬件采用双核CPU+双核GPU。K680系列采用4K屏（分辨率达3840×2160的4K超高清显示配置），产品覆盖VIDAA39英寸、42英寸、50英寸、58英寸、65英寸全部规格。实现了USB、HDMI接口的

4K读取，为用户提供豆果、ZAKKA两款4K应用，其硬件由强劲的双核CPU+四核GPU组成。运行大型3D游戏以及在多任务同时处理的情况下，能保证系统的稳定运行。K680系列4K VIDAA产品是K600系列VIDAA产品的升级之作。VIDAA两大系列代表产品及关键技术指标见表1.9。

表1.9 VIDAA两大系列代表产品及关键技术

系列	型号	关键技术
K680系列	LED65K680X3DU	双核CPU+四核GPU 操作系统采用Android4.2版本 4K（2160P）屏，超高清屏。主频时钟频率为1.2GHz
	LED58K680X3DU	
	LED50K680X3DU	
	LED42K680X3DU	
	LED39K680X3DU	
K600系列	LED55K600X3D	双核CPU+双核心GPU 操作系统采用Android4.0版本 1080P屏，全高清屏
	LED47K600X3D	
	LED42K600X3D	
	LED39K600X3D	
	LED32K600X3D	

1.4.2 VIDAA简约控制

1. 遥控器键控方便、简单、直观，实现四键直达

为了实现智能电视简约控制，海信首先在遥控器设计上下了许多工夫，VIDAA电视遥控器仅用了28个键，解决了众多用户反映的智能电视遥控器用不上、功能复杂、不适用等问题。为实现用户简约快速控制，遥控器面板按键设计了“四大应用一键直达”，即直播电视、在线视频点播、家庭媒体中心、APP应用中心，如图1.77所示。

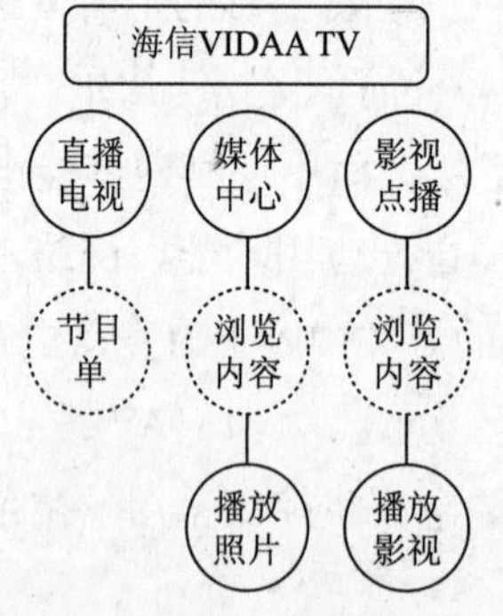

图1.77 四大应用一键直达

这些直达键的功能特点如下：

① 直播电视，电视机直接切换到DTV或ITV模式下，即可观看电视节目了。

② 在线视频点播VOD，直接进入ICNTV状态。

注：ICNTV就是中国互联网电视平台。

③ 家庭媒体中心，播放U盘或移动硬盘中的内容，而且还可以记忆上次播放的内容。

④ APP应用中心，里面全部都是用户的应用。

其次，遥控器体积也大大缩小，仅为普通遥控器大小的三分之一，流线造型，根据人手生物结构和方便使用常用控制键的思路设计了造型如同贝壳形状、键位排列形成一个卡通小熊头形的遥控器，人们也常常将此遥控器称为OK熊遥控器。从键位布局来看，它充分满足用户体验控制时手指动作的舒适感和方便性，再现人性化设计理念。图1.78所示是VIDAA海信K600系列电视遥控器实物图。数字0~9键已取消，取而代之的是0_9软键盘，用于用户进行数字输入如输入1、2等数字，此时按0_9键，电视机屏幕上会显示数字软键盘，移动遥控器上下键进行选择即可。如果用户要进行文字的选择最好外接无线USB键盘来完成。遥控器上仍设计有传统的音量、节目加减控制键，且仍采用经典的对称分布结构。相对其他智能电视来说，VIDAA遥控器采用红外遥控、非射频遥控。更多其他键的功能见产品说明书。

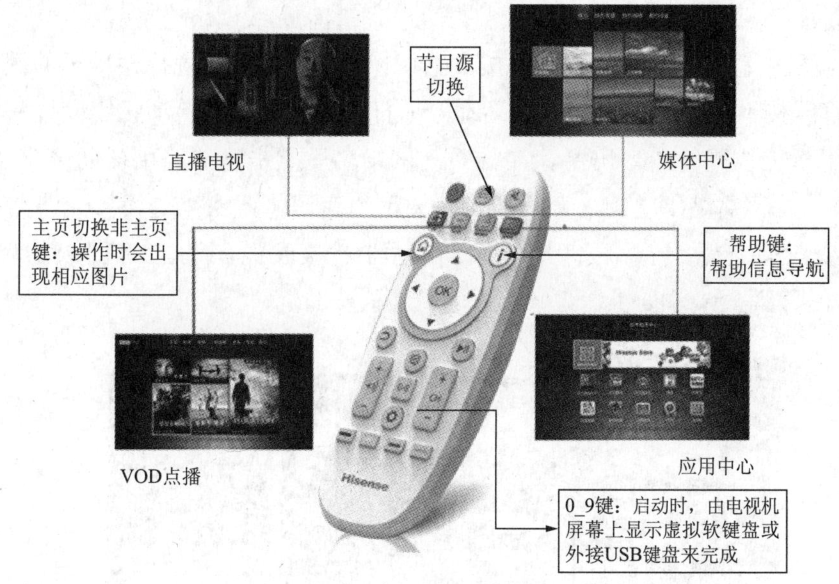

图1.78 VIDAA海信K600系列电视遥控器

2. 控制界面简洁，飞速滚轮式切换

四大瀑布切换、左右滚动切换，换台时不断向上翻动，上下滚屏不黑屏，所需时间很短（0.1s，几乎“零等待”响应）。

注意：瀑布式换台效果需在数字电视状态下使用。

除此之外，VIDAA智能电视的快速响应还体现在：

① 按键快速响应：任意菜单呼叫或者按键控制，都能在屏幕上得到最快速的响应。由此带来敏捷顺畅的操作感受。智能电视追寻的快速，终于由VIDAA TV实现了。

② 菜单快速反应：无需担心不会操作，菜单上显示的永远是和当前观看内容有关的信息。预约节目、编辑喜爱、搜索相关、快速转换，都在指尖的操作中轻松完成。

③ 快速学习和快速查找等方面。

3. 互动控制

VIDAA电视要进行智控互控时，可以通过Wi-Fi或有线网络，将电视机与智能手机或平板（包括iOS与Android系统）置于同一路由器下，便可实现手机或智能平板电脑对电视机的遥控控制。当然还可外接无线键盘和鼠标对电视机进行控制。部分体感游戏也可直接利用手机充当游戏手柄进行互动。

4. 家庭分享、传屏、随心控功能

无需连线，轻松实现本电视与已安装海信多屏互动软件的外部移动终端设备间的图片、音乐、视频内容的分享显示、传屏与随心控功能。海信X880系列和VIDAA等产品都有此功能。要实现这些功能，要求以下几点：

（1）智能手机、电视机或平板处于同一路由内。

① 条件说明：电视机、手机或平板电脑在同一路由器下。电视机可以通过有线或无线网络设置来实现。而手机与电脑需通过无线Wi-Fi。电视机无线时需要内置无线网络或外置无线接收器。同时手机或电脑也要打开Wi-Fi，启动无线网络连接。

② 电视机启动无线网络的方法：按下主切换键（遥控器左边像小房子的键）—应用中心（或直接按下遥控器上的应用中心键）—打开网络设置—启动无线设置—电视机会自动扫描附近无线网络—列出已存在的系列网络名—点击已知路由器的名字（如HTV-207639326）—网络名下出现对话框要求输入网络密码（此密码是设置无线路由时设定的）—输入密码—点击连接网络—电视机与路由器连接成功。图1.79和图1.80是海信X880系列产品启动无线设置和要求输入密码时的对话框。

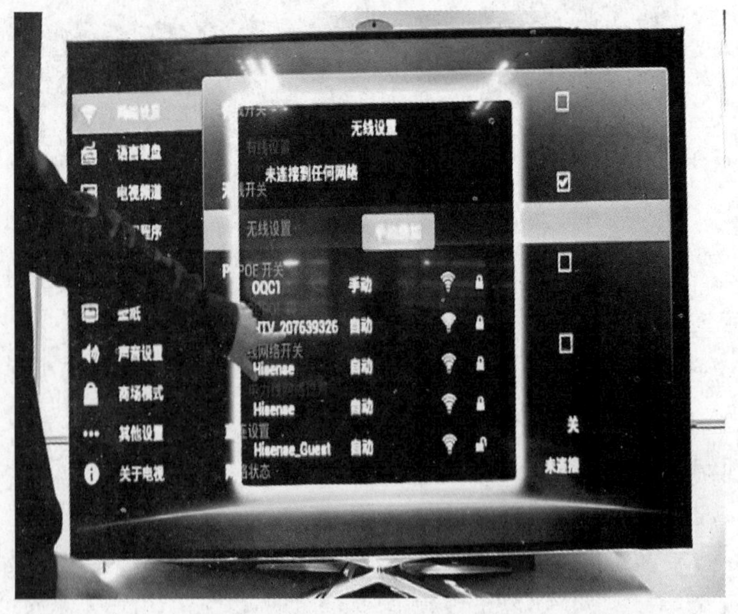

图1.79 启动无线设置

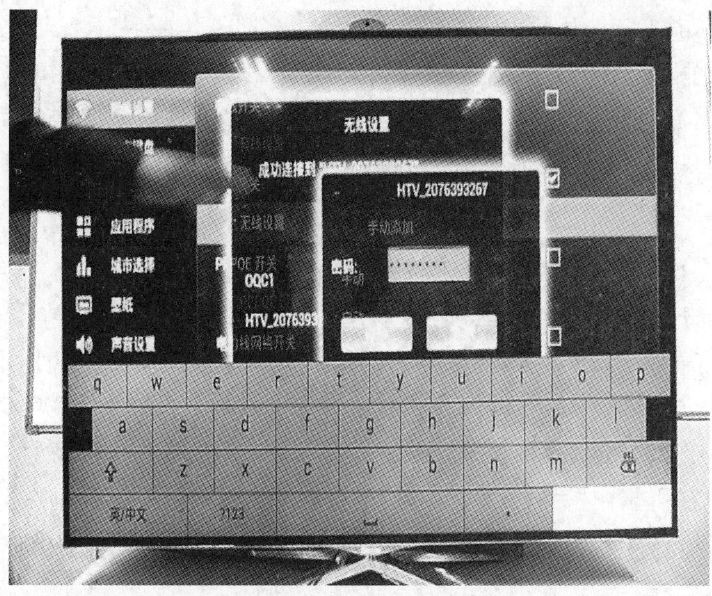

图1.80　输入密码

③ 以后每次开机使用网络，电视机便自动与路由连接，无需再输入密码了。

④ 电视机也可通过有线连接，方法是输入路由器分配的IP地址、网关等信息。此时需通过电脑接在路由器上，查询IP地址等信息。有关这方面的知识见5.3节部分内容。

⑤ 手机或电脑与路由器的连接方法。二者只能通过无线信号与路由器连接。二者连接时，同样与电视机一样，要启动无线网络中的WLAN，然后二者像电视机一样会扫描无线网络，并列出网络的名字，点击其中与电视机同名的HTV-207639326路由器，输入与电视一样的密码后，点击连接，此时手机或电脑会显示连接成功。这样电视机与手机或电脑已处在同一路由器下了（见图1.81）。

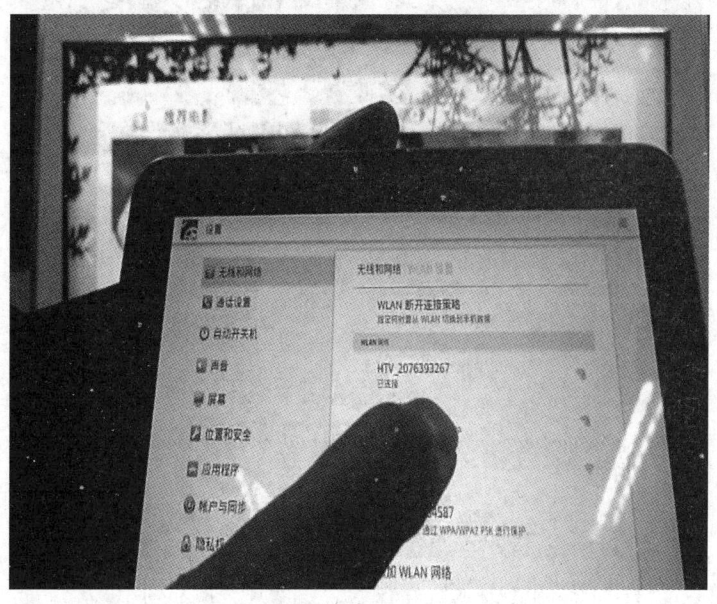

图1.81　手机或电脑与路由器连接

（2）传屏功能（文件互享）。

根据手机或电脑窗口“大传小”或“小传大”图标便可实现传屏功能了。

① 点击“小传大”，此时电脑或手机搜索无线设备，点击与电视机同一路由的路由设备，并点击提示后，将手机或电脑所有控制，包括图片或影视文件、应用控制推送到电视上去同步显示。

② 点击手机或电脑上的“大传小”图标（注：有的智能手机或平板电脑可能无此功能），电视机屏幕画面便会传送到手机或电脑上显示。此时，如果想在手机或电脑上显示电视画面内容，而不需电视显示，只要点击手机或电脑上的“关屏”图标，此时电视机将处于黑屏，电视机控制画面显示的内容此时在手机上显示，直到你想在电视机屏幕上看到画面时，再点击打开屏幕图标，此时手机与电视机会有同样的图像显示，从而实现大传小，手机跟随电视机工作。图1.82所示是海信生产的ITV智能平板电脑在进行大传小时的画面，用遥控器控制电视机上任意动作的画面都将拖拽到电脑(如海信的ITV屏)上显示。

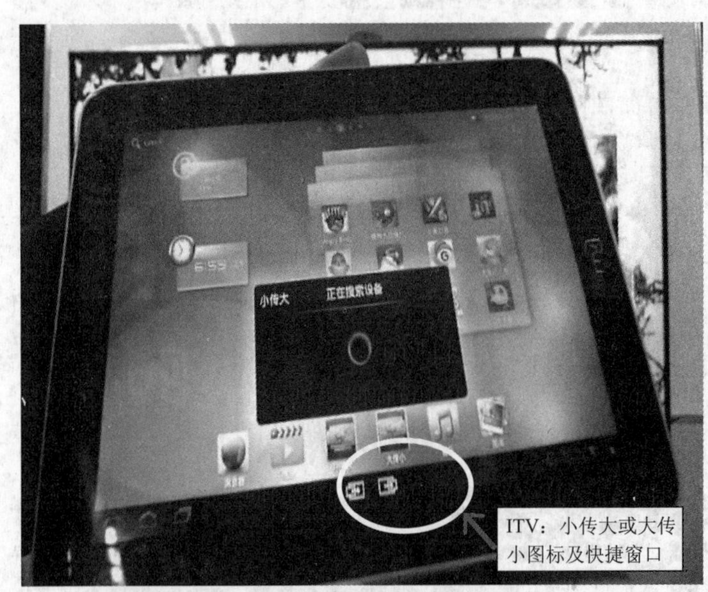

图1.82 电视机画面已在电脑上同步显示（大传小）

（3）随心控功能。

随心控功能即通过ITV、手机或电脑控制电视。在ITV或手机中切换到随心控功能，点击随心控图标，这样就可以看到电视所有控制功能画面拖到ITV设备上，此时ITV设备便可对电视机所有功能进行控制了，点击返回键便退出了。K580、X880、K660系列新品智能电视均有随心控功能。早期的智能产品还没此功能。海信2012年5月以后生产的智能产品均有此功能。

5. 记忆功能

自动记忆待机前的画面、自动记忆切换前界面、自动记忆浏览历史。也可记忆关机前的状态，包括功能状态或用四键直达页面等，方便下次查找使用。

6. 四大主题特色

图1.83~图1.86所示是VIDAA电视的四大功能页面，这些页界面均给出用户控制操作方法。

① 图1.83是电视状态。开机后出现的画面会提示选择数字或模拟方式收看电视节目，但不管看什么电视机，先进行搜索节目操作。

图1.83 电视状态

② 图1.84是视频点播，要进行视频点播，提示用户先要进行网络连接。海信与iCNTV平台进行了深度的合作。未来电视有限公司iCNTV是中国网络电视台CNTV互联网电视的子公司，二者有同等丰富的影视资源，用户在此平台收看无需交收视费，故可直播。而爱奇艺、乐视等平台仍需收费服务，故用户要在这些平台收看影视节目，需在应用中心安装下载。

③ 图1.85为用户播放U盘或移动硬盘中的文件，如视频、音乐或图片等节目，可以识别USB 3.0及以下版本接口信号。USB3.0接口的出现是为满足4K电视播放。随着各类片源容量的不断变大，普通的USB接口已经无法顺利完成传输工作了。而USB3.0的加入，一方面可以更快地传输视频，另一方面当4K片源丰富的时候，用户也可以通过移动硬盘，直接连接观看，这样更加方便了。

图1.84 视频台播

图1.85 播放U盘或移动硬盘中的文件

④ 图1.86为应用商店。在此窗口内，用户可在电视推荐的应用商店中下载各种应用程序，扩展电视机功能，同时用户也可通过互联网去安卓市场下载文件后缀名为.APK的应用软件进行安装，以扩展电视机应用功能。用户还可在推荐的游戏中心下载游戏程序进行安装，体验游戏带来的震撼力。

在图1.86的应用程序心中里还有一个“系统设置”窗口。选择“系统设置”窗口后出现网络设置、个性化设置、应用管理、海信云账户和系统设置等控制项目。下面就给大家介绍这5个控制项目。

• 网络设置。电视机要与互联网连接，手机能否对电视进行互控或随心控制等，都需进行网络设置。进入网络设置后，选择有线或无线Wi-Fi设置，再进行检测，设置成功，电视机会显示连接成功，如图1.87所示。该机还支持PPPOE拨号（有的叫ADSL拨号上网，其实现方式是将电话线接在调制解调器，然后从调制解调器接一根网线到电脑或路由器上，在电脑或路由器里面设置PPPOE拨号账户，拨号成功后宽带就接通了）以及Direct Wi-Fi直连功能，在没有路由器及无线AP的情况下也能实现网络及设备连接。

图1.86　应用商店

图1.87　网络设置

◎知识链接……………………………………………………………

Wi-Fi Direct和无线AP

Wi-Fi Direct标准是指允许无线网络中的设备无需通过无线路由器即可相互连接。与蓝牙技术类似，这种标准允许无线设备以点对点形式互连，而且在传输速度与传输距离方面则比蓝牙有大幅提升。其优点如下：

① 移动性与便携性：Wi-Fi Direct设备能够随时随地实现互相连接。由于不需要Wi-Fi路由器或接入点，因此Wi-Fi设备可以在任何地点实现连接。

② 即时可用性：用户可以利用带回家的第一部Wi-Fi Direct认证设备建立直接连接。例如，一部新购买的Wi-Fi Direct笔记本可以与用户已有的传统Wi-Fi设备创建直接连接。

无线AP即无线接入点AP（Access Point），它是一个无线网络的接入点，主要有路由交换接入一体设备和纯接入点设备，一体设备执行接入和路由工作，纯接入设备只负责无线客户端的接入，纯接入设备通常作为无线网络扩展使用，与其他AP或者主AP连接，以扩大无线覆盖范围，而一体设备一般是无线网络的核心。无线AP是使用无线设备（手机等移动设备及笔记本电脑等无线设备）用户进入有线网络的接入点，主要用于宽带家庭、大楼内部、校园内部、园区内部以及仓库、工厂等需要无线监控的地方，典型距离覆盖几十米至上百米。无线AP的功能是把有线网络转换为无线网络。形象点说，无线AP是无线网和有线网之间沟通的桥梁。其信号范围为球形，搭建的时候最好放到比较高的地方，可以增加覆盖范围，无线AP也就是一个无线交换机，接入在有线交换机或是路由器上，接入的无线终端和原来的网络是属于同一个子网。

无线路由器就是一个带路由功能的无线AP，接入在ADSL宽带线路上，通过路由器功能实现自动拨号接入网络，并通过无线功能，建立一个独立的无线家庭组网。

● 海信云端用户信息。如正在登录应用商店的账号信息和欠费等信息、个性化设置［用户可以选择语言、居住城市区域、拼音输入法等（这在进行搜索功能控制时非常必要，此机可选择为最常用的搜狗输入法）］及应用程序管理（正在应用的和已应用的程序所占存储空间等信息）等内容。

● 系统设置（子设置系统）。在此栏目下进入下级菜单，可设置电视开机后在哪个画面下（信号源优先权，如主页等），如开机、系统更新方式（在线升级功能）、恢复出厂模式（当电视应用程序安装太多，且影响电视控制状态时，可选择此项操作恢复到出厂时的整机状态）。当我们想知道软硬件配置时，进入系统设置，再进入关于电视机，便能查到整机的软硬件相关重要信息，如图1.88所示，这是VIDAA系列产品查询此信息的相关内容。

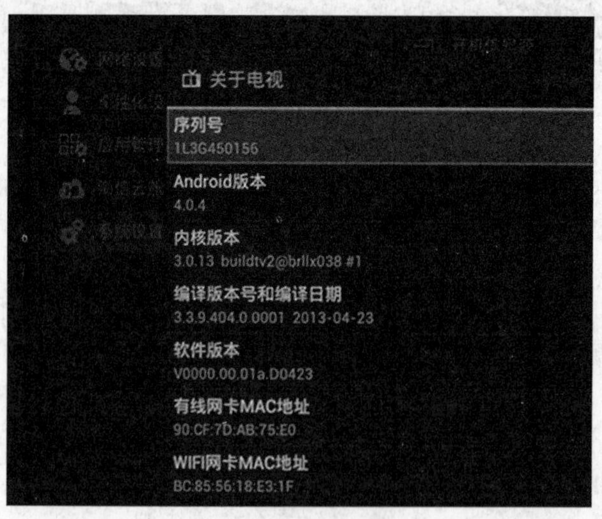

图1.88 关于电视

7. VIDAA智能系统K680系列独特功能介绍

① 具有独特的Hi-DMP 4K双流媒体功能，实现USB通道下4K画面和4K音频的全方位解码。USB播放最大支持到4K×2K（即分辨率为3840×2160/30P）超高清视频、图片播

放。HDMI输入最高支持4K×2K（3840×216/30P）的解码，无损点对点显示。

海信独有的Hi-DMP高清双流媒体技术不仅有识别标清双流媒体设备的兼容能力，还可识别USB1.1、USB2.0标准的USB设备信号，包括U盘、硬盘、数码相机等。可阅读MD、MS、SD、MMC、CF等各种多媒体存储卡，读取MP3、MPGE、JPG等数据格式。将各类存储卡上的图片及各种压缩格式的歌曲拷贝至U盘，通过电视机尽情享受边看电视边听歌的乐趣。

② K680系列产品采用海信VIDAA1.5版本。2013年4月投放市场的VIDAA K600系列及K680系列，操作界面已从VIDAA1.1、VIDAA1.2发展到VIDAA1.5版本了。K680系列产品除了具有K600系列的特点外，其控制界面还具有滚动变化特点，用户可自主添加、删除应用窗口。

③ VIDAA的K680系列增加了蓝牙2.0功能，实现互连互控。蓝牙的启动，在网络设置里，找到蓝牙设置，启动此功能，此时可接收手机、平板电脑通过蓝牙传输的图片或音乐，也可接收蓝牙鼠标、键盘、3D蓝牙眼镜等设备的信号，实现对电视机进行控制，如图1.89所示。

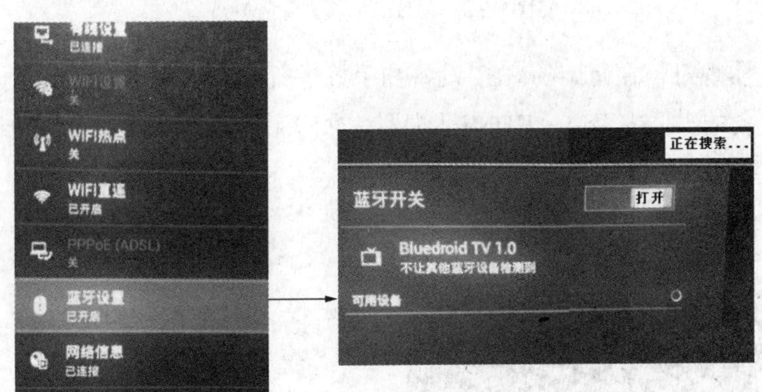

图1.89 蓝牙2.0功能

④ 互连互控全新体验——MHL（移动高清）。VIDAA电视机支持MHL移动高清，它通过MHL连接线将手机玩的游戏通过HML线接入超高清4K电视观看，体验手机上的游戏在大屏幕4K屏显示、控制的乐趣。真正实现智能手机与智能电视的强强联合，体验一种全新的游戏乐趣。除此之外，MHL线还可将手机的其他页面显示在电视机上，或将手机播放的电影、图片在电视上面显示、分享，如图1.90所示。

MHL就是移动高清技术，它的功能是通过单电缆与低引脚数的接口来实现输出高达1080p高清晰度（HD）的视频和数字音频，同时可为移动终端设备充电。它的实现需要移动设备本身内置MHL发射芯片，而显示设备需要配备MHL桥接芯片的转接盒，将从移动终端传输的信号进行转换，再通过HDMI将信号输入到显示设备显示。

MHL就是移动终端高清影音标准接口，其中一端带有标准的微型Micro USB标准接口，此端口接在手机、数码相机、数字摄影机和便携式多媒体播放器上，另一端输出MHL信号接电视机或显示器的HDMI端口。MHL上还设置了一个端口，采用手机的数据线

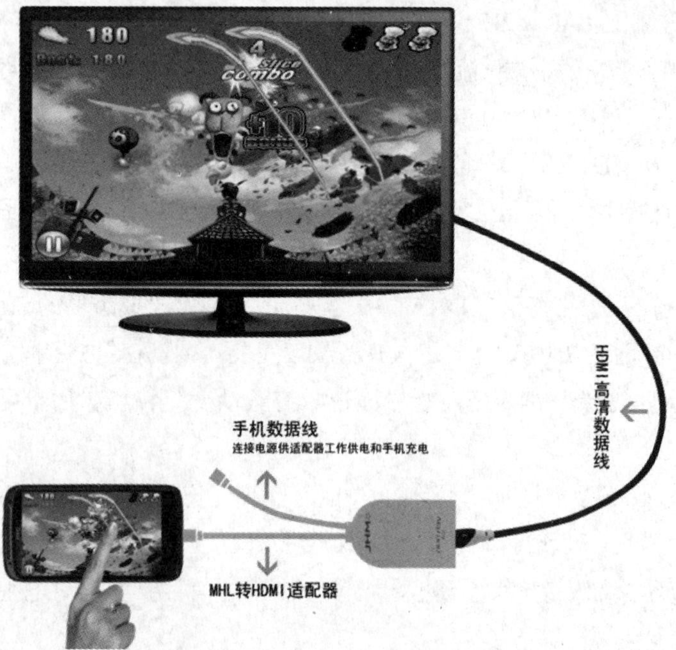

图1.90 MHL（移动高清）

接在电脑上，实现对正在使用的MHL设备和手机进行充电。这样连接后就能实现将手机或其他移动设备的媒体内容通过HDMI适配器（MHL线缆）接到电视HDMI或MHL端口显示（MHL兼容了HDMI端口），如图1.91所示。

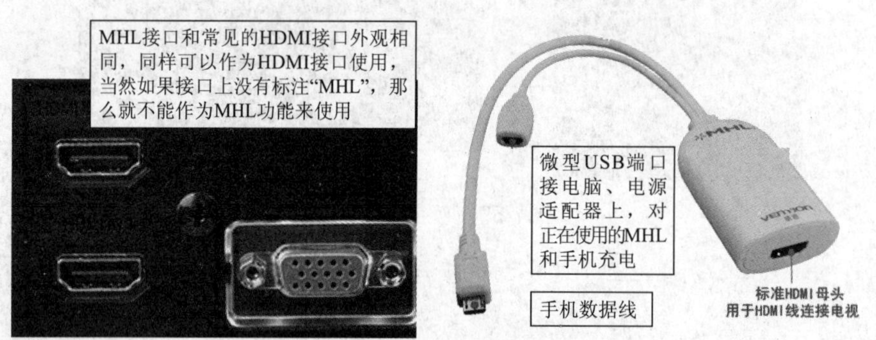

图1.91 MHL转HDMI适配器

MHL适配器输出MHL信号的特点：仅5个引脚便能传送数字高清影音信号，传送速度较HDMI更快。与今天大多数数字电视采用的 HDMI 输入接口兼容，包括集成了HDMI传送的 CEC 功能和逻辑控制。

◎知识链接………………………………………………………………

MHL与HDMI的区别

HDMI具有19路引脚，其中12个引脚用来传输视频和音频信号；还有3个引脚是专门用来做控制用的，这些控制信号包括DDC（Display Data Channel）及消费性电子控制（Consumer Electronics

Control，CEC）。MHL 是由SONY，NOKIA，Explore，Silicon Image，TOSHIBA，三星等公司联合倡议的一个新型便携式产品视讯传输协议。MHL 只有 5个引脚，其中 4个引脚专门用来传输音频和视频信号，1个引脚是专门用来进行控制的。它将TMDS和DDC、CEC整合，通过一根线对音频和视频进行全方位控制，它使数据的存储和数据的传输变得更加容易，这就是 MHL新型接口的好处。

MHL有一个优势是它能够传输各种格式的信号。手机与电视最大不同在于它能够支持多种媒体格式，包括 MPEG4，H.264，AVI，Quick time，或者是 Windows Media，甚至是 RM/RMVB。MHL 在传输过程中使电视省去了解压缩的环节，这些信号可以原封不动地传输给高清电视并播放出来，质量不受到任何损耗。厂商希望由一个连接器完成所有的功能，那么就可以让 USB MHL采用同一连接器。

1.4.3 海信其他系列智能电视介绍

海信HI-TV OS操作系统属于海信自主研发的应用商店，方便用户自行扩充电视的应用。如海信XT770系列智能电视操作系统包括Android+Hi-SMART系统。Hi-SMART系统是具有海信特色的智能电视的统称。HI-TV OS操作系统具有海信特有的应用功能，如大小屏互传功能、语音识别功能。大小屏互传功能在前述内容中已介绍，而语音识别仅识别用户发出的特定指令，以实现智能化控制，并非任何语言均可识别执行。内置CNTV（中国网络电视）、iQIYI（爱奇艺）、LeTV（乐视）影视平台，用户还可以通过浏览器，在优酷、土豆、酷6等热门视频网站直接点播视频节目等。

XT770、K580、K560三大系列智能电视（代表产品如海信LED42K560X3D0）具有海信“围观”功能。“围观”是海信独有的电视专属社交平台，用户可以用它分享视频、音乐等应用。另外，它还有三个独特功能：

① 排序：可优先显示用户关注的内容。

② 搜索：可在围观内容中按照需要，用关键字搜索。

③ 转发：在列表中，微博的内容可浏览更可转发。

点击“围观”窗口，将进入图1.92所示的页面，用户可在此进行影视及图片分享。

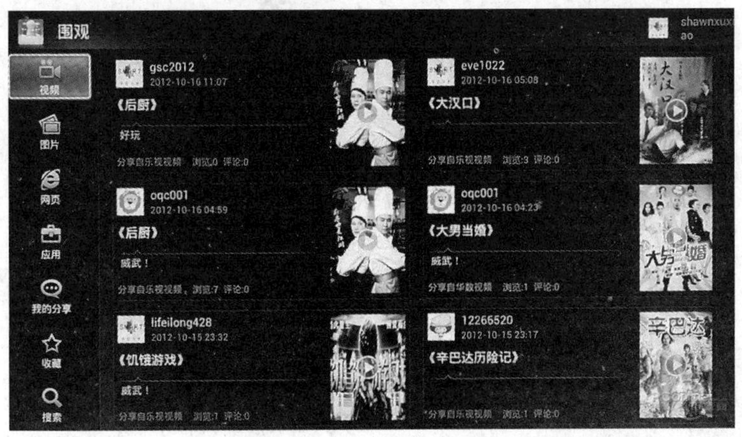

图1.92 影视及图片分享

第2章　长虹38机芯产品识别、工作原理与维修

长虹从2011年开始研发生产智能电视，投放市场的产品有多种，如2013年投放市场的有三大机芯及其派生产品。他们分别是液晶的LM37机芯、LM38机芯和LM41机芯，与此对应的等离子电视机分别是PM37、PM38和PM41机芯。无论液晶LCD还是PDP同期机芯电路基本相似，包括控制系统涉及的主芯片、应用操作系统及控制系统程序均相同，LCD与PDP的区别在于驱动图像处理系统程序不同，故LCD与PDP升级软件程序也不同，但因为采用的主芯片及操作系统是相同的，故软件升级方法基本相同。最后是PDP与LCD在电路上元件编号有部分不同。长虹38机芯包括PM38和LM38两大系列产品。

2.1　长虹38机芯产品识别及使用控制技巧

2.1.1　长虹38机芯产品识别

如何判定使用或维护的产品是长虹38机芯产品？较为直观的判定方法是看开机控制画面的风格、遥控器的按键特色。当然也可从电路上进行判定，还可以从机号上进行判定。

1. 遥控器按键特色

长虹38机芯的识别可以从遥控器的按键特色与功能键的作用上进行判定，遥控器如图2.1所示。

长虹38机芯遥控器与其他智能电视遥控器的最大区别是，控制键上有“左滑”、“右滑”控制键，其次是遥控器上还有放大、缩小、应用和主场景键等。

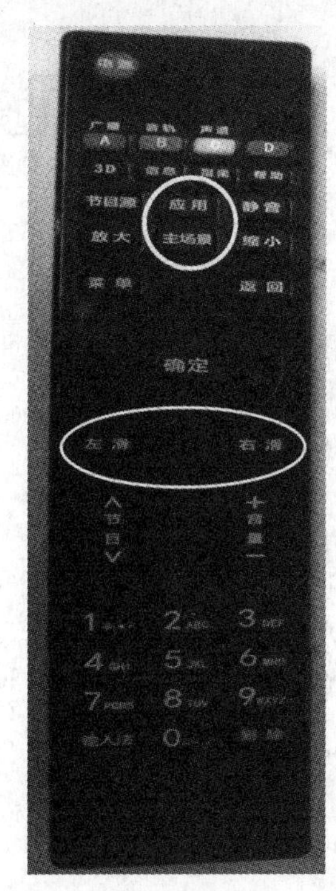

图2.1　长虹38机芯遥控器

2. 从控制界面上识别

按下遥控器上的菜单键出现图2.2所示的控制界面（网络设置、系统设置、应用管理、屏幕设置和智能帮助）。按下遥控器主场景键会出现图2.3（a）所示的可左右滑动的环状的九个窗口，分别是“自定义收藏”、“游戏”、“在线影音”、“天气预报”、“电视节目”、“本地媒体”、“浏览器”、“应用商店”、“整机设置”，或呈现图2.3（b）所示的九宫布局的页面。按遥控器◀/▶键或左滑/右滑键切换九个小窗口中的任意一个窗口，按缩小键变成九宫格布局方式的页面。通过上下左右键移动选择各个小窗口，再按确定键，将进入小窗口的下级

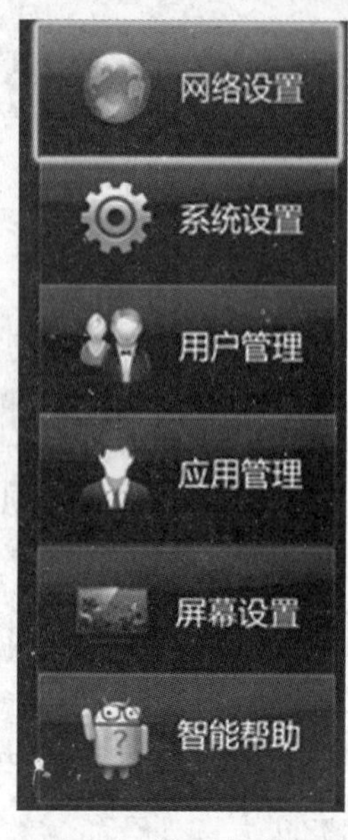

图2.2　按下菜单键

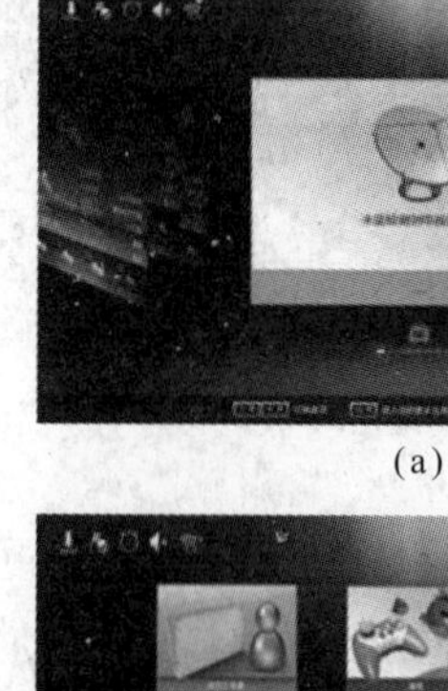

(a)

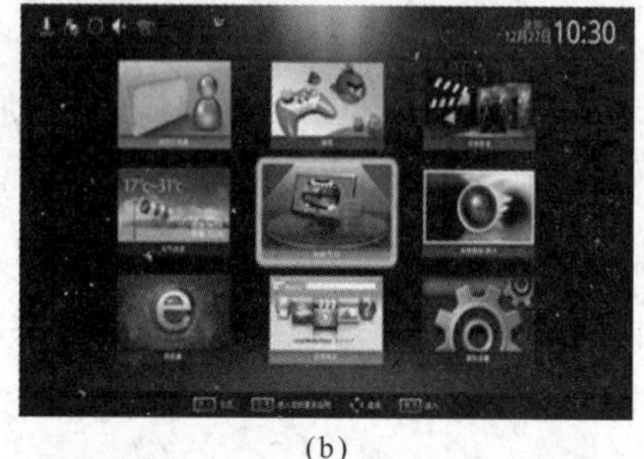

(b)

图2.3　按下主场景键

菜单中，基本上可判定此款产品是长虹38机芯的产品。

3. 从电路上识别

长虹38机芯电路采用的芯片是联发科技公司出品的MT5502，DDR3型号为NT5CB128M16 BP-D1_1600（容量2Gb DDR3 SDRAM B-Die）。长虹38智能机芯2012年开始投放市场，截至2013年，该机芯有多个派生版本，MT5502同期还研发有PDP机芯。表2.1是液晶LM38机芯及其派生机芯的代表产品型号。机芯型号中带D的表明生产的产品有DTV功能。

表2.1　液晶LM38机芯及其派生机芯代表产品的型号

LM38i	3D32A2000iV、3D42A2000iV、3D42A2000i、3D32A2000iV、3D32A2000i
LM38iS	3D32A4000i、3D32A4000iC、3D32A4000iV、3D32A40483D32A4049、3D37A4000i、3D37A4000iV、3D42A4000i、3D42A4000iC、3D42A4000iC、3D42A4000iV、3D42A4048、3D42A4049、3D46A4000iV、3D47A4000i、3D47A4000iC、3D47A4048、3D47A4049、3D55A4000i、3D55A4000iC、3D55A4000iV、3D55A4049、LED24A4000iV、LED26A4000i、LED26A4000iV、LED32A4000iC、LED32A4000iV、LED32A4048、LED32A4049、LED37A4000i、LED37A4000iV、LED39A4000i、LED39A4000iC、LED39A4000iV、LED39A4048、LED39A4049、LED42A4000i、LED42A4000i、LED42A4000iV、LED42A4048、LED42A4049、LED46A4000iV、LED47A4000i、LED47A4000iC、LED47A4000iV、LED47A4048、LED47A4049
LM38iS-A	LED29A4000i、LED32A4000i、LED32A4000iV、LED39A4000i、3D46A4000iC、LED39A4000iC、3D46A4000iC、LED39A4000iC、LED32A4000iC、LED29A4000iA、3D47A4000iC、LED46A4000iC、LED39A4000iV、LED32A4000iC、LED29A4000iA、3D47A4000iC、LED46A4000iC、LED39A4000iV、3D32A4000iC、3D55A4000IC、LED47A4000iC、3D42A4000iC、3D47A4000iC、3D55A4000IC
LM38iS-B	3D32B3000i、LED32B3000i、LED39B3000i、3D42B3000i、LED42B3000i、3D39B3000i、3D32B3100iC、LED32B3100iC、3D39B3100iC、LED39B3100iC、3D32B3100iC、LED32B3100iC、3D32B2000iC、3D39B2000iC、LED39B2300i、3D39B2000Ic(L52)、3D32B2000iC(L52)、LED32B3100iC(L54)、3D32B3100iC(L54)、3D42B2000iC、3D50B3100iC、LED50B3100iC、LED32B2300i(L52)、LED39B2300i(L52)、LED42B3100IC、3D50B2000iC、LED32B3100iC(L56)、3D42B2000iC(L55)、3D42B3100iC(L55)、3D50B2000iC、3D50B3100iC、LED50B3100iC、3D42E20A银色、3D50B2000iC、3D50B3100iC、LED50B3100iC、LED42B3100IC

续表2.1

LM38iSD	3D42A5000iV、3D32A5000iV、3D46A5000iV、3D55A5000iV、3D39A6000iV、3D42A6000iV、3D46A6000iV、3D55A6000i、3D46A5000i、3D46A6000i、3D55A5000i、3D32A5000i、3D42A5000i、3D42A6000i、3D32A7000i、3D42A7000i、3D47A7000i、3D48A9000I(L42)、LED48A9000I(L42)、3D55A7000i、3D50A6000I、3D46A5000i、3D37A7000i、3D42A5000iV、3D42A5000i、3D39A6000I、3D39A6000IV、3D55A5000i、3D42A7000iC、3D37A7000iC、3D32A7000iC、3D47A7000iC、3D55A7000iC、3D55A5000i、3D55A6000i
LM38iSD-A	3D55A6000i、3D50A6000i、3D39A6000i、3D46A6000i、3D42A6000I、3D39A6000i
LM38iSD-ICS	3D32A7000iC(L47)、3D37A7000iC(L47)、3D42A7000iC(L47)、3D47A7000iC(L47)、3D55A7000iC(L47)
LM38iSD-ICS-B	3D32B5000i、3D42B5000i、3D47B5000I、3D55B5000i

表2.1中的产品有些是2012年投放市场的，采用Android 2.2版本操作系统，2013年5月后推出的B5000、B7000系列采用Android 4.1版本。机芯相同的系列产品功能也有所不同，如LM38i机芯产品中带有“V”的是下乡产品，带有“3D”表示具有3D功能，带有“LED”表示采用LED屏（LED背光源有侧面式或直下式，产品系列也会不同）。又如产品型号中带有“C”的表明电路上多了DTV电路和IC卡端口及电路等，无DTV功能的将取消这部分电路，成为另外一种机芯和电路板，从而形成了多个LM38机芯派生产品。LM38机芯各系列产品的区别见表2.2。

表2.2 LM38机芯各系列产品区别

LM38i	JUC7.820.00055774V3，此机芯对应的屏有标清屏幕（分辨率为1366×768）和高清屏幕（分辨率为1920×1080）。这种主板只需改动主板上RW17 和RW18的位置（全高清屏装入RW18，标清屏装入RW17），再进入总线状态调整屏参即可。操作系统是Android 2.2版本
LM38iS	JUC7.820.00055850V3，由4000系列与4048、4049销售渠道机组成。不带C的表明无DTV功能，不带IC接口及卡识别电路。主板间的区别主要在高清与普通屏厂家不同，表现在全高清与普通屏状态的差异，在相互替换的时候要更改RW18 和RW17 的位置，见LM38i。另外LED24A4000iv主板还缺少一路USB接口，它的主板不能代换LM38iS其他产品。32英寸以上产品与32、26英寸的主要差异在于，32英寸以上产品多外接摄像头供电、信号传输、接插件等器件。故32英寸以下产品的主板不能代替32英寸以上产品。操作系统是Android2.2版本
LM38iS-A	JUC7.820.00062567V4，由A4000 系列产品组成，无DTV功能
LM38iSD	JUC7.820.00055577V2，5000、6000、7000系列产品，带大小卡功能，支持数字电视接收和播放，即智能网络电视一体机开发的一款机芯。6000 系列产品比5000 系列产品多一路重低音电路元件，故6000可替换5000系列，反之不行。6000 系列产品与7000 系列产品的差异较大，主要在USB 接口与3D 接口电路上，所涉及的器件也比较多，改动的难度比较大，一般情况下不建议替换，见图2.4的图解说明。操作系统是Android 2.2版本
LM38iSD-A	JUC7.820.00062824V3，6000系列，具有DTV一体功能，支持长虹专用摄像头，区别在上屏插座和RW17、RW18的状态，操作系统是Android 2.2版本
LM38iS-B	JUC7.820.00064487V3，B3000、3100、2000 等系列，屏-机壳一体机而开发的智能网络产品。无DTV及IC卡识别的相关电路。产品最大区别在上屏插座及RW18 和RW17 的位置。操作系统是Android 2.2版本
LM38iSD-ICS	JUC7.820.00062824V3，7000（L47），升级为Android 4.1版本，新UI显示风格
LM38iSD-ICS-B	JUC7.820.00068164V2，B5000系列，升级为Android 4.1版本

注：表2.2中JUC7.820.000×××××代表产品使用的电路板编号。

LM38iSD 7000与6000系列的区别如图2.4所示。

表2.3列出了等离子PM38智能机芯派生产品及生产的对应产品的参数。表中产品型号带“V”表示产品为家电下乡产品，机芯编号中带“D”表示该机芯产品有DTV数字电视功能，如PM38iD和PM38iD-A。3D眼镜使用长虹3D200D或3D200P系列快门式眼镜。

38机芯产品的识别依据上面介绍的从遥控器设置的功能键、开机后画面控制窗口的特

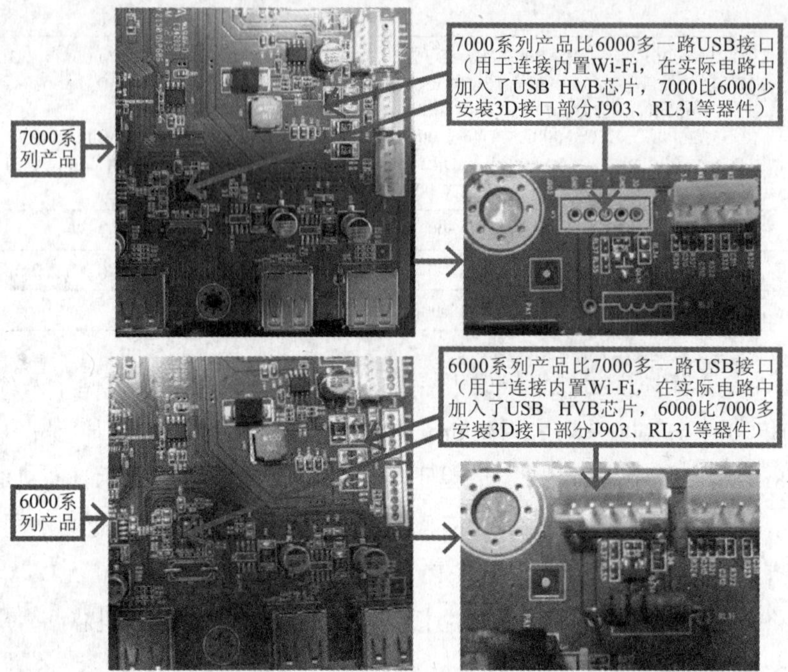

图2.4 LM38iSD 7000与6000系列的区别

表2.3 等离子智能机芯派生产品及生产的对应产品的参数

PM38机芯方案：主芯片MT5502AADJ/B				
机芯	代表产品	主板	调谐器	屏型号
PM38i	3D50A3000i、3D50A3000iV、3D50A3600i、3D50A3600i、3D50A3600iV、3D50A3700iV、3D50A3700i、3D50A3038、3D50A3039、3D42A3000i、3D42A3000iV、3D42A3600i、3D42A3700iV、3D42A3700i、3D42A3038、	JUC7.820.00055637 V3	TAF1-C4I22VH C	PM42/50H4000
	3D42A3600IV	JUC7.820.00060836 V2	TAF1-C4I22VH C	S43AX-YD01
PM38iD	3D43A5000iV、3D51A5000iV、3D51A5000i、3D43A5000i、3D43A5059、3D51A5059、3D43A5058、3D51A5058	JUC7.820.00055119 V4.0	TDTK-C742D	S43/51AX-YD01
PM38i-A	3D42A3000i（P36）、3D42A3000iV（P36）、3D42A3600i（P36）、3D42A3600iV（P36）、3D42A3700iV（P36）、3D42A3700i（P36）、3D42A3038（P36）、3D42A3039（P36）3D42A3000iD	JUC7.820.00061407 V2	TAF1-C4I22VH C	S43AX-YD01
	3D50A3000iD、3D50A3000i、3D50A3600i/iD、3D50A3700i		TAF1-C4I22VH C	PM50H4000、PM50H4000（02）
	3D50A3000iD（P42)	JUC7.820.00068026 V1	TAF7-C2I21VH（N）	PM50H4000（02）
PM38iD-A	3D43A5000iD、3D51A5000i	JUC7.820.00063791 V2	TDTK-C742D	S43/51AX-YD01

注：PM38机芯使用的遥控器均为RL78A。3D眼镜为3D200D或3D200D$3D200P。产品型号中字母定义：V表示下乡产品；D表示DTV。

色及电路使用的元件便可以进行全面判定了。38机芯的LCD、PDP机芯产品，主板使用的主芯片相同，但电路状态及硬件系统不同，编号及软件差异，LVDS上屏插座不同。即使是38液晶机芯派生的几款产品也因为生产状态的不同，主板的电路板有8种，显然它们之间的互换也是较为困难的，即使要替换也需要做电路改动和软件升级。

2.1.2 遥控器典型功能介绍

电视机所有功能的实现通常是从遥控器或本机按键对整机的控制开始，下面介绍智能电视机遥控器的几个关键键，在第1章我们介绍了智能电视遥控器的部分功能，此处继续介绍一些特殊功能键。

"主场景"、"菜单"、"返回"、"左滑"、"右滑"等关键键的功能作用如图2.5所示。

序号	特殊键	功能说明
1	广播	数字电视源下，数字电视/广播切换（与红色键为复用键）
2	彩色键	根据菜单提示，与菜单等其他界面配合使用
3	3D	进入3D模式选择或3D设置菜单
4	信息	在节目源通道，媒体播放时按此键显示相关信息
5	节目源	进入/退出节目源选择菜单
6	放大	放大图片或页面 主场景为九宫格页面时，按此键切换到环状页面
7	菜单	打开/关闭当前场景的选项菜单
8	▲/▼	有菜单显示时为菜单上/下键 媒体播放无菜单时，执行功能定义的功能
9	左滑	向左慢滑动，向左翻页 在播放图片时，执行上一个图片的快速切换
10	输入法	切换输入法
11	音轨	播放数字电视节目或视频文件（若有多个序号音频信号/音轨）时，按此键切换音频信号/音轨（与绿色键为复用键）
12	声道	播放数字电视节目或视频文件（若有多个声道）时，按此键选择声道（与黄色键为复用键）
13	帮助	打开当前场景的实时帮助
14	指南	在数字电视源下且非菜单模式下进入节目指南菜单
15	应用	打开"我的应用"菜单
16	缩小	缩小图片或页面 主场景为环状页面时，按此键切换到九宫格页面
17	主场景	按一下此键进入主场景界面 长按此键调出任务管理器
18	返回	返回前一次观看的节目/信号源，返回上级菜单 媒体播放界面无菜单时，按此键返回播放前的文件浏览页面
19	◀/▶	有菜单显示时为菜单左/右键 媒体播放无菜单时，执行功能定义的功能
20	确定	① 选择当前项目或者进入下级菜单等功能 ② 在播放影视、图片时，按此键调出播放控制菜单 ③ 节目源下（数字节目除外）无菜单显示（不包括常显菜单）时，进入快速设置菜单
21	右滑	向右慢滑动，向右翻页 在播放图片时，执行下一个图片的快速切换

图2.5 遥控器关键键的功能作用

2.1.3 电视机典型功能键使用技巧

1. 菜单键

菜单键在遥控器或电视机面板上，按下菜单键会出现图2.6所示的页面（图像、声

图2.6 菜单键的页面

音、频道、3D、整机设置等子菜单）。

1）图像

图像子菜单用于电视机接收不同节目源时，图像显示效果的调整。不同的节目源下，子菜单选择不同，如在TV/AV下可进行彩色制式切换，在TV下能进行搜索节目（这与传统电视机工作方式相似）；在各种节目源下均可进行亮度、对比度、背光亮度调整等，以及4：3或16：9图像显示模式切换；但用户需要调整肤色时需在图像子菜单的下级子菜单“专家设置”页，进入“彩色空间”才能进行红色、绿色、蓝色、黄色、紫色和青色的选择。接收不同节目时，有时用户播放节目标准不同，会出现图像中心偏移或图像大小在屏幕显示不全的现象，此时想调整画面在屏幕上“左右上下和重显率”却并不是所有节目源都能调整的，软件只设计了电视机接收HDMI或YPBPR信号时可进行“画面位置”的调整。

重显率仅针对HDMI节目源。在接收VGA/HDMI信号且在标准分辨率VESA信号模式时，为实现图像达到最佳显示效果，软件开放了“色温”、画面位置（调整图像画面上/下/左/右位置）等，更接近电脑与显示器匹配的控制面板界面。

通过以上介绍可知，电视机在接收不到节目源时，图像菜单中的子菜单选项是不同的，但无论如何，均可通过遥控器上的菜单键，进入图像菜单及下级子菜单进行与画质有关参数的调整。

当用户觉得调整效果不如电视本身出厂的效果时，在图像菜单中还设置了“复位”菜单，在“专家设置”中选中“复位”，按确认键则恢复到出厂时设置的状态。

2）声音

要进行音量、音质、声音频率高低和伴音制式及音量自动设置等，都可在菜单键控制页面的“声音”菜单及子菜单中进行。注意“声音”设置的子菜单“专家设置”中有一项叫“扬声器”，此项应选择外部扬声器或电视机扬声器，如果选择错误，将出现整机无伴音情况，如图2.7所示。

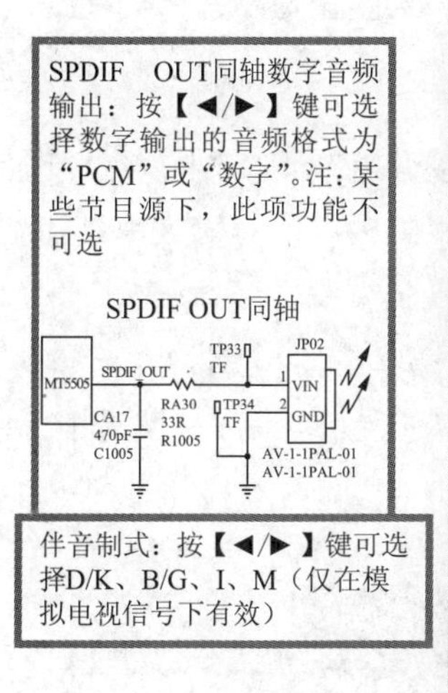

★ 当扬声器设置为“外部扬声器”时，电视伴音是通过音频连接线输出到其他的外部扬声器设备，此时音量调整针对外部扬声器设备；电视机本身的内置扬声器无声音输出。此时，请确保将外部扬声器设备的开关打开

★ 当扬声器设置为“电视扬声器”时，伴音由电视内置扬声器输出，此时音量调整针对电视内置扬声器，但本机仍有音频输出，且为最大音量，如果此时外部扬声器设备已与本机连接且处于正常工作状态，那么外部扬声器设备也会有声音输出且音量可能突然增大。因此，为避免干扰他人，强烈建议用户在切换为“电视扬声器”之前，关闭外部扬声器设备的电源开关或使其处于静音状态

图2.7 声音菜单

3）整机设置

整机设置主要针对网络设置、系统设置等，此项功能与智能手机“设置”功能很相似，如图2.8所示。

（1）网络设置。

网络设置主要解决用户上网的问题。按遥控器菜单键—整机设置—网络设置。网络设置分“有线和无级”两种，网络的设置分为路由器与电视机联系，或外部网络与电视机联系。

① 有线网络连接。有线连接主要指电视机与路由器的连接。有线的设置又分两种，一是手动，二是自动获取IP等信号。

• 手动设置IP地址：选择“手动设置”后，根据提示分别输入IP地址、子网掩码、默认网关、DNS1、DNS2服务器等各项网络参数，在“确定”按钮上按确定键，开始连接网络。 待系统显示“连接成功”后即接通网络。选择“自动设置”后，在“确定”按钮上按确定键，系统会自动获取IP地址。

手动设置IP地址时需要知道IP地址、子网掩码、默认网关、DNS1、DNS2服务器等信

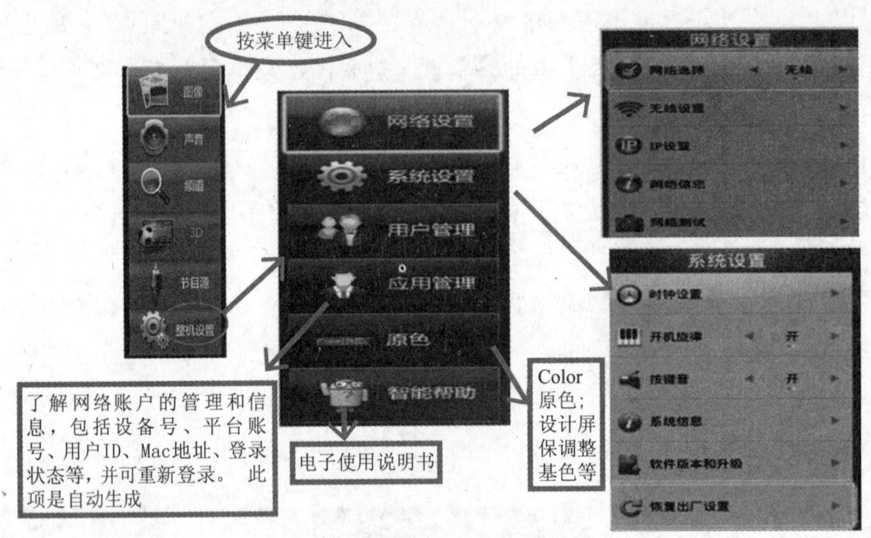

图2.8 整机设置菜单

息，此信息由网络运营商提供。如果家中使用路由器，将接入电视机的网线接入电脑，确保电脑能上网，然后用电脑cmd命令、config ip/all查询上述信息后，再接入电视机，将查找信息填入。

• IP地址查询方法（电脑XP系统）：电脑“开始”—“运行”—输入命令“CMD”—在出现的dos对话框中输入ipconfig /all—回车，便可见到图2.9所示的信息，即路由器分配的IP地址或网络商提供的登录网络等信息。

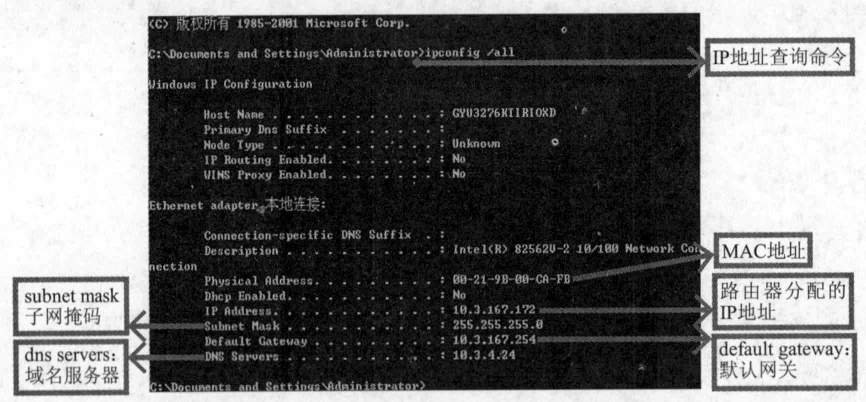

图2.9 IP地址查询

手动设置IP地址的过程：进入网络设置—网络选择—有线—IP设置—进入设置方式—选择“手动”—按遥控器上输入法等，将DNS、IP地址等填入“手动设置”各选项中—点击确定—查看网络信息—执行网络测试—屏幕上显示各项参数均以符号“√”（正确）出现，表示电视机与网络连接成功，其中有一项为“×”错误，表示网络连接不成功，需再次确认用户上网信号和路由器设置，重复此次过程。直到所有选项均打钩后，网络才会连接成功。

• 有线IP地址自动获取过程：进入网络设置—网络选择—有线—IP设置—进入设置方式—选择“自动获取”—按遥控器上确定键，系统会自动获取IP地址。进行网络信息和网络测试也会显示与手动设置一样的各项数据。

以上两个过程如图2.10所示。

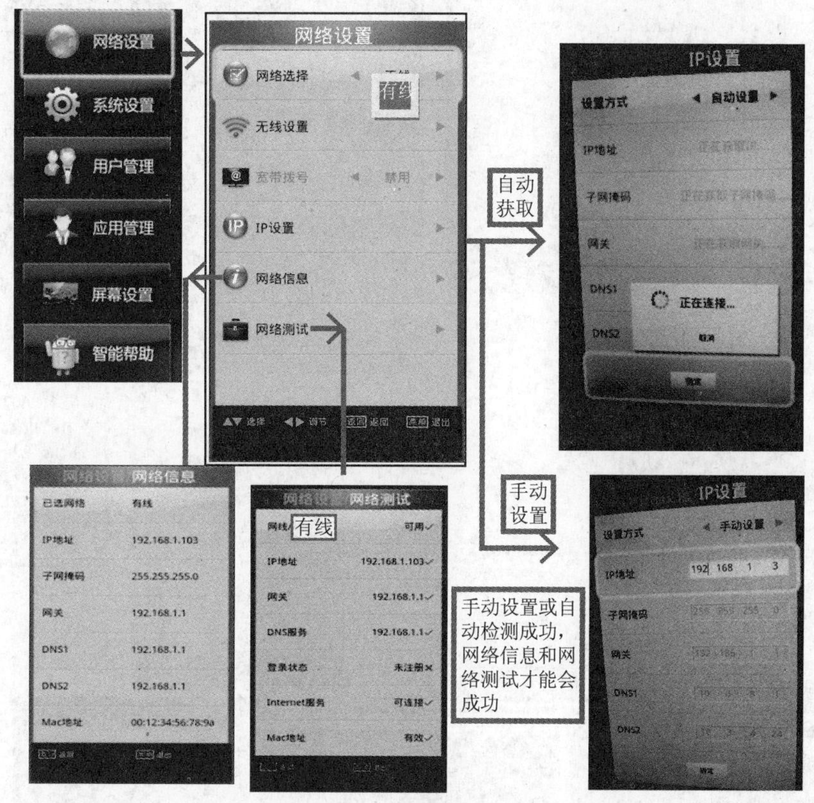

图2.10 有线网络连接

② 无线网络连接（见图2.11）。使用本机推荐的无线接收器插入USB端口后，无线设备启动：进入整机设置—网络设置—无线设置，选择“无线设备”后，按◀/▶键将该项设为“启用”。

注：在网卡的启用过程中，菜单项目会变为不可选择状态，直到网卡启用完成后，才会自动恢复到可选状态。无线上网也分自动与手动。

● 手动设置无线网络：进入整机设置—网络设置—无线设置—手动设置无线网络后，参照菜单下方提示输入网络名称和网络密码后，选中“安全模式”，再按◀/▶键循环选择安全模式，最后按确定键，系统开始搜索无线路由器并连接。连接网络后，将当前的无线网络加入到无线网络列表中。

● 自动搜索附近网络：进入整机设置—网络设置—无线设置，选择“自动搜索附近网络”后，按确定或◀/▶键，系统开始搜索无线网络。搜索成功后，将搜索到的站点信息加入到无线网络列表中。

下次使用电视机时，进入整机设置—网络设置—无线设置，可以看见下面的无线网络列表，显示当前无线网络的状态或可连接的无线网络信息，以及曾经连接过的网络信息。

在可用网络上按确定或◀/▶键执行网络连接或者断开网络连接，具体操作详见菜单

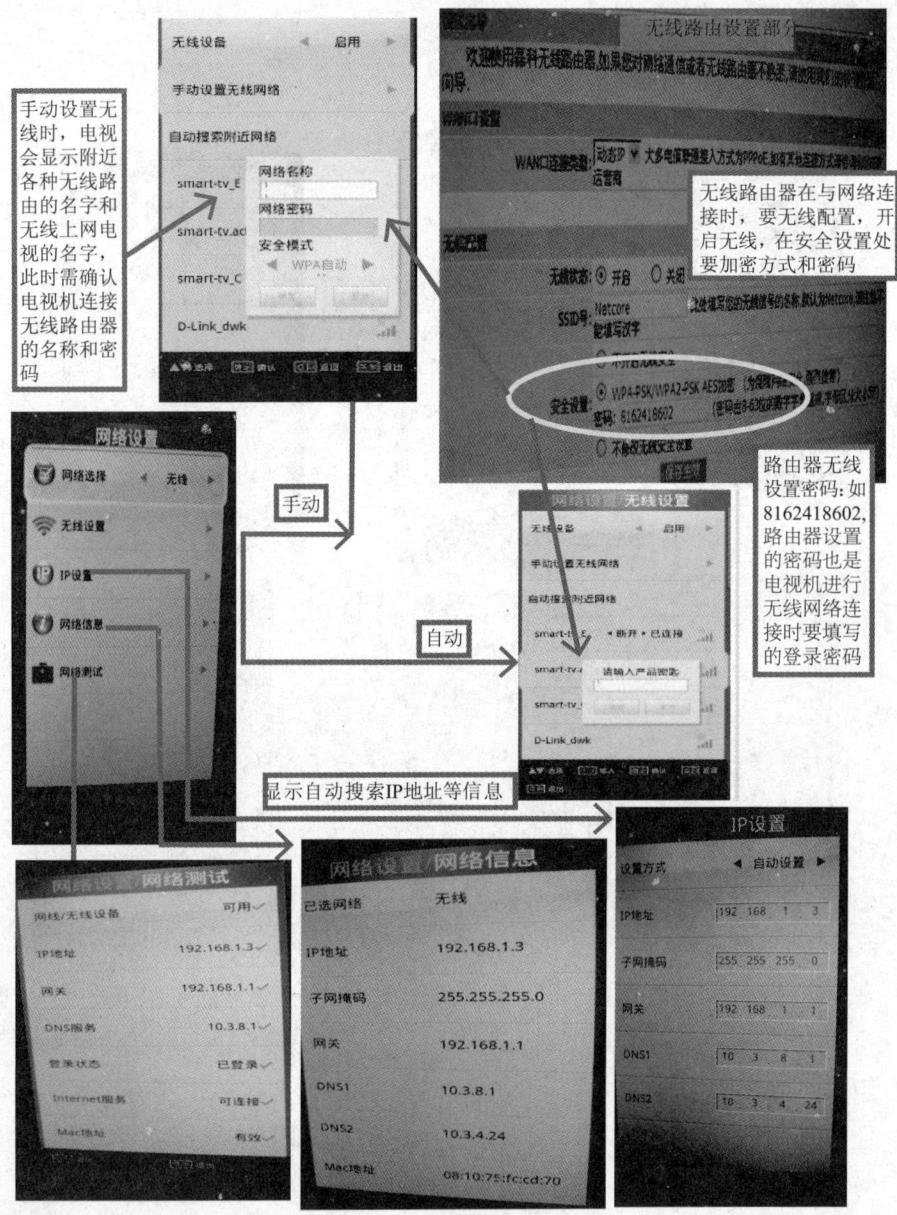

图2.11 无线网络连接

提示。

在连接范围之外的网络上按确定或◀/▶键弹出“连接、删除”提示，若选择“连接”，则根据之前该网络连接的信息进行网络连接；若选择“删除”，则从无线网络列表中删除该项目，并更新无线网络列表的显示。

说明：LM38液晶机芯和PM38等离子电视无线上网时，电视机需外购USB端口的无线接收Wi-Fi，其型号要求见表2.4。

（2）系统设置。

按菜单键—整机设置—系统设置。在系统设置子菜单中可以进行系统时钟、键控静音、系统硬件信息查询、U盘软件升级或恢复出厂设置等，如图2.12所示。

表2.4 无线接收Wi-Fi型号

芯片组	WPA加密方式	WEP加密方式
芯片组：RT3070	WPA-PSK/WPA2-PSK 安全选项：WPA-PSK或自动 加密方法：TKIP或自动或AES	安全选项：开放系统或自动 密钥格式：16进制、ASC II码 密钥类型：64、128位
芯片组：AR9271	WPA-PSK/WPA2-PSK 安全选项：WPA-PSK或自动 加密方法：TKIP或自动或AES	安全选项：开放系统或自动 密钥格式：16进制、ASC II码 密钥类型：64、128位
芯片组： RTL8712/8188/8191/8192SU	WPA-PSK/WPA2-PSK 安全选项：WPA-PSK或自动 加密方法：TKIP或自动或AES	安全选项：开放系统或自动 密钥格式：16进制、ASC II码 密钥类型：64、128位
芯片组： RT8192cu	WPA-PSK/WPA2-PSK 安全选项：WPA-PSK或自动 加密方法：TKIP或自动或AES	安全选项：开放系统或自动 密钥格式：16进制、ASC II码 密钥类型：64、128位

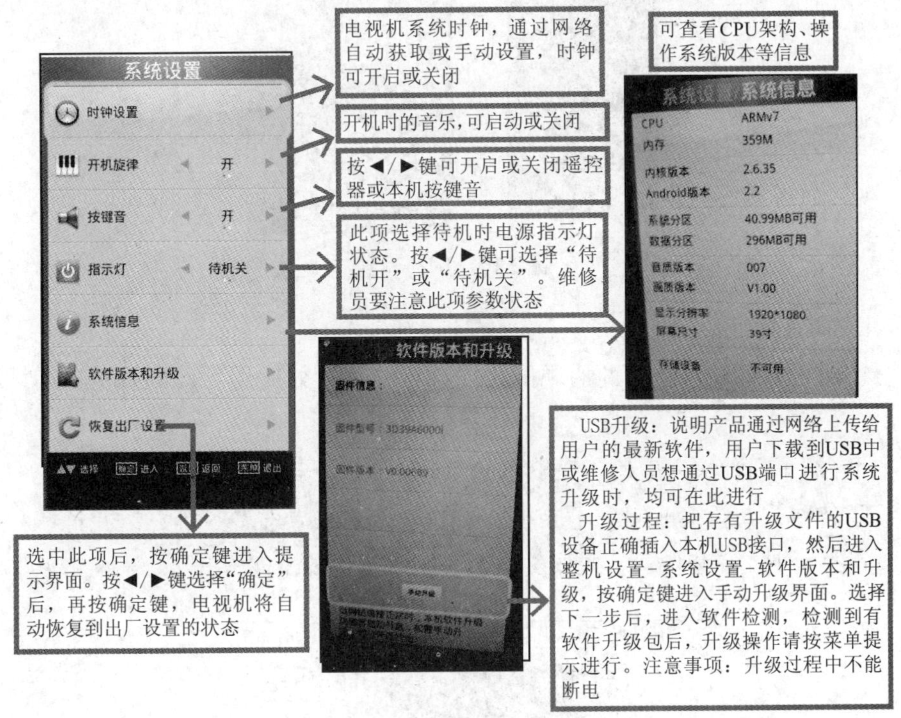

图2.12 系统设置

① 系统设置中的时钟设置可通过网络自动获取，也可手动设置，按遥控器左/右键进入，整机系统将提示用户进行操作。其方法是：当“自动获取”为开时，系统下面的“日期”和“时间”由网络电视获取。如果要手动设置时间，请将自动获取设置为“关”。当系统从网络中获取有效时间后，“自动获取”会自动为“开”，且不可选中。

② 在系统时钟设置中还设置有日期和时间参数，设置方法如下：

- 按▲/▼键选择“日期”或“时间”，按确定或◀/▶键进入调整菜单。
- 按▲/▼键直接翻动设置年月日或时分，按◀/▶键选择当前设置选项，按确定键确认。

（3）用户管理。

用户管理以前在普通CRT电视中没有见过，这是因为智能电视许多应用是与合法应用商合作的。生产厂商需要购买运营商的ID号，ID号通过软件写入整机存储器中，有了此ID，用户便能合法使用这些应用商店的程序了。如长虹智能电视便与欢网深度合作，相关的应用包括欢网应用程序商店、直播智能EPG、教育专题（乐学方舟）、在线音乐等应用业务。用户使用这些应用时，通过整机设置—用户管理后，便可以了解欢网账户的管理和信息，其中包括设备号、平台账号、用户ID、Mac地址、登录状态（注销，再次登录，用户管理信息将自动更新）等，如图2.13所示，这便是整机设置里“用户管理”功能的作用。用户管理信息是自动生成的，用户不可改写。

图2.13　用户管理

（4）应用管理。

应用管理其实就是对应用商店中的程序进行管理，如应用程序的升级或卸载，如图2.14所示。

图2.14介绍了两种进入应用程序管理的途径。进入子菜单后，可看到用户已安装的各种应用程序名称，如新浪新闻、电脑报、游戏软件“水果忍者”等，以及这些程序的版本、占空间的大小、安装位置、操作类型（即操作的状态，处于升级、卸载等状态）。用

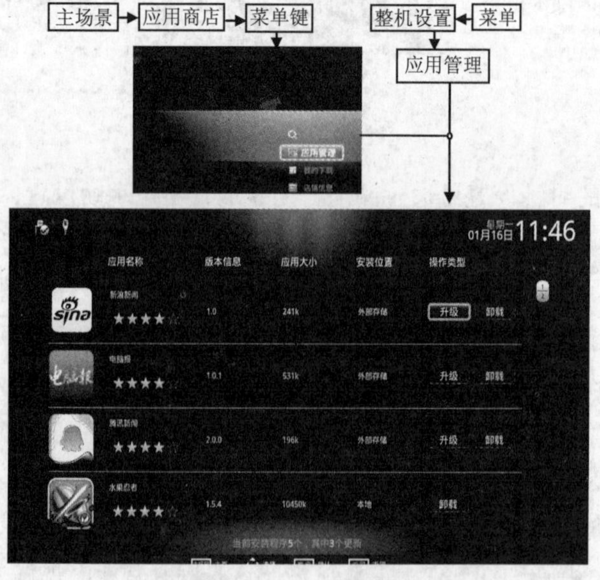

图2.14　应用管理

户如果不需要这些应用时可卸载，或可升级应用。说明：应用管理好比电脑的程序增加与删除功能。应用管理也可在应用商店中进行操作。

2. 快速设置功能

为了实现用户在任意节目源下直接进行画质、声音等有关参数的调整，虽然本机遥控器上未设置直达控制键，但可通过确定键来实现。

在节目源下无菜单显示（不包括常显菜单）时，按确定键便能进入快速设置菜单，可快速设置节目源下一些常用功能。进入快速设置菜单后，再进入下一级菜单可进行相应的图像、声音等设置，如图2.15所示。

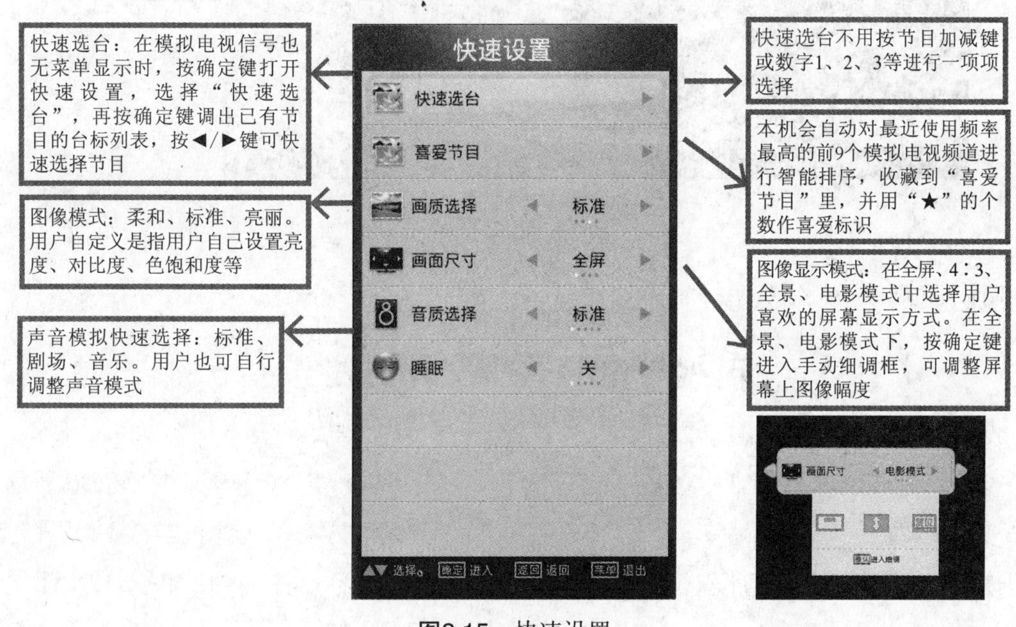

图2.15　快速设置

3. 主场景

1）概念

整机所有入口界面，所有其他功能均可从主场景界面逐层进入。主场景内容包含自定义收藏、游戏、在线影音、天气预报、电视节目、本地媒体、浏览器、应用商店及整机设置。主场景的九个控制功能可通过两种方式显示进入，一是环状布局方式，另一种是九宫格布局方式，见图2.2、图2.3。九环状功能的切换，可用遥控器上的左滑右滑或左右键切换选择，按确定键进入九个功能的小窗口内。九宫格窗口的选择可按遥控器上的左右、上下键，再按确认键便可进入各功能的小窗口内。环状与九宫格显示方式的切换，按遥控器上的缩小或放大键。

2）九宫格功能窗口

① 整机设置，参看此节“图像”键中有关整机设置部分。

② 本地媒体播放（注：此处对播放电脑文件进行介绍）。对U盘、移动硬盘、读卡器等USB移动存储设备，以及网络共享的存储设备中相应文件进行文件浏览、图片播放、

影视播放、音乐播放等操作，并在电视机上进行播放。U盘等设备中的文件播放方式（图片、视频、音乐）需在进入本地播放时，按菜单键进入切换类型的选择（进入切换类型，配合确认键、上下移动键进行音乐、视频、图片选择），如图2.16所示。

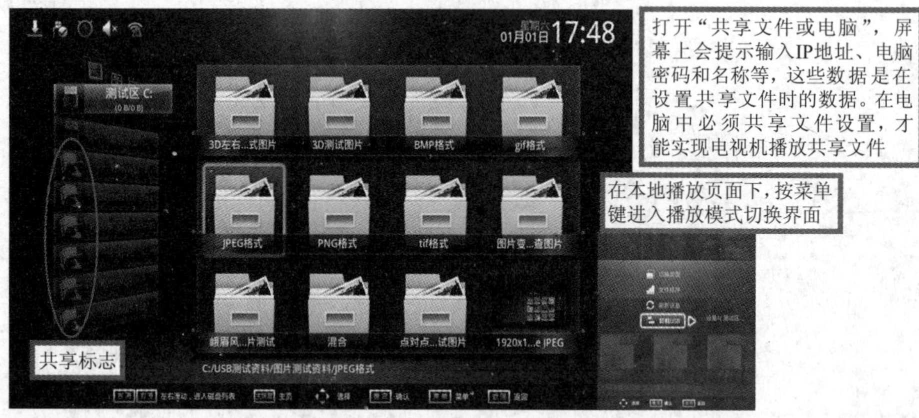

图2.16　本地媒体播放

◎知识链接……………………………………………………

电视与电脑共享文件的建立

下面介绍电脑共享文件的创建过程及如何在智能电视上进行播放。

第一步，在电脑上要建立一个共享文件或文件夹。Windows XP系统共享文件的建立过程是：打开文件的属性—共享—网络共享与安全—“在网络上共享这个文件夹”选框选中（打√）—在网络上共享此文件名（文件名，可设置）—此时原文件便成了一只手托着的文件，如图2.17所示。

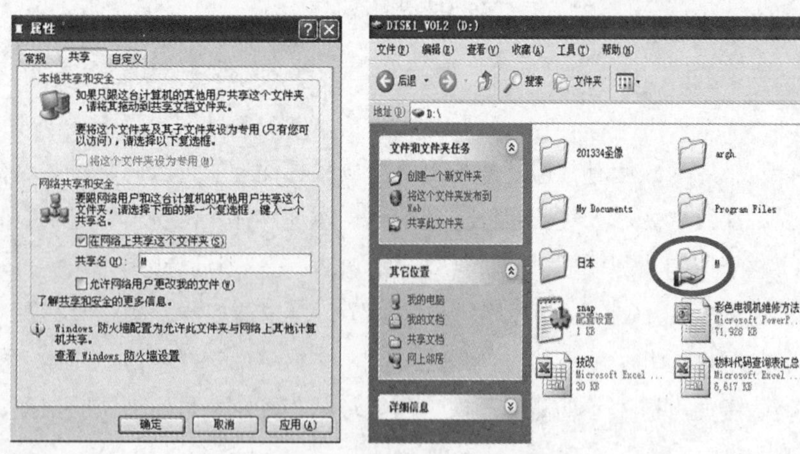

图2.17　创建共享文件夹

第二步，在电视机上显示共享文件中的音乐、图像等。

将电脑和电视接入同一个网段内（即同一路由器内），按遥控器主场景键—进入本地媒体—选择页面中左边有共享符号的栏目。打开，找到被共享电脑的电脑名—按确定键—进入手动输入登录页面→此时可能提示输入电脑的用户名和密码[在电脑的桌面上点击“我的电脑”的属性，然后就能看到“计算机名”（图2.18中GYU3276KIIRIOXD，其中ZDX是附加的，并记住电脑登录密码）]或共享文件夹的IP地址、电脑名和登录密码→填写完成后，点击“记住密码”栏按◄/►键直接切换是否记忆密码（下次使用不再提示输入上述信息了）→再按▲/▼键选中“确定”项→电视机开始登录→登录成功即显示电脑共享文件夹，之后电视机便可播放电脑中的共享文件，此过程如图2.19所示。

注：此处的密码就是电脑登录时设置的密码，如果没设置密码，就不用填写了。

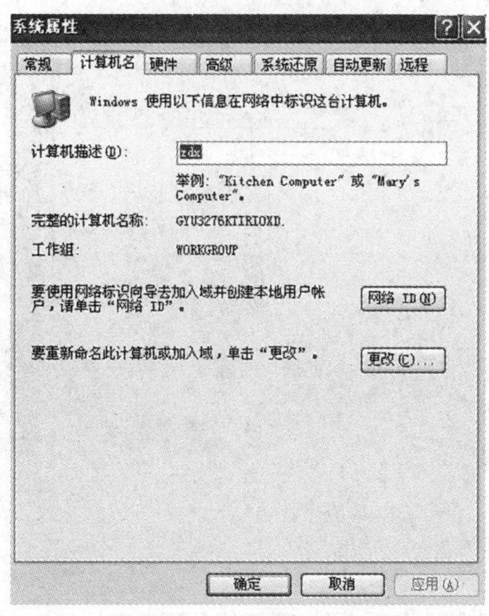

图2.18 计算机名

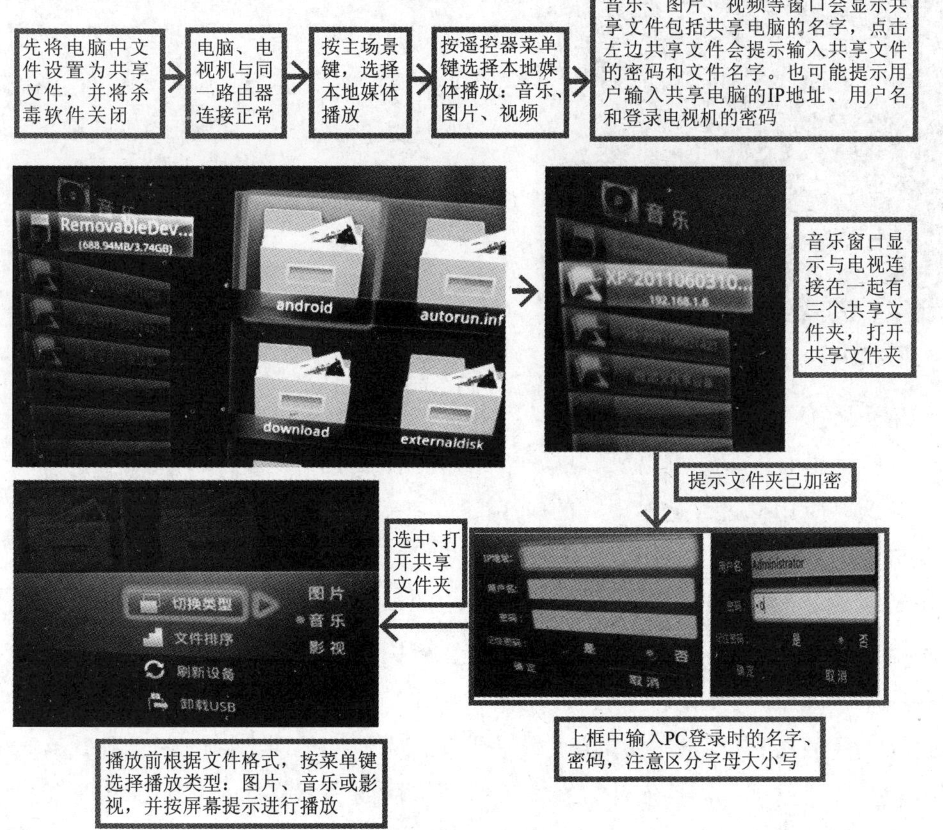

图2.19 在电视上播放电脑中的共享文件

3）浏览器

进入浏览器有两种方式，如图2.20所示。

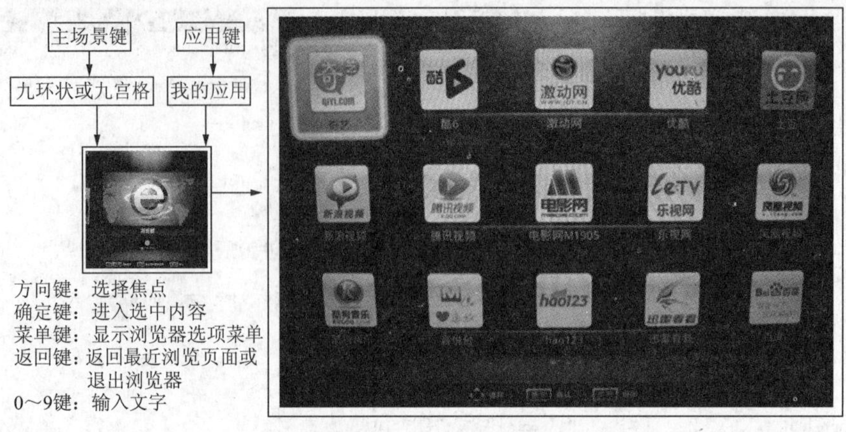

图2.20　进入浏览器

图2.21　与网页有关的控制

进入网页后，可登录爱奇艺、酷6、百度等网页或服务平台，看新闻、电影、听音乐、搜索信息等，hao123网页浏览器中，更可登录更多网站，还可在百度网页搜索更多信息和软件。智能电视机的浏览器与电脑功能接近，在网页浏览时可使用遥控器上放大、缩小键对页面字体大小进行控制。在浏览网页时，还可按菜单键进行与网页有关控制的设置，共有12项，如图2.21所示，分别是添加收藏、窗口管理、放大、缩小（指页面可放大或缩小）、网页、设置等，这如同电脑浏览网页时“工具”的作用。

4）应用商店

应用商店里有许多整机出厂时推荐给用户的各种工具、教育、娱乐、游戏等分类应用。打开这些应用栏目，会发现有的应用图标上有小钩，有的没有，这个小钩标志意味着，此应用图标已经可以使用。没有小钩的图标，需点击此图标进入有关此图标状态信息介绍页面中，进行程序下载和安装。要说明的是，本机有些应用将一直存在我的应用中，不能被卸载，它们是本地媒体、浏览器、应用商店、整机设置、智能帮助、天气。但有些应用（如推荐、游戏、工具、教育、娱乐、生活、资讯等栏目的子菜单窗口）需在整机应用商店中去下载安装才能使用。还有些应用，是用户自己去网站下载的（称为第三方软件），这些都需要安装。在电视机的应用商店下载程序时，有些在下载过程中会弹出对话框，咨询用户是否同意某协议，只有用户按协议提示操作才能选择继续或停止下载安装，这一点与电脑在网页上下载程序时遇到的情况是一样的。

① 应用商店的进入。按遥控器主场景—应用商店［注：此时页面的左侧显示应用分类（推荐、游戏、工具、教育、娱乐、生活、资讯），右侧显示分类应用中相应应用的内容列表］。在应用商店界面，按菜单键会出现在线搜索、应用管理等栏目功能，这些功能及作用如图2.22所示。

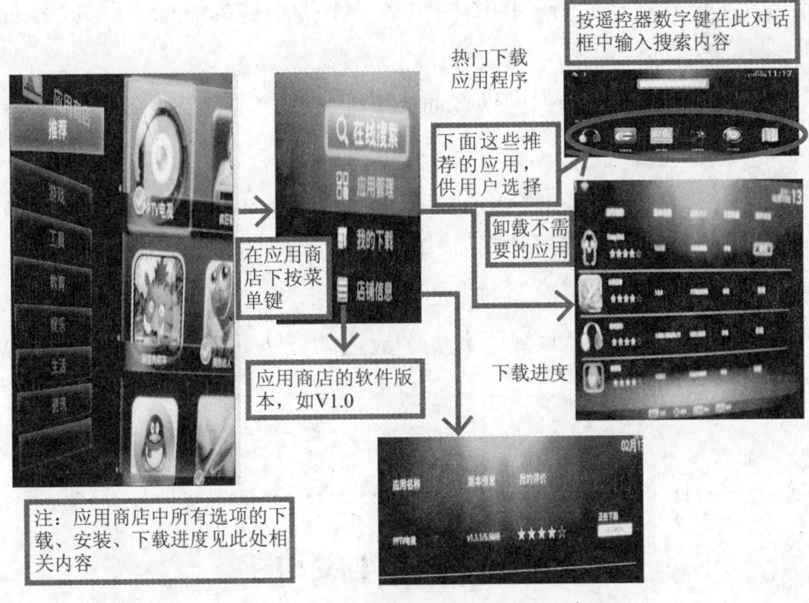

图2.22　应用商店

选中其中任一应用图标（注：图标左下角有个小钩，表明此应用已下载并安装，可直接使用；图标处没有小钩，表示需要安装下载才能使用），按确定键，便进入各图标所示的应用。图2.23所示为如何下载和安装“捕鱼达人”。

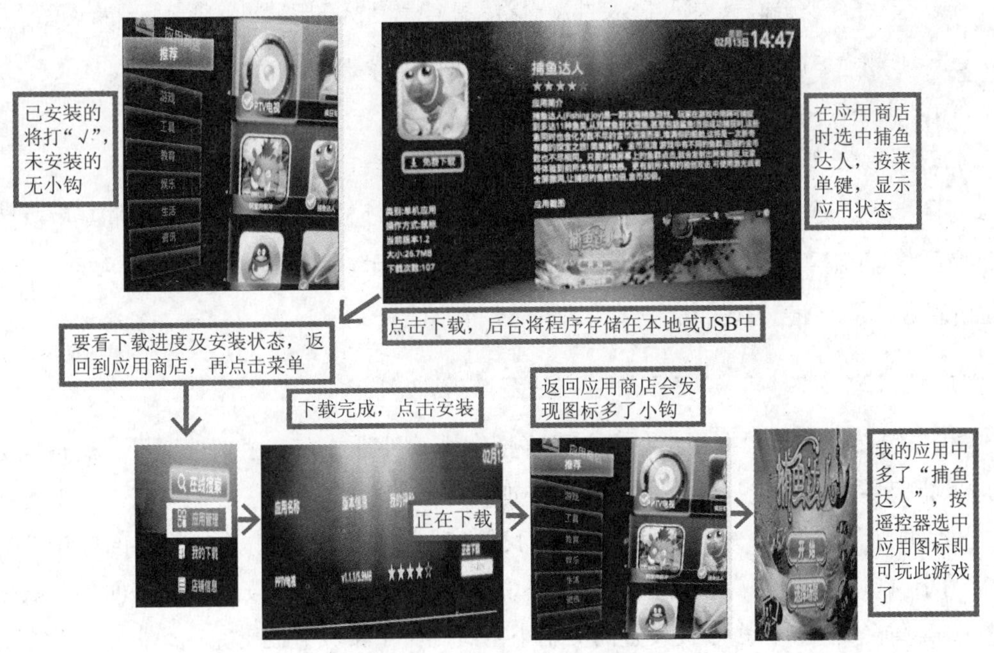

图2.23　下载和安装应用程序

下载通常需外接足够空间的USB，下载开始后，数据下载在后台执行并保存到本地或USB存储设备中。下载完成，执行安装即可，有时想查看下载进度，需按返回键回到应用商店，再按菜单键，便能看到“我的下载”，点击进入便能看到下载进度。安装后，再返回应用商店，右边原分类的图标中多了个带小钩的图标，此时表明该应用可供用户使用了。

注：下载应用程序时，应确保网络畅通，不能拔掉USB存储设备，不能关闭电源，否则无法进行下载。

② 应用程序的删除。用户下载的应用如果不想用了，也可以在应用商店中按菜单键，进入应用管理，也可直接按遥控器菜单键，进入应用管理，对不需要的程序进行删除。此部分内容还可见前述“菜单”键内的相关内容。

上面介绍的是在长虹电视从网站下载安装应用的方法。下面就第三方软件的下载、安装及条件给大家做介绍。

◎知识链接……………………………………………………………………

第三方软件应用

所谓第三方软件就是用户自己在网站或其他路径收藏的应用软件。要将这些第三方提供的软件安装在长虹38智能机芯电视中，其过程是：

① 应用商店—工具或推荐—进入工具或推荐子菜单—下载安装ES文件浏览器（下载及安装过程同图2.23，如果有小钩表示已安装）。

② 安装完ES浏览器后，打开ES文件浏览器，就能看到接在电视机上的共享外接设备里的东西，通常情况下是用U盘进行推送文件，如PPS、PPTV或其他用户想要安装的程序。

③ 打开这些文件，并执行安装。

④ 安装完毕，返回ES浏览器中，打开这些应用图标便能进行应用了。

说明：该机芯虽支持通过外接硬盘安装已下载的应用，不过考虑到电视端的软件兼容性和适用性，除了影视应用外都不太推荐这样安装。整机所有的应用均可在“我的应用”中找到，按遥控器上的应用键便可查看“我的应用”。

……………………………………………………………………………………

③ 自定义收藏。根据用户自已的喜好把常用软件都放在一个文件夹里，这样就省去了进入指定界面才能选择软件的麻烦。添加程序的步骤：进入“自定义收藏”—选中带“+”字的白色小窗口—点击后将进入“我的应用”窗口—选中想要添加的应用—此时此应用小窗口“左上角”便有小勾标识，说明已经被选上了—按返回键—回到“我的收藏”—查看收藏窗口中多了被设置的应用小窗口—自定义收藏便已完成。自定义收藏方便用户将常用的应用放在此文件夹中，便于查找、使用、管理，此设计节省了用户查找软件的时间，如图2.24所示。

以上介绍了38机芯遥控器上最常用的几个功能键，其实38机芯智能电视还有一些功能没有介绍，是因为我们在前一章的智能概念中已做了介绍，如语音智控、多屏互动和体感

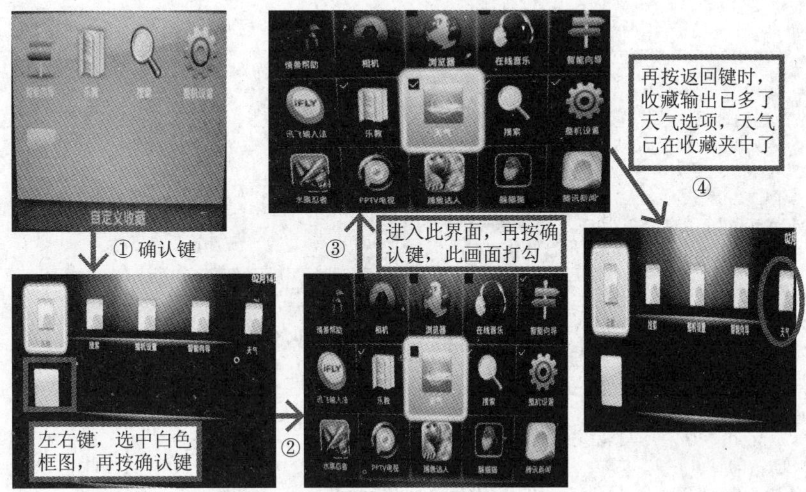

图2.24 自定义收藏

游戏等内容，故在此不再介绍，需要时，请大家看第1章相关内容。智能电视许多功能是通过网络来实现的，故智能电视的维修，就不仅仅是硬件电路了，还包括此节给大家介绍的各种应用软件的下载和安装、收藏等，还有电视机、手机与路由器的设置等。普通CRT电视许多功能与I^2C总线数据调试有关，智能电视许多功能与电视机使用熟练程度有关。我们对智能电视的维修服务已不仅仅是硬件的维护了，还包括了软件的应用及以后还将介绍的软件升级等。

2.2 智能等离子PM38机芯整机工作原理与维修分析

2.2.1 等离子PM38机芯特点与结构

1. 机芯概述

该机芯采用联合科技公司MT5502A作为主芯片，内置Dual CA9双核芯片，主频时钟900MHz，外挂两片DDR3。整个PM38机芯使用的屏组件有三星屏或长虹生产的虹欧屏。整机要接收传统的TV、AV、YPBPR、VGA等信号，还能接收处理USB、HDMI、网络信号、识别SD卡存储节目、3D信号、DTV数字电视信号，通过网络还能实现智能语音、手势识别、体感操作、多屏互动及各种应用程序的下载、安装。该机芯为PM38ID，其派生机芯分别是PM38i、PM38i-A和PM38iD-A， 在此统称为智能等离子PM38机芯，各机芯的代表产品见表2.5。图2.25是整机拆开后盖后的实物介绍。图2.26是5000系列整机机身后盖及侧面的各种信号端口及功能说明。

表2.5中JUC7.820.00055119 V4.0、JUC7.820.00063791 V2两主板均为满足三星43/51英寸屏而设计的主板，且主板实现功能齐全。而PM38I机芯JUC7.820.00060836 V2是为满足43英寸三星屏而研发的主板，JUC7.820.00055637 V3是为整机彩色43/51英寸虹欧屏研发的主板，后又改进为JUC7.820.00061407 V2，既能满足虹欧屏又能满足三星屏。PM38i或

表2.5　智能等离子PM38机芯代表产品

	1. PM38机芯方案：主芯片MT5502AADJ/B			
机芯	代表产品	主板	调谐器	屏型号
PM38i	3D50A3000i、3D50A3000iV、3D50A3600i、3D50A3600I、3D50A3600iV、3D50A3700iV、3D50A3700i、3D50A3038、3D50A3039、3D42A3000i、3D42A3000iV、3D42A3600i、3D42A3700iV、3D42A3700i、3D42A3038	JUC7.820.00055637 V3	TAF1-C4I22VH C	PM42/50H4000虹欧
	3D42A3600IV	JUC7.820.00060836 V2	TAF1-C4I22VH C	S43AX-YD01三星
PM38iD	3D43A5000iV、3D51A5000iV、3D51A5000i、3D43A5000i、3D43A5059、3D51A5059、3D43A5058、3D51A5058	JUC7.820.00055119 V4.0	TDTK-C742D	S43/51AX-YD01三星
PM38i-A	3D42A3000i（P36）、3D42A3000iV（P36）、3D42A3600i（P36）、3D42A3600iV（P36）、3D42A3700iV（P36）、3D42A3700i（P36）、3D42A3038（P36）、3D42A3039（P36）3D42A3000ID	JUC7.820.00061407 V2	TAF1-C4I22VH C	S43AX-YD01三星
	3D50A3000ID、3D50A3000I、3D50A3600I/ID、3D50A3700i		TAF1-C4I22VH C	PM50H4000、PM50H4000（02）
	3D50A3000ID（P42)	JUC7.820.00068026 V1	TAF7-C2I21VH（N）	PM50H4000（02）
PM38iD-A	3D43A5000ID、3D51A5000I	JUC7.820.00063791 V2	TDTK-C742D	S43/51AX-YD01

注：PM38机芯使用的遥控器均为RL78A。3D眼镜为3D200D或3D200D$3D200P。产品型号中字母定义：V表示下乡产品；D表示DTV。

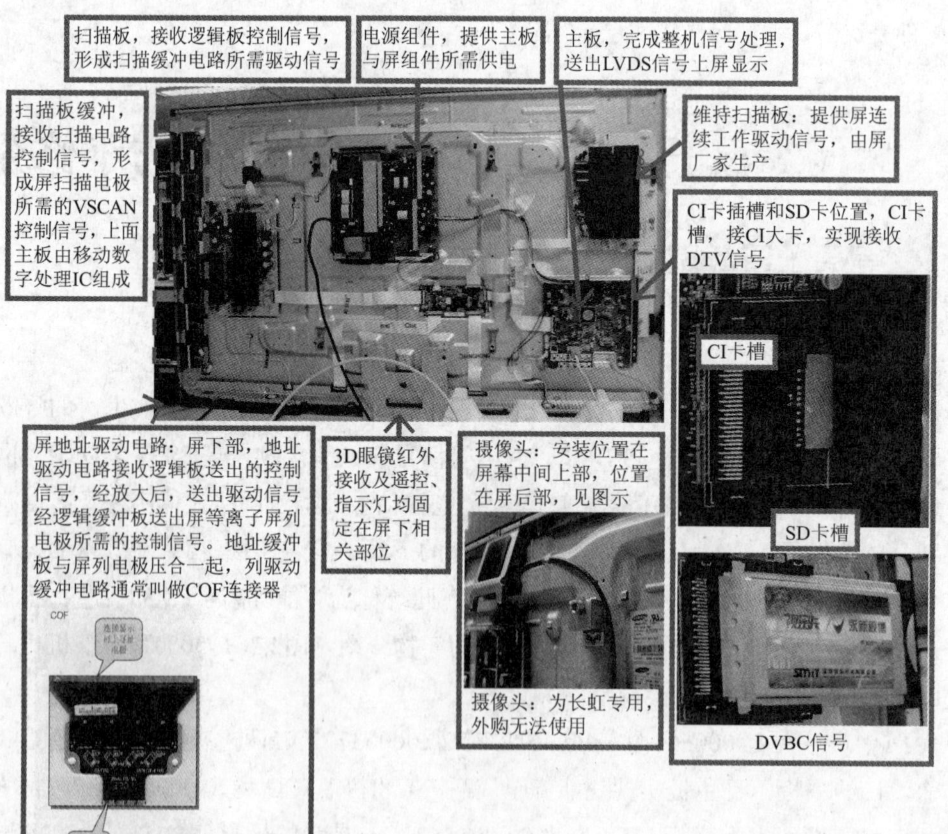

图2.25　整机结构介绍

PM38i-A生产的产品功能比较PM38iD或PM38iD-A少。

① SD卡：SD 卡（Secure Digital Memory Card）插入端口。

② CI/CA卡：插入基于PCMCIA接口的智能卡模块，用于接收DVB-C传输协议的数字电视。故两种机芯产品的电路排版是完全不同的。

2. 代表产品A5000i整机电路结构介绍

图2.26所示为PM38iD生产的A5000i系列产品。从涉及的端口可以看出，这款整机具有以下功能：接收一路RF射频信号、两路AV信号、一路VGA、一路分量YPBPR、三路HDMI数字信号、两路USB和一路摄像头信号、一路有线网络信号、一路Wi-Fi无线信号及SD卡和CI/CA卡端口信号。输出的信号有一路AV音视频信号和一路数字音频信号等。电视机对接收信号的要求及产品性能指标见表2.6。

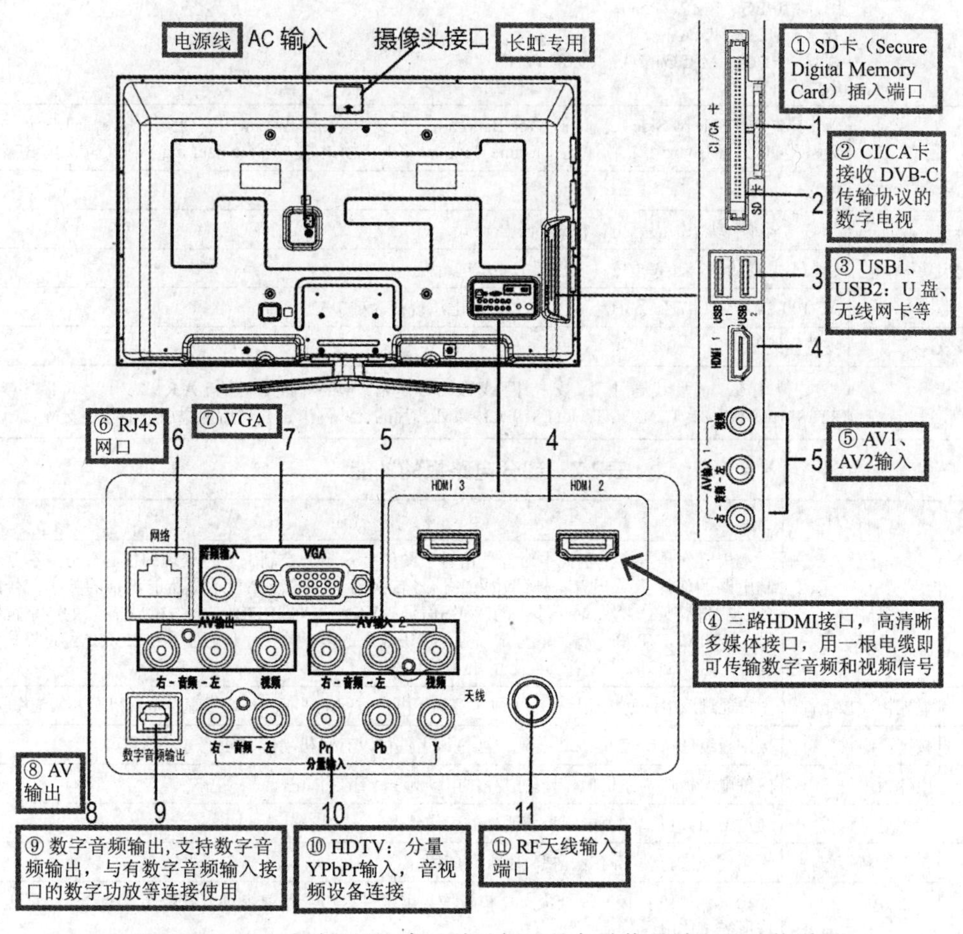

图2.26　5000系列整机机身后盖及侧面的各种信号端口及功能说明

由图2.25所示的整机结构可以看出，3D43A5000iV代表产品在拆开后盖后，整机由主板、屏组件（包括电源板、逻辑板、扫描电路板、维持板、地址板）、遥控接收板、指示灯板、按键板、3D红外发射主副板和摄像头接口转接板等分板组成。表2.7列出了部分电路板的功能。

表2.6 电视机接收信号的要求及产品性能指标

类 别	要 求
射频频率范围	49.75 MHz~863.25MHz
ATV视频信号制式	PAL、SECAM、NTSC，ATV支持自动搜台的同时自动捕获台标，节目管理（开关、交换、捕获台标）
DTV	DTV支持DVB-C，支持CI/智能卡热插拔，智能卡管理，邮件管理，运营商选择，快速搜台、全频段搜台、手动搜台，7天电子节目指南，节目管理（节目跳过、交换、预约），支持逻辑频道号LCN
输入接口类型	一路RF（ATV、DTV共用）、两路AV、一路YpbPr、三路HDMI、一路VGA、两路USB、一路LAN、一路SD卡
输出接口类型	一路AV输出、一路SPDIF
YPbPr格式	480i、480P、576i、576P、720P（50Hz/60Hz）、1080i（50Hz/60Hz）、1080P（50Hz/60Hz）、1080P/24Hz/30Hz
HDMI格式	800×600、1024×768、1280×768、1360×768、1280×1024@60Hz、1366×768、480i、480P、576i、576P、720P（50Hz/60Hz）、1080i（50Hz/60Hz）、1080P（24HZ/30HZ/50Hz/60Hz）
VGA格式	800×600、1024×768、1280×768、1360×768、1280×1024@60Hz、1366×768@60Hz
USB格式	图片：JPEG、BMP、PNG 音频：MP3、WMA 视频：H.264、MPEG1/2/4、RM/RMVB等 文本：TXT
3D模式	支持左右（Side by Side）、上下（Top Bottom）、行交织（Line by Line）、列交织（Vertical Tripe）、棋盘格（Checker Board）、帧序列（Frame Sequential）、帧封装（frame packing）、2D转3D、3D转2D
屏幕显示语言	中文
缩放模式	4：3、全屏、动态扩展、电影模式、全景模式
伴音输出功率	最大不失真功率2×6W（按具体任务书要求进行设计）
输入电源	AC 100-240Vac，47Hz~63Hz（具体参数以屏电源规格为准）
生产及软件管理	支持在线升级
网络	支持有线、无线连接，支持网线及USB无线热插拔，支持AR9271，RT3070，RTL8712_8188_8191_8192SU，RTL8192CU系列芯片的无线网卡；允许后期添加更多芯片支持

表2.7 部分电路板的功能

序号	组件名称	功能描述
1	主板组件	主板组件是等离子电视中对各种信号（图像、音频、控制）进行处理的核心部分。在系统控制电路的作用下承担着将外部输入的信号转换为统一的液晶显示屏所能识别的数字信号的任务。从高频头、AV/S端子输入的CVBS信号，VGA输入的RGB信号，HDMI输入的数字视频信号，HDTV（YPbPr）输入的分量信号，USB输入的多媒体数字信号，在MT5502A经过格式变换处理产生LVDS信号直接给屏显示
2	遥控接收板组件	用户通过该组件使用遥控器，可以对等离子电视方便地进行操作以及显示电视机所处的工作状态
3	按键板组件	按键板组件有7个功能按键，用户通过该组件可以对整机功能方便地进行操作
4	电源板组件	内置电源板可为整机信号处理过程供电，为屏上组件供电
5	指示灯板组件	通过该组件可以知道电视目前所处的工作状态
6	摄像头转接组件	专为用户进行体感游戏、视频聊天时使用
7	屏组件	扫描板、维持板、地址板、逻辑板均为屏组件，由屏厂家提供，各板相互配合产生屏组件工作所需工作电压

2.2.2 等离子PM38产品信号处理板实物图解

PM38等离子电视主板采用的主要元件是MTK5502A，以此芯片为中心，实现各种节目源的接收与处理，最终输出屏所需要的LVDS信号上屏处理、显示。

由表2.5可知，PM38机芯主板有很多种类，下面对其中三款主板实物进行介绍。

1. PM38iD机芯主板JUC7.820.00055119（见图2.27）

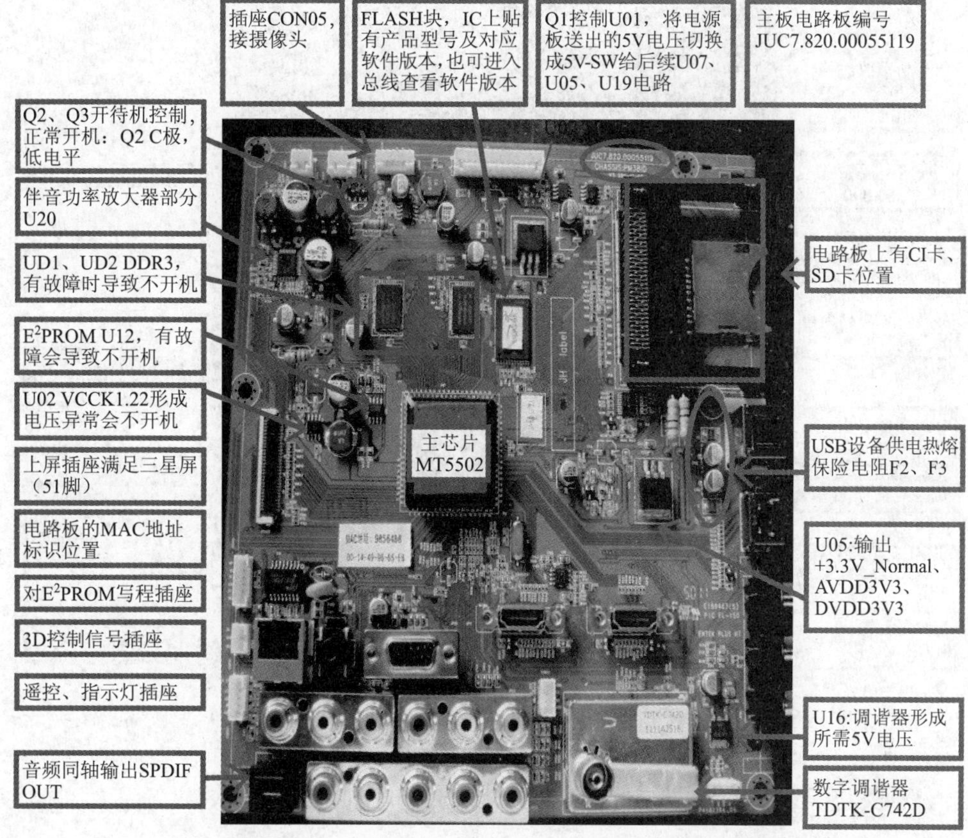

图2.27　5000iV电视使用的主板（编号为JUC7.820.00055119）

判定PM38iD的方法是：识别主板电路编号JUC7.820.00055119；调谐器型号是TDTK-C742D，此调谐器能接收DTV（DVCB）信号；上屏插座是51脚的，满足三星屏。关键插座传送信号种类见表2.8。

表2.8　关键插座传送信号种类

序号	位号	功能定义	PIN 脚顺序
1	CON01	总供电插座	5V，5V，5V，GND.GND.GND，F_15V，5Vstb，STB.GND，15V，15V
2	CON04	遥控接收板插座	5Vstb，LED，NC，IR，GND
3	CON05	摄像头插座	NC，GND，GND，D+，D-，5V
4	CON10	3D 发射板插座	3D_SYNC，GND，+15V_A

2. PM38i机芯主板JUC7.820.00060836，专为43英寸三星屏研发（见图2.28）

PM38i主板JUC7.820.00060836与PM38iD主板JUC7.820.00055119最大的区别是主板上没有CI和SD卡插座，调谐器型号采用长虹生产的CH-TAF1-C4I22VH，可以接收传统TV信号。与另外一个PM38i主板JUC7.820.00055637的区别是上屏插座，JUC7.820.00060836只有51脚的上屏插座，而JUC7.820.00055637满足虹欧屏，上屏插座是30脚。

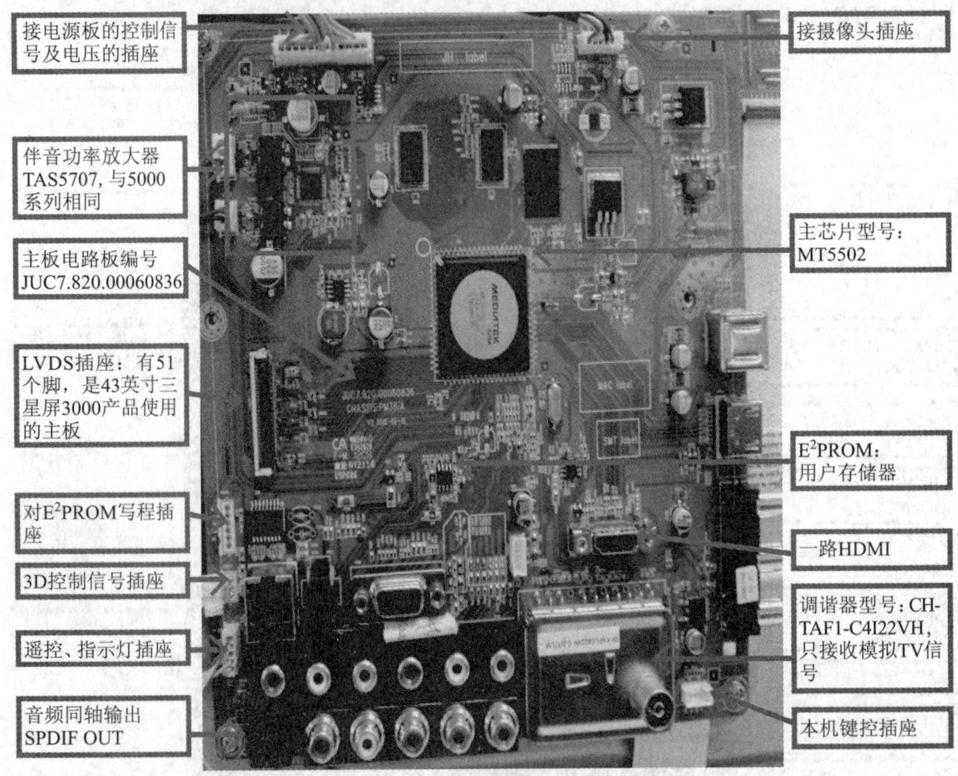

图2.28　PM38i产品（印制电路板号为JUC7.820.00060836三星屏）主板实物图

3. PM38i机芯主板JUC7.820.00055637（见图2.29）

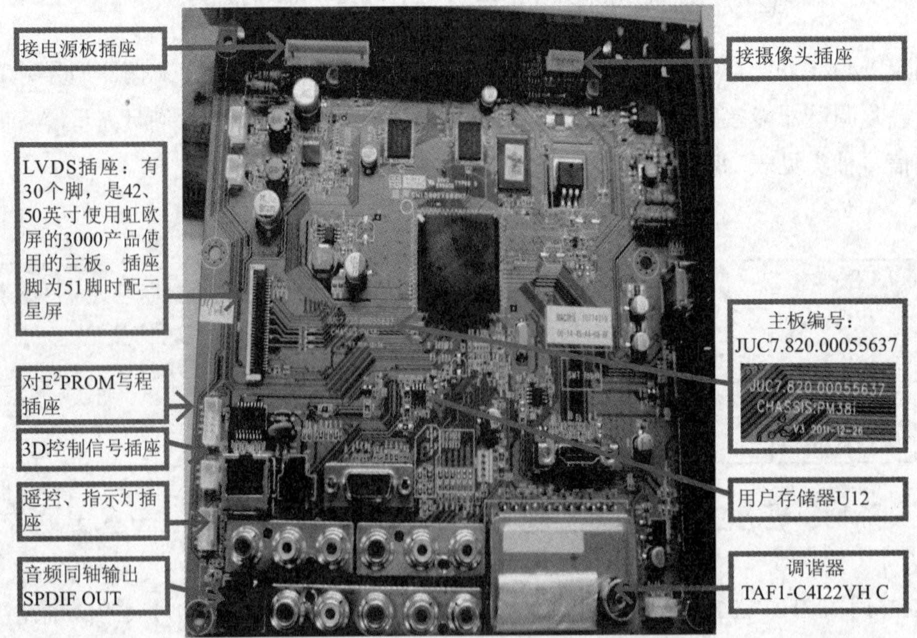

图2.29　PS38i机芯（印制电路板号为JUC7.820.00055637虹欧屏）主板实物图

2.2.3 PM38iD整机信号处理板组成与主板信号流程

PM38iD整机信号处理使用的IC型号、功能、作用见表2.9，整机信号处理流程如图2.30所示。

表2.9 PM38iD整机信号处理使用的IC型号、功能、作用

U12：E^2PROM（AT24C32CN）	电视机的工作状态数据（包括预存搜台数据）、整机针对信号源的KEY数据及网络功能需要的MAC地址数据存储	U19：AP2171SG-13	产生5V电压CI_VCC供CI卡
		U3：MP1482	输出+5V_camera，供摄像头
		U16：L7805；	+5V_TU，供调谐器
U11：NAND Flash TC58DVG3S0ETA00	普通音视频处理功能、DVB-C数字电视接收功能及网络功能的运行程序代码	U10:AP1084-3.3ADJ	产生+1.5V_DDR、DDRV供DDR工作
		U03:3.3VSTB	供控制系统工作
U20：TAS5707	I^2S处理及伴音功率放大器	U05:AP1084-3.3	5V转+3.3V_Normal、AVDD3V3、DVDD3V3
UM1:MT5502A	图像、伴音、网络及控制主芯片	U07:WL2004/NC	5V转DAC3.3V
U13:SGM9113	AV视频输出放大	U09将3.3V转换成1.2V	AVDD1V2
U22:NJM4558	AV音频输出放大	U02:AOZ1036PI（5A）	5V转换1.24V
JP09:TDTK-G742D_ES、TDTK-G731D	调谐器	U01IRF7314/AO4803A	受控5V_SW
U18CH-1601CG	网络隔离电感	JP14:	RJ45网络输入接口
U23:SN74CBTLV3245APWR	使能控制多路开关（小卡时使用）	UD1\UD2：K4B2G1646C- HCH9或NT5CB128M16BP-DI	DDR3，与主芯片配合完成网络、图像处理

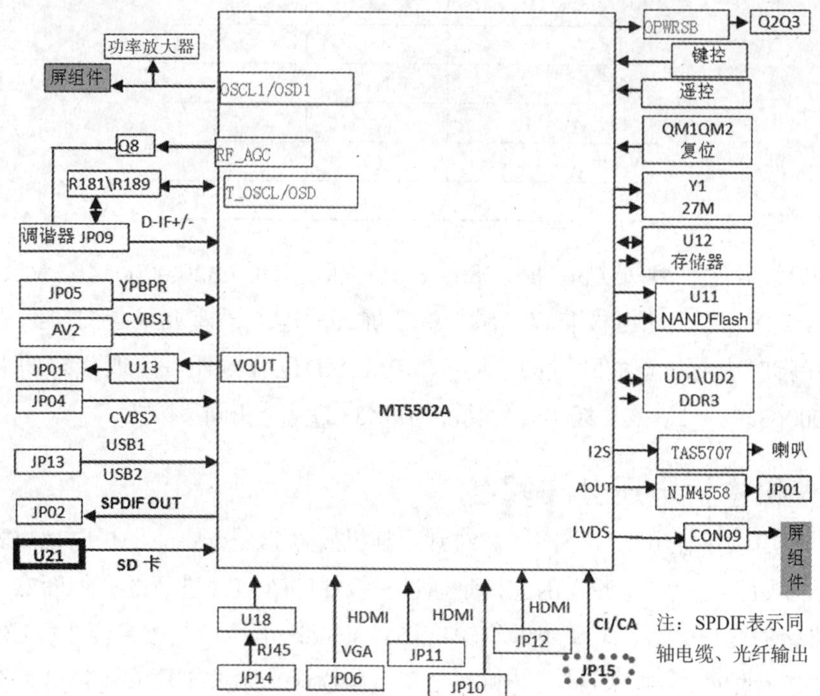

图2.30 PM38iD整机信号处理流程

图2.30中JP14、JP06、JP10等均是信号接入插座编号。Q2、Q3、Q8等为开关控制管。PM38iD、PM38iD-A与PM38i、PM38i-A的区别在于，前两款机芯多了SD卡涉及的U21，与CA卡相关的插座JP15及相关电路，同时调谐器是接收DVC-B和TV信号的数字调谐器。后两种机芯无U21、JP15及相关电路，调谐器为接收传统TV信号的数字调谐器。除此之外PM38机芯的所有其他功能均具有，如VGA、TV、AV、HDTV、USB、HDMI（不同产品HDMI路数有差别）、RJ45上网端口及智能控制功能（语音、互动游戏、多屏互动）等。表2.10列出了PM38iD生产的两款产品所拥有的所有功能。

表2.10 PM38iD生产的两款产品所拥有的所有功能

机型 接口（实现功能）	3D43A5000i	3D51A5000i
RF（模拟&DVB−C）	√	√
AV1	√	√
AV2	√	√
YPbPr	√	√
VGA	√	√
HDMI1	√	√
HDMI2	√	√
HDMI3	√	√
USB1	√	√
USB2	√	√
摄像头	√	√
网络端口	√	√
SD卡	√	√
CAM大卡	√	√
AV输出	√	√
光纤输出	√	√

PM38i后续开发了另一款机芯PM38i-A，其主板为JUC7.820.00061407 V2，调谐器仍用TAF1-C4I22VH C，此主板兼容三星与虹欧屏，故上屏插座如果为51脚时表明是配三星屏的，30脚时表明是配虹欧屏的。同样，PM38iD也有另外一个取代它的电路板，是JUC7.820.00063791 V2，该主板实现的功能与PM38iD完全相同。

2.2.4 整机主板电压分布网络

掌握平板电视主板电压分布网络，对判定整机故障非常重要。平板电视故障检修首先是从测电压开始。主板与电源板的连接是通过主板插座CON01进行的，如图2.31所示。

电视机接通交流电后，电源组件将输出+5V_standby电压给主板，经主板U03形成3.3V电压，给主芯片中的复位、时钟、待机系统等电路供电，系统工作并等待开机命令。开机后，从主芯片的STB_PANEL脚输出控制信号使电源启动，此时电源送出VA、12V、D5V供主板相关电路和屏上组件电路工作。这些电压在主板上的分布如图2.32所示。

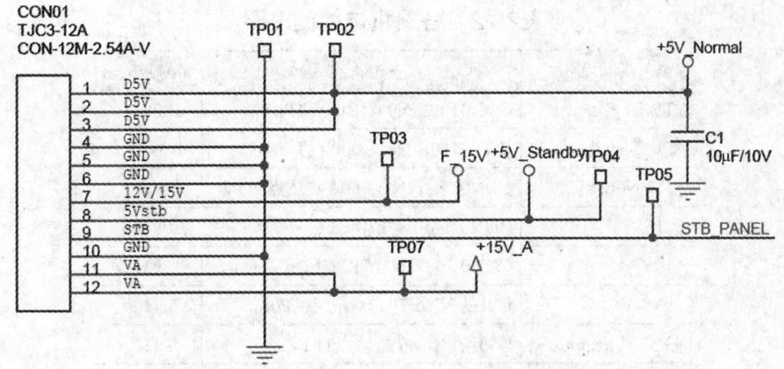

图2.31 平板电视主板与电源板的连接

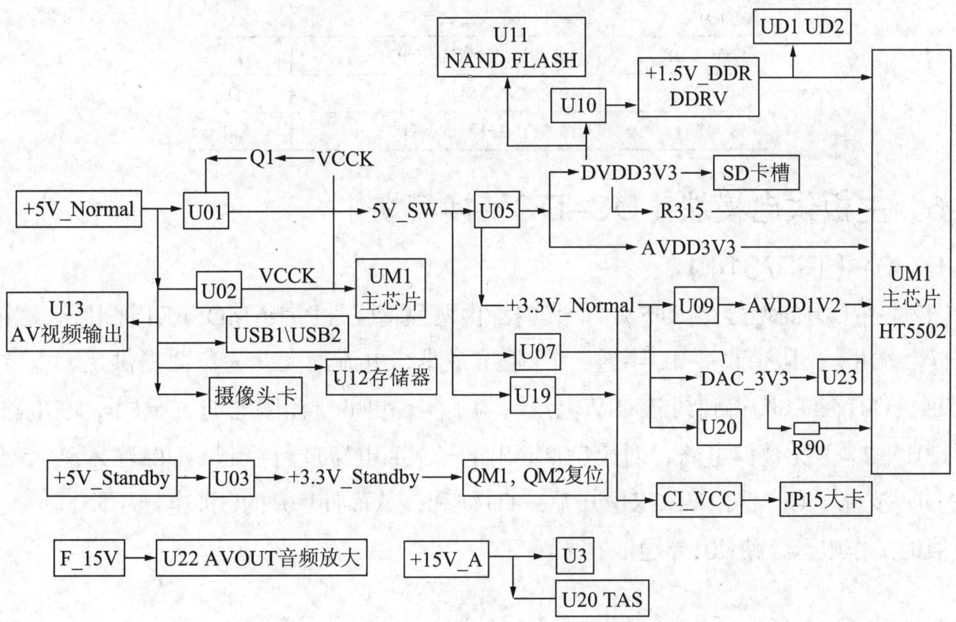

图2.32 平板电视主板电压分布

表2.11列出了主板工作关键电压的测试点和正常工作值，供维修时参考。

表2.12列出了各路供电检测电阻。

表2.11 主板工作关键电压的测试点和正常工作值

测试点	测试位置	测试值
+5V_Standby	CON01的PIN8或测试点TP04	+5.17V ± 0.15V
+3.3V_Standby	U03的PIN2或测试点TP17	+3.3V ± 0.066V
+5V_Normal	CON01的PIN1/2/3或测试点TP02	+5.0V ± 0.15V
VCCK	电阻R46两端或测试点TP12	+1.2V ± 0.1V
+3.3V_Normal	电阻R27两端或测试点TP18	+3.3V ± 0.1V
+1.5V_DDR	U10的PIN2或测试点TP21	+1.53V ± 0.1V
AVDD1V2	U09的PIN2或测试点TP20	+1.2V ± 0.03V
+15V_A	CON01的PIN11/12或测试点TP07	+15.35V ± 0.75V
CI_VCC	U19的PIN6/7/8	+5.0V ± 0.15V
+5V_TU	U16的PIN3或测试点TP72	+5.0V ± 0.15V

表2.12 各路供电检测电阻

测试点	测试位置	测试值
STB	CON01的PIN9或测试点TP05	>100kΩ
+5V_Standby	CON01的PIN8或测试点TP04	>8.5kΩ
+5V_Normal	CON01 的PIN1/2 /3或测试点TP02	>10kΩ
F_15V	CON01的PIN7或测试点TP03	>10kΩ
+15V_A	CON0 1的PIN11/ 12或测试点TP07	>10kΩ
5V_SW	U01的PIN6/7/8或测试点TP08	>7kΩ
+3.3V_Standby	U03的PIN2或测试点TP17	>5kΩ
VCCK（1.2V）	电阻R46两端或测试点TP12	>130Ω
+3.3V_Normal	电阻R27两端或测试点TP18	>700Ω
AVDD1V2	U09的PIN2或测试点TP20	>3.8kΩ
+1.5V_DDR	U10的PIN2或测试点TP21	>70Ω
CI_VCC	U19的PIN6/7/8	>45kΩ
+5V_TU	U16的PIN3或测试点TP72	>1.6kΩ

2.2.5 主板供电模块（DC-DC转换模块）

1. U01（IRF7314）

图2.33中U01的型号是IRF7314，其内部由两只增强性P沟道MOSFET管组成。当V_{GS}≤0.7V[V_{GS}（th）门限值]时，IC导通，R_{SD}阻抗最小，电流最大，为负载提供足够电源，同时5V通过U01在5~8脚得到约5V_SW电压。为了实现更低于门限值的电压V_{GS}，在电路上设计了U01（2.4）脚被控电路，对由U02输出的VCCK电压进行控制。U02输入5V与U01的5V是同一支路，U02输出VCCK电压后，Q1饱和，从而使U01的G极电压下降，形成更低于阈值的工作电压，使U01导通。

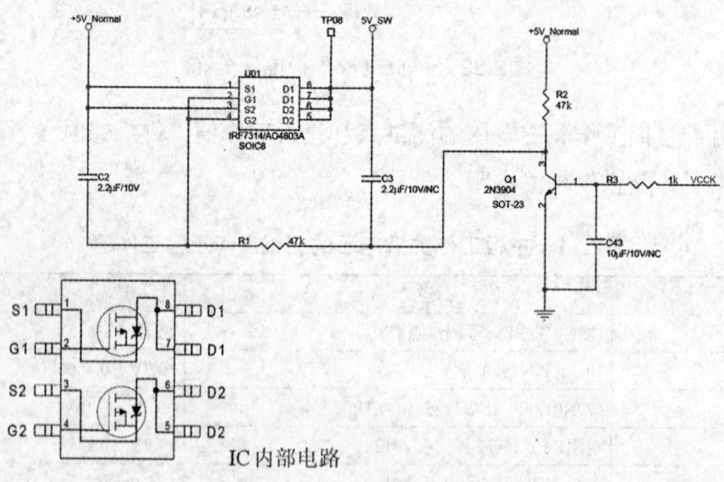

图2.33 U01（IRF7314）

注：IRF7314工作极限参数是，通过电源的电流I_D不得超过−4.3A，加在V_{GS}的电压最低不得低于−12V，V_{DS}两端的电压不得超过−20V，否则会导致U01损坏。

说明：U01输出的5V-SW经相关降压IC后为主芯片UM1和其他电路供电。由于DDR及主芯片供电来自U01，而U01输出电压低于5V或5V驱动电流不足或纹波幅度大，这些都将导致指示灯亮，出现不能开机或自动关机故障。

2. U02［AOZ1036PI（5A）&AOZ1034PI（4A）&AOZ1051PI（3A）］

U02实际电路如图2.34所示，选用的是功率大的AOZ1036PI。此IC是一块同步降压稳压器，同步开关脉冲形成振荡控制电路的IC。

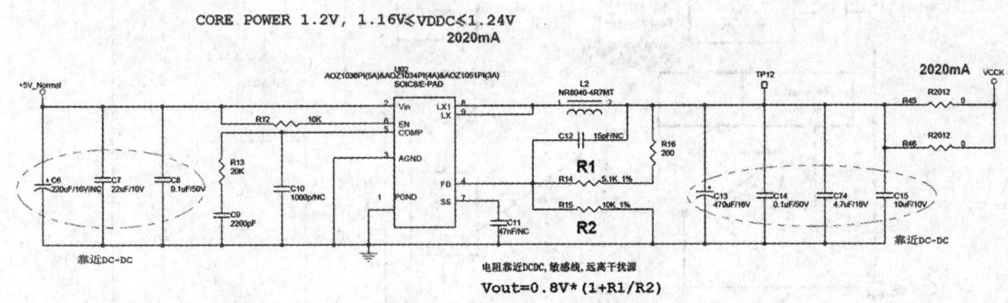

图2.34 U02实际电路

（1）AOZ1036PI的IC特点。

输入电压范围4.5 ~ 18V；同步降压；FET管导通电阻小，55mΩ内部高边导通电阻，19mΩ低边驱动开关导通电阻；功效超95%；内置软启动；输出电压可调到0.8V，输出电压范围0.8 ~ VIN（输出范围宽）；连续5A输出电流；固定500kHz的PWM控制；逐周期电流限制；预偏置启动；具有短路电流保护、过热关断功能。其引脚封装有两种方式，如图2.35所示。

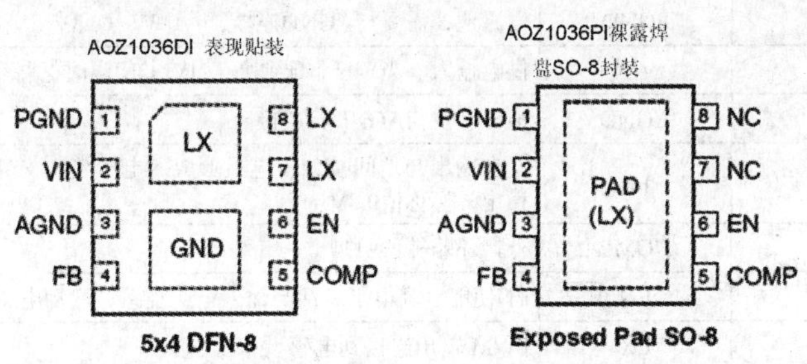

图2.35 AOZ1036PI的引脚封装

（2）贴片元件封装知识。

① DFP（Dual Flat Package）。双侧引脚扁平封装，是SOP 的别称。以前曾有此说法，现在已基本上不用。SOP-8的8是指有8个引脚。

② QFN（Quad Flat Non-leaded Package）。四侧无引脚扁平封装，表面贴装型封装之一，现在多称为LCC。QFN是日本电子机械工业会规定的名称。封装四侧配置有电极触点，由于无引脚，贴装所占面积比QFP 小，高度比QFP低。但是，当印刷基板与封装之间产生应力时，在电极接触处就不能得到缓解。因此，电极触点难以做到像QFP的引脚那样多，一般为14~100。材料有陶瓷和塑料两种。当有LCC 标记时基本上都是陶瓷QFN。电极触点中心距1.27mm。塑料QFN是以玻璃环氧树脂作为印刷基板基材的一种低成本

封装。电极触点中心距除1.27mm 外，还有0.65mm 和0.5mm 两种。这种封装也称为塑料LCC、PCLC、P-LCC 等。

③ AOZ1036引脚功能及内部框图（见图2.36，表2.13）。

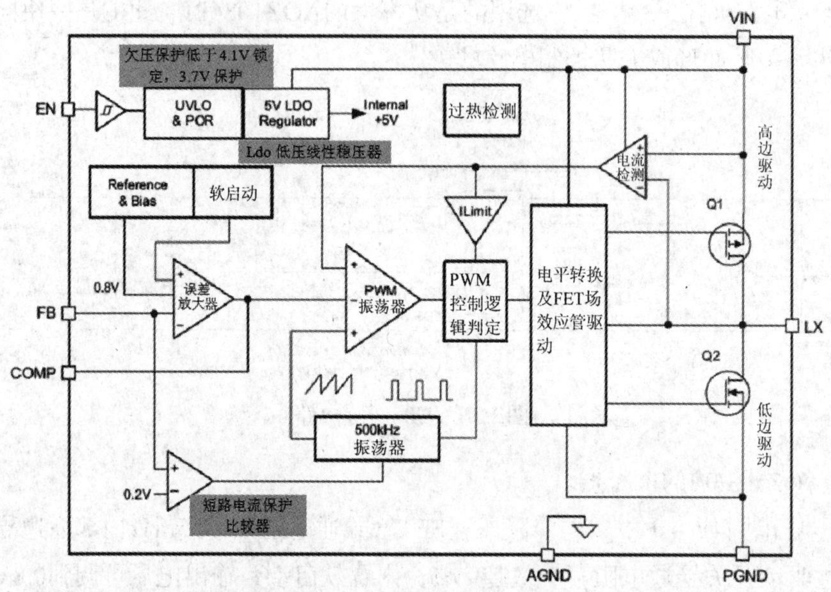

图2.36 AOZ1036内部功能框图

表2.13 AOZ1036引脚功能

5x4 DFN-8	Exposed Pad SO-8	符 号	功能描述及工作指标范围
1	1	PGND	电源地，需要与AGND连接，−0.3V~+0.3V
2	2	VIN	供电输入。当VIN上升到高于UVLO门限时电路启动
3	3	AGND	地，它也与AGND相连接
4	4	FB	在输出与地间接分压电阻形成的电压接入 FB脚，用于控制输出电压的稳定，标称值0.8V
5	5	COMP	外接环路补偿引脚
6	6	EN	EN使能，高电平激活与输入电压连接；启动电压2V，0.6V关闭电压
7，8	Pad	LX	PWM 输出连接到电感上
	7，8	NC	NC

④ AOZ1036输入电压范围为4.5 ~ 18V，改变FB脚外接电阻比例，在输出端可得到0.8V ~ VIN的不同电压。FB引脚电阻比例与输入、输出电压的关系式是$V_o = 0.8 \times \left(1+\dfrac{R_1}{R_2}\right)$，见表2.14。通过改变$R_1$、$R_2$在电路中的数字可以在输出端产生不同的电压值，参考电路如图2.37所示。

3. U05、U03（AP1084-3.3）

AP1084-3.3是一块输出电流达5A，输出固定电压为3.3V的降压型IC（见图2.38）。此IC还有一种型号为AP1084D/K/P-ADJ。这种IC的输出电压是可调的，其中D、K、P表示IC的封装不同，ADJ表示输出电压可调，通过改变ADJ脚的电压比例，实现输出电压范围为1.5 ~ 5.0V。

IC的封装方式如图2.39所示。

表2.14 FB引脚电阻比例与输入、输出电压的关系

V_o（V）	R_1（kΩ）	R_2（kΩ）
0.8	1.0	Open
1.2	4.99	10
1.5	10	11.5
1.8	12.7	10.2
2.5	21.5	10
3.3	31.1	10
5.0	52.3	10

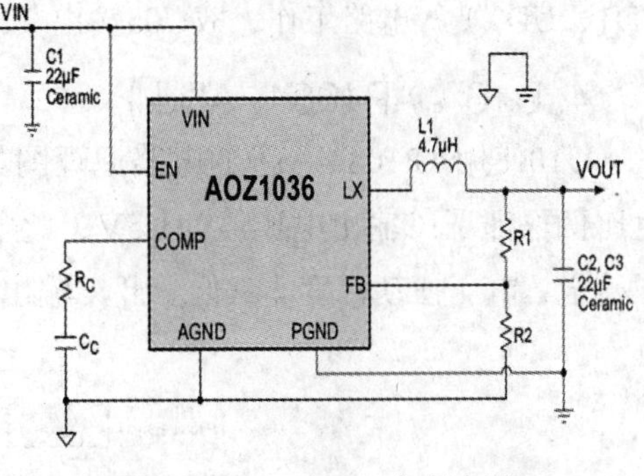

图2.37 AOZ1036参考电路

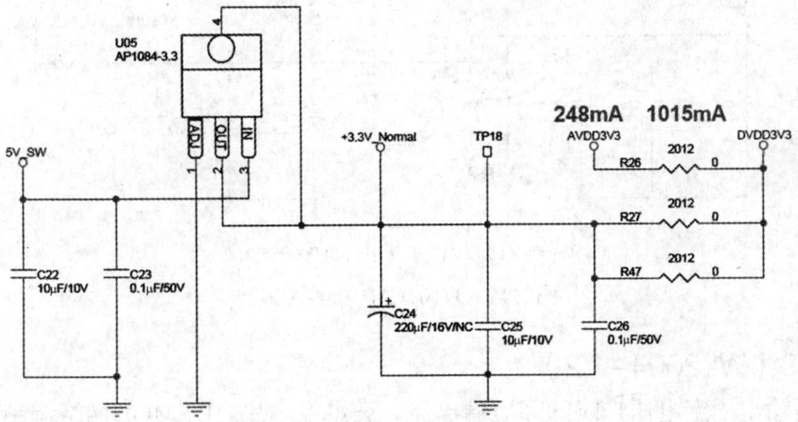

图2.38 AP1084-3.3

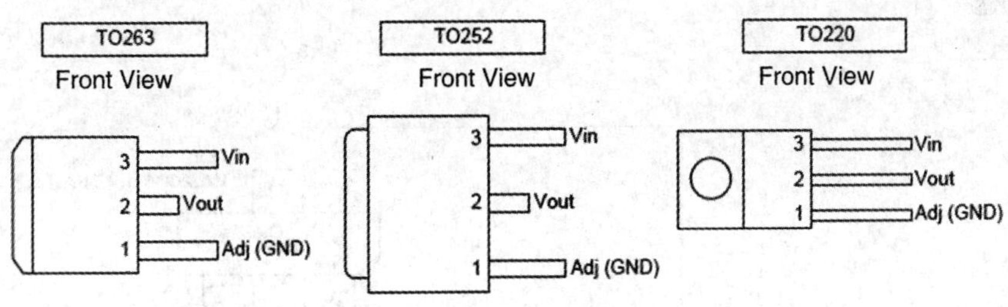

图2.39 IC的封装方式

IC型号为AP1084-ADJ时，输出电压与输入电压和电阻比例关系为$V_{out}=V_{ref}$（$1+R_2/R_1$）$+I_{adj}\times R_2$，其中，V_{ref}=1.25V，I_{adj}=55μA，R_1、R_2的位置如图2.40所示。

维修说明：U05输出电压供Flash（位号U11），经U10形成1.5V电压供DDR（位号

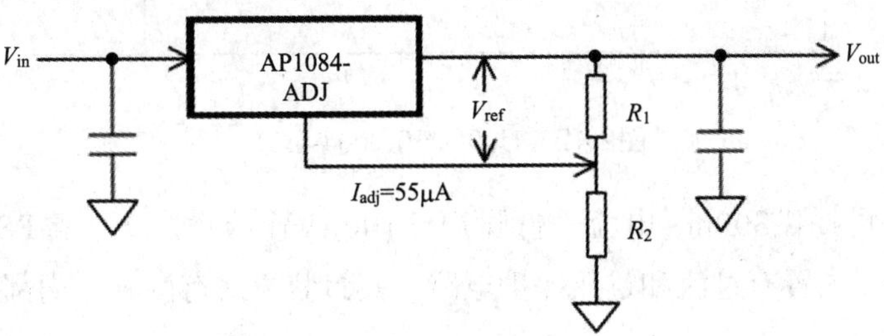

图2.40 AP1084-ADJ

UD1、UD2）等电路工作，故U05输出要求稳定，否则导致死机。

4. U10（AP1084-ADJ）

U10使用AP1084-ADJ的电路原理图如图2.41所示。此IC的1脚——ADJ引脚设置的电阻比例保证了IC输出电压值为1.5V，此电压专用于主芯片UM1和两块DDR工作。要求电压稳定，电压摆动幅度非常低。此IC输出电压不稳定会出现死机、自动关机等故障。

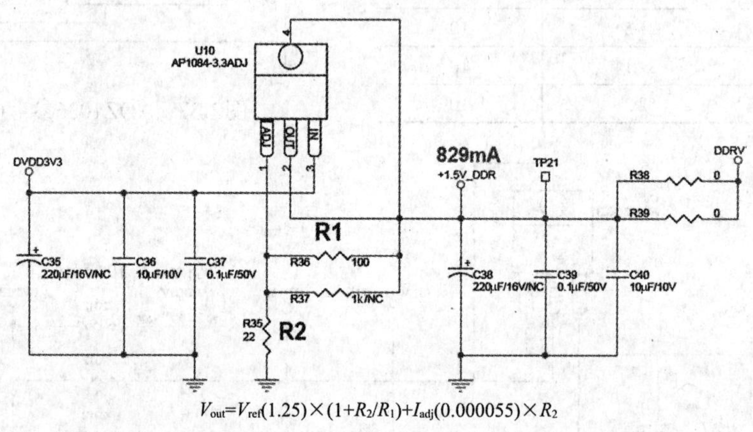

$$V_{out}=V_{ref}(1.25)\times(1+R_2/R_1)+I_{adj}(0.000055)\times R_2$$

图2.41 U10（AP1084-ADJ）

5. U09（WL2004-1.2）

此IC是输出固定电压1.2V的降压输出器，满足主芯片内DEMOD网络调制解调器工作及图像处理ADC电路和LVDS编码等电路工作，如图2.42所示。

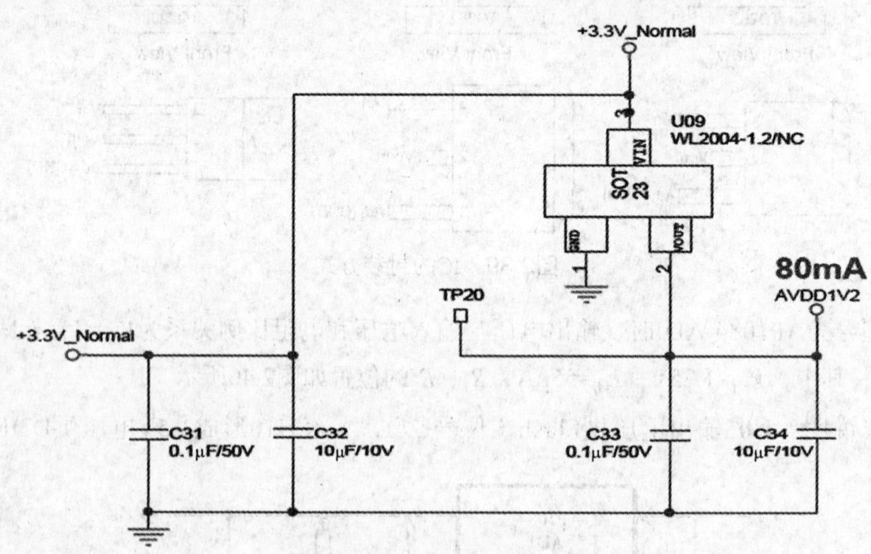

图2.42 U09（WL2004-1.2）

此IC是一块可提供300mA电流、低噪声（100μV输出噪声）、高PSRR（70dB）的LDO低压稳压器。内置有过流和过热保护电路。其封装方式有两种，内部信号处理框图如图2.43所示。

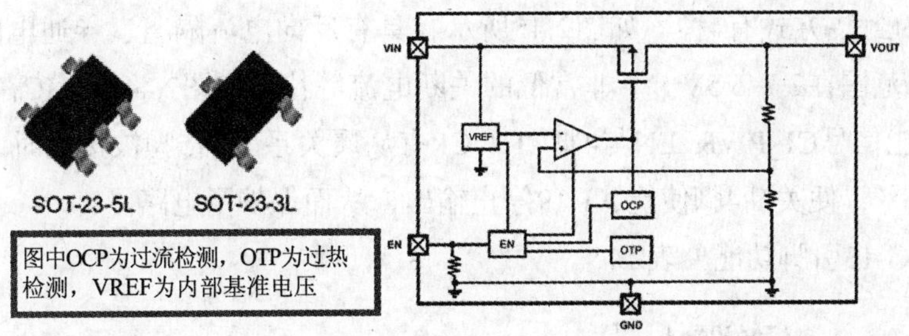

图2.43　U09内部信号处理框图

◎知识链接……………………………………………………………………

PSRR

PSRR是Power Supply Rejection Ratio的缩写，意为“电源纹波抑制”。PSRR表示输入与电源视为两个独立的信号源时，所得到的两个电压增益的比值，是一个用来描述输出信号受电源影响的量。PSRR越大，输出信号受到电源的影响越小。有些DC/DC转换器在音频频谱的高频端存在较强的噪声，即使人耳几乎听不到这个频段的噪声，但可以检测到它们在耳机输出端产生的噪声。

……………………………………………………………………………………

6. U07（WL2004-3.3）

U07使用的IC型号与U09相似，差异在此IC输出固定电压为3.3V的LDO。实际电路中，可以将U09取消，采用U05输出的3.3V电压。U09输出的3.3V电压主要满足CI/CA卡信号处理电路中U23（SN74CBTLV3245APWR）工作。

7. U19（AP2171SG-13，见图2.44）

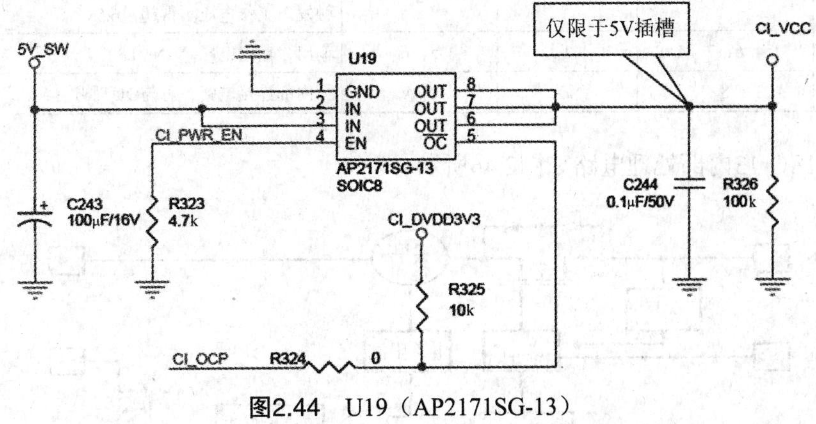

图2.44　U19（AP2171SG-13）

此IC输出电压用于为CI卡等电路工作提供供电的开关控制电路。图中CI_PWR_EN由主芯片UM1送出，接IC的EN脚。此IC是一个单通道限流型开关电路，最大输出电压不得超过1A。IC的封装方式有4种，如图2.45所示，具有反向电流隔离、导通电阻95mΩ、宽的输入电压（范围在2.7~5.5V）、非常低的关断电流等特点。图2.44中，IC在PM38机芯应用时，4脚使能信号CI_PWR_EN与4脚CI_OCP有从属关系。当5脚被接低时，控制系统一旦检测到低电平，便关断4脚使能，U19停止输出，从而保护了电路。

AP2171SG-13引脚功能见表2.15。

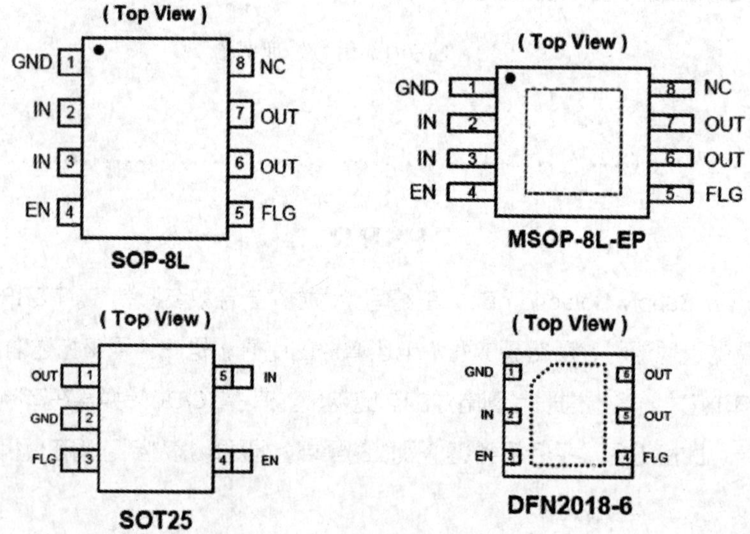

图2.45 AP2171SG-13封装方式

表2.15 AP2171SG-13引脚功能

脚	MSOP-8L-EP或SOP-8L	SOT25	DFN2018-6	功能
GND	1	2	1	地
IN	2，3	5	2	供电，最高不得超过6.5V
EN	4	4	3	使用，型号为AP2161为低电平激活，AP2171高电平激活（不得低于2V）。此脚电压最高不得超过6.5V
FLG	5	3	4	过流和过热故障报告，漏极开路标志为低电平时触发。工作电压不得超过6.5V
OUT	6，7	1	5，6	输出，输出电压=VIN+0.3
NC	8	N/A	N/A	无内部连接电路，可与OUT脚连接

AP2171SG-13内部处理电路如图2.46所示。

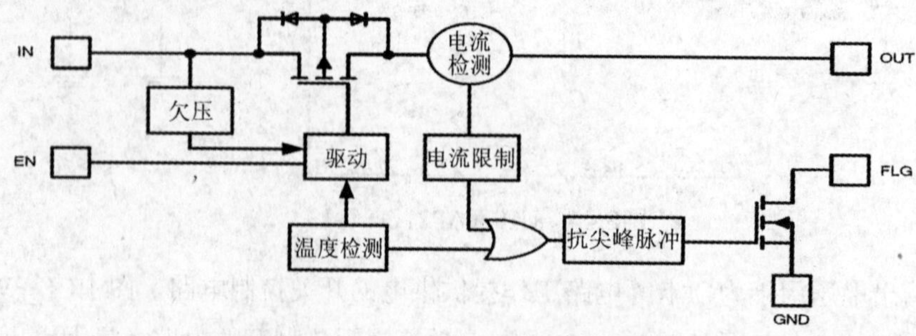

图2.46 AP2171SG-13内部处理电路

主板上各DC-DC转换块维修数据汇总见表2.16。

表2.16　主板上各DC-DC转换块维修数据汇总

位　号	型　号	PIN1	PIN2	PIN3	PIN4	PIN5	PIN6	PIN7	PIN8
U01	AO4803	5.15	0	5.15	0	5.13	5.13	5.13	5.13
U02	AOZ1036PI	0	5.15	0	0.8	0.9	0	0	1.25
U03	WL2004N33G-3/TR	0	3.28	5.22					
U3	MP1482DS-LF-Z	10.43	15.43	5.19	0	0.93	1.24	7.5	3.75
U05	AP1084K33L-13	0	3.31	5.11					
U09	WL2004N12G-3/TR	0	1.21	3.31					
U10	AZ1084S-ADJTRE1	0.274	1.524	3.28					
U16	AS7805DTR-E1	12.62	0	5.0					
U19	AP2171SG-13	0	5.13	5.13	0	3.28	0	0	0

2.2.6　主板信号处理过程分析

PM38机芯主板信号处理围绕着主芯片MT5502A，完成TV信号（调谐器）、AV信号、HDTV、HDMI、VGA信号、摄像头、上网、数字电视信号CI卡、变频、LVDS信号形成和控制信号产生、伴音等的处理与控制，其中包括智能功能控制等。

液晶与PDP电视均使用了同一主芯片，二者的区别在程序存储器写入的程序不同，其次是两产品的主板接口电路不同。液晶主板有接电源组件和背光电路板的插座，以及控制背光的启动控制和背光亮度控制等电路。而PDP只有与电源组件连接的插座及启动电源的开/待机控制电路。显然，液晶与等离子产品主板元件编号发生了变化，但二者主板信号处理的原理是相同的，故现以PM38ID机芯为例来介绍，让大家来了解PM38智能机芯的信号处理特点。

1. 主芯片MT5502A的典型特点

MT5502A 是一个高度集成的多媒体控制处理芯片，最高可支持50Hz/60Hz 的FULL HD屏（1920×1080）显示，其内部处理框图如图2.47所示。

① ARM-A9采用主频达900MHz的CPU内核（ARM-A9是ARM公司研发的最高性能的双核处理器，在智能电脑和电视等上广泛应用），查询此信息可通过整机设置—系统设置—系统信息，便可查看整机内核状态。

② 兼容所有的模拟电视标准格式。

③ 支持DVB-C 和DTMB 数字电视格式（实现DTV功能）。DVB-C有线数字视频广播，只能通过光纤或电缆接收由电视台编辑播放的电视节目，不能用于接收卫星电视。DTMB数字地面波接收，目前开通或即将开通服务的城市有昆明、天津、西安、南京、上海、厦门、深圳、福州、南宁等。DTMB地面数字多媒体广播，是中国数字影像广播标准。DTMB有多重副载波（Subcarrier，简称多载波）与单一副载波（简称单载波）两种模式。

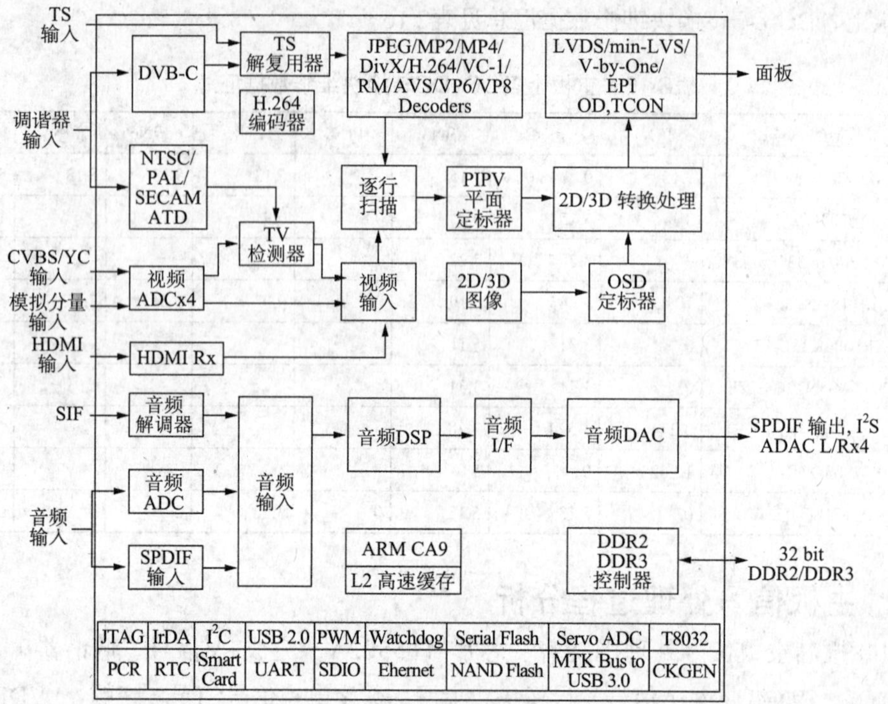

图2.47 MT5502A内部处理框图

④ 支持HDMI1.4。HDMI1.4版数据线将增加一条数据通道，支持高速双向通信。支持该功能的互连设备能够通过百兆以太网发送和接收数据，可满足任何基于IP的应用。HDMI以太网通道将允许基于互联网的HDMI设备和其他HDMI设备共享互联网接入，无需另接一条以太网线。支持的高清分辨率将达到4K × 2K，四倍于目前的1080p。HDMI1.4支持分辨率比例具体格式为3840 × 2160 24Hz/25Hz/30Hz和4096 × 2160 24Hz。

⑤ 支持MPEG1/2/4/H.264/VC-1/DixV/AVS/RMVB/VP6/VP8/H.263/MVC/BMP/JIF等多种多媒体压缩格式。

⑥ 支持多种3D格式，支持2D转3D功能。

⑦ 支持对PAL 和NTSC 的3D数字梳状滤波器。

⑧ 内置音频SRC、ADC、DAC，支持环绕声处理（Dolby、SRS、BBE），支持I^2S 的输入和输出，支持SPDIF 输出。

液晶与PDP电视同用MT5502A时，由于MT5502A采用BGA封装，引脚太多，在此不对各引脚功能作一一介绍。其部分引脚在LCD和PDP产品上的作用见表2.17。由表2.17可知，同样符号的引脚在两类产品上应用时实际的作用可能有差异。

由表2.17可以看出，IC引脚功能虽由芯片厂家定义，但在实际使用中又被整机厂家重新进行了定义，有些引脚功能仍沿用厂家定义，如GPIO46脚功能不管在PDP还是在液晶产品上均保证原有的功能。

主芯片引脚中标注有JTAG（Joint Test Action Group，联合测试行动小组），是一种国际标准测试协议（IEEE 1149.1兼容），它是用于芯片内部测试时的。现在多数的高级器件

表2.17 MT5502引脚功能

引脚功能符号	芯片定义的功能	在PDP产品上应用功能	在LCD产品上的应用功能
GPIO0 ~ GPIO42	全用于MT5502与CI卡进行数据交换控制信号		
GPIO42	3D_ENABLE	未用	3D_ENABLE，接QA8
GPIO43	USB_PWR_EN0	未用	USB_PWR_EN0，控制UU1
GPIO44	USB_PWR_EN1	未用	USB_PWR_EN1，控制UU2
GPIO45	eMMC_RST_N	CA_EN：Q34，接U23（19）脚	CA_EN，接QA15，接U23（19）脚
GPIO46	SYS_EEPROM_WP	SYS_EEPROM_WP U12写保护	SYS_EEPROM_WP 接UM5写保护
GPIO47	BL_ON/OFF	ATV/DTV AGC SELECT 接Q8，调谐器	ATV/DTV_AGC_SECLECT通过QT4控制调谐器AGC
GPIO48	SD_HPD	SDIO_HPD：U21 SD卡	SD_HPD：SD卡热插信号
GPIO49	SD_WP	SDIO_WP：U21	SD_WP：SD卡送入写入信号
GPIO 50	AMP_RESET#	AMP_RESET#：Q33	AMP_RESET#：接QA12，控制功率放大器复位
GPIO 51	MUTE_CTL	MUTE_CTL：Q12静音	MUTE_CTL：接QA11，控制功率放大器
GPIO 52	ctrl_3dr（O）	无	OPC_ON/OFF：QA3，接屏
GPIO 53	L/R_SYNC	无	3D_L/R_SYNC：QA9，3D左右同步控制，接屏CI
GPIO 54	ctrl_3dbl（O）	无	2D_SCAN_EN：接QA5，2D扫描使能，接屏
GPIO 55	3D_SYNC_GLASS	3D_SYNC_GLASS：Q13、CON10	3D_SYNC_GLASS：接QA7，接J903
PWM 0	PWM48K_BST_30V	无	ODSEL：QA6
PWM 1	BL_DIMMING	无	BL_DIMMING：QA01背光亮度
PWM 2		无	
ADIN0_SRV		接电阻到地：R310	FHD/HD SELECT：未用
ADIN1_SRV		R311到地	
ADIN2_SRV	KEY0	接电阻到地：R313	USB_OC_P0/P1：UU1
ADIN3_SRV	KEY1	接电阻到地：R314	USB_OC_P2/P3:UU2
ADIN4_SRV	USB_OC_P0/P1	KEY0：CON02	KEY0:CON4键控
ADIN5_SRV	USB_OC_P2/P3	KEY1:CON02	KEY1:CON4
ADIN6_SRV	RF_AGCI	RF_AGCI：Q8	RF_AGCI：实际未用
ADIN7_SRV		CI_PWR_EN：U19使能	CI_PWR_EN：UC1（4）
OPCTRL 0	OPCTRL0_LED0	OPCTRL0_LED0：CON04，灯控制	OPCTRL0_LED0：接CON5
OPCTRL 1	OPCTRL1_LED1	OPCTRL1_LED1	OPCTRL1_LED1;CON5
OPCTRL 2	OPCTRL2	Flash_WP#：U11（19）	NAND_WP#:UM3（19）程序块写保护
OPCTRL 3	Strap[0]	功能配置0	功能配置0
OPCTRL 4	BL_ON/OFF	NC	BL_ON/OFF：QA02背光启动
OPCTRL 5	CI_OCP	CI_OCP：U19过流检测	CI_OCP：CI卡供电过流检测，低电平检测
OPCTRL 6	OPCTRL6	3D_SYNC_1,	3D_SYNC_IN：接JP6屏
OPCTRL 7	USB2_RST	NC	USB2_RST：UU9（26）
OPCTRL 8	WIFI_CTRL	NC	WIFI_CTRL：XSU17
OPCTRL 9	LVDS_PWR_EN	NC	LVDS_PWR_EN：QA03屏供电控制

续表2.17

引脚功能符号	芯片定义的功能	在PDP产品上应用功能	在LCD产品上的应用功能
OPCTRL 10	USB_PWR_EN3	NC	LNA$ON/OFF：QA13，控制调谐
OPCTRL 11	USB_PWR_EN2	NC	USB_PWR_EN2：UU3
LED_PWM0	Strap[2]	主芯片配置脚2，开机后作为3D信号输出脚	3D_SYNC_CODE_OUT;J903
LED_PWM1	Strap[1]	主芯片配置脚1。LED_PWM1：R82到地	Strap[1]：未用

都支持JTAG协议，如DSP、FPGA器件等。标准的JTAG接口是4线，TMS、TCK、TDI、TDO，分别为模式选择、时钟、数据输入和数据输出线。JTAG接口还常用于实现ISP，对Flash等器件进行编程。

UART是一个将并行输入变成串行输出的芯片。

2. 主芯片功能配置引脚

表2.17中还说到，符号为LED_PWM0、LED_PWM1和OPCTRL 3的3个脚是主芯片的功能配置引脚。意思是三脚电路状态不同，芯片所配置的硬件将不同，如图2.48所示。

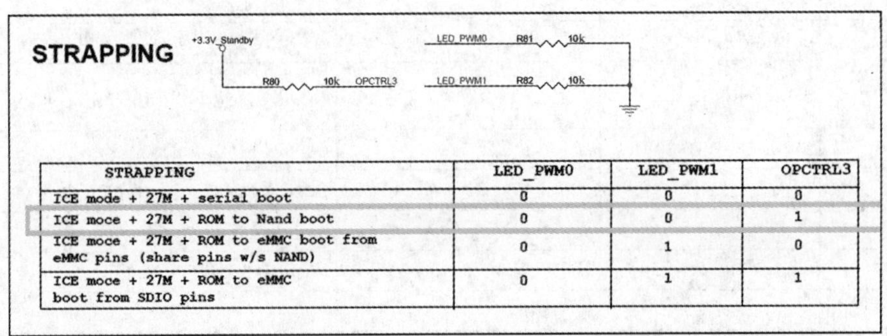

STRAPPING	LED_PWM0	LED_PWM1	OPCTRL3
ICE mode + 27M + serial boot	0	0	0
ICE moce + 27M + ROM to Nand boot	0	0	1
ICE moce + 27M + ROM to eMMC boot from eMMC pins (share pins w/s NAND)	0	1	0
ICE moce + 27M + ROM to eMMC boot from SDIO pins	0	1	1

图2.48　主芯片功能配置引脚

图2.48中，当主芯片MT5502的LED PWM0、LED PWM1和OPCTRL3三脚同时处于低电平时，主芯片外挂时钟振荡器频率是27MHz，系统仅支持串接方式的boot引导系统。OPCTRL3脚为高电平3.3V，其他两脚为低电平时，时钟振荡器频率仍为27MHz，系统支持从 NAND FALSH的ROM区运行boot引导程序。LED_PWM0和OPCTRL3脚为低电平，LED-PWM1为高电平时，支持内嵌式eMMC存储器引导boot程序。eMMC相当于一个固态的SD卡或固态的硬盘，是一个主控+NAND Flash封装成一个IC的部件。目前有Sandisk，Kingston，Samsung，Hynix，toshiba等几家推出了eMMC，容量从2GB~64GB，有的会推出128GB。此部件目前在手机、平板、GPS等手持式移动上网装置上广泛应用。由此可见，长虹PM38机芯生产的整机主芯片外挂的是NAND Flash（U11，K9F4G08U0D-SCB0），故在电路中，需将LED PWM0、LED PWM1两脚通过电阻接地，而OPCTRL3脚上拉在3.3V上。

在开机时，系统将自检三脚电平状态，并启动相应系统读取boot系统引导程序，为后续系统运行做准备。系统运行开机后，三脚的功能将作为整机其他功能使用，如本机机芯的LED PWM0脚便作为3D控制部分。三脚电平状态与电视的功能见表2.18。

表2.18 三脚电平状态与电视的功能

信 号	OPCTRL3	LED_PWM0	LED_PWM1
开机过程中的状态	3.3V	0V	0V
开机后的状态		复用为3D 同步信号输出脚，波形	

维修说明：主芯片功能配置三脚状态发生错误，系统将无法从NAND Flash中读取boot引导程序，整机不会开机。

注：液晶LM38机芯也按图2.48配置电阻，只是上拉在3.3V的电阻编号为RW5，10k；接地的两个电阻是RW2和RW4，10k。

3. 电视射频信号处理

（1）调谐器特点。

PM38、LM38机芯都使用两种类型的调谐器。一种是能接收数字电视信号和模拟电视信号的调谐器，如PM38iD机芯使用的TDTK-C742D，另一种是只能接收模拟信号的数字调谐器，如PM38i机芯使用的TAF1-C4I22VHC。后一种调谐器的工作特点与以往高清电视使用的调谐器一样，是频率调谐器，输出中频信号IF到主芯片进行中放和视频检波处理。调谐器TDTK-C742D内部信号处理框图如图2.49所示。

调谐器除了可以接收传统模拟信号外，还具有满足DTMB（单/多载波）、DVB-C和PAL制式电视信号接收处理能力。ATV/DTV和RFAGC可切换控制，作用于ATV、DTV跟

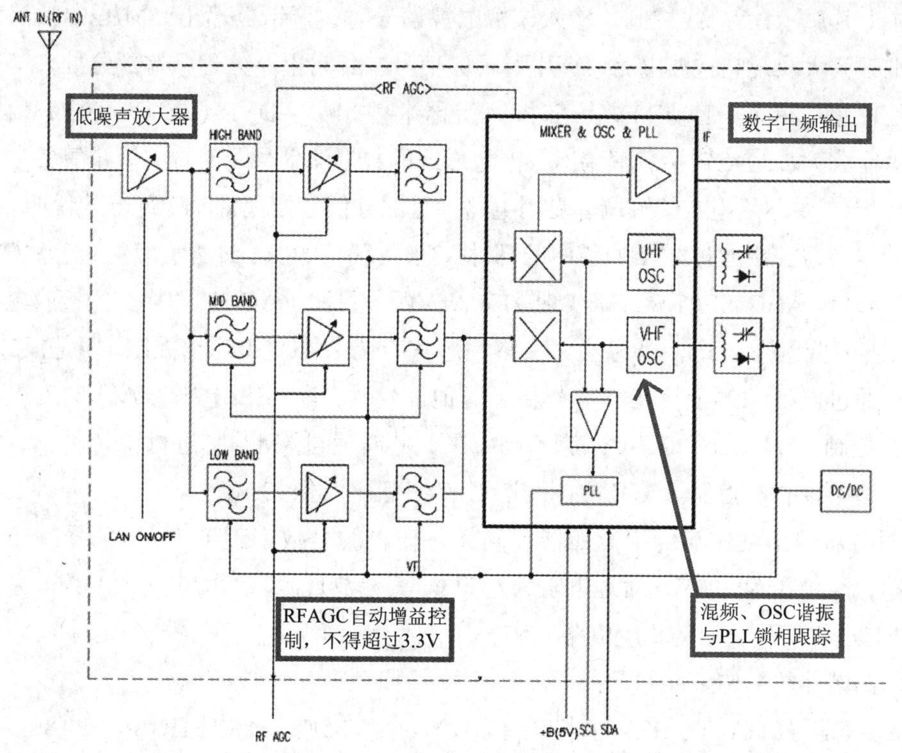

图2.49 TDTK-C742D内部信号处理框图

踪控制，限制高、中、低频段数字调谐电路，对输出数字信号增益进行控制。内置DC-DC转换电路，将5V转换成30V，用于调谐频率扫描。形状有卧式、立体两种。接收频道范围是低波段48.00~165.00MHz，中波段165.01~450.00MHz，高频段450.01~866.00MHz。天线输入ANT采用不平衡75Ω输入。其内部处理电路如图2.47所示。输出数字中频信号38MHz。整个波段的切换均由总线控制。它与主芯片组成的整个射频电视信号处理流程可用图2.50来表示。

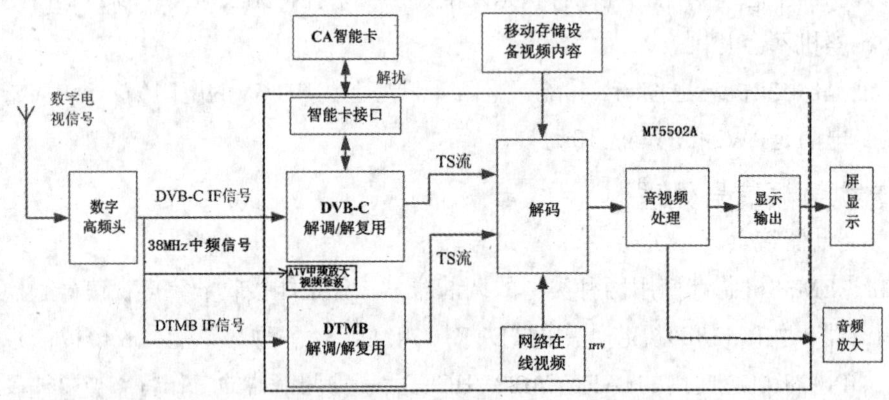

图2.50　射频电视信号处理流程

（2）TDTK-C742。

TDTK-C742在PM38iD机芯电路的应用如图2.51所示。

TDTK-C742调谐器既能接收传统的RF电视信号，还能接收DVB-C数字信号。电路的切换由主芯片输入IIC总线控制。输入模拟电视信号时，调谐器输出38MHz中频信号去主芯片内中频放大及视频检波电路，产生音视频信号去各自电路处理，这部分处理与以往其他数字处理芯片相同。启动DTV状态时，调谐器将输出数字DVB-C或DTMB中频信号，去主芯片内经放大、ADC转换、解调出数据包形式的数据流信号及时钟、同步等信号，一同输往由CA卡与主芯片组成的解调、复用电路。这部分信号处理见DTV部分的说明。

调谐器增益控制通过AGC通道中的部件Q8来实现，如图2.51所示。由主芯片C31脚输出的ATV/DTV_AGC_SECLECT来实现DTV/ATV两节目源下AGC的切换。当接收电视信号时，C31脚为低电平，此时Q8导通，实现主芯片与调谐器AGC通信控制（B基极2.3V，E极4.9V，通过电阻R124上拉在5V上提供，其他信号时，B、E极电压为0V），对电视频道增益进行控制。DTV信号时为C31脚为高电平，此时通过AM24脚进行AGC通信，实现接收DTV信道幅度自动控制。AGC控制调谐器增益范围不超过3.3V。

此调谐器输出的IF与传统调谐器不同，它输出的是数字FAT_IN+/-信号。正常工作时，两路信号电压为2.03V，对地电阻为7.4kΩ。其他节目源时两脚电压为3.2V。主芯片扫描FAT两脚电平变化，启动相应电路工作。

JP09调谐器的工作条件如下：

① 总线信号SDA_T、SCL_T来自主芯片V34、V35脚，经电阻R188、R189接入，其5V偏压通过R192、R193提供。工作时总线电压为4.8V左右，对地电阻6.35kΩ。

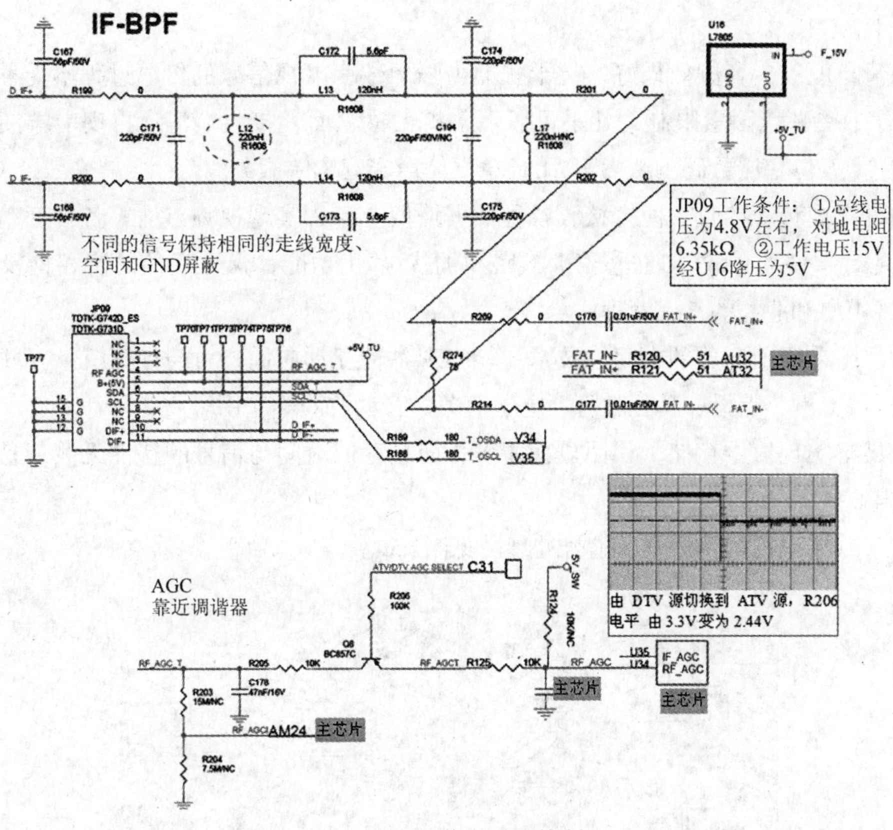

图2.51 调谐器增益控制

② 调谐器工作电压来自U16，15V电压经其变为5V。调谐所需电压30V由内部电源形成。

模拟调谐器型号为TAF1-C4I22VH C，它就是通常的频率合成受总线控制的调谐器，其工作原理在此不再描述。

LM38iSD液晶调谐部分相关内容见表2.19。

表2.19 LM38iSD液晶调谐

调谐器TDTK-G942D	U19，其引脚功能2脚LNA$ON/OFF，4脚AGC、5脚5V，6、7脚IIC总线，10、11脚IF输出
AGC切换$_{\text{ATV/DTV_AGC_SECLECT}}$	QT4 C极去调谐器
LNA$ON/OFF	经QA13控制Q451去调谐器（1），未用
IIC总线	经R903、R904接入。两路信号的上拉电压为5V，上拉电阻R902、R901（4.7kΩ）

4. DTV接收

（1）DTV概念。

DTV信号接收是指前端制作、发送、接收、显示的全数字处理过程。DTV接收的优势如下：

① 接收节目频道大量增加，丰富了家庭娱乐生活。传统广播电视传送一套模拟节目需要8MHz带宽，同样的带宽内采用数字广播一个频道可传送6~10套，甚至更多数字电视节目，电视节目的传输数量大大提高。传统电视看几十个频道，现在的数字电视可以看几

百套节目。

② 清晰度高，音频效果好，抗干扰能力强。数字电视信号的传输过程不受累积噪声的影响，不受环境因素限制，几乎可以无限扩大覆盖面，接收端清晰再现前端图像与音质，且支持五位杜比数码（Ac-3）5.1环绕立体声家庭影院服务。

③ 可实现移动接收，便携接收各种数据增值业务，实现视频点播等各种互动电视业务。实现有条件的接收，通过加密/解密和加扰/解扰功能，保证通信的隐秘性及收费业务，实现用户和业务的良好管理。

④ 系统采用了开放的中间件技术，能实现各种互动应用，可与计算机及互联网互连互通，开展上网、点播、远程教育、电子商务、互动游戏等应用。

⑤ 易于实现信号存储（如回放功能），而且存储时间与信号的特性无关，易于开展多种增值业务。

（2）数字电视网络模型及信号处理（见图2.52）。

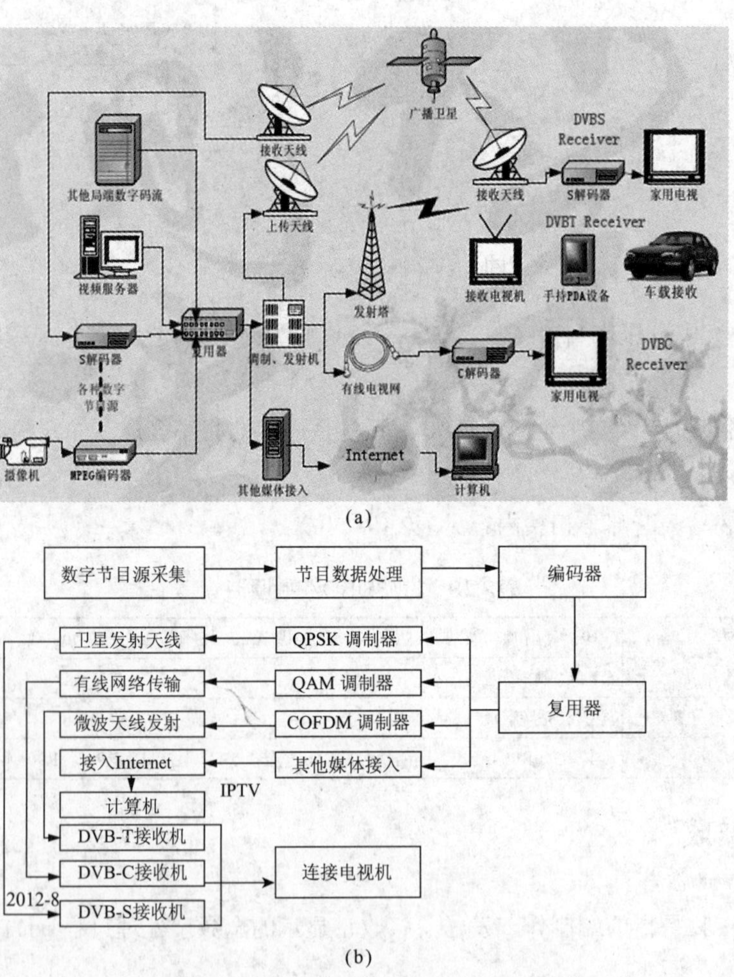

(a)

(b)

图2.52　数字电视网络模型及信号处理

从图2.52中可以看出，DVB-C采用QAM调制方式，通过有线网络进行传送。而DVB-S卫星接收器采用QPSK调制方式，其传送路径为卫星天线。还有一种是微波天线发射（也称地面波），共调制方式为COFDM。三种数字方式的前端处理都采用了相似的数字技术，即收集、制作、数据处理、编码、复用的全数字过程，再通过不同的调制方式，依靠不同载体进行转播发送。其中，信号的采集是指，将模拟设备采集的信号采样后得到数字信号；而数据编码是指，通过压缩编码去掉数字信号源中的冗余成分，以达到压缩码率和带宽，实现信号有效传输的目的；信道复用是指，根据多个节目传输的要求，采用数字节目压缩与编码形成复用码流；信道编码是指，通过按一定规则重新排列信号码元，或加入辅码的办法来防止码元在传输过程中出错，并进行检错和纠错，以保证信号的可靠传输。DVB-T、DVB-C、DVB-S就是信道解调设备，其工作过程正好是前端过程的逆处理过程，根据不同的调制方式进行信道解码、信道解复用和数据解码，它是数据压缩与编码的逆处理过程，最终恢复出节目数据（音视频信号）。

（3）DTV条件接收。

所谓的条件接收就是一种技术手段，它只容许被授权的用户使用某项业务，未授权的用户不能使用。要实现此项业务，信号在前端时将进行加扰。加扰是为了保证传输的安全而对业务码流进行加密。广播前端的条件接收系统控制被传输的业务的某些特性，这样未授权的接收者便得不到正确的码流，无法正常使用了。而解扰则是在后端接收时，在解扰器中完成加密处理，即解扰处理。如CI卡就具有此功能。CAS是对数字电视节目进行授权的最小单位。IC卡又称智能卡（Smart Card），采用的是条件接收系统模块的加密集成电路卡。码流（Data Rate）是指视频文件在单位时间内使用的数据流量，也叫码率，是视频编码中画面质量控制最重要的部分。同样的分辨率，视频文件的码流越大，压缩比就越小，画面质量就越高。广电播放码流，电视才能播放节目。录制码流，必须有录码流的仪器。搜索节目以及节目排序时，软件人员必须分析码流，才能正确地编写软件。

（4）CA、CI卡知识。

DTV电视是一种有条件接收的CA综合性系统。发送与接收端均涉及解密、解扰、编码、复用、智能、用户管理、节目管理、收费管理等各类信息管理技术。目前国内通常使用的CAS有永新视博（同方）、数码视讯、算通、长虹、NDS、IRDETO等。如果没有在运营商处开户（此CA卡），则无法收看该运营商提供的广播节目。通常一台机器配一张CA卡。许多地区禁止CA卡串用，也就是说，一台电视（或机顶盒）只能用最初开户的那张卡（即所谓机卡绑定）。CA卡使用时要同时配CI卡，CI卡上有集成芯片、Flash等，且有自己的CAS终端软件。不同的CI只能插入对应的CA卡，比如数码视讯的CI只能插入数码视讯的CA卡，才能解扰前端CAS为数码视讯提供的码流。

智能卡插拔时，会触发卡座上的一个硬件开关，线程收到此消息后，会进行相应的操作，并通知库卡已经插入或拔出智能卡。

irdeto CI卡如图2.53所示。

长虹研发的CA大卡，可兼容不同智能卡（小卡CI），实现不同条件接收系统的解扰。CA卡相当于卡套，但内部有接口。当然电视机主机端需根据不同条件接收系统匹配的软件版本。以绵阳为例，绵阳使用的永新视博CAS，要解扰时只需插入永新视博CA

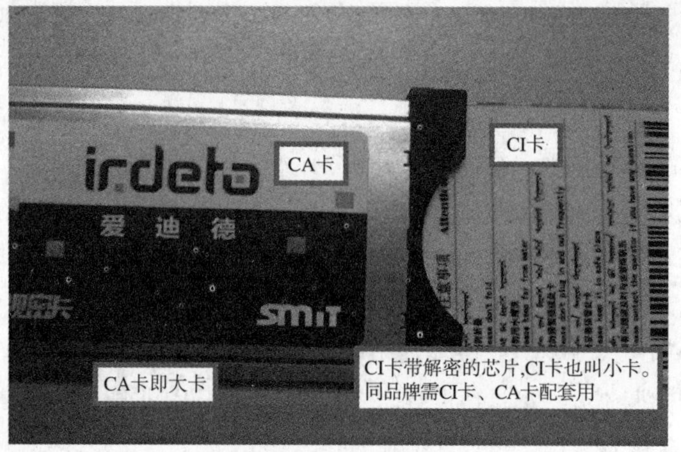

图2.53 irdeto CI卡

卡，对应的一体机需要集成永新视博CI，如图2.54所示。

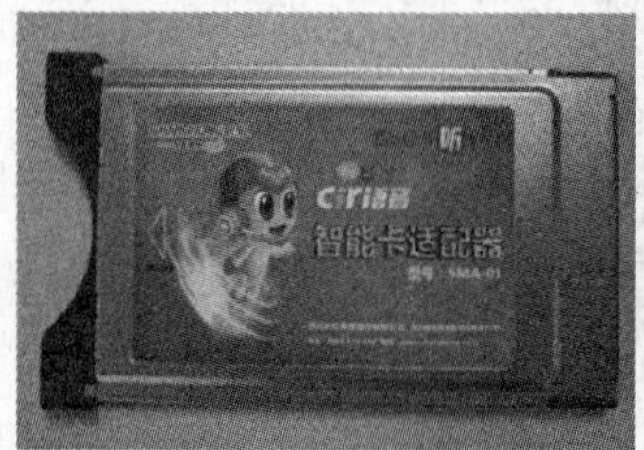

(a) 长虹CA卡（卡套，也称大卡）

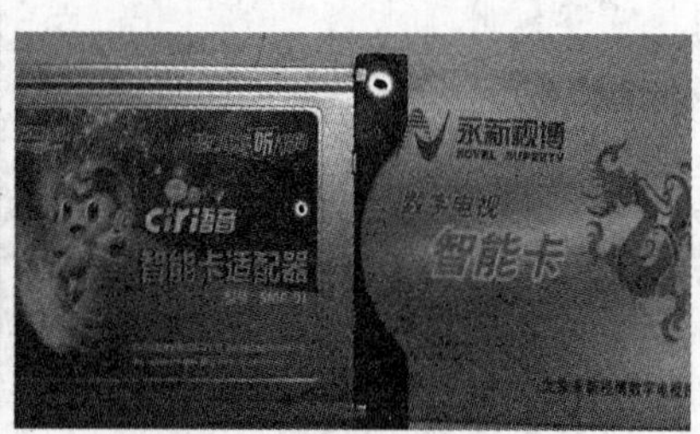

(b) 长虹CA卡+其他任何CI小卡

图2.54 长虹CA卡

CI卡使用注意事项如下：

① 将贴有“永新视博”标示的一面朝向安装者，将CAM卡（CA卡）小心插入电视机的CI/CA卡插槽中。

② 将数字电视智能卡（CI卡）插入CAM卡中，必须将智能卡带有金属片的一面朝向CAM卡正面，即面对安装者。

③ 智能卡模块安装正确后，打开电视机，可以收看有授权的加密数字电视节目和未加密的数字电视节目。

④ 通过“频道”菜单下的“搜索设置”选项进入“数字电视加密系统”选项，查看模块信息。如果智能卡模块安装正确，则能看到智能卡模块的相关信息。

（5）长虹PM38智能一体机（等同于内置机顶盒）。

长虹一体机目前是针对全国市场开发的，通用的。但由于各地运营商广电网络的差异性，面对不同运营商，应采用集成不同CA卡，安装时根据不同市场去选择当地的运营商进行设置，这样才能观看数字电视节目，具体信息见表2.20。

（6）数字电视接收机硬件构成。

数字电视（包括智能机顶盒）其核心硬件构造可分为前端信道解调解码和后端信源解码两个部分（见图2.55）。前端部分以调谐器和信道解码器为核心，主要用于接收来自特定网络的信号，并从射频信号中解调出传输流。后端部分包括微处理器解码芯片，完成压缩的音视频数字信号解码、解压缩，形成模拟电视音视频信号和数字电视各部分的控制功能。

数字电视的工作过程：数字电视通过前端选择频道，并进行解调和信道解码处理，输出多节目传输流数据，送给解复用器，解复用器从传输流数据中抽出一个已打包节目的音视频基本流（PES）数据，包括视频PES、音频PES和辅助数据PES，解复用器中包含一个解扰引擎，可在传输流层和PES 层对加扰的数据进行解扰，解复用器输出的是已解扰的视音频PES。视频PES 送入视频解码器，取出视频数据并对其解码后，输出到模拟编码器，编码成模拟视频信号，再经视频输出电路输出。音频PES送入音频解码器，取出音频数据并对其解码，输出PCM 音频数据到音频D/A 变换器，音频D/A 变换器输出模拟立体声音频信号，经音频输出电路输出。

表2.20 运营商与集成CA卡对照表

区 域	省 市	CA卡
川渝区	成都	SMA-01银白色
川渝区	成都_乐山	SMA-01银白色
川渝区	绵阳	金网通
川渝区	绵阳	数码视讯
川渝区	绵阳	永新视博
川渝区	绵阳	SMA-01银白色
川渝区	内江	永新视博
川渝区	南充	金亚
华东区	福州	数码视讯
华东区	福州	永新视博
华东区	福州	SMA-01银白色
华东区	杭州	天柏
华东区	杭州	永新视博
华东区	杭州、宁波	永新视博
华东区	杭州、宁波	SMA-01银白色

注：SMA-01 标识长虹大卡。

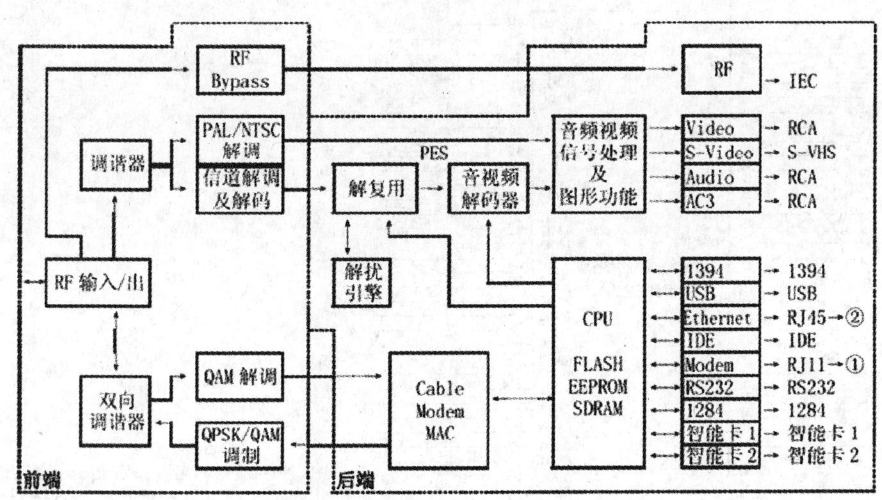

图2.55 数字电视核心硬件构造

5. PM38机芯智能电视DTV处理

PM38iD、PM38iD-A和LM38iSD等机芯产品就是DTV电视的终端接收处理器，具有DVB-C接收器的功能。整个DTV信号处理过程如图2.56所示。

注：液晶机芯LM38CI卡插座位置为PC1。

图2.56中，调谐器与主芯片UM1间传送的信号就是IF+/－数字信号及AGC控制信号，中频信号进入IC内部进行放大、信道解调，解调成TS流（多频道数据码流），通过GPIO0～GPIO41脚输往大卡解密。此时主芯片将输出控制指令识别大卡，经大卡解

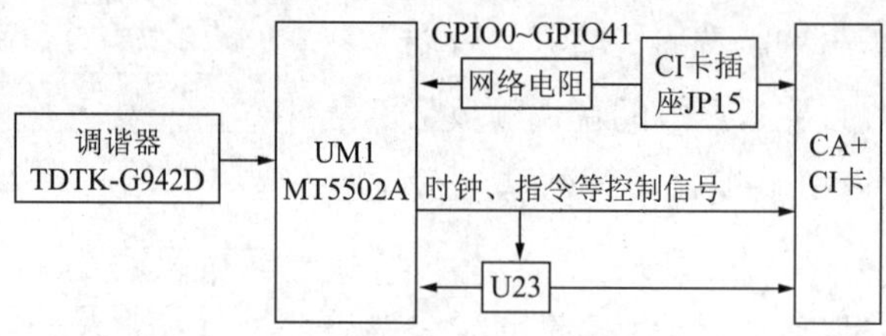

图2.56　DTV信号处理过程

密后的TS流再通过GPIO端口返回主芯片中进行MPEG2解码处理。若数字信号为清流，主芯片会将其直接解码显示，不再去大卡。因此，接收清流信号时，无需接入CI卡也能显示。

注：MPEG2是当今最为流行的AV音视频压缩标准，可用于视频、音频和数字信息存储。完整的MPEG2标准可满足STB等广播应用和DVD或D-VHS等多媒体应用。MPEG2并非对MPEG2编码器进行标准化，而是为经过MPEG2编码的位流提供了一种标准化格式，另一方面，它也为MPEG2解码器提供了一个标准模式。

图2.57所示为JP15主芯片UM1与CA/CI卡之间连接的插座，此插座也叫PCMCIA卡座，其形状如图2.58所示，其引脚分布与功能见表2.21。CI卡供电电路如图2.59所示。UM1的I/O端口送出的信号经通道中串接的电阻后，控制信号符号发生了变化。

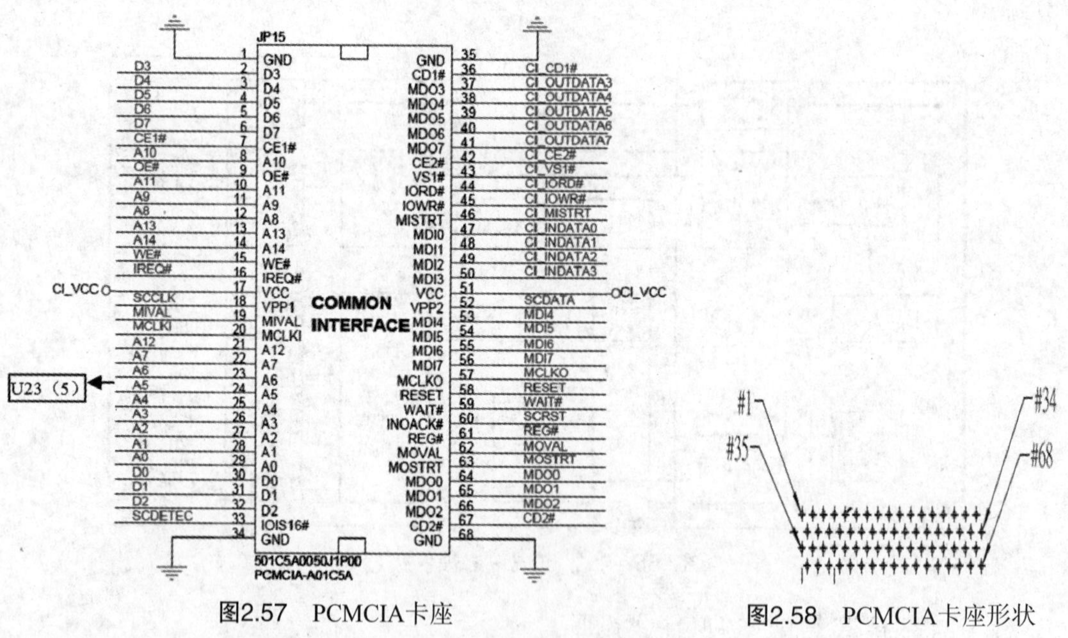

图2.57　PCMCIA卡座　　　　图2.58　PCMCIA卡座形状

表2.21　CI/CAM卡座引脚功能

主芯片I/O端口	经JP15去CA卡
GPIO0~GPIO14	A0~A14，地址位，接JP15（21～29）、（10～14）、8脚
GPIO15	MCLKI（20）脚，MPEG-2时钟输入
GPIO16	MIVAL接JP15（19）引脚有效MP输入（注：MP即MPEG-2）
GPIO17	CI_MISTRT，接JP15（46），正在启动识别信号
GPIO18~GPIO21	CI_INDATA0~CI_INDATA3，接JP15（47~50），MP数据输入0~3

续表2.21

主芯片I/O端口	经JP15去CA卡
GPIO22~ GPIO25	MDI4~ MDI7，接JP15（53 ~ 56），MP数据输入4 ~ 7
GPIO26~ GPIO33	D0~D7，其中D3 ~ D7接JP15（2 ~ 6） D0 ~ D2接JP15（30 ~ 32），数据位0 ~ 7
GPIO34~ GPIO36	MDO0~ MDO2，接JP15（64 ~ 66），MP数据输出0 ~ 2
GPIO37~ GPIO 41	CI_OUTDATA3~CI_OUTDATA7，接JP15（37 ~ 41），CI卡数据包MP数据输出
CI_INT	REG#，接JP15（60），寄存器选择
CI_TSCLK	CE1#，接JP15（7），去CA卡的使能1
CI_TSDATA0	MOSTRT接JP15（63），MP输出开始
CI_TSSYNC	WE#写使能，JP15（15）
CI_TSVAL	OE#，JP15（9）脚，输出使能
PVR_TSCLK	MOVAL，JP15（62）有效MP输出
PVR_TSVAL	一路形成CI_VS1#去JP115（43）脚（电压感应）；一路接U23
PVR_TSSYNC	MCLKO去JP15（57），MPEG-2时钟输出
PVR_TSDATA0	一路形成IREQ#去JP15（16），中断请求；一路经Q37Q38电平转换后形成CA_RST去U23（27）脚
PVR_TSDATA1	WAIT#接JP15（59）脚，扩展总线周期，同时U23（18）脚送出CA_DETEC经Q36电平转换并入此路也接JP15（59）脚
SPI_CLK1	CD2#接入插座JP15（67），卡检测2
SPI_CLK	CI_CD1#接入（36）脚，卡检测1
SPI_DATA	CI_IORD#，接JP15（44），读
SPI_CLE	CI_IOWR#，接JP15（45），写
DEMOD_RST	RESET，接JP15（58），卡复位
其他	JP15（17）（51）脚为VCC供电
其他	JP15（1）（35）（34）（68）为地脚
U23与JP15	
U23（5）脚SCCLK接JP15（18）脚，程控供电	
U23（2）脚SCDETECJP15（33）脚，16位I/O（总是高电平）	
U23（4）脚CI_CE2#接卡使能2	
U23（6）脚SCDATA接JP15（52），程控电压2	
U23（3）脚SCRST接JP15（60），复位操作	

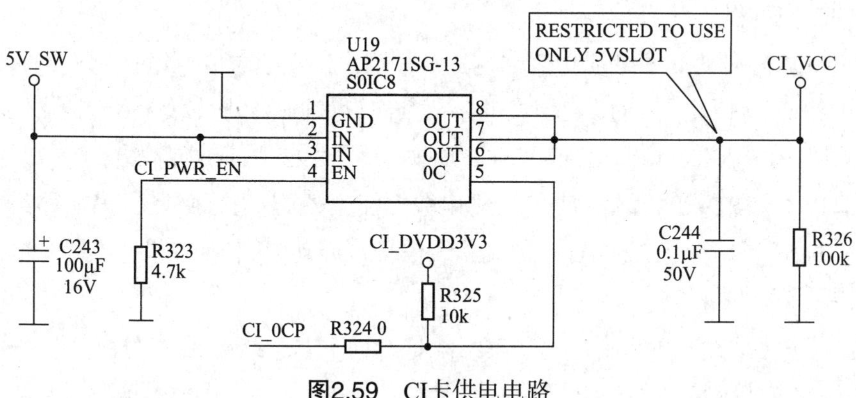

图2.59 CI卡供电电路

送入CA卡的所有信号均是为了进行解密判定。对于未加密的信号不用接入CA卡，UM1将关闭输往CA卡的端口，数据包直接接在主芯片进行解码处理，然后在屏幕上显示，这便是我们通常所说的不需交费的数字电视信号，也叫清流信号（未经加密的数字电视信号，也叫透明流）。对于加密的数据包信号必须插入CA卡，UM1识别后自动打开GPIO端口，同时输出指令信号到CA卡进行解密处理，被解密后的数据流将返回UM1，再在UM1内进行解复用处理后，形成数字音视频信号去相应电路处理。

当电视切换到DTV状态时，由主芯片AP19 脚输出CI_OCP，启动卡供电信号接U19（5）脚，低电平有效，此时有5V电压输出供CI卡工作。5脚为高电平时，将无5V 电压输出，卡无供电。

下面介绍主板上设置的U23。主芯片UM1、CA卡间信号的处理离不开主板上设计的U23，它是多功能双相控制的数据切换IC。图2.60所示是U23工作原理图。U23工作的特点是可以双向传送，既可从A端入、B端出，也可从B端入、A端出。

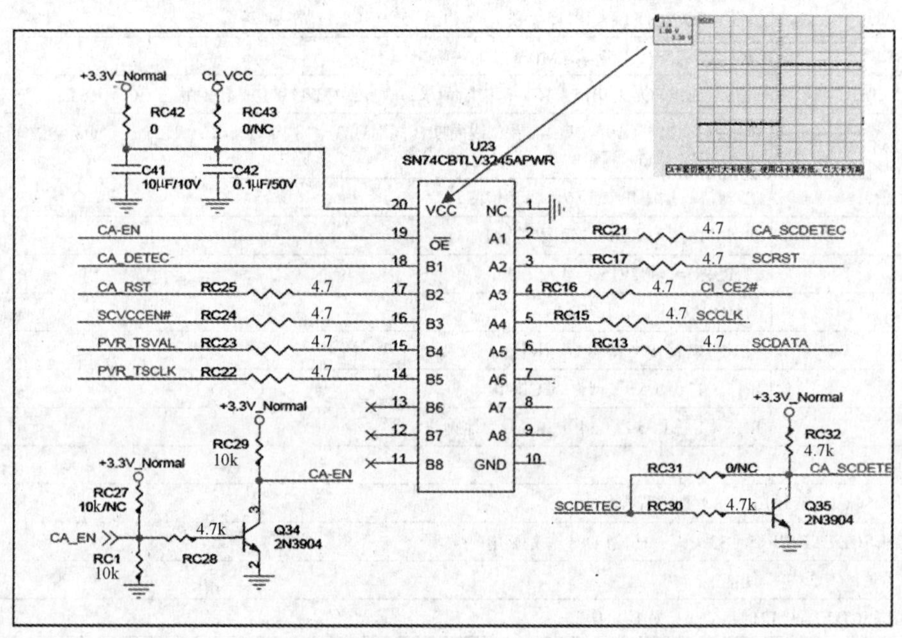

图2.60　U23工作原理图

U23的工作过程如下：

① 插入CA并启动数字电视功能时，主芯片输出使能信号CA_EN，经Q34转换成低电平，送入U23（19）脚，启动U23切换电路，其波形如图2.60所示。CA卡插入的检测信号SCDETEC从JP15（33）脚输出到U23（2）脚，再从U23（18）脚输出，经Q36后去UM1（P34）脚PVR_TSDATA1，启动UM1输出数据流去CA卡进行解密。另一路经网络电阻RN12送入JP15（59）脚形成WAIT#扩展总线信号，启动CA卡，如果此信号中断，表明CI卡未接入。

② 主芯片检测到CI卡接入后，输出IREQ#信号，经电阻RN15（4）形成PVR_TSDATA0，经三极管Q37\Q38电平转换，形成CA_RST复位信号送入U23（17）脚，并从（3）脚A2输出卡复位信号SCRST去JP15（60）脚对卡进行复位。

③ 主芯片输出PVR_TSVAL去U23（15）脚，从U23（5）脚输出去JP15（18）脚，同

时主芯片UM1输出PVR_TSCLK去U23（14）脚，再从U23（6）脚输出SCDATA去JP15，与CI卡数据交换成功。

④ 芯片输出复位信号PVR_TSDATA0，一路经RN5（4）形成IREQ#接JP15，对卡进行复位控制，另一路经Q37\Q38电平转换，形成CA_RST复位信号接U23（17）脚，再从（3）脚输出SCRST去插座JP15（60）脚，对卡数字控制电路进行复位控制。

⑤ 卡与主芯片完成上述通信后，卡接收主芯片送来的解码TS数据流信号去卡中集成电路进行解密处理，经解密后的数字流TS经JP15去主芯片进行MPEG2解压缩和解码处理。

维修提示：若CI卡已插入，但无法观看DTV数字频道，请按下面步骤检修。

① 首先测量5V电压是否正常，对U19组成电路进行检查。

② 观察卡槽内引脚，是否因插入不良有管针偏离短路的现象。

③ 确认解密卡没有插反。

④ 检查DTV设置、调试是否正确。

6. PM38、LM38智能一体机DTV接收

PM38、LM38智能一体机DTV接收操作步骤如下：

① 接上射频线，将电视机切换到“数字电视”模式。

② 选择运营商。因为数字电视不同于模拟电视，运营商不同，CI卡也不同。故接收DTV节目需选择当地运营商，如果没有预置当地运营商，可以选择“通用”，再设置成当地的主频点（运营商提供）。方法是按遥控器菜单键，菜单—频道—搜索设置—运营商，图2.61所示为操作时显示的画面。

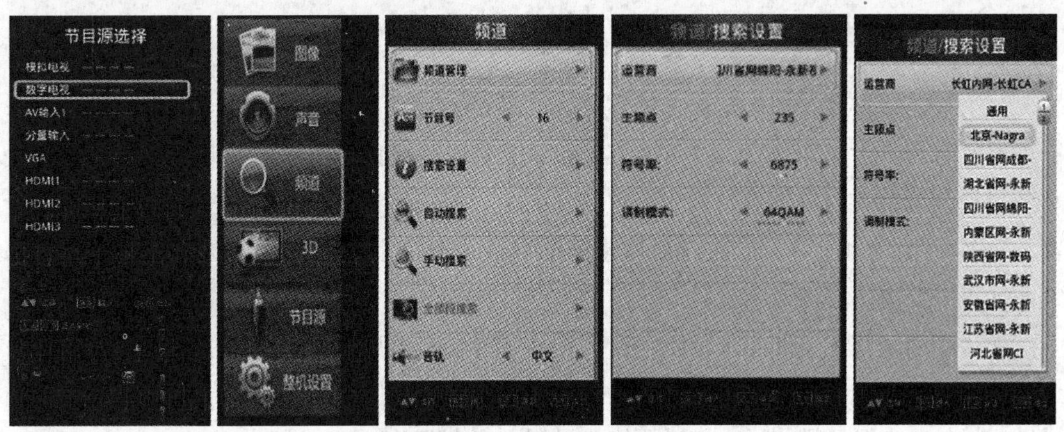

图2.61　选择运营商

③ 完成以上设置后，按遥控器菜单键，菜单—频道—自动搜索—确定键。也可选择手动搜索，这样便完成了DTV电视信号的安装与调试过程。

④ 查看CA信息。操作遥控器菜单键：菜单—频道—数字电视加密系统。

⑤ 查看CI信息。按遥控器菜单键：菜单—频道—数字电视加密系统。

⑥ 查看EPG信息。按遥控器指南键进入EPG菜单。EPG（Electronic Program Guide）

指的是电子节目向导，通过EPG可以让用户看到详细的节目信息（包括频道名称，当前频道上的节目列表以及每个节目的播出时间，更详细的还有节目的简单介绍）。

⑦ 查看节目信息。按遥控器确定键，选择快速选台，可进入节目列表。

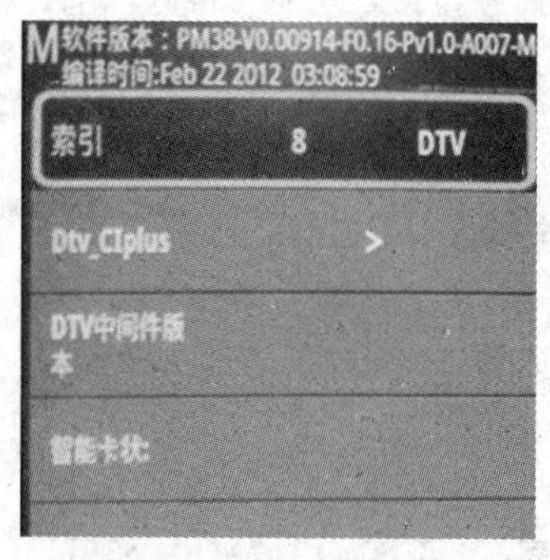

图2.62 CI、CA选择项

说明：通过以上操作我们可以实现DTV信号接收确认，大小卡自动识别检测，进入工厂模式。在CI、CA选择项会有插入CI大卡卡套、CA卡套及Smart Card的相应提示，如图2.62所示。通常有三种提示，OK表示正确识别到，并在CA小卡选项显示小卡卡号；FAIL表示卡在，但初始化有问题；卡不存在表示未插卡。

7. 码流录制工具及其分析软件

每一种型号的码流录制工具都会自带驱动和用户软件（一般会以光盘的形式给出，其中会给出相应的安装说明和使用说明），安装好驱动和用户软件后，把信号线接到码流录制仪上，用USB连接线将码流录制仪和电脑连接起来，打开之前安装的软件进行相应设置后就可以进行录制了。码流录制工具有泽华源 SCIVO、北京鹏宇世纪科贸有限公司的鹏宇 USB接收盒（SHU-SR）等。现以SHU-SR为例介绍码流录制工具的使用方法。

点击桌面上码流录制工具的图标，弹出图2.63所示的窗口。

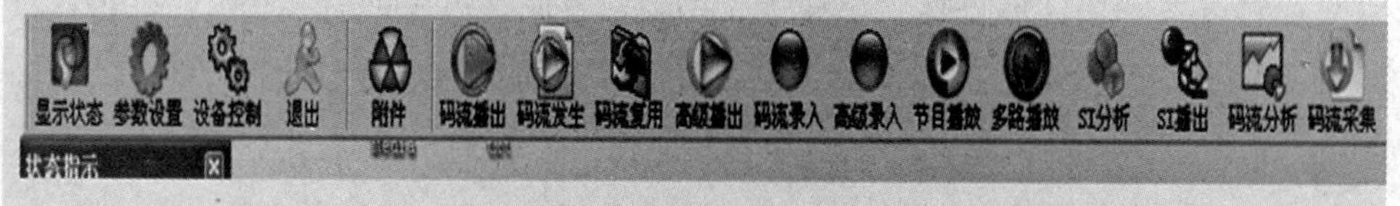

图2.63 码流录制工具窗口

点击上面“设备控制”图标（第三个带齿轮的图标），出现图2.64所示页面。按图中标识修改参数，主要是频率、符号率、星座，其他参数可以用默认值。频率设置为想要录制节目所在的频率，符号率一般为6875和6900，具体设置为哪一个还要根据广电前端设置，星座一般为64即可，然后点击搜索当前频点，若三个参数设置正确，会弹出频道锁定，如果设置错误，将弹出节目未锁定。

出现频道锁定（见图2.65）页面后，便可点击录制工具页面第十项的码流录入按钮，这时弹出的页面如图2.66所示。点击连接后，再点击红色按钮，会弹出保存窗口，根据向导进行操作，就可以录制了，如果要停止录制则点击黄色按钮。

8. 多路音视频信号处理

（1）信号处理过程。

PM38机芯可以接收两路AV信号、一路HDTV信号、一路VGA信号。图2.67所示是AV1通道输入电路图。

插座JP04端子送入的视频信号经R134匹配电阻，经R139、C120耦合接入主芯片UM1的AT30脚——差分放大器的正相端（正常信号时有0.6V，在其他信号源下在0.8~1.5V跳

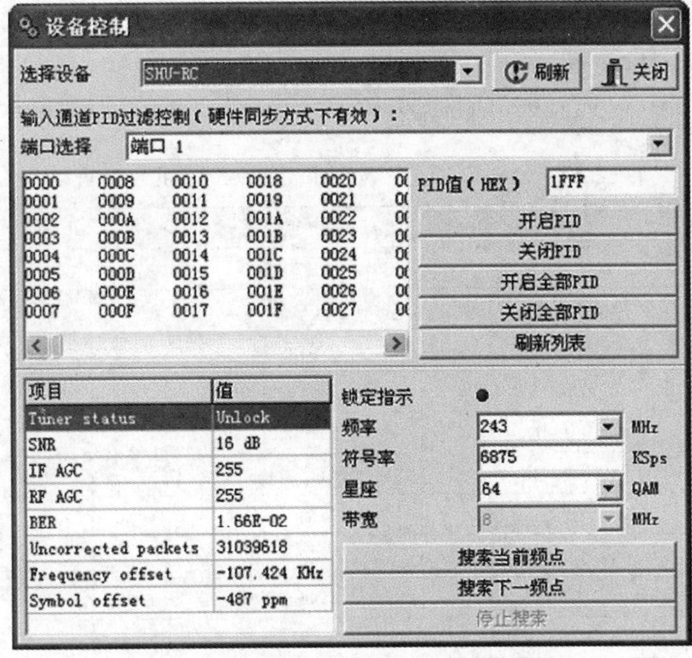

图2.64　设备控制

图2.65　频道锁定

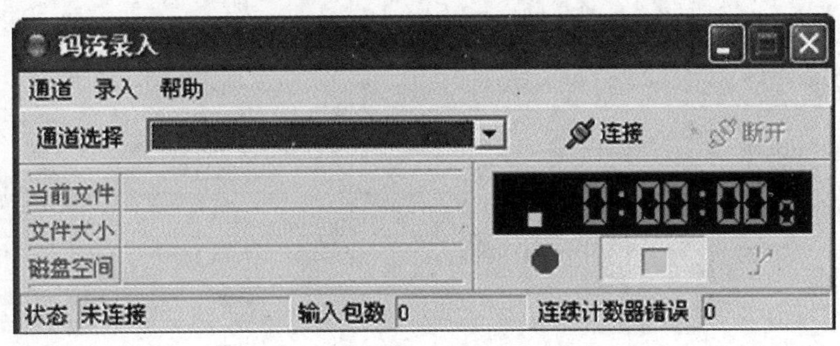

图2.66　码流录入

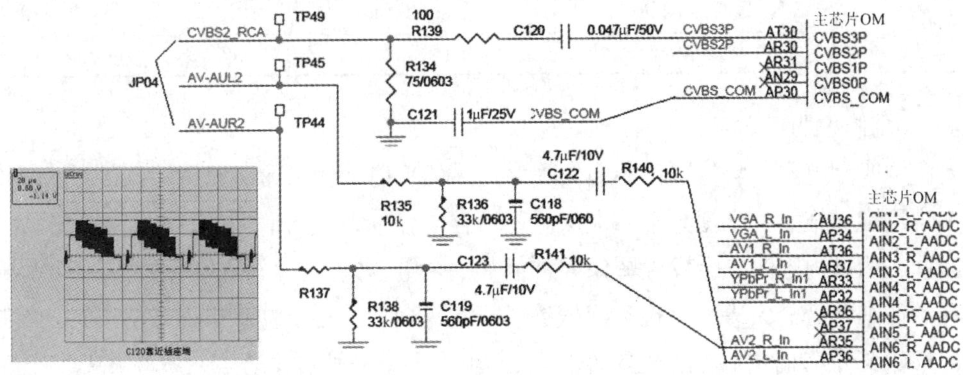

图2.67　AV1通道输入电路图

变）。为满足差分放大器正反相输入条件，同时避免信号在传输过程中带来的数字干扰，将放大器反相输入端通过*RC*串联网络接地，AP30脚标注为COM脚，通过C121接地，此脚同时也兼作CVBS0P~CVBS3P脚输入信号时的反相输入端，故此脚相当于各输入通道的共用端。

注意：检修时C121接电路板背面。

表2.22汇总了AV2、HDTV、VGA信号输入通道元件位号，方便维修查找。

表2.22 AV2、HDTV、VGA信号输入通道元件位号

信号源	信号分类	相应信号经过元件	接UM1主芯片引脚
AV2	AV2_L_IN	C 122\ R140	AP36
	AV2_R_IN	C 123\R141	AP35
	VBS2P	R131\C115	AR30
AV1	CVBS3P	R139\C120	AT30
	AV1_L_IN	C116\R132	AR37
	AV1_R_IN	C11 7\R133	AT36
YPBPR	Y PBPR_SB	R158\C136	
	SOY1	C129	AP25
	Y1P	R148、C130	AU26
	COM1	R149C131	AT26
	PB：PB1P	R143、R150、C132	AR26
	PR:PR1P	R144\R151\C133	AP26
	Ypbpr_L_in1	R152\C134\R156	AP36
	Ypbpr_R_in1	R153\C135\R157	AR35
VGA	BLU-B P	R178\C144	AU24
	GRN-GP	R180\C146	AR24
	SOG	R179\C145	AT24
	VGACOM	R181/C147	AP24
	R ED -RP	R182/C148	AR25
	V SYNC	R164	AM25
	HSYNC	R165	AN25
	VGA_LIN	R166/C142/R170	AP34
	VGA_RIN	R167/C143/R171	AU36

（2）维修说明。

电路中匹配电阻若阻值选择不当会加大信号的反射，后级无法获得输入的最大功率，图像出现重影、拖尾、亮度异常等现象。若耦合电容偏大，则信号低频畸变加大，在大面积显示同一图像内容时，会发生图像异常；若耦合电容偏小，微分效应增加，高频畸变增强，在图像细节处会失真，出现类似振铃、干扰等现象。AV2通道有信号输入时，引脚电压为0.6V，无信号时将在0.8~1.5V变化。公用端COM端外接电容漏电会影响输入信号接收。另外用户存储器有故障也会影响TV/AV影像处理。

（3）AV视频输出。

TV、AV1、AV2视频信号在主芯片内进行切换后，一路进入内部电路进行视频解码、ADC转换、变频处理、LVDS编码处理后，送入逻辑电路进行显示处理。另一路视频信

号从主芯片的AP29脚输出，U13经缓冲放大输往AV输出端口，工作时U13的1脚电压为0.42V，输出脚电压为1.15V，如图2.68所示。

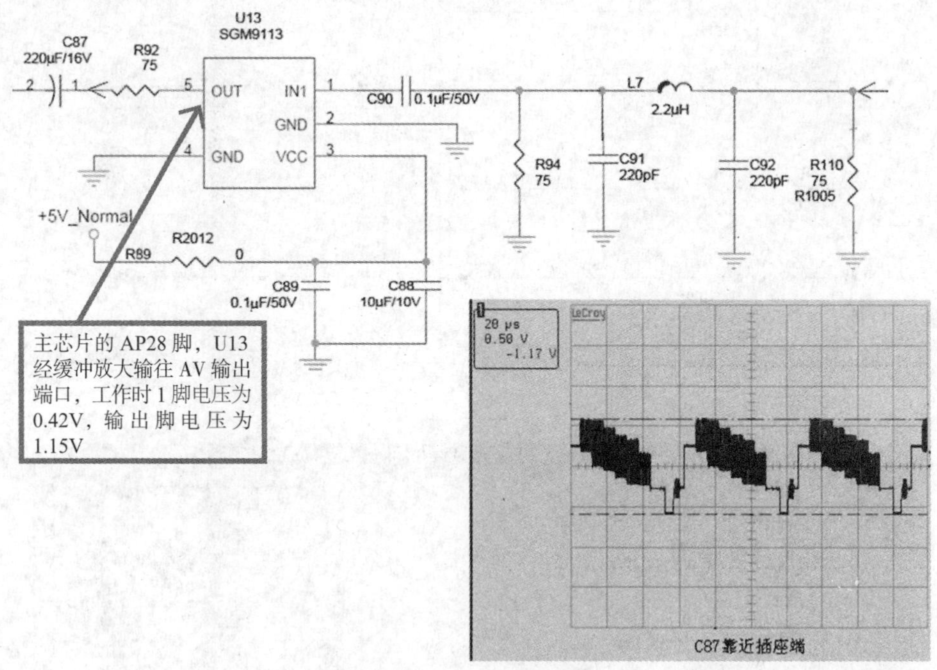

图2.68 U13工作电路

9. VGA信号

VGA既作为VGA信号的输入通道，又作为开发设计时debug工具介入通道（或用工装对Flash块进行boot写程序时使用的通道），如图2.69所示。

VGA信号输出的RGB基色信号从JP06输入，B基色信号经R178、C144送入UM1（AU24）脚；一路G基色信号经R180、C146送入AR24脚，作为图像G基色信号，另一路G基色信号经R179、C145送入AT24脚，作为 VGA显示识别信号；R基色信号经R182、C148送入AR25脚。VGA显示行场同步信号分别经R165、R163和R162、R164电阻匹配后送入AN25、AM25脚，作为VGA显示格式判定及同步跟踪信号，两路信号之一有故障会导致VGA显示无图。

维修提示：电路正常时基色信号输入脚对地电阻相同，均为11.5kΩ，而SOG脚对地电阻为无穷大。行场同步信号输入脚对地电阻均为3.7kΩ。VGA信号接收时的音频信号经电容C142、C143接入AU36、AP34脚，两脚对地电阻为4.6kΩ。从JP06送入总线信号，通过主芯片读取保存在用户存储器中的VGA屏参数DDC，实现本机电路与屏显示自动匹配。此路总线信号经R122、R123接入主芯片UM1。

注：正常时，基色信号输入脚对地电阻相同，均为11.5k，而SOG脚对地电阻为无穷。行场同步信号输入脚对地电阻均为3.7k。VGA信号接收时的音频信号经电容C142、C143接入AU36、AP34脚，两脚对地电阻为4.6k。

VGA插座还将输出一路总线，这便是U0TX和U0RX信号，它与插座CON03相通，此

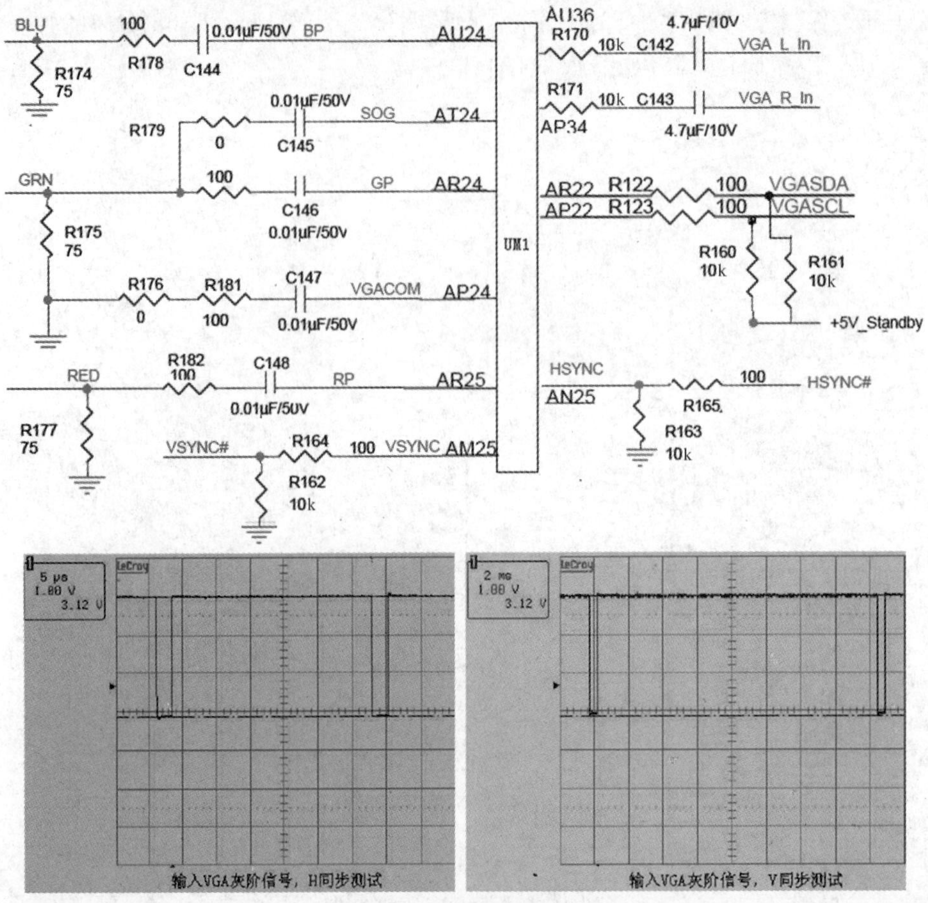

图2.69　VGA信号

路信号实际用于外部设备经VGA插座对Flash块进行软件刷新，如图2.70所示。

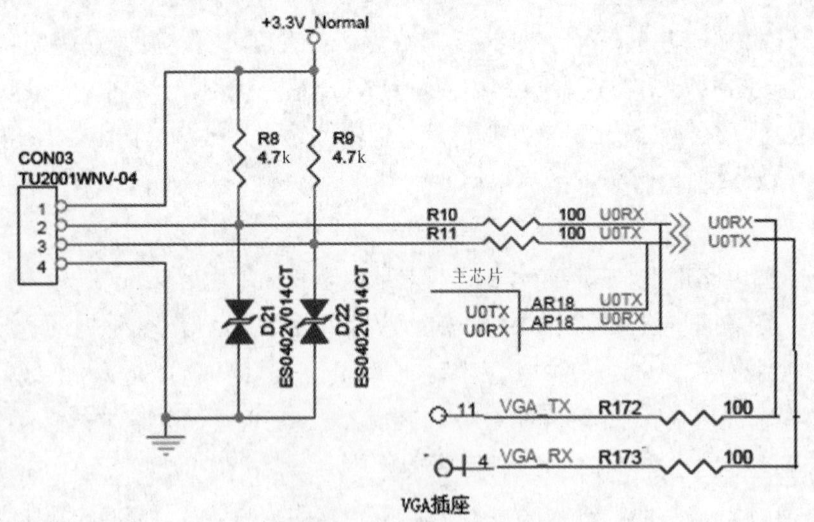

图2.70　U0TX和U0RX信号

10. HDTV信号（见图2.71）

高清节目格式较多，PM38机芯最高支持1080i/P。高清信号从插座JP05送入，Y信号

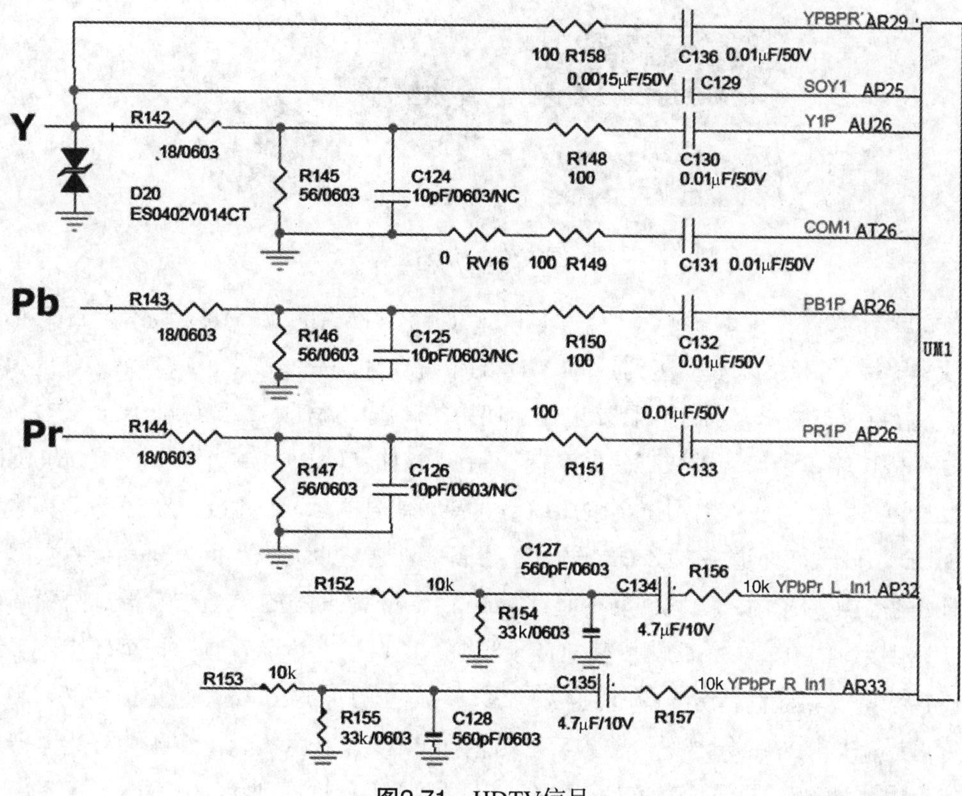

图2.71 HDTV信号

输入后初步分成了三路，一路经R142、R148、C130等送入UM1（AU26）脚；另一路从AR29送入，作为CPU判定节目源，接入判定依据；第3路从AP25脚输入，作为高清信号的同步识别信号和同步跟踪信号。由于HDTV格式多，控制系统通过识别同步信号，启动相应运算程序控制变频电路，以此形成一幅新的格式去屏上显示。故Y通道与SOY信号有故障时均会导致识别失败，电视机不显示HDTV节目。PB色差分量信号经R143、R150、C132送入UM1（AR26）脚，分量信号PR经R144、R151、C133送入AP26脚，音频信号分别接入AP32和AR33脚。

维修提示：正常工作时，AR29脚对地电阻为5.3kΩ，SOY1脚对电阻为无穷大，其他信号通道对地电阻为11.5kΩ，通过测量对地电阻及工作电压可判定接收HDTV信号偏色或不显示时的故障范围。

11. HDMI接收

PM38机芯可接收三路HDMI信号，三路信号均直接接入主芯片进行接收、处理。

（1）HDMI概念。

HDMI是新一代数字高清多媒体接口标准（见图2.72），它是High-Definition Multimedia Interface的缩写，其意思是高清晰度多媒体接口。此标准由索尼、日立、松下、飞利浦、东芝、Silicon image、Thomson（RCA）7家公司在2002年4月发起的。此接口传送的信号以更高带宽的数据传输速度和数字化无损传送音视频信号。其标准有2002年12月推出的HDMI1.0版本，2004年5月推出的HDMI1.1版本，2005年8月推出的HDMI1.2

图2.72 HDMI

版本，2005年12月推出的HDMI1.2a版本和2006年5月推出的HDMI1.3版本。新标准将带宽和速率都提升了2倍以上，达到了340MHz的带宽和10.2Gbps速率，以满足最新的1440p/WAXGA分辨率的要求。目前各智能电视上使用的新版HDMI1.4，此标准中加入3D立体视频信号支持功能，且加入了数据传输功能，为HDMI接口加入了一个专用的100Mbps以太网连接通道。另外还加入了用于传输压缩格式音频信号的 Audio Return信道等。具体表现在增加HDMI以太网通道,支持该功能的互连设备能够通过百兆以太网发送和接收数据，可满足任何基于IP的应用。音频回转通道（Audio Return Channel，ARC）带有内置调谐器和与HDMI接口的电视，无需使用其他音频线缆，即可“上传”音频数据至环绕声系统。HDMI 1.4设备支持超高清分辨率达到4K × 2K、四倍于目前的1080p信号传送，能够和众多数字家庭影院以同样的分辨率传输内容。目前HDMI 1.4上述功能正在各种智能电器产品上开发应用。PM38iD机芯USB支持最高分辨率达到1080p/I高清晰度的信号。

HDMI最大的特点是用同一条数据线同时传送影音信号，HDMI常称作高清一线通，而DVI接口却不支持数字音频传输。HDMI传输距离达15m，且画质无干扰。一条HDMI线缆就可以取代最多13条模拟传输线，有效解决家庭娱乐系统背后连线杂乱纠结的问题。

（2）HDMI信号接收。

PM38机芯可接收三路HDMI信号源，经各自插座输入主芯片。现对插座JP10送入HDMI信号的电路图进行介绍。HDMI传送的音视频信号分4对经0Ω电阻接入主芯片UM1，用示波器测其波形如图2.73所示。HDMI接口含有4对差分对信号，一组I^2C信号，一个HDMI hotplug热插拔信号，一个CEC信号（CEC：消费电子控制通道，经此通道可以控制HDMI CEC Network上设备之间的相互交互与控制，本机没有CEC功能，此信号只是预留），一个HDMI 0/5V信号，该5V是HDMI设备通过HDMI线给电视机的。HDMI0-HPD为hotplug热插拔信号，每一个HDMI口必须要有这个信号。

数据信号从HDMI设备输出前，首先是JP10（18）脚接入5V电压，通过上拉电阻R229、R230到JP10（15）（16）脚与IC总线供电，此时HDMI送出I^2C总线接入主芯片进行通信，同时此5V电压经电阻R231送入主芯片，主芯片识别此引脚电压存在后，输出总线读取E^2PROM（U11）中的HDCP数据，并通过总线去HDMI设备，HDMI设备输出4对数据信号去主芯片进行解码处理。图2.73中JP10（19）脚为热插拔控制脚。电视机切换到HDMI0时，主芯片输出HDMI_0_HPD（HDMI_3_HPD、HDMI_1_HPD为另两路热插拔控制信号）通过三极管Q9（另两路热插拔控制信号通过三极管Q10和Q11）电平转换控制19脚，使19脚有5V电压，为HDMI输出设备供电。HDMI插座（13）脚传送的CEC信号，实

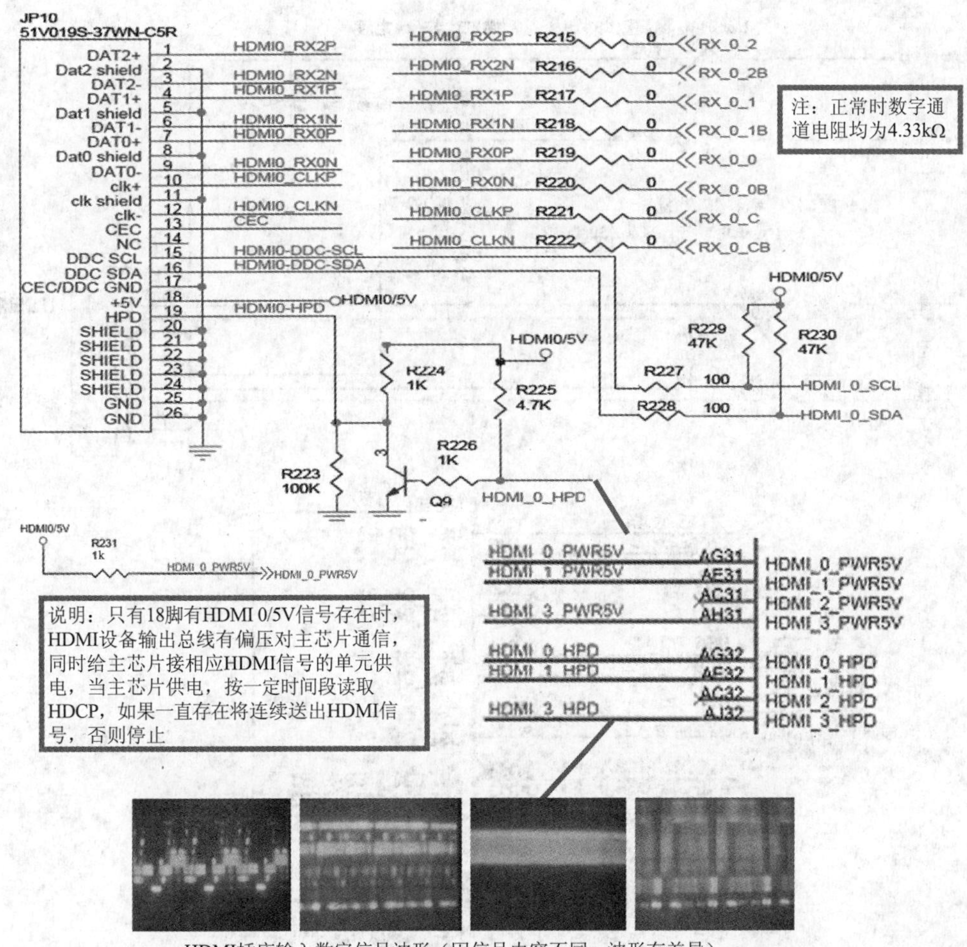

HDMI插座输入数字信号波形（因信号内容不同，波形有差异）

图2.73 HDMI信号接收

际没有使用。

维修提示：HDMI信号屏幕不显示时，与U11保存的HDCP丢失有关。主芯片必须检测到HDMI设备提供的5V偏压，应检查R231（另两路为R248、R266），检查总线通道，补焊JP10，防止引脚虚焊。主芯片HDMI处理单元供电，只需测量C180~C187上的电压和供电电路板的过孔即可。正常工作时4对数字信号通道对地电阻均为4.33kΩ，以此判定信号连接是否正常。接上HDMI信号，用镊子将HDMI0-HPD对地短路一下再放开，看是否正常，如正常，应为设备兼容性问题。

12. USB及摄像头

PM38机芯使用的USB控制电路如图2.74所示，摄像头实物图解如图2.75所示。

USB是英文Universal Serial Bus（通用串行总线）的缩写，而其中文简称为“通串线”，是一个外部总线标准，用于规范电脑与外部设备的连接和通信。现在移动设备、智能设备上广泛应用USB端口。USB接口支持设备的即插即用和热插拔功能。它是在1994年底由英特尔、康柏、IBM、Microsoft等多家公司联合提出的。目前USB版本已发展到USB3.1了。USB具有传输速度快（USB1.1速度为12Mbps，USB2.0速度为480Mbps，

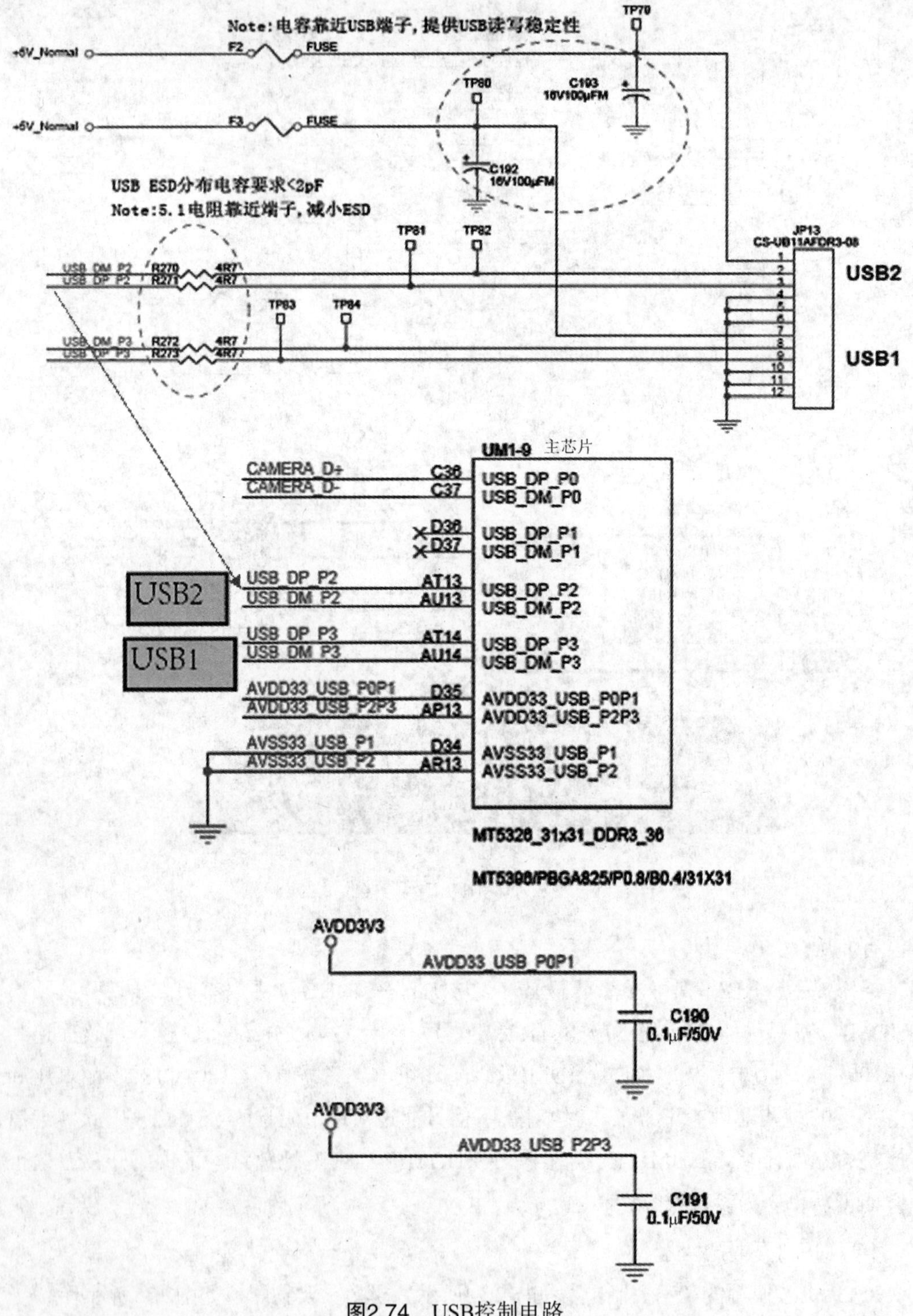

图2.74　USB控制电路

USB3.0速度为5Gbps），使用方便，支持热插拔，连接灵活，独立供电等优点。实际上常用的USB端口只有5路通道，一路供电（5V/500mA，实际上有误差，最大不能超过+/–0.2V也就是4.8~5.2V），D+/D–两路数据信号，两路接地。D+/D–信号传送速率高，USB信号使用分别标记为D+和D–的双绞线传输，它们各自使用半双工的差分信号并协同工

图2.75　摄像头实物图解

作，以抵消长导线的电磁干扰。因此无法通过测量电压判定USB信号，但可用数据示波器测其波形。USB端口不能插反，否则会导致供电短路损坏主板。

PM38机芯可接收两路USB信号，从组合插座JP13输入（两组信号由一个连接器接入分两路USB），其供电5V电压通过可恢复保险管F3\F2送入插座再送入USB设备。USB输出的两路数字信号分别送入主芯片的AT13、AU13和AT14、AU14引脚。当出现USB负载过载时，自恢复保险丝F2或F3会发热呈高阻状态，USB设备供电中止，当过载排除后，F2/F3自动恢复性能。

USB信号在主芯片内解压、解码后，形成音视频信号去各自通道进行处理。

USB信号除了用于多媒体播放外，此机两路USB端口还可用作U盘升级、无线鼠标时蓝牙dongle接入端，互动游戏手柄无线发射器接入端口，这些信号均转换成USB格式信号，进入芯片进行识别控制。也可作为Wi-Fi接入端口，即无线上网接入端。

维修提示：USB设备不识别。首先测量USB接口处的电压F3/F2是否正常，如果没有电压，测量F2/F3是否开路，若开路请更换。若电压正常，先更换U盘，看是否外接U盘有问题，或检查电路板USB信号通道。USB去主芯片的路径经过CI卡下面的电路板，再经过接电源插座的电路板、LVDS信号上屏插座处的电路板，接入主芯片。故若没有USB信号显示，且判定故障在主板电路时，请沿着信号通道电路板进行检查，以排除电路故障。正常工作时，测D^+/D^-数字信号通道对地电阻均为4.2kΩ。

智能电视能像电脑一样，通过USB端口识别像摄像头、鼠标、键盘及无线网卡等设备信号（见图2.76）。

注：键盘采用长虹专用键盘和鼠标，在进行网络控制时使用方便。PM38机芯使用的摄像头是长虹专用的，不能在外面购买使用。摄像头送出的信号也是USB信号。

PM38机芯的摄像头插座与普通USB端口不通用。使用摄像功能可实现QQ上网视频对讲，在进行体感、互动游戏时，还可实现同步互动控制。摄像头信号DCAMERA_D$^-$、CAMERA_D+两路信号经CON05接入主板主芯片C36、C37两脚，如图2.76所示。该摄像头具有即插即用功能。摄像头的供电仍由主板提供，主板5V电压通过保险电阻F5接入。

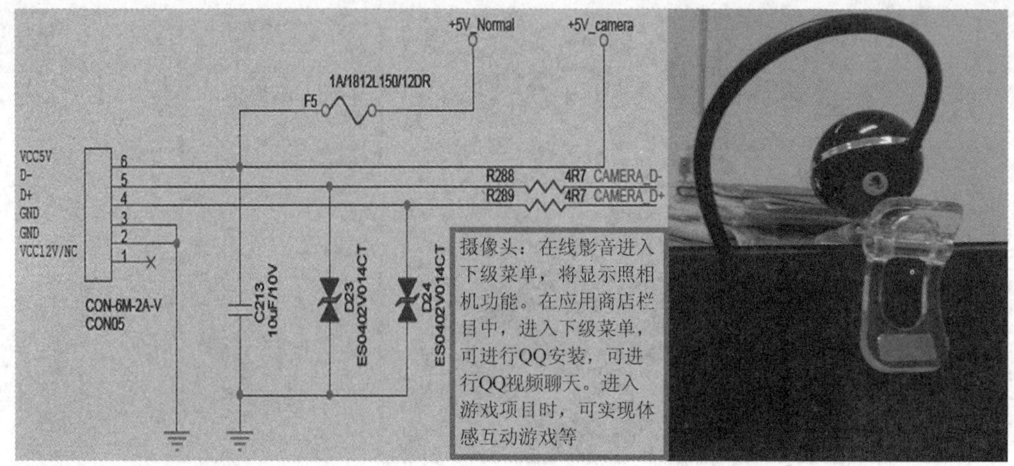

图2.76 识别摄像头

摄像头的供电由电源输出的15V电压通过U3转换成5V实现。摄像头不能工作时，需检查U3各引脚外电路。

13. 网络硬件部分

网络实现除涉及软件部位外，还要成功设置网络参数和机芯主板电路的正常工作。PM38机芯主板涉及网络的电路较其他机芯少，涉及电路有RJ45插座、网络线性变压器CH-1601CG、主芯片UM1和AVDD3V3、AVDD1V2两类供电。整机众多智能功能都是通过网络来实现的。而所有应用软件与整机其他软件均在DDR中运行。MAC地址保存在用户存储器U11（E^2PROM）中。网络连接有两种路径，有线与无线。

有线连接时，网络信号通过RJ45插座、网络阻抗匹配变压器U18后，输出两对正反相的数字信号TXVP0、TXVN0和TXVP1、RXVN1去主芯片UM1，如图2.77所示，这两路信号其实就是上网传送和电视机反馈给网络的控制信号，这两路信号将长期存在。

无线连接时，通过无线网卡解调成USB格式的数字信号，再复用USB信号通道送入主芯片，经主芯片自动识别、解码，形成数字图像信号送入数字图像通道处理，最后形成LVDS信号上屏显示。

网络信号经RJ45接口送入，其中，TX+、TX−、RX+、RX−送入隔离变压器U18，U18耦合输出TXVP_0、TXVN_0和RXVP_1、RXVN_1两对数据信号到主芯片。这两路信号代表网络传送中的上传下载信号，即接收RX、TX信号。R299、C229等是缓冲元件，在网络浮地与数字地信号连通瞬间起缓冲隔离作用，也具有防静电、防雷电作用。网络信号送入主芯片UM1后，通过解压、频率转换、解码，形成音视频信号去相应电路做进一步处理。

维修提示：PM38、LM38机芯整个智能功能通过有线网络实现时，与上述介绍的硬件电路有关。通过无线网络上网时，需要注意无线Wi-Fi接收设备要合乎该机芯的要求，Wi-Fi推荐的芯片组为RT3070、AR927、RTL8712/8188/8191/8192SU、RT8192CU等，具体参考2.1节网络设置部分的内容。更换用户存储器需写入MAC地址。MAC地址在机板上贴

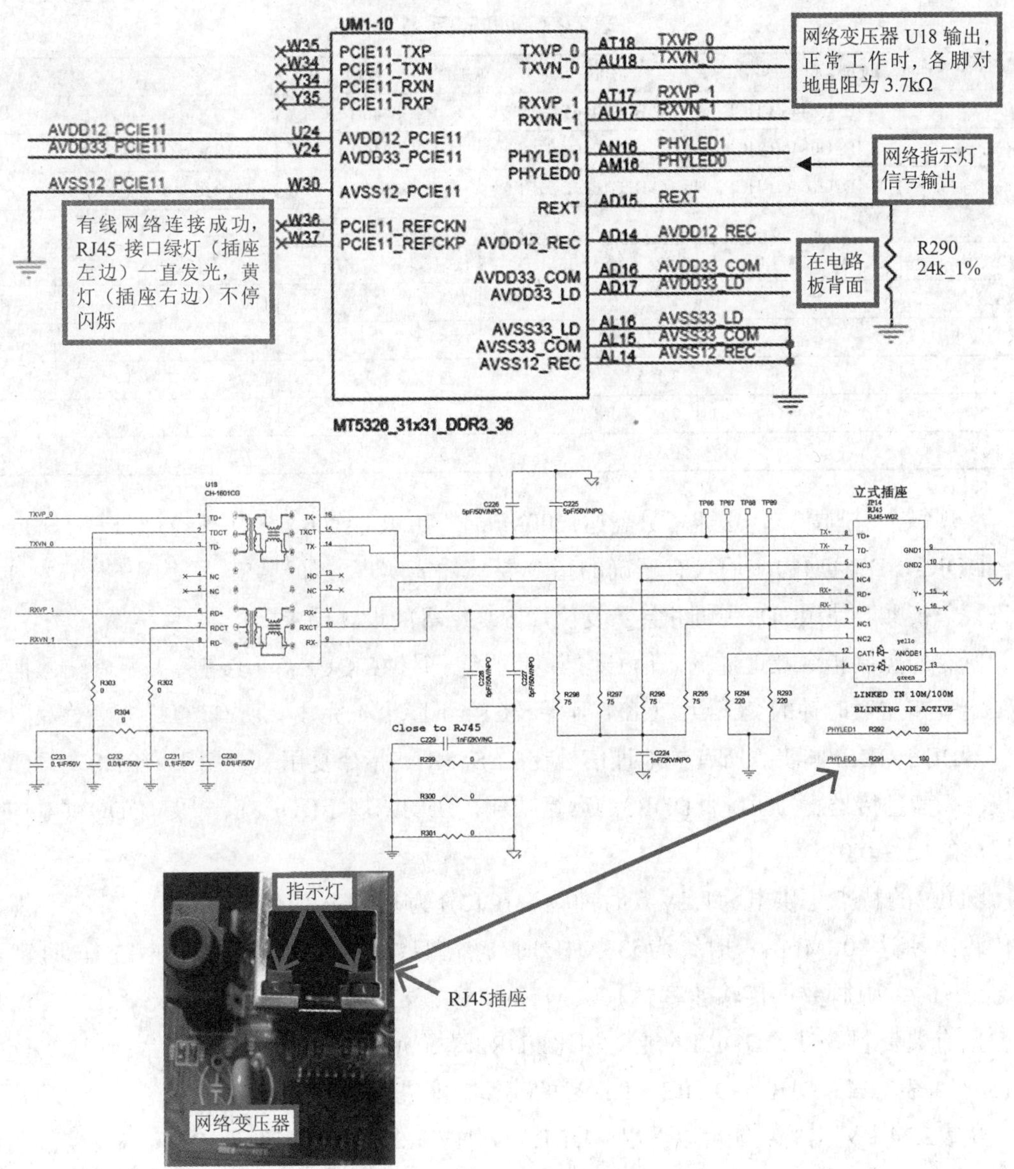

图2.77 有线网络时输出的数字信号

有标贴。

14. 变频电路中的K4B2G1646B-HCF8（DDR3）

（1）DDR3系列特色。

变频电路由主芯片与两块DDR3随机存储器SDRAM构成。此部分电路不仅为图像格式转换过程中产生的数据提供暂存场所，而且整机应用程序也在此运行，同时为网络信号处理提供数据交换暂存空间。PM38机芯使用的DDR3型号为K4B2G1646B-HCF8，三星芯片，它目前拥有系列DDR3-800、DDR3-1066、DDR3-1333和DDR3-1600等种类，内有8个bank，采用JEDEC标准，其起始频率为800MHz，它是JEDEC规定中DDR2内存的最高频率，见表2.23。采用FBGA封装方式，有78和98球之分，内存达2Gb，IC架构有128M×16、 256M×8、256M×4之分，这种同步装置采用高速双倍数据传输速率传输数

表2.23 DDR3系列

种 类	DDR3-800（6-6-6）	DDR3-1066（7-7-7）	DDR3-1333（9-9-9）	DDR3-1600（11-11-11）	球
512M×4	K4B2G0446B-HCF7	K4B2G0446B-HCF8	K4B2G0446B-HCH9	K4B2G0446B-HCK0	78
256M×8	K4B2G0846B-HCF7	K4B2G0846B-HCF8	K4B2G0846B-HCH9	K4B2G0846B-HCK0	78
128M×16	K4B2G1646B-HCF7	K4B2G1646B-HCF8	K4B2G1646B-HCH9	K4B2G1646B-HCK0	96
主要特点					
tCK最小	2.5（频率400 MHz）	1.875（频率533MHz）	1.5（频率667MHz）	1.25（频率800MHz）	ns
CAS最小	6	7	9	11	nCK
tRCD最小	15	13.125	13.5	13.75	ns
tRP最小	15	13.125	13.5	13.75	ns
tRAS最小	37.5	37.5	36	35	ns
tRC最小	52.5	50.625	49.5	48.75	ns

据，实现每个引脚数据传送速率最高达1600Mbps（DDR3-1600）的一般应用。

DDR3 SDRAM的应用只有正确的指令要求才能实现，如CAS、可编程CWL、内部（自我）校准、使用ODT引脚和异步复位片内终结等的设计要求。

所有的控制指令及地址输入信号均与一对差分时钟CK\CK#同步有关。所有输入信号的锁定是在这对时钟的交叉点（CK上升沿及CK#下降沿）完成。所有I/O口被一对双向选通信号DQS\QDS#同步。所有的地址信号在CAS、RAS指令复用时，用于列RAS、行CAS和块bank信息传送。为了降低DDR3的运行功耗，JEDEC规定DDR3供电及VDDQ供电均采用标准的1.5±0.075V。

DDR3的特点是供电为1.5V，时钟频率fCK分为几类，时钟为400MHz时，引脚数据传输速率达800Mbps；时钟为533MHz时，引脚数据传输速率达1066Mbps；时钟为800MHz时，引脚数据传输速率达1600Mbps。IC有8个bank，可程控CAS延时，8bit预取，据有关资料统计，DDR3的能耗相比DDR2降了50%，而DDR3的稳定性却比 DDR2强150%。表2.24对DDR、DDR2、DDR3的典型功能进行了类比。

从表2.24中列出的功能可以看出，DDR3相对DDR2多了RESET、ODT、自我校正等功能，供电为1.5V，IC运行周期短，存储量更大，最高可达8Gb。

（2）DDR3新功能特点介绍。

① 时序延时。DDR3内存延迟即我们通常说的时序延迟。延时可提高系统进行数据存取操作前等待内存响应的时间。DDR2-800内存的标准时序为5-5-5-18，DDR3-800内存的标准时序则达到了6-6-6-15，DDR3-1066为7-7-7-20，而DDR3-1333则达到了9-9-9-25。这里的5-5-5-18、6-6-6-15等数字，第一个数字代表的意思依次是CAS Latency（简称CL值）内存CAS延迟时间，这也是内存最重要的参数之一，此数字代表列地址选通脉冲延时时间，也就是内存接到CPU指令后的反应速度，一般来说内存厂商都会将CL值印在产品标签上；第二个数字是RAS-to-CAS Delay（tRCD），代表内存行地址传输到列地址的延迟时间；第三个数字是Row-precharge Delay（tRP），代表内存行地址选通脉冲预充电时间；第四个数字是Row-active Delay（tRAS），代表内存行地址选通延迟时间。

表2.24　DDR、DDR2、DDR3性能对比

功能分类	DDR	DDR2	DDR3
Vdd/Vddq	2.5V ± 0.2V	1.8V ± 0.1V	1.5V ± 0.075V
接口	SSTL_2	SSTL_18	SSTL_15
封装	66TSOP2 60BGA	60 BGA for × 4/ × 8 86 BGA for × 16	78 BGA for x4/ × 8 96 BGA for × 16
源同步	双向 DQS （单端默认）	双向 DQS （单向/差分选项）	双向 DQS （默认差值）
突发长度	BL=2，4，8 （2bits 预取）	BL=4，8 （4bits 预取）	BL=4，8 （8bits 预取）
#of bank	4banks	512Mb：4banks 1 Gb：8banks	512Mb/1Gb：8 banks 2Gb/4Gb/8Gb：tbd
CL/tRCD/tRP	~15/15/15ns	~15/15/15ns	~12-/12/12ns
重置	否	否	是
ODT	否	是	是
驱动器校准	否	片外驱动器校准	同ZQ脚作用，自我校正
级	否	否	是

② 突发长度（Burst Length，BL），也叫突发传输周期。由于DDR3的预取为8bit，所以突发传输周期也固定为8，而对于DDR2和早期的DDR架构系统，BL=4也是常用的，DDR3为此增加了一个4bit Burst Chop（突发突变）模式，即由一个BL=4的读取操作加上一个BL=4的写入操作来合成一个BL=8的数据突发传输，届时可通过A12地址线来控制这一突发模式。

注：任何突发中断操作都将在DDR3内存中予以禁止，不予支持，取而代之的是更灵活的突发传输控制。

③ 寻址时序（Timing）。DDR2从DDR转变而来，延迟周期数（时序CL）增加，DDR3的CL周期与DDR2相比也有所提高。DDR2的CL范围一般在2～5，而DDR3的CL范围则在5～11，且附加延迟（AL）的设计也有所变化。DDR2时AL的范围是0～4，而DDR3时AL有三种选项，分别是0、CL-1和 CL-2。另外，DDR3还新增了一个时序参数（写入延迟CWD），根据具体的工作频率CWD会有所改变。

④ 重置（Reset）功能。重置是DDR3新增的一项重要功能，DDR3还为此专门准备了一个引脚。此功能的增加使DDR3有别于其他 DDR。重置功能就是使DDR3进行初始化处理的过程，有此功能，DDR3的复位变得简单。当Reset命令有效时，DDR3内存将停止所有操作，并切换至最少量活动状态，以节约电力。在Reset期间，DDR3内存将关闭内在的大部分功能，所有数据接收器与发送器都将关闭，所有内部的程序装置将复位，DLL（延迟锁相环路）与时钟电路将停止工作，而且不理睬数据总线上的任何动静。这样一来，将使DDR3达到最节省电力的状态。

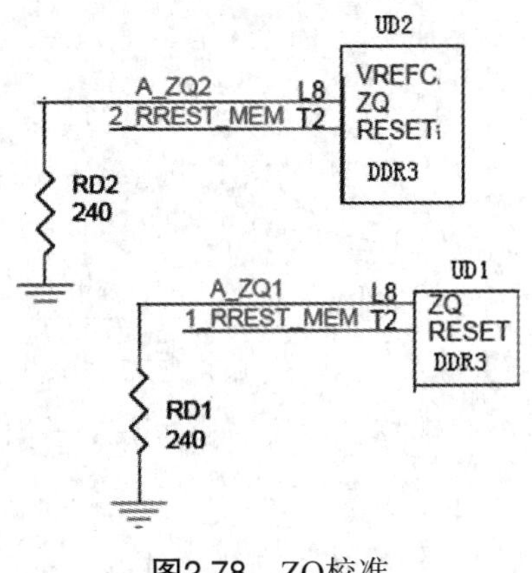

图2.78　ZQ校准

⑤ DDR3新增ZQ校准功能（见图2.78）。这也是一

个新功能，在这个引脚上接有一个240Ω的低误差参考电阻RD1（芯片UD1）、RD2（芯片UD2）。这个引脚通过一个命令集和片上校准引擎（On-Die Calibration Engine，ODCE）来自动校验数据输出驱动器导通电阻与ODT的终结电阻值。当系统发出这一指令后，将用相应的时钟周期（在加电与初始化之后用512个时钟周期，在退出自刷新操作后用256个时钟周期，在其他情况下用64个时钟周期）对导通电阻和ODT电阻进行重新校准。

⑥ ODT（On Die Termination）解析。ODT是在DDR2、DDR3内存中使用的一项新技术，它可以在提高内存信号稳定性的基础上节省不少电气元件。ODT是一种最为常见的终结主板内干扰信号的技术手段。在每一条信号传输路径的末端，都会安置一个终结电阻，它具备一定的阻值可以吸收反射回来的电子。由于DDR2、DDR3内存工作频率太高，故现在生产的芯片往往在DDR内设计了此项功能电路，以有效阻止干扰信号的产生。从DDR2内存开始内部集成了终结电阻器，主板上的终结电路被移植到了内存芯片中。在内存芯片工作时系统会把终结电阻器屏蔽，而对于暂时不工作的内存芯片，则打开终结电阻器以减少信号的反射。DDR2内存控制器可以通过ODT同时管理所有内存引脚的信号终结。并且阻抗值也有多种选择，如0Ω、50Ω、75Ω、150Ω等。内存控制器可以根据系统内干扰信号的强度自动调整阻值的大小。

ODT技术的具体内部构造并不十分复杂。在内存引脚与内存模组的内部缓冲器中间设有一个EMRS扩展模式寄存器，通过其内部的一个控制引脚可以控制ODT的阻抗值。系统可以使用2bit地址来定义ODT的4种工作状态（0Ω、50Ω、75Ω、150Ω），一旦ODT接到一个设置指令，它就会一直保持这个阻值状态。直到接到另一个设置指令才会转换到另一种阻值状态。

当向内存写入数据时，如果只有一条内存，那么这条内存会自己进行信号的终结，终结电阻等效为150Ω。如果为两条内存，那么它们会交错地进行信号的终结。第一个模组工作时，第二个模组进行终结操作，第二个模组工作时，第一个模组进行终结操作，等效电阻为75Ω。当有三条内存时，它们也会交替进行信号终结，等效电阻为50Ω。

整个ODT的设置和控制都要通过EMRS中的控制引脚来完成，因此这个引脚的响应速度成为ODT技术中的关键因素。ODT工作时有两种基本模式，断电模式和其他模式。其中，其他模式还包括激活模式和备用模式。ODT从工作到关闭所用的时差称为tAONPD延迟，最少仅需2个时钟周期就可以完成，最多5个时钟周期。由于开启和休眠的切换非常迅速，内存可以在不影响性能的前提下充分进行“休息”。

ODT技术的优势非常明显。第一，去掉了主板上的终结电阻器等电气元件，大大降低了主板的制造成本，也使主板的设计更加简洁；第二，由于它可以迅速地开启和关闭空闲的内存芯片，在很大程度上减少了内存闲置时的功率消耗；第三，芯片内部终结要比主板终结更及时有效，从而减少了内存的延迟等待时间。这也使得进一步提高DDR2内存的工作频率成为可能。

⑦ 自动刷新（Self Refresh）。内存持续工作时需要不断刷新数据，这也是内存最

重要的操作。刷新分为两种，一种是自动刷新（Auto Refresh，AR），一种则是自刷新（Self Refresh，SR）。DDR3内存为了最大限度地节省电力，采用了一种新型的自动刷新技术ASR（Automatic Self Refresh），它通过一个内置于内存芯片的温度传感器来控制刷新的频率。以前，内存的刷新频率高，工作温度就高，而采用温度自刷新技术后，DDR3内存则可根据温度传感器的控制，在保证数据不丢失的情况下尽可能减少刷新频率，从而降低内存工作温度。其次，温度自刷新也有一个范围，称为SRT，即Self Refresh Temperature，通过模式寄存器，可以选择两个温度范围，一是普通温度范围，如0℃~70℃，另一个是扩展温度范围，如最高100℃，对内存内部设定这两种温度范围后，它将以一个恒定的频率和电流进行刷新操作。

⑧ 参考电压。在DDR3系统中，对于内存系统工作非常重要的参考电压VREF将分成为命令与地址信号服务的VREFCA和为数据总线服务的VREFDQ，这将有效地提高系统数据总线的信噪等级。图2.79所示为PM38机芯UD2设置的两路参考电压。UD1两路基准电压由U10输出的1.5V电压分别通过RD15、RD19分压和RD16、RD20分压产生。UD2两路基准电压由U10输出的1.5V电压分别通过RD17、RD21分压和RD18、RD22分压产生。

（3）PM38、LM38机芯变频电路。

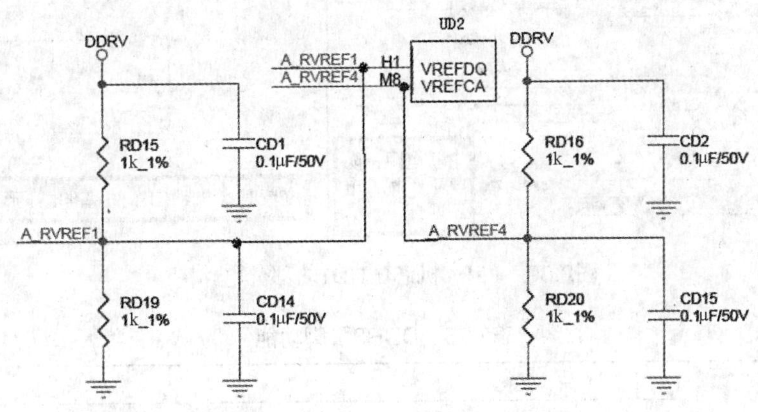

图2.79　PM38机芯UD2两路参考电压

38机芯变频电路使用了两块DDR3，两块DDR3各引脚电路组成是相同的，只是元件编号不同。图2.80所示为PM38机芯中UD1的部分电路图，两个DDR数字通信信号中，所有的数据信号从主芯片输出直接接入DDR，而地址信号和指令信号均要串接匹配电阻分成两路后并联输入UD1和UD2。两块DDR工作所需供电DDRV由U10输出。U05输出的3.3V电压经U10后输出2.5V电压，为主芯片与DDR之间的单元电路和两块DDR供电。DDR3引脚功能见表2.25。

说明：A10，A12在读/写时有特殊的作用，所以在列地址（Column Address）中没有A10、A12。

DDR维修提示（图2.81）如下：① 基准电压有故障，会导致不开机、死机、重启、花屏、啸叫、播放卡死等故障。

② 目前用万用表维修手段，可检修的部分不多，需借助软件打印工具和高端示波器

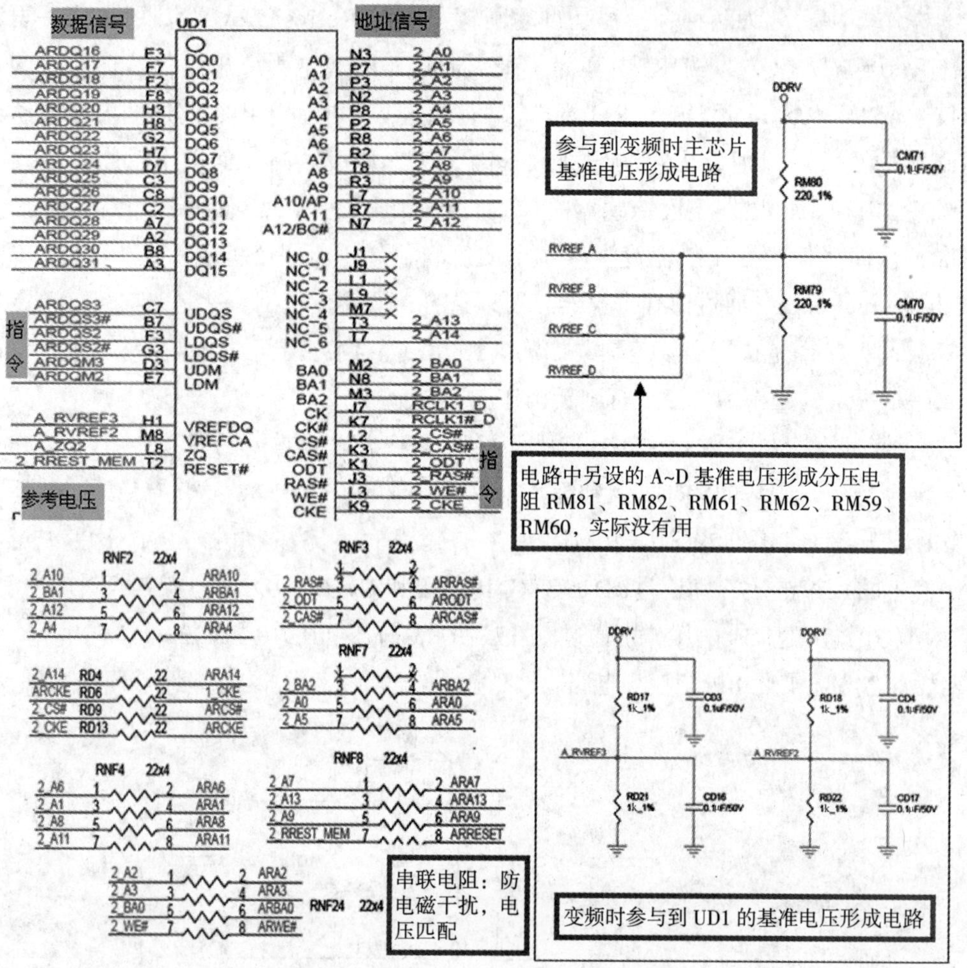

图2.80　PM38机芯中UD1的部分电路图

表2.25　DDR3引脚功能

CK，CK#	一对差分时钟信号
CKE	时钟使能。CKE可以在内存闲置的时候拉Low，关闭clock的输入，达到省电效果，在有内存操作时，CKE处于High的状态
CS#	片选。Chip Select，片选信号，Low有效，当CS#处于High的状态时，所有的command都是无效的
ODT	DDR3内存颗粒内部的终端电阻。当启用时，ODT仅适用于DQ、DQS、DQS和DM/TDQS。高电平时激活
RAS#，CAS#，WE#	行地址、列地址、写命令。RAS#在进行读/写操作时，此信号拉Low，行地址有效。CAS#在进行读/写操作时，此信号拉Low，列地址有效。WE#在进行读/写操作时，Low代表写操作，High代表读操作。RAS#，CAS#，WE#和CS#一起来定义command指令
DM（DMU），（DML）	输入数据掩膜。当DM为High时，Data不被写入或者写入的Data无效；DM为Low写入有效
BA0 - BA2	Bank地址控制信号
A0 - A14	地址输入
A10 / AP	自动预充电。在读/写command指令时，A10决定是否需要Auto-Precharge，高电平代表有Auto-Precharge，低电平代表没有Auto-Precharge，在Precharge command中，A10为High时Precharge all bank，A10为Low时Precharge one bank（具体的bank由bank address决定）
A12 / BC#	突发突变控制模式。Burst Chop，在读/写command指令时用来指定是否Burst Chop。 此功能在DDR3才开始出现，旧的DDR1 是没有此功能的

续表2.25

RESET#	DDR3复位功能（重置）。它使得Memory的初始化变得更加简单，Low Active。在正常运行时，此信号必须为High（在DDR1，DDR2时期需要发送一个指令进行MRS操作对Memory进行初始化）
DQ	双向数据总线数据输入/输出控制
DQS，（DQS#）	输入数据选通。通过DQS与数据之间的关系可分离出数据读与写操作。写数据时处于输出状态，读数据时处于输入状态。边沿对齐时为读取数据，交点时为写入数据
TDQS，（TDQS#）	终止数据选通
NC	空引脚
VDDQ	DQ单元供电1.5V
VSSQ	DQ单元地端
VDD	DDR3供电，1.5V
VSS	地
VREFDQ	DQ处理单元参考电压
VREFCA	CA处理单元基准电压
ZQ	ZQ校正基准脚

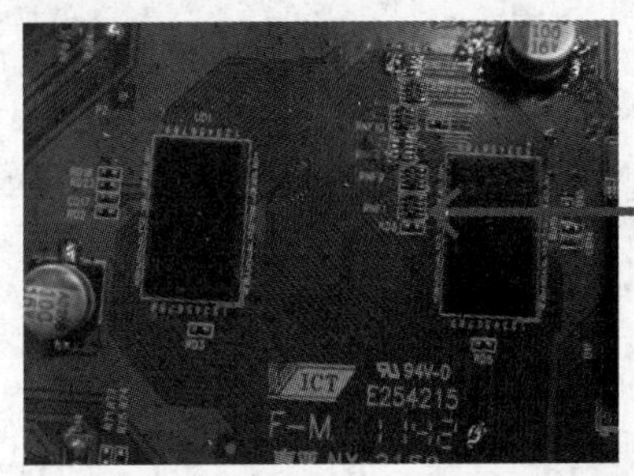

DDR维修提示：
① 基准电压有故障，会导致不开机故障
② 指示灯亮不开机查UD1、UD2所有数据通道。在所有数据通道中，除排阻RNF1（1）（3）的对地电阻为2.86kΩ外，其他所有信号的对地电阻全为3.17kΩ，凡遇到不开机故障，除了检查Flash块外，还要检测DDR组成的相关电路

图2.81 DDR维修提示

测试波形。用万用表检修时，只能从下面的几个方面着手：供电是否正常；信号通道对地阻抗是否正常。检查UD1、UD2所有数据通道中，除了排阻RNF1（1）（3）的对地电阻为2.86kΩ外，其他所有信号的对地电阻全为3.17kΩ，凡遇到不开机故障，除了检查Flash模块外，还要检测DDR相关电路。

③ DDR故障多为焊接虚焊导致，多数维修需更换DDR芯片。通常的做法是通过软件打印工具（注：软件打印工具的应用见第5章相关内容介绍），查看打印信息后定位哪一个DDR出了问题，再围绕此DDR电路进行故障查找。

15. 上TCON板信号（包括3D信号）

TCON板即屏上的逻辑板，无论是PDP还是液晶均有此部分电路。它们接收来自主板的LVDS图像信号，再转换成驱动屏电极所需的信号。变频电路送出的数字图像信号经主芯片UM1内LVDS编码器转换成LVDS信号，图2.82是主芯片涉及LVDS信号处理的相关引脚。主要有供电及接地和输出LVDS信号引脚。LVDS处理单元由AVDD12 LVDS1、AVDD12 LVDS2、AVDD33_LVDSB、AVDD33_LVDS提供1.2V和3.3V两种电压，为主芯片内A\B通道编码器供电，编码器时钟管理单元供电由AVDD12_VPLL提供，其值为1.2V。这些供电引脚有故障，或Flash块写入程序有故障或总线调试屏参选择错误都可能导致输

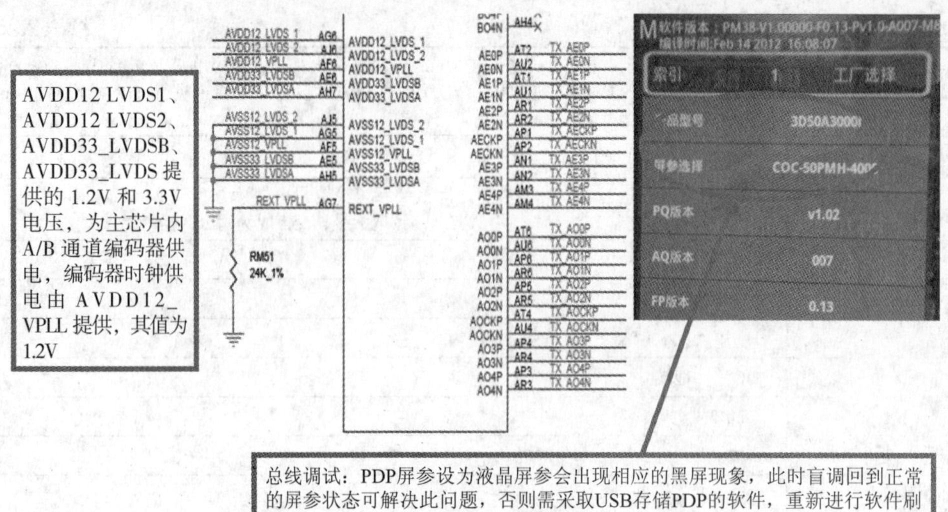

图2.82　主芯片涉及LVDS信号处理的相关引脚

出LVDS信号时序与原屏要求不同，出现黑屏或花屏故障。尤其是PM38、LM38机芯存入Flash中的软件，均包含了两大系列产品使用不同液晶屏和PDP的屏参数，总线调试时一定要正确选择屏参后方可退出总线调试，否则调试屏参错误会出现退出总线调试后黑屏，无法再进行屏参选择的故障。屏参选择错误只有重新进行U盘软件刷新才能解决，如图2.82所示。

LVDS信号有12对，分别经6组网络电阻RNR1~RNR3、RNR7等，以及插座CON09去屏TCON板（见图2.83）。上屏插座为51个引脚时，表示电视机使用43、51英寸三星屏。如果是30个引脚，表明电视机使用的是虹欧屏（见此章主板实物图解）。

上屏插座CON09除了传输LVDS信号外，还接有I^{2}C总线，用于软件设计时对逻辑板进行调试和软件升级，此路总线与主芯片UM1通信。另一路3D_SYNC信号是电视机使用3D屏时，屏送出的3D信号是100Hz或120Hz的方波信号，图2.84所示为测试R351时的波形。只有3D电视的产品，且在播放3D节目时，TCON对主板LVDS信号进行处理后，输出3D_SYNC同步信号（电视信号频率50Hz时为120Hz方波信号，60Hz时为240Hz方波信号），经电阻R351、R312去主芯片AN19脚，经内部电路同步处理后，从AU9脚输出，经R362去同步驱动放大管Q13基极，电流经射随放大后从发射极输出去CON10，再经CON10、JK1接入3D发射电路板。在此电路板上，3D同步信号接入Q1基极，控制Q1集电极发射管电流。Q1集电极接有两只红外发射HV35281IP04CC二极管（波长850nm）、一只大功率红外发射器sfh4250s，组成红外发射电路。发射控制信号由主芯片UM1送出，经Q1控制发射管电流，发射信号由两只3D眼镜接收后转换成相应开关同步跟踪信号，调整3D眼镜的开启和关闭，通过3D眼镜接收3D开关信号，从而实现眼睛再现3D画面。如果电路中取消R362，则从AP21脚输出LED_PWM0脉冲进行控制。LED_PWM0信号从AP21脚输出，经R358接Q13基极，经Q13放大后，从E极输出驱动能力更强的信号经插座CON10（1）脚，调整3D电路板红外光发射频率，实现对3D眼镜的控制。图2.84所示为3D控制发射电路工

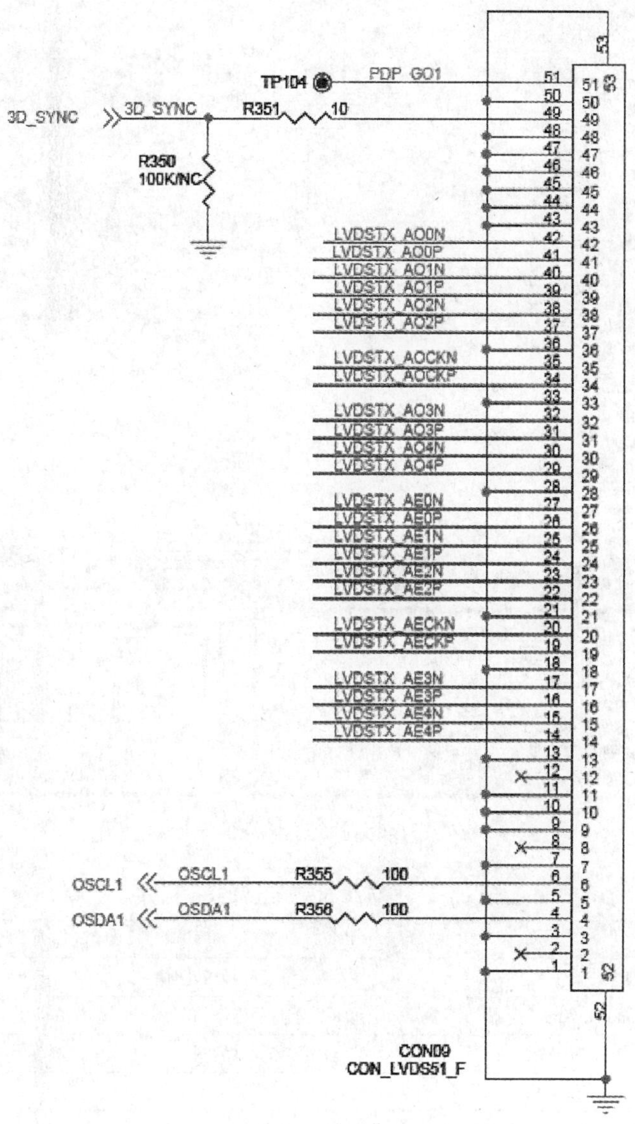

图2.83 LVDS信号

作原理图。PM38机芯支持的3D信号格式见表2.26。

16. 音频信号处理

（1）音频切换及音效处理。

在主芯片UM1内完成TV音频解调、音频切换、HDMI、USB和网络音频数字解码、音效处理和输出I^{2}S数字音频信号等。音频切换还将输出模拟R/L音频信号到U22（NJM4558）缓冲放大，然后去AV输出端口JP01。主芯片中与音频处理有关的电路如图2.85所示。

主芯片有关音频的引脚中，有VGA、AV和HDTV节目源的输入通道，而USB、HDMI、网络音频信号在主芯片内解压、解码后形成数字信号直接去音频选择切换电路。各路音视频信号切换后，一路音频从AM37、AM33脚输出去缓冲放大电路U22，放大后去AV输出端口。主芯片AR16脚输出同轴数字音频信号SPDIF_OUT，经R115FC到插座JP02。为满足同轴传输信号直流电压稳定，在电路上设计有偏压元件，5V电压通过

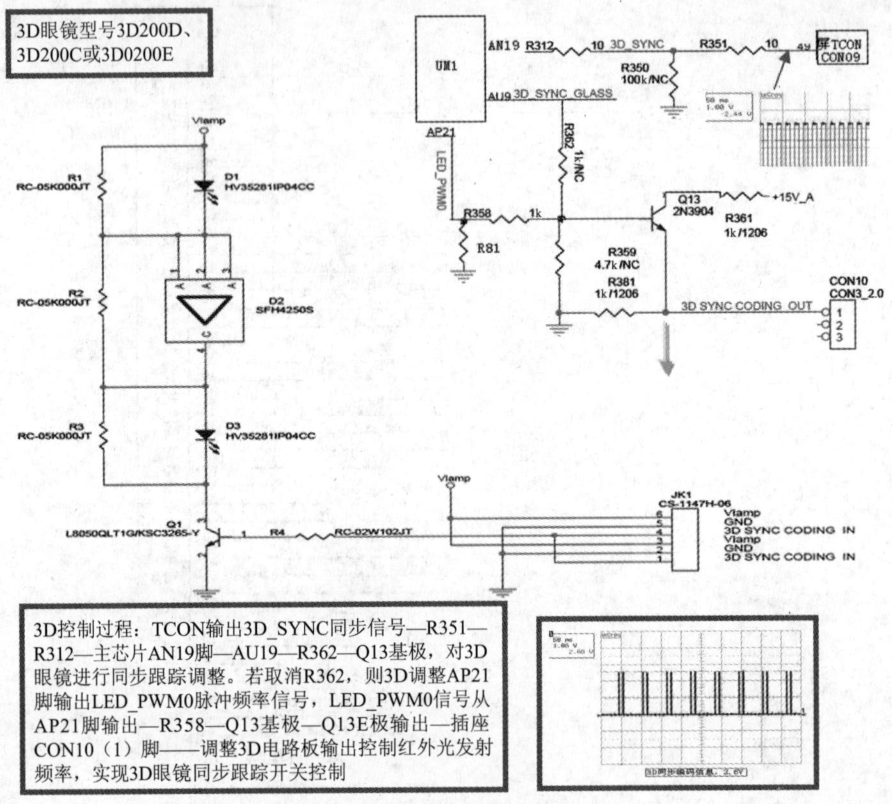

图2.84　3D控制发射电路工作原理图

表2.26　PM38机芯支持的3D格式

通　道	3D类型	描　述
HDMI（DVI）	Side By Side（左右）	显示两个左右相叠的图像
	Top and Bottom（上下）	显示两个上下相叠的图像
	Line By Line（行）	按行两眼交替显示图像
	Vertical Tripe（列）	按列两眼交替显示图像
	Checker Board（点）	按像素两眼交替显示图像
	Frame Packing（帧封装）	真正的高清图像
USB视频	上下/左右/行	显示两个上下相叠/两个左右相叠的图像/按行两眼交替显示图像
数字电视	左右	显示两个左右相叠的图像
网络视频	上下/左右/行	显示两个上下相叠/两个左右相叠的图像/按行两眼交替显示图像
所有通道	2D→3D	简单的3D转化方式

R117\R116分压实现，如图2.86所示。

同轴电缆通常有5根线，其中有3根接地线，一路5V供电和一路数字音频。同轴和光纤均可作为载体对SPDIF信号进行传输。同轴采用电的方式传播，光纤采用光的方式进行传播。一般来讲，近距离传输推荐使用同轴，长距离传输推荐用光纤，避免了因距离产生的信号衰减。UM1内部音频信号经音效电路处理后，输出数字音频信号I^2S（有的资料标注为I^2S总线）从AR11、AP11、AM12、AN9脚输出，经R119、R159、R183、R184到功率放大器U20。

各路音频信号经过的路径

信号源	信号分类	通过元件	主芯片引脚
AV1	AV2_L_IN	C122\R140	AP36
	AV2_R_IN	C123\R141	AP35
AV2	AV1_L_IN	C116\R132	AR37
	AV1_R_IN	C117\R133	AT36
YPBPR	Ypbpr_L_in1	R152\C134\R156	AP36
	Ypbpr_R_in1	R153\C135\R157	AR35
VGA	VGA_LIN	R166/C142/R170	AP34
	VGA_RIN	R167/C143/R171	AU36

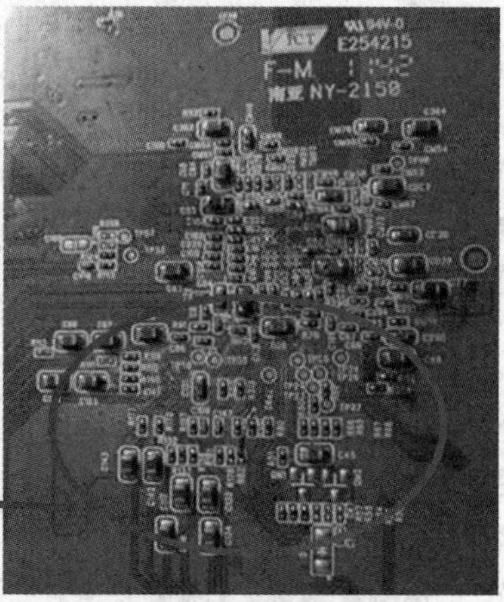

各种音频信号经过的元件在电路板背面的位置

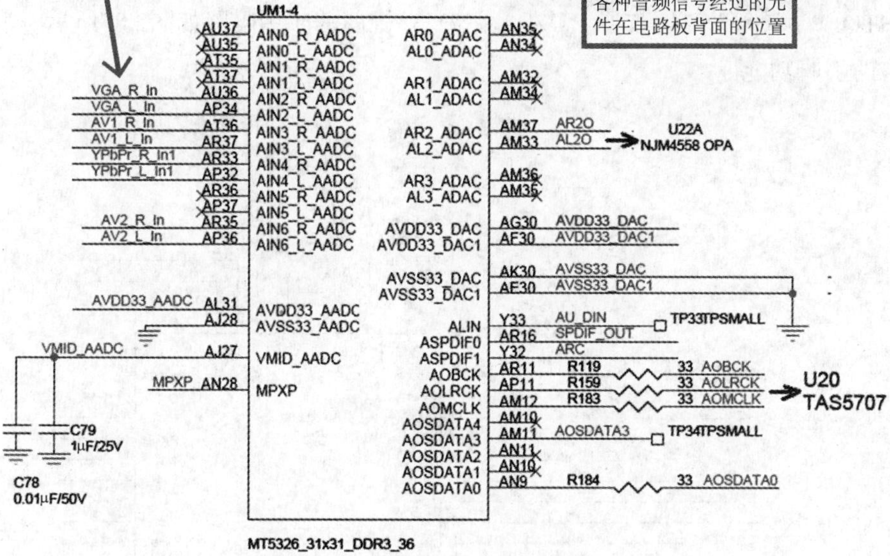

图2.85 主芯片中与音频处理有关的电路

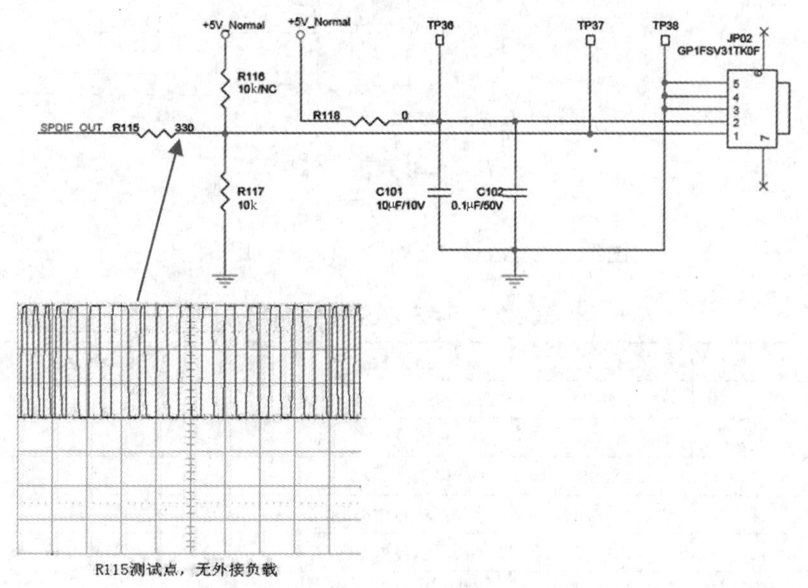

图2.86 偏压电路

维修提示：输入通道中音频、视频信号所接主芯片引脚的对地电阻相同，故障判定时，测量电阻便可确认。

（2）伴音功率放大器。

PM38机芯功率放大器采用数字功率放大器TAS5707（U20）。它是TI公司生产的纯数字D类功率放大器，输出功率可达20W。接收I^2S数字音频信号，外部无需A/D和D/A的处理过程，保留了音频的原始数据。IC内自带EQ和DRC的立体数字功率放大器。功率输出由4个独立半桥音频输出电路组成。IC支持8~24V的宽电压输入；支持8kHz到48kHz采样频率（LJ/RL/I2S）；独立的音量控制（MUTE到48dB）；软静音功能；可编程动态范围控制（DRC）和滤波系数控制；14级可编程的二级滤波及EQ均衡扬声器功能；DC模块滤波；内置不需要MCLK的串口控制操作；过热及短路保护功能；表面无需贴装散热片；48个引脚HTQFP封装等。TAS5707（U20）在PM38机芯的应用电路如图2.87所示。表2.27为TAS5707的引脚功能。

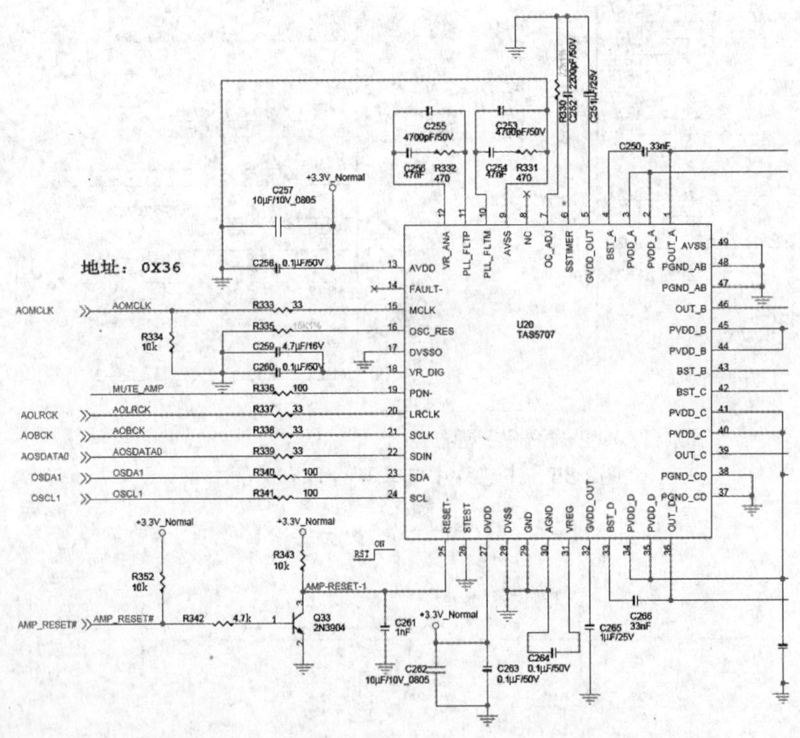

图2.87 TAS5707在PM38机芯的应用电路

表2.27 TAS5707引脚功能

引 脚	标 志	描 述
30	AGND	模拟电源地
13	AVDD	3.3V模拟供电
9	AVSS	3.3V模拟地
4	BST_A	A半桥高边自举电源
43	BST_B	B半桥高边自举电源
42	BST_C	C半桥高边自举电源

续表2.27

引 脚	标 志	描 述
33	BST_D	D半桥高边自举电源
27	DVDD	3.3V数字单元供电
17	DVSSO	晶振地
28	DVSS	数字地
29	GND	POWER STAGE模拟地
5，32	GVDD_OUT	门驱动内置校准仪输出
20	LRCLK	串口输入音频数据左/右时钟（采样频率时钟）
15	MCLK	主时钟输入
8	NC	NC
7	OC_ADJ	可编程模拟过流保护，需要对地电阻
16	OSC_RES	晶振匹配电阻，连接18.2kΩ 1%电阻到DVSSO
1	OUT_A	半桥A输出
46	OUT_B	半桥B输出
39	OUT_C	半桥C输出
36	OUT_D	半桥D输出
19	PDN	上拉，关机，低有效
47，48	PGND_AB	AB半桥的地
37，38	PGND_CD	CD半桥的地
10	PLL_FLTM	PLL负极性锁相环终端，会引起声音小或无声
11	PLL_FLTP	PLL正极性锁相环终端
2，3	PVDD_A	A半桥供电输入
44，45	PVDD_B	B半桥供电输入
40，41	PVDD_C	C半桥供电输入
34，35	PVDD_D	D半桥供电输入
25	RESET	上拉，复位，低有效
24	SCL	I^2C串口控制时钟输入
21	SCLK	串口音频数据时钟
23	SDA	I^2C串口控制数据输入、输出
22	SDIN	串口音频数据输入
6	SSTIMER	控制OUT_X的上升下降时间到最小
26	STEST	测试PIN
14	FAULT	匹配错误提示PIN
12	VR_ANA	1.8V模拟供电内部控制
18	VR_DIG	1.8V数字供电内部控制
31	VREG	数字控制输出

TAS5707为D类功率放大器，与AB类功率放大器有所不同，D类功率放大器的基本原理是将输入调制到高频（TAS5707约534kHz）载波上去，形成PWM波，经功率放大器开关管输出后由后面的低通滤波器将高频载波滤掉，还原声音。TAS5707功率放大器起振时间主要由8脚外接电容充电时间决定，目前测试到的起振时间（重置高功率放大器Enable引脚，延时330nF时）需0.4~1.4s。检测功率放大器是否起振可将示波器挂在OUT1P、OUT1N、OUT2P、OUT2N任一个引脚上，起振时应均可测到约534kHz的PWM波，如

图2.88所示。

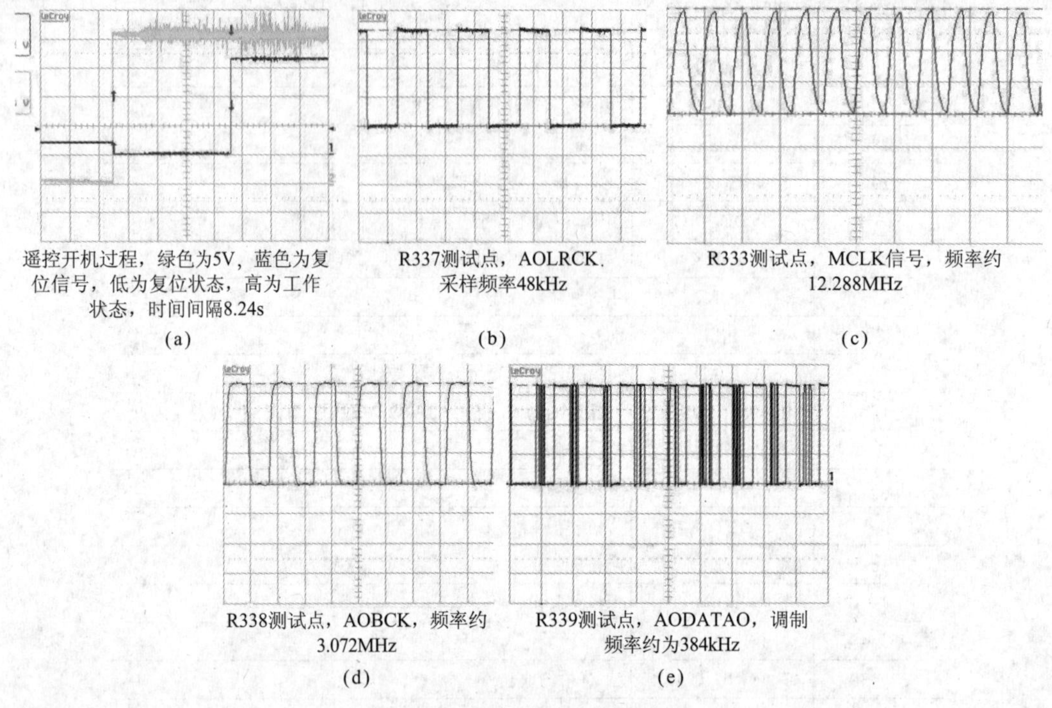

遥控开机过程，绿色为5V，蓝色为复位信号，低为复位状态，高为工作状态，时间间隔8.24s

(a)

R337测试点，AOLRCK.采样频率48kHz

(b)

R333测试点，MCLK信号，频率约12.288MHz

(c)

R338测试点，AOBCK，频率约3.072MHz

(d)

R339测试点，AODATAO，调制频率约为384kHz

(e)

图2.88　示波器测试起振时间

TAS5707（7）脚Enable电平小于0.8V时，功率放大器进入睡眠模式，当Enable引脚上的电平高于3V时，功率放大器进入正常工作模式。25脚为复位控制脚，低电平复位，复位完成时此引脚有3V高电平。

29脚为静音引脚，低电平时静音，正常工作时为高电平。

故障检修：有图但无声音的故障检修思路如图2.89所示。

2.2.7　控制系统

PM38机芯控制系统由主芯片MT5502A、用户存储器E^2PROM（AT24C32、U12）、程序块Flash（TC58DVG3S0ETA00、U11）和两块DDR3（UD1、UD2）等组成。

1. PM38、LM38机芯控制系统启动时序

① 接通交流电源，电源板送出+5Vsb供电给主板，经主板DC-DC转换，再经U3转换成+3.3V_Standby，供给主芯片UM1及其复位电路等。

② UM1经上电和复位后，外围时钟晶振开始振荡，UM1开始启动工作。首先启动其中的ARM内核，然后启动其中的CPU系统，接着UM1内主控系统与U11（SPI Flash）进行通信，主控系统运行U11内的Mboot（启动代码，也称作引导程序）。

③ UM1的POWER脚（AM20）送出开机信号（低电平），经Q2、Q3电平转换，送出低电平去电源板，电源板在得到正常开机信号后电源电路开始工作，输出+5V_Normal、F_15V、+15V_A电压供主板工作（液晶电源则输出背光电路和主板工作所需的电压）。

④ UM1中的主控系统启动后，主控系统先从E^2PROM存储器U12中读取开机状态数

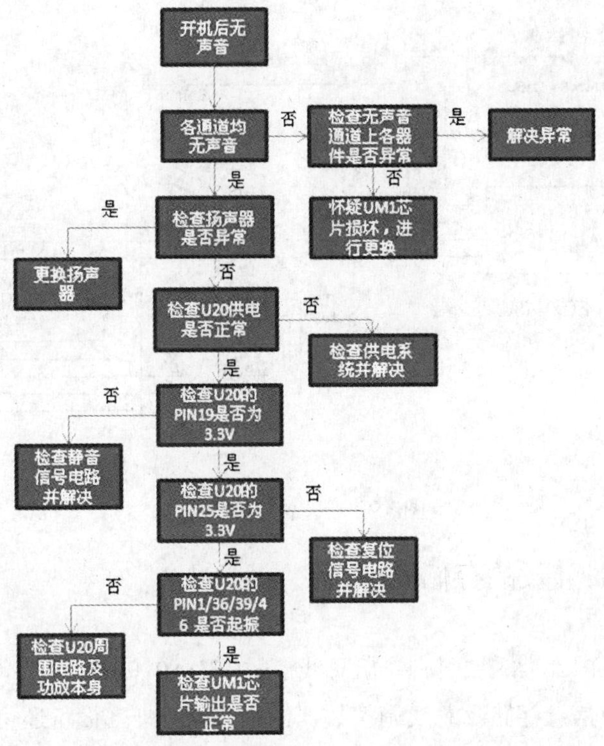

图2.89 有图但无声音的故障检修思路

据，如果读取的为待机状态信息，那么UM1的AM20脚内部将POWER信号拉高，电源板+5V_Normal、F_15V、+15V_A电路停止工作，主板系统进入待机状态，此时待机CPU接管工作。如果读取的为开机状态信息，那么进入正常的UM1系统初始化过程。

⑤ 系统对NAND Flash、E^2PROM、DDR3 SDRAM开始初始化。主控系统与DDR3 SDRAM通信，将NAND Flash中的应用程序装载到DDR3 SDRAM中，主程序开始运行，系统从UD1、UD2中读取程序数据。

⑥ 初始化完成后，系统将处于开机状态。

PM38机芯完整的开机过程及表现以出厂默认的二次开机状态为例。

接通电源后，屏上电源板输出5VSTB给主板供电，然后指示灯由不亮变为白色“常亮”状态。

在待机状态，按下遥控器上的电源键或本机按键板上的电源键，电源板提供低压电源给主板，提供高压电源给屏模组，指示灯由“常亮”状态变为“闪烁”状态，约3s后出现“CHANGHONG”LOGO标志，约10s出现“聪明电视听我的”画面，约15s出现“Smart home”动画，约25s进入上次关机/掉电时显示的频道或信号源。

以上的开机时序过程是目前采用Android操作系统的智能电视产品常有的开机过程。

由此可见，控制系统电路包括了DDR3这部分电路。因此，若整机不能正常待机，或不能正常开机均与DDR3有关。有关DDR3的电路在变频部分有介绍，现就控制基本电路给大家介绍，如图2.90所示。

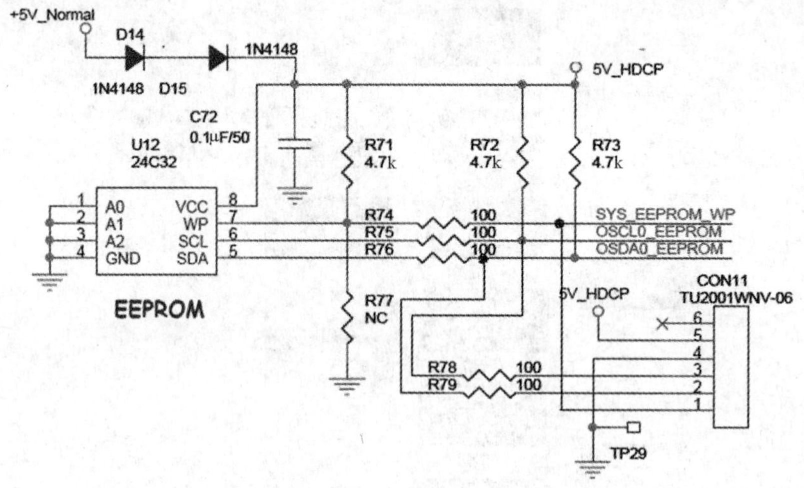

图2.90　基本控制电路

2. 主芯片UM1涉及的存储元件

（1）用户存储器。

主芯片UM1从AP12、AN12引脚输出总线信号OSDA0_EEPROM、OSCL0_EEPROM，在E^2PROM进行用户信息存储及总线调整数据保存。同时外部设备还可通过CON11插座，对主芯片进行软件编写。工作时，此路总线电压为4.1V，两总线对地电阻为14.8kΩ。

如图2.91所示，24C32的软件保护设置为只读模式，硬件通过WP脚可设置写保护，存储电视机的工作状态数据（包括预存搜台数据）、整机针对信号源的密匙KEY数据HDCP及网络功能需要的MAC地址等数据。U12（7）脚为写保护，高电平时为保护只读状态，

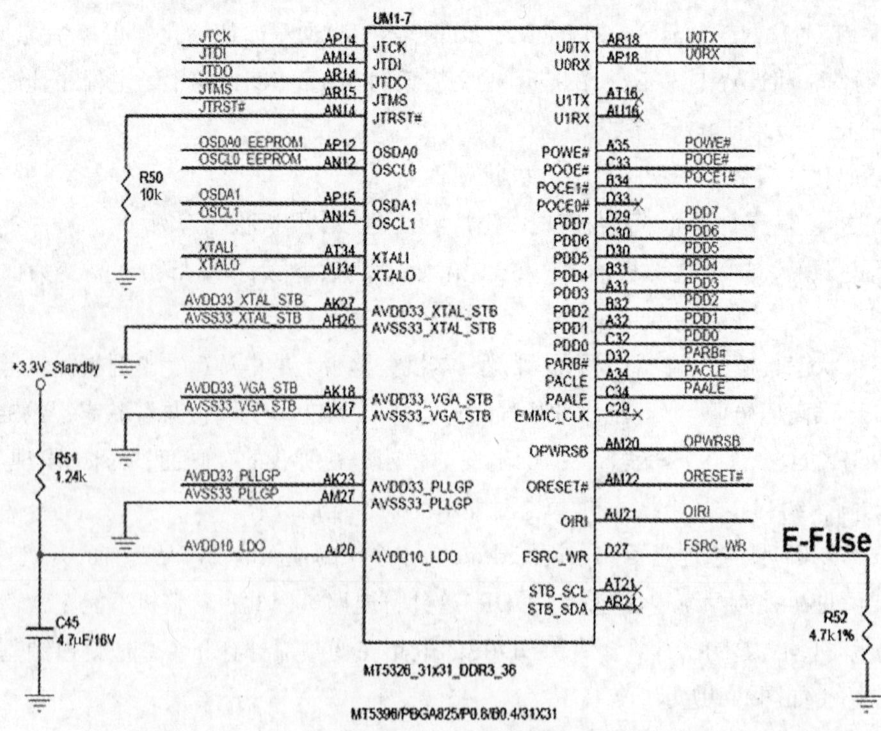

图2.91　用户存储器

低电平时为正常状态可写。7脚高电平为3.1V，对地电阻为5.2kΩ。U12（8）脚供电为4.14V。待机时E²PROM因无供电，各引脚没有工作电压。E²PROM有故障会导致开机指示灯闪烁，不开机故障。

（2）NAND Flash（见图2.92）。

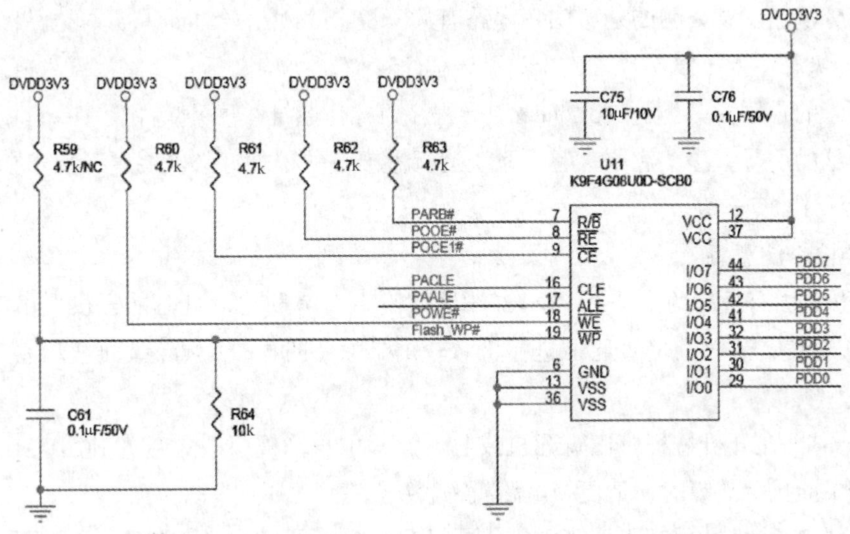

图2.92 NAND Flash

在主芯片UM1引脚上标有PDD0~PDD7，是与Flash块进行程序交换的数据、地址复用信号，这8路信号均直接从主芯片处接入Flash块。

此机使用了两种NAND Flash，分别是TC58DVG3S0ETA00和K9F4G08U0D-SCB0（三星芯片）。两IC性能相同，引脚功能也相同。

TC58DVG3S0ETA00是东芝的一款8GB 容量的NAND E²PROM 芯片，工作电压在2.7~3.6V，其引脚功能分布如图2.93所示。

NAND Flash引脚功能见表2.28

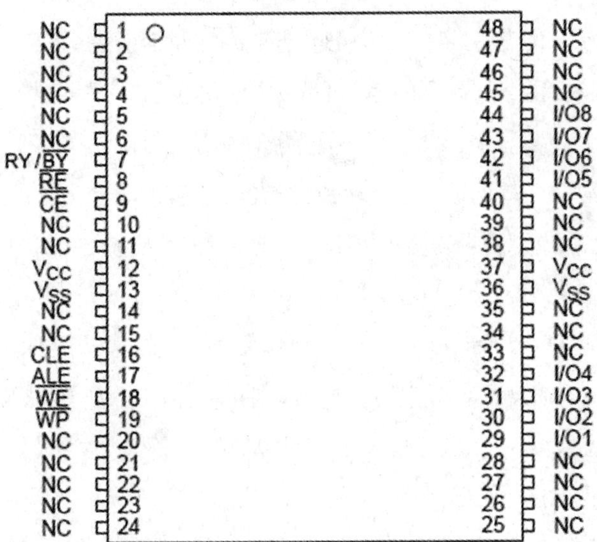

图2.93 TC58DVG3S0E TA00引脚分布

表2.28 NAND Flash引脚功能表

引脚符号	功 能
I/O1~I/O8	I/O 口
CE#	芯片工作使能脚
WE #	写使能脚
RE#	读使能脚
CLE	命令锁使能脚
ALE	地址锁使能脚
NC	空脚
WP#	写保护脚，低可写，高保护
RY/BY#	待机和忙碌状态脚
VCC	电源
VSS	地

Flash检修提示：8通道中，29、30脚对地电阻为0.77kΩ，其他6路相同，均为0.81kΩ。FALSH块的7~9脚、16~19脚均为程序交换指令控制信号，这些信号通过接上拉电阻，提高驱动能力。7~9脚对地电阻相同，均为4.7kΩ，而16、17脚对地电阻为0.99kΩ，18脚为5.4kΩ，19脚为9.9kΩ。当出现指示灯不亮，不开机、指示灯亮故障时需检查此部分电路。要说明的是，DDR电路有故障也会表现出与Flash块同样的故障现象。

PM38机芯主板上没有单独的boot引导程序存储器。整机所有程序都置入Flash块中。此IC内写入的程序有三类：bootloader引导程序、操作系统程序和应用程序。其中，boot程序如同电脑的引导程序，它是为整个系统运行做准备的程序，必须要用工装才能写入引导程序，无法用U盘升级。

Flash检修注意事项：

① Flash块有故障时，采用打印软件是打印不出信息的，且不能开机。由于Flash块采用BGA封装，故对其信号通道进行检修较困难。此时可以检查信号通道中上拉电阻和供电。

② 电视机在开机过程中出现死机或收看过程中自动停机时，首先利用USB进行软件刷新，仍不能排除故障时，请更换电路板来解决故障。

③ 整机有待机过程却不能正常开机或开机后又死机（自动关机），可以通过USB端口升级。有时电视机工作的软件版本发生了变化，用户也可以通过USB端口进行软件升级或在线升级。

◎知识链接……………………………………………………………

“智能机程序”

① bootloader是嵌入式系统的引导加载程序。此程序是控制系统首先执行的一段程序，具有初始化系统的作用（如检测Flash工作状态及空间大小、输出串口、打印口、检测系统处理、设置启动内核参数，这好比CRT控制系统中功能参数的设置），并将内核影像调入Flash中。由于Flash运行速度不如DDR3（SDRAM），故一般嵌入式系统开机后都是将 Linux内核（电视机因为采用了Linux内核从而实现安装的操作系统的开发性，也方便实现智能产品应用功能的扩展，下载安装应用程序、语音功能等）拷贝到 DDR3中去执行。由此可见，bootloader最根本的功能就是为了启动Linux内核，并将系统的软硬件引导到一个合适的状态。为调用操作系统和用户应用程序做好环境准备。

② 内核。就是操作系统（智能PM38机芯就是Android系统），负责定时器、进程管理、中断管理、内程管理、网络管理、系统启动、文件系统等部分调用的软件。其中文件系统是负责管理和存储文件信息的软件机构，即负责为用户建立文件存入、读出、修改、转储，控制文件的存取和用户不再使用时撤销文件等。内核是在boot运行后进行工作的，它与硬件打交道，并为用户程序提供一个有限服务集的低级支撑软件。故内核就是操作系统，包括进程管理、文件管理、设备管理和网

络管理等部分。

③ 应用程序。直接为用户完成某个特定功能所设计的程序，用户可自行下载安装。如游戏、QQ聊天等。应用程序的运行是在开机后进行，是智能电视的主要程序。

3. 影响控制系统的引脚

① 图2.91中JTCK、JTDI、JTDO、JTMS四路数字信号在软件对芯片进行调试时使用。这部分电路使用时不能随意改变这些引脚的在路状态。

② 图2.91中标有OSD1、OSCL1的两路总线信号从AP15、AN15脚输出，通过电阻R83、R84挂接在电源3.3V上，此3.3V是二次开机后形成的电压。此路总线一路通过电阻R340、R341对功率放大器进行音效控制；另一路通过电阻R355、R356去TCON板对屏进行软件调试。此路总线工作时电压为3.25V。

③ 图2.91中XTAL、XTALO接时钟信号Y1（27MHz）。

④ AN22脚标有ORESET为复位信号，早期在电路设计中QM1QM2三极管组成复位电路提供芯片复位信号，后期的电视已经取消这部分电路，由IC内部电路完成复位。+3.3V_Standby通过R55、R57分压，接入AN22脚，通过内电路建立复位电压，实现开关机芯片复位。

⑤ 主芯片功能配置脚，见图2.48组成电路介绍内容。

⑥ D27脚标注E-FUSE，为电熔丝E-FUSE单元的外部匹配脚，外接电阻R52到地。

4. 控制系统工作后，输入、输出各路控制信号的工作过程（见图2.94）

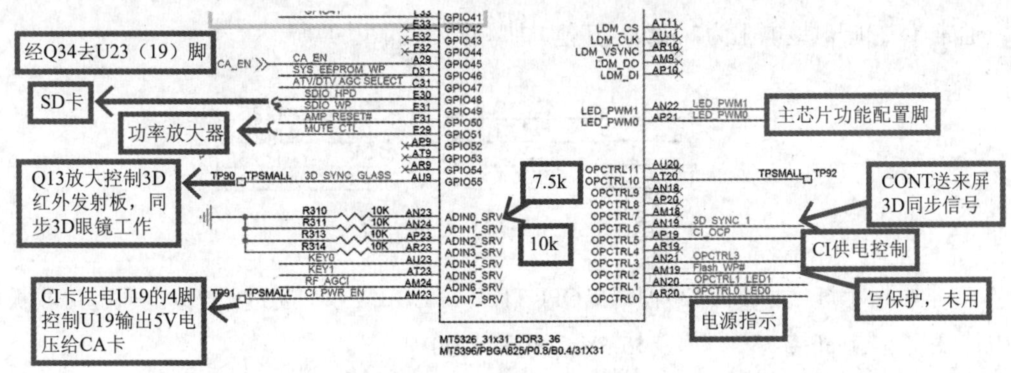

图2.94　输入、输出各种控制信号的工作过程

① 开/待机控制信号。从UM1（AM20）脚输出OPWRSB开机信号经Q3\Q2电平转换后，输出低电平到电源板（三星屏与虹欧PDP屏均是低电平启动电源组件），如图2.95所示。

② 从AU21脚接收遥控信号OIRI：0~4.6V变化。

③ 从V34、V35脚输出IIC总线信号对调谐器进行控制，工作时电压为4.9V，对地电阻为6.5kΩ。

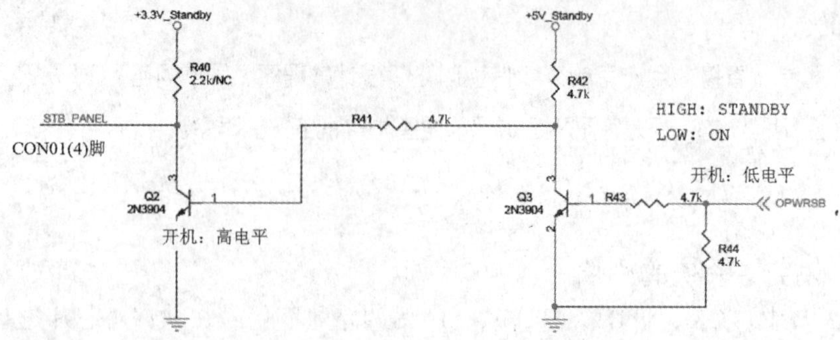

图2.95 开/待机控制信号

④ 从AU23、AT23接收本机键控控制信号KEY0、KEY1。这两个信号，在未按任何按键时电压为3.3V，进行控制时将会变化。两通道对地电阻相同，均为4kΩ，如图2.96所示。

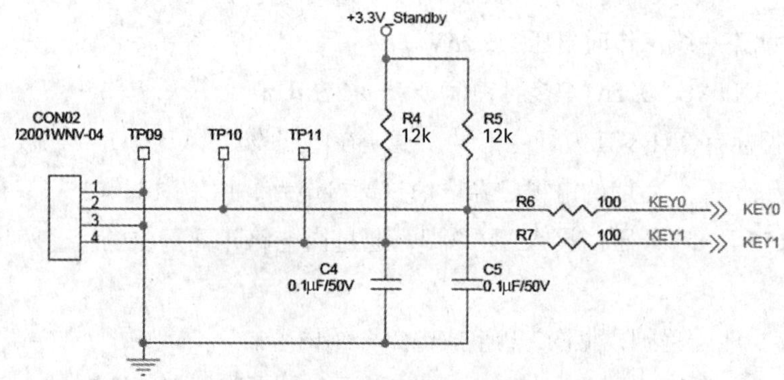

图2.96 本机键控控制信号

⑤ 功能预置未使用脚。分别是AN23、AN24、AP23、AR23脚，四脚均接10kΩ电阻到地，通常AN23脚对地电阻为7.5kΩ，其他三脚相同，如图2.97所示。

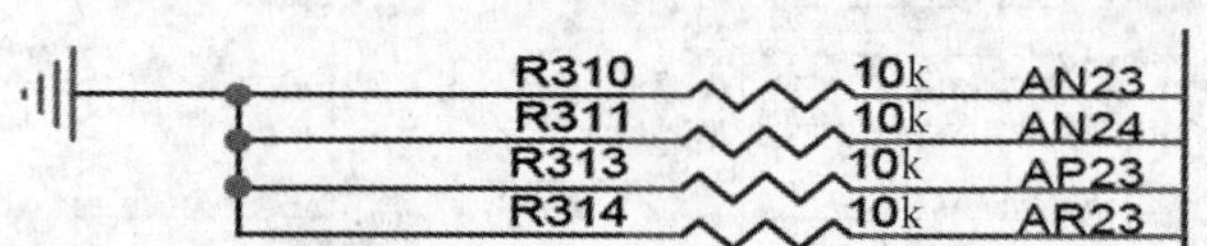

图2.97 功能预置未使用脚

⑥ 本机指示灯信号由AR20脚输出OPCTRL0_LED0信号，通过R17接入遥控接收板。其电压变化范围在0~3.3V。灯亮时3.3V，不亮时为0V。

⑦ Flash块读写保护控制信号Flash_WP#：从AM19脚输出接Flash块19脚，未进行数据操作时电压为3.25V。

⑧ 从AP19脚输出CI卡保护信号CI_OCP去U19（5），低电平U19输出。CI卡未启动时，此脚为高电平3.2V。

⑨ AM23脚输出CI_PWR_EN电源启动控制信号，CI卡未启动时，此路控制信号为低电平，CI卡启动时为高电平3.2V。U19组成的电路见CI卡供电部分介绍。

⑩ A29脚输出CA-EN，去U23双向选择开关（19）脚，启动U23工作，见CI卡部分和U23部分。

⑪ D31脚为SYS_EEPROM_WP接U12（7）脚写保护控制信号。高电平时为只读状态，低电平时为正常状态可写。

⑫ C31脚输出ATV/DTV AGC SELECT，即模拟与数字接收时的AGC切换信号。DTV信号时为3.3V，ATV信号时为2.44V。

⑬ E30\E31脚输出SDIO_HPD、SDIO_WP读SD卡指令。

⑭ F31脚输出AMP_RESET#，为功率放大器TAS5707的复位信号，经Q33接功率放大器（25）脚。复位时F31脚为高电平，复位完成为高电平3.3V。

⑮ E29脚输出MUTE_CTL伴音静音控制信号，经Q12接TAS5707（19）脚。静音时E29脚为高电平，非静音时为低电平。

⑯ AU9脚3D_SYNC_GLASS为主板输出3D眼镜同步控制信号，此路信号由逻辑板送往AN19脚3D_SYNC_1跟踪。D_SYNC_GLASS经R362接Q13，控制3D红外发射板发射红外光。

⑰ AM24脚输出RF_AGCI调谐器增益控制信号。DTV状态时，ATV/DTV AGC SELE为3.3V，此时Q8截止，RF_AGCI作为DTVAGC控制调谐器输出增益。反之，ATV时Q8导通，RF-AGCT输往调谐器进行ATV增益控制（见图2.98）。

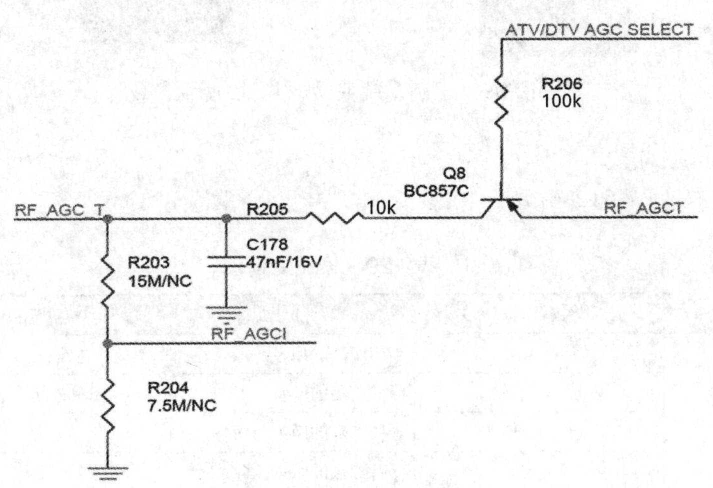

图2.98　调谐器增益控制信号

5. 控制系统典型故障处理流程

正常通电后，指示灯开始闪烁，但是无法开机，检查维修流程可参考图2.99。

2.2.8　整机进入总线调试状态

1. 工厂模式（M模式）设置

在TV 源下，按菜单键，菜单出来且蓝色提示框也出来之后，连续输入4位数字“0816”，即可进入工厂模式。进入工厂模式后，会有工厂菜单标志M 出现。按菜单键可退出M 模式。

M软件版本：PM38-V0.00979-F0.17-Pv1.0-A007-T8。

编译时间：Feb 29 2012 02:19:52。

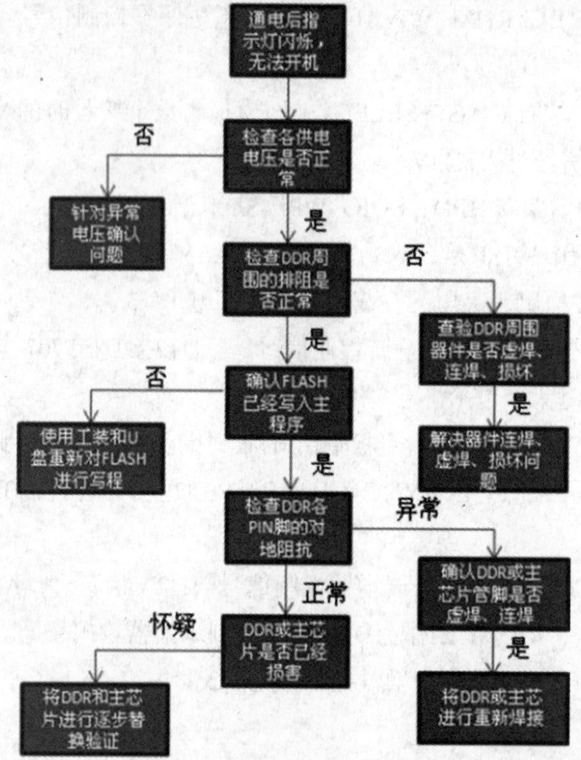

图2.99 控制系统典型故障处理流程

2. 工厂模式调整

（1）按数字键1（即索引号1）进入索引（表2.29，图2.100）。

表2.29 索引1

索引号	项目名称	项目含义	操作键
1	产品型号	当前产品的型号	左/右方向键
	屏参选择	当前产品的屏参	左/右方向键
	PQ 版本	画质参数的版本	无
	AQ 版本	伴音参数的版本	无
	FP 版本	屏参的版本	无

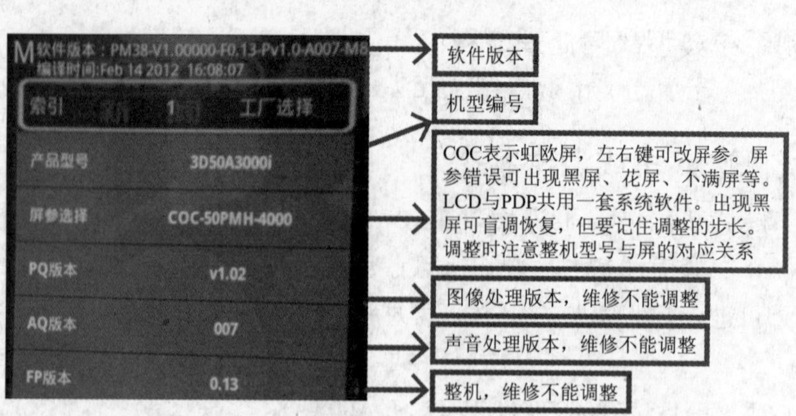

图2.100 索引

（2）按数字键2（即索引号2）进入索引2（表2.30，图2.101）。

表2.30 索引2

索引号	项目名称	项目含义	操作键
2	网络检测	进行当前网络环境的设置	左/右方向键
	MAC 地址	显示当前整机的MAC 地址	无
	设备ID	显示当前整机的ID 信息	无
	条码信息	显示当前整机的PID 信息	无
	IP 地址	显示当前整机的IP 信息	无
	手动设置MAC	手动设置MAC 地址	左/右方向键
	USB 更新MAC	USB 更新MAC 地址	左/右方向键
	USB 更新Device ID	USB 更新当前整机的ID 信息	左/右方向键
	备份数据到USB	备份MAC 和Device ID 数据到U 盘	左/右方向键

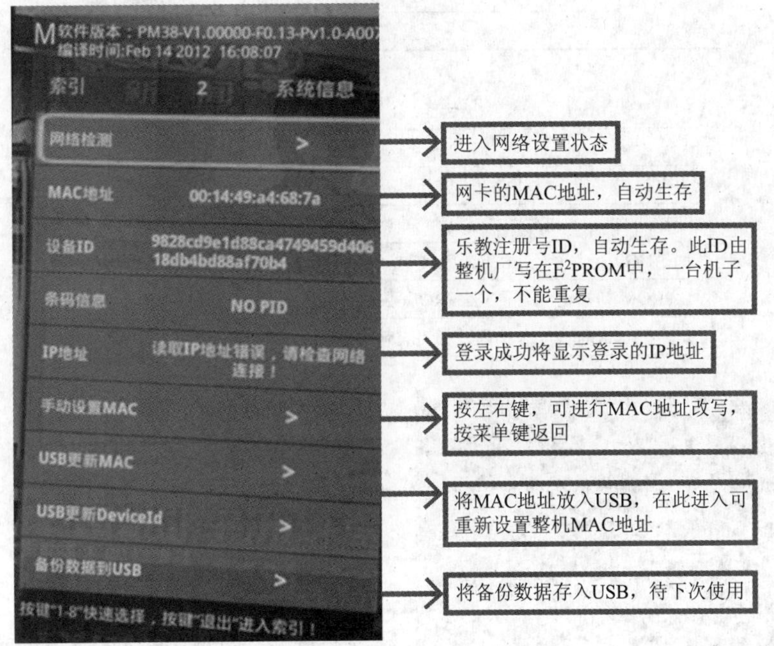

图2.101 索引2

（3）按数字键3（即索引号3）进入图像、伴音设置相关状态（表2.31，图2.102）。

表2.31 索引3

索引号	项目名称	项目含义	操作键
3	模拟数字搜台	进行搜台操作	左/右方向键
	预设频道	恢复预设的频道信息	左/右方向键
	彩色制式	当前图像的制式	左/右方向键
	伴音制式	当前伴音的制式	左/右方向键

（4）按数字键4（即索引号4）进入音量及平衡设置（表2.32）。

（5）按数字键5（即索引号5）进入设计模式（表2.33，图2.103）

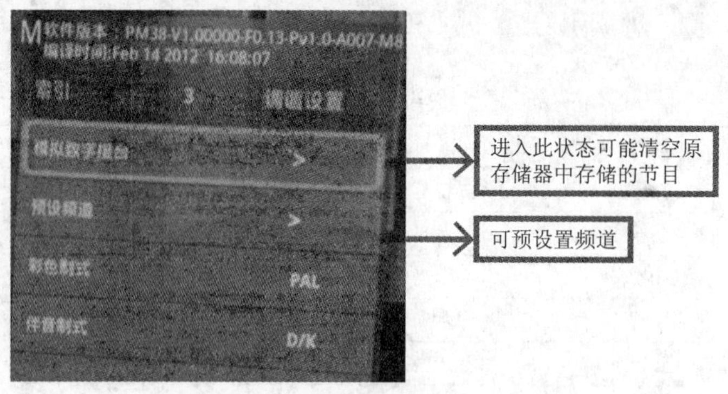

图2.102　索引3

表2.32　索引4

索引号	项目名称	项目含义	操作键
4	音量控制	调整当前伴音的音量	左/右方向键
	平衡	调整当前伴音的平衡	左/右方向键

表2.33　设计模式

项目名称	项目含义	操作键
上电模式	设置上电开机模式	左/右方向键
非标开关	对非标信号的兼容开关	左/右方向键
DEBUG	Debug 开关	左/右方向键
E^2PROM 初始化	恢复E^2PROM 数据到默认状态	左/右方向键
应用程序清理	清理已安装的应用程序	左/右方向键

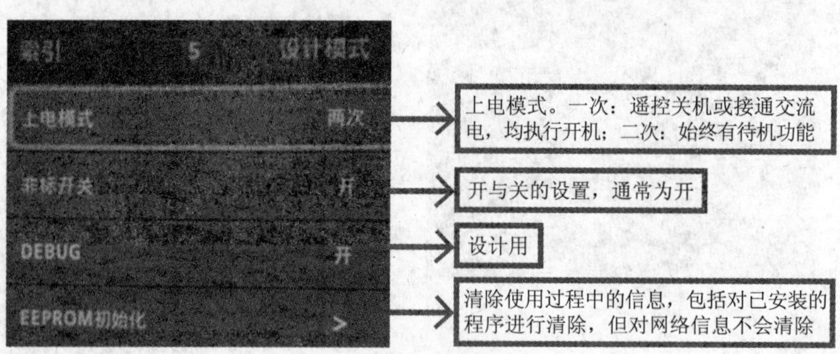

图2.103　索引5

（6）按数字键6（即索引号6）进入SSC扩频设置（表2.34），与LVDS信号相关。不影响图像效果，对维修意义不大。

（7）按数字键7（即索引号7）进入出厂设置，进入将恢复成出厂时的状态（表2.35）。

表2.34　SSC扩频设置

索引号	项目名称	项目含义	操作键
6	LVDS SSC%	LVDS 的展频设置	左/右方向键
	MEM SSC%	DDR 芯片的展频设置	左/右方向键
	LVDS LEVEL	LVDS 信号的电平幅度	左/右方向键

表2.35 出厂设置

索引号	项目名称	项目含义	操作键
7	出厂设置	恢复默认的出厂状态	左/右方向键

注：在索引号7 下面的项目里，在做出厂设置的时候，为保证出厂设置正确，必须等指示灯闪烁完毕，本机待机时才能断电（大约需要12 s）。用户安装的应用程序也将清除。

（8）按数字键8（即索引号8）设置与DTV相关的数据，涉及CI卡使用及显示（表2.36，图2.104）。

表2.36 索引8

索引号	项目名称	项目含义	操作键
8	Dtv_CIplus	数字电视智能卡信息升级	左/右方向键
	DTV中间件版本	数字电视中间件版本信息	无
	智能卡状态	显示当前数字电视智能卡状态	无

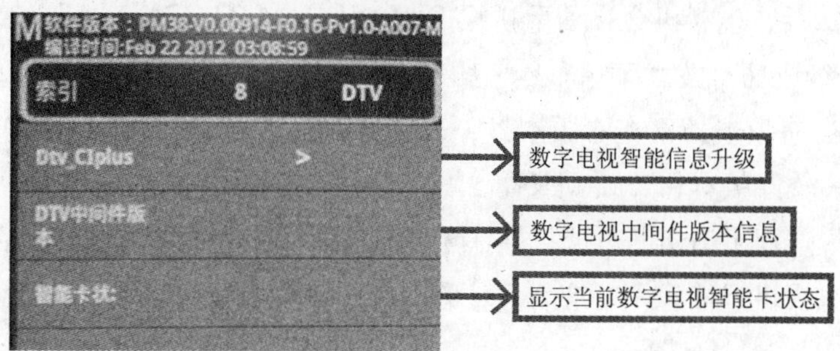

图2.104 索引8

2.2.9 PM38机芯软件升级

1. PM38i/iD/iA 机芯软件简介

PM38 机芯软件有两套，文件名分别为M8、T8，有两个文件名的原因是PDP屏有三星屏和虹欧屏，都使用了两个不同厂家的Flash存储器，如图2.105所示，打开其中的M8 文件夹，将出现两个文件，分别是mt5396ch_5502a_v2_cn_secure_nandboot 系统引导文件（简称boot 软件）和整机系统程序软件upgrade_PDP_M8.pkg。文件T8 也有这两软件，其中boot 文件名相同，不同的是系统软件，原因是Flash模块型号有些差异。boot 软件只用工装升级，升级完成整机可开机了，此时再用USB 升级，将upgrade_PDP_M8.pk 或pgrade_PDP_T8.pkg，同时放入USB 中，由系统自动识别，按USB 升级方法完成升级。

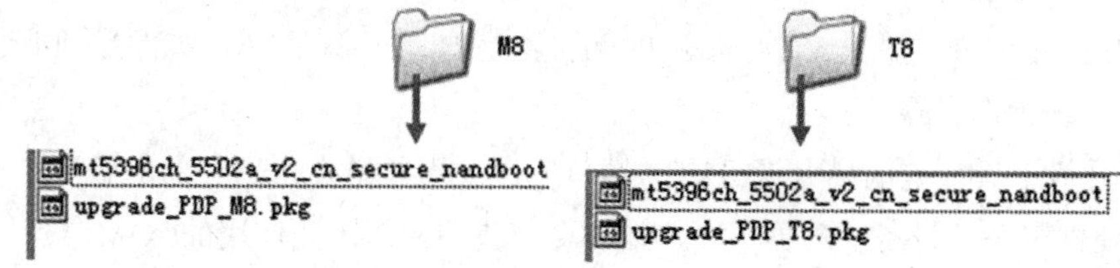

图2.105 PM38两套机芯软件

注：不同种类的PM38 机芯PDP 产品软件升级后，如果出现图像不正常，此时只需进入总线调整状态选择相应的屏参，即可满足整机功能与图像显示。

2. PM38i/iD/iA 机芯软件升级方法

（1）USB（用户）升级。

只要电视机能正常开机，能显示识别U盘和软件升级选项，此时便能进行USB软件升级，其方法如下：

① 将升级文件存放于U盘根目录下，升级文件名为“….pkg”，如“upgrade_PDP_T8.pkg、upgrade_PDP_M8.pkg”。

② 在待机或断电状态下，将存有升级文件的U盘插入USB 插口（任意一个都可以）；二次开机后电视将自动检测软件，若正常，电视屏幕上会出现“系统正在升级中，请勿断电！！”

③ 升级开始后，剩余工作由电视机自动完成。

④ 升级完成后，电视机会自动重新开机。

⑤ 确认升级成功。按“菜单”键，再输入“0”、“8”、“1”、“6”，屏幕左上角显示电视机当前版本号，查看版本号，确认升级是否成功；或按“菜单”键—整机设置—系统设置—软件版本和升级中查看“固件版本”，确认升级是否成功。

注意：升级过程中请勿断电或拔掉U盘；该机芯目前使用了两种Flash存储器，对应软件也不相同，电视机只能识别对应软件，升级时需将两种软件同时拷入U盘，由电视机自动选择。

（2）在线升级。

当网络连接正常时，系统软件升级功能将自动开启，电视机检测到新版软件后，将自动下载到U盘（电视机需插入U盘），下载完毕自动升级。按“菜单”键—整机设置—系统设置—软件版本和升级—中查看“固件版本”，确认升级是否成功。

3. 工装升级

当电视机更换空白Flash存储器或使用U 盘无法进行升级时，需先用升级MST芯片的工装写入“mt5396ch_5502a_v2_cn_secure_nandboot”软件，再用U 盘升级“upgrade_PDP_M8.pkg”和“upgrade_PDP_T8.pkg”软件（MST升级工装见第5章中关于软件升级介绍的内容）。

（1）需要准备USB 工装。

（2）工装RX、TX 设置方法。

PM38机芯使用的电视机VGA 插座JP06的4脚是RX、11脚是TX，如图2.106所示。

（3）升级操作步骤。

① 将升级工具与电脑和电视机VGA端口连接，再右键点击“我的电脑”，选择“属性”—“硬件”—“设备管理器”—“端口”，查看MTKtool使用的COM口，如图2.107所示。

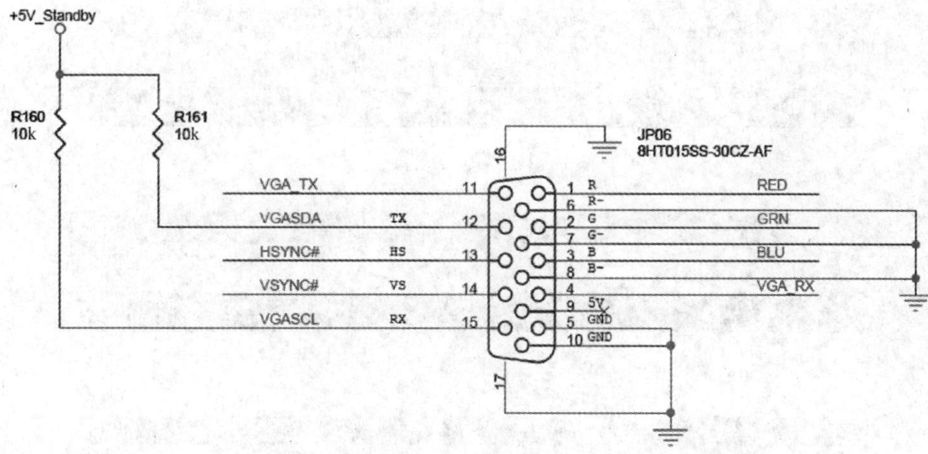

图2.106　VGA插座

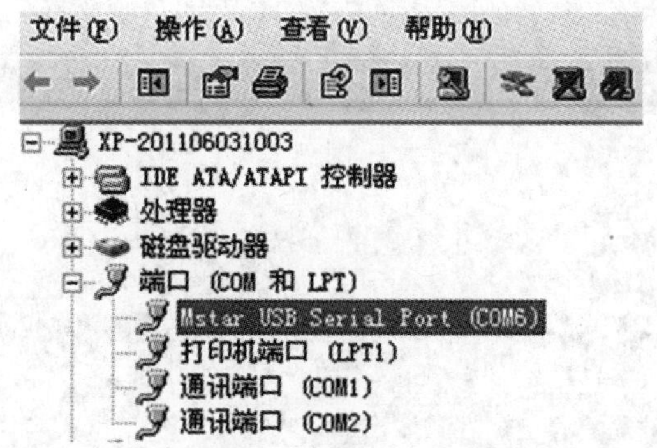

注：因使用不同工装，有些工装可能需要多连接几次才能连接成功

图2.107　COM口查看示意图

② 打开PM38i/iD机芯工装升级平台软件文件，双击“FlashTool_Changhong”图标，如图2.108所示，相关参数按图2.109对应项目进行选择。

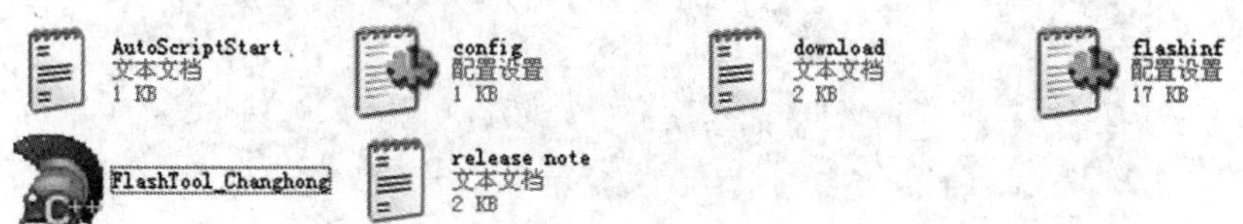

图2.108　升级平台软件

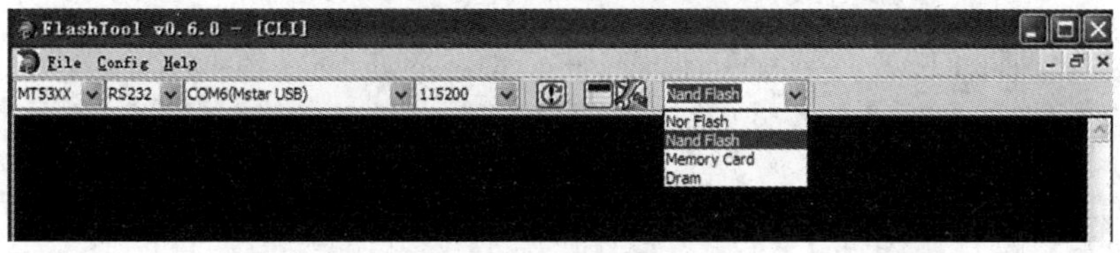

图2.109　选项参数设置

③ 选择COM口，点击“ ”连接，若连接成功，将出现绿色 ，如图2.110所示。

④ 点击“ ”，出现图2.111所示对话框，点击“LOAD BIN FILE”项的“ ”，选择要升级文件，如图2.112所示。

图2.110　升级软件设置

图2.111　对话框

图2.112　升级软件设置

⑤ 点击升级"Upgrade"项，升级过程如图2.113所示。

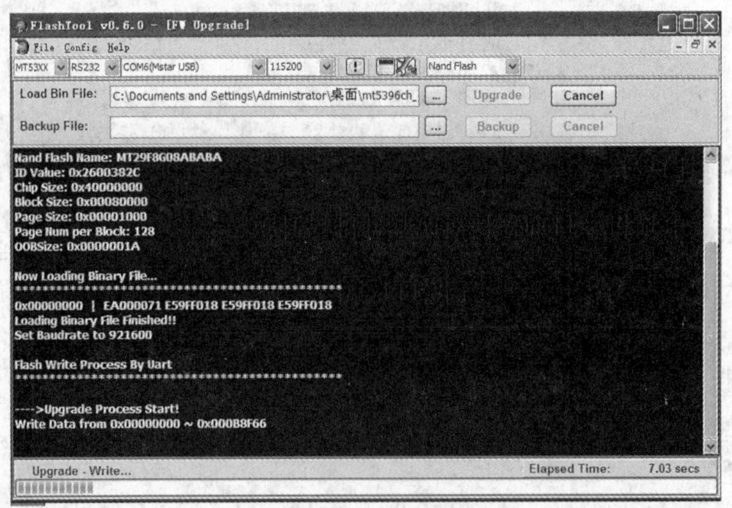

图2.113　升级过程

注：因使用不同工装，若点击"Upgrade"而不能进入升级界面，请多点击几次"①"和"Upgrade"，直到升级开始为止。

⑥ 升级完成，将显示"Upgrade Process Finished"和时间"Elapsed Time:　　37.97 secs"，如图2.114所示。

⑦ boot升级完成后，将USB升级的主程序（"upgrade_PDP_M8.pkg"和"upgrade_PDP_T8.pkg"）放在U盘内，将U盘接到电视机USB接口上，断电后重新交流开机，电视机会自动检测软件（若电视未自动检测，则采取强制升级方法）进行升级。

注：该机芯使用两种Flash，对应软件也不一样，在用U盘升级时需将两个软件同时放

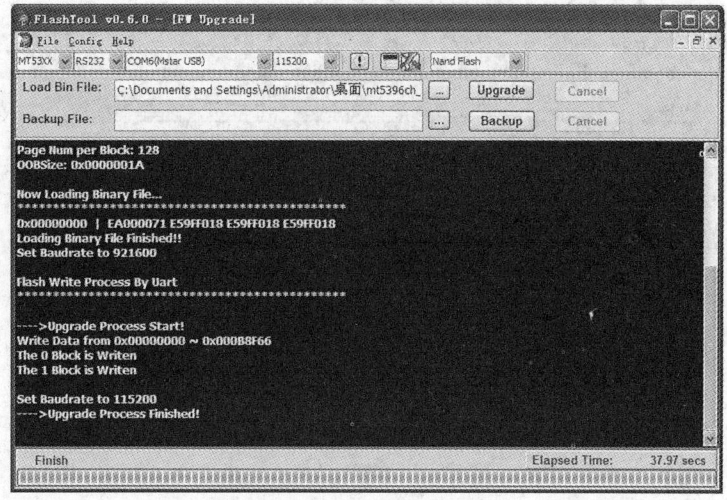

图2.114　升级完成

入U盘根目录下，电视机会自动选择对应软件进行升级。

4. 终端运用方法

运用终端可对CPU、DDR、Flash存储器运行状态进行检测，便于故障分析判断。也可用于PM38机芯屏参调整错误出现黑屏故障时，通过工装强制改屏参，解决屏参调整错误出现的黑屏故障。

（1）操作步骤。

① 用USB工装，连接好电视机和电脑后，打开电脑上的SecureCRT图标，显示图2.115所示页面，选择“COM”口后点击连接。

② 按图2.115所示工具提示配置通信端口属性，如图2.116所示。注意，串口号请根据实际连接端口号进行选择。

图2.115　SecureCRT图标

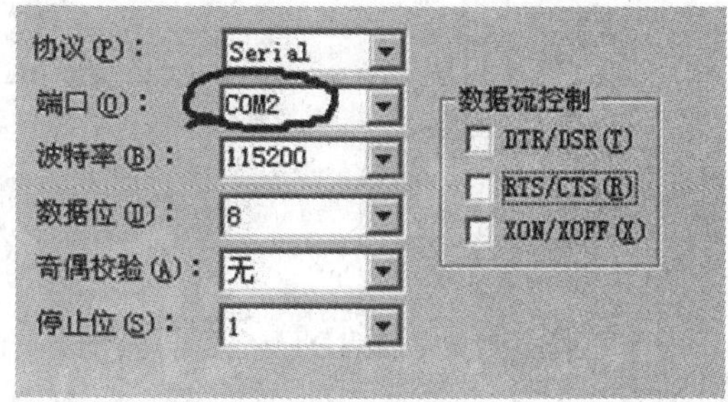

图2.116　配置通信端口属性

③ 电视机上电，连接正确应该能够看到下面的打印信息，如不能看到打印信息，请检查工装连接和端口配置。在最下边的光标处输入“cli”并回车，如图2.117所示。

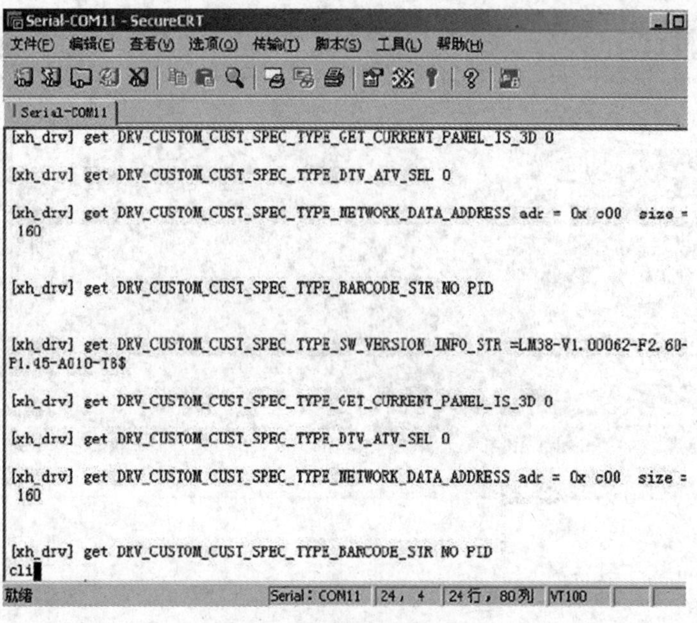

图2.117　打印信息

④ 在“cli”光标处输入“cd pmx”并回车，注意字母d 与p 之间有一个空格键，如图2.118所示。

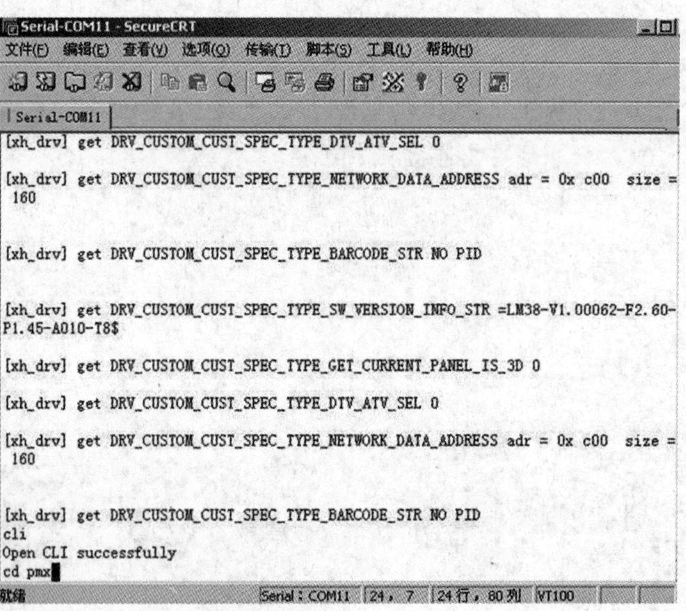

图2.118　cd pmx

⑤ 在图2.119所示的DTV. pmx>后输入list，查看软件所支持的屏和当前预置屏参。

⑥ 图2.119回车后，图2.120中Current panel setting is后面所跟信息就是实际预置的屏型号，Pixel Shift=0后边的括号内表明了屏的物理分辨率。如果当前预置屏参和实际安装屏型号不一致，可以在图2.120所示的表中查出当前型号的屏所对应的索引号，在DTV.Pmx>后边输入s.p***，比如使用M320F12-D7-A 屏就在DTV.pmx>后边输入s.p 100并回车，如果

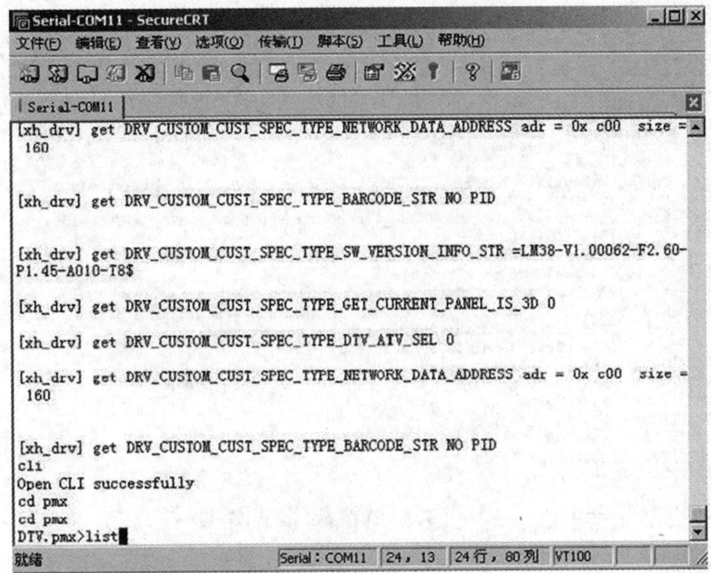

图2.119　list

```
Serial-COM11 - SecureCRT
文件(F) 编辑(E) 查看(V) 选项(O) 传输(T) 脚本(S) 工具(L) 帮助(H
Serial-COM11
---------- Panel[ 91] CHM_M420F11_D2_AS 1920x1080 ------
---------- Panel[ 92] CHM_M420F11_D1_CS 1920x1080 ------
---------- Panel[ 93] CHM_M460F11_D1_CS 1920x1080 ------
---------- Panel[ 94] CMI_V390HK1_LS5_CD 1920x1080 -----
---------- Panel[ 95] LGD_LC470EUN_SFF1 1920x1080 ------
---------- Panel[ 96] LGD_LC550EUN_SFF1 1920x1080 ------
---------- Panel[ 97] CHM_M320X12_D5_A 1366x768 --------
---------- Panel[ 98] CHM_M320X12_E2_A 1366x768 --------
---------- Panel[ 99] CHM_M320X12_E3_A 1366x768 --------
---------- Panel[100] CHM_M390F12_D7_A 1920x1080 -------
---------- Panel[101] CHM_M390F12_E4_A 1920x1080 -------
---------- Panel[102] CHM_M390F12_E5_A 1920x1080 -------
---------- Panel[103] CHM_M420F12_E2_A 1920x1080 -------
---------- Panel[104] CHM_M320X12_E1_L 1366x768 --------
---------- Panel[105] CHM_M320X12_D1_L 1366x768 --------
---------- Panel[106] CHM_M420F12_D1_L 1920x1080 -------
---------- Panel[107] CHM_M320X12_E1_B 1366x768 --------
---------- Panel[108] CHM_M460F11_D2_A1 1920x1080 ------
---------- Panel[109] CHM_M420F12_D2_L 1920x1080 -------

Current panel setting is CHM_M315X11_E7_A
Backlight gpio=204, turn on value=0, LVDS gpio=209, tur
Pixel Shift=0 (1366 x 768)
DTV.pmx>
就绪    Serial：COM11    24，9    24行
```

图2.120　预置的屏型号

使用M315X11-E7-A 屏就在DTV.pmx>后边输入s.p 63并回车，然后电视重新启动并使用新屏参，如图2.121所示。

⑦ 此时屏幕上有光栅出现，再次开机后进入工厂菜单，调整正确的产品系列和屏参，清空一次存储器，对整机功能进行检查。

5. 用打印软件进行故障判断

若用工装能正常烧写boot 软件，可由此判断Flash存储器、主芯片（CPU）之间的通信电路正常。

若用终端检测，开机后出现图2.122所示画面（图中显示是用终端在PM36机芯上所测），可判断DDR 存储器、主芯片及之间的通信电路正常，否则判定电路有故障，根据

```
Current panel setting is CHM_M315X11_E7_A
Backlight gpio=204, turn on value=0, LVDS gpio=209, turn on value=1
Pixel Shift=0 (1366 x 768)
[LVDS] vDrvLVDS7To4FifoEnable !
---------- [SA7] vErrorHandleInit ----------
[SA7] Error handling init
[SA7] PANEL_GetPanelWidth=0x556, PANEL_GetPanelHeight=0x300 , wDrvGetOutputHTota
l=0x670 , wDrvGetOutputVTotal=0x32a
[SA7] PANEL_GetHTotalMax=0x7d0, PANEL_GetHTotalMin=0x5b4, PANEL_GetVTotalMax=0x3
f7, PANEL_GetVTotalMin=0x310
[SA7] PANEL_GetPixelClkMax=86000000, PANEL_GetPixelClkMin=50000000
[SA7] PANEL_GetPixelClk60Hz = 0x4c61e80
---------- [SA7] vErrorHandleSetByTiming ----------
[SA7] u2HSyncWidth=30, u2HSyncStart=1382, u2VSyncVidth=3, u2VSyncStart=804
---------- [SA7] vErrorHandleSetByTiming end----------
---------- [SA7] vErrorHandleSetByPanel end----------
[NPTV]OD use internal frame protect
[NPTV]OD Index Error 0 >= 0 !
[NPTV][OD] : FlashPQ OD Fail
[NPTV][OD] : FBM is  ready for OD
[NPTV]NOT Support OD
[NPTV]NOT Support PCID Table
[NPTV]OD ISR registered!
DTV.pmx>
就绪    Serial：COM11    24，9    24行，80列    VT100
```

图2.121 新屏参

```
Boot-Preloader T8032 NO ack!

DRAM Channel A Calibration.
HW Byte 0 : DQS(-2 ~ 27), Size 30, Set 12.
HW Byte 1 : DQS(0 ~ 27), Size 28, Set 13.
HW Byte 2 : DQS(-2 ~ 25), Size 28, Set 11.
HW Byte 3 : DQS(-1 ~ 23), Size 25, Set 11.
DRAM A Size = 512 Mbytes.
```

图2.122 终端检测显示画面

在终端上显示内容进行判断。

判定主芯片、DDR3（UD1、UD2）是否虚焊或失效用此终端软件来判定方便直观。按前述连接好USB升级工具与电脑和主板，电视系统上电后，电脑上会显示前5行的打印信息，如果正常的话，会显示下面所示信息，显示BIST 都是OK，则可初步认为BGA焊接正常，否则BGA焊接异常；其中每个[]中的数字不能低于5个，否则就是系统出现自动重启、播放时重启等故障。其中，BIST0、BIST1分别对应PCB板上的元器件UD1、UD2。

```
BIST OK
BIST OK
ALL BIST OK
[3456789A][3456789A][3456789A][3456789A]     6777
[123456789ABCDEF][123456789ABCDEF][456789A][3456789AB]     7777
```

屏幕上打印信息的含义如下：

① BIST（Build In Self Test）。芯片上电，对DDR模块进行自动检测。BIST完成，会自动寻找最佳phase值（Auto Phase）。

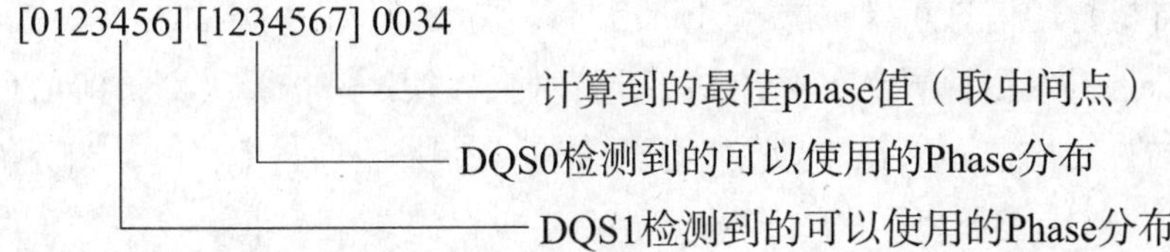

② BIST。OK表示初级检测通过。

③ BIST。NG表示初级检测失败。这个失败代表DDR2/DDR3焊接或连接的走线，排阻存在短路、断路，或是VCC供电异常的硬件问题。

2.2.10 PM38机芯典型故障

1. 3D51A5000I黑屏无图

开机声音正常，屏幕闪一下光即黑屏，遥控开关机控制正常，测量电源板输出VS/VA等电压正常。首先对屏进行自检，将主板与逻辑板信号排线断开，将逻辑板上CN2007的3、4小孔用镊子短接，通电开机出现测试卡白场、红场等画面，说明屏组件基本正常，更换主板故障排除。

2. 3D50A3000IV不开机

通电后指示灯亮，二次不开机，继电器吸合后不再断开，表明该主板CPU 工作不正常，没有复位成功。机器处于开机状态，但主板没有工作，检测主板CPU 的工作条件发现U05 输入5V 正常，但输出只有0.6V，正常应输出3.3V，该电压在通电瞬间输出给DDR3等，检测U05 输出对地阻值正常，判定该IC 性能不良，更换后排除故障。

3. 3D43A5000iV（PM38iD机芯使用三星S43AX-YD01屏）黑屏有伴音

测电源输出VS 209V、VSC 185V、VE 65V等电压在刚开机的时候都正常，但接下来下降。再测量X板（LJ92-01852）上屏插座在刚开机时没有60V，拆下此板发现Q4002、4003（RJP30H1）R4021、4022（33Ω）等场效应管已损坏。在其他机上找到上述元件，装上试机，光栅出现，接上信号一切正常，故障排除。

4. 3D42A3000i开机显示长虹标志后就一直黑屏，之后显示进程意外停止

该机是服务商申领的新主板装上后开机无显示，发回中心维修用LVDS-VGA工装试机，开机后显示长虹LOGO后就黑屏。怀疑是程序有问题，先用MTK 工装升级后再用U盘升级还是出现同样的问题。用抓包工具显示加载程序时就一直不动，过一段时间屏幕显示应用程序意外停止强行关闭。初步怀疑可能是存储器U12（FM24C32A）存储器有问题，更换了一块新的存储器故障还是一样。又更换了U11（Flash）存储器后重新升级故障还是一样。这时维修陷入困境，因为存储器都已经更换了，开机又有显示，证明主芯片应该是好的。当检测U12供电时发现只有1点几伏（特），电压明显不足，检查电路发现U12供电时5V经过D14和D15串联过来的。测D14负极有5V输入，正极输出电压只有1点几伏（特），更换D14后故障排除。

5. 3D51A5000IV开机有LOGO声音，屏幕无图，黑屏

首先对屏进行自检，滚动的测试卡信号正常，由此判定故障在主板。用串口工具查

看打印信息，发现待机打印信息正常，二次开机后打印信息就停在：Disable IRO loops forever。怀疑整机软件升级错误导致，采用U盘重新对主板软件进行升级，打印信息还是停留在：Disable IRO loops forever。此处，维修已经陷入困境，通过本机电路图分析，由于整机软件放在NAND Flash里，屏参等数据放入用户存储器中，重新找一只空白的FM24C32A用户存储器更换，开机故障排除。

2.3 长虹液晶智能LM38机芯产品电路特点与典型电路分析

2.3.1 长虹液晶智能LM38机芯概述

LM38机芯仍用MTK公司研发的MT5502A芯片，作为整机控制系统和音视频处理电路。该机芯是一款全新的中高端智能机芯，公司研发的等离子PM38机芯也应用此芯片。该机芯最新推向市场的是LM38iSD，它是一块功能全面的智能机芯，能接收DTV信号，电路板上设计有CI/CA卡、SD卡摄像头等普通平板电视没有的功能电路。随后相继开发了LM38i、LM38iS、LM38iSD-A等机芯。LM38i或LM38iS等机芯与LM38iSD的最大区别在于电路上少了SD卡和CI/CA卡电路，调谐器属于不能接收DVB-C的数字式调谐器。这几款机芯最大的区别体现在电路板上有无CI/CA卡功能。有此功能时机芯编号中带有D，如LM38iSD、LM38iSD-A。机芯中不带D的表明电视没有DTV功能。除此之外，为优化电路和实现整机更薄，机芯的演变过程中，也使用4层板或6层电路板，电路上信号使用的插座结构也不同。LM38机芯的派生机芯及其生产的产品、所配的主板对照见表2.37。

表2.37 LM38机芯的派生机芯及其生产的产品、所配的主板

机芯方案	主芯片MT5502ASNJ +功能TAS5711+Flash：K4B2G1646C-HCK0[MT29F8G08ABABAWP（美光）、TC58DVG3S0ETA00（东芝）]+DDR3：K4B2G1646C-HCK0（NT5CB128M16BP-DI）		
派生机芯	代表机型	主　板	调谐器
LM38i	3D32A2000iV、3D42A2000iV、3D42A2000i、3D32A2000i	JUC7.820.00055774 V4	TAF7-C4I23VH
LM38iS	3D32A4000i、3D32A4000iC、3D32A4000iV、3D32A4048、3D32A4049、3D37A4000i、3D37A4000iV、3D42A4000i、3D42A4000iC、3D42A4000iV、3D42A4048、3D42A4049、3D46A4000iV、3D47A4000i、3D47A4000iC、3D47A4048、3D47A4049、3D55A4000i、3D55A4000iC、3D55A4000iV、3D55A4049、LED24A4000iV、LED26A4000i、LED26A4000iV、LED32A4000iC、LED32A4000iV、LED32A4048、LED32A4049、LED37A4000i、LED37A4000iV、LED39A4000i、LED39A4000iC、LED39A4000iV、LED39A4048、LED39A4049、LED42A4000i、LED42A4000i、LED42A4000iV、LED42A4048、LED42A4049、LED46A4000iV	JUC7.820.00055850 V2	TAF8-C4I14LH
LM38iS-A	LED29A4000i、LED32A4000i、LED32A4000iV、LED39A4000i、3D46A4000iC、LED39A4000iC、3D46A4000iC、LED39A4000iC、LED32A4000iC、LED29A4000iA、3D47A4000iC、LED46A4000iC、LED39A4000iV、LED32A4000iC、LED29A4000iA、3D47A4000iC、LED46A4000iC、LED39A4000iV、3D32A4000iC、3D55A4000IC、LED47A4000iC、3D42A4000iC、3D47A4000iC、3D55A4000IC	JUC7.820.00062567 V4	TAF8-C4I14LH

续表2.37

机芯方案	主芯片MT5502ASNJ +功能TAS5711+Flash：K4B2G1646C-HCK0[MT29F8G08ABABAWP（美光）、TC58DVG3S0ETA00（东芝）]+DDR3：K4B2G1646C-HCK0（NT5CB128M16BP-DI）		
派生机芯	代表机型	主 板	调谐器
LM38iS-B	3D32B3000i、LED32B3000i、LED39B3000i、3D42B3000i、LED42B3000i、3D39B3000i、3D32B3100iC、LED32B3100iC、3D39B3100iC、LED39B3100iC、3D32B3100iC、3D32B2000iC、3D39B2000iC、LED39B2300i、3D39B2000Ic(L52)、3D32B2000iC(L52)、LED32B3100iC(L54)、3D32B3100iC(L54)、3D42B2000iC、3D50B3100iC、LED50B3100iC、LED32B2300i(L52)、LED39B2300i(L52)、LED42B3100IC、3D50B2000iC、LED32B3100iC(L56)、3D42B2000iC(L55)、3D42B3100iC(L55)、3D50B2000iC、3D50B3100iC	JUC7.820.00064487 V3	TAF19-C4I22RH
LM38iSD	3D42A5000iV、3D32A5000iV、3D46A5000iV、3D55A5000iV、3D39A6000iV、3D42A6000iV、3D46A6000iV、3D55A6000i、3D46A5000i、3D46A6000i、3D42A7000i、3D47A7000i、3D48A9000I(L42)、LED48A9000I(L42)、3D55A7000i、3D50A6000I、3D46A5000i、3D37A7000i、3D42A5000iV、3D42A5000i、3D39A6000I、3D39A6000IV、3D55A5000i、3D42A7000iC、3D37A7000iC、3D32A7000iC、3D47A7000iC、3D55A7000iC、3D55A5000i	JUC7.820.00055577 V3	TDTK-C942D
LM38iSD-A	3D55A6000i、3D50A6000i、3D39A6000i、3D46A6000i、3D42A6000I、3D39A6000i	JUC7.820.00062824 V3	TDTK-C942D
LM38iSD-ICS	3D32A7000iC(L47)、3D37A7000iC(L47)、3D42A7000iC(L47)、3D47A7000iC(L47)、3D55A7000iC(L47)	JUC7.820.00062824 V3	TDTK-C942D
LM38iSD-ICS-B	3D32B5000i、3D42B5000i、3D47B5000i、3D55B5000i	JUC7.820.00068164 V2	DMC1-C40I2RH

对照表2.37内容，我们可以知道LM38机芯的区别如下：

① LM38机芯中，LM38iSD、LM38iSD-A、LM38iSD-ICS、LM38iSD-ICS-B等机芯中带有D，表示这些机芯生产的产品均具有接收DVB-C数字电视信号的功能，且主板使用的主芯片型号为MT5502AADJ/B，调谐器使用TDTK-C942D或DMC1-C40I2RH，电路板还有CI/CA卡座及相关电路。LM38i等机芯生产的产品由于无接收DVB-C的功能，故调谐器使用的是DMC1-C40I2RH，且主板少了CI/CA卡座及相关电路，同时主芯片的型号为MT5502ASNJ。

② LM38iSD-ICS-B操作界面及应用更加丰富，整机运行更流畅，故主板使用的DDR3型号为NT5CB256M16BP-DI（DDR3）。

③ 各产品使用的调谐器分为能接收DTV、ATV和仅能接收ATV功能两类，见表2.37中罗列的部分产品使用调谐器的型号种类。

④ LM38机芯使用的遥控器型号为RL78A，液晶LM38机芯与等离子PM38机芯使用的遥控器型号相同，遥控器操作方法相同，见前述2.1节遥控器介绍。

⑤ 整机芯具有3D功能的产品，使用的3D眼镜为3D偏光式眼镜EPR100。

⑥ LM38机芯与等离子PM38机芯控制界面基本相同。

2.3.2 LM38机芯及派生机芯主板实物图解

1. LM38iS机芯主板JUC7.820.00055850 V3实物图解（见图2.123）

LM38iS机芯板设计偏重机身较薄，故整个主板上的信号输入插座和调谐器均使用扁平状的。此机芯使用的屏有高清屏与普通屏，替换主板时需注意插座配置。区分高清屏与普通屏除了上屏插座不同外，还与RW18和RW17两元件在电路中的状态有关。高清屏1920×1080

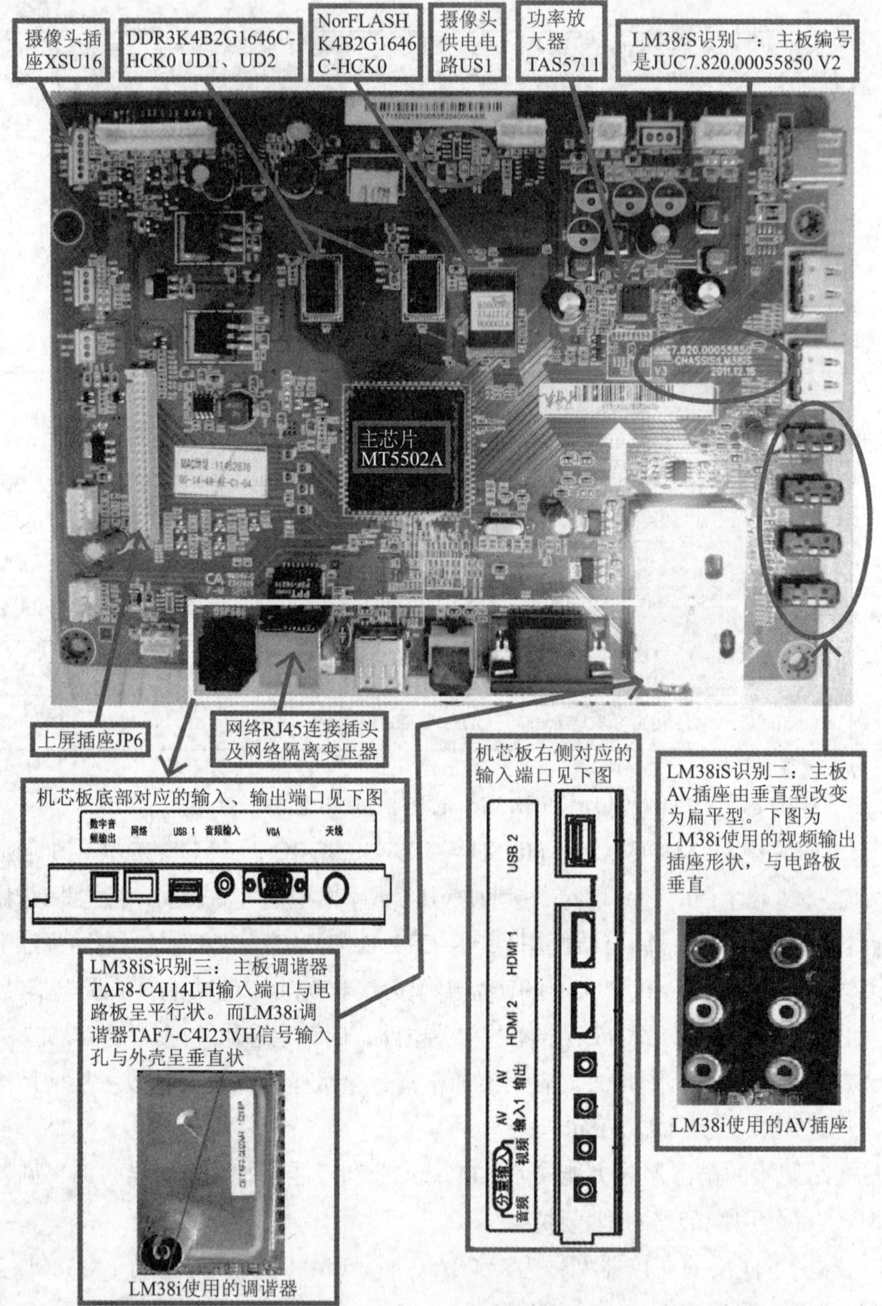

图2.123　LM38iS机芯主板（JUC7.820.00055850 V3）实物图解

时，RW18接入电路，而RW17不接入电路，且上屏插座使用JP6。使用普通屏组件时，RW18不用，而RW17接入电路。RW17、RW18接主芯片UM1（AN23）脚，如图2.124所示。

① LM38iS机芯主板肯定不能与LM38iSD机芯互换。因为电路板上没有CI/CA卡这部分相关的电路，且电路板排版完全不同，接口开关与位置也不同。即使是同为LM38iS机芯，主板是32英寸以下产品和32英寸以上产品也有区别，如LED24A4000iV主板上少了一路USB 接口，所以不能替代LM38iS其他产品使用的主板。32、26英寸机芯产品主板没有外接摄像头部分的供电电路、信号传输元件及接插件XSU16等，如图2.125所示。

标清屏（1366×768）状态，RW17装入
主芯片MT5502A屏状态设置电阻
RW18、RW17
AVDD1V2
RW18 4.7K
R1005
RW17 NS/0 R1005
RW21 10K
R1005
3D L/R SYNC
2D SCAN EN
3D SYNC GLASS
USB OC P0/P1
USB OC P2/P3
AP9
AT9
AR9
AU9
AN23
AN24
AP23
AR23
GPIO52
GPIO53
GPIO54
GPIO55
ADIN0_SRV
ADIN1_SRV
ADIN2_SRV
ADIN3_SRV
RW16
RW17
RW20
RW23
RW19
RW4
RW21
RW22

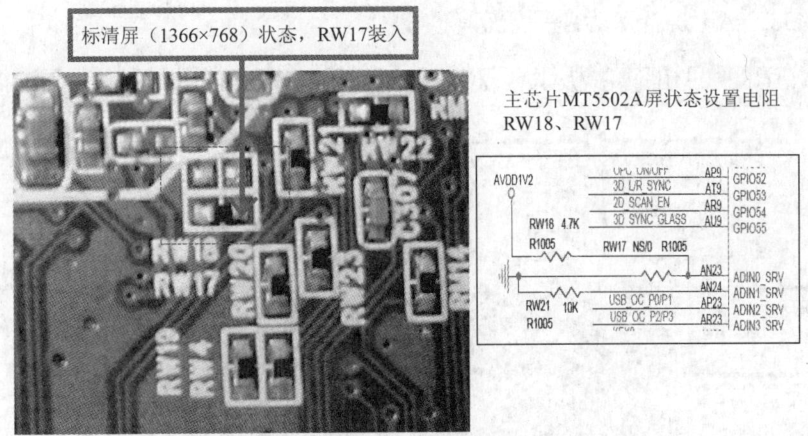

图2.124 RW17、RW18在电路中的状态

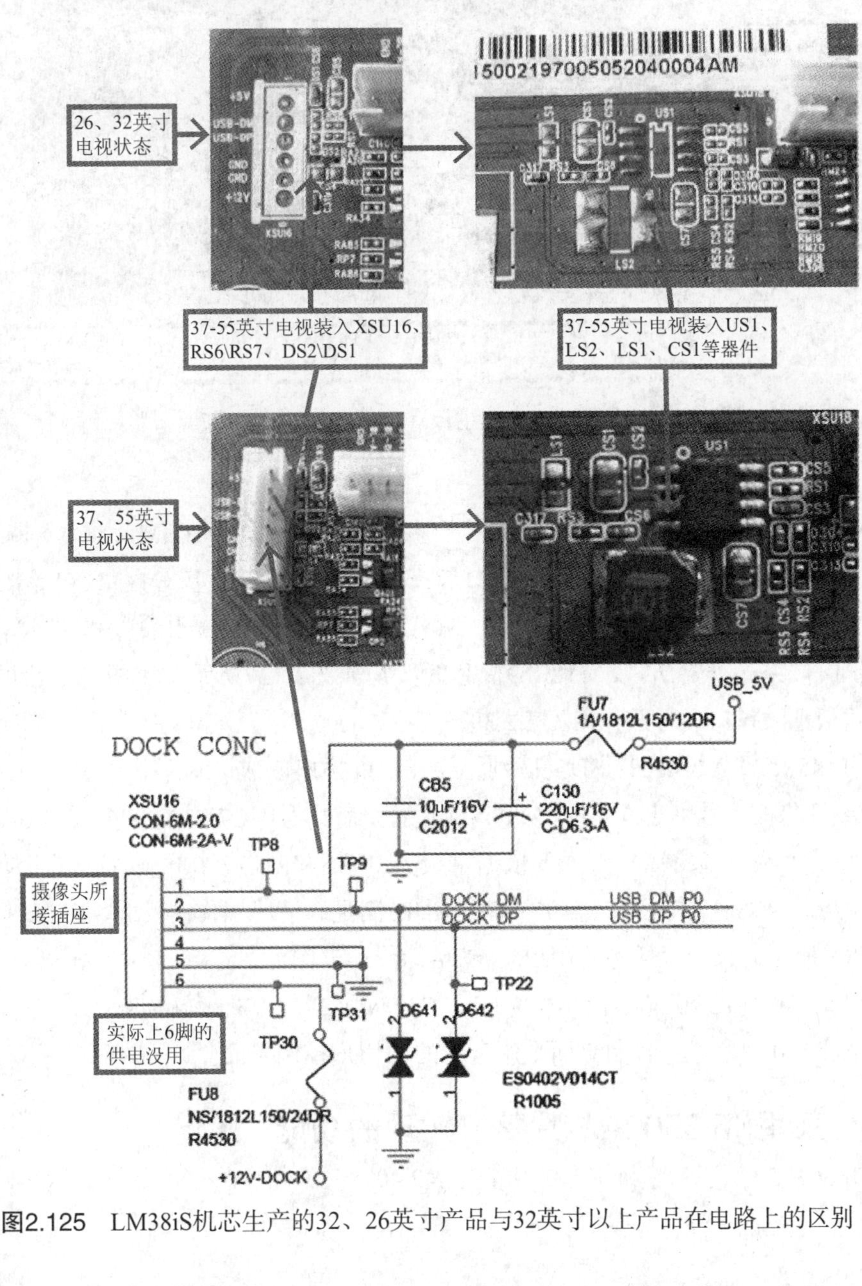

26、32英寸
电视状态
150021970050520400004AM
37-55英寸电视装入XSU16、
RS6\RS7、DS2\DS1
37-55英寸电视装入US1、
LS2、LS1、CS1等器件
37、55英寸
电视状态
XSU18
DOCK CONC
USB_5V
FU7
1A/1812L150/12DR
R4530
CB5
10μF/16V
C2012
C130
220μF/16V
C-D6.3-A
XSU16
CON-6M-2.0
CON-6M-2A-V
TP8
TP9
摄像头所
接插座
DOCK DM
DOCK DP
USB DM P0
USB DP P0
TP22
TP31
D641
D642
TP30
实际上6脚的
供电没用
ES0402V014CT
R1005
FU8
NS/1812L150/24DR
R4530
+12V-DOCK

图2.125 LM38iS机芯生产的32、26英寸产品与32英寸以上产品在电路上的区别

② LM38iS-A上屏插座为扁平插座等。

2. LM38iS-B机芯主板JUC7.820.00064487实物图解（见图2.126）

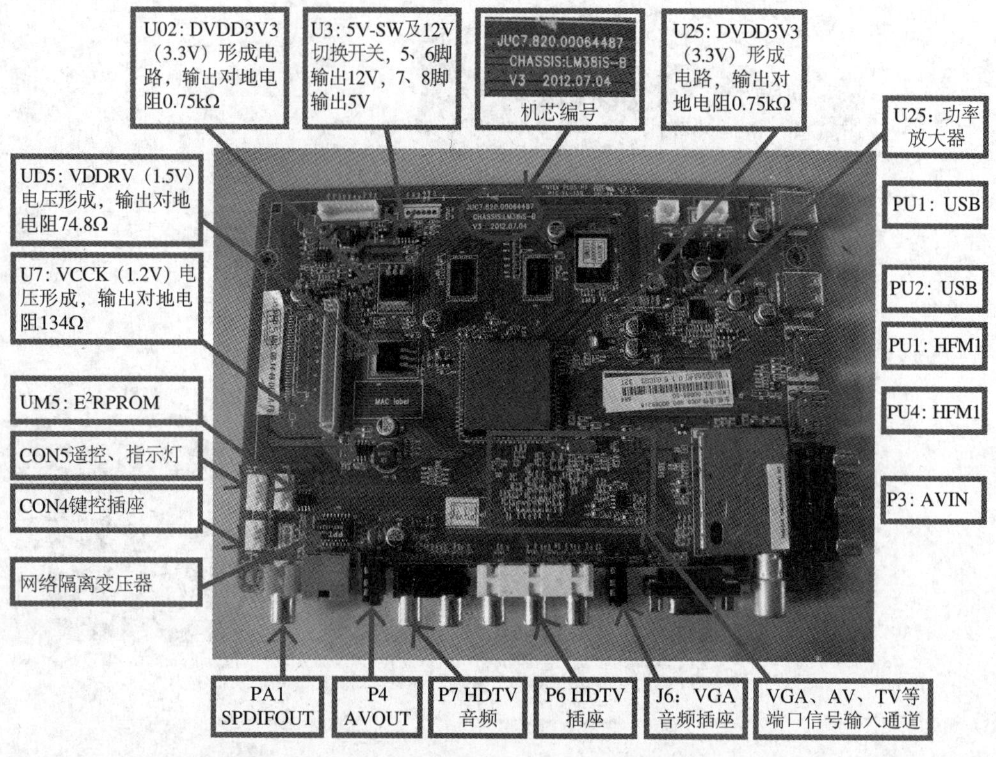

图2.126 LM38iS-B机芯主板（JUC7.820.00064487）实验图解

3. LM38iSD机芯主板识别

LM38iSD机芯生产的产品支持丰富的多媒体功能，支持HDMI1.4，支持Android系统，支持DVB-C（CA卡和CI卡）及SD卡，数字光纤输出。基本接口有1路RF、1路AV输入、1路YPBPR输入、1路VGA输入、3路USB输入、3路HDMI输入和1路AV输出、1路网络接口、1路光纤输出。LM38iSD机芯的实物如图2.127所示。主板各插座的功能见表2.38，主板上关键IC型号及作用见表2.39。

① LM38iSD-A与LM38iSD的区别主要在上屏插座改成了扁平状，位号为JP7或JP8，从而导致机芯板编号发生变化。LM38iSD-A主板编号为JUC7.820.00062824V3。此电路板可满足高清屏或标清屏工作，主要依据主板上RW18和RW17 在电路板上的状态来判定。RW18在路，而RW17未用时，上屏插座使用JP7满足高清屏工作。反之，RW17接入电路，而RW18不使用时，上屏插座使用JP8，满足标清屏工作。

② LM38iSD-ICS机芯主板编号为JUC7.820.00062824 V3，与LM38iSD的区别在于软件采用了Android4.1版本；控制界面采用全新的UI用户控制界面。

2.3.3 采用MT5502A芯片整机实现的功能

采用MT5502A芯片整机实现的功能见表2.40。

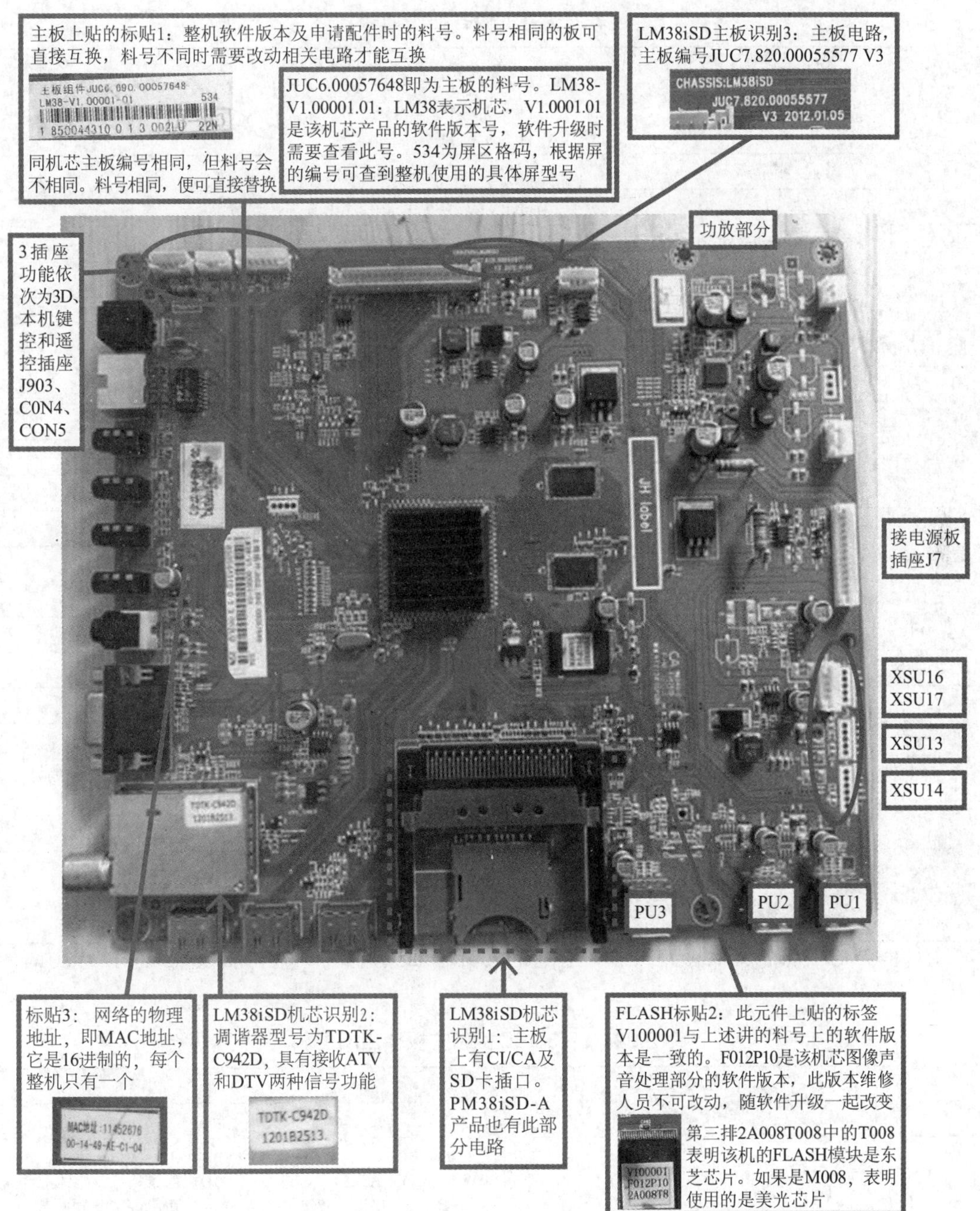

图2.127 LM38iSD机芯实物图解

2.3.4 LM38机芯主板供电网络

智能机芯电路集成度高，信号处理种类繁多，加上电路采用多层板，对智能电视主板的了解首先要弄清供电分布网络，才能弄清整机的工作脉络和电路间的相互关系。

1. 主板供电电压分布网络

LM38iSD机芯主板与电源组件发生关联的是插座J7，如图2.128所示。此插座传送的电压有两个5V电压，其中，5Vsb是供控制系统工作的，接通电源开关后，电源便会输

表2.38 主板各插座功能

J7	连接电源与主板插座	将电源电压送入主板。24V（1，2脚）；GND（3，4脚）；5VSTB（5脚）；5V（6，7脚）；GND（8，9脚）；STB（10脚）；SEL（11脚）未用；ON/OFF（12脚）；ADJ（13脚）；GND（14脚）
CON5	连接遥控板	指示灯与遥控接收控制信号IR
CON4	键控板	KEY1、KEY2两路控制信号
XSU18	对E^2PROM进行HDCP写程时的端口	1脚写保护脚，2脚OSDA0，3脚OSCL0，4脚地，5脚5V_HDCP
CON6		U0RX-VGA、U0TX-VGA对主芯片进行写程时使用的端口
RJ45	连接网络转接口	TX+/–、RX+/–两对接、发送数字信号和网络连接状态指示灯
J26、J28	连接喇叭	R、L音频输出
P4	AVOUT	一路视频，R、L音频
P5	AV输入	一路视频，R、L音频去主芯片
P6	高清信号HDTV	Y、PB、PR亮色差分量
P7	高清输入的音频	R、L两路信号
XS17	VGA信号	RGB三基色信号、行场同步信号及一路IIC总线信号去主芯片
PH1、PH2、PH3	HDMI数字音视频压缩信号	以数字差分方式进行传送，去主芯片
PU1、PU2、PU3	USB信号	传送D+、D–两路数字信号去主芯片
XSU16	DOCK互动游戏无线接收设备	玩体感游戏时使用
XSU17	Wi-Fi或红外接收设备	上网或无线鼠标、键盘时使用
XSU14	红外接收设备	无线鼠标、键盘时使用
XSU13	Wi-Fi无线网络	无线上网接收设备
J903	3D发射板连接	主板产生3D控制信号去红外发射板进行功率放大、红外发射。3D发射信号（1脚）；GND（2，5脚）；5V（3脚）；12V（4脚）
JP6	连接屏TCON板的插座	传送LVDS信号和上屏电压
CON18	WXGA屏插座	WXGA屏插座
CON19 CON20	屏插座	FULL HD屏插座

注：电路中XSU17和XSU13根据功能只能同时装其一；XSU17和XSU16根据功能只能同时装其一；XSU17与XSU16并排放置在一起（不重叠）。

表2.39 LM38iSD机芯主板使用IC汇总

主板			
序号	位号	型号	主要功能
1	UM1	MT5502A	主处理芯片，对各接口信号进行如ADC、Video Decoder、Scaler、Audio ADC、Audio DSP、3D梳状滤波、多媒体解码、De-interlace、LVDS TX等处理后送到屏和伴音功率放大器。主芯片也包括了OSD显示、MCU控制功能
2	UD1，UD2	K4B1G0846G-HCH9	DDR3，存储图像处理的中间数据、OSD数据和从Flash中调入的需要运行的程序
3	UM3	TC58NVG2S3ETA00	NAND Flash，存储整机控制程序（boot程序、Android操作系统和运用程序）
4	UM5	AT24C32CN-SH-T	E^2PROM，存储用户操作等数据和HDMI的key和服务平台的ID等数据
5	U19	TAF7-C4I23VH、TDTK-G942D	TUNER，RF接收解调输出模拟音频和视频信号
	U25	AP1117-5.0	+12V转+5V_Tuner，供调谐器工作
6	UA4	TAS5711	数字伴音功率放大器
7	U01	AZ1117H-3.3	+5Vsb转3V3sb，供控制电路工作

续表2.39

主板			
序号	位号	型号	主要功能
8	U6	MP1584	+24V转换为12V，降压稳压调理模块
	U02	AP1084S-3.3	5V_SW转换为AVDD3V3
	U03	AZ1117H-1.2	AVDD3V3转换为AVDD1V2（1.2V）
	U7	AOZ1036PI(5A)&AOZ1034PI(4A) AOZ1051PI(3A)	+5V转换为VCCK（1.2V），给系统内核供电
	U22	AO4803A	+5V开关切换为5V_SW，整个机芯的工作几乎离不开此5V电压
	UD5	AZ1084S-ADJ	DVDD3V3转换为DDRV（1.5V）
	UW1	CH-1601CG	耦合隔离变压器
	U12	NJM4558 OPA	AV音频放大
	U49	SGM9113YC5G/TR	AV视频输出放大
	U11	MP1584	+24V转换为USB_5V
	UU9	USX2064	多路USB切换
	U8	MP1584	24V转换为+12V-DOCK
	UC1	AP2171SG-13	+5V转换为CI_VCC，供CI卡
	U23	SN74CBTLV3245APWR	CI卡双向切换开关
	U21	AO4803A	上屏电压切换开关，输出屏工作电压

表2.40 整机采用MT5502A芯片实现的功能

类别	规格、特色
TV射频信号	频率范围49.75 MHz~863.25MHz
ATV视频信号制式	PAL、SECAM、NTSC，ATV，支持自动搜台的同时自动捕获台标，节目管理（开关、交换、捕获台标）
DTV	DTV支持DVB-C，支持CI/智能卡热插拔，智能卡管理，邮件管理，运营商选择，快速搜台、全频段搜台、手动搜台，7天电子节目指南，节目管理（节目跳过、交换、预约），支持逻辑频道号LCN
输入接口类型	1路RF（ATV、DTV共用）、2路AV、1路YpbPr、3路HDMI、1路VGA、2路USB、1路LAN、1路SD卡
输出接口类型	1路AV输出、1路SPDIF
YpbPr格式	480i、480P、576i、576P、720P（50Hz/60Hz）、1080i（50Hz/60Hz）、1080P（50Hz/60Hz）、1080P/24Hz/30Hz
HDMI格式	800×600、1024×768、1280×768、1360×768、1280×1024@60Hz、1366×768、480i、480P、576i、576P、720P（50Hz/60Hz）、1080i（50Hz/60Hz）、1080P（24Hz/30Hz/50Hz/60Hz）
VGA格式	800×600、1024×768、1280×768、1360×768、1280×1024@60Hz、1366×768@60Hz
USB格式	图片：JPEG、BMP、PNG； 音频：MP3、WMA； 视频：H.264、MPEG1/2/4、RM/RMVB等； 文本：TXT
3D模式	支持左右（Side by Side）、上下（Top Bottom）、行交织（Line by Line）、列交织（Vertical Tripe）、棋盘格（Checker Board）、帧序列（Frame Sequential）、帧封装（frame packing）、2D转3D、3D转2D
屏幕显示语言	中文
缩放模式	4∶3、全屏、动态扩展、电影模式、全景模式
伴音输出功率	最大不失真功率2×6W
输入电源	AC100-240Vac，47Hz~63Hz
生产及软件管理	支持在线升级
网络	支持有线、无线连接，支持网线及USB无线热插拔，支持AR9271，RT3070，RTL8712_8188_8191_8192SU，RTL8192CU系列芯片的无线网卡；允许后期添加更多芯片的支持（ko）

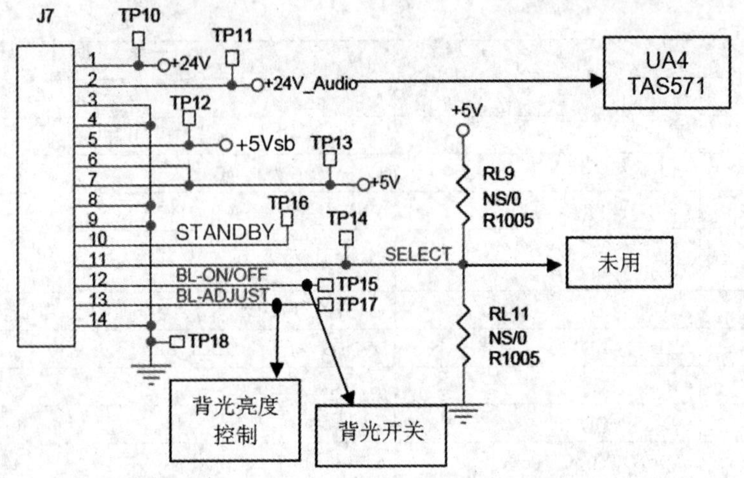

图2.128　主板供电电压分布网络

出。+5V电压是开机后由电源输出，供Flash块、DDR和主芯片及图像声音处理电路工作的电压源。还有两路24V，其中一路24V在主板上经DC-DC转换后给主板上USB，包括无线Wi-Fi等设备工作供电。+24V_AUDIO主要供伴音功率放大器TAS5711。

插座J7传送的控制信号BL-ADJUST为背光亮度控制信号，BL-ON/OFF为背光开关控制信号，STANDBY为主板控制系统送往电源的开机/待机控制信号。插座J7传送的电压在主板上的分布网络图如图2.129、图2.130所示。

2. 主板控制系统供电的特点

从整机电压分布网络可以看出，系统中的Flash块、DDR3、E^2PROM这三块与控制系统有关，电路的工作电压是由开机后+5V提供，而待机时的5VSTB只为时钟与复位电路、开/待机控制电路、遥控电路供电。从这些供电特点看，整机待机状态的进入似乎与以前普通CRT的控制系统一样，仅与时钟、复位电路有关，而与DDR、Flash和E^2PROM无关。但实际情况果真如此吗？我们不是说Flash块是控制系统的一部分吗？为何Flash块的供电是开机后才提供？出现这些问题的原因是我们对智能电视机系统启动过程不了解的结果。

智能电视机控制系统运行离不开Flash、DDR3和E^2PROM，若这些电路有故障，是不会实现开机控制的。原因是，现在的智能电视机控制系统与传统电视机有较大不同。智能电视机与普通电视不同的是有嵌入式开发式操作系统和满足各种应用的应用程序。这三种程序的运行过程介绍如下。

（1）bootloader 是嵌入式系统的引导加载程序。

在系统完成复位后，系统首先执行的一段程序便是bootloader程序。它具有初始化系统作用，与电脑最先运行的bios程序有相似性，完成Flash工作状态及空间大小检测、分区、启动系统输出串口、打印口、设置内核参数，并将内核影像调入Flash中。由于Flash运行速度不如DDR（SDRAM），故开机后一般嵌入式系统都是将 Linux内核拷贝到DDR（动态帧存储器）中去执行。由此可见，bootloader最根本的功能就是启动系统的内核，并引导系统的软硬件到一个合适的状态。为调用操作系统和用户应用程序做好环

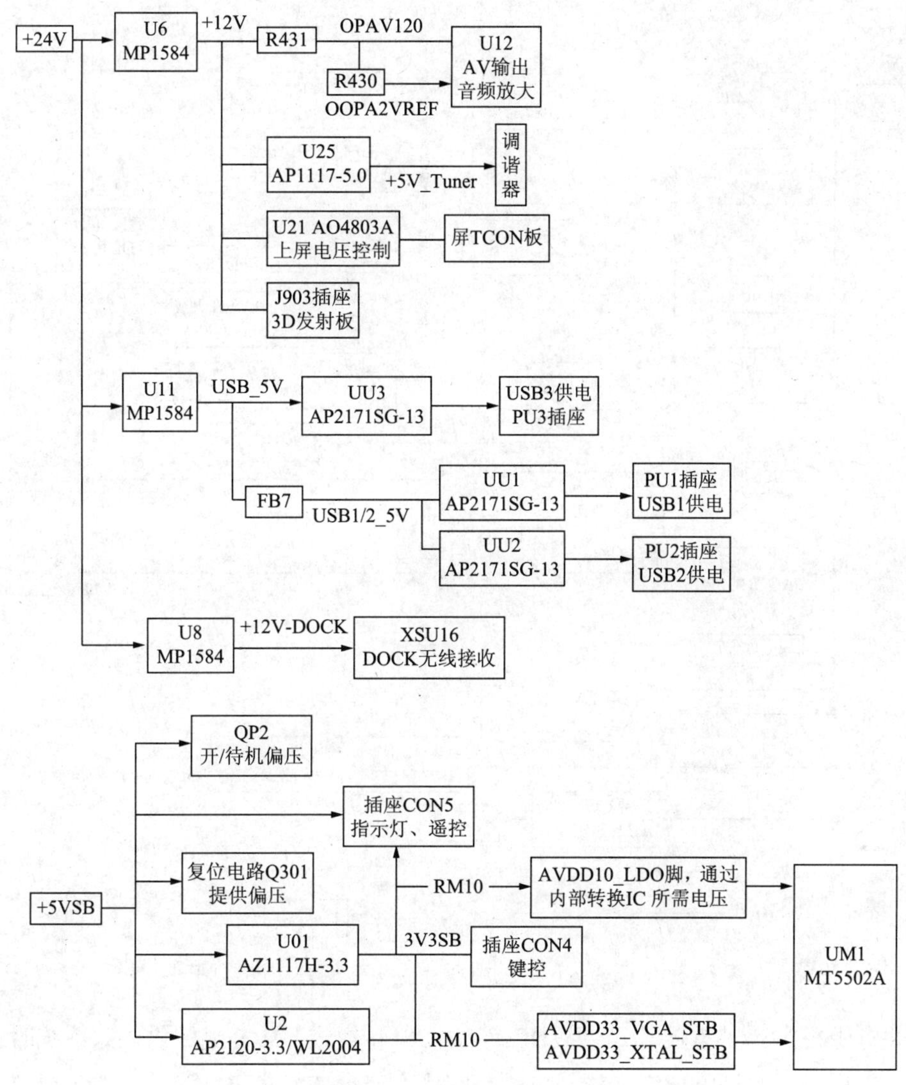

图2.129 插座J7传送的电压在主板上的分布网络图一

境准备。

（2）内核。

内核就是操作系统，负责定时器、进程管理、中断管理、内程管理、网络管理、系统启动、文件系统等部分调用的软件，其中文件系统是负责管理和存储文件信息的软件机构，即负责为用户建立文件存入、读出、修改、转储、控制文件的存取和用户不再使用时撤销文件等。内核是在boot运行后进行工作的，它与硬件打交道，并为用户程序提供一个有限服务集的低级支撑软件。

（3）应用程序。

应用程序是直接为用户完成某项特定功能而设计的系统程序。用户可自行下载安装。如游戏、QQ聊天等。应用程序的运行一定是在开机后进行，是智能电视的主要程序。

上述程序的运行有先后顺序，它们是通过外部电路提供电压的时序来完成相应程序的启动运行。

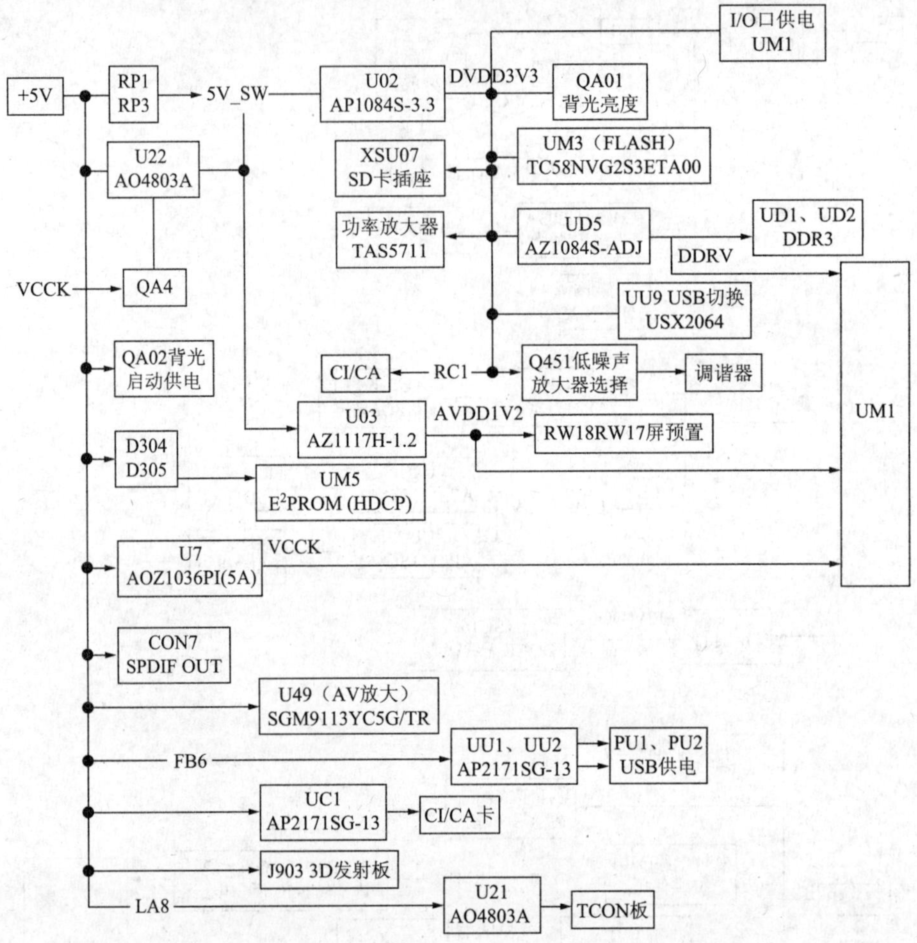

图2.130 插座J7传送的电压在主板上的分布网络图二

开关电源提供5Vsb电压，经主板DC-DC块U01转换成3.3Vsb电压供控制系统时钟、复位等电路工作。电源供电稳定，待复位过程完成，启动CPU各I/O端口，并使CPU的AM20脚OPWRSB快速置低，通过QP2输出高电平到电源组件，此时电源组件输出+5V电压。+5V电压经主板U7输出VCCK（1.2V），芯片引脚标注VCCK的意思是给芯片的CORE即内核供电。U22在VCCK控制下切换输出5V_SW，经U02输出DVDD3V3给Flash块供电，同时UD5输出DDRV电压（1.5V）供主芯片UM1与两块DDR3电路，此时系统将对主芯片与DDR3组成的端口进行检测，并对DDR进行分区。内核与DDR3运行正常，将读取E^2PROM信息，如果系统软件设计有待机功能，整机回到待机状态。如果属一次开机，系统直接开机将Flash块的应用程序调入DDR3中运行。此过程如果异常，OPWRSB脚便回到待机电平状态，整机不开机。如果系统读取E^2PROM的数据为待机功能，系统在检测了DDR3后，将回到待机状态，OPWRSB脚将置高，整机处于待机状态。

由上述过程可以看出，整机具有待机功能时，系统在进入待机前，OPWRSB脚的电平发生了两次变化。此过程非常短暂，接通电源时通过测试也能发现此变化的。

3. 主板上主要供电测试点电压值（见表2.41）

表2.41 主板上主要供电测试点电压值

电压名称	测试位置	测试点	测试值
+24V	CON1的PIN1、2	TP10	+24V ± 1V
5V	CON1的PIN6、7	TP13	+5V ± 0.2V
5Vstb	CON1的PIN5	TP12	+5V ± 0.2V
+12V	C119的正极	TP19	+12V ± 0.5V
VCC_PANEL	CA10上端	TP91	+12V ± 0.5V
VCCK	C146的正端	TP20	+1.20V ± 0.05V
+1.5V_DDR3	C150的正极	TP182	+1.5V ± 0.1V
3.3V	U02输出端	TP08	+3.3V ± 0.2V
3.3VSTB	U2输出端	TP07	+3.3V ± 0.2V
5V-TUNER	C919的上端	TP61（电路背面）	+5V ± 0.2V

4. 主板DC-DC块介绍

（1）AO4803A。

AO4803A是一块开关转换块，此处作为5V-SW开关切换块。如图2.131所示。主板所需5V-SW电压的产生有两种方式，一种是电源送出5V电压通过电阻RP1、RP3得到，二是电源送出5V电压通过U22开关切换得到。U22型号为AO4803A，其内部采用先进的P沟道，导通RDS（ON）低和低栅极电荷（低栅极电荷可提高电路开关转换速度，降低开关噪声，低栅极电荷意味着器件导通和关断只需很小的栅极电流，这样减弱寄生效应，输出端产生较干净的输出电压，无杂波输出，并减少开关损耗），且提高了输出驱动电流，输出电流达5A，广泛在平板电路中应用，其应用电路图如图1.132所示，由图2.131、

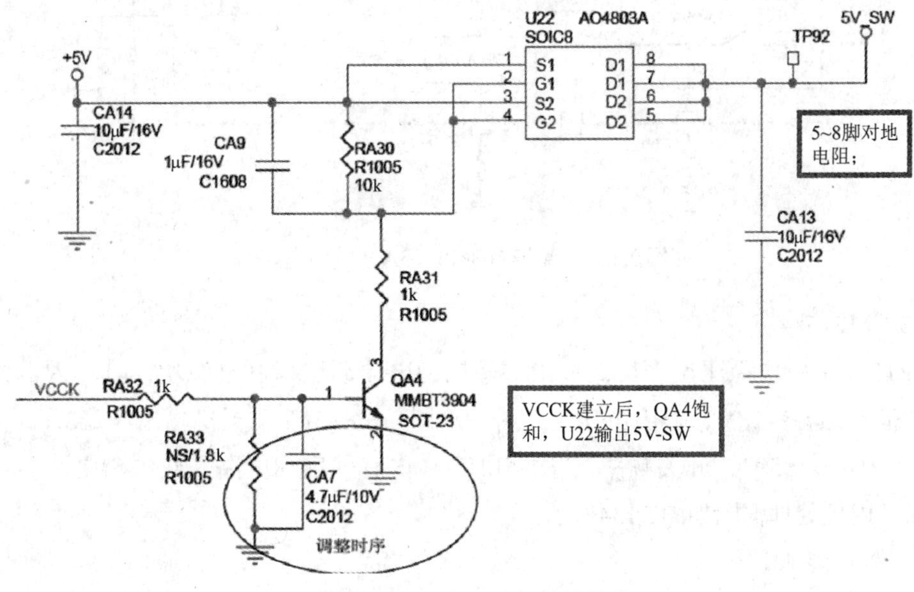

图2.131 AO4803A开关转换块

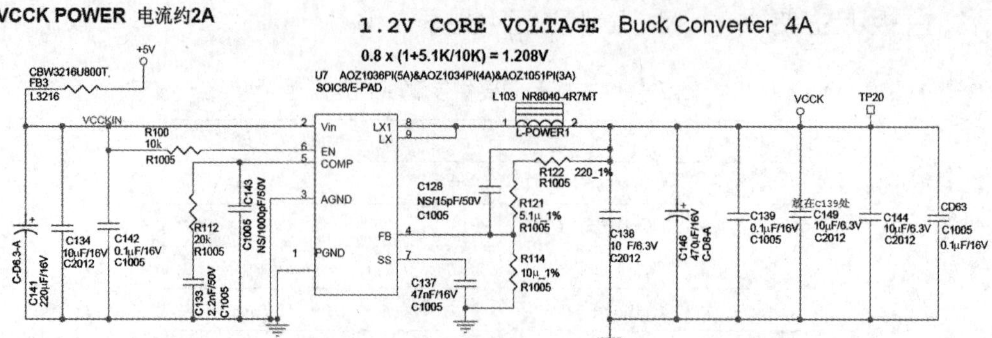

图2.132　AO4803A应用电路

图2.132可以看出，5V-SW的输出晚于VCCK。VCCK是主芯片内核的供电电源。系统在读取Flash块中的程序时，首先运行的是内核。这里QA4基极设计的电容CA7具有关机延时作用，关机后5V-SW不会快速消失，实现Flash块、DDR3数据复位。

（2）AOZ1036PI（5A）&AOZ1034PI（4A）&AOZ1051PI（3A）。

这是一块可调整输出的电源调整块。三块IC功能相同，但输出功率却相差较大。图2.133所示是AOZ1036PI（5A）应用电路图。此IC在此应用主要形成VCCK电压，供内核工作。有关此IC的更多内容见2.2节PM38机芯的介绍。

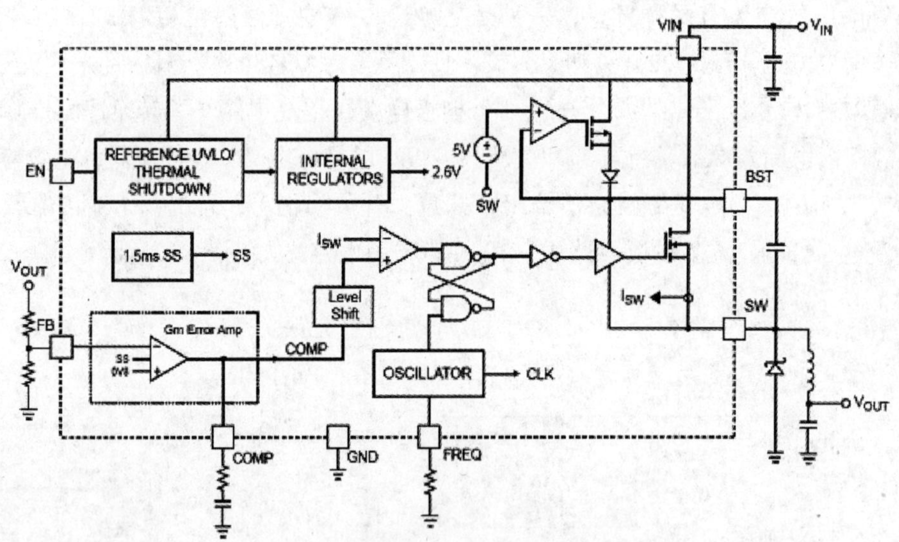

图2.133　AOZ1036PI（5A）应用电路

（3）MP1584。

MP1584是一块稳压型、可调输出的降压型电压调整控制电源块，其输入电源电压（V_{IN}）范围是4.5~28V，输出电压（V_{OUT}）范围是0.8~30V。提供输出电流3A，工作温度（T_J）为–20~85℃，开关频率高达1.5MHz，内有软启动电路，热关断电路。封装为SOIC8E。内部处理框图如图2.134所示。

IC引脚功能如下：

① EN脚是多功能复用脚，内置UVLO欠压门限值和热关断及IC的开关控制脚。EN脚

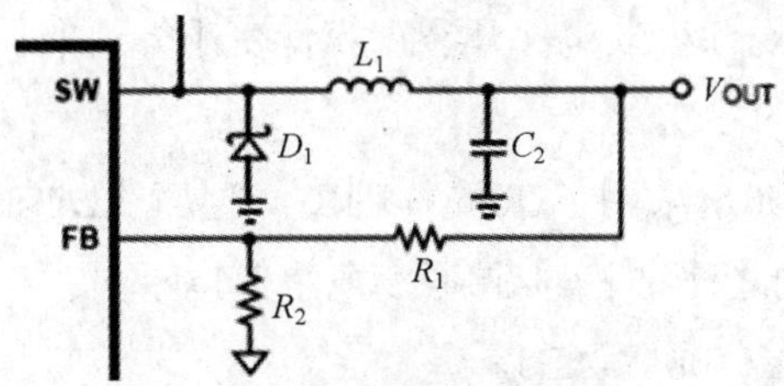

图2.134 MP1584内部处理框图

门限值标称为1.5V。

② FB脚反馈脚，基准电压为0.8V。通过改变外设电阻比例将改变此IC输出电压值，其关系是：

$$V_{\mathrm{OUT}} = V_{\mathrm{FB}}\frac{(R_1 + R_2)}{R_2}$$

式中，V_{FB}=0.8V，R_1、R_2在电路中的位置如图2.134所示。通过改变R_1、R_2的比例，可实现MP1584。这也说明此电源输出电压不稳定与FB脚外接R_1、R_2变质有关。

③ FREQ脚。开关频率程控输入，此脚外接电阻设置振荡频率。

④ BST脚。这是内部高边驱动MOSFET管的电源正极。此脚与SW脚接有旁路电容。内部浮地驱动MOSFET管驱动器的供电由外部自举电容提供。此电容采用内部专用的自举充电电路对其充电，并调整到5V。

⑤ SW脚。内部开关脉冲输出，经外部的LC滤波网络、续流二极管D为负载提供稳定的直流电压。图2.135是此IC在LM38ID产品上的应用电路图，通过设置IC（1）（2）脚之间的电阻R129、R130，输出12V电压供后续电路工作。

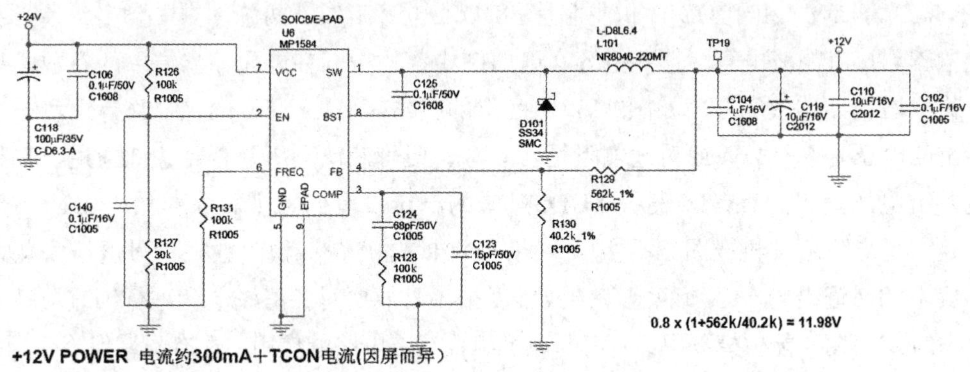

图2.135 MP1584在LM38ID产品上的应用电路

此12V电压供屏TCON板、运算放大器U12及3D发射板，经U25输出5V电压供调谐器工作。影响较明显的是TCON因为12V供电不足，会出现图像有干扰或黑屏现象。U6（1）脚输出方波脉冲经L101、C119、D101形成12V直流电压。12V输出的稳定由4脚外接元件决定，这是故障检修的关键。其次是考虑到TCON板是驱动屏电极的，故满足屏工作的12V要求输出功率高，MP1584自身振荡频率高，这也会导致电路中L101、C110、C119、D101组成的滤波网络因工作在高频转换状态，电路中电流极性转换速度快，容易发热而变质，出现外表鼓包、开裂、容量变小等现象，这是我们在处理故障时需要考虑的。

主板电路中，U11、U8也采用了U6同样的IC，这两块DC-DC转换块输出电压的大小除了（4）脚电路设计不同之外，（6）脚振荡电阻值也不同。

（4）AP1084S-3.3、AZ1084S-ADJ。

AP1084S-3.3是一块输出固定3.3V电压的LDO稳压调整块。它输出的电压可供Flash块工作，同时此3.3V电压还输入到UD5形成DDRV电压，满足主芯片与DDR3组成的格式转换和应用程序运行电路工作。图2.136所示是AP1084S-3.3的应用电路图。更多内部信息参考2.2.5节电压分布网络中有关此IC的介绍。

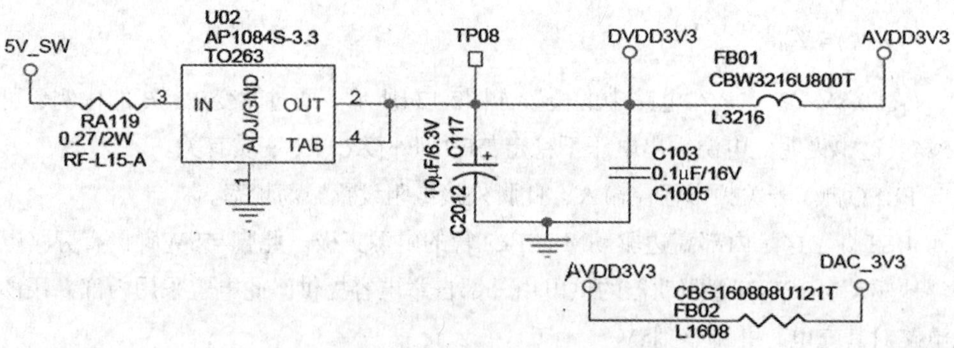

图2.136 AP1084S-3.3应用电路

AP1084S-ADJ是一块可调整输出电压的LDO块。图2.137是AP1084S-ADJ在机芯上供DDR3电路工作的应用电路图。改变ADJ脚反馈电压值实现输出电压的改变。此机芯要求DDRV电压为1.5V。由于 DDRV供主芯片和DDR3电路工作，两芯片供电脚多，通常在每路供电脚均接有滤波电容，这些电容在电路图中都集中画在电压输出端。故在故障检修时，你只需找到这些电容，如图2.137中列出的CD5~CD13、CD18~CD26等，测试这些电容上的电压是否是1.5V或对地电阻是否异常，便可确认电压是否到达此通道。如果测试电容上电压达不到1.5V，表示从UD5过来的电压没有到达主芯片的相应 DDRV供电脚，这将是导致不开机或图异的主因。由于DDR3运行速度快，数据信号电压变化范围窄，要求UD5输出电压必须稳定，杂波幅度很小。故要对各滤波电容进行细查、替换。电路中的0Ω电阻不能去掉不用，它有与电容组成滤波电路的作用，还有限流保险作用。

注：UD2、UD5输出电压异常，都将导致系统无法正常开机或花屏现象。

2.3.5 主芯片MT5502特色介绍

主芯片MT5502A是超级芯片，目前没有更多资料介绍芯片内部电路，现仅从一些片段资料中去了解芯片特点，梳理芯片能执行的功能，从而更多地了解智能电视的功能特点。

1. 主芯片MT5502A概述

MTK5502A是台湾联发科技股份有限公司MediaTek.Inc（简写为MTK）研发的一代智能家庭版超级芯片，将CPU、GPU、DSP、伴音处理集成在同一模块内。内置多制式TV视

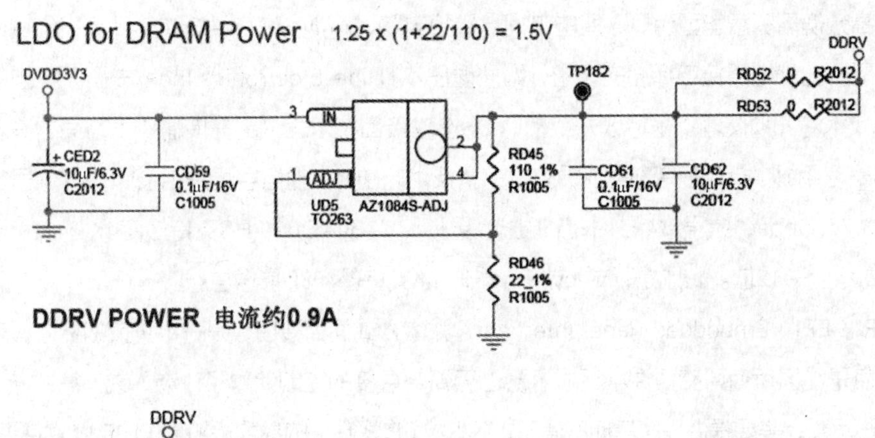

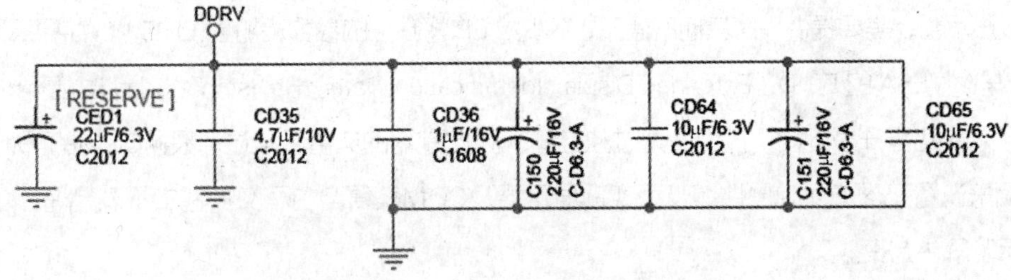

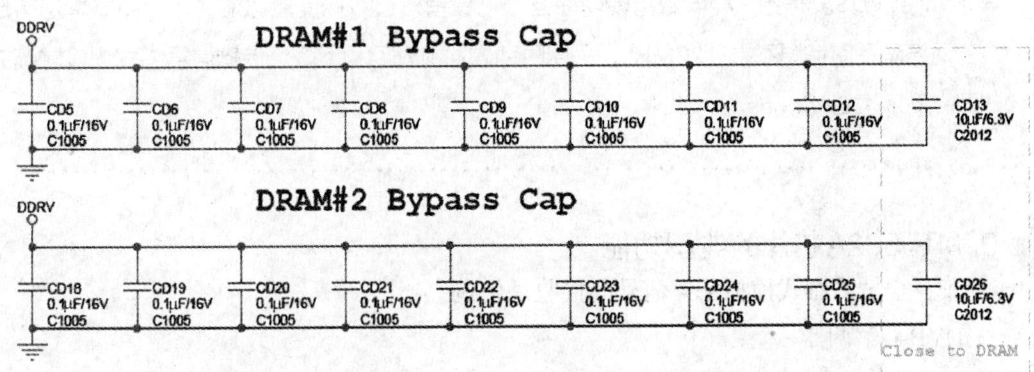

图2.137 AP1084S-ADJ在机芯上供DDR3电路工作的应用电路图

频信号解码器、高品质的音视频解码器、LVDS传输器、mini-LVDS输出传输器、支持ON-BY-ONE传输器和EPI传输器。数字DTV前端解调器、后端解码及解复用器和高性能视频解码、音频解码。支持PAL/NTSC/SECAM全制式彩色解码器和PAL/NTSC制3D梳状滤波器、以太网MAC+物理层PHY处理电路。支持各种多媒体播放器等单元电路。采用此芯片生产的电视能实现平板电视不能实现的应用功能，满足用户的“用、听、看、玩”需求。MT5502A封装为31×31mm、825个球形脚，芯片供电分为3.3V、1.2V和DDR3变频部分1.5V供电三种方式，采用低电压供电，降低了IC功耗，提高了电路工作稳定性。

◎知识链接……………………………………………………………………

新名词注解

① On-by-one的概念。On-bye-one是一种新型屏接口传输技术。传统的LVDS信号传输接口

不能满足高分辨率的智能型手机、智能电视、平板电脑、AIO（All-in-One）计算机传输速率和新型平板产品屏驱动电路接口标准的要求，为此像日本THine Electronics.Inc率先研发推出了V-by-One® HS技术。此项传输技术将成为取代LVDS传输接口技术后的另一传输技术方案之一。V-by-One® HS是利用1对线缆来传输高画质影像的新技术，由1~8组信号配对组合，每组信号的最大传输速度为3.75 Gbps，信号从4脚~18脚输出。另外，V-by-One® HS支持最高4K×2K、更新频率240Hz、每个色彩12位。特别是，V-by-One® HS还支持各种3D影像信号。

② EPI。EPI（Embedded Panel Interface）即嵌入式面板接口，是一个开放的标准，其最突出的一个特点是能对所有可交换性平板显示器进行简单直接的控制。为了让嵌入式计算机模块能直接控制平板显示器，需要提供一些其他的信息，为此，EPI将缺少的参数添加到 EDID1.3 数据系列中。EPI 协议是以 VESA 的 EDID（Extended Display Identification Data）Revision 1.3 标准为基础，自定义了软件格式和可升级的硬件接口，通过独立于视频控制器的数据组描述，根据COM的视频BIOS解释说明来设置正确的视频属性，从而实现显示器及COM获得自由可交换性的不同制造商“插入即可显示”解决方案。

③ Mini-LVDS。是另一种屏数据传输标准，它具有双边数据传输功能，数据传输率是普通LVDS 的两倍。在时钟频率为 122MHz，采用时钟信号上升沿和下降沿传输信号的双边传输模式下，数据传输率为 244Mbps。

……………………………………………………………………………………

2. MT5502A芯片的典型功能

① 兼容全球多制式模拟ATV信号的接收、解调。

② DVB-C解调器。

③ FHD/60Hz屏驱动。

④ 强大的CPU内核（双核 ARM CA9）。

⑤ 3D图形支持Open GL ES 2.0。

说明：Open GL ES即Open GL for Embedded Systems， 是 Open GL三维图形 API 的子集，主要针对手机、PDA和游戏主机、智能电视等嵌入式设备而设计。Open GL（Open Graphics Library）定义了一个跨编程语言、跨平台的编程接口的规格，它用于三维图像（二维的亦可）。Open GL是个专业的图形程序接口，是一个功能强大、调用方便的底层图形库。

⑥ 内有传输解复用器。

⑦ 丰富的格式音频编解码器。

⑧ FH. 264解码器。

⑨ 支持3D的HDMI1.4标准的接收。

⑩ 2D/3D转换。

⑪ 以太网MAC+ PHY处理单元，将以太网媒体接入控制器（MAC）和物理接口收发器（PHY）整合进同一芯片。

⑫ 局部背光调节功能（LED背光）。

⑬ TCON功能电路。

⑭ LVDS、Mini-LVDS、V-by-one、EPI接口。

图2.138所示是MT5502A所包含的主要内部处理单元电路。

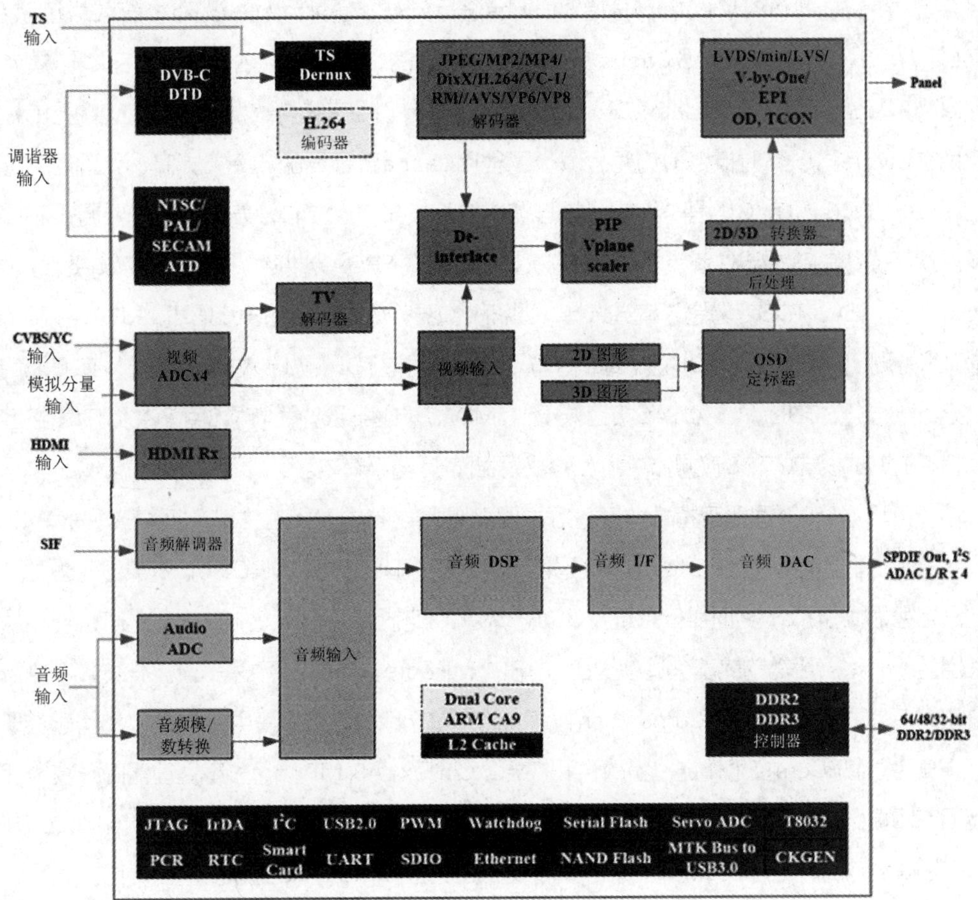

图2.138 MT5502A所包含的主要内部处理单元电路

3. MT5502A典型功能电路特点

（1）主控CPU。

内置ARM的Cortex-A9双核处理器、运行时钟达900MHz、Cortex-A9浮点单元（FPU，提供高性能的单精和双精度浮点指令）、支持缓存32K I-cache和32K D-cache、256K L2 cache，支持boot从Flash、NAND Flash、eMMC中引导程序，支持导入（进入）安全（模式）security boot、TAG ICE仿真器接口、看门狗定时功能，支持Android智能操作系统。

◎知识链接……………………………………………………………………

新名词注解

① Cache存储器。电脑中为高速缓冲存储器，它是位于CPU与内存之间的一种容量较小但速

度很高的存储器。CPU的速度远高于内存，当CPU直接从内存中存取数据时要等待一定时间周期，而Cache则可以保存CPU刚用过或循环使用的一部分数据，如果CPU需要再次使用该部分数据时可从Cache中直接调用，这样就避免了重复存取数据，减少了CPU的等待时间，因而提高了系统的效率。

② 缓存分类。Intel从Pentium开始对Cache进行分类，通常分为一级高速缓存L1和二级高速缓存L2。在以往的观念中，L1Cache是集成在CPU中的，被称为片内Cache。在L1中还分数据Cache（I-Cache）和指令Cache（D-Cache）。它们分别用来存放数据和执行这些数据的指令，而且两个Cache可以同时被CPU访问，减少了争用Cache所造成的冲突，提高了处理器效能。

③ JTAGICE。JTAG也是一种国际标准测试协议（IEEE 1149.1兼容），主要用于芯片内部测试。现在多数的高级器件都支持JTAG协议，如DSP、FPGA器件等。标准的JTAG接口是4线：TMS、TCK、TDI、TDO，分别为模式选择、时钟、数据输入和数据输出线。相关JTAG引脚的定义为：TCK为测试时钟输入；TDI为测试数据输入，数据通过TDI引脚输入JTAG接口；TDO为测试数据输出，数据通过TDO引脚从JTAG接口输出；TMS为测试模式选择，TMS用来设置JTAG接口处于某种特定的测试模式；TRST为测试复位，输入引脚，低电平有效。

④ Cortex-A9处理器支持1~4核运行。双核是目前高端产品的主流，四核芯片即将上市。Cortex-A9处理器能与其他Cortex系列处理器以及广受欢迎的ARM MPCore技术兼容，因此能够很好地沿用包括操作系统/实时操作系统（OS/RTOS）、中间件及应用在内的丰富生态系统，从而减少采用全新处理器所需的成本。迄今为止，ARM MPCore技术已被包括日电电子、NVIDIA、瑞萨科技和萨诺夫公司（Sarnoff Corporation）在内的超过十家公司授权使用，并从2005年起实现芯片量产。通过对MPCore技术作进一步优化和扩展，Cortex-A9 MPCore多核处理器的开发为许多全新应用市场提供了下一代的MPCore技术。在采用TSMC 65纳米普通工艺、性能达到2000 DMIPS时，核逻辑硅芯片将小于1.5mm^2，芯片耗能更低。采用Cortex-A9处理器使终端用户能够即时地浏览复杂的、加载多媒体内容的网页，并最大程度得利用Web 2.0应用程序，享受高度真实感的图片和游戏，快速打开复杂的附件或编辑媒体文件。

⑤ 浮点单元（FPU）：Cortex-A9 FPU提供高性能的单精度和双精度浮点指令。FPU浮点运算器（Floating Point Unit，简称FPU）是计算机系统的一部分，它是专门用来进行浮点数运算的。典型的运算有加减乘除和开方。一些系统还可以计算超越函数，例如指数函数或者三角函数，对大多数现在的处理器而言，这些功能都由软件的函数库完成。在大多数现在的通用计算机架构中，一个或多个浮点运算器被集成在CPU（Central Processing Unit，中央处理器）中，但许多嵌入式处理器（特别是比较老的）没有硬件支持浮点数运算。

……………………………………………………………………………………

（2）多媒体应用解压缩功能。

① MPEG1/2解码器。兼容接收MPEG MP@ML、MP@HL，支持全高清Full-HD60fps

（fps表示每秒传输帧数）的解码，支持去块效应滤波器。

MPEG标准是国际标准组织运动图像专家组制定的一系列利用数字压缩手段使运动图像频带压缩的国际标准。其中，MPEG-1标准用于运动图像及其音频编码标准，着重于高压缩率，具有低带宽和低分解力，视频速率大致为1.5Mbps。MPEG-2标准与MPEG-1标准相似，但比特率比其高得多，因而具有较高的带宽和分解力。它可以编码出广播级质量的音视频，故可应用于广播电视领域。

MPEG-2标准共分5型：简单型（SP：Simple Profile），只有基准帧 I 和预测帧P；主型（MP：Main Profile），比SP增加了双向推测帧B；信杂比分层型（SNRP：SNR Scalable Profile）；空间可分层型（SSP：Spatial Scalable Profile）、高型（HP：High Profile）。MPEG-2标准共分4级：低级（LL：Low Level），输入信号的像素为ITU-R 601格式的四分之一；主级（ML：Main Level)，输入信号的像素为ITU-R601格式；高级-1440（H14L：High-1440 Level）为4：3模式电视高清晰度格式；高级（HL：High Level）为16：9模式电视的高清晰度格式。

② MPEG4解码器（可选）。支持ASP@L5 和全高清Full-HD60fps格式解码。

运动图像专家组MPEG于1999年2月正式公布了MPEG-4（ISO/IEC14496）标准第一版本。同年年底MPEG-4第二版亦定稿，且于2000年年初正式成为国际标准。

MPEG-4是一个适用于低传输速率应用的方案，主要解决数字电视、交互式绘图应用（影音合成内容）、交互式多媒体（如WWW）等的交互性和灵活性，注重他们的整合及压缩技术的问题。它的传输速率较低，在4800~64000bps之间，分辨率为176×144。MPEG-4利用很窄的带宽，通过帧重建技术压缩和传输数据，以求以最少的数据获得最佳的图像质量。显然它与MPEG-1和MPEG-2区别较大。

MPEG-4具有如下独特的优点：

• 基于内容的交互性。MPEG-4提供了基于内容的多媒体数据访问工具，如索引、超级链接、上传下载、删除等。利用这些工具，用户可以方便地从多媒体数据库中有选择地获取自己所需的与对象有关的内容，并提供了内容的操作和位流编辑功能，可应用于交互式家庭购物，淡入淡出的数字化效果等。MPEG-4提供了高效的自然或合成的多媒体数据编码方法。它可以把自然场景或对象组合起来成为合成的多媒体数据。

• 高效的压缩性。MPEG-4基于更高的编码效率。同已有的或即将形成的其他标准相比，在相同的比特率下，它基于更高的视觉听觉质量，这就使得在低带宽的信道上传送视频、音频成为可能。同时MPEG-4还能对同时发生的数据流进行编码。一个场景的多视角或多声道数据流可以高效、同步地合成为最终数据流。这可用于虚拟三维游戏、三维电影、飞行仿真练习等。

• 通用的访问性。MPEG-4提供了非常强大的易出错环境的纠错能力，从而保证了其在许多无线和有线网络以及存储介质中的应用，此外，MPEG-4还支持基于内容的可分级性，即把内容、质量、复杂性分成许多小块来满足不同用户的不同需求，支持具有不同带宽、不同存储容量的传输信道和接收端。 网络视频点播、流媒体视频、广播电视、互动游戏、实时可视通信（如QQ在线视频聊天）、远程视频监控、通过ATM网络等进行远程数据库业务等都是应用了MPEG4标准得以实现的，显然MEPG4加速了当今多媒体的应用范围。

③ Soreson H.263解码。这种格式是在sorenson公司的压缩算法的基础上开发出来的H.263文件压缩格式。有资料介绍说SoresonH.263就是FLV1影视播放格式。

④ H.263解码。H.263是国际电联ITU-T的一个标准草案，是为低码流通信而设计的。但实际上这个标准可用在很宽的码流范围，而非只用于低码流应用，它在许多应用中可以取代H.261。H.263的编码算法与H.261一样，但做了一些改善和改变，以提高性能和纠错能力。H.263标准在低码率下能够提供比H.261更好的图像效果。1998年IUT-T推出的H.263＋是H.263建议的第2版，它提供了12个新的可协商模式和其他特征，进一步提高了压缩编码性能。H.263主要应用在视频会议、视频通话和3G 手机视频（3GP）这些领域。

⑤ H.264（MPEG4.10/AVC）HD解码器。对MP@L4.2，HP@L4.2，constrained BP@L4.2 视频标准和Full-HD 60P 格式信号的解码器。

MPEG-4 AVC 将数据压缩到过去常用的MPEG-2 格式所能够实现的数据大小的1/2左右，并保持相同图像质量。MPEG-4 AVC采用AVCHD格式，并且用于Blue-ray光碟，而且还在AVC-Intra编码解码器中用于广播。

⑥ DivX（XviD）解码器。DivX（旧称为XviD）是一个开放源代码的MPEG-4视频编解码器，它是基于OpenDivX而编写的。Xvid是由一群原OpenDivX义务开发者在OpenDivX于2001年7月停止开发后自行开发的。Xvid支持多种编码模式，量化（Quantization）方式和范围，运动侦测（Motion Search）和曲线平衡分配（Curve）等众多编码技术，对用户来说功能十分强大。Xvid的主要竞争对手是DivX。但Xvid是开放源代码的，而DivX则只有免费（不是自由）的版本和商用版本。

近五年来，XviD一直是世界上最流行的视频编码器。估计在BT（Bit Torrent）和eMule上至少90%的电影、电视剧是用XviD压制的。但是在中国的情况有些特殊，因为中国的影视发布者喜欢用RMVB格式。

XviD的文件扩展名可以是AVI、MKV、MP4等。需要说明的是，仅从扩展名并不能看出这个视频的编码格式。比如说一部电影是.avi格式，但是实际上的视频编码格式可以是DV Code，也可以是XviD或者其他的；音频编码格式可以是PCM、AC3或者MP3。

MP4和MKV格式比AVI更先进，支持更多的功能，比如字幕。AVI视频的字幕需要另外的SRT文件。目前国外绝大多数的影视资源都是AVI格式。能处理的种类有DIVX3 / DIVX4 / DIVX5 / DIVX6 / DIVX HD / DIVX PLUS和Full-HD 60P的解码。

⑦ AVS解码器。支持Jizhun profile @Level 6.2（支持4：2：0 格式）、Full-HD 60P解码。

AVS是我国具备自主知识产权的第二代信源编码标准。顾名思义，“信源”是信息的“源头”，该标准包括系统、视频、音频、数字版权管理等4个主要技术标准和一致性测试。解决了数字音视频海量数据（即初始数据、信源）的编码压缩问题，故也称为数字音视频编解码技术。国际上流行的音视频编解码标准主要两大系列：ISO/IEC JTC1制定的

MPEG系列标准；ITU针对多媒体通信制定的H.26x系列视频编码标准和G.7系列音频编码标准。显而易见，AVS也是后续数字信息传输、存储、播放等环节按此标准进行的前提，因此，此标准是数字音视频产业的共性基础标准。

⑧ RMVB解码器。支持Real Video8/9/10编码格式的信号的解码，也支持对Full-HD 60P解码 。

Real Video是一种影片格式，由RealNetworks于 1997年所开发，至2006年时已到Real Video版本10。它从开发伊始就定位为应用于网络视频播放的格式，支持多种播放的平台，包含 Windows、Mac、Linux、Solaris以及某些移动电话。相较于其他视频编解码器，Real Video通常可以将视频数据压缩得更小。因此它可以在用56Kbps Modem拨号上网的条件下实现不间断的视频播放。一般的文件扩展名为.rm/.rvm，现在广泛流行的是rmvb格式，即动态编码率的Real Video。

当一个文件的后缀名是RMVB时，仅表明将音视频数据流和字幕封装在一个文件里。而Real Video是一种文件的编码格式。如果一个文件后缀名为RMVB的文件，其编码格式是Real Video时，将需要通过RMVB解码器恢复成原有的数字音视频信号。文件的编码格式决定了用什么压缩方案来处理、压缩画面，使之成为视频流。Real Video系列编码格式有：AVI，WMV9等，其发展已由第1代的Real Video1.0，发展到现在的Real Video8/9/10代了。

⑨ VP6、VP8解调器。

⑩ WEBP解码器。WEBP是Google新推出的影像技术，可对网页文档有效进行压缩，同时又不影响图片格式兼容与实际清晰度，进而让整体网页下载速度加快。

⑪ H.264 HD720p解调器（高清720P）。支持MP@L3.1（main），BP@L3.1（baseline）视频标准格式解调；支持1280×720p解调；支持CBR恒定码速、B-frame帧压缩的文件格式和 CABAC解调。

CBR是欧美漫画电子书的专用格式，其实是用Winzip制作而成，把.CBR改成.zip就可以解压缩。

B-frame帧压缩是采用帧内或帧外压缩技术形成的一种文件格式，还有I/P-frame两种。I-frame帧就是一张“内部编码的图片”，相当于一张完整的图片，和传统的图片文件一样。P-frame帧和B-frame帧内只包含部分图像信息，因此它们所需的存储空间小于I-frame帧。B-frame帧（双向可预测帧）可以节省更多存储空间，因为它可以利用本身与前后各帧的差别来确定自身内容（即只存储它与之前之后各帧所不同的内容）。P-frame帧（可预测的帧）只包含与前一帧中不同的部分。P-frame帧压缩程序只对与前帧不一样的内容进行压缩，而没有变化的背景就未存入P-frame帧内，这样就节省了存储空间。

⑫ 静止图像解码。对JPEG图片解码，PNG 1.2兼容格式解码器及其硬件加速器功能。

PNG图像文件存储格式，其目的是替代GIF和TIFF文件格式，同时增加一些GIF文件格式所不具备的特性。PNG的1.0版本规范于1996年7月1日发布，后来被称为RFC 2083标准，并在1996年10月1日成为W3C建议。PNG的1.1版本进行了部分修改并增加了三个新的数据块定义，于1998年12月31日发布。PNG的1.2版本增加了另外一个数据块，于1999年

8月11日发布。PNG现行版本是国际标准（ISO/IEC 15948：2003），并在2003年11月10日作为W3C建议发布。这个版本与1.2版仅有细微差别。

（3）3D TV接收处理。

① 支持HDMI1.4a版本3D节目源。1920×1080P@24Hz（帧封装）、1280×720P@50/60Hz（帧封装，真正的高清图像）、1920×1080p（并排或水平方式）或上下结构、1920×1080I（并排或水平方式）或上下结构、1280×720p（左右或上下帧）。

② 支持MEPG（MVC）3DTV节目源。

MPEG-4 MVC是运动图像数据压缩编码系统。MVC代表多视图视频编码。它是MPEG-4AVC/H.264 的扩展标准，用于高效率的编码自由视点视频和3D 视频。MPEG-4MVC 被用作Blue-ray 3D 光盘的数据压缩系统。

③ RealD 3D 电影的解码。美国Real D公司是全球数字3D电影发展的领头羊，目前该公司的数字3D放映系统在全球数字3D市场份额占90%，在美国国内市场占97%的份额，该公司一直致力于对数字3D放映系统的推广。

④ 支持3D立体处理器制造商Sensio公司制造的3D节目解码。

⑤ 支持主动快门3D眼镜的控制。

快门式3D技术实现的3D图像效果出色，很受市场欢迎，其缺点是匹配的3D眼镜价格较高。

主动快门式3D主要把图像按帧一分为二，形成对应左眼和右眼的两组画面，连续交错显示出来，信号处理板送出同步的红外发射信号，眼镜接收此信号并转换成控制3D眼镜的左右镜片开关信号，使左、右双眼能够在正确的时刻看到相应3D立体效果。

⑥ 支持行交错3D显示器：1920×1080×60Hz屏组。

⑦ 支持3D UI、3D GPU（GPU即图形处理器）。

⑧ 3D转2D、2D转3D控制。

（4）视频处理。

MT5502A具有以往电视所具有的画质处理技术，还有现在平板电视所具有的一些特殊技术。支持视频冻结和过扫描、肤色校正、GAMMA校正、3D COMB FILTER（3D梳状滤波器）、3D降噪、LTI亮度锐度校正、CTI色瞬态校正、黑白电平扩展、彩色增强引擎、色饱和度和色调设置、亮度和对比度设置、自适应亮度管理电路、自动检测视频、电影和固定模式节目源、3：2或2：2 pull down电影模式检测、支持FHD全高清运动自适应去齿技术（去隔行扫描技术）、可程控变焦效果、逐行扫描输出、支持OSD与图像混合时透明感显示（也称作Alpha Blending即α混合技术，尤其是现在的2D或3D游戏，为了追求透明光影效果，通常都会使用到 Alpha Blending技术）、帧速率转换等。TV下模式有：4：3模式（Normal）、16：9全屏模式（Full）、电影模式（Cinema）、动态扩展模式（Panorama）4种显示模式。

要弄清模拟电视时代的3：2/2：2 Pulldown技术，我们需要了解早期电影播放模式。电影形成的一幅画面是以每秒钟重复播放24帧同样的图片实现，在放映的时候，经过技术处理，一般显示为48Hz或72Hz，因此我们能够看到动作连贯的画面。在模拟电视时代，电视里看到的电影则有所不同。美国、日本等彩色电视采用NTSC制式，每秒钟扫描频率是60Hz，而在我国，彩色电视节目是PAL制式的，每秒钟的扫描频率为50Hz。这两种标准都是隔行扫描的。电影要在电视上播出，需经过一番比较复杂的技术处理。

以NTSC节目为例，电影是24幅图像，要分配成NTSC电视节目的60幅图像，电影的第一幅图像，分配到电视节目的1~3幅图像中，电影的第二幅图像，分为电视节目的4、5幅图像，依此类推。电影的图像，按3幅-2幅-3幅-2幅的顺序交替分配到电视节目的60幅图像当中。这就是我们常说的3：2 Pulldown技术，如图2.139所示。

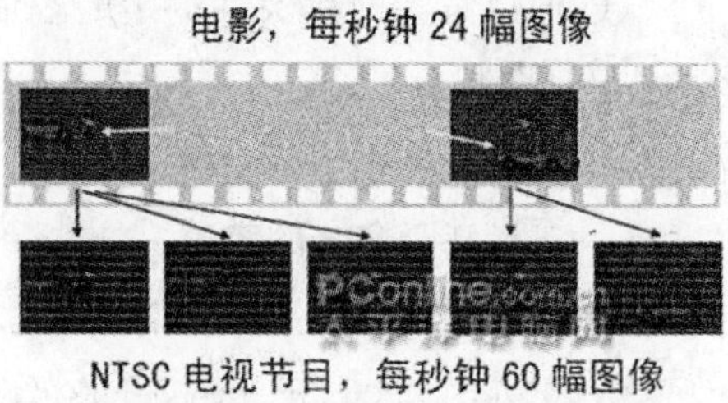

电影，每秒钟 24 幅图像

NTSC 电视节目，每秒钟 60 幅图像

图2.139　3：2Pulldown技术

对于PAL节目，处理比较简单，电影的每幅图像，在电视节目播出时，重复显示一次，24幅电影图像，在电视机上以每秒钟48幅图像显示出来，这种技术就称为2：2 Pulldown技术。由于PAL电视节目扫描频率为50 Hz，因此PAL制式电视播放的电影，播放速度要比真正电影胶片快4%，伴音的音高略高，但是普通观众难以察觉。

（5）伴音部分。

① 支持7对L/R音频输入进行ADC转换。支持1bit（2通道）I^2S音频输入。

② 支持TV状态下伴音多制式音频格式解调及自动检测伴音制式功能、立体声解码等。TV SIF伴音中频处理，兼容多制式音频信号的接收解调，直接接收IF中频、全数字AGC控制和载波恢复、嵌入式SAW滤波器和中频放大器。

③ 具有音频DSP数字处理功能，实现音质均衡高级设置、自动音量控制、环绕声等控制。

（6）支持FHD或WXGA屏OD（Over Drive，超频驱动）输出显示。

何谓“OD”？它是Over Drive超频驱动的缩写，是在原有显示器面板的驱动电路中，增加特殊的处理芯片，通过这一芯片控制并提高驱动电压，从而降低灰阶转换所需要的时间，达到画面快速转换的效果，提升响应时间，这样画面更加流畅、色彩更加细腻，解决画质因液晶屏显示响应拖尾等效应。

（7）HDMI接收器。

支持3通道HDMI1.4a输入，其特点是传输数据率可超过3.3GHz/s、支持3D视频格式、音频回传通道ARC（利用HDMI中的通道输出音频）、满足EIA/CEA-861B标准、CEC（CEC简化数字家庭的操作，一个遥控器借着CEC信号通道让用户可控制HDMI接口上所连接的装置）、支持快速切换（注：EIA是电子工业协会，CEA是美国电子消费协会）。

（8）接收VGA信号。

输入信号分辨率范围为VGA~UXGA（1600 × 1200），全面支持VESA视频电子标准协会（Video Electronics Standards Association）标准。

（9）亮色差分量YPBPR/YCBCR信号输入。

支持两路分量信号输入，信号格式为480i / 480p / 576i / 576p / 720p / 1080i / 1080p。

（10）视频旁路功能。

TV旁路、一路AV输出。接收AV信号时，TV信号处于旁路状态。

（11）DDR3控制器。

具有64/48/32bit DDR3接口，支持DDR3传输数据率1600Mbps，支持1GB\2GB或4GB DDR3芯片，64位数据总线提供高达2GB的存储空间，支持DDR3-1333/DDR3-1600。

（12）TCON板控制技术（可选）。

① 通过程控时序灵活的定时控制（包括行时序控制、列时序控制、多线定时控制、多帧定时控制等）。

② 支持栅极驱动调制脉冲。

③ 支持基于命令的定时。

④ 支持屏驱动极性反转信号POL。

⑤ 支持1/2/4/8 frame inversion帧极性反转、一行反转、2行反转，直至达到255线点反转。

（13）其他功能描述。

① 支持Flash10.1，支持USB2.0，支持SD卡接口，支持外摄像头（要购买公司提供的外设）。

② 定时开关机功能。可设置液晶电视在预定的时间自动开机或关机；无信号自动关机，即TV状态下，无信号约15min后自动关机，进入待机状态。

③ USB、VGA、HDMI等节目源即插即用功能。该机芯生产的产品，作为电脑终端显示设备，无需单独配备安装软件，做到真正的即插即用。

④ 方便快速在线升级程序，可选以下方式之一：一种是从VGA接口通过专用工装烧写uboot程序，即通过USB接口，不需要专用工装，采用普通U盘直接插入即可；第二种是网上在线升级。

2.3.6　主板各单元电路工作特点及维修方法

长虹LM38iSD机芯液晶电视主要由电源电路、射频电路、音视频处理电路、模拟和数字音视频输入输出接口电路、图像变换处理电路、多媒体处理电路、伴音功率放大器电路、系统控制电路等组成，整机电路组成框图如图2.140所示，图2.141是MT5502A各单元电路在IC内的分布位置，供维修时参考。

1. 调谐器

根据图2.140、图2.141可知，RF即电视机接收的射频电视信号，给调谐器送出的中频信号，从IC的AU32、AT32引脚送入。此机芯调谐器有两种，一是可接收DVB-C、ATV信号的调谐器，另一种是只接收ATV信号的调谐器。调谐器型号为一体化高频头（TDTK-C942D），可兼容接收DVB-C数字信号和ATV信号，为了实现DVB-C接收，此机芯主芯片UM1和外置的CI/CA卡（智能卡）组成电路与PM38机芯基本相同，不同之处在于个别元件的编号不同。如PCMCIA卡座在PM38机芯中编号为JP15，而在LM38iSD机芯中编号为PC1，PM38iSD机芯中的多功能双相切换块U23，在LM38iSD中也是U23。故有关DTV接

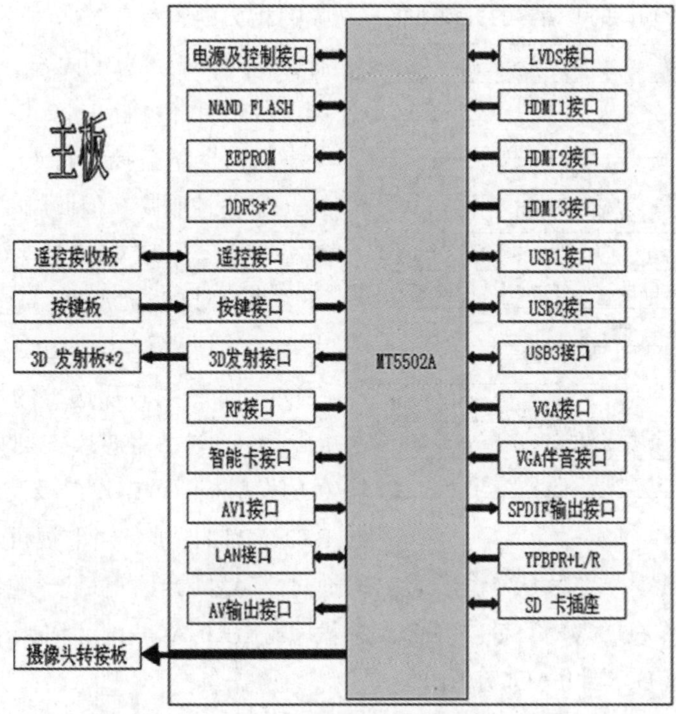

图2.140 长虹LM38iSD机芯液晶电视整机电路组成框图

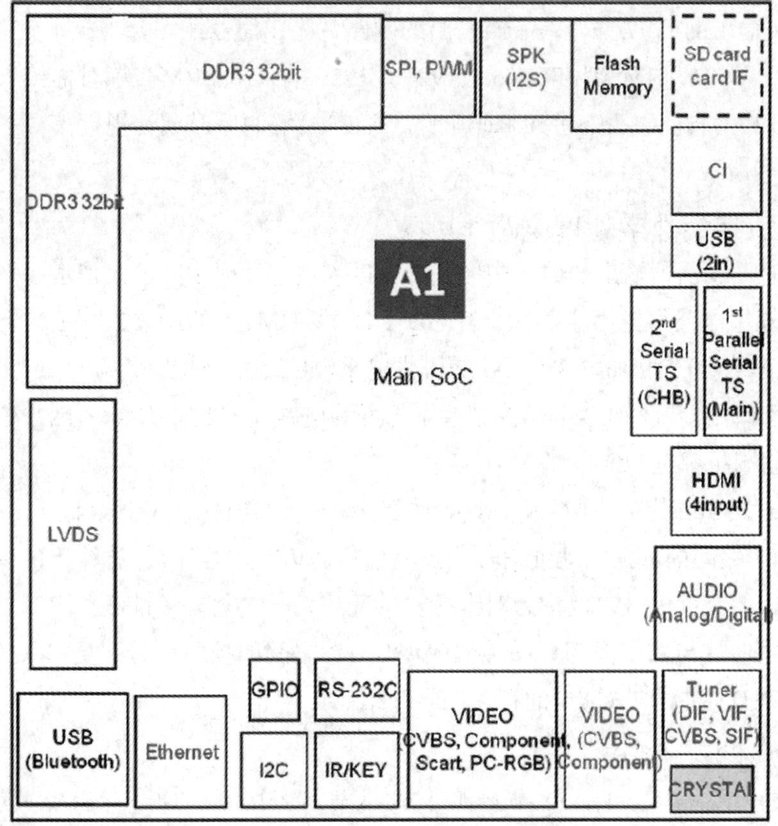

图2.141 MT5502A各单元电路在IC内的分布位置

表2.42 具有DTV功能的调谐器的引脚功能

引脚	引脚定义	引脚功能描述
1	NC	不用
2	NC	不用
3	NC	不用
4	RF AGC	自动增益控制（ATV用，DTV不用）
5	5V	电源+5V，为高频头内部电路工作供电
6	SDA	总线（数据）
7	SCL	总线（时钟）
8	NC	不用
9	NC	不用
10	DIF+	图像中频差分方式正相端输出
11	DIF-	图像中频差分方式负相端输出

收的相关内容参考2.2节所讲述的PM38机芯有关DTV接收部分的内容。具有DTV功能的调谐器的引脚功能见表2.42。

调谐器增益控制特点：调谐器的4脚是AGC增益控制脚，但此脚受QT4控制。QT4基极所接信号ATV/DTV_AGC_SECLECT来自主芯片MT5502A的C31脚。而RF_AGCI由主芯片的AM24脚输出，这是电视机工作在DTV时，主芯片送出的增益控制信号。RF_AGCT是由主芯片U34脚送出RF_AGC接QT4发射极。QT4发射极偏压由5V-SW通过RT3、RT4提供。当电视机工作在ATV时，QT4饱和导通，此时主芯片U34输出的AGC通过QT4对调谐器输出中频信号增益进行控制。当电视机工作在DTV时，QT4静止，主芯片输出RF-AGC1调谐电压对调谐器进行控制。主芯片UM1（U35脚 IFAGC未用）。

调谐器其他特点：调谐器供电只有一路5V电压，由U25提供（输出脚电阻0.9kΩ）。调谐器U19工作控制IIC总线信号来自主芯片V34、V35脚输出的T_OSCL、T_OSDA，其驱动供电由U25输出的5V提供。调谐器输出的两路数字IF信号经耦合、抗干扰元件FB915、R920、R917、C904、RM40和FB916、R921、R916、C910、RM41等对称接入主芯片UM1的AU32、AT32两脚上，去芯片IF解码电路，经UM1解调后形成音视频信号去后续电路处理，如图2.142所示。

2. CA/CI相关数字处理电路（DTV）

在DTV时，调谐器输出的数字中频信号IF进入主芯片内中频放大信道解调和解复用电路处理。解复用电路供电由主芯片MT5502A（位号UM1）的AD22、AL27脚提供，其中AD22脚供电来自U02输出的3.3V，AL27脚供电来自U03输出的1.2V。

主芯片引脚中涉及CI/CA卡及控制系统部分的电路如图2.143所示。图中信号通道连接的排阻或电阻阻抗都是47Ω。

主芯片MT5502设置的I/O口中有42个I/O端口（GPIO0～GPIO41），用于主芯片MT5502与CI卡之间的数据、地址信号或控制信号通信。主芯片T34脚输出的DEMOD_RST信号是去CI卡的复位信号，也称为对卡接口的复位信号。另外，N36、T37、N34、N35各脚传送的是主芯片与CI卡或与双向传输隔离块U23之间的控制信号。更多关于CI/CA卡的内容见PM38iSD机芯中CI/CA卡的相关内容介绍。

3. 模拟VIDEO部分

将AV信号、S端子、HDTV节目源、VGA节目源接收处理统称为模拟Video部分。MT5502A设计的引脚可以接收4路AV视频信号，实际应用中只有一路CVBS3P端口用于AV

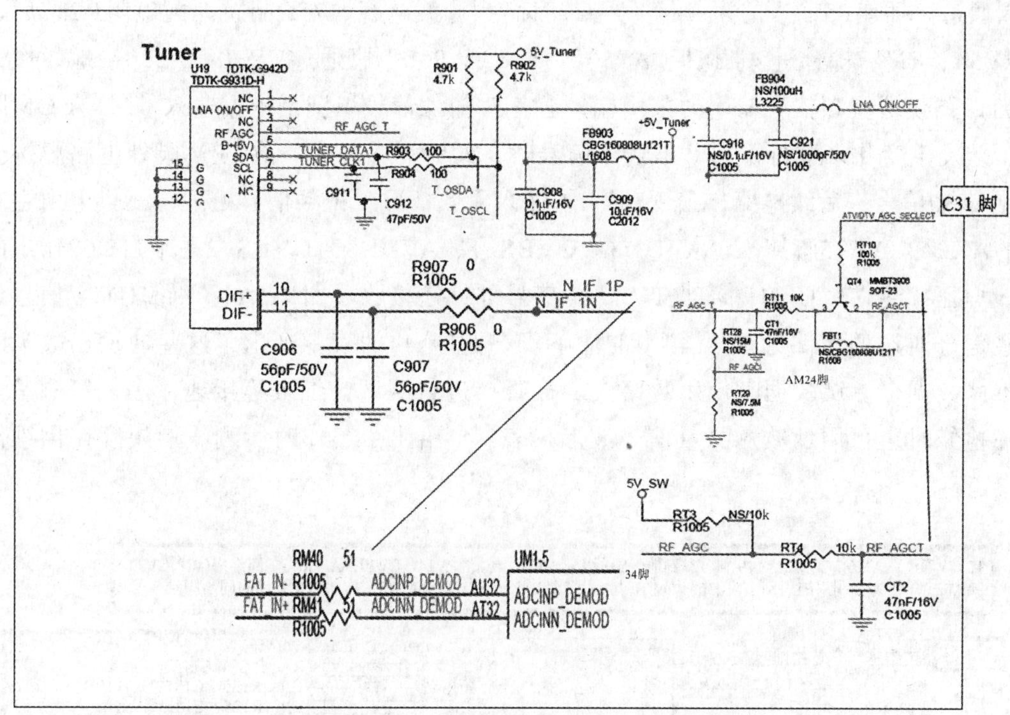

图2.142 调谐器输出的两路数字IF信号

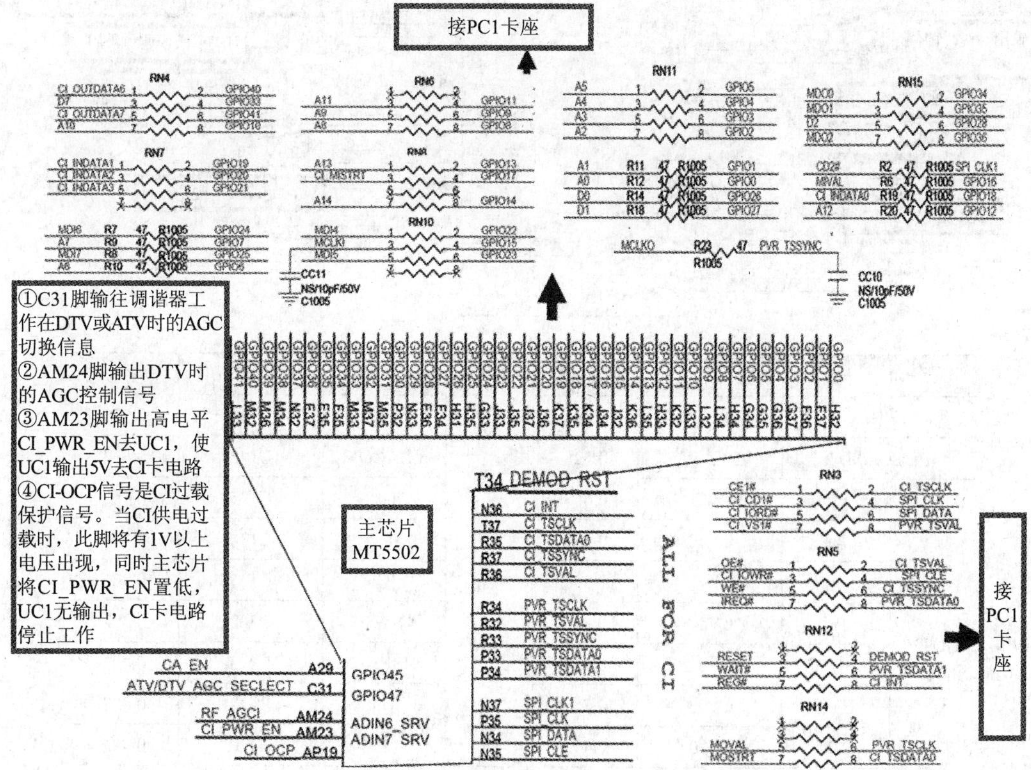

图2.143 主芯片涉及CI/CA卡及控制系统部分电路

输入通道。插座P5输入的视频信号经C181高频滤波电容、75Ω阻抗匹配电阻R217后，经RV34、CV27耦合进入UM1（AT30）脚。（AP30）脚通过CV30、R230接地，作为UM1四路模拟视频信号输入的共用端，芯片对输入信号识别是依据输入信号与COM脚电压差发生变化来进行识别，未输入信号时，两脚无电压差。故AP30脚外电路虚接会影响AT30信号去后续电路，出现AV端子输入无效情况。视频信号处理单元供电由主芯片的AK24、AK25脚接入。AVDD33_CVBS_1、AVDD33_CVBS_2是来自U02输出的3.3V电压。主芯片UM1除接收TV、AV信号外，还接收一路VGA、一路HDTV信号，这些信号通过的元件见图2.144中的注解。在图2.144的表中列出了这些通道出故障时的维修数据，测试数据时使用数字表二极管挡进行测试，红表笔接地，黑表笔测量。故障检修时也可用示波器测量信号波形，表2.43给出了工作时所测波形幅度，供维修时参考。

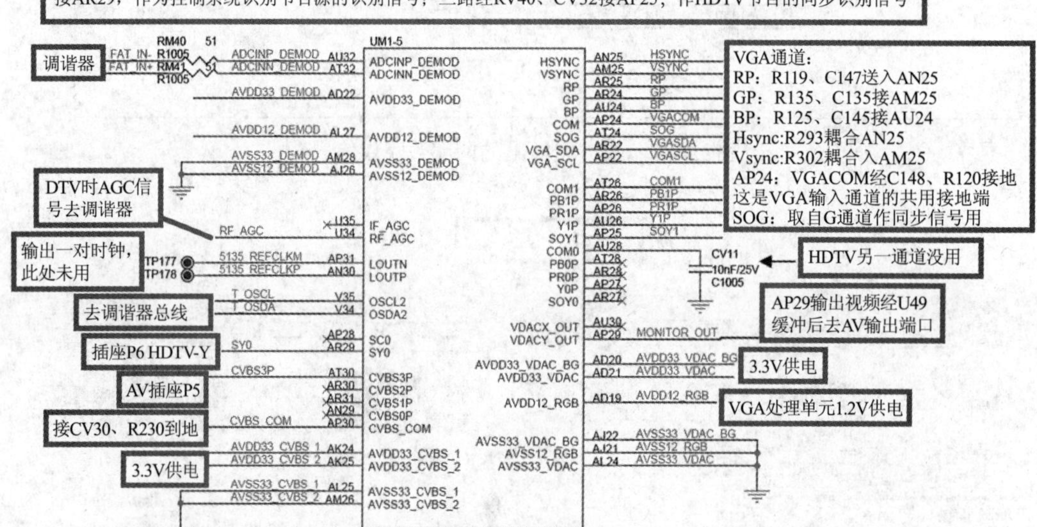

分类	信号源	经过关键元件	对地电阻	分类	信号源	经过关键元件	对地电阻
IF中频		AU32、AT32	0.696	VGA	PB	C147	0.770
T-OSCL/SDA		V34、V35	0.528		VGACOM	C148	0.634
HDTV	PR	CV31	0.663		GP	C135	0.768
	PB	CV12	0.670		SOG	C136	0.444
	COM1	CV9	0.596		BP	C145	0.765
	Y	CV10	0.678		VSYNC	R302	0.492
	SOY	CV32	0.444		HSYNC	R293	0.492
	SY0	CV33	0.755		RIN	R422	0.492
	RIN	R330	0.492		LIN	R420	0.492
	LIN	R261	0.492				

图2.144　模拟Video部分

表2.43　关键信号输入输出状态测试（供维修参考）

序　号	输入通道	信号名称	信号状态	信号幅度	测试点
1	AV1	AV1-V	灰阶信号	$1.0V_{pp}$	R217前
		AV1-L	1kHz音频信号	$0.576V_{rms}$	R229后
		AV1-R	1kHz音频信号	$0.571V_{rms}$	R228后
2	YUV	YUV -Y	灰阶信号	$0.74V_{pp}$	CV10
		YUV -U	灰阶信号	0.398V	CV12
		YUV -V	灰阶信号	0.400V	CV31
		YUV -R	1kHz音频信号	$0.577V_{rms}$	R261
		YUV -L	1kHz音频信号	$0.571V_{rms}$	R330
3	VGA	VGA -R	彩条信号	$0.73V_{pp}$	C147
		VGA -G	彩条信号	$0.73V_{pp}$	C135
		VGA -B	彩条信号	$0.73V_{pp}$	C145
		VGA -H	彩条信号	$3.12V_{pp}$	R302
		VGA -V	彩条信号	$3.12V_{pp}$	R293
		VGA -R	1kHz音频信号	$0.552V_{rms}$	R420
		VGA -L	1kHz音频信号	$0.553V_{rms}$	R422
4	AV-OUT	AV-OUT-V	灰阶信号	$1.02V_{pp}$	RV37前
		AV-OUT-L	1kHz音频信号	$0.78V_{rms}$	RA101
		AV-OUT-R	1kHz音频信号	$0.77V_{rms}$	RA99

4. HDMI

MT5502能接收4路HDMI1.4a版本的数字信号输入，支持传输数据率达3.3GHz，支持3D视频格式的HDMI1.4a格式，音频回传通道ARC。图2.145、图2.146是其中一路HDMI端口工作原理图。

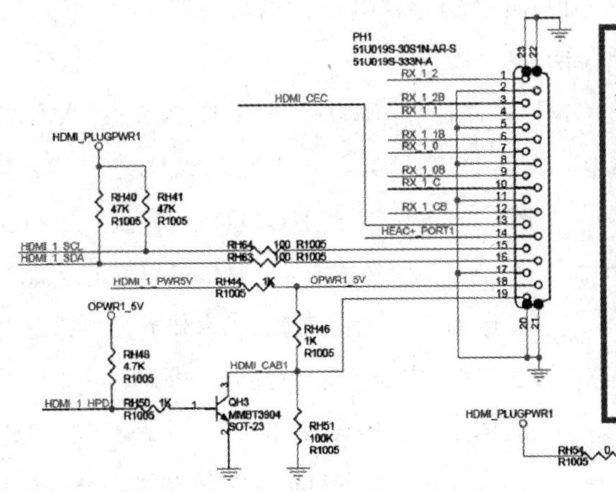

图2.145中，PH1插座送入HDMI1路信号。各路控制信号有RX12/RX12B、RX11/RX11B、RX10/RX10B三对差分数字信号，这些信号将直接去MT5502A。HDMI CEC就是远程控制功能。HEAC+PORT1即ARC即回传功能。HDMI1-SCL/SDA，处于被动控制位置，此路总线是整机与HDMI设备连接好并通信后，输出总线去主芯片，经主芯片去用户存储器读取DDC和HDCP参数。OPWR1_5V是HDMI设备输出5V给热插拔控制QH3供电，同时此5V作为HDMI_1_PWR5V还接入UM1（AE31）脚，作为主芯片识别对HDMI1端口电路是否工作的检测信号，此路电压不正常，HDMI1通道无法通过UM1处理

图2.145　HDMI端口工作原理图一

HDMI_0_HPD（控制三极管QH1）、HDMI_1_HPD（控制QH3）、HDMI_2_HPD（未用）、HDMI_3_HPD（控制QH4）是主芯片接收4路HDMI信号时各自的热插拔控制

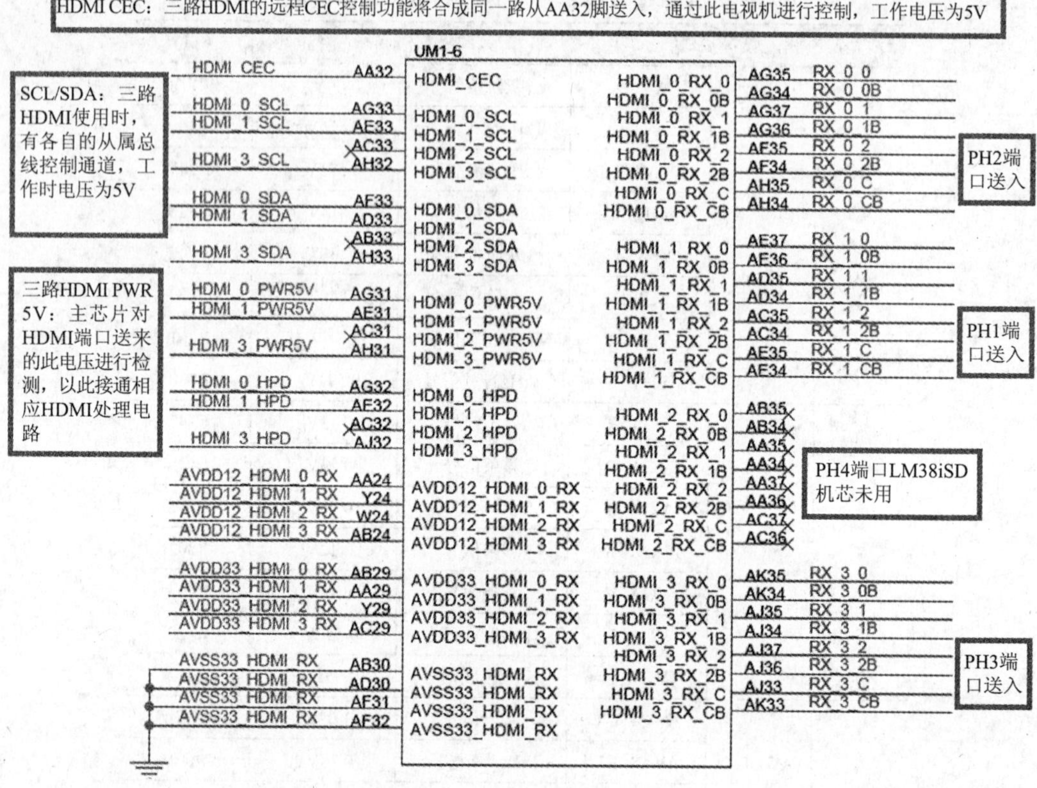

图2.146 HDMI端口工作原理图二

信号，上拉在5V上，电路工作时四脚之一为低电平。四路HDMI设备信号为热插拔控制信号。所谓的热插拔就是在信号源设备和接收设备处于通电状态下，用HDMI线将两者相连接。HDMI线分19针、29针两类，现在市面上的HDMI线都是19针的。当信号源设备和接收设备通过HDMI线连接后，会首先接通第1~17及19引脚，最后才接通第18引脚，在第18引脚接通后接到+5V电压，将第19引脚的HPD信号变为高电平，信号源端和接收端之间的初始化完毕，并在两者之间建立一条数据通道。

AVDD12_HDMI_0_RX、AVDD12_HDMI_1_RX、AVDD12_HDMI_2_RX、AVDD12_HDMI_3_RX给相应的HDMI接收电路供电。AVDD33_HDMI_0_RX、AVDD33_HDMI_1_RX、AVDD33_HDMI_2_RX、AVDD33_HDMI_3_RX为4个HDMI单元电路中的数据处理单元提供3.3V供电。AVSS33_HDMI_RX为HDMI处理单元接地端。HDMI单元处理供电特点见表2.44。HDMI信号在IC内径HDMI恢复成数字Y.Pb.Pr信号和数字音频信号后，去各自图像、声音数字处理电路。

表2.44 HDMI单元处理供电特点

种 类	最 小	最 大
Freq 频率	270MHz	2227.5MHz
Vin供电	2.7V	3.3V
Vin-diff输入差分电压	150MV	1200MV
Cio输入电容		6pF

5. USB解码

UM1主芯片设计有4路USB接收通道，如图2.147所示。这4路USB使用情况如下：

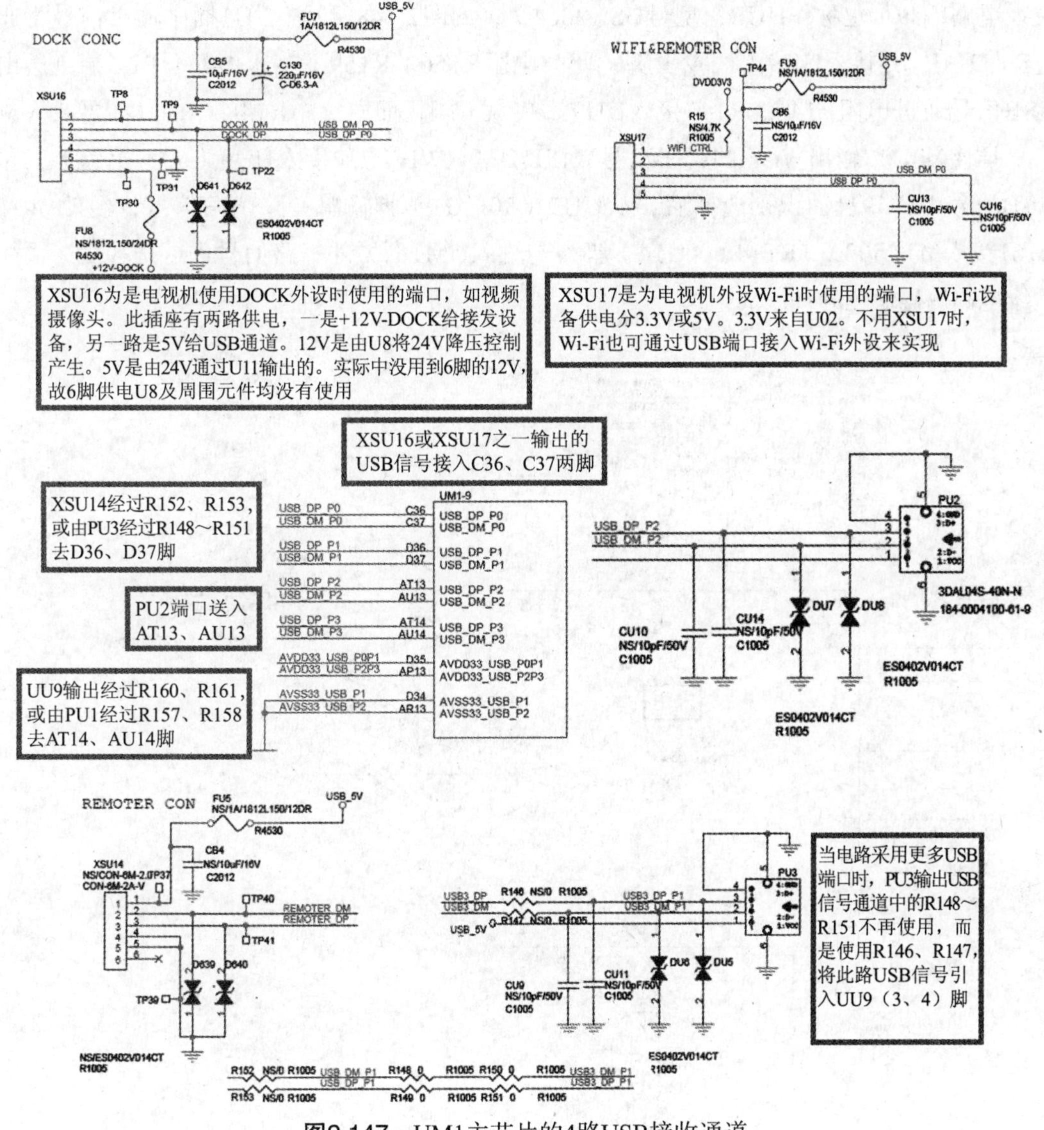

图2.147 UM1主芯片的4路USB接收通道

① MT5502A的AT13、AU13始终作为PU2端口送入USB信号。

② MT5502A的C36、C37两脚主要用于无线Wi-Fi或无线DOCK（互动游戏或无线鼠标、键盘时）时外连设备使用。XSU16或XSU17二者之一输出USB信号接入两脚。在电路设计时考虑了使用XSU16时就不使用XSU17，反之使用XSU17时就不用XSU16，这是该机芯的特点。

③ MT5502A的D36、D37用于接收PU3或XSU14插座送入的USB信号，目的是实现整机更多应用功能。使用XSU14时，PU3信号将不接入D36、D37两脚。具体情况是：使用XSU14时，此插座接收的USB信号将通过R152、R153接入D36、D37脚。当电路使用PU3不用XSU14时，PU3端口送入的USB信号将通过R150、R148和R151、R149去UM1的D36、D37脚。

④ USB集线电路（HUB）。当电视机USB端口需要更多扩展端口时，电路上增加了

集线电路UU9（也称作HUB，型号USX2064），如图2.148所示。PU1插座输出信号将通过R162、R163接入UU9（1、2）脚，此时电阻R156～R159不接入电路。PU3端口送出USB信号通过电阻R146、R147接入UU9（3、4）脚，而电路中R148～R151不再装入电路。插座XSU13输出Wi-Fi的USB信号WIFI_DM、WIFI_DP接入UU9（6、7）脚。三路USB信号由UU9自动识别选择后，从UU9（30、31）脚输出一路USB信号，经R160、R161接入MT5502A（RT14、AU14）脚，与输入UM1的另外三路信号进行选择后，输往后续电路解码解压处理。

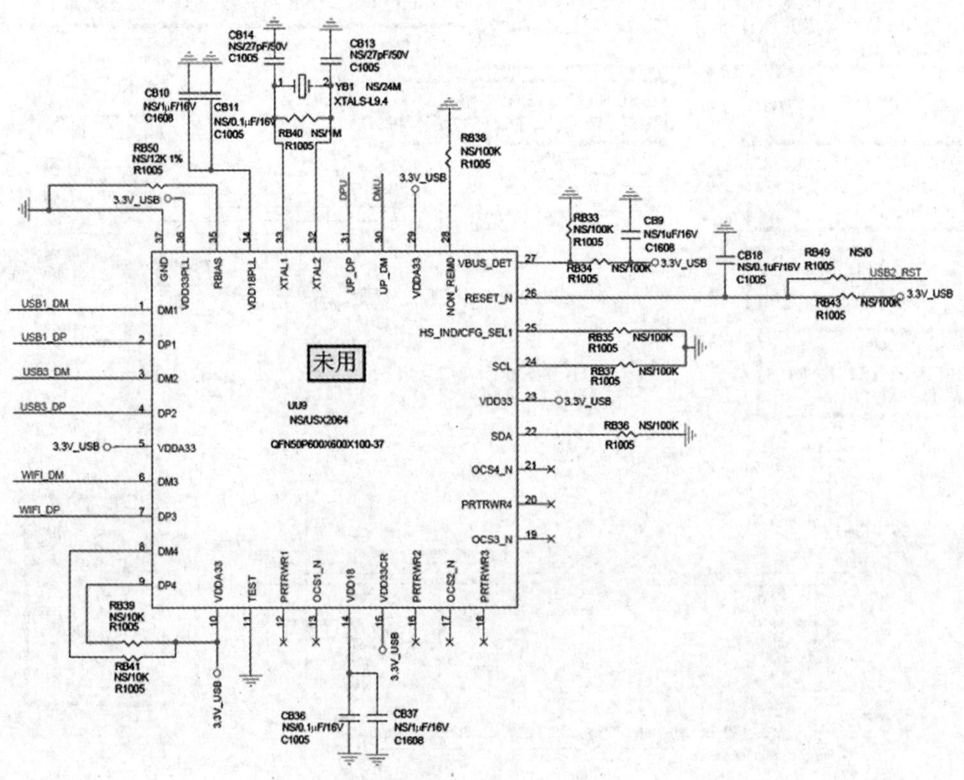

图2.148　USB集线电路

6. SD卡接口

SD卡实物如图2.149所示。

SD卡通常有6路关键信号，分别是CMD，CLK，DAT0～DAT3。SD卡有两个访问接口模式，SD模式和SPI模式。故SD除了可用于保存各种多媒体节目之外，还能保存系统程序，通过SPI通道对整机系统进行软件升级，其软件升级功能等同于USB端口。SD卡插座1脚送出的DATA3接入主芯片B35脚的SD_D3，作为SD卡的状态检测信号，用于判定SD卡接口模式是SD或SPI模式。在两种不同的访问模式下，SDIO端口引脚执行的功能将不同，见表2.45。2脚CMD为卡命令信号，对卡供电检测正常，产生命令至主芯片，输出数据信号。5脚接收主芯片B37送出的SDIO_CLK数据信号，A37脚输出数据位bit0去卡插座7脚。C35脚输出SDIO_D1接卡座的DATA1脚，卡数据位bit1信号对卡功率进行选择。主芯片A36脚输出SDIO_D2接卡的9脚，数据位BIT2传送卡复位

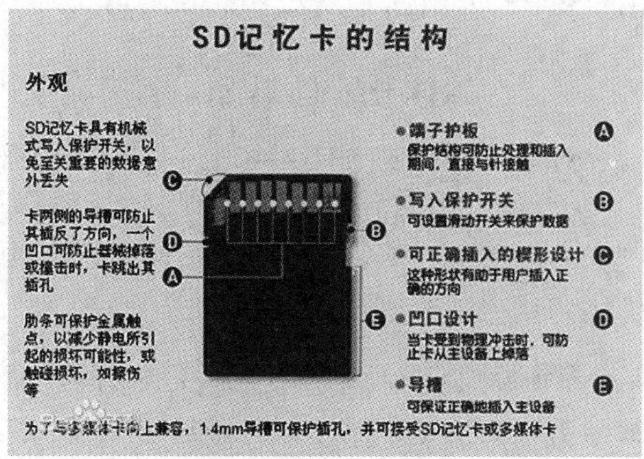

图2.149　SD卡结构

表2.45　SD卡在不同访问模式下卡座引脚功能说明

引脚	SD访问（11脚功能）	SPI访问
1	DATA3卡访问模式选择	CS片选
2	CMD复位命令	D1
3	VSS	VSS
4	VDD供电	VDD
5	CLK时钟	SCLK
6	VSS	VSS
7	DATA0	DO
8	DATA1	保留
9	DATA2卡复位	保留

信息。卡座的10、12脚传送的是卡进行SPI传送时的控制命令，软件升级时使用，如图2.150所示。

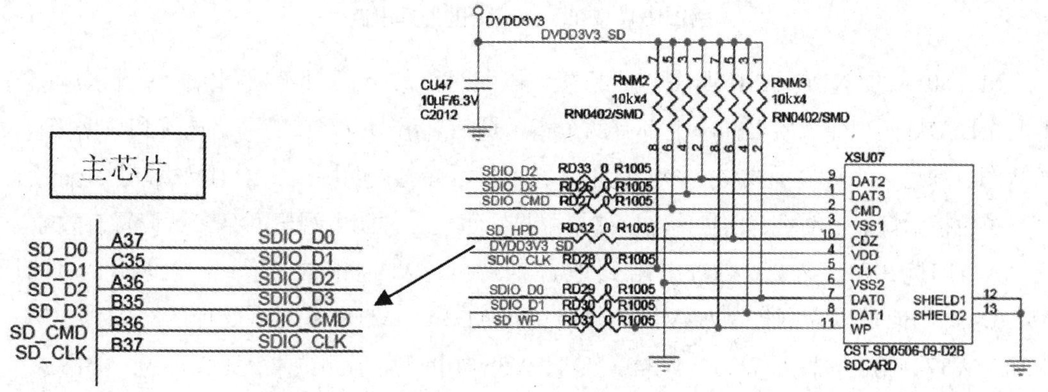

图2.150　SD卡10.12脚电路

SD卡接口还可用作外设端口使用，如SDIO蓝牙、SDIO GPS、SDIO无线网卡、SDIO移动电视卡等，只要这些外设端口带有SDIO口。

◎知识链接……………………………………………………………………

SD卡软件升级

本机支持SD卡升级，通过本机的SD卡接口进行软件升级。把存有升级文件的SD卡正确插入本机SD卡接口，然后进入“整机设置”—“系统设置”—“软件版本和升级”，按确定键进入“手动升级”界面。选择“下一步”后，进入软件检测，检测到有软件升级包后，升级操作请按屏幕上显示菜单提示进行。

注：在升级过程中，屏幕显示升级进度及提示信息，此时不能拔掉SD 卡，不能关闭电源，否则SD 卡和电视机可能损坏。升级成功并重新启动系统后，新软件开始执行。

……………………………………………………………………

7. Ethernet以太网处理

与以太网相关的除了软件支持外，硬件中涉及主芯片UM1的引脚有AT18、AU18等，如图2.151所示。其中涉及RJ45和网络变压器电路见PM38iSD机芯介绍。

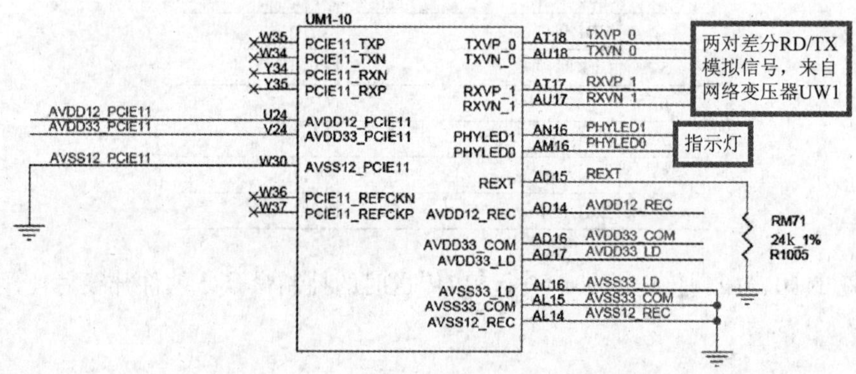

图2.151 Ethernet以太网处理电路

MT5502A的AN16、AM16脚是电视机接收以太网状态指示灯信号输出脚，控制RJ45插座上两个LED灯的工作。RJ45插座上都有两个指示灯，显示相应端口的网络连接和数据接收发送状态。绿色指示灯显示线路是否连接正常，不显示绿光表明网线、IC内网络硬件电路有故障。黄色指示灯显示网络有信号传输，如果不显示黄色，说明电视机网络参数设置有故障。

AD15脚REXT外接24kΩ电阻到地，维持网络处理正常工作。 主芯片AD14脚AVDD12_REC是以太网控制1.2V模拟供电脚。AD16、AD17是网络处理的3.3V供电脚。W36、W37脚为测试端。W35、W34、Y34、Y35脚也可用于测试端，图2.151中未用。

网络功能的实现，除了与上述硬件有关，还与Flash块中操作程序稳定性及网络服务平台、MAC地址、IP地址设置正确等有关。智能电视IP地址的设置见2.1节相关内容。

替换E^2PROM存储器会导致MAC地址丢失，出现无法上网的问题，此时按遥控器“菜单”键，在显示菜单信息后，顺序按“0816”键即可进入总线调试状态，图2.152是PM38机芯进入总线调整状态后，翻页至“索引2”时，屏幕上显示的各项调整项目，其中有一

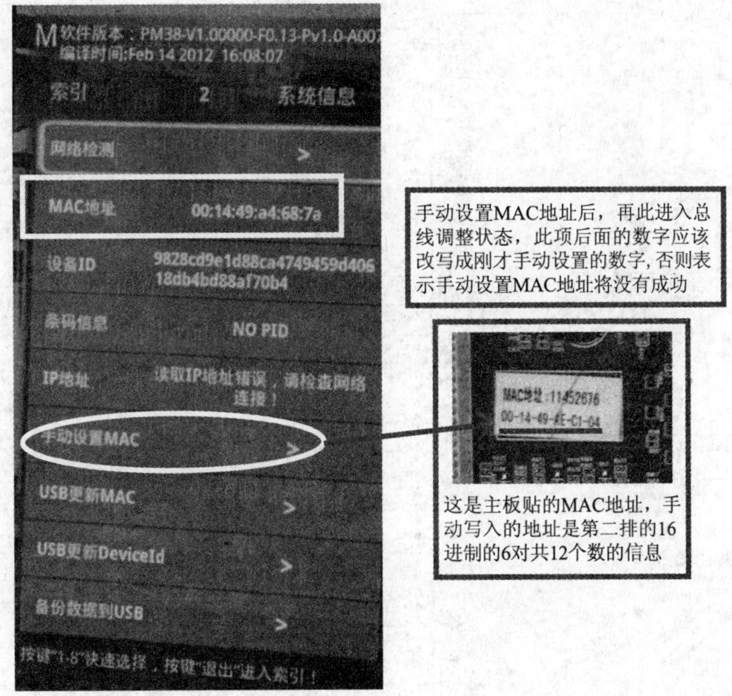

图2.152 PM38机芯总线调整状态下的索引2

项“手动设置MAC地址”，按上下键至此项，再按确认键进入手动设置状态，通过遥控器的输入法和数字键，将主板上贴的MAC地址数字写入，退出调试状态，这样MAC地址便存入E^2PROM中了。再次进入“索引2”，你会发现“MAC地址”后面的数字已改写刚才设置的数字了。

8. DDR3电路

DDR3电路由主芯片MT5502A、两块DDR3（UD1、UD2）组成。此部分见2.2节PM38iSD部分。

9. 主板送入屏驱动信号

（1）主芯片涉及的去屏电路。

图2.153所示是主芯片送往屏的LVDS信号电路图，也可以是Mini LVDS信号。长虹LM38机芯仍采用传统的LVDS信号。此部分电路需要1.2V和3.3V两种供电，引脚中标有AVDD12_LVDS和AVDD33_LVDS。其中，AVDD33_LVDSA、AVDD33_LVDSB、AVDD12_LVDS_1、AVDD12_LVDS_2都是模拟电源，主芯片输出LVDS、mini-LVDS、VBI和EPI，为输出单元供电。AVDD12_VPL是为输出驱动单元时钟锁相环供电。REXT_VPL是LVDS、mini-LVDS驱动输出时钟锁相环电路，要求外接一只24kΩ电阻到地。输出LVDS路数与整机使用屏的种类有关，屏分辨率高，显示要求主芯片输出数据传送速率高，为此主芯片输出的LVDS路数将增加，即通道加宽；同时，驱动变频电路的程序也不同。触发主芯片完成普通屏或高清屏的功能脚，是由主芯片的AN23脚外电路中RW18、RW17在路状态决定。使用高清屏1920×1080时，RW18接入电路，RW17不接入电路；使

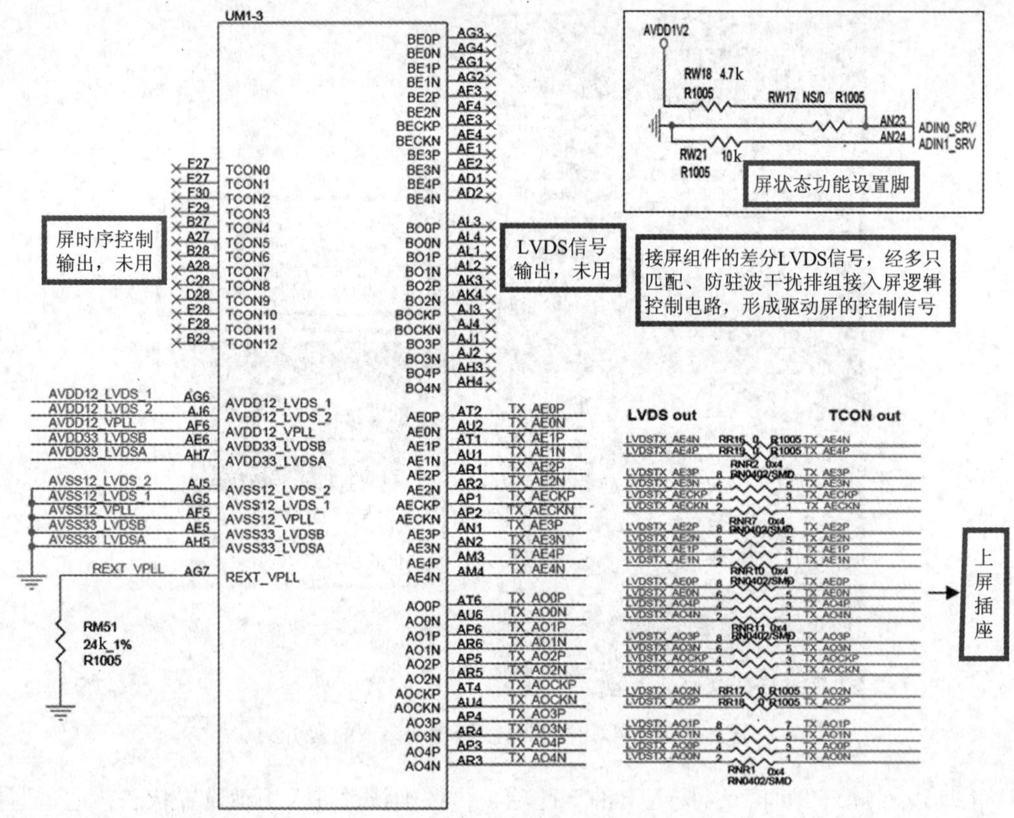

图2.153 主芯片送往屏的LVDS信号电路图

用普通屏时，RW18不用，RW17接入电路。两电阻状态错误会导致LVDS输出错误，整机出现背光亮、有伴音、黑屏无图故障。

主芯片输出的LVDS信号通过JP6的插座送入屏逻辑处理电路，将LVDS信号反编码处理，重新恢复成三路数字RGB信号，再经定时、扩频等处理后，送入驱动屏TFT晶体管工作的驱动信号，实现屏液晶排列方向控制背光光通量，从而在屏幕上显示画面。

总线调试状态下，屏参调整不当，会导致主板输出LVDS信号不是实际屏所需要的信号，从而出现花屏故障。在“索引1”中，“产品型号”是系统自动识别的，不可改写。而“屏参选择”后面的屏型号是维修人员可调的，但设计的屏型号应与产品使用的实际屏型号相对应，否则会出现花屏的画面或3D不重合的画面，或调成PDP屏的参数而出现黑屏（图2.154）。

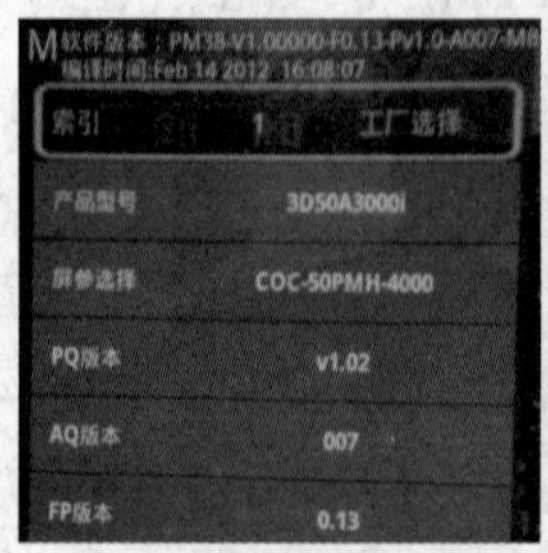

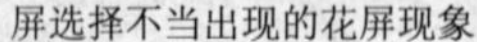
屏选择不当出现的花屏现象

屏型号选择错误出现左右不重合两幅图像

图2.154 屏型号不对应出现的故障画面

（2）主板送往屏的信号特点（见图2.155）。

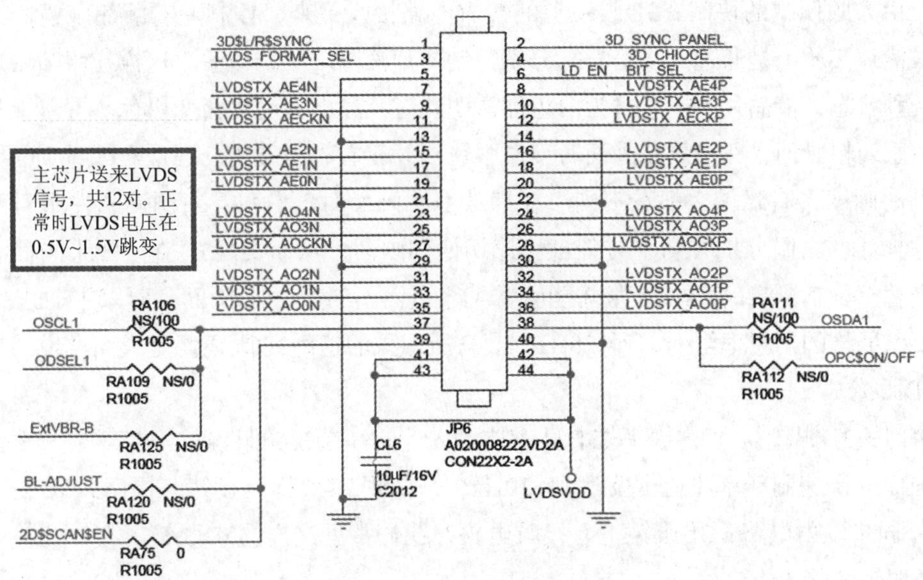

图2.155　主板送往屏的信号

主板送往屏的信号由插座JP6送出，它是连接主板与屏逻辑板的信号通道，常称为上屏插座，它传递的图像信号有多对数字信号，如图2.155中的LVDSTX AO0N（负相）与LVDSTX AO0P（正相）是一对差分信号LVDS，LVDSTX AO1N与LVDS AO1P又是另一对LVDS信号，对于1920×1080的高清屏，共有12对LVDS数字差分信号。对于更高分辨率的屏，其LVDS对数还将增加，以此提高信号传送速率。LVDS信号是将数字R、G、B信号，时钟，同步信号一起编码输出，电压范围在0.5~1.5V（1V左右）。上屏插座连接不好或LVDS线通信不正常，会出现各种花斑状或重影状或画面上有许多噪点状的画面，如图2.156所示。

重影状的图像（花屏）　　　　花斑状的图像

图2.156　上屏插座连接不好或LVDS通信不正常的故障画面

上屏插座传送的其他控制信号有：

① 3D显示相关控制信号。

真正的3D立体图像是由用两台摄像装置拍下来的两组重叠画面，这种画面要实现立体观看，目前可通过两种方式来实现。一种是左右显示或上下分离显示画面时，由屏Tcon

板输出显示左、右画面的同步信号（这时左右切换频率为120Hz），通过红外发射板发射出去，由人眼佩戴的快门式3D眼镜上的接收电路接收下来，控制左右液晶眼镜遮光来实现。眼镜片实质上是通过同步信号来分别控制两片液晶屏的开与关，这样在眼睛中形成黑和白两种状态，液晶片不通电时为白色即透明状态，通电之后就会变黑色。屏幕上显示交替左右眼两幅画面，在播放左画面时，左眼镜打开，右眼镜关闭，观众左眼看到需要让左眼看见的画面，右眼什么都看不到。在播放右眼画面时，右眼看右画面，左眼看不到画面，这样让左右眼分别看到左右各自快速切换的画面，从而实现3D立体效果画面。这个过程交替至少达到120次/s，人眼才能欣赏到连贯而不闪烁的3D画面，所以主动式3D显示技术要求屏幕的刷新率至少达到120Hz。观众所佩戴的这种3D眼镜便是人们常说的主动快门式3D眼镜。

快门式3D眼镜是利用快门式3D显示技术设计的高端视频眼镜，构造复杂，主要通过提高画面的快速刷新率（通常要达到120Hz）来实现3D效果。显然，快门式3D眼镜需要3D红外同步发射电路，3D眼镜上有接收电路，我们常见这样的3D眼镜上有个开关，打开此开关眼镜才能工作。

另一种呈现3D画面的眼镜是偏光式。偏光式3D立体成像技术是利用光线有“振动方向”的原理来分解原始图像的，通过在显示屏幕上加放偏光板，可以向观众输送两幅偏振方向不同的画面，当画面经过偏振眼镜时，由于偏光式眼镜的每只镜片只能接受一个偏振方向的画面，这样人的左右眼就能接收两组画面，再经过大脑合成立体影像。偏光式3D成像液晶屏不同于快门式液晶屏，它的成像是液晶屏上加偏振片，所佩戴的3D眼镜的作用相当于起偏器。从液晶屏射出的光，通过偏振片后，就成了偏振光。左右两架装置前的偏振片的偏振化方向互相垂直，因而产生的两束偏振光的偏振方向也互相垂直。这两束偏振光投射到银幕上再反射到观众处，偏振光方向不改变。观众戴上眼镜观看，每只眼睛只看到相应的偏振光图像，即左眼只能看到左机映出的画面，右眼只能看到右机映出的画面，这样人眼看到的画面便会呈现3D立体效果。观众佩戴的这种眼镜称为偏光式3D眼镜。显然这样的3D成像在电路上没有3D同步发射电路，3D眼镜上无供电电路。

以上介绍的两种3D成像是目前3D平板电视最常见的两种方式，所佩戴的眼镜分为快门式和偏光式。

② 3D屏启动使能信号。

3DL/RSYNC：控制快门式3D眼镜左右开关的同步控制信号。此路控制信号来自主芯片控制系统的AT9脚送出的3D_L/R_SYNC，此信号接入QA9基极，经倒相放大后，从C极输出3DL/RSYNC信号，经电阻RA98接入JP06（1）脚送入TCON板，启动3D屏Tcon板相应电路工作。QA9组成的电路有的产品可以不用此部分。此时屏3D处理的启动由主芯片MT5502的E33脚输出3D_ENABLE使能信号，此信号经QA8倒相后，从C极输出3D_CHIOCE，经电阻RA92去JP6（4）脚，启动屏电路产生3D效果图像，并输出3D眼镜控制同步信号。

下面介绍快门式3D成像同步信号处理（图2.157）。屏TCON板产生的与屏3D画面

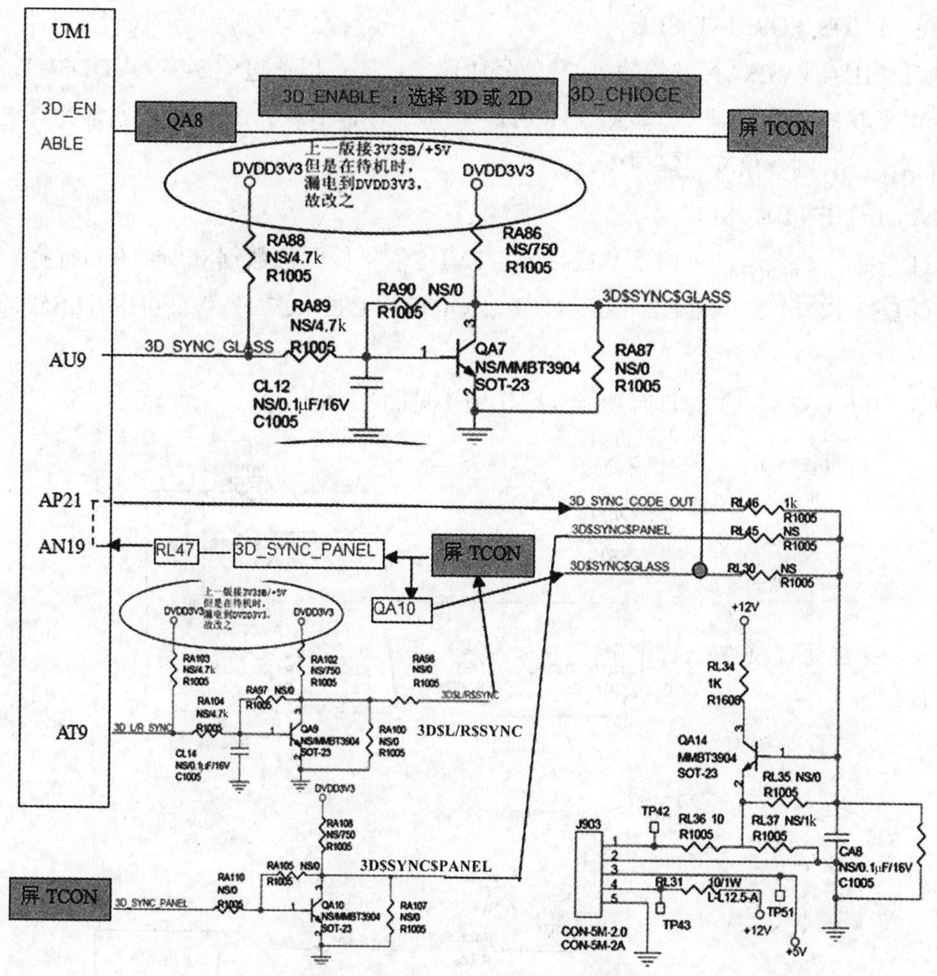

图2.157 快门式3D成像同步信号处理

左、右切换速度同步的120Hz的3D_SYNC_PANEL信号从JP6（2）脚输出，此信号以两种方式接入后续电路。其中一种方式是经电阻RA110接入QA10基极，经QA10倒相放大后，从C极输出3D$SYNC$PANEL，经电阻RL45接入QA14基极，再经QA14电流放大后，从E极输出通过插座J903控制3D发射板，发射3D无线信号通过眼镜上的接收器转换或控制3D眼镜左右开关的控制信号，实现3D画面再现，此时电路上将不使用RL47。另一种方式是QA10组成的电路不用，而使用RL47。JP6（2）脚输出的3D_SYNC_PANEL经RL47后变为3D_SYNC_IN送入主芯片AN19，经主芯片处理后，再从AP21脚输出3D同步信号3D_SYNC_CODE_OUT经RL46接入QA14基极，经QA14放大后，通过J903去控制3D眼镜外发射板。3D红外发射电路在PM38机芯上有介绍，电路相同。

还有一种3D眼镜同步控制方式，即从芯片MT5502A的AU39脚输出3D_SYNC_GLASS，再经QA7倒相放大后，从其集电极输出经RL30接入QA14去放大，这部分电路只有个别产品才使用，有的产品无此功能。

3D_CHIOCE选择屏的工作方式，可以是3D或2D，优先执行的是2D。用户按遥控器按键选择2D/3D节目源时，此电路便输出控制信号去屏TCON板。

（3）LVDS_FORMAT_SEL。

选择JEIDA或VESA标准传输LVDS信号协议。此脚可以通过RL24接DVDD3V3，保证此脚为电平状态，或者通过电阻RL25（0Ω）接地，使此脚保持0V电平。通常此脚电平不能设置错误，否则会出现花屏现象。

（4）LD_EN BIT_SEL。

BIT选择，此脚通过主板悬空或接地。LVDS信号传输位数据8bit或10bit选择。采用V315H3-LS2（C7）、V420H2-LS2（C7）、V460H1-LS2（C7）、V390HK1-LS5时LVDS选择8bit。

（5）JP6（37、38）脚具有功能复用作用（见图2.158）。

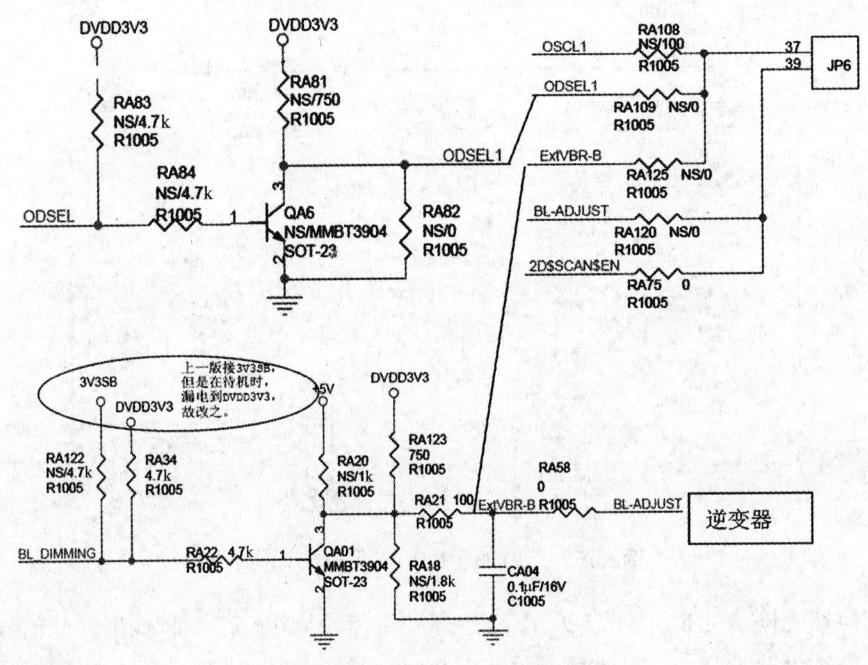

图2.158 JP6（37、38）脚电路

需对屏进行软件调试时，主芯片AP15、AN15脚输出OSC1、OSDA1，通过总线进行屏与主芯片之间的通信，有时需对屏进行软件调试。不需要对屏进行调试时，主芯片AR12脚输往屏的帧频率刷新控制信号ODSEL，经QA6倒相放大后，从C极输出通过 JP6输往屏电路，校准屏工作帧频率与主板图像处理同步。当主板不使用此路控制信号时，由主芯片输出的背光亮度控制信号从主芯片AT12脚输出BL_DIMMING，经QA01放大后，一路作ExtVBR-B输出，经JP6去屏TCON板，调节TCON板后，从TCON板输出，再随QA01输出背光亮度叠加去逆变电路，调节背光；另一路直接去背光电路。

（6）2D$SCAN$EN。

此路信号为2D扫描使能信号，来自主芯片UM1的AR9脚，经QA5倒相放大后成为2D_SCAN_EN，经插座JP6（39）脚接入屏电路，通常此脚为低电平。

（7）OPC$ON/OFF。

由主芯片MT5502A的AP9 脚输出背光亮度自动控制启动或关闭信号，由QA3放大后，经插座JP6去屏驱动电路，如图2.159所示。

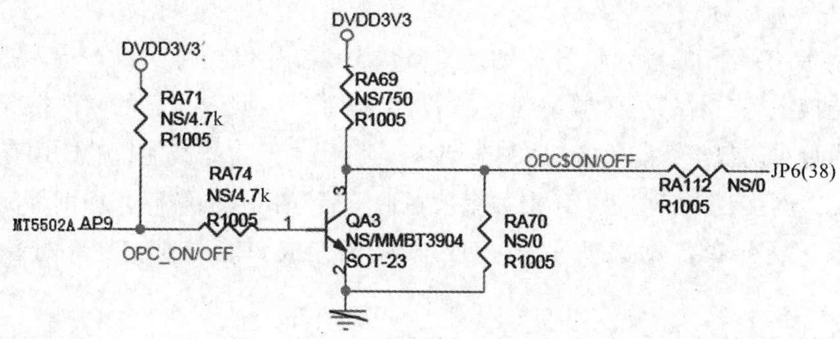

图2.159 背光亮度自动控制启动或关闭信号

（8）LVDSVDD。

屏电路供电电路（图2.160）。

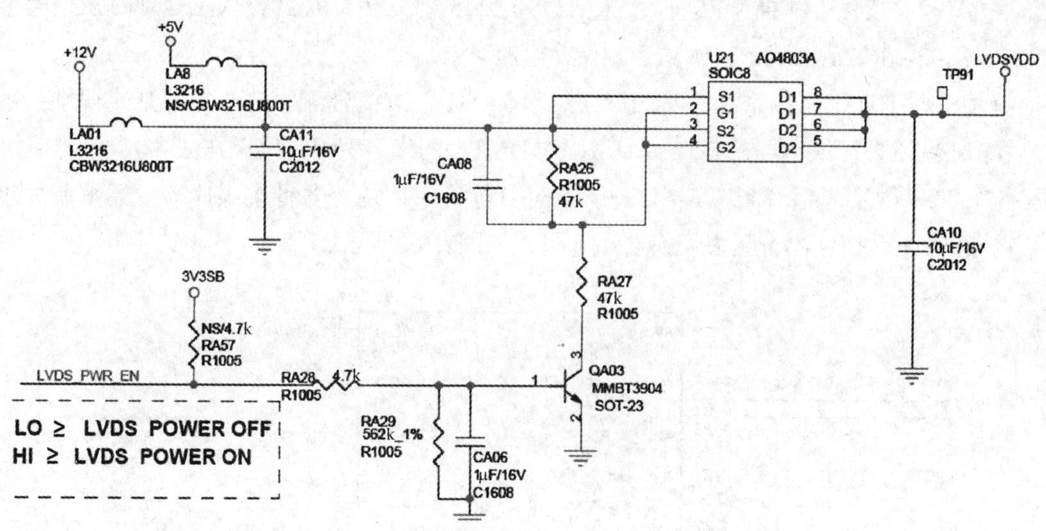

图2.160 屏电路供电电路

5V或12V经U21开关切换（有的屏要求5V供电，有的屏要求12V供电，这与屏电路采用的IC有关）、电流放大后，从其5～8脚输出LVDSVDD，经插座JP6去屏电路。U21（2、4）脚受QA03控制。二次开机过程中，主芯片UM1的AN18输出高电平使QA03饱和导通，U21内部由两个P沟道MOSFET管组成。当P沟道MOSFET管的S、G极电压V_{SG}>导通阈值电平时，P沟道MOSFET管导通工作，从D极输出5V或12V电压供屏电路工作。

U21采用的型号是AO4803A，采用此元件，具有导通时R_{DS}（ON）导通阻抗低（低于46mΩ）和低栅极电荷等特点，非常适合作为负载的开关切换或PWM控制使用，带载能力强，自身耗电低，发热量小，为负载提供5A驱动电流，脉冲漏极电流达30A，雪崩电流11A，如图2.161所示。

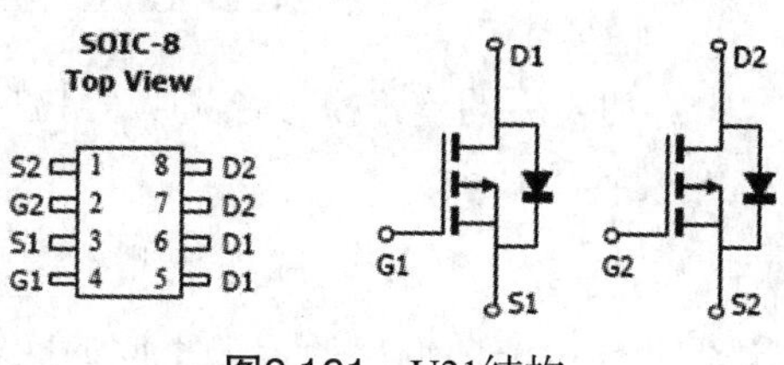

图2.161 U21结构

10. 伴音处理电路

（1）主芯片部分。

① 主芯片各路音频输入信号及处理。MT5502芯片可支持7对L/R音频输入，4对DAC伴音转换电路，伴音基于数字处理技术的DSP系统，具有自己的软件指令系统及控制系统，从而实现基于智能语音的采集、编码、解码、输出。智能机芯USB存储的各种多媒体节目、网络音频信号及HDMI数字节目源等音频信号的解码、识别都离不开DSP数字处理系统，伴音音效处理等这一切都在IC内完成。能看到IC外部的音频输入通道有：

- VGA音频信号。从J12输入，R信号通过R410、C201接入主芯片AU36脚。L信号经R411、C204进入AP34脚去IC内音频切换电路。
- HDTV音频信号。从插座P7输入，L信号通过R260、C231、R261接入AR33脚，R信号经R285、C233、R330接入AP32脚内音频切换电路。
- AV音频信号。从插座P5输入，L信号经R226、C186、R229接入AP35脚，R信号经R227、C192、R228接入AR35脚内音频切换电路。
- USB、HDMI、网络和TV等节目源音频信号。TV信号经中放、伴音制式识别、解调后输出音频去切换电路。DTV、USB、HDMI、网络各种压缩编码格式的数字伴音如AC-3、ATSC数字广播音频、E-AC3、MPEG-1等均在IC内经各种多媒体播放器解调处理后，再经DAC转换输出音频去切换选择电路，如图2.162所示。

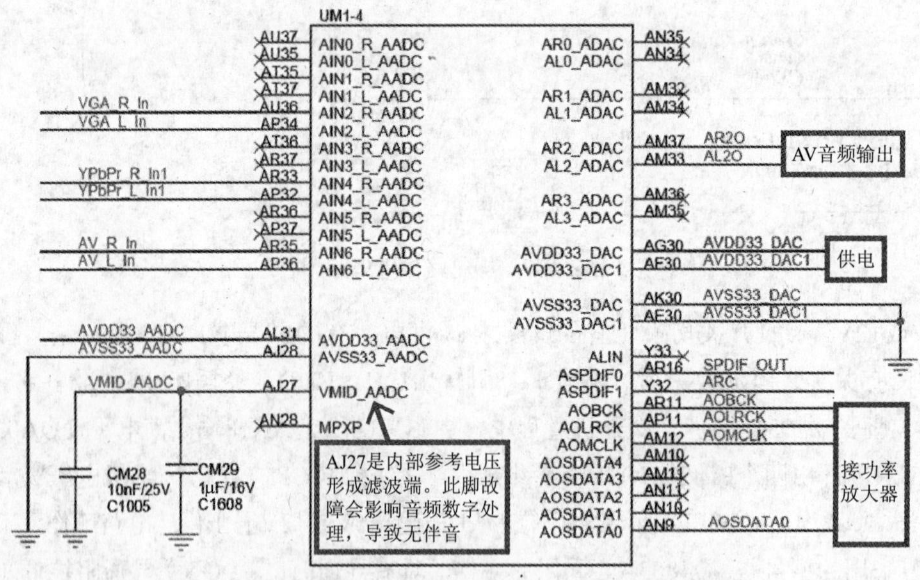

图2.162　USB、HDMI、网络和TV等节目源音频信号

经切换后的一路模拟音频从AM33、AM37脚输出，去U12组成的音频缓冲放大电路，再去AV输出端P4。

② 同轴光纤输出。此处是指数字音频输出。从主芯片AR16脚输出一路数字音频信号S/PDIF，可由两输出通道去不同的同轴光纤端口。如图2.163所示，一路经电阻RA17去

SPDIF OUT

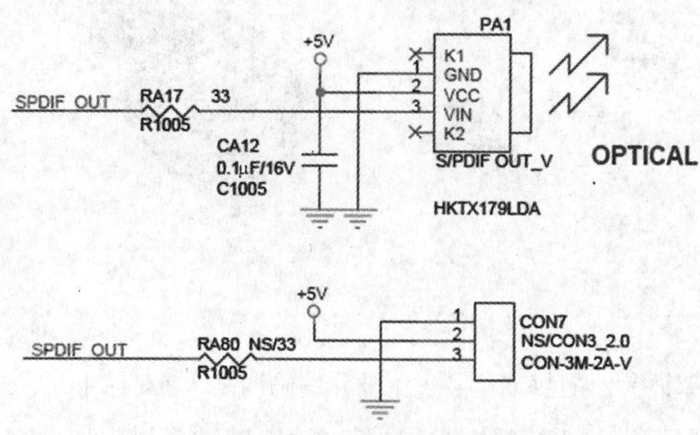

图2.163 同轴光纤输出

PA1，一路经RA80去CON7。

◎知识链接……………………………………………………………………

S/PDIF相关概念

S/PDIF是一种数字音频传输接口，普遍使用光纤和同轴线输出，将音频信号输出至解码器上，能保持高保真度的输出结果，广泛应用在DTS（Digital Theatre System，数字化影院系统）和杜比数字中。

一种S/PDIF传输线采用三线式传输，使用110Ω阻抗的线材以及XLR接头，如图2.164所示，使用于专业场合。

第二种S/PDIF传输线使用75Ω阻抗的铜轴线以及RCA接头，用于一般家用场合。RCA端子采用同轴传输信号的方式，中轴用来传输信号，外沿一圈的接触层用来接地，可以用来传输数字音频信号和模拟视频信号，如图1.164所示。

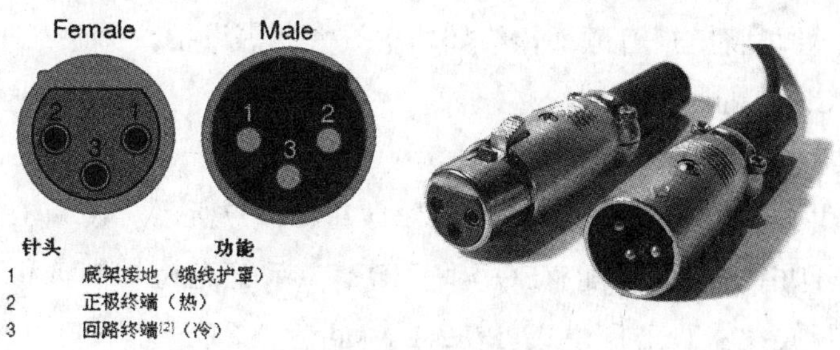

图2.164 S/PDIF传输线

第三种S/PDIF传输线使用光纤传输以及F05光纤接头，同样适用于一般家用场合，形状如图2.165所示。光纤接头（Optical Fiber Splice）是将两根光纤永久地或可分离开地联结在一起，并有保护部件的接续部分。

图2.165 F05光纤接头

③ 输出至功率放大器的数字信号采用脉冲编码调制（PCM：pulse code modulation)格式的数据信号，从主芯片AN9、AR11、AP11、AM12四脚输出了4个数字音频信号AOBCK（音频时钟）、AOLRCK（音频左/右声道时钟）、AOMCLK（音频主时钟）、AOSDATA0（音频串数据输出，只用了其中一路数据串）到数字功率放大器TAS5711。

④ HDMI 1.4A的ARC音频回传功能。从Y32脚输出ARC，接入HDMI1.4Aa端口的（14）脚，可将电视机TV、AV音频信号通过CH2、RH2接入HDMI端口的（14）脚，如图2.166所示。

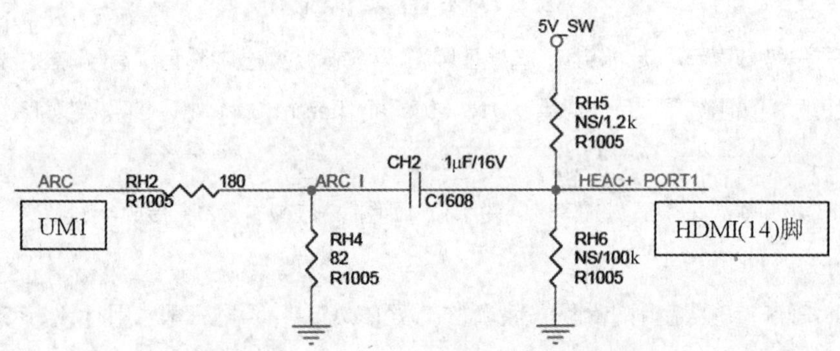

图2.166 HDMI 1.4A的ARC音频回传电路

外设和电视机都要有HDMI1.4端口，才能实现ARC回转功能，无需再连接AV音频输出线或SPDIF线，便可将电视音频回传给如功率放大器等设备。另外，HDMI端口的17脚要接地，用于ARC回传的回流地端。

（2）功率放大器电路。

功率放大器由TAS5711和外部元件组成，如图2.167所示。IC有3.3V和24V两路供电。它是一块输出功率达20W伴随有EQ均衡、DRC（动态范围控制）和2.1模式（2 SE+1 BTL）的功率音频放大器。工作模式可在2.1 Mode（2 SE + 1 BTL）和2.0 Mode （2 BTL）间切换。设置I^{2}C总线地址脚。支持8kHz ~ 48kHz取样率信号传输，具有静音及音量独立控制通道，支持I^{2}S总线输入方式。也支持一路串行总线输入（包括两通道）接口，此时无需MCLK时钟。工厂模式下自动检测内部振荡器OSC速率。内有过热和短路保护电路，工作支持AB、AD工作方式。IC有48个引脚，面积仅7mm × 7mm，HTQFP封装，无需加散热片。

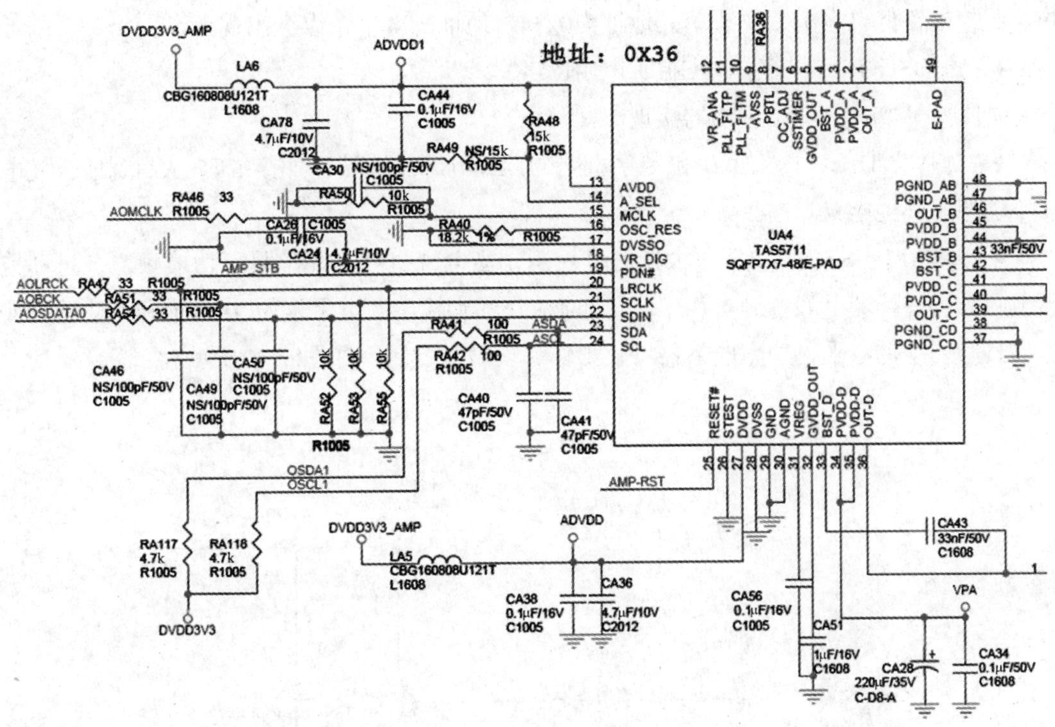

图2.167　功率放大器电路

TAS5711引脚特点及功能介绍如下：

• 1、46脚OUT_A、OUT_B分别为IC内两半桥驱动输出，输出的两路驱动脉冲对引脚外*LC*网络形成电流，给R、L声道喇叭提供驱动电流而发音。当选择从1、46脚输出时，IC选择R、L声道放大电路工作在单端SE模式下。同时又从36、39脚输出OUTC、OUTD时，表明电路选择2.1工作模式。IC工作模式由8脚电压决定。8脚PBTL，此脚为低电平，代表着BTL（桥式）或SE（单端）音频功率放大模式。如果8脚电平为高，意味着工作在PBTL模式，此状态直接决定输出功率级工作模式。

• 4脚BST_A为功率管高边驱动提供自举电压，外接自举电容CA39。

• 5、32脚是GVDD_OUT内部栅极驱动供电稳压器输出。此引脚形成电压不能用来驱动外部设备。

• 6脚SSTIMER，控制输出端输出波的斜率，接电容CA59到地。在BD模式时，此脚处于悬浮状态，AD模式时，此脚接2.2μF电容到地，此电容决定了锯齿波的斜率。

• 7脚OC_ADJ，接电阻RA35到地，模拟电源部分过流检测。

• 10、11脚PLL_FLTM、PLL_FLTP是锁相环滤波的正反相滤波端，M为PLL负端，P为PLL正端。

• 12脚VR_ANA，内部电源形成1.8V模拟电路供电端，不能用于外部设备。

• 13脚AVDD，3.3V模拟电源。

• 14脚A_SEL，IIC总线地址识别脚。此脚电平不同，总线识别地址不同，执行功能不同。地址识别为0x36时，此脚通过上拉电阻使此脚为高电平（2.4V）。如果此脚通过下拉电阻接地（低电平），总线单元地址为0x34。地址脚电平错误会出现无音。

- 16脚OSC_RES，外接OSC振荡电阻RA40。
- 17脚DVSSO，OSC振荡器接地。
- 18脚VR_DIG，内部产生供数字电路的1.8V电源滤波端，外接电容CA24到地，此电压不能用于其他电路。
- 19脚AMP_STB为功率放大器静音控制，当电视机处于无信号、切换频道、自动搜索节目或按遥控器上静音键时，主芯片UM1的E29脚输出高电平，使QA11饱和，使功率放大器19脚处于低电平，功率放大器停止工作实现静音控制，如图2.168所示。

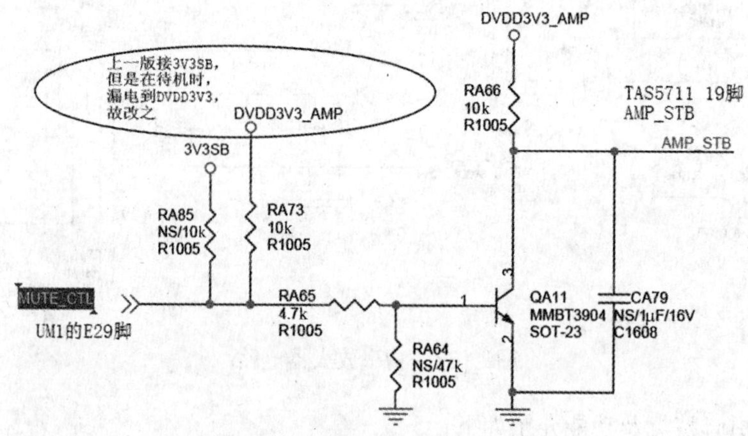

图2.168 功率放大器静音控制电路

- 25脚AMP-RST是主芯片送来的复位信号。主芯片UM1（F31）脚输出高电平经RA61接QA12，经QA12电平转换后接入25脚（低电平），复位完成后此脚电平维持在高电平5V状态，如图2.169所示。

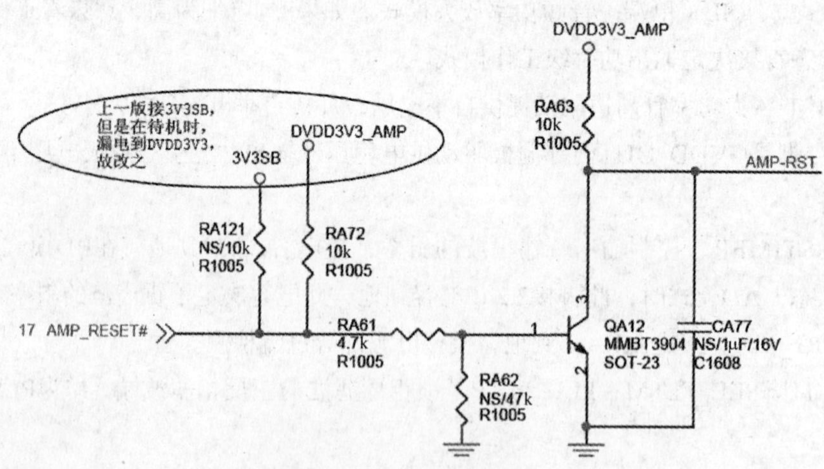

图2.169 主芯片复位信号

- 26脚STEST，工厂模式测试脚，功率放大器正常工作时接地。
- 31脚VREG，数字单元供电滤波脚，接CA56到地。
- 33脚BST_D，给半桥D高边驱动提供自举电压，通过内部电路及33脚与36脚之间外接自举电容CA43组成自举电压形成电路，为功率管高边驱动供电。

- 36脚OUT_D半桥驱动D输出，脉冲信号通过*LC*网络给喇叭驱动电流。
- 34、35脚为半桥D供电端。
- 37、38脚PGND_CD、半桥C、D的地端。
- 47，48脚PGND_AB，半桥A、B的地端。
- 39脚OUT_C半桥C输出。
- 40、41脚PVDD_C是半桥C的供电端。
- 42脚半桥C高边驱动自举电压形成端，在39与42脚之间接一自举电容CA35来形成自举电压。
- 43脚半桥B高边驱动电压形成，外接自举电容CA25。
- 44、45脚PVDD_B，给半桥B供电。
- 46脚OUT_B，半桥B输出。
- 47，48脚PGND_AB，半桥A、B功率放大器地端。

11. LM38机芯控制系统部分

LM38机芯控制系统由主芯片UM1/MT5502A、外接UM3/ TC58NVG2S3ETA00（Flash块）、时钟YM1/ 27MHz、UM5 /M24C32-W用户存储器、复位电路Q301、Q302和DDR3等电路组成。

（1）系统供电。

主芯片MT5502控制系统功能强大，其供电也是多样的。供电种类包括：供I/O端口的VCC3IO-B、VCC3IO-A两类3.3V；内核多路VCCK（1.2V）供电；与DDR通信单元DDRV有1.5V供电和AJ20脚内接3.3V转1.0V偏置供电（经电阻RM10接入）。这些电压的形成见此章节的主板电压分布网络和DC-DC转换块部分的内容。

（2）CPU测试或编程控制脚。

图2.170中AP14、AM14等引脚是芯片的测试脚。JTCK是CPU ICE（硬件）TEST测试时钟、JTDI是IC测试数据输入、JTDO是IC测试数据输出、JTMS是IC测试模式选择、JTRST#是测试复位（低电平有效，接电阻到地）。JTAG主要用于芯片内部测试，也可用于实现ISP（In-System Programmer），即对Flash等器件进行编程。 JTAG接口可对DSP芯片内部的所有部件进行编程。TAG编程方式是在线编程，传统生产流程中是先对芯片进行预编程然后再装到板上，简化的流程为先将器件固定到电路板上，再用JTAG编程，从而大大加快工作进度。主芯片的D2T脚符号为FSRC-WR，此脚通过电阻RM35接地，如图2.170所示，它是内部软件测试脚。

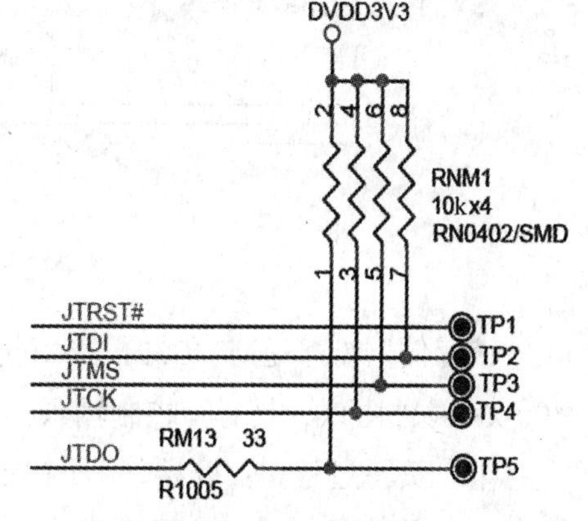

图2.170 主芯片的D27脚

（3）I^2C串总线。

MT5502A输出三路总线：

① AP12、AN12脚输出OSDA0、OSCL0，此路总线接用户存储器UM5，进行用户信息及有关DDC、HDCP、MAC地址、开机模式、屏参等信息交换保存。此路总线的驱动电压为5V，见E^2PROM存储器部分。

② AP15、AN15脚输出总线OSDA1、OSCL1分两路，一路到功率放大器TAS5711，其驱动电压为3.3V；另一路经跨接电阻RA106、RA109去屏逻辑电路，其驱动电压为5V。

③ 主芯片的V34、V35脚输出OSDA2、OSCL2（即T_OSCL、T_OSDA），经R903、R904去调谐器实现TV节目搜索等，见调谐器部分。

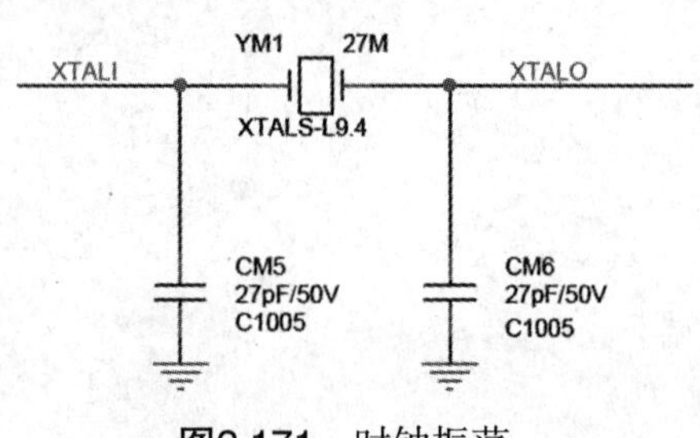

图2.171　时钟振荡

（4）时钟振荡。

整个机芯只用了一个时钟振荡晶体，它为整机工作提供基准时钟。主芯片的AT34、AU30接27MHz时钟振荡器，如图2.171所示，AK27脚AVDD33_XTAL_STB为时钟振荡供电。V3SB电压经RM36送入主芯片。时钟振荡工作后，再通过内部各时钟管理，分频产生各种时钟脉冲供各单元电路，为控制系统、色解码、数字梳状滤波、扫描格式转换、DTV接收、网络处理等电路提供基准时钟。时钟振荡锁相环设置在IC内部，有关的引脚是AK23脚3.3V供电。色彩不同步或无彩、声音异常、不开机等故障可通过替换晶体判定。

（5）E^2PROM存储器。

用户存储器保存许多整机信息，包括MAC地址、ID信息、HDCP、用户控制信息和总线工厂模式调试等信息。此部件损坏会出现不开机、开机慢、自动关机、图像异常或声音异常、花屏、无法上网等问题。存储器组成的电路如图2.172所示。

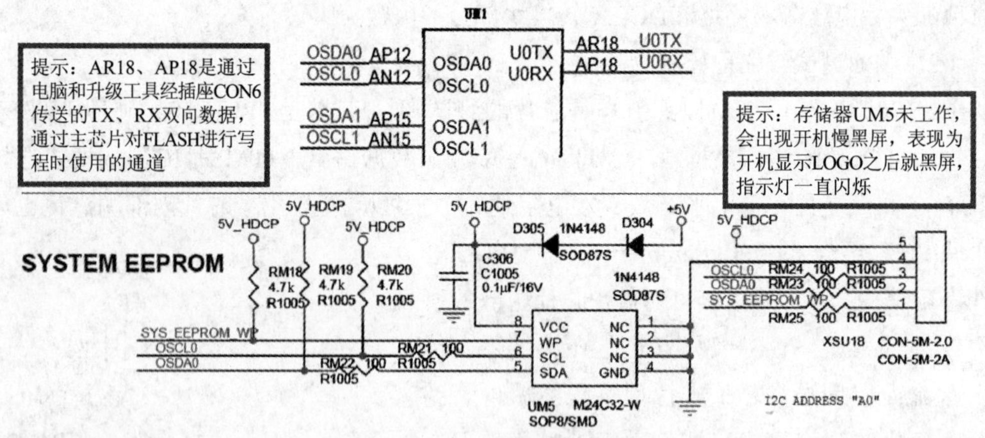

图2.172　存储器组成电路

该存储器型号是M24C32，采用同步串I^2C总线与主芯片MT5502A进行数据交换，支持400kHz时钟协议，具有写控制输入，支持字节与页面写（字节写过程是：开始→1个字节→结束。页写过程是：开始→第1个字节→第二个字节……第n个字节→结束。如果同样完成10个字节的写入，字节写需要启动总线10次，页写就只需要启动1次），采取随机和顺序读模式，自定时编程周期，地址自动递增，增强的防静电ESD /闭锁保护功能，达100万次的写周期，超过40年的数据存储不变。

该E^2PROM存储器引脚功能如下：1~3脚为芯片选通控制，通常接地或通过电阻接在8脚供电脚上，此机芯设置为接地，4脚为接地端；5脚为SDA串数据输入与输出通道；6脚为SCL时钟信号输入；7脚WP写保护控制信号，保护芯片存储的全部内容，防止意外操盘擦除数据，此处写保护处于低电平时，所有存储单元中的数据可进行写操作，但当此脚为高电平时，所有写操作对存储器的所有存储单元都是无效的；8脚为VCC供电（范围在2.5~5.5V）。

图2.172中的插座XSU18是存储器写入MAC地址、HDCP时使用。

存储器功能：保存开机信息（一次或二次开机）、用户控制节目、搜索节目的有关信息、维修模式下总线调试数据（屏参、MAC地址等）、登录网页的IP址信息、各种应用的信息、HDMI接收的HDCP信息、用户登录网络服务器的ID号等。

◎知识链接………………………………………………………………

存储器替换及故障处理

首先，存储器储存的各种信息中最关键的数据是MAC地址、设备ID、HDCP数据等，这些数据决定整机能否实现网页浏览，应用各音视频服务平台及正常接收HDMI节目源。如果这些数据丢失将无法正常接收处理这些信号，为了防止E^2PROM损坏影响整机工作，研发者已将这些关键数据备份在该机芯的NAND Flash中。即使替换用户存储器，开机后数据会自动调入E^2PROM中供用户使用。但是如果NAND Flash损坏，整机的数据将丢失，此时需通过XSU18插座连接设备写入HDCP数据。当然可将另一台正常工作的同机芯整机上的E^2PROM取过来使用，或采用24C**系列的读写器读出另一台机子的数据，再写入新换的E^2PROM中。如果仅是MAC地址不正确，此时可进入总线手动写入MAC地址，即将主板上贴的MAC地址（16进制的数据）写入总线状态。而设备ID号是整机工作时，由系统自身带出来的。如果登录某些网站不成功或无法登录网页时，会在屏幕上显示故障代码，如图2.173所示。出现类似问题时，如故障代码为102，它表示长虹用户系统未登录，即机器的产品型号、条码信息（即SN，与产品机号是相对应的）未录入公司数据库，产品的SN数据信息，产品型号在总线调整第一页的第一项中，如图2.174所示。在进入总线调试状态后第二页的第四项显示的24个数据便是条码信息，如图2.175所示。遇到故障代码102时，先向售后反馈问题机器的产品型号、条码信息，由总部将SN未入数据库重新处理，这样用户的故障便得到解决。

当出现登录网页长时间不能链接成功时，可能是总线状态下的ID号不正确，ID号在总线调整状态下的第二页第二项中。此时需与公司取得联系，公司重新提供新的设备ID号，并放入U盘，插入电视机U端口，在总线状态下，启动第二页，如图2.175中的“USB 更新DeviceId”升级处理，再重新进入总线状态，看设备ID是否改写，便可解决此问题。

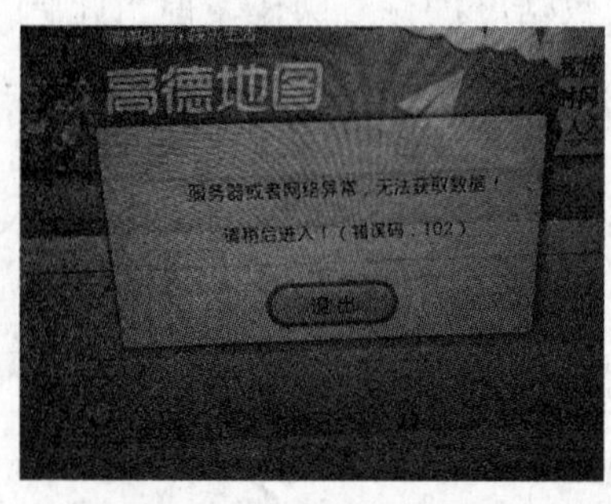

图2.173　故障代码102

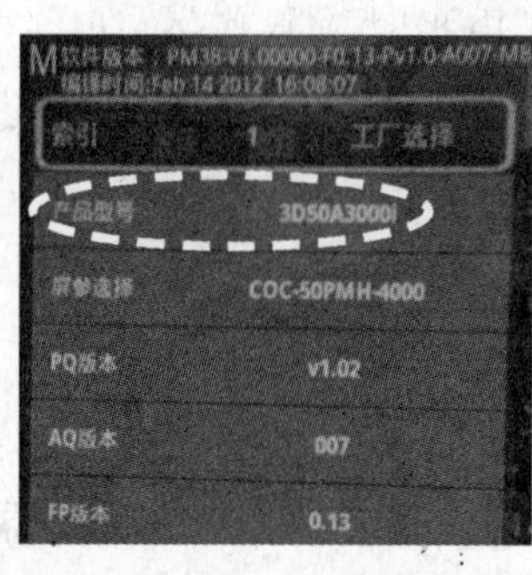

图2.174　产品型号

图2.175　条码信息

注：有时进入应用商店后应用很少，原因也是此种情况引起，解决方法见此例。

其次，E^2PROM存储器保存的所有数据参数中最容易改变的数据是屏参数。屏参数改变会出现花屏现象，此时应确认本机实际使用的屏的型号，调整屏参数为正确参数，故障现象才会消失。总线里机型与屏参数的位置如图2.176所示。

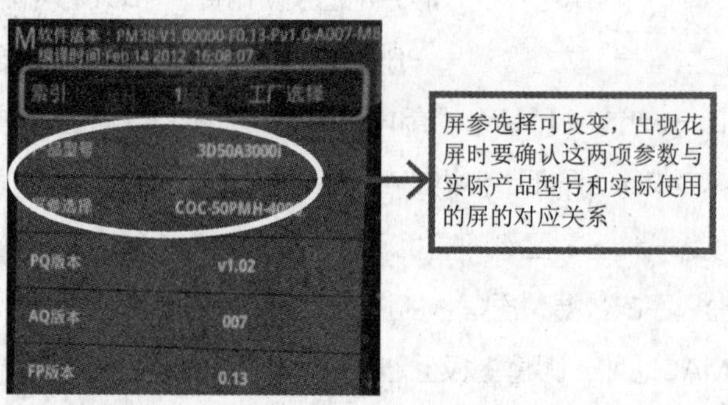

图2.176　机芯与屏参数

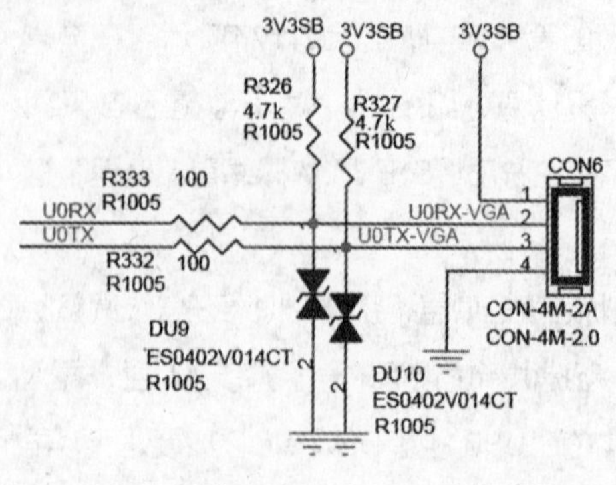

图2.177　UART

（6）AP18、AR18脚U0TX（输出）、U0RX（输入）。

UART是一种通用串行数据总线，用于异步通信。该总线双向通信，可以实现全双工传输和接收。它是用于控制计算机与串行设备的芯片的连接端口，如图2.177所示。此端口常在对系统进行写程序时使用。

12. 与NAND Flash块的通信

主芯片MT5502A的AP21、AN22和AN21三个

引脚与主芯片控制系统硬件配置有关，三脚工作电压配置不同，系统硬件配置将不同。用于选择eMMC存储器或NAND Flash，如图2.178所示。当芯片的AP21、AN22脚在开机过程中同为低电平，AN21脚为高电平3.3V时，机芯选择与NAND Flash（UM3）通信而形成该机芯控制系统，即该机芯控制系统选择27MHz时钟振荡晶体，主芯片选择与具有ROM和保存boot引导程序的NAND Flash进行通信。如果AP21脚、AN21脚同为低电平，而AN22脚为高电平，主芯片将选择与带有ROM及储存有boot的eMMC存储器进行通信。故AP21、AN21、AN22三脚在路状态不能随便设置，否则系统配置会发生错误，系统不工作。电视机开机后，LED_PWM0脚还兼作3D 同步信号3D_SYNC_CODE_OUT输出端，输出3D眼镜同步信号到QA14，经QA14电流放大后通过插座J903去3D发射板，见前面3D信号处理部分。

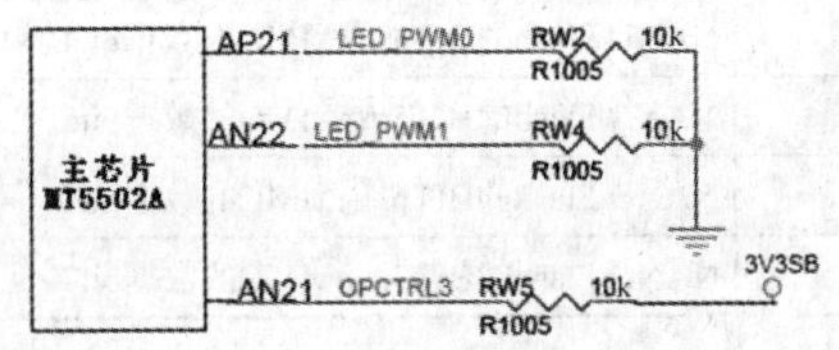

STRAPPING	LED_PWM0	LED_PWM1	OPCTRL3
ICE mode + 27M + serial boot	0	0	0
ICE moce + 27M + ROM to Nand boot	0	0	1
ICE moce + 27M + ROM to eMMC boot from eMMC pins (share pins w/s NAND)	0	1	0
ICE moce + 27M + ROM to eMMC boot from SDIO pins	0	1	1

图2.178　主芯片MT5502A的AP21、AN22和AN21三个引脚

该机芯的NAND Flash块编号是UM3，型号为TC58NVG2S3 ETA00，其内部保存有运行的boot引导程序、应用程序和Android操作系统三个程序存储区。系统运行是整机工作的前提，为此要求UM3与主芯片间信号通信正常。主芯片与UM3间通信引脚功能见表2.46。主芯片UM1与UM3组成的电路如图2.179所示。这部分电路有故障会出现不开机，自动关机或接通交流电后指示灯不亮等故障。也可能出现登录个别网络平台有故障，个别图像异常等现象。

图2.179中的UM3（TC58NVG2S3ETA00）是一块东芝芯片，供电3.3V（范围2.7~3.6V），存储量达4Gb，具有电可擦写、可编程只读NAND存储器，结构为（2048+64）个字节（bytes）×64页×4096，存储块存储单元最少有4016个，最多有4096个。此IC是一块串行式记忆装置，利用I/O端口传送地址、数据信号的输入或输出和控制命令。块内设置有两块存储量达2112字节（存储单元）的静态寄存器（静态变量分配固定的内存，在程序运行的整个过程中，它都会被保持，且不会被销毁），允许在寄存器与这些存储单元间传输程序和读取数据。擦除和程序操作自动实现，这样能保证该装置在应用时状态最稳定，可保存高密度非易失性的智能产品固态文件存储、智能语音记录、相机图片文件存储及其他文件等。

UM3控制采用串输入/输出和命令方式，可进行数据读、复位、自动网页程序、自动

表2.46　主芯片与NAND Flash或eMMC存储器引脚功能介绍

UM1引脚符号	功能说明
POWE#	NAND Flash块写使能或eMMC命令信号，需外接上拉电阻供电
POOE#	串Flash时钟/NAND Flash读使能信号RE#，需外接上拉电阻供电
POCE1#	Flash块片先使能，需外接上拉电阻供电
PARB#	Flash块准备就绪信号，需外接上拉电阻供电
PACLE	Flash块命令锁存使能（CLE）或eMMC的数据bit1
PAALE	Flash块的地址锁定使能（ALE）或eMMC存储器时为数据bit0
PDD0	串Flash数据输入或NAND Flash的bit0
PDD1	串Flash数据输出或NAND Flash的bit1
PDD2	NAND Flash的BIT2或eMMC的数据bit2
PDD3	NAND Flash的BIT3或eMMC的数据bit3
PDD4	NAND Flash的BIT4或eMMC的数据bit4
PDD5	NAND Flash的BIT5或eMMC的数据bit5
PDD6	NAND Flash的BIT6或eMMC的数据bit6
PDD7	NAND Flash的BIT7或eMMC的数据bit7

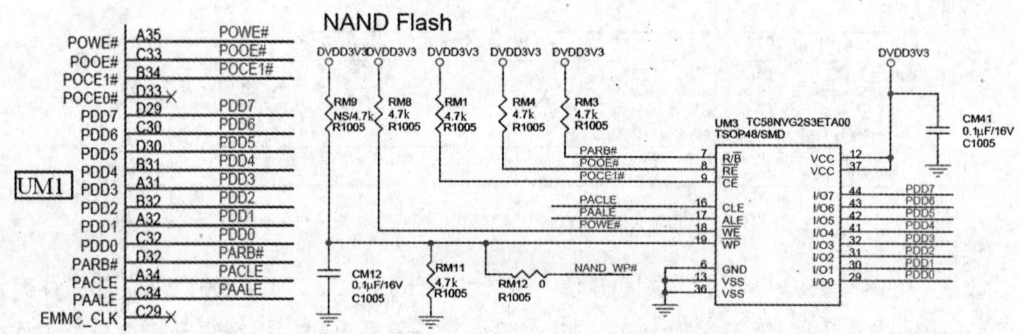

图2.179　主芯片UM1与UM3组成的电路

块、自动页擦除、读状态、页复印件及多页面程序、多块擦除、多页复印件、多页读等几种数据存取操作。IC封装为TSOP I 48-P-1220-0.50。表2.47中列出了TC58NVG2S3ETA00的9个I/O端口在进行数据操作时各命令脚的符号和功能。图2.180所示为IC内部信号处理框图。

13. 系统复位（见图2.181）

复位电路由Q301、Q302、C303、C308等元件组成。开机瞬间C303电压未建立，Q301截止、Q302饱和导通，MT5502A的AM22脚获得低电平复位信号。由于D303内阻很小，加之C303容量很小，故C303电压很快建立，Q303饱和，Q302快速进入截止状态，3V3SB通过电阻R334对电容C308充电，C308建立电压，由于C308容量较大，再加上R334阻抗较高，故C308建立电压需要一定时间。此时间便是系统复位完成的时间，当C308上建立有约3.3V电压时，系统的复位过程完成。

14. 系统启动

① 第一阶段。交流电上电，开关电源提供5Vsb电压，经主板DC-DC块U01转换成3.3Vsb电压供控制系统时钟振荡、复位电路，复位电路开始工作，并建立复位电压。系统

表2.47 I/O1～I/O9共9个端口在进行数据读写时的各种控制命令的符号和作用

控制命令符号	定 义	说 明
CE	Chip enable	芯片使能脚。芯片处于就绪状态期间，CE上升为高电平，芯片处于低耗能待机模式。系统处于忙碌状态时，即使CE上升为高电平，在编程或擦除或读取操作期间，CE作用将被忽略
WE	Write enable	写使能。WE信号是用来控制从I / O端口采集数据
RE	Read enable	读使能。用于控制串数据输出，在RE脉冲下降沿期间，内部列地址计数器计数递增
CLE	Command latch enable	命令锁存使能，此信号用于当命令送入到指令寄存器时控制模式的加载。在WE上升沿期间，CLE为高电平时，命令被锁存到指令寄存器中
ALE	Address latch enable	地址锁存使能。此信号用于控制加载地址去内部地址寄存器中。在I/O端口信号的上升沿，WE和ALE都处于高电平时，地址信号加载到地址寄存器中，并被锁定
WP	Write protect	写操作时保护。防止意外的编程或擦除导致数据丢失。当WP信号为低电平时，内部电压调节器重新启动
RY/BY	Ready/Busy	准备就绪/忙状态。IC输出此信号用于指示装置的操作条件。输出处于低电平时，表明系统处于忙状态，高电平时表示系统处于准备就绪状态。此脚上拉电阻如果开路，电路控制不能得到保证
VCC	Power supply	供电
VSS	Ground	地

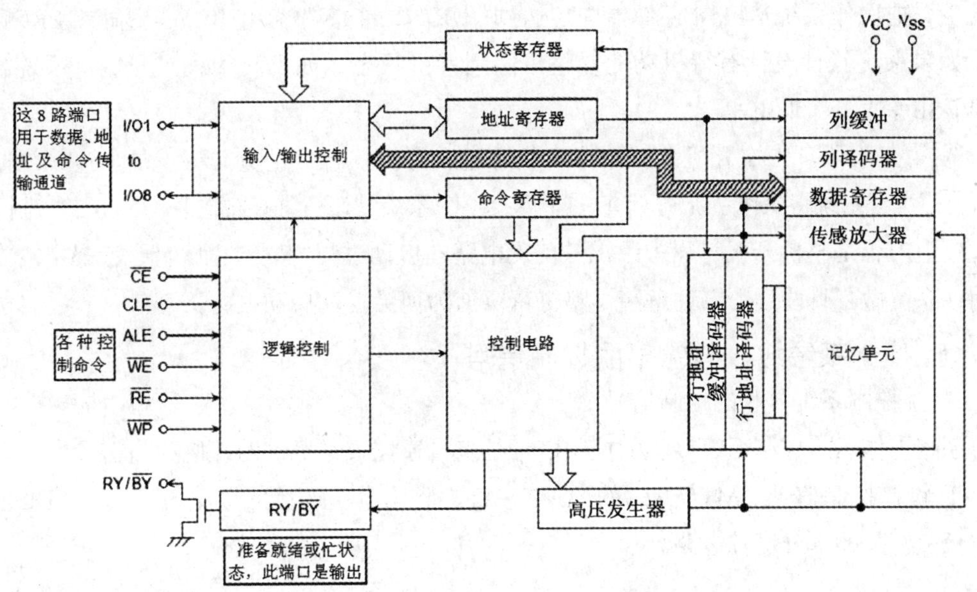

图2.180 TC58NVG2S3ETA00内部组成框图

开始工作，将AM20脚OPWRSB置低，通过QP2输出高电平到电源组件，此时电源组件输出+5V电压。

② 第二阶段。+5V电压经主板U7输出VCCK（1.2V）。VCCK为主芯片的CORE即内核供电，内核启动。VCCK控制U22输出5V_SW。此5V经U02输出DVDD3V3（即主芯片引脚中标注的VCC3IO），此时系统将检测主芯片的I/O端口，主要是检测主芯片与Flash、DDR3连接的I/O端口。同样此DVDD3V3电压将输入Flash块UM3，同时DVDD3V3又经UD5输出DDRV电压（1.5V）供主芯片UM1和两块DDR3（UD1、UD2），系统对DDR3进行分区。主板所有电压启动建立，复位过程也将完成，主芯片复位引脚电压将逐渐上升到高电平状态。主芯片运行Flash块中的boot引导程序，标识和配置所有的即插即用设备，

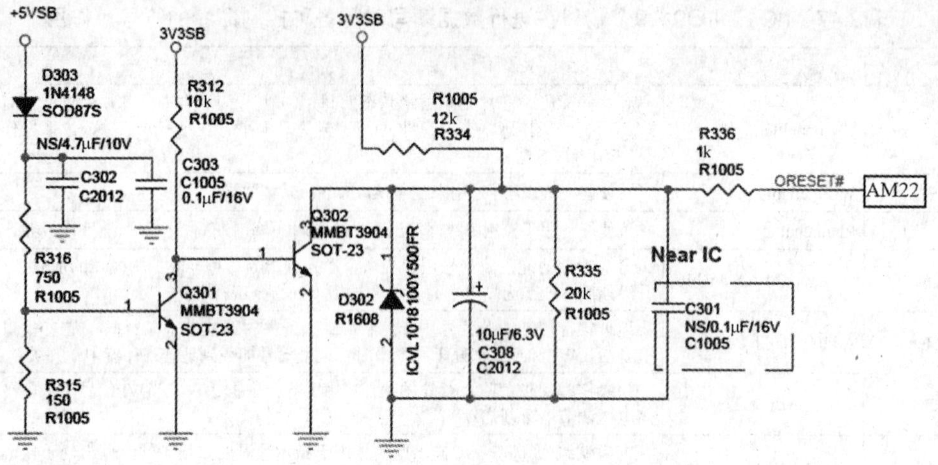

图2.181 系统复位电路

并配置DMA通道（开机后程序的运行通过DMA通道，即主芯片与DDR3之间的通道，就不在Flash中进行了），完成加电自检，测试内存，检测I/O端口（如USB、SDIO）等基本设备，把操作系统从Flash存储器中传送到DDR中，主芯片输出IIC总线读取E^2PROM信息，如果系统软件设计有待机功能，整机回到待机状态。如果属于一次开机，系统会使OPWRSB一直处于低电平。

③ 第三阶段。二次开机系统由待机状态进入开机状态，主板又将重复上述第二阶段的所有过程，系统将操作系统调入DDR3中后，整个系统的运行将在主芯片与DDR3中进行。

以上内容是整机开机过程中系统各单元电路的启动过程，同时也解释了液晶电视在待机前，系统做了哪些运行，并解释了整机待机前为何会自动启动电源。

15. 控制系统接收与输出的控制信号

（1）控制系统接收的控制信号。

系统工作后，控制系统接收的控制信号是来自遥控或本机键的开机控制信号。

① 键控控制信号。MT5502A的AU23、AT23脚为本机键控信号输入脚。图2.182所示为主板上有关的部分键控电路。

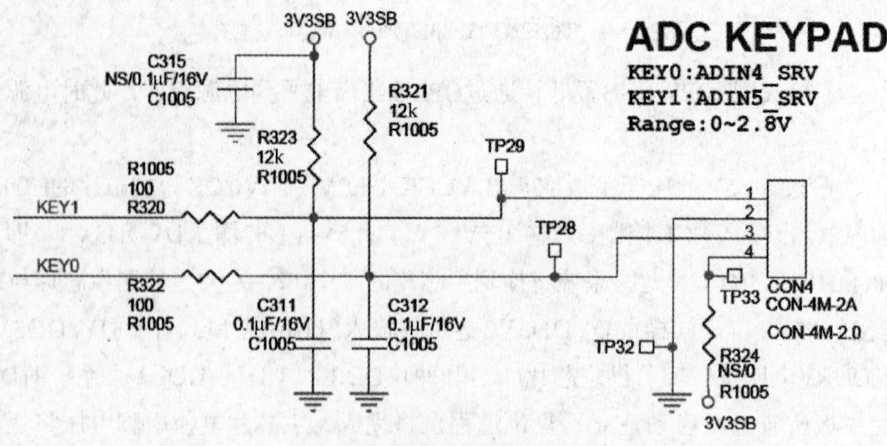

图2.182 键控电路

键控电路板上产生的键控组合电压，经主芯片内转换成识别码，启动相应的控制功能，再通过总线控制相关电路完成键控指令，同时启动相应的OSD字库在屏幕上进行显示。电视机执行不同键控时，主芯片MT5502A的KEY1、KEY0脚的电压是不同的。如按POWER开机键时，会在KEY0脚产生0.3V左右的电压，控制系统扫描到KEY0脚电压有0.3V左右，便会启动POWER开机或关机功能。同理，在KEY0脚产生2.3V左右的电压时，便会执行节目源的切换。其他功能键与电压的关系见表2.48。

表2.48 其他功能键与电压的关系

测试点	源名称	理论最小（V）	测试值（V）	理论最大（V）
KEY0	POWER	0.04375	0.3	0.525
	TV/AV	2.144	2.36	2.5375
	MENU	1.443	1.58	1.969
	VOL-	0.7	0.86	1.268
KEY1	VOL+	1.443	1.57	1.969
	CH-	0.7	0.85	1.268
	CH+	0.04375	0.3	0.525

维修提示：键控电路元件R320、C311、R322、C312等组成了键控抗干扰滤波电路。在使用过程中，如果因为这些电容漏电或供电电阻R321（或R323）或按键板上元件变质，只要在KEY0或KEY1脚形成了CPU识别功能的电压，控制系统便会自动执行相应的功能，即使没有进行任何键控控制，电视机开机也将自动进行控制。故按键乱控要检查键控电路，包括判定KEY0、KEY1在主板电路中的过孔是否漏电。

② 遥控信号及指示灯。控制系统接收来自红外接收头的指令，通过系统识别再去启动相应控制，同时在屏幕上进行显示。遥控信号从插座CON5（2）脚进入主板，再送入MT5502A的AU21脚，如图2.183所示。

根据电路中电阻R325接入电路还是R307接入电路，确认红外接收头是3.3V供电的还

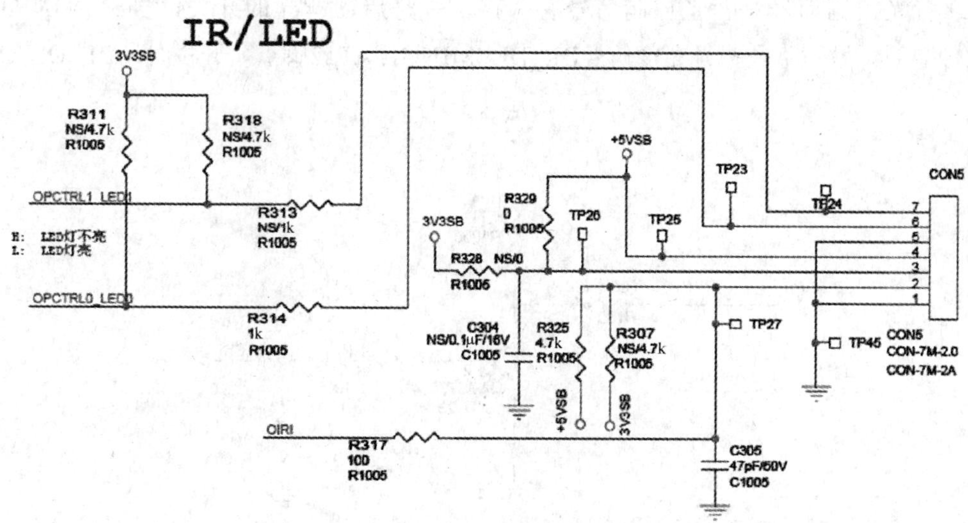

图2.183 遥控信号及指示灯

是5V供电，并由此来确认替换器件的规格。图2.183中OPCTRL1_LED1、OPCTRL0_LED0是两路指示灯控制信号，指示用户在进行控制的作用。两路信号来自MT5502A的AR20和AN20引脚。

（2）控制系统工作后输出的控制信号。

控制系统输出的部分控制信号如图2.184所示，这些控制信号的功能及作用如下：

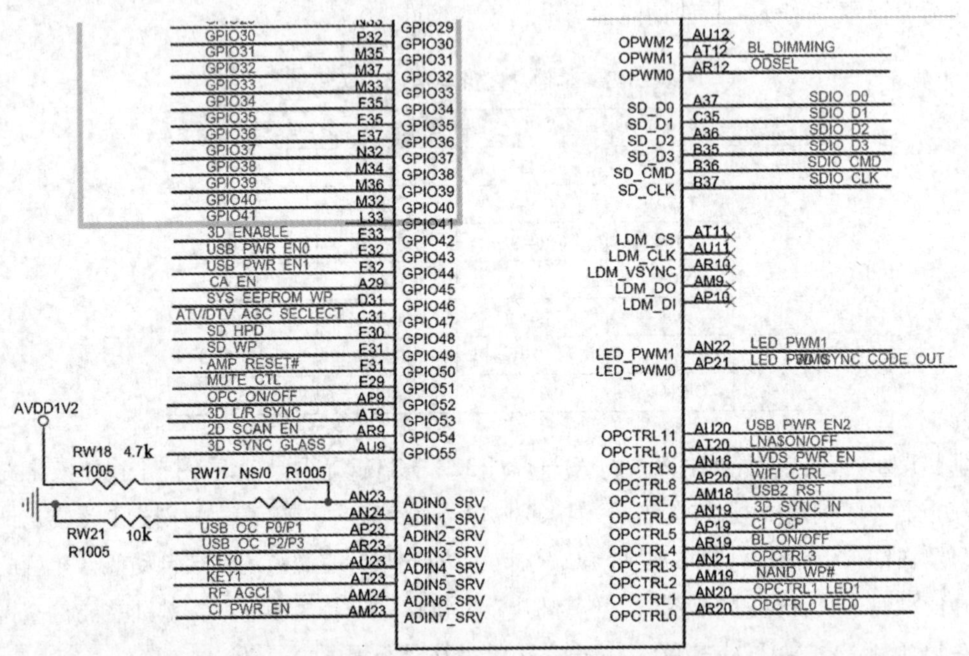

图2.184 控制系统输出的部分控制信号

① 开/待机控制信号OPWRSB。这是控制系统送出的第一路控制信号，由MT5502（AM20）脚输出，经QP2倒相，插座J7去电源组件。待机时，CPU输出高电平待机信号，开机时为低电平控制信号，如图2.185所示。

② 背光控制信号。背光控制信号有两路，一是启动背光的开关信号BL_ON/OFF（AR19脚），另一路是背光亮度信号BL_DIMMING（AT12脚）。开机时，BL_ON/OFF

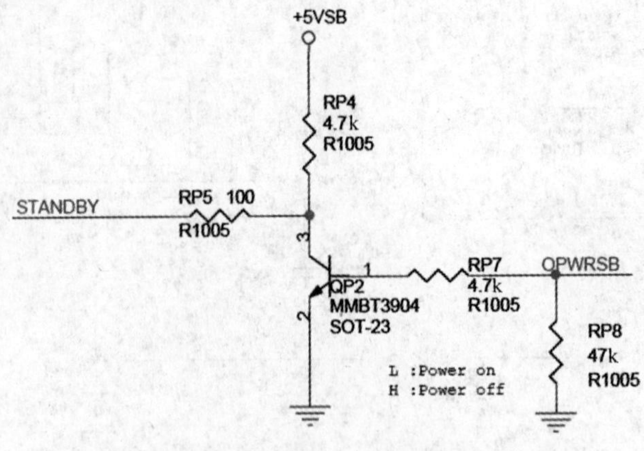

图2.185 开/待机控制信号

信号为低电平，经三极管QA02倒相后，从C极送出高电平，经插座J7接入电源板再去背光电路，启动背光振荡电路工作，如图2.186所示。BL_DIMMING（AT12脚）也是低电平控制信号，经QA01倒相后，经插座J7去背光振荡电路，转换成控制灯管工作电压的控制信号，从而实现灯管亮度调整，如图2.187所示。图中EXTVBR-B是去逻辑板的亮度信号，见"主板去逻辑板信号"部分。

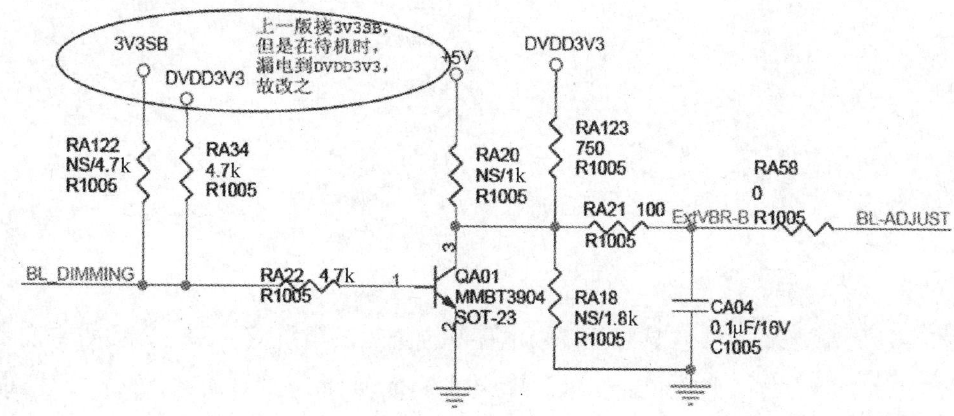

图2.186　BL_ON/OFF信号

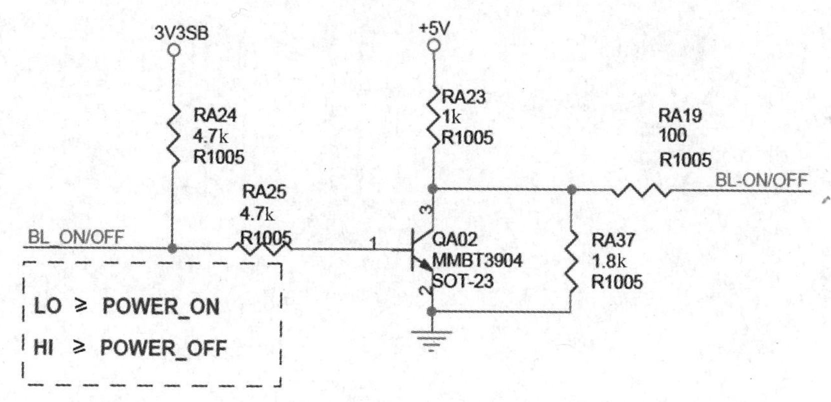

图2.187　BL_DIMMING信号

维修提示：打开背光，也就是将QA01、QA02从电路中断开，或给J7背光启动BLON/OFF和BL_DIMMING脚接上高电平5V，即可确认背光不能点亮时，故障在背光电路还是由主板引起。J7插座的背光控制两路信号之一有故障，背光不会点亮。

③ 逻辑板供电开关控制信号。屏的供电由主板提供，如图2.188所示。整个屏上逻辑板TCON、屏驱动、扫描电路及所有屏上TFT管工作的供电均来自U21。故U21输出电压要稳定，同时要有足够的驱动电流，才能满足整个屏的稳定工作。U21通常由主板上设计的内部有两个P沟道MOSFET管组合集成在一起的一个IC来实现。它通常受控制系统控制此路控制信号通常晚于主板开机信号，实现图像背光电路工作后才工作。MT5502A的AN18脚输出控制信号LVDS_PWR_EN为高电平时，QA03饱和导通，12V或5V通过 RA26、RA27、QA03形成电流回路，使U21（2、4）脚电压低于U21（1、3）脚电压，U21内双通道P沟道MOSFET管导通，12V或5V通过U21给屏逻辑板供电。

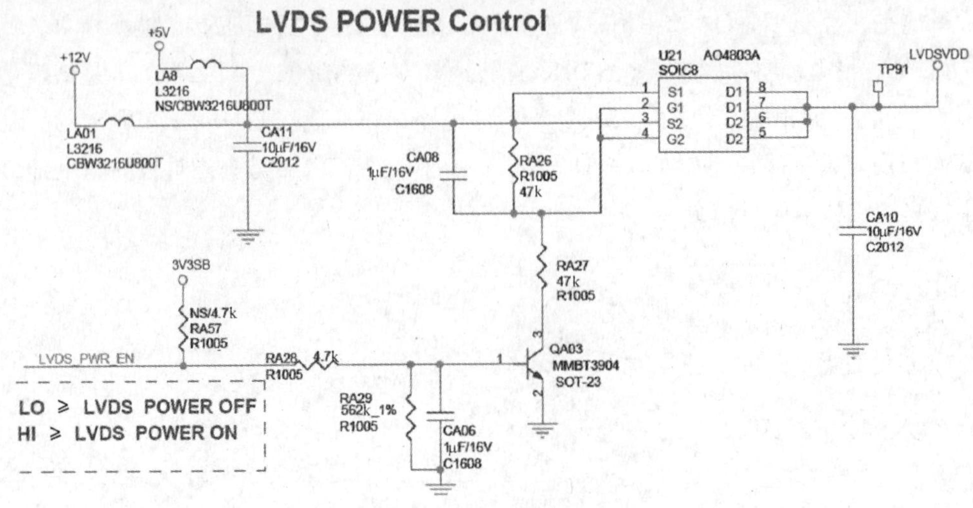

图2.188 屏的供电电路

U21型号为AO1083A，它具有低栅极电荷和导通RDS阻抗低的特点，这两点说明此IC自身功耗小，适合作为开关转换使用，故常用来作为负载开关或PWM使用，它能提供4～5A的驱动电流，其引脚功能分布及内部结构如图2.189所示。

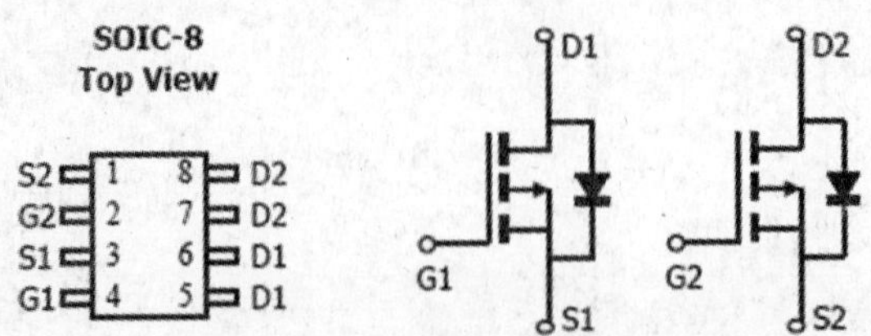

图2.189 U21的引脚功能及内部结构

维修提示：上屏供电切换开关U21性能不良，会导致逻辑板供电不足或没有供电，出现背光点亮，但屏上无图，屏上显“暗光”或黑屏。故“暗光”故障时，检查主板接逻辑板的上屏电压是关键。

④ 3D使能信号（图2.190）。E33脚输出3D_ENABLE使能信号，此信号经QA8倒相后，从C极输出分成两路，一路经电阻RA92由插座JP6（4）脚去屏逻辑电路，启动3D屏逻辑电路工作，否则为2D屏工作状态。另一路信号经RA128去QA21，从C极输出LD_ENBIT_SEL低电平，满足屏工作默认要求。整机使用3D屏时，此路信号才会有输出。在总线状态下，屏参选择为3D屏型号时，也能控制此路信号输出。如果屏参选择为2D屏，将会出现播放3D节目时3D画面不重合现象。

例如3D42A4000i电视，使用的屏型号为LC420EUN-SEF1，因换主板后播放3D片源演示时，3D画面不能自动重合，再按遥控器上的“3D”键后，屏幕显示“此机型不支持3D功能”。进入总线调整使屏参与使用的屏型号对应后，即屏参调为LC420EUN-SEF1（机器本身的屏型号），遥控关机，重启机器播放3D，3D画面自动重合并有3D效果。

⑤ USB供电使能控制信号。MT5502A可输出三路USB供电使能控制信号。其中，第

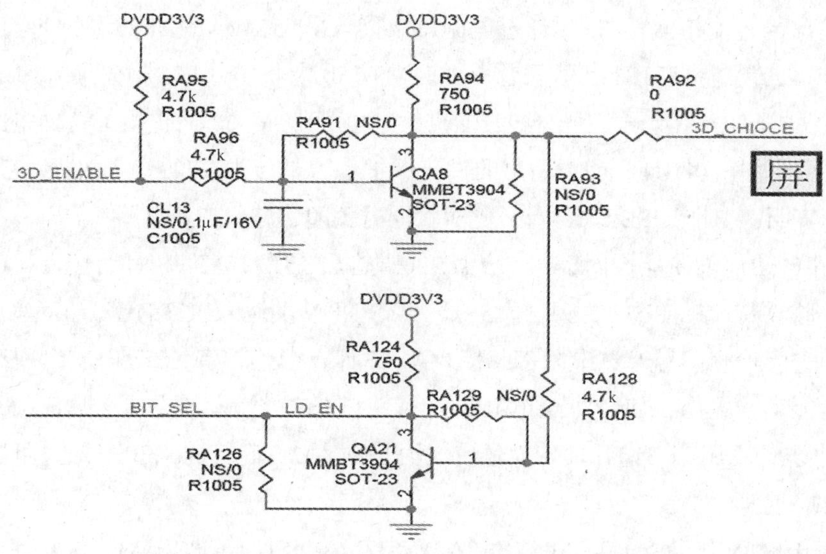

图2.190　3D使能信号

一路从MT5502A的E32脚输出USB_PWR_EN0，此路信号去UU1（4）脚，使5V通过FB6后接入UU1（2、3）脚，经开关转换从UU1（6～8）脚输出去PU1端口，满足USB移动盘工作所需电压。UU1型号为AP2171SG-13，此IC常用于USB供电开关控制IC。其特点是导通电阻115mΩ，能为USB设备提供工作电流不超过1.5A的驱动电流。（4）脚EN使能控制，高电平时启动IC工作，低电平时关闭输出。IC启动后，将2、3脚输入电压通过此IC从（6~8）脚输出接PU1插座（1）脚，为接入PU1插座的USB供电。AP2171SG-13（5）脚OC为USB使用过流检测输出，经电阻RU3接入MT5502A的AP23脚，此脚有1.52V电压时MT5502A判定USB1出现过流，关闭E32脚输出，使UU1停止工作，从而保护了UU1等元件，如图2.191所示。

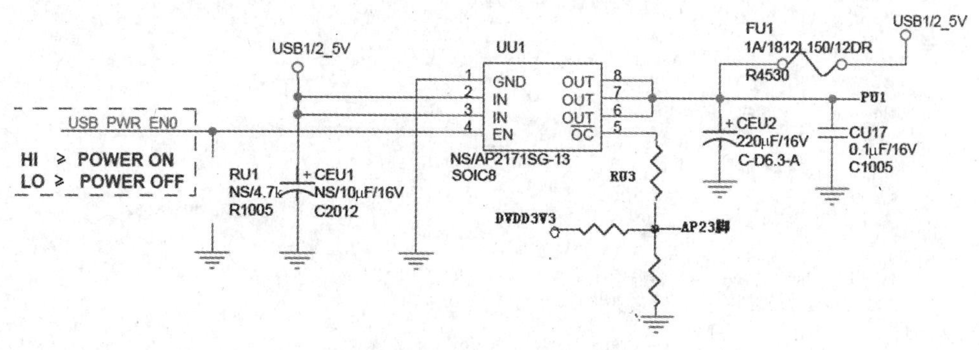

图2.191　UU1工作电路

PU1供电还可以由5V电压直接通过磁珠FB6形成USB1/2_5V，再通过FU1保险电阻（型号为1A/1812L150/12DR 可复位的保险丝）直接送入PU1插座，供USB设备工作。这时电路中UU1组成的电路元件不再使用。

第二路USB供电使能控制信号从MT5502A的F32脚输出USB_PWR_EN1，去UU2的（4）脚。UU2电路组成与UU1相同。UU2（6~8）脚输出的5V接入PU2供USB工作。UU2

（5）脚输出的过流检测信号OC通过电阻RU4接入MT5502A的AP23脚，此脚有1.24V电压，MT5502A判定是USB2出了问题，此时MT5502A将关闭F32脚输出，使UU2停止工作，从而保护了UU2等元件。同样PU2端口供电也可由5V去FU2提供，这样电路中UU2组成的电路不再使用。UU1、UU2输出的过流保护信号都接入AP23脚。故当AP32脚电压为1.04V时，表明USB1、USB2均过流，此时将同时关闭UU1、UU2电路。

第三路USB供电使能控制信号是从AU20脚输出USB_PWR_EN2，接入与UU1一样的UU3（4）脚。从UU3（6~8）脚输出5V，接入PU3，供接入PU3的USB工作。UU3（5）脚输出OC过流检测信号通过电阻RU8接入AR23脚。当此脚有1.52V电压出现时，将关闭AU20脚使能信号输出，使UU3停止工作。UU3（2、3）脚输入电压来自U11输出的5V。PU3的供电也可不用UU3作开关切换送出，而是采用U11输出的5V电压通过可恢复保险丝FU3接入PU3。

U11输出的5V电压还送入插座XSU16、XSU17、XSU14、XSU13，供它们所接的USB设备工作，这些端口所接设备可以是Wi-Fi、蓝牙无线接收器、DOCK、无线键盘、鼠标等设备。

这里U11型号为MP1584，采用此部件主要是能为USB端口外接设备提供足够电流。由于电源提供的5V电压要供整机其他电路工作，为了防止USB端口所接外设影响此5V电压的带载能力，整机电路上必须设计USB单独供电电源。24V通过U11产生5V再接入不同的USB端口开关电路上，供这些USB端口所接外设工作。MP1854工作原理在前述电压分布内容中已有介绍，此处不在介绍，如图2.192所示。

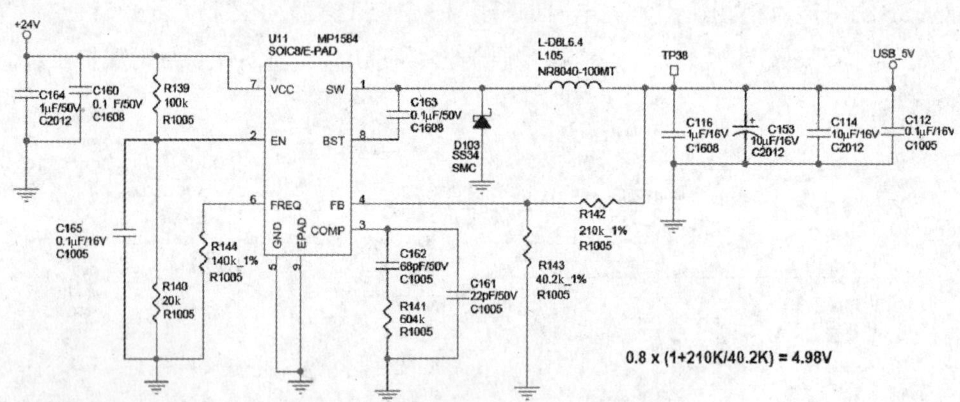

+5V电源最大可供3A+0.5A，目前预计主芯片将间接使用5V电流在2.5A左右，
在USB设备超过2路情况下，建议使用DC-DC转USB_5V

图2.192 MP1854工作电路

◎知识链接……………………………………………………

USB电路中可恢复保险丝

USB1、USB2供电切换电路均使用了18121这种可恢复保险元件（见图2.193）。此元件具有快速响应、低阻、兼容性强的特点，表面贴装热敏PTC过流保护元件，USB过热时，PTC快速发热而呈开路状态。以下是1812L150/12DR工作的相关参数：

（1）1812L150/12DR参数。

① 可恢复保险丝 1812 12V 1.5A。

② 保持电流：1.5A。

③ 跳闸电流：3A。

④ 最大承载电流：100A。

⑤ 初始电阻最大：0.11Ω。

⑥ 工作电压：12V。

图2.193　可恢复保险丝

2. 1812L系列

① PTC保险丝封装：1812。

② 保持电流：1.5A。

③ 初始电阻最小：0.04Ω。

④ 功耗 Pd：0.8W。

⑤ 外部宽度：4.73mm。

⑥ 外部深度：3.41mm。

⑦ 外部长度/高度：1.25mm。

⑧ 工作温度最小值：−40℃。

⑨ 工作温度最高值：85℃。

⑩ 热敏电阻类型：PTC。

⑪ 表面安装器件：SMD。

◎知识链接

USB供电开关信号和USB过流检测信号

MT5502A的AE32、AF32和AU20分别输出三路USB供电开关信号。AE23脚输出的USB_PWR_EN0信号接UU1（4）脚。AF32脚输出USB_PWR_EN1信号接UU2（4）脚。AU20脚输出USB_PWR_EN2信号接UU3（4）脚。这些USB供电开关信号为高电平时，启动相应UU1、UU2、UU3输出5V，满足USB设备工作。

主芯片MT5502A的AP23脚和AR23脚输入的USB_OC_P0/P1、USB_OC_P2/P3为USB过流检测信号。AP23脚检测UU1、UU2。AP23检测UU3。UU1、UU2、UU3（5）脚为过流检测端。UU1、UU2（5）脚过流检测并入AR23脚。UU3（5）脚接入AP23脚。AP23、AR23检测脚设置了三种电平状态，以此区分UU1、UU2所接端口是PU1（AR23脚电平为1.52V时）或PU2（AR23脚电压为1.24V时）或PU1、PU29（AR23脚电压下降为1.04V）同时出现过流现象。AP23只检测UU3所接端

□PU3是否存在过载（AP23脚电压出现1.52V时），见表2.49。

表2.49　AP23过载检测

其他 ＼ 过流脚		AP23脚	AR23脚
被检测电路		UU1（5）、UU2（5）	UU3（5）
过流检测脚电平状态	1.52V	UU1所接PU1负载过流	UU3所接PU3负载过流
	1.24V	UU2所接PU2负载过流	
	1.04V	UU1、UU2所接负载均过载	

⑥ 与智能卡有关的控制信号。智能卡双向开关使能控制信号CA_EN，从MT5502的AP29脚输出经电阻R3接入QA15基极，然后从QA15的C极输出经电阻RC28接入U23的（19）脚。当CI卡未接入CA卡套时，MT5502A输出CA-EN为低电平，保证U23（19）脚有高电平，此时U23内所有开关缓冲电路停止工作。当电视机智能卡座插入的是CI大卡时，MT5502A将输出高电平，U23（19）脚为低电平，将启动U23内所有电路，实现A通道与B通道接通，如图2.194所示。

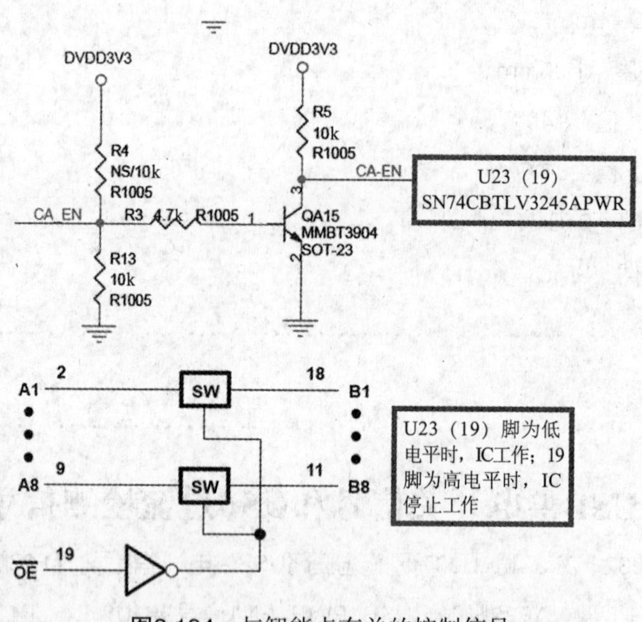

图2.194　与智能卡有关的控制信号

MT5502A的AM23输出CI_PWR_EN智能卡供电开关信号，此信号接入UC1（AP2171SG-13）（4）脚，当此脚为高电平时，将2、3脚输入的电压通过内部电路，从6～8脚输出供CI卡及相关电路工作。CI卡电路出现故障时，将从UC1（5）脚输出检测信号去MT5502A的AP19脚。控制系统检测此脚有1V以上电压出现时，会关掉AM23脚输出，使UC1停止输出电压，从而保护了电路板上的元件。

⑦ SYS_EEPROM_WP存储器写保护信号。此信号由MT5502A的D31脚输出，接入用户存储器（7）脚，如图2.195所示。此脚为低电平时，可进行数据写操作。故电视机

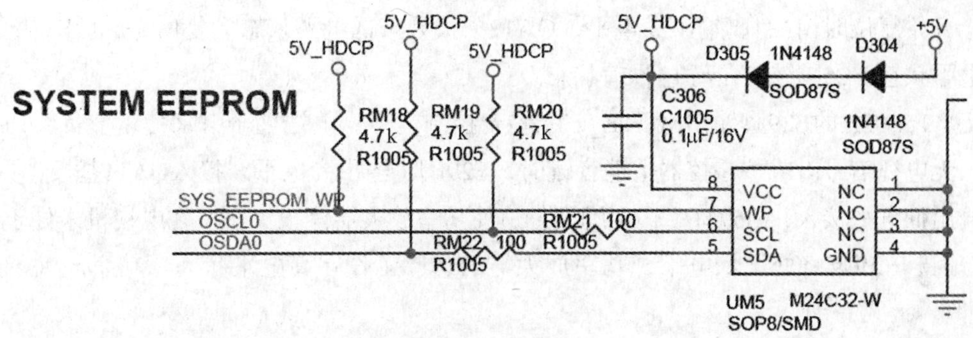

图2.195　存储器写保护信号

正常工作未进行写入数据操作时，此脚处于高电平，此时无法改写存储器数据，只能从E^2PROM中读取数据，这便是写保护引脚的功能与特点。

用户如果要进行音量、对比度等控制时，主芯片会发出写指令，此时用户控制信息便会保存在E^2PROM中。图2.196所示是在进行音量控制时，UM5（7）脚的波形。

⑧ AGC切换控制信号。MT5502A的C31脚输出ATV/DTV_AGC_SECLECT，即电视机工作在模拟ATV或DTV状态时自动增益控制AGC切换控制信号。当电视工作在ATV传统电视节目时，C31脚输出低电平，此信号接入AGC工作方式切换QT4基极，这样主芯片U34脚输出AGC控制信号通过QT4的SD极到调谐器。当电视切换在DTV时，C31脚为高电平，QT4截止，这时主芯片AM24脚输出RF_AGCI通过电阻RT128去调谐器，对调谐器输出DTV信道中频信号增益进行控制，如图2.197所示。

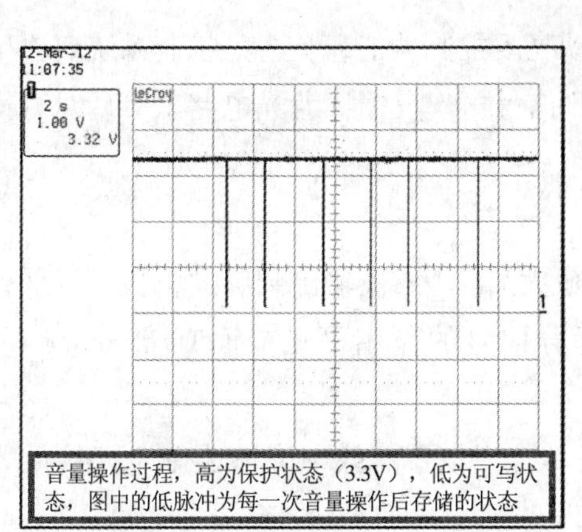

图2.196　音量控制时UM5（7）脚的波形

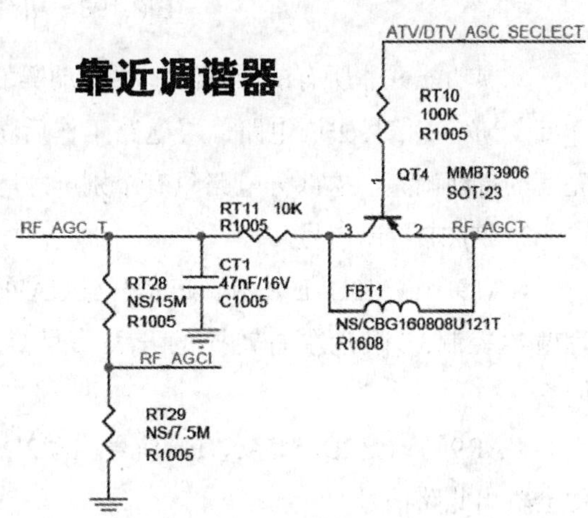

图2.197　AGC切换控制信号

⑨ SD卡相关控制信号。从MT5502A的E30脚输出SD_HPD热插拔控制信号（SD HOT-PLUG）通过RD32接入SD卡座（10）脚。此引脚接有上拉电阻RNM3接在3.3V上，目的是提高此路信号的驱动能力。

从MT5502A的E31脚输出SD_WP写保护信号经电阻RD31接入SD卡座（11）脚WP。

⑩ 伴音相关控制信号。MT5502A的F31脚输出AMP_RESET#信号对功率放大器进行复位控制。此信号通过电阻RA61接入QA12基极，再从QA12的C极输出到TAS5711（25）

脚。开始复位时由F31脚输出高电平，QA12 C极处于低电平状态。复位完成后F31脚处于低电平状态，25脚维持在高电平5V状态。

MT5502A的E29脚输出MUTE_CTL静音控制信号。电视处于自动搜索节目、切换频道、无电视信号时或按遥控器上静音键时，E29脚将输出高电平，接入QA11基极，再从C极输出低电平接入TAS5711（19）脚平，迫使功率放大器停止工作。在电视机未处于静音状态时，E29脚将处于低电平，功率放大器的19脚工作在高电平状态，功率放大器工作正常。

⑪ 功率优化控制信号（图2.198）。由MT5502的AP9脚输出OPC_ON/OFF信号。长虹电视称此功能为功率优化自动控制技术，夏普等厂家将此项技术称为电视节能技术，也称为智能光控（OPC）。拥有此项技术的液晶电视，可以根据周围照明光明暗的变化，自动调节背光灯亮度，从而达到节能的目的。

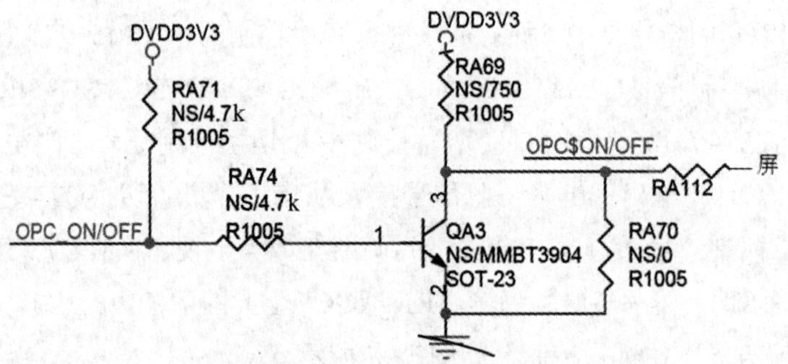

图2.198　功率优化控制信号

此项功能并非所有的屏都有，要启动屏的自动亮度控制功能，首先是控制系统要输出OPC ON/OFF信号去屏电路，屏电路工作后将检测信号再次反馈回背光电路来实现对背光亮度的自动调整。这部分电路只有个别屏才有。

⑫ 2D/3D控制信号。

• AT9脚输出3D_L/R_SYNC信号经QA9电压放大后，从C极输出到屏逻辑板，经屏处理输出控制3D眼镜左右转换的开关信号。这部分信号的作用可见前面3D部分介绍的内容。

• AR9脚输出2D_SCAN_EN信号驱动2D屏工作，当电视总线中屏参选择为2D屏时，便会输出此路信号。

• AU9脚输出3D_SYNC_GLASS控制3D眼镜转换的同步信号，此路信号经QA7放大后从C极输出3D$SYNC$GLASS，经电阻RL30到QA14基极，QA14电流放大后，到3D发射板，实现屏显示3D与眼镜显示同步切换，如图2.199所示。

⑬ NAND Flash写保护信号。由主芯片的AM19脚输出NAND_WP#信号去NAND Flash块UM3的（19）脚。在不对Flash块写数据时，此脚为高电平。对Flash块写数据，如软件升级时，此脚将处于低电平状态，从而实现改写Flash块中的数据。

⑭ 引脚Wi-Fi启动控制信号。当电视机需要通过USB端口接入Wi-Fi时，电视机上网选

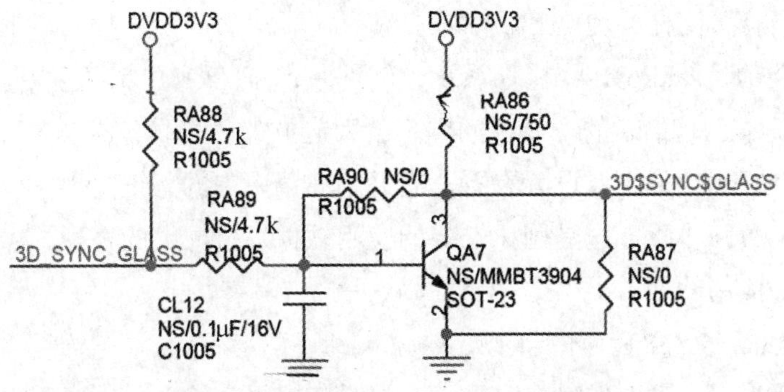

图2.199　控制3D眼镜转换的同步信号

择“无线”，如图2.200所示，MT5502A的AP20脚输出WIFI_CTRL高电平（通过上拉电阻接3.3V）信号，通过插座XSU17或XSU13（1）脚内接Wi-Fi处理芯片，启动芯片工作。

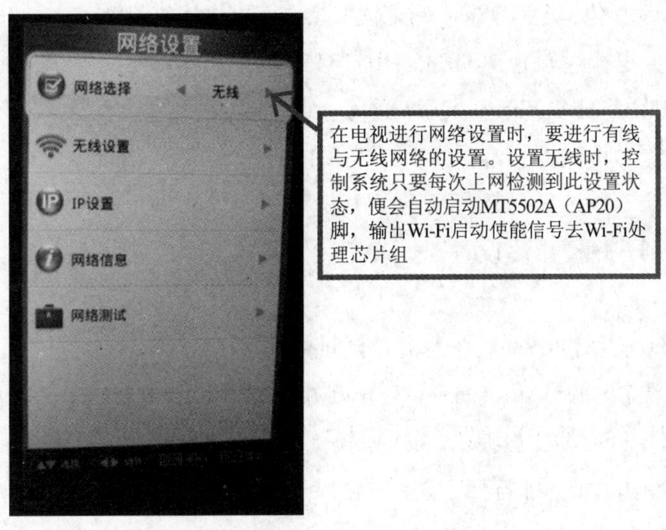

图2.200　电视机选择“无线上网”

2.3.7　LM38机芯U盘升级方法（可参考PM38的方法）

LM38机芯升级软件时，软件的文件名要改写成upgrade_loader.pkg，再将该文件拷贝到USB盘根目录下。将U盘插入USB端口，重新开机。开机出现OSD显示“系统正在升级中，请勿断电”，待此过程自动完成后，系统会自动重启。此过程表明USB软件升级已完成。LM38机芯的软件名称如图2.201所示。

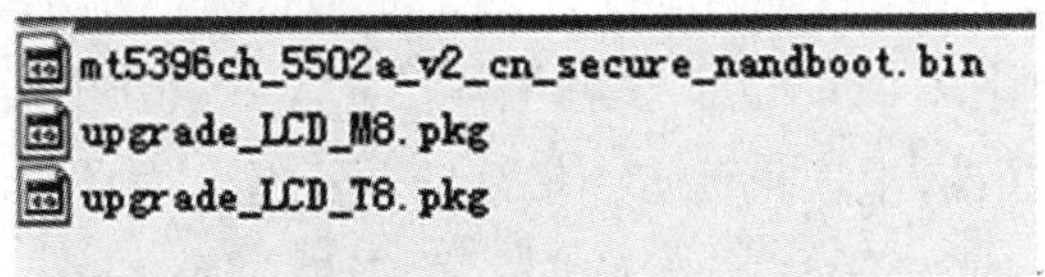

图2.201　LM38机芯的软件名称

2.3.8　LM38机芯故障实例

1. 3D47A000IC（L47）（LM38iCS）使用U盘播放节目时，显示“很抱歉长虹视频播

放器已经停止运行”字样

此机型安装的是Android 4.0操作系统，软件版本是V2.10015，这也是第一次遇到这样的故障，软件版本也是最新的，硬件问题不会引起此故障，估计是软件故障，换一个U盘再试故障依旧。想到恢复出厂设置看看，通过用户菜单中的“恢复出厂设置”后，此故障一直未再出现，故障排除。这是用户安装的应用软件发生冲突的表现，恢复出厂设置即恢复成公司配置的应用软件。

2. 3D42A6000（LS38iS）不定时灰屏

通电试机观察，发现图像时有时无（无图时灰屏无字符），伴音正常。分析灰屏有伴音，说明主芯片工作，故障在主板LVDS信号处理电路、逻辑板供电、逻辑板本身、屏本身等不良或该部分接口电路接触不良。测主板输出的逻辑板供电12V、LVDS信号正常，基本排除主板本身问题。故障应在主板之后，由于图像时好时坏怀疑接触不良，于是轻敲逻辑板发现故障有变化，经多次测试发现敲击主板到逻辑板接口处JP6时故障明显，怀疑逻辑板接口不良，更换逻辑板（MS35-D077313)后观察一天未见异常，故障排除。

3. 3D32A5000IV（LM38iS）指示灯不亮，其他均正常

解决其他问题时将软件版本升级到LM38I-V1.00010后便出现指示灯不亮，没有升级之前待机指示灯正常，故怀疑是软件所致。开机后按“菜单”进入“整机设置”再进入“系统设置”，选择到“恢复出厂设置”，确定后，再次断电、通电后待机指示灯亮，恢复正常，故障排除。

4. 3D32A7000（LM38iSD）不开机、指示灯不亮

通电测试电源输出的5Vstb、24V、5V电压正常，遥控开机，机器无反应，说明主板工作异常。检查主芯片各DC-DC块电路，发现测量U02的2脚无3.3V电压，3.3V电压来自U22，测量U22无5V- SW输出，1、2脚有5V输入，怀疑其性能不良，更换后试机，机器恢复正常。

5. 3D47A4000I（LM38iS）菜单乱跳

冷开机一切正常，但开机时间变长就出现故障，经过检测发现KEY按键电压中KEY1电压不正常，出现故障电压只有1.3V左右，查看外围电阻、电容正常。由于此线路通过R320电阻直接进入主芯片，断开R320测量电压，故障不变，怀疑电路板漏电。对KEY1插座CON4进行补焊处理，故障不变，最后对其与主芯片之间的过孔处进行穿孔处理，通电后正常，然后再用铜线穿入孔中对其加焊锡固定，长时间通电观察，故障排除。

6. 3D32B3100IC（LM38iS -B）不开机

通电后，指示灯亮过3s左右自动熄灭，按按键无反应。拆机测试发现电源板12V输出正常，开机信号为高电平（4.08V），说明主板已发出二次开机信号，随后测量发现没有3.3V电压，继续检查主板5V电压也没有，仔细查看发现5V电压由U3（AO4803A）输出产生，再测其输入端12V正常，输出端5V没有。更换U3，通电开机正常，测U3输出端5V电压存在，故障排除。此机芯主板因U3失效比例较多，希望注意。

7. 3D42A4000I（LM38iS）无伴音

整机各路AV输入图像显示正常，扬声器无声。电源板供电正常（伴音供电与背光同

路输出电压24V）。故障判定为主板（JUC7.820.00055850）及扬声器等电路。用手触摸伴音功率放大器（UA4）TAS5711 比正常温度高很多。用电阻挡测量伴音输出端J26对地阻抗为零，说明有短路现象，拔下扬声器，输入阻抗0.47kΩ正常，更换扬声器为8Ω/16W，故障排除。

8. 3D55A4000ic（LM38）屏幕上的图像比较暗，亮度调到最大也不能正常显示

一台长虹3D55A4000ic平板电视机，亮度不高，把亮度调到最大，也不是很明亮。拆机，首先检测亮度控制电压，变化范围正常。仔细观察，发现背光亮度有些偏暗。首先检测电源板24V电压，发现只有20V。拆下电源板，单独检修电源板。首先测量电源板的PFC电压，发现待机为330V，二次开机后跌落到318V，同时24V工作，空载是24V，带上负载跌落到19.5V。由此判断，背光暗是因为24V 电压偏低导致，24V电压偏低是因为PFC电路未工作引起。通过对PFC电路检查后，故障排除。

9. 3D32A7000IC （LM38iSD）无线网卡无法识别

用户反应电视无法联网，去用户家检查，发现用户用的是无线路由器，再通过有线连接，打开“系统设置”，网络设置选择“有线”连接，网络连接正常，可以正常上网，说明网络没问题，但是选择到无线连接，进行无线设置时，电视提示未插入无线网卡，用户说此机型有内置Wi-Fi，但随后了解到该机型虽然是7000系列但是没有内置无线网卡，该机芯生产的42英寸以上产品才内置无线网卡，随后插入磊科NW360无线网卡，电视还是提示未插入无线网卡，怀疑是USB1口出问题，换USB2口试还是一样，提示未插入无线网卡，既然不是硬件问题那就怀疑软件问题，进入系统设置查看系统版本发现版本过低，现在已有1.00066（0929）版本软件，随即进行系统升级，升级完成后，再插入无线网卡电视正常识别。选到路由器输入无线密码，提示网络连接成功，试机正常问题解决。

10. 3D42A2000 （LM38i）指示灯亮、不开机（图2.202）

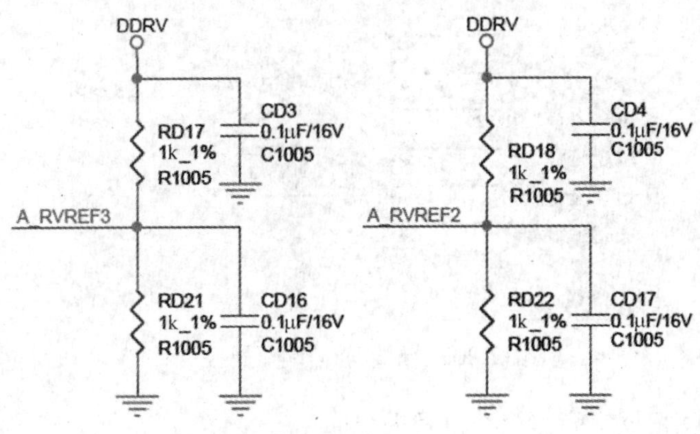

图2.202　3D42A2000（LM38i）电路

接通电源指示灯亮，不开机，基本判断故障应在主板及相关电路。连接打印端口显示：Boot- DRAM Channel A Calibration. DRAM Input DQS Calibration fail！此信息表明DDR通信连接不正常。首先检查UD1、UD2工作电压1.5V正常，UD1基准电压0.75V（RD18、RD22、CD17 组成）正常，UD2 基准电压0.75V（RD15、RD19、CD14 组成）正常。仔细

检查UD1、UD2、MT5502A之间的数据、地址及指令信号通道。用二极管挡红表笔接地，黑表笔测每条数据线应为0.46kΩ。实际测量RNF23，其中一组为0.93kΩ，与正常0.46kΩ偏差很大，仔细检查PCB 过孔不通，穿孔故障排除。

11. 3D39B2000IC（LM38iS -BS）不开机

3D39B2000IC主板属于LM38机芯，MT5502A主芯片UM1采用BGA封装。首先检查UM1的各类供电和复位电路基本正常。再利用超级终端，读取主板程序运行的打印信息，根据打印信息，显示问题为DDR和主芯片之间的通信连接不正常，现采用数字万用表电阻20kΩ挡，测每个排阻的对地阻值，每个电阻对地的阻值一般在10kΩ左右（也可用二极管挡测量，如上例介绍的方法），如果哪一个电阻上的阻值明显偏大，就说明存在印制线过孔不通的问题，依次检查两个DDR（UD1，UD2）与主芯片UM1 之间印制线上的RNF1、RNF9、RNF6、RNF10、RNF5、RNF23 等几个排阻，经过检查发现排阻RNF1上从下往上第3个电阻对地电阻阻值为无穷大，而正常的应该和其他几个电阻对地阻值一样，说明是该印制线和主芯片之间的过孔存在不通的问题，因为该主板的过孔比较小，只有先将出现问题的过孔用刀片刮掉保护漆，再往孔里面用电烙铁加焊锡，然后再反复测试该印制线对地电阻，当阻值恢复正常，再通电长时间试机，如果还不行就得再次加焊锡试，直到故障排除为止。如果仍不能排除故障，只有换板处理故障了。

12. 38机芯用工装更改屏参方法

38机芯个别机型如果屏参错误会导致无图、满屏干扰或者黑屏现象，需要盲调产品系列和屏参。如果手边有升级工装，用工装直接更改正确的屏参更简便。

首先连接电脑、升级工装和电视。打开电脑，通信软件使用超级终端（高版本Windows不提供超级终端，可以使用SecureCRT等通信软件，端口配置方法基本相同），按图2.203所示配置通信端口属性。

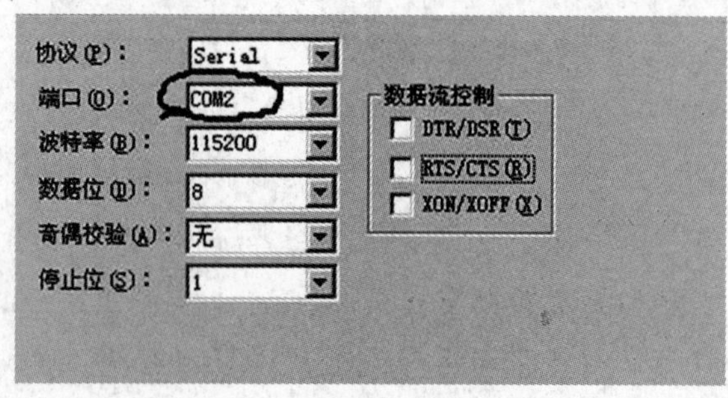

图2.203 配置通信端口属性

注意：串口号请根据实际连接端口号进行选择。

电视机上电，连接正确应该能够看到下面的打印信息，如不能看到打印信息，请检查工装连接和端口配置。在最下边的光标处输入“cli”并回车，如图2.204所示。

在光标处输入“cd pmx”并回车，注意字母d与p之间有一个空格键，如图2.205所示。

在图2.206所示的DTV. pmx>后输入list，查看软件支持的屏和当前预置屏参。

图2.207中Current panel setting is后就是实际预置的屏型号，Pixel Shift=0后边的括号内

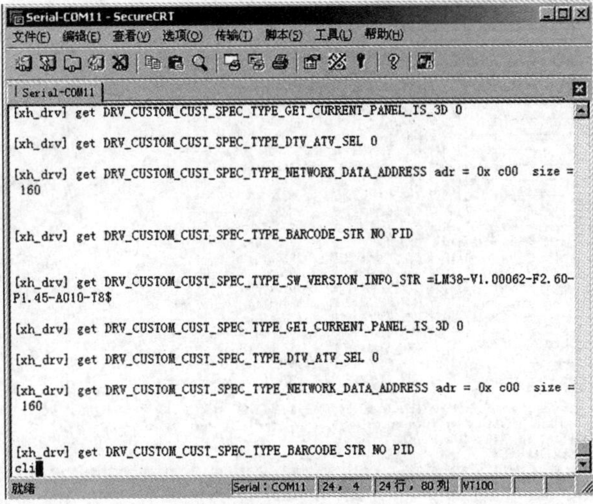

图2.204 在光标处输入“cli”并回车

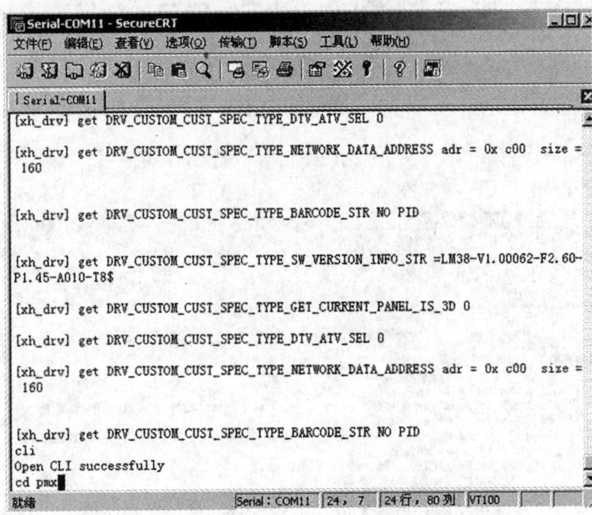

图2.205 在光标处输入“cd pmx”并回车

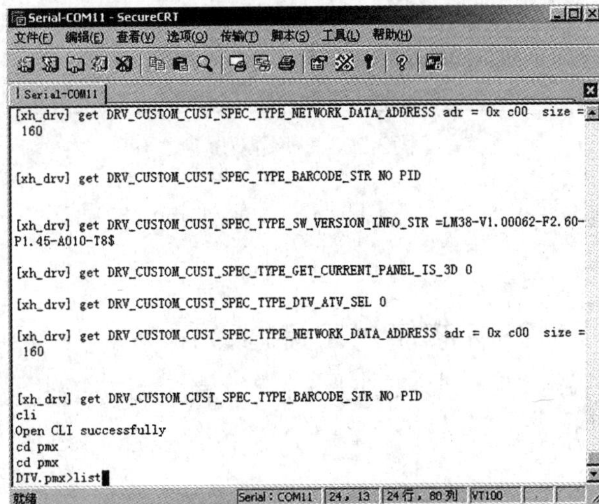

图2.206 查看软件支持的屏和当前预置屏参

```
Serial-COM11 - SecureCRT
文件(F) 编辑(E) 查看(V) 选项(O) 传输(T) 脚本(S) 工具(L) 帮助(H)
Serial-COM11
----------- Panel[ 91] CHM_M420F11_D2_AS 1920x1080 -----------
----------- Panel[ 92] CHM_M420F11_D1_CS 1920x1080 -----------
----------- Panel[ 93] CHM_M460F11_D1_CS 1920x1080 -----------
----------- Panel[ 94] CMI_V390HK1_LS5_CB 1920x1080 -----------
----------- Panel[ 95] LGD_LC470EUN_SFF1 1920x1080 -----------
----------- Panel[ 96] LGD_LC550EUN_SFF1 1920x1080 -----------
----------- Panel[ 97] CHM_M320X12_D5_A 1366x768 -----------
----------- Panel[ 98] CHM_M320X12_E2_A 1366x768 -----------
----------- Panel[ 99] CHM_M320X12_E3_A 1366x768 -----------
----------- Panel[100] CHM_M390F12_D7_A 1920x1080 -----------
----------- Panel[101] CHM_M390F12_E4_A 1920x1080 -----------
----------- Panel[102] CHM_M390F12_E5_A 1920x1080 -----------
----------- Panel[103] CHM_M420F12_E2_A 1920x1080 -----------
----------- Panel[104] CHM_M320X12_E1_L 1366x768 -----------
----------- Panel[105] CHM_M320X12_D1_L 1366x768 -----------
----------- Panel[106] CHM_M420F12_D1_L 1920x1080 -----------
----------- Panel[107] CHM_M320X12_E1_B 1366x768 -----------
----------- Panel[108] CHM_M460F11_D2_A1 1920x1080 -----------
----------- Panel[109] CHM_M420F12_D2_L 1920x1080 -----------

Current panel setting is CHM_M315X11_E7_A
Backlight gpio=204, turn on value=0, LVDS gpio=209, turn on value=1
Pixel Shift=0 (1366 x 768)
DTV.pmx>
就绪  Serial : COM11  24, 9  24行, 80列  VT100
```

图2.207 当前预置屏参

表明了屏的物理分辨率。如果当前预置屏参和实际安装屏型号不一致，可以在图2.207所示的表中查出当前型号的屏所对应的索引号，在DTV. pmx>后边输入s. p ***，比如使用M320F12-D7-A屏就在DTV. pmx>后边输入s.p 100并回车，如果使用M315X11-E7-A屏就在DTV. pmx>后边输入s.p 63并回车，电视重新启动并使用新屏参，如图2.208所示。

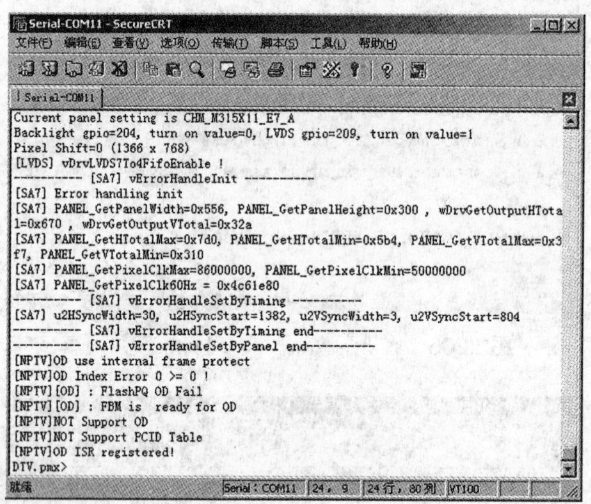

```
Serial-COM11 - SecureCRT
文件(F) 编辑(E) 查看(V) 选项(O) 传输(T) 脚本(S) 工具(L) 帮助(H)
Serial-COM11
Current panel setting is CHM_M315X11_E7_A
Backlight gpio=204, turn on value=0, LVDS gpio=209, turn on value=1
Pixel Shift=0 (1366 x 768)
[LVDS] vDrvLVDS7To4FifoEnable !
---------- [SA7] vErrorHandleInit ----------
[SA7] Error handling init
[SA7] PANEL_GetPanelWidth=0x556, PANEL_GetPanelHeight=0x300 , wDrvGetOutputHTota
l=0x670 , wDrvGetOutputVTotal=0x32a
[SA7] PANEL_GetHTotalMax=0x7d0, PANEL_GetHTotalMin=0x5b4, PANEL_GetVTotalMax=0x3
f7, PANEL_GetVTotalMin=0x310
[SA7] PANEL_GetPixelClkMax=86000000, PANEL_GetPixelClkMin=50000000
[SA7] PANEL_GetPixelClk60Hz = 0x4c61e80
---------- [SA7] vErrorHandleSetByTiming ----------
[SA7] u2HSyncWidth=30, u2HSyncStart=1382, u2VSyncWidth=3, u2VSyncStart=804
---------- [SA7] vErrorHandleSetByTiming end----------
---------- [SA7] vErrorHandleSetByPanel end----------
[NPTV]OD use internal frame protect
[NPTV]OD Index Error 0 >= 0 !
[NPTV][OD] : FlashPQ OD Fail
[NPTV][OD] : FBM is  ready for OD
[NPTV]NOT Support OD
[NPTV]NOT Support PCID Table
[NPTV]OD ISR registered!
DTV.pmx>
就绪  Serial : COM11  24, 9  24行, 80列  VT100
```

图2.208 使用新屏参

再次开机后进入工厂菜单，调整正确的产品系列和屏参，清空一次存储器，对整机功能进行检查。

2.3.9 LM38、PM38机芯使用工装修改屏参

修改屏参是由于替换主板或进入总线调试状态，错误调试屏参数，出现开机黑屏时，恢复正确主板与屏匹配的工作。

1. 工装连接

LM/PM38机芯采用MTK公司生产的MT5502A作为主芯片，升级工装采用MTK系列工

装。目前，LM38机芯智能电视标清屏和高清屏的主板替换时会出现图像显示异常，没有字符就没有办法修改屏参，因此只有用工装将屏参修改正确后，图像显示才能恢复正常。

2. 打印工具的安装和使用

将USB升级工装在电脑上进行安装（将USB工装的USB端口连接在电脑的USB端口，VGA连接端口插在机器的VGA输入端口），并且需要安装打印信息终端应用，如图2.209所示。

安装好打印工具后，打开SecureCRT，如图2.210所示。

图2.209　安装打印工具

SecureCRT	2012/5/21 11:51	编译的 HTML 帮...	945 KB
SecureCRT	2012/5/21 11:52	应用程序	1,822 KB
SSH2Client41.dll	2012/5/21 11:51	应用程序扩展	422 KB

图2.210　打开SecureCRT

打开后选择“快速连接”，如图2.211所示。

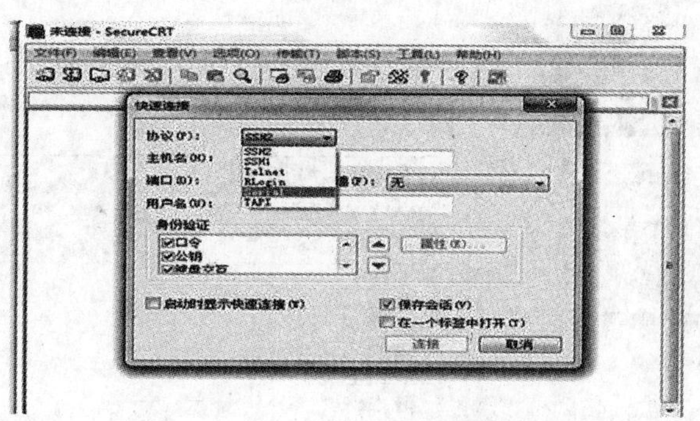

图2.211　快速安装

协议：选择“Serial”。

端口：需要选择电脑本身的COM端口（图2.212）。注意：如果COM端口选择不正确则无法正常使用。

COM端口的查看方法：打开“我的电脑”，点击鼠标的右键，选择“属性”，选择“设备管理器”，查看本机的端口，如图2.213所示。

波特率：选择115200，并将RTS/CTS（R）前面的对勾去掉，如图2.214所示。

设置完成后，点击“连接”，如图2.215所示。

3. 修改屏参的具体操作方法

工装连接完成后，电视通电，二次开机，将打印信息工具打开，电脑窗口就会出现图2.216显示内容。

端口命令及应用：

cli——进入命令行（中断打印内容，出现DTV>显示）。

pmx.l——显示所有屏参（屏参的明细列表，即屏型号与数字代码的对应关系）。

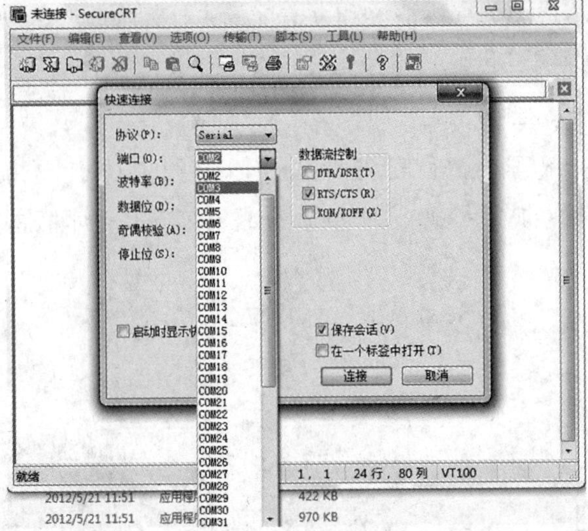

图2.212　选择COM端口

图2.213　COM端口的查看方法

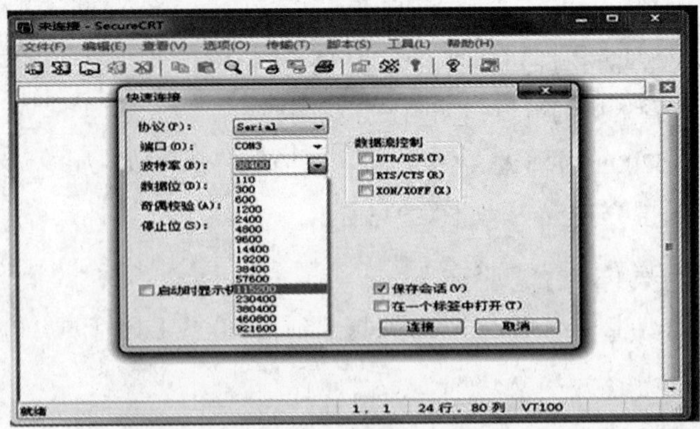

图2.214　选择波特率

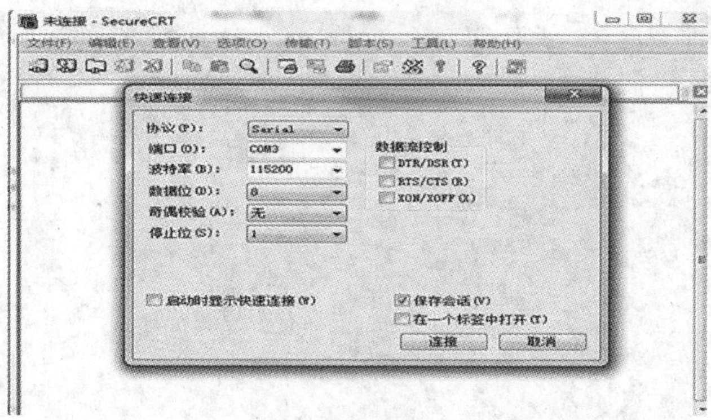

图2.215　设置完成

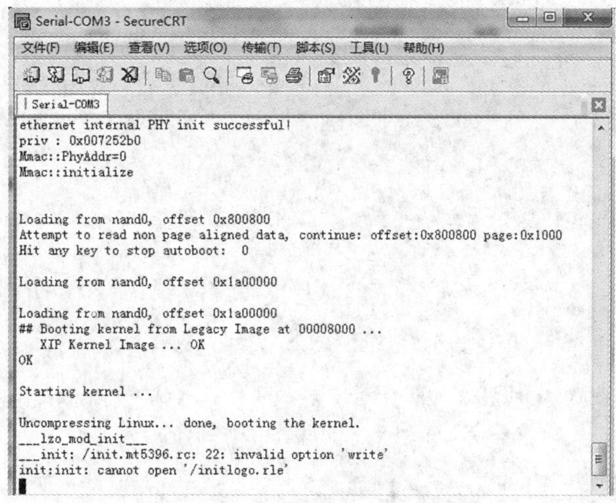

图2.216　修改屏参

pmx.q——查看当前屏参状态。

pmx.s.p xx——修改屏参（xx代表屏型号前面对应的代码数字）。

在打印端口输入cli+回车键（Enter）后会出现下面的显示内容，直到出现DTV> 即可输入命令。

（1）cli+回车键（Enter）。

```
[Help]
cd:               Change current directory
do:               Repeat command
alias(a):         Add/Show current alias
ls:               Recursive list all commands
read(r):          Memory read(word)
write(w):         Memory write(word)
customer(cust):   Get customer name
basic_(b):        basic command
```

```
linuxmode(l):    Turn on/off linux mode
mtktool(0):      mtktool command
//(;):           Line comment
osd:             Osd driver
pmx:             pmx command
sif:             Sif command
eeprom:          Eeprom command
nim:             Nim command
ir:              Ir command
rtc(rtc):        RTC commands
aud:             Aud command
nptv(n):         Nptv command
av:              Audio/Video command
vdp:             Video plane command
fbm:             Frame buffer manager command
dbs:             Dbs command
mpv:             MPEG Video Decoder command
vdec:            Vdec command
vomx:            Video OMX command
tcon:            Tcon command
dmx(d):          Demux commands
memtest:         Memory test
cec:             HDMI CEC test
pdwnc(pdwnc):    PDWNC commands
jpg:             Jpeg command
gpio:            Gpio interface
mid:             Memory intrusion detection
swdmx:           SWDMX command
feeder:          FEEDER command
tve:             Tve command
timeprofile:     timeprofile test
bim:             BIM module test
pcmcia(p):       Pcmcia command
os:              OS command
linux:           Linux commands
gfx:             Gfx command
```

```
imgrz:          Imgrz command
net:            Net command
DTV>
```

（2）输入pmx.l+回车键（Enter），查看所有屏型号及其对应的代码。

```
DTV>pmx.l
pmx.l              【数字代码】【屏型号】
---------- Panel[ 24] CMI_V460H1_LS2_C7 1920x1080 ----------
---------- Panel[  1] PANEL_MLVDS_LGDV5GIPFHD60 1920x1080 ----------
---------- Panel[  2] PANEL_CMO_19_A1 1440x900 ----------
---------- Panel[  3] PANEL_CMO_37_H1 1920x1080 ----------
---------- Panel[  4] PANEL_AUO_37_HW1 1920x1080 ----------
---------- Panel[  5] PANEL_LG_37_WX1 1366x768 ----------
---------- Panel[  6] PANEL_LG_37_WU1 1920x1080 ----------
---------- Panel[  7] PANEL_LG_42_WU2 1920x1080 ----------
---------- Panel[  8] PANEL_LG_32_WX3_SLB1 1366x768 ----------
---------- Panel[  9] CMO V420H1_L08 1920x1080 ----------
---------- Panel[ 10] PANEL_CH_PDP_51DH 1365x768 ----------
---------- Panel[ 11] PANEL_CH_PDP_63FHD 1920x2160 ----------
---------- Panel[ 12] PANEL_CH_PDP_42COC 1024x768 ----------
---------- Panel[ 13] PANEL_CH_PDP_50COC 1365x768 ----------
---------- Panel[ 14] PANEL_CH_PDP_51EH 1024x768 ----------
---------- Panel[ 15] PANEL_CH_PDP_43EH 1024x768 ----------
---------- Panel[ 16] PANEL_CH_PDP_51FHD 1920x2160 ----------
---------- Panel[ 17] PANEL_CH_PDP_3000_43EH 1024x768 ----------
---------- Panel[ 18] PANEL_CH_PDP_50COC_A2 1365x768 ----------
---------- Panel[ 19] PANEL_CH_PDP_50DH-EX4 1365x768 ----------
---------- Panel[ 20] PANEL_CH_PDP_50DH-EX5 1365x768 ----------
---------- Panel[ 21] CMI_V315H3_LS2_C7 1920x1080 ----------
---------- Panel[ 22] LGD_LC320EUN_SDF1 1920x1080 ----------
---------- Panel[ 23] LGD_LC420DUN_SEU1 1920x1080 ----------
---------- Panel[ 24] CMI_V460H1_LS2_C7 1920x1080 ----------
---------- Panel[ 25] LGD_LC470WUE_SDP1 1920x1080 ----------
---------- Panel[ 26] LGD_LC370EUN_SDF1 1920x1080 ----------
---------- Panel[ 27] CMI_V420H2_LS2_C7 1920x1080 ----------
---------- Panel[ 28] LGD_LC320DXN_SEU1 1366x768 ----------
```

```
---------- Panel[ 29] CHM_LCM260X11_E1 1366x768 ----------
---------- Panel[ 30] LGD_LC320EUN_SEF1 1920x1080 ----------
---------- Panel[ 31] CHM_LCM260X11_E1 1920x1080 ----------
---------- Panel[ 32] AUO_T460HVD01_V0 1920x1080 ----------
---------- Panel[ 33] LGD_LC550EUN_SEF1 1920x1080 ----------
---------- Panel[ 34] CMI_V390HK1_LS5_C7 1920x1080 ----------
---------- Panel[ 35] LGD_LC320EUN_SEM1 1920x1080 ----------
---------- Panel[ 36] LGD_LC420EUN_SEM1 1920x1080 ----------
---------- Panel[ 37] LGD_LC370EUN_SEF1 1920x1080 ----------
---------- Panel[ 38] LGD_LC420EUN_SEF1 1920x1080 ----------
---------- Panel[ 39] LGD_LC370EUN_SEM1 1920x1080 ----------
---------- Panel[ 40] CHM_M236F11_E1_B1 1920x1080 ----------
---------- Panel[ 41] AUO_T460HVN_01_V0 1920x1080 ----------
---------- Panel[ 42] LGD_LC470EUN_SEU1 1920x1080 ----------
---------- Panel[ 43] LGD_LC470EUN_SER1 1920x1080 ----------
---------- Panel[ 44] CHM_M390F11_E1_C 1920x1080 ----------
---------- Panel[ 45] AUO_T260XW06_V5 1366x768 ----------
---------- Panel[ 46] CMI_V460HK2_LS5_C3 1920x1080 ----------
---------- Panel[ 47] LGD_LC320EXN_FEP1 1366x768 ----------
---------- Panel[ 48] LGD_LC420EUN_FEF1 1920x1080 ----------
---------- Panel[ 49] LGD_LC470EUN_FEF1 1920x1080 ----------
---------- Panel[ 50] LGD_LC550EUN_FEF1 1920x1080 ----------
---------- Panel[ 51] SAM_LTA550HQ20 1920x1080 ----------
---------- Panel[ 52] CMI_V420HK1_LS5_C3 1920x1080 ----------
---------- Panel[ 53] CMI_V500HK1_LS5_C3 1920x1080 ----------
---------- Panel[ 54] CMI_V546HK3_LS5_C7 1920x1080 ----------
---------- Panel[ 55] CHM_M390F11_D1_C 1920x1080 ----------
---------- Panel[ 56] SAM_LTA430HN01 1920x1080 ----------
---------- Panel[ 57] SAM_LTA480HN01 1920x1080 ----------
---------- Panel[ 58] SAM_LTA430HQ01 1920x1080 ----------
---------- Panel[ 59] SAM_LTA480HQ01 1920x1080 ----------
---------- Panel[ 60] LGD_LC370EXN_FEP1 1366x768 ----------
---------- Panel[ 61] LGD_LC370DXN_SEU1 1366x768 ----------
---------- Panel[ 62] CHM_M315X11_D2_A 1366x768 ----------
---------- Panel[ 63] CHM_M315X11_E7_A 1366x768 ----------
---------- Panel[ 64] CHM_M420F11_D2_A 1920x1080 ----------
```

```
---------- Panel[ 65] CHM_M460F11_D3_C 1920x1080 ----------
---------- Panel[ 66] CHM_M420F11_D1_C 1920x1080 ----------
---------- Panel[ 67] CHM_M460F11_D1_C 1920x1080 ----------
---------- Panel[ 68] CHM_M420F11_E3_A 1920x1080 ----------
---------- Panel[ 69] CHM_M460F11_E3_A 1920x1080 ----------
---------- Panel[ 70] CHM_M460F11_D2_A 1920x1080 ----------
---------- Panel[ 71] CHM_M315F11_D1_A 1920x1080 ----------
---------- Panel[ 72] CMI_V290BJ1_LE1 1366x768 ----------
---------- Panel[ 73] BOE_HV365WXC_200 1366x768 ----------
---------- Panel[ 74] CHM_M420F11_D3_C 1920x1080 ----------
---------- Panel[ 75] CMI_V390HJ1_LE1 1920x1080 ----------
---------- Panel[ 76] LGD_LC550EUN_SEU1 1920x1080 ----------
---------- Panel[ 77] CMI_V500HK1_LS5_C8 1920x1080 ----------
---------- Panel[ 78] CHM_M320X12_E1_A 1366x768 ----------
---------- Panel[ 79] CHM_M390F12_E3_A 1920x1080 ----------
---------- Panel[ 80] CHM_M390F12_D5_A 1920x1080 ----------
---------- Panel[ 81] CHM_M420F12_E1_A 1920x1080 ----------
---------- Panel[ 82] CHM_M320X12_D3_A 1366x768 ----------
---------- Panel[ 83] CHM_M420F12_D3_A 1920x1080 ----------
---------- Panel[ 84] CHM_M500F12_D3_A 1920x1080 ----------

Current panel setting is CMI_V460H1_LS2_C7
Backlight gpio=204, turn on value=0, LVDS gpio=209, turn on value=1
Pixel Shift=0 (1920 x 1080)
DTV>
```

（3）输入pmx.q +回车键（Enter），查看当前屏的型号，如图2.217所示。

```
DTV>pmx.q
pmx.q
---------- Panel[ 24] CMI_V460H1_LS2_C7 1920x1080 ---------
```

上面的显示表明目前机器屏的型号为CMI_V460H1_LS2_C7，对应的代码为24。

（4）输入pmx.s.p xx（xx表示屏型号前面对应的数字代码）+回车键（Enter），修改屏参。

例如，通过上面查看屏型号方法查出当前屏型号为V460H1_LS2_C7，更改为V420H2_LS2_C7，需要在上面屏型号与代码对应表进行查找。

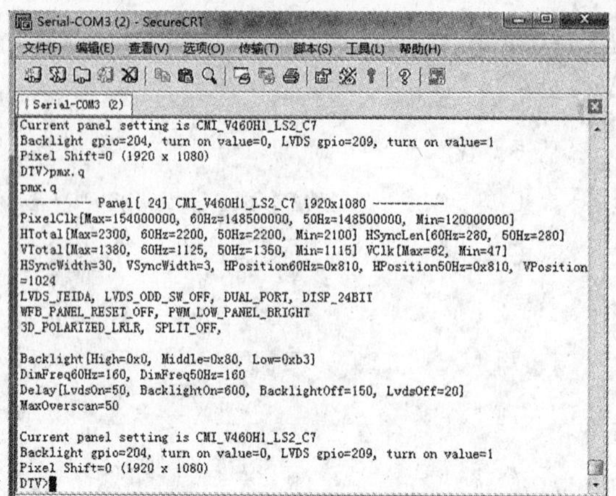

图2.217 查看当前屏的型号

```
Panel[ 27] CMI_V420H2_LS2_C7 1920x1080
```

在DTV>后面输入pmx.s.p 27+回车键（Enter），如图2.218所示。

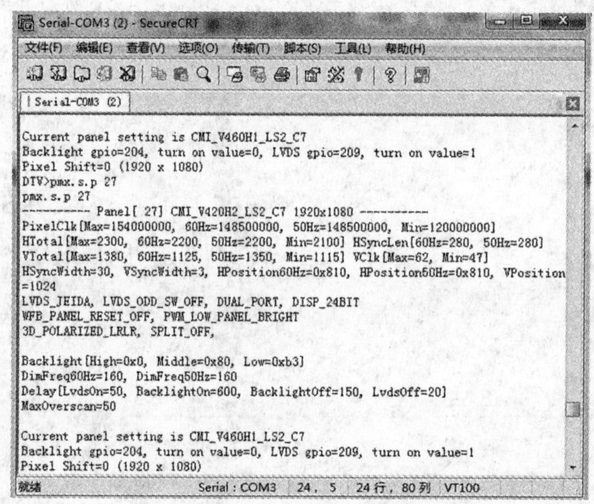

图2.218 修改屏参

```
DTV>pmx.s.p 27
pmx.s.p 27
---------- Panel[ 27] CMI_V420H2_LS2_C7 1920x1080 ----------
```

按上述方法修改为正确的屏参后，机器就会恢复正常。

2.4 长虹LM41智能机芯工作原理与维修介绍

2.4.1 电路方案

长虹LM41智能机芯采用台湾联发科技股份有限公司（MediaTek.Inc，简写为MTK公司）研发的新一代智能家庭版超级芯片MT5505（完整型号MT5505AKDI$MT5505）。芯片内部集成了CPU、DSP、GPU等诸多处理单元电路。集世界各种前沿音视频处理技术于一体，完成TV视频解调、新一代DVB-C信道解调和解复用、高性能的视频/音频解码、PAL、NTSC、SECAM全制式接收、PAL/NTSC制3D梳状滤波Y/C分离、以太网MAC+物理层PHY处理、各种多媒体播放功能和高性能的CPU等众多功能。芯片外部元件少，配合独特软件，实现整机设计、制造成本低，功能全，满足了用户对智能产品"用、听、看、玩"的强烈需求。该机芯使用的MT5505，不但在长虹LM41机芯使用，海信、创维、TCL等其他品牌智能电视也在使用。

2.4.2 LM41机芯代表产品及硬件配置

LM41机芯及其派生机芯生产的代表产品和所配主板等信息汇总见表2.50。

表2.50 LM41机芯及其派生机芯生产的代表产品和所配主板

机芯及派生机芯	代表产品	主板编号及其他
LM41iS	3D32B4000i、3D39B4000i、3D42B4000i、3D42B4500i、3D47B4000i、3D47B45000i、3D50B4500i、3D55B4000i、3D55B4500i	主板JUC7.820.0067941 调谐器：DMI21-C2I4RH 3D眼镜：3D眼镜EPR100（红外） 遥控器：RL78B 音频处理集成电路TAS5711PHPR
LM41iSD	3D47B4000i、3D55B4000i、3D55B8000i、LED32B4500i、LED42B4500i	主板JUC7.820.00072273 V5 音频处理集成电路TAS5711PHPR 电子调谐器DMI21-C2I4RH 遥控器RL87AT 3D眼镜EPR100（红外），主板上多了DVBC有线数字电视处理电路
ZLM41A-iJ	3D46C2000i、3D50C2000i、3D55C2000i	JUC7.820.00075115 V3 遥控器RL67K 音频处理集成电路TPA3110LD2PWPR 微处理器（MCU）集成电路MSP430G2303IPW20R 驱动/控制集成电路TDA18273HN/C1 QFN-40 电源集成电路MP1499GD-Z$MP1499GD-LF-Z 3D眼镜3D300P（快门）
	3D42B2080i（L63）、3D42B2280i（L63） 3D42C3000i、LED42C3070i、3D47C3000i、3D47C3300i、3D42C3080i、3D42C3300i、3D47C3100i	JUC7.820.00078827 V2 说明：功率放大器块不同于LM41iS，上屏插座JP7为高清屏用，JP6为标清屏用
	3D46C2080i、3D46C2180i、3D46C2280i 3D55C2080i、3D55C2180i、3D55C2280i	JUC7.820.00075115 V4 说明：与78827板比较，电路板上多了3D电路，且调谐器不同
ZLM41G-ij	3D42C2000i、3D42C2200i 3D42C2100i镜面银、3D46C2200i 3D55C2100i镜面银、LED50C2000i、3D47C3000i（LJ012）、	JUC7.820.00081526 V3 遥控器RL67K 电子调谐器DMI21-C7I1RH 音频处理集成电路TPA3110LD2PWPR 信道处理集成电路ATBM8878 微处理器（MCU）集成电路MSP430G2303IPW20R 微处理器（MCU）集成电路MT5505AKDI$MT5505
ZLM41G-ij-1	LED39C2000i、LED32C2000i LED42C2000i、LED32C2051i、LED42C2080i	JUC7.820.00086623 V3
ZLM41H-iS-1	3D42B4500iD白色、3D42C5000i 3D47B4500iD、3D65B5000iD	JUC7.820.00085881 V3 电源集成电路TPS54528DDAR 音频处理集成电路TPA3110LD2PWPR 电子调谐器DMI21-C7I1RH 遥控器RL89A
ZLM41H-iS-2	3D55C2000iD、3D46C2000iD	

注：现对表中机芯中字母所代表的功能给出说明，机芯字母不同，意味着电视机所具有的功能不同。其中：Z代表为中国，代表机芯为国内使用；L代表LED，代表机芯用于液晶产品；M代表MTK，代表机芯使用MTK主芯片；41代表MT5505A芯片（表示所采用的主芯片平台）；A代表模拟电视（应用数字电视标准代码）；i表示具有网络和智能功能；1根据不同机芯排版方式派生；G代表DTMB；iJ代表网络智能电视的降本机芯；H代表DVB-C+DTMD；iS代表网络智能电视，超薄排版方式。

表2.51列出了各机芯硬件配置情况，供维修时参考。

表2.51 各机芯硬件配件情况

机 芯	电路配置	功能差异
ZLM41A-iJ	768M内存，2GeMMC	无数字电视
ZLM41G-iJ	768M内存，4GeMMC	42英寸以上带DTMB数字电视
ZLM41G-iJ-1	512M内存，2GeMMC	42英寸以上带DTMB数字电视，无多屏互动，商店不支持后台下载
ZLM41H-iS	1024M内存，4GeMMC	新UI，双UI切换，DTMB，语音功能，DVBC
ZLM41H-iS-2	1024M内存，4GeMMC	DTMB，语音功能，DVBC
PM41i（PDP）	1024M内存，4GeMMC	无数字电视
ZPM41A-Ij（PDP）	768M内存，2GeMMC	无数字电视
ZPM41G-i（PDP）	1024M内存，4GeMMC	DTMB
LM41iS	1024M内存，4GeMMC	语音功能
LM41iSD	1024M内存，4GeMMC	DVB-C，语音功能

表2.51中内存是指DDR3的容量。eMMC是存储程序的IC，包括OSD字库、语音库等，eMMC具有NAND Flash的特点，同时内部还有控制电路。其实eMMC相当于电脑的硬盘。

表2.52是LM41几款代表产品整机接收信号的种类及标准，以及工作的一些参数，供维修参考。

表2.52 LM41几款代表产品的工作参数

型 号		3D42B4500i	3D47B4500i	3D50B4500i	3D55B4500i
最大可视图像尺寸		对角线约106cm	对角线约119cm	对角线约127cm	对角线约138cm
面板类型		LED背光面板			
固有分辨率		1920×1080			
接收制式	彩色制式	PAL、NTSC			
	声音制式	D/K、B/G、I、M			
PC推荐输入格式		VGA（640×480/60Hz）、SVGA（800×600/60Hz）、XGA（1020×768/60Hz）、SXGA（1280×1024/60Hz）、WXGA（1280×768/60Hz）、1280×800/60Hz、1920×1080/60Hz			
HDMI推荐输入格式		VGA（640×480/60Hz）、SVGA（800×600/60Hz）、XGA（1020×768/60Hz）、SXGA（1280×1024/60Hz）、WXGA（1280×768/60Hz）、1280×800/60Hz、1920×1080/60Hz 4801、480P、5761、720P（50/60Hz）、1080（50/60Hz）、1080P（24/30/50/60Hz）			
YPbPr推荐输入格式		4801、480P、5761、576P、720P（50/60Hz）、1080（50/60Hz）、1080P（50/60Hz）			
音频输出功率（约）		≥2×6W			
待机功耗（约）		≤0.5W			
输入电压及消耗功率		见本机后盖铭牌			
机身尺寸（宽×高×厚）（约）		967×571.3×49mm（不含底座）967×628.4×91.2mm（含底座）	1079×636×52mm（不含底座）1079×703×248mm（含底座）	1132×665×50mm（不含底座）1132×719×248mm（含底座）	1250.5×733.5×52mm（不含底座）1250.5×793.5×248mm（含底座）
净重（约）		12.1kg（不含底座）14.1kg（含底座）	16.0kg（不含底座）18.3kg（含底座）	16.7kg（不含底座）19kg（含底座）	22.4kg（不含底座）24.7kg（含底座）
装箱清单		液晶电视机（一台）一次性电池（两只）天线输入器（一只）	使用说明书（一本）底座组件（一套）内六角扳手（一个）	用户保修卡（一份）3D眼镜（两副）螺钉（具体数量参见“底座安装规范”）	遥控器（一个）底座安装规范（一份）

2.4.3 整机信号处理流程

整个机芯围绕主芯片MT5505完成各类信号（USB、HDMI、网络、RF、AV、HDTV等）图像和声音接收、处理，形成LVDS信号到液晶屏逻辑板，声音信号推动喇叭发音。整机控制系统由主芯片与外挂的DDR、Flash、键控和遥控电路组成，实现人机信息交换，并由控制系统识别产生控制图像和伴音电路的相应控制信号，从而完成整机控制。整机信号处理框图如图2.219所示。

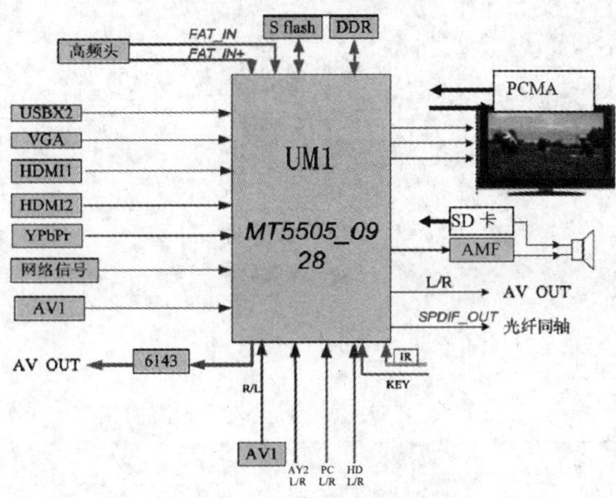

图2.219 整机信号处理框图

2.4.4 整机实物图解

图2.220、图2.221所示为LM41iS主板实物图解，表2.53为主板主要IC型号与功能汇总。

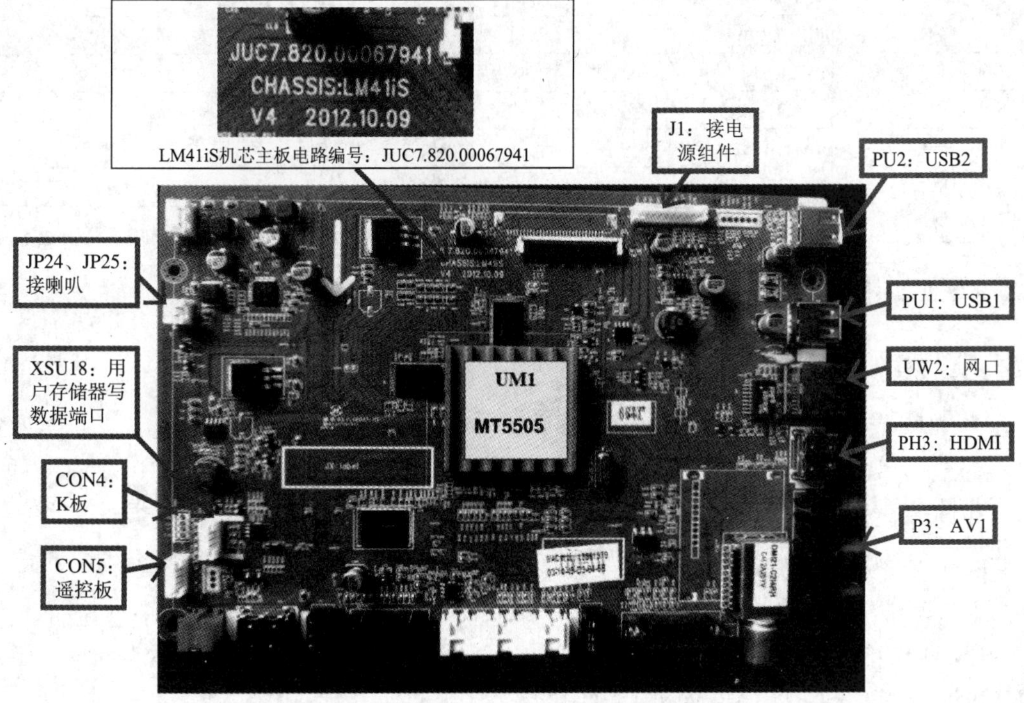

图2.220 LM41iS主板实物图解一

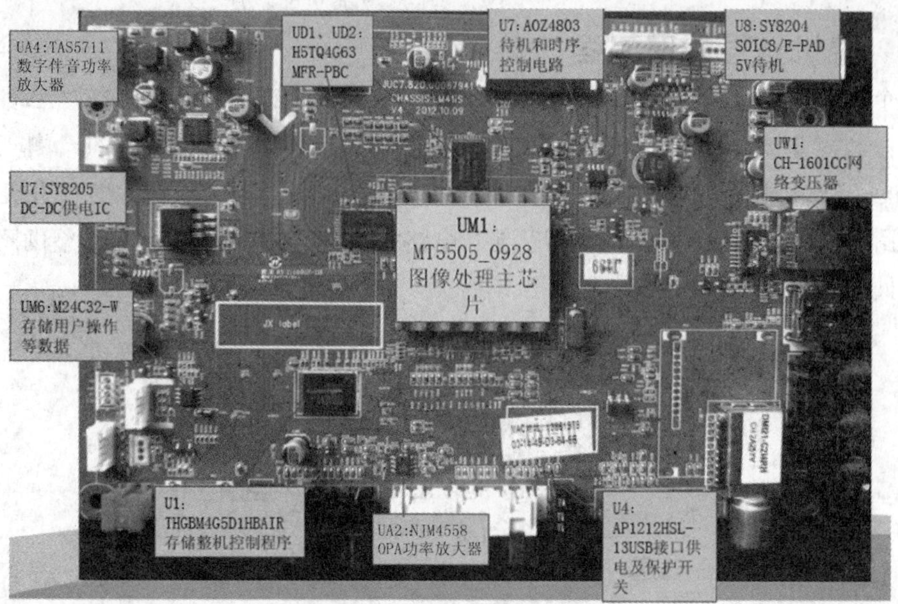

图2.221 LM41iS主板实物图解二

表2.53 主板主要IC型号与功能汇总

主板			
序号	位号	型号	主要功能
1	UM1	MT5505_0928	主处理芯片，对各接口信号进行如ADC、Video Decoder、Scaler、Audio ADC、Audio DSP、3D梳状滤液、多媒体解码、LVDS TX等处理后送到屏和伴音功率放大器。主芯片也包括了OSD显示、MCU控制功能
2	UD1、UD2	H5TQ4G63MFR-PBC	DDR，存储图像处理的中间数据、OSD数据
3	U1	THGBM4G5D1HBAIR	Flash，存储整机控制程序
4	UM6	M24C32-W	E^2PROM，存储用户操作等数据
5	U7	A0Z4803	待机和时序控制电路
6	U27	DM121-C214RH\DMI20-C2I1RH	Tuner，RF接收解调输出模拟中频信号
7	UA4	TAS5711数字伴音	伴音功率放大器
8	UA2	NJM4558 OPA	音频功率放大器，AV输出的音频放大
9	U8	SY8204SOI08/E-PAD	5V待机

图2.222、图2.223所示为LM41iSD机芯主板JUC7.820.00072273实物图解。

2.4.5 整机主板电压分布网络

主板各单元电路所需电压均由电源送出的12V电压来提供，12V电压通过主板各DC-DC转换和开关控制电路形成主板各单元电路工作所需的电压。图2.224所示是12V电压的分布网络。电源送出12V电压不稳定，会出现开机不正常、图异或自动关机等故障，故检修故障时，首先检查12V电压，然后根据电压网络对各DC-DC转换块输出电压进行判定。

1. +12V_IN电压分布

LM41iSD机芯VCCK电压由U11输出提供。LM41iS的VCCK电压由U7提供。5V、12V电压的开/待机控制，LM41iSD由主板U102完成，LM41iS由主板U6完成。

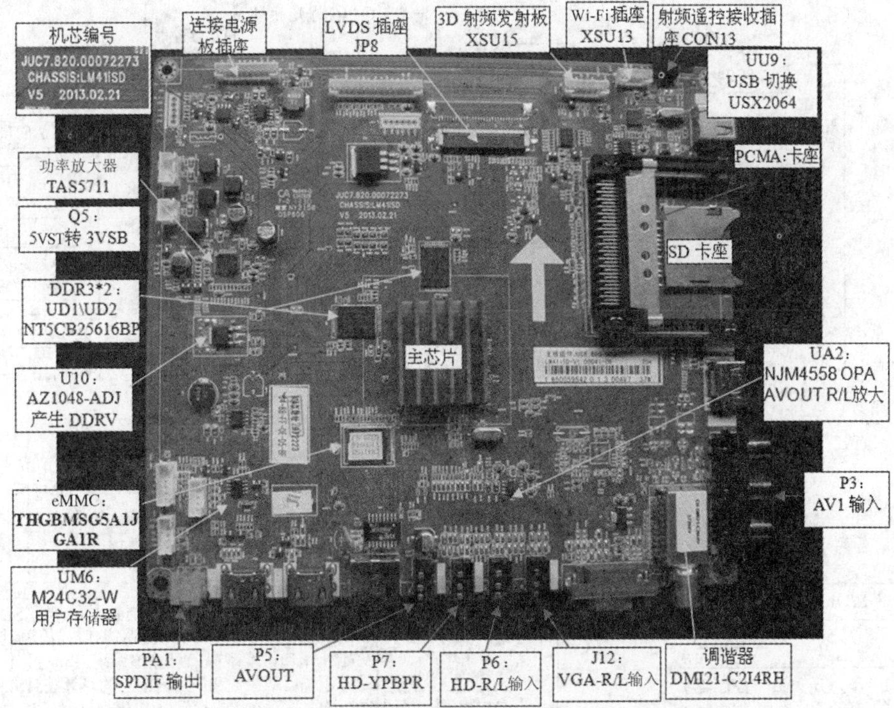

图2.222 LM41iSD机芯主板实物图解一

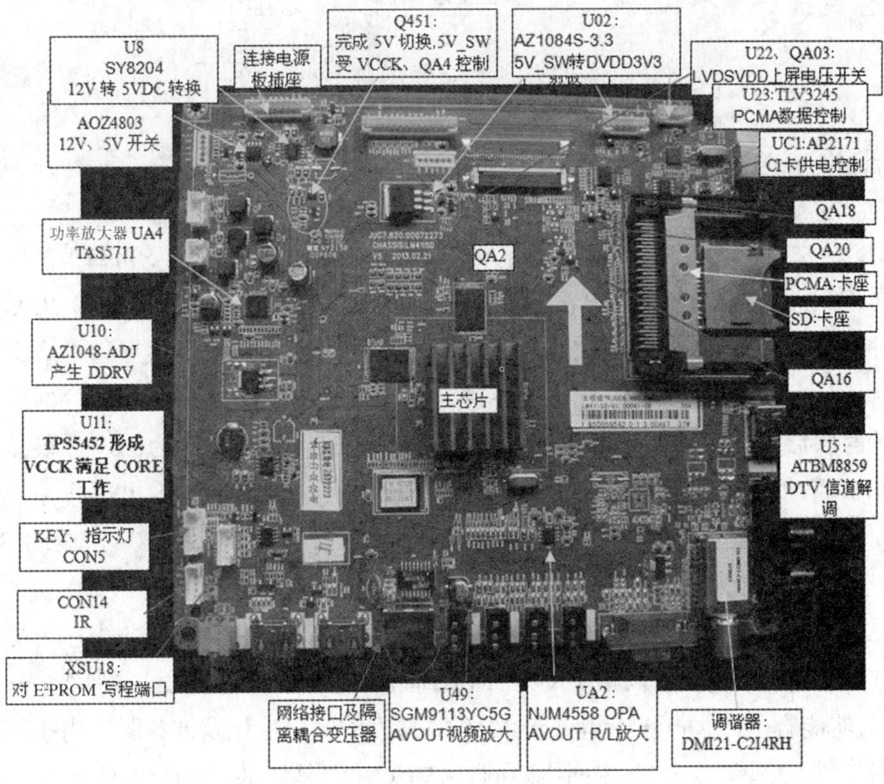

图2.223 LM41iSD机芯主板实物图解二

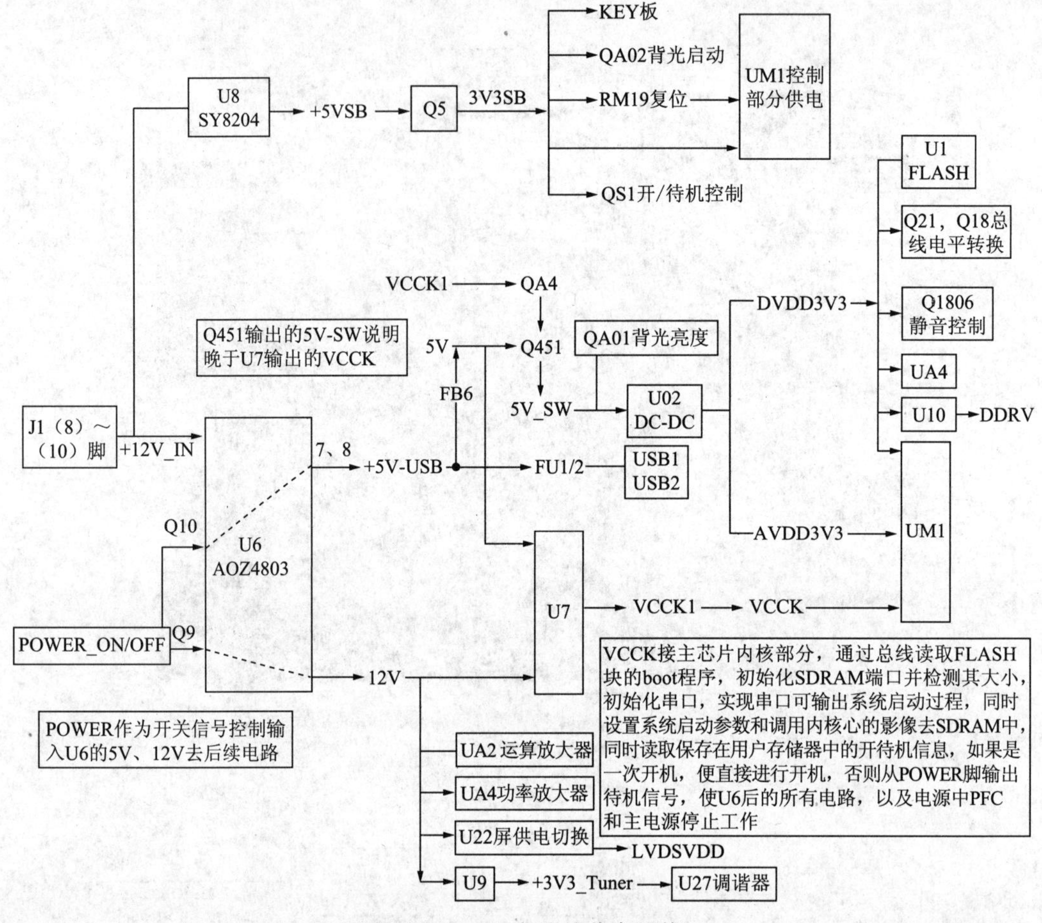

图2.224 12V电压的分布网络

2. 各DC-DC转换块或开关控制块工作特点

（1）AN_SY8204。

此IC是一块高效降压型、低阻（高、低边驱动管导通电阻仅80/50mΩ）的同步处理块，能向负载提供4A连续驱动电流，输入电压范围在4.5~30V，SY8204采用专有的同步PWM控制架构，具有高效的快速瞬态响应。此外，它工作在连续导通模式，在重载情况下有约500kHz恒定频率进行快速转换，可减少外部所用电感器和电容器的尺寸。引脚设计的软启动，限制了浪涌电流冲击。IC内比较器基准电压为0.6V，误差信号与其比较调整驱动电流，稳定输出电压。IC内还设置有过流限制、输出短路保护、过热保护关断和自动恢复功能电路。使能EN脚电压关断门限值为1.2V。IC封装采用SO8E。图2.225所示为此IC在长虹41机芯上的应用电路图。

图2.225中IC的1、2脚外接电容C58为高边驱动功率管栅极供电自举电压形成电容，形成的电压为输出脚内所接高边驱动MOSFET管提供的G极驱动电压。4脚外接软启动电容。3脚为使能脚，此脚电压不得低于1.2V。5脚为IC输出稳压及调整脚，内接0.6V比较器。2脚是输出脉冲脚，外接*LC*网络。6脚为VCC，它是内部LDO控制输出3.3V电压，外接一个到地的电容。此3.3V电压给内部模拟处理电路及驱动电路供电。此IC内部处理

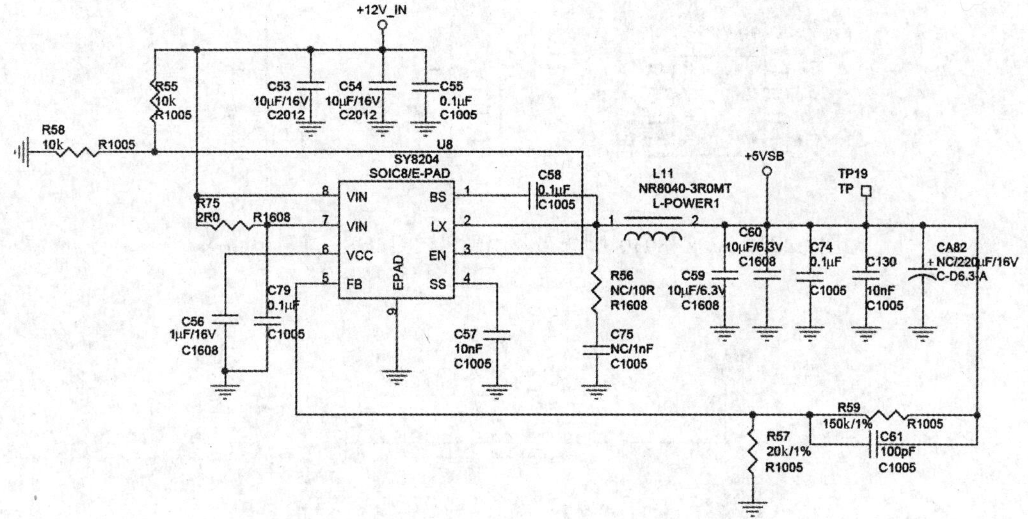

图2.225 AN_SY8204在长虹41机芯上的应用电路图

框图如图2.226所示。

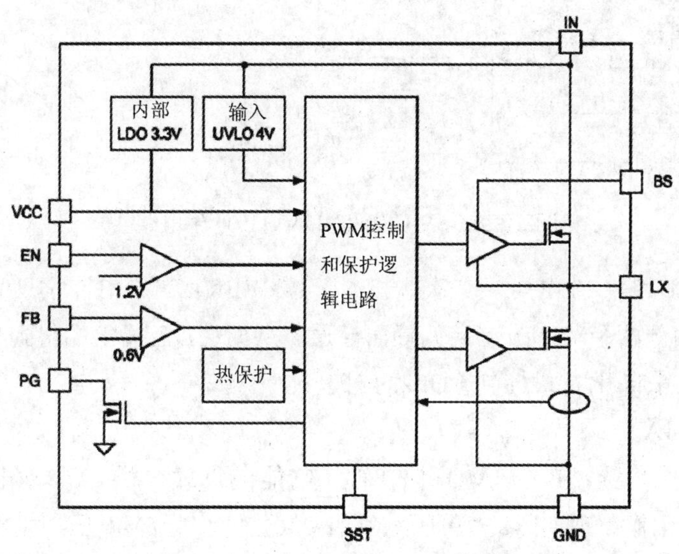

图2.226 AN_SY8204内部处理框图

（2）AOZ4803。

AOZ4803是一只能提供2W功率、输出电流最大达5A、内有双通道P沟道增强性MOSFET管（场效应管）的IC。AO4803采用先进沟道技术，具有R_DS（ON）导通电阻小和低栅极电荷的特点。这种部件适合作为开关或PWM应用。AO4803是无铅的（符合ROHS＆索尼259标准）。另一种型号为AO4803L。AO4803和AO4803L电特性相同。图2.227所示为其引脚分布和内部两个P沟道MOSFET管电路图。

图2.228是AOZ4803在长虹LM41iS机芯上作为5V-USB和+12V电压产生电路的开关控制部件。

此电路中实际没有用VCCK来控制Q10，而是由POWER_ON/OFF同时去Q9、Q10控

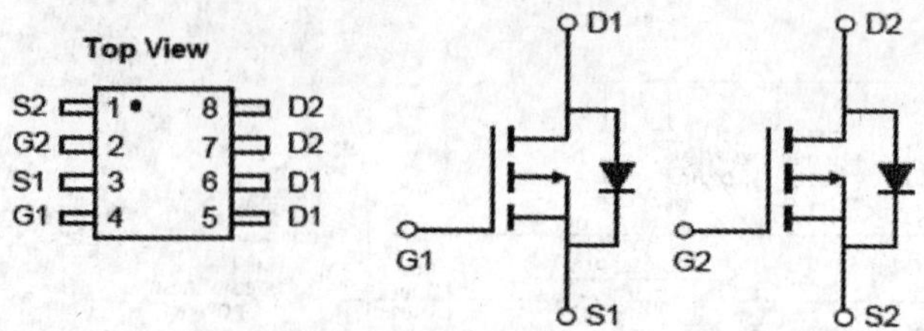

图2.227 AOZ4803引脚分布及内部P沟道MOSFET管电路图

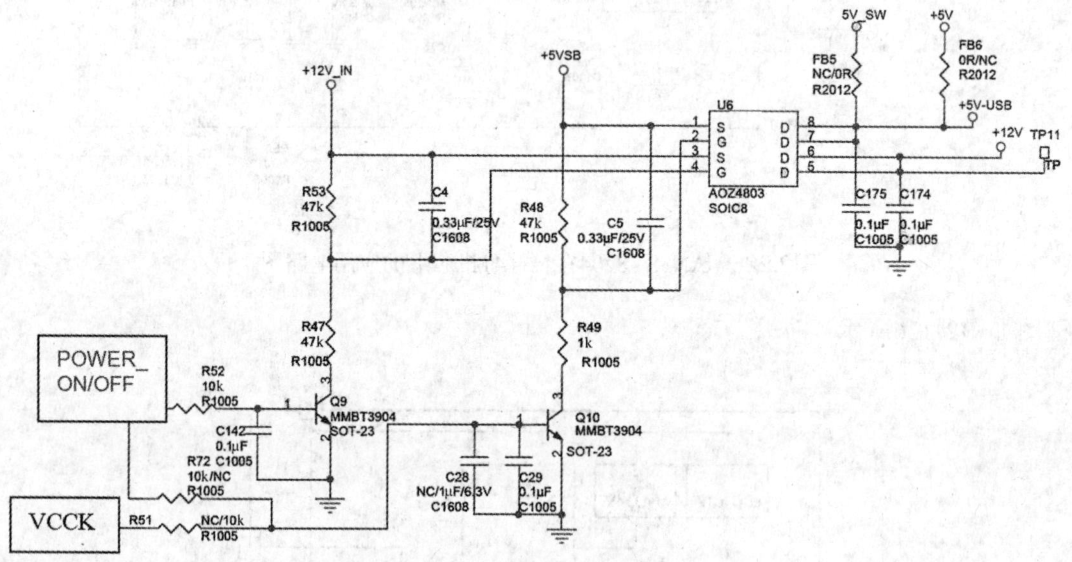

图2.228 5V-USB和+12V电压产生电路

制U6输出5V-USB和+12V电压。二次开机时，POWER-ON/OFF信号为高电平，Q10、Q9饱和，使U6内部两个VSD极正向偏置而导通，从而在D极输出端得到12V和5V电压。POWER_ON/OFF来自开/待机控制管QP2的C极。

（3）AO3401A。

此IC就是一个增强型P沟道MOSFET管，它能向负载提供4A驱动电流，功率只有1.4W，其形状与工作原理如图2.229所示，图2.230是它作为5V电压产生电路的开关控制部件时的应用电路图。

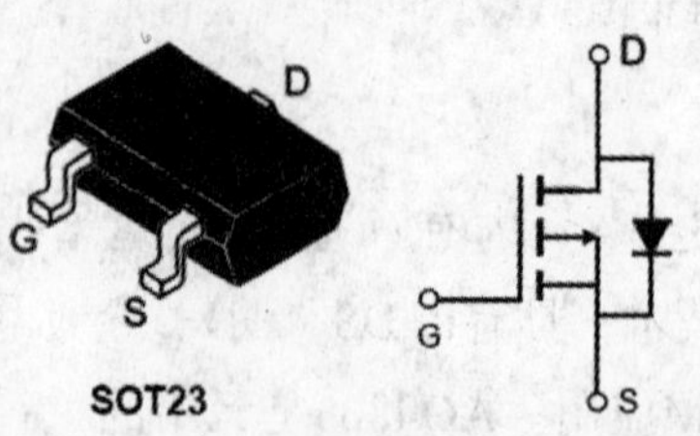

图2.229 AO3401A的外形及工作原理图

AO3401A的导通受VCCK控制，只有VCCK电压建立，Q451才导通工作输出5V-SW，供后续电路工作（见图2.224，12V电压分布网络）。

（4）SY8205。

此部件与前面讲过的AN_SY8204引脚功能相同，区别之处在于，SY8204的驱动电流更大，达到5A，高、低边导通电阻分别为70mΩ和40mΩ，输入电压范围为4.5～30V，工作频率达500kHz。封装有SY8205DNC（DFN4×3-12）和SY8205FCC（SO8E）两种，如图2.231所示。此部件在LCD-TV、笔记本电脑、存储设备、大功率AP路由器等电子设备中广泛应用。

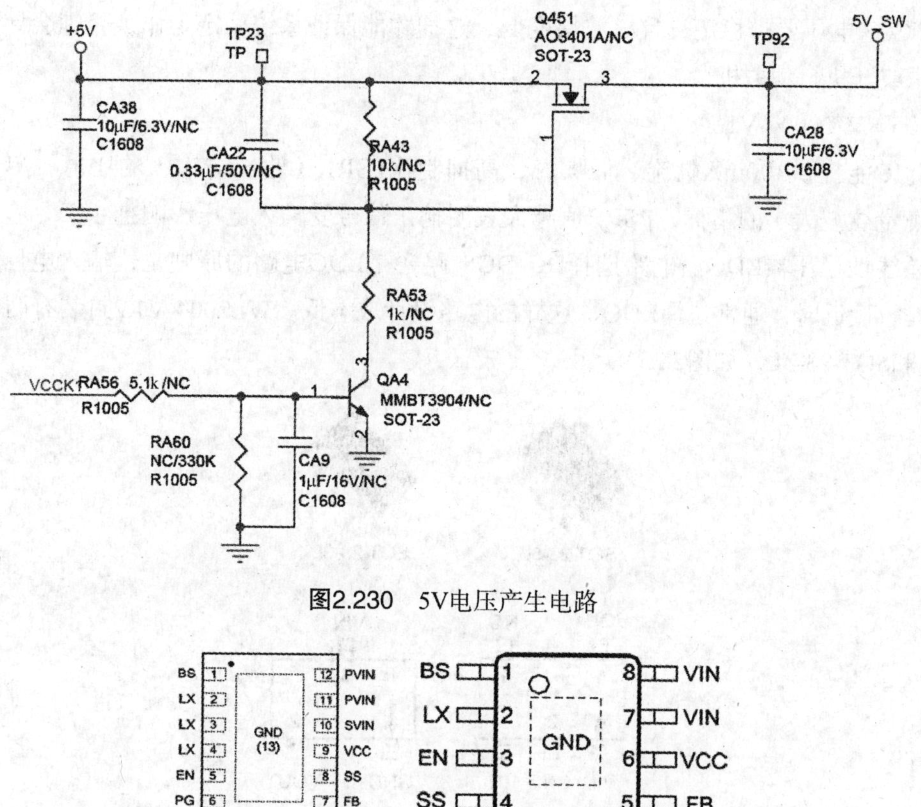

图2.230 5V电压产生电路

图2.231 SY8205

SY8205DNC的6脚标注PG，是此电源工作正常的标志，正常时其引脚电压为输出电压的90%，其他情况下为低电平。SY8205FCC的6脚VCC值工作时为3.3V，为IC内部LDO输出，5脚内接比较器，其VREF为0.6V。图2.232所示此部件在长虹LM41机芯上用于内核CORE供电VCCK形成电路的工作电路图。

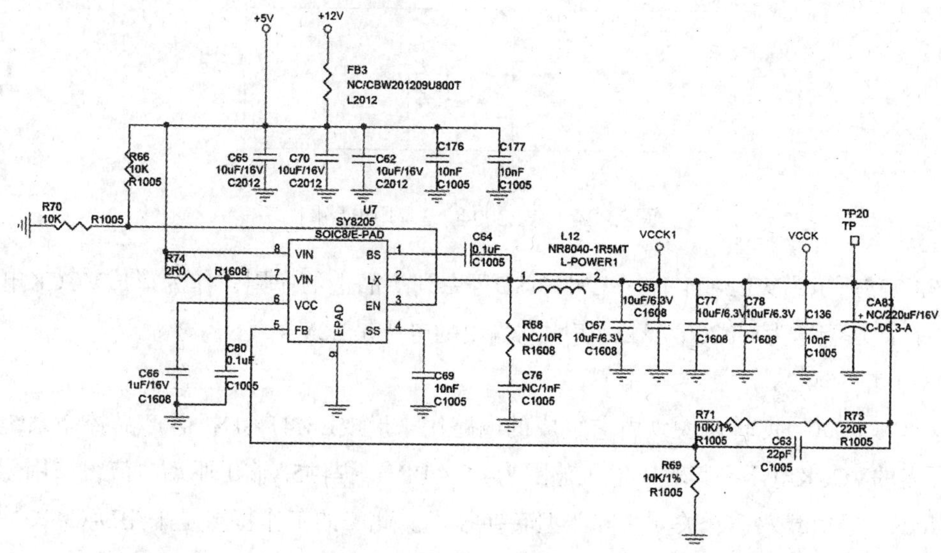

图2.232 长虹LM41机芯内核CORE供电VCCK形成电路

VCCK电压要求稳定，且纹波幅度低，这样才能保证系统稳定工作，否则会导致开机不正常或开机自动关机。

（5）WL2004-V1.2。

此IC能提供300mA电流、低噪声、高抑制比PSRR（输出与输入的比值，单位为分贝，衡量纹波大小的指标，PSRR值越大表明输出信号受输入电压影响越小）。它是一块低压差线性稳压器LDO。电路选择DC-DC电路还是LDO电路的原则是，输入电压与输出电压比较接近时，通常选择LDO，这样的电路设计成本低。WL2004-V1.2封装有两种SOT-23-5L和SOT-23-3L，如图2.233所示。

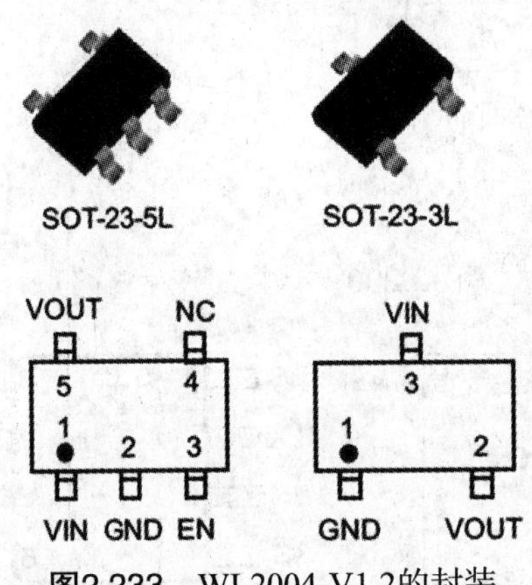

图2.233 WL2004-V1.2的封装

WL2004-V1.2的工作指标：输入电压范围2.2~5.5V，输出电压范围1.2~3.3V，输出驱动电流达300mA，PSRR为70dB@1kHz，输出噪声100uV，输出压差（Dropout Voltage）为120MV。IC内有过流、过热保护装置等。图2.234为WL2004-3.3应用电路图，型号WL2004-3.3，表明它是输出3.3V的LDO。形成的3.3Vsb供控制系统工作。

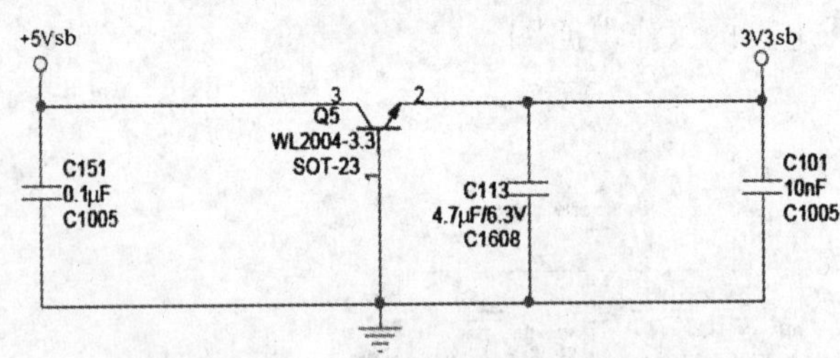

图2.234 WL2004-3.3应用电路图

图2.235所示为WL2004-1.2在LM41iSD等系列产品上的应用，作为形成VCCK电压的LDO块，此块型号为WL2004-1.2，表明它输出的电压是1.2V。

（6）TPS54528。

这是一块DC-DC转换块，由它组成的电路用来形成LM41iSD机芯产品控制系统工作内核所需的VCCK电压。其输入电压范围为4.5～18V，提供5A输出驱动电流，采用创新型Eco-Mode™轻负载效率开关同步降压型转换技术。此IC的工作特点是采用D-CAP2™自适应实时控制架构，可支持轻负载时快速瞬态响应控制,输出纹波低,输出端可用陶瓷电容，

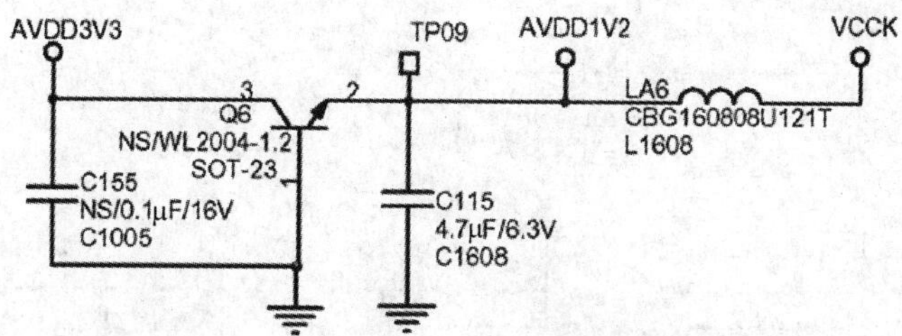

图2.235 WL2004-1.2在LMiSD等系列产品上的应用

通过设计能实现输出电压值范围在0.76 ~ 6V，以满足不同设备应用，集成采用高效FET管优化技术，采用高低边驱动管，导通电阻小（分别为65mΩ和36mΩ），自身功耗低，高精准带隙基准电压，预偏置软启动，650kHz切换频率，逐周期过流限制（电流超过标准的6.4A时将会受到限制），轻载时自动跳转到Eco-Mode™高效工作模式，适应较低占空比工作条件下的应用。其内部处理框图如图2.236所示。

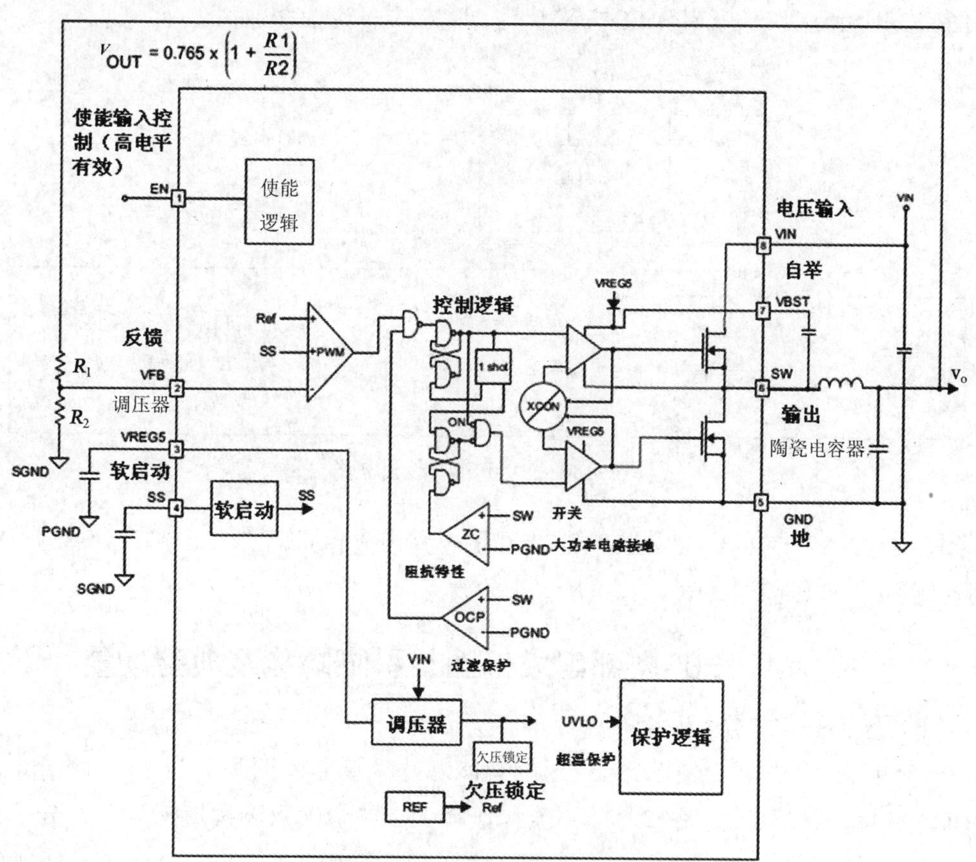

图2.236 TPS54528内部处理框图

图2.237所示为TPS54528在LM41机芯上的应用电路图。

EN引脚电压最高不得超过1.6V，也不能低于0.6V。FB引脚反馈的基准电压为0.765V。3脚为内部LDO输出脚，给内部电路工作供电，其电压为5.5V，此脚必须外接一滤波电容。6、7脚间所接电容C73为自举电容，此电容建立电压为上边管导通时提供栅极偏压。

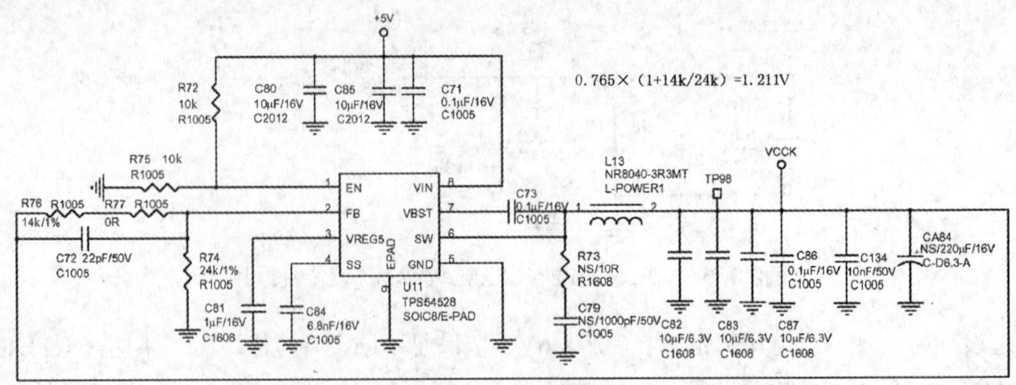

图2.237　TPS54528在LM41机芯上的应用电路图

为保证电路输出稳定的VCCK电压，U11（6）脚输出电路中的电感L13及C82、C83等电容不能随便改变参数。

图2.238所示为此IC在LM41iSD机芯上用于形成5Vsb电压的电路图。

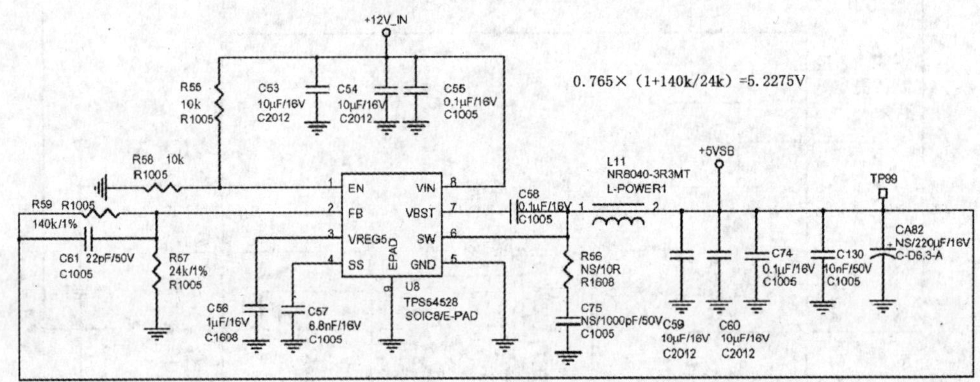

图2.238　5Vsb电压形成电路

图2.238与图2.237的U11形成VCCK电压的电路组成相同，二者区别在于FB脚外接的电阻比例不同，以此来实现IC输出电压大小的改变。

2.4.6　主芯片MT5505内部组成框图、引脚功能及典型功能

1. MT5505结构介绍

MT5505是台湾联发科技公司生产的智能芯片。该芯片面积为21mm×21mm，采用PBGA封装，引脚设计了512个球（或称作脚）。整个IC引脚按矩阵分布，分成24行［A~G（7行）、J~N（共5行）、P、R、T和U、V、W、Y、AA~AE（5行）］和25列，如图2.239所示。图2.240是IC内部信号处理单元电路分布图。

参考图2.239引脚功能分布图，各脚位置及该脚所定义功能符号见表2.54，MT5505A是按列（字母）、行（数字）组合来定义脚的位置，如A1脚，定义功能为RODT。

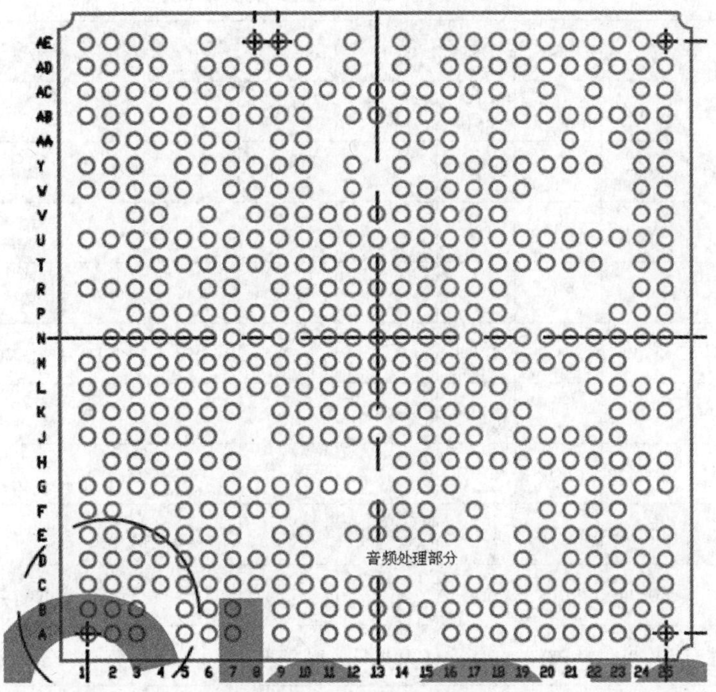

图2.239 MT5505引脚分布

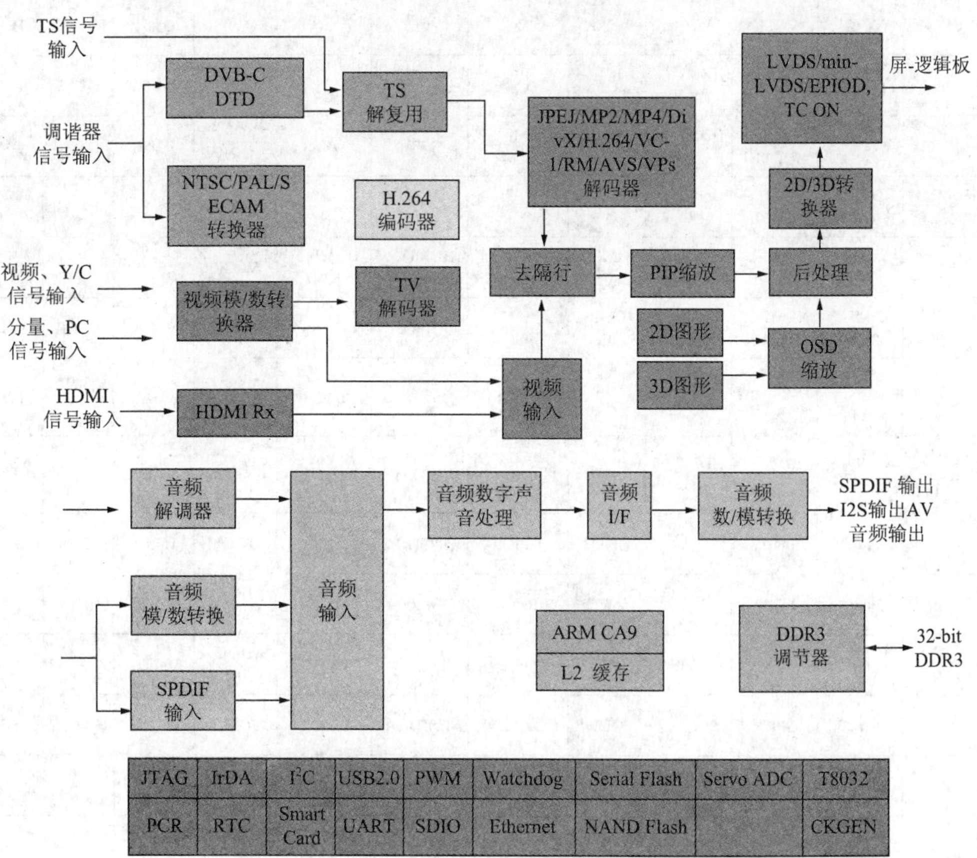

图2.240 MT5505内部信号处理单元电路分布图

表2.54 MT5505引脚位置及引脚功能符号

512	1	2	3	4	5	6	7	8	9	10	11	12
A	RODT	RRAS#	RCSX#		DDR3_RST#	RA9	RBA2		RDQ19		RDQS3	RCLK1#
B	RDQ6	RCAS#	RCS#		RA7	RA3	RBA0		RDQ17	RDQM2	RDQS3#	RCLK1
C	RDQ0	RDQ4	RWE#	RA5	RA2	RA13	RA8	RDQ21	RDQ23	AVDD33_MEMPLL	DVSS	DVSS
D	RDQS0#	RDQS0	RDQ2	RA0	RA11	RA6	RA14	RA1	RBA1	RDQ24		
E	RCLK0#	RCLK0	RVREF	RDQ11	DVSS	RA12	RA4		RCKE	RDQ26		RDQ30
F	RDQS1	RDQS1#			RDQ9	DVSS	DVSS	DVSS	RA10			
G	DVSS	RDQM0	RDQ13	RDQ15	RDQM1		DVSS	DVSS	DVSS	AVSS33_MEMPLL	MEMTP	MEMTN
H		RDQ3	RDQ1	RDQ10	RDQ12	DVSS	DDRV					
J	RDQ5	RDQ7	RDQ14	RDQ8	DDRV	DVSS			DVSS	VCCK	VCCK	DVSS
K	DDRV	DDRV	DDRV	DDRV	DDRV	DDRV	DDRV		DVSS	DVSS	DVSS	DVSS
L	VCCK	VCCK	VCCK	VCCK	VCCK	VCCK	VCCK	VCCK	DVSS	DVSS	DVSS	DVSS
M	VCCK	VCCK	VCCK	VCCK	VCCK	VCCK	VCCK	VCCK	DVSS	DVSS	DVSS	DVSS
N		AVDD33_HDMI_RX	HDMI_1_RX_CB	HDMI_1_RX_C	VCCK	VCCK	AVSS33_HDMI_RX	VCCK	VCCK	DVSS	DVSS	DVSS
P			HDMI_1_RX_0B	HDMI_1_RX_0	HDMI_1_SCL	HDMI_1_SDA	GPIO0	DVSS	VCCK	DVSS	DVSS	DVSS
R	HDMI_1_RX_1B	HDMI_1_RX_1	HDMI_1_RX_2B	HDMI_1_RX_2		OSCL0	OSDA0		VCCK	DVSS	DVSS	DVSS
T			HDMI_2_RX_CB	HDMI_2_RX_C	HDMI_2_SCL	HDMI_2_SDA	HDMI_2_HPD	HDMI_1_HPD	VCCK	DVSS	DVSS	DVSS
U	HDMI_2_RX_0B	HDMI_2_RX_0	HDMI_2_RX_1B	HDMI_2_RX_1	HDMI_CEC	GPIO7	GPIO2	DVSS	DVSS	VCCK	VCCK	VCCK
V			HDMI_2_RX_2B	HDMI_2_RX_2		GPIO8		DVSS	AVSS33_ELDO	AVSS33_VGA_STB	ADIN1_SRV	DVSS
W	AVDD12_HDMI_RX	AVDD12_HDMI_RX	HDMI_3_SCL	HDMI_3_SDA	HDMI_3_HPD		GPIO5	AVSS33_COM	POR_BND	U0TX		ADIN0_SRV
Y	PDD7	PDD6	PDD5		GPIO3	GPIO9	OPCTRL2	AVSS33_LD	OPWRSB	U0RX		OPCTRL3
AA		PDD4	PDD3	VCC3IO_C	PAALE	ADIN3_SRV	GPIO1		ADIN2_SRV	OPCTRL4		
AB	PDD1	PDD2	VCC3IO_B	ASPDIFO0	PACLE	POWE#	ADIN4_SRV	OPCTRL1	ADIN5_SRV	OIRI		BP
AC	PARB#	PDD0	GPIO6	POCE0#	POOE#	POCE1#	AOSDATA1	AOBCK	OPCTRL0	VSYNC	HSYNC	SOG
AD	GPIO4	RXVN_1	TXVN_0	AVDD33_ETH		AOSDATA0	AOLRCK	AOMCLK	VGA_SDA	AVDD10_LDO		COM
AE	REXT	RXVP_1	TXVP_0	AVDD10_ELDO		ALIN		ORESET_B	VGA_SCL	AVDD33_VGA_STB		GP

续表2.54

512	13	14	15	16	17	18	19	20	21	22	23	24	25
A	RDQS2	RDQ16		AO0P	AO1P	AO2P	AOCKP	AO3P	AO4P	AO5P	AVDD33_LVDSA	TCON5	TCON12
B	RDQS2#	RDQ18	RDQ20	AO0N	AO1N	AO2N	AOCKN	AO3N	AO4N	AO5N	AVDD12_LVDSA	TCON3	TCON7
C	RDQM3	RDQ22		AE1N	AE1P	AECKN	AECKP	AE4N	AE4P	TCON0	TCON1	TCON8	TCON4
D	RDQ28		DVSS	AE0P	AE2N		AE3N		AE5N	TCON6	TCON11	TCON2	TCON10
E	RDQ31	RDQ27	DVSS	AE0N	AE2P		AE3P	AVSS33_LVDSA	AE5P	OPWM2	OPWM3	TCON9	VCC3IO
F	RDQ29	RDQ25	DVSS		AVSS33_LVDSA				FSRC_WR	OPWM6	OPWM1		
G		DVSS	AVSS33_CPUPLL	AVSS33_LVDSA					OPWM4	OPWM5	OPWM0	CIGPIO52	CIGPIO36
H		VCCK	AVSS12_LVDSA	CIGPIO5	CIGPIO55	CIGPIO6	CIGPIO12	CIGPIO35	CIGPIO34	CIGPIO0	CIGPIO26	CIGPIO28	CIGPIO27
J	DVSS	DVSS	VCCK	DVSS	DVSS		CIGPIO44	CIGPIO49	CIGPIO24	CIGPIO23	CIGPIO45		
K	DVSS	DVSS	DVSS	VCCK	DVSS	CIGPIO8	CIGPIO14				CIGPIO1	CIGPIO46	CIGPIO2
L	DVSS	DVSS	DVSS	DVSS	DVSS	DVSS				CIGPIO48	CIGPIO4	CIGPIO56	CIGPIO3
M	DVSS	DVSS	DVSS	DVSS	DVSS	CIGPIO17	IF_AGC	RF_AGC	OSCL2	OSDA2	CIGPIO25		
N	DVSS	DVSS	DVSS	DVSS	DVSS	CIGPIO47	CIGPIO43	CIGPIO11	CIGPIO9	CIGPIO50	CIGPIO15	CIGPIO20	CIGPIO19
P	DVSS	DVSS	DVSS	DVSS	AVSS33_USB	CIGPIO10					CIGPIO7	CIGPIO13	AVDD33_USB
R	DVSS	DVSS	DVSS	DVSS	VCCK	AVSS33_HDMI_3_RX						USB_DP_P2	USB_DM_P2
T	DVSS	DVSS	DVSS	DVSS	VCCK	CIGPIO41	CIGPIO33	CIGPIO32	CIGPIO40	CIGPIO39		USB_DP_P1	USB_DM_P1
U	VCCK	VCCK	VCCK	VCCK	DVSS	CIGPIO38	CIGPIO30	CIGPIO31	CIGPIO21	CIGPIO22	CIGPIO16	USB_DP_P0	USB_DM_P0
V	AVSS12_RGB	AVSS33_VDAC	AVSS33_PLLGP	AVSS33_DEMOD	AVSS33_HPA	CIGPIO37						HDMI_3_RX_2B	HDMI_3_RX_2
W		MPXP	AVSS33_VDAC_BG	CVBS0P	AVSS33_CVBS_1	DVSS	AVSS33_ADAC					HDMI_3_RX_1B	HDMI_3_RX_1
Y		VDACY_OUT		CVBS3P	AVSS33_CVBS_2	AVSS33_AADC	CIGPIO29	CIGPIO54	CIGPIO53	CIGPIO51		HDMI_3_RX_0B	HDMI_3_RX_0
AA		VDACX_OUT	CVBS_COM	CVBS2P		AVSS33_CLN			CIGPIO18		CIGPIO42	HDMI_3_RX_CB	HDMI_3_RX_C
AB	RP	Y1P	SOY0	CVBS1P		AIN2_L_AADC	AIN1_L_AADC	AIN3_L_AADC	AIN1_R_AADC	AIN2_R_AADC	AIN4_R_AADC	AVDD12_HDMI_3_RX	AVDD33_HDMI_3_RX
AC	SOY1	PR1P	Y0P	COM0	AVDD12_RGB	AVSS12_DEMOD		AIN4_L_AADC		AIN3_R_AADC		AL1_ADAC	AR2_ADAC
AD		COM1		PB0P	AVDD33_VIDEO	AVDD12_DEMOD	ADCINP_DEMOD	AVSS33_XTAL_STB	XTALO	AVDD33_AADC	VMID_AADC	AL2_ADAC	AR0_ADAC
AE		PB1P		PR0P	AVDD33_PLL	AVDD33_DEMOD	ADCINN_DEMOD	AVDD33_XTAL_STB	XTALI	AVDD33_HPA	AVDD33_ADAC	AL0_ADAC	AR1_ADAC

2. MT5505各引脚功能介绍（见表2.55）

表2.55 MT5505引脚功能

引 脚	引脚符号	引脚电压范围	引脚功能描述
AE8	ORESET__B		芯片复位，最高输入电压为3.3V
F21	FSRC_WR		系统保险模式，接4.7kΩ电阻到地
G12	MEMTN		NC
G11	MEMTP		NC
W9	POR_BND		复位模式选择POR。此脚通过4.7kΩ电阻接在AVDD33_VGA_STB供电端，选择内部复位模式，外部POR通过4.7kΩ电阻到地，LM41机芯选择内部复位
Serial / NAND Flash / eMMC			
AC2	PDD0	3.3V	串Flash数据输入或NAND Flash数据bit0，未用
AB1	PDD1	3.3V	串Flash数据输出或NAND Flash数据bit1，未用
AB2	PDD2	5V	NAND Flash数据bit2或eMMC的CMD命令控制输出，实际接该机芯eMMC（位号U1）
AA3	PDD3	5V	NAND Flash数据bit3或eMMC的CLK（接U1：eMMC）
AA2	PDD4	5V	NAND Flash数据bit4或eMMC的BIT0（接U1：eMMC）
Y3	PDD5	5V	NAND Flash数据bit5或eMMC的BIT1（接U1：eMMC）
Y2	PDD6	5V	NAND Flash数据bit6或eMMC的BIT2（接U1：eMMC）
Y1	PDD7	5V	NAND Flash数据bit7或eMMC的BIT3（接U1：eMMC）
AC4	POCE0#	3.3V	串Flash的bank0的芯片使能脚（未用）
AC6	POCE1#	3.3V	串Flash的bank1的芯片使能脚/NAND Flash片选使能（未用）
AC1	PARB#	3.3V	NAND Flash准备就绪信号R/B#（接U1：eMMC）
AA5	PAALE	5V	NAND Flash地址锁存使能，ALE（接U1：eMMC）
AB5	PACLE	5V	NAND Flash命令锁存使能，CLE，另一功能作为缺省设置，参考功能预置表（接U1：eMMC）
AB6	POWE#	5V	NAND Flash写使能（接U1：eMMC）
AC5	POOE#	5V	串Flash时钟/NAND Flash读使能，RE#，未用
UART通用异步收发传输器（见VGA信号处理部分）			
Y10	U0RX	5V	数据接收RX，接VGA端口送入软件升级数据
W10	U0TX	5V	数据发送TX，接VGA端口送入软件升级数据
I^2C			
R6	OSCL0	3.3V	总线0时钟通道，去功率放大器TAS5711，另一路经Q18电平转换去E^2PROM
R7	OSDA0	3.3V	总线0数据通道，去功率放大器TAS5711，另一路经Q21电平转换去E^2PROM
M21	OSCL2	5V	总线2时钟通道，去调谐器
M22	OSDA2	5V	总线2数据通道，去调谐器
PWM脉宽			
G23	OPWM0	3.3V	PWM0输出，未用
F23	OPWM1	3.3V	PWM1输出，用于OPC ON/OFF，经QA6到逻辑板（LG屏才有此功能）
E22	OPWM2	3.3V	PWM2输出，背光亮度控制
E23	OPWM3	3.3V	PWM3输出，SD卡检测信号
G21	OPWM4	3.3V	PWM4输出，SD卡写保护
G22	OPWM5	3.3V	PWM5输出，网络状态指示灯
F22	OPWM6	3.3V	PWM6输出，网络状态指示灯

续表2.55

引 脚	引脚符号	引脚电压范围	引脚功能描述
红外			
AB10	OIRI	5V	红外信号输入，作为遥控信号输入
电源管理			
AC9	OPCTRL0	5V	电源管理GPIO0，功能缺省设置
AB8	OPCTRL1	5V	电源管理GPIO1，实际作指示灯控制输出
Y7	OPCTRL2	5V	电源管理GPIO2，实际未用
Y12	OPCTRL3	5V	电源管理GPIO3，BL_ON/OFF背光开关控制
AA10	OPCTRL4	5V	电源管理GPIO4，在此作功能缺省值设置
Y9	OPWRSB	5V	电源ON/OFF开/待机控制
U5	HDMI_CEC	5V	HDMI的CEC控制，遥控器远程控制
P6	HDMI_1 SDA	5V	HDMI1 SDA总线数据信号，实为PH2的HDMI端口送入SDA总线数据
P5	HDMI_1 SCL	5V	HDMI1 SCL总线时钟信号，实为PH2的HDMI端口送入SCL总线时钟
T8	HDMI_1 HPD	5V	HDMI1热插拔控制
T5、T6	HDMI_2 SDA、SCL		未用
T7	HDMI_2 HPD	5V	HDMI2热插拔控制
W3、W4	HDMI_3 SDA、SCL	5V	实为PH3的HDMI端口送入SCL SDA总线
W5	HDMI_3 HPD	5V	HDMI3热插拔控制
AD9、AE9	VGASDA、VGA SCL	5V	VGA接口总线数据SDA与时钟SCL通道
与DDR3通信部分			
D4	RA0		存储器地址A_0
D8	RA1		存储器地址A_1
C5	RA2		存储器地址A_2
B6	RA3		存储器地址A_3
E7	RA4		存储器地址A_4
C4	RA5		存储器地址A_5
D6	RA6		存储器地址A_6
B5	RA7		存储器地址A_7
C7	RA8		存储器地址A_8
A6	RA9		存储器地址A_9
F9	RA10		存储器地址A_{10}
D5	RA11		存储器地址A_{11}
E6	RA12		存储器地址A_{12}
C6	RA13		存储器地址A_{13}
D7	RA14		存储器地址A_{14}
B7	RBA0		存储器bank地址BA_0
D9	RBA1		存储器bank地址BA_1
A7	RBA2		存储器bank地址BA_2
B2	RCAS#		存储器Column列地址标识CAS
A2	RRAS#		存储器Row行地址标识RAS
E9	RCKE#		存储器时钟使能

续表2.55

引 脚	引脚符号	引脚电压范围	引脚功能描述
C3	RWE#		存储器写使能
B3	RCS#		存储器片选择
A3	RCSX#		存储器扩展片选择
E2	RCLK0		存储器时钟0正相输入
E1	RCLK0#		存储器时钟0负相输入
B12	RCLK1		存储器时钟1正相输入
A12	RCLK1#		存储器时钟1负相输入
C1	RDQ0		存储器数据bit0
H3	RDQ1		存储器数据bit1
D3	RDQ2		存储器数据bit2
H2	RDQ3		存储器数据bit3
C2	RDQ4		存储器数据bit4
J1	RDQ5		存储器数据bit5
B1	RDQ6		存储器数据bit6
J2	RDQ7		存储器数据bit7
J4	RDQ8		存储器数据bit8
F5	RDQ9		存储器数据bit9
H4	RDQ10		存储器数据bit10
E4	RDQ11		存储器数据bit11
H5	RDQ12		存储器数据bit12
G3	RDQ13		存储器数据bit13
J3	RDQ14		存储器数据bit14
G4	RDQ15		存储器数据bit15
A14	RDQ16		存储器数据bit16
B9	RDQ17		存储器数据bit17
B14	RDQ18		存储器数据bit18
A9	RDQ19		存储器数据bit19
B15	RDQ20		存储器数据bit20
C8	RDQ21		存储器数据bit21
C14	RDQ22		存储器数据bit22
C9	RDQ23		存储器数据bit23
D10	RDQ24		存储器数据bit24
F14	RDQ25		存储器数据bit25
E10	RDQ26		存储器数据bit26
E14	RDQ27		存储器数据bit27
D13	RDQ28		存储器数据bit28
F13	RDQ29		存储器数据bit29
E12	RDQ30		存储器数据bit30
E3	RDQ31		存储器数据bit31
G2	RDQM0		内存数据掩码DQM_0
G5	RDQM1		内存数据掩码DQM_1
B10	RDQM2		内存数据掩码

续表2.55

引 脚	引脚符号	引脚电压范围	引脚功能描述
C13	RDQM3		内存数据掩码
D2	RDQS0		内存负极性数据选通DQS_0^+，接UD1
D1	RDQS0#		内存正极性数据选通DQS_0^-，接UD1
F1	RDQS1		内存正极性数据选通DQS_1^+，接UD1
F2	RDQS1#		内存负极性数据选通DQS_1^-，接UD1
A13	RDQS2		内存正有极性数据选通DQS_2^+，接UD2
B13	RDQS2#		内存负极性数据选通DQS_2^-，接UD2
A11	RDQS3		内存正极性数据选通DQS_3^+，接UD2
B11	RDQS3#		内存负极性数据选通DQS_3^-，接UD2
A1	RODT		存储器终结使能
A5	DDR3_RST#		存储器复位
E3	RVREF		存储器的基准电压端
接CI卡卡座的GPIO（也可作SPI总线端口用）			
H22	GPIO0	3.3V	用于CI卡接口地址A_0
K23	GPIO1	3.3V	用于CI卡接口地址A_1
K25	GPIO2	3.3V	用于CI卡接口地址A_2
L25	GPIO3	3.3V	用于CI卡接口地址A_3
L23	GPIO4	3.3V	用于CI卡接口地址A_4
H16	GPIO5	3.3V	用于CI卡接口地址A_5
H18	GPIO6	3.3V	用于CI卡接口地址A_6
P23	GPIO7	3.3V	用于CI卡接口地址A_7
K18	GPIO8	3.3V	用于CI卡接口地址A_8
N21	GPIO9	3.3V	用于CI卡接口地址A_9
P18	GPIO10	3.3V	用于CI卡接口地址A_{10}
N20	GPIO11	3.3V	用于CI卡接口地址A_{11}或用于SPI通信时钟输出
H19	GPIO12	3.3V	用于CI卡接口地址A_{12}或用于SPI通信时钟1输出
P24	GPIO13	3.3V	用于CI卡接口地址A_{13}或用于SPI通信数据DATA输出
K19	GPIO14	3.3V	用于CI卡接口地址A_{14}或用于SPI命令锁存使能EN输出
N23	GPIO15	3.3V	用于CI卡接口地址A_{15}或用于TS传输流1时钟CLK输入
U23	GPIO16	3.3V	用于CI卡接口地址A_{16}或用于TS传输流1有效valid输入
M18	GPIO17	3.3V	用于CI卡接口地址A_{17}或用于TS传输流1SYNC同步输入
AA21	GPIO18	3.3V	用于CI卡接口地址A_{18}或用于TS传输流1数据输入bit0
N25	GPIO19	3.3V	用于CI卡接口地址A_{19}或用于TS传输流1数据输入bit1
N24	GPIO20	3.3V	用于CI卡接口地址A_{20}或用于TS传输流1数据输入bit2
U21	GPIO21	3.3V	用于CI卡接口地址A_{21}或用于TS传输流1数据输入bit3
U22	GPIO22	3.3V	用于CI卡接口地址A_{22}或用于TS传输流1数据输入bit4
J22	GPIO23	3.3V	用于CI卡接口地址A_{23}或用于TS传输流1数据输入bit5
J21	GPIO24	3.3V	用于CI卡接口地址A_{24}或用于TS传输流1数据输入bit6
M23	GPIO25	3.3V	用于CI卡接口地址A_{25}或用于TS传输流1数据输入bit7
H23	GPIO26	5V	用于CI卡接口数据D_0
H25	GPIO27	5V	用于CI卡接口数据D_1
H24	GPIO28	5V	用于CI卡接口数据D_2

续表2.55

引 脚	引脚符号	引脚电压范围	引脚功能描述
Y19	GPIO29	5V	用于CI卡接口数据D_3
U19	GPIO30	5V	用于CI卡接口数据D_4
U20	GPIO31	5V	用于CI卡接口数据D_5
T20	GPIO32	5V	用于CI卡接口数据D_6
T19	GPIO33	5V	用于CI卡接口数据D_7
H21	GPIO34	5V	用于CI卡接口数据D_8/TS2数据输入/输出bit0
H20	GPIO35	5V	用于CI卡接口数据D_9/TS2数据输入/输出bit1
G25	GPIO36	5V	用于CI卡接口数据D_{10}/TS2数据输入/输出bit2
V18	GPIO37	5V	用于CI卡接口数据D_{11}/TS2数据输入/输出bit3
U18	GPIO38	5V	用于CI卡接口数据D_{12}/TS2数据输入/输出bit4
T22	GPIO39	5V	用于CI卡接口数据D_{13}/TS2数据输入/输出bit5
T21	GPIO40	5V	用于CI卡接口数据D_{14}/TS2数据输入/输出bit6
T18	GPIO41	5V	用于CI卡接口数据D_{15}/TS2数据输入/输出bit7
AA23	GPIO42	3.3V	用于CI卡接口片选信号使能1信号
N19	GPIO43	3.3V	用于CI卡接口输出使能信号
J19	GPIO44	3.3V	用于CI卡接口写使能信号
J23	GPIO45	5V	用于CI卡接口DVB1信号/TS2同步信号输入/输出
K24	GPIO46	5V	用于CI卡接口DVB2信号/TS2有效valid信号输入/输出
N18	GPIO47	5V	CI接口VS1信号
L22	GPIO48	5V	CI接口VS1信号/TS2时钟输入/输出
J20	GPIO49	5V	CI接口IREQ中断请求信号
N22	GPIO50	5V	CI接口wait等待信号
Y22	GPIO51	3.3V	CI卡接口的cd1信号/智能卡VCC信号
G24	GPIO52	3.3V	CI卡接口的cd2信号/智能卡数据信号
Y21	GPIO53	3.3V	CI卡接口的读取指令（IORD）/智能卡时钟
Y20	GPIO54	3.3V	CI卡接口的读写指令（IOWR）/智能卡电源选择
H17	GPIO55	3.3V	CI卡接口的复位信号RESET/智能卡复位信号
L24	GPIO56	3.3V	CI卡接口reg信号/智能卡检测
常用输入、输出GPIO端口			
P7	GPIO0	5V	未用，空
AA7	GPIO1	5V	未用，空
U7	GPIO2	5V	LVDS_PWR_EN 上屏供电开关信号
Y5	GPIO3	5V	eMMC存储器复位eMMC_RST
AD1	GPIO4	5V	空脚
W7	GPIO5	5V	3D_ENABLE，3D使能
AC3	GPIO6	5V	空
U6	GPIO7	5V	空
V6	GPIO8	5V	TP/SMD/D0.6
Y6	GPIO9	5V	SYS_EEPROM_WP写保护
SERVO伺服信号ADC输入			
W12	ADIN0_SRV	0～2.0V	SERVO ADC输入通道0，此脚未用时，需接10kΩ电阻到地
V11	ADIN1_SRV	0～2.0V	SERVO ADC输入通道1，此脚未用时，需接10kΩ电阻到地

续表2.55

引　脚	引脚符号	引脚电压范围	引脚功能描述
AA9	ADIN2_SRV	0 ~ 2.8V	SERVO ADC输入通道2
AA6	ADIN3_SRV	0 ~ 2.8V	SERVO ADC输入通道3
AB7	ADIN4_SRV	0 ~ 2.8V	SERVO ADC输入通道4
AB9	ADIN5_SRV	0 ~ 2.8V	SERVO ADC输入通道5
Audio 音频处理（注：音频输入与输出通道此处不作介绍）			
W14	MPXP		TV音频ADC输入，未用
AC8	AOBCK	3.3V	PCM编码的数字音频位时钟输出
AD7	AOLRCK	3.3V	PCM编码的数字音频R/L时钟输出
AD8	AOMCLK	3.3V	PCM编码音频主时钟输入、输出
AD6	AOSDATA0	3.3V	PCM音频数据输出位bit0
AC7	AOSDATA1	3.3V	PCM音频数据输出位bit1
AB4	ASPDIFO0	5V	音频SPDIF同轴输出
AE6	ALIN	3.3V	HDMI1.4A端口送来数字音频输入（音频回传）
音频ADC输入			
AB19	AIN1_L_AADC		音频通道1-L输入
AB21	AIN1_R_AADC		音频通道1-R输入
AB18	AIN2_L_AADC		音频通道2-L输入
AB22	AIN2_R_AADC		音频通道2-R输入
AB20	AIN3_L_AADC		音频通道3-L输入
AC22	AIN3_R_AADC		音频通道3-R输入
AC20	AIN4_L_AADC		音频通道4-L输入
AB23	AIN4_R_AADC		音频通道4-R输入
AD23	VMID_AADC		音频处理基准电压形成VREF
音频DAC输出			
AE24	AL0_ADAC		音频通道0- L输出
AC24	AL1_ADAC		音频通道1- L输出
AD24	AL2_ADAC		音频通道2- L输出
AD25	AR0_ADAC		音频通道0- R输出
AE25	AR1_ADAC		音频通道1- R输出
AC25	AR2_ADAC		音频通道2- R输出
LVDS/EPI/VB1			
D16（E:EVEN偶）	AE0P		LVDSTX偶通道正输出位0/EPI正输出位6
E16	AE0N		LVDSTX偶通道负输出位0/ EPI负输出位6
C17	AE1P		LVDSTX偶通道正输出位1/EPI正输出位5
C16	AE1N		LVDSTX偶通道负输出位1 /EPI负输出位5
E17	AE2P		LVDSTX偶通道正输出位2/EPI正输出位4
D17	AE2N		LVDSTX偶通道负输出位2 /EPI负输出位4
E19	AE3P		LVDSTX偶通道正输出位3/EPI正输出位2
D19	AE3N		LVDSTX偶通道负输出位3 /EPI负输出位2
C21	AE4P		LVDSTX偶通道正输出位4/EPI正输出位1
C20	AE4N		LVDSTX偶通道负输出位4 /EPI负输出位1

续表2.55

引 脚	引脚符号	引脚电压范围	引脚功能描述
E21	AE5P		LVDSTX偶通道正输出位5
D21	AE5N		LVDSTX偶通道负输出位5
C19	AECKP		LVDSTX偶通道输出正时钟/EPI正输出位3
C18	AECKN		LVDSTX偶通道负输出时钟/EPI负输出位3
A16	AO0P		LVDSTX奇通道正输出位0
B16	AO0N		LVDSTX奇通道负输出位0
A17	AO1P		LVDSTX奇通道正输出位1
B17	AO1N		LVDSTX奇通道负输出位1
A18	AO2P		LVDSTX奇通道正输出位2
B18	AO2N		LVDSTX奇通道负输出位2
A20	AO3P		LVDSTX奇通道正输出位3
B20	AO3N		LVDSTX奇通道负输出位3
A21	AO4P		LVDSTX奇通道正输出位4
B21	AO4N		LVDSTX奇通道负输出位4
A22	AO5P		LVDSTX奇通道正输出位5
B22	AO5N		LVDSTX奇通道负输出位5
A19	AOCKP		LVDSTX奇通道时钟正输出
B19	AOCKN		LVDSTX奇通道时钟负输出
HDMI接收			
P4	HDMI_1_RX_0	电压范围：0.15~1.2V，信号传输频率：70MHz~2227.5MHz，抗EMI干扰强	HDMI接收通道1正数据位0
P3	HDMI_1_RX_0B		HDMI接收通道1负数据位0
R2	HDMI_1_RX_1		HDMI接收通道1正数据位1
R1	HDMI_1_RX_1B		HDMI接收通道1负数据位1
R4	HDMI_1_RX_2		HDMI接收通道1正数据位2
R3	HDMI_1_RX_2B		HDMI接收通道1负数据位2
N4	HDMI_1_RX_C		HDMI接收通道1正时钟
N3	HDMI_1_RX_CB		HDMI接收通道1负时钟
U2	HDMI_2_RX_0		HDMI接收通道2正数据位0
U1	HDMI_2_RX_0B		HDMI接收通道2负数据位0
U4	HDMI_2_RX_1		HDMI接收通道2正数据位1
U3	HDMI_2_RX_1B		HDMI接收通道2负数据位1
V4	HDMI_2_RX_2		HDMI接收通道2正数据位2
V3	HDMI_2_RX_2B		HDMI接收通道2负数据位2
T3	HDMI_2_RX_C		HDMI接收通道2正时钟
T4	HDMI_2_RX_CB		HDMI接收通道2负时钟
Y25	HDMI_3_RX_0		HDMI接收通道3正数据位0
Y24	HDMI_3_RX_0B		HDMI接收通道3负数据位0
W25	HDMI_3_RX_1		HDMI接收通道3正数据位1
W24	HDMI_3_RX_1B		HDMI接收通道3负数据位1
V25	HDMI_3_RX_2		HDMI接收通道3正数据位2
V24	HDMI_3_RX_2B		HDMI接收通道3负数据位2
AA25	HDMI_3_RX_C		HDMI接收通道3正时钟
AA24	HDMI_3_RX_CB		HDMI接收通道3负时钟

续表2.55

引 脚	引脚符号	引脚电压范围	引脚功能描述
模拟视频输入			
AC11	HSYNC		VGA行同步信号输入
AC10	VSYNC		VGA场同步信号输入
AB12	BP		VGA B输入
AC12	SOG		绿色同步SOG
AE12	GP		VGA G输入
AB13	RP		VGA R输入
AD12	COM		VGA共用地端
AD16	PB0P		通道0分量CB/PB输入
AE14	PB1P		通道1分量CB/PB输入
AE16	PR0P		通道0分量CR/PR输入
AC14	PR1P		通道1分量CR/PR输入
AC15	Y0P		通道0亮度输入
AB14	Y1P		通道1亮度输入
AC16	COM0		通道0共用地端
AD14	COM1		通道1共用地端
AB15	SOY0		取自Y0的同步信号
AC15	SOY1		取自Y1的同步信号
AA15	CVBS_COM		CVBS输入通道的共用地端
W16	CVBS0P		CVBS0输入
AB16	CVBS1P		CVBS1输入
AA16	CVBS2P		CVBS2输入
Y16	CVBS3P		CVBS3输入
以太网			
AE3	TXVP_0		以太网模拟下载/上传脚RD0+/TD0+（支持自动检测以太网集线器MDIX）
AD3	TXVN_0		以太网模拟下载/上传脚RD0-/TD0-（支持自动检测以太网集线器MDIX）
AE2	TXVP_1		以太网模拟下载/上传脚RD1+/TD+（支持自动检测以太网集线器MDIX）
AD2	TXVN_1		以太网模拟下载/上传脚RD1-/TD1-（支持自动检测以太网集线器MDIX）
AE1	REXT		以太网处理电路外接24kΩ电阻到地
TCON			
C22	TCON0	3.3V	屏定时控制器输出0，空着未用
C23	TCON1	3.3V	屏定时控制器输出1，作屏LVDS行或场测试点
D24	TCON2	3.3V	屏定时控制器输出2，作屏LVDS行或场测试点
B24	TCON3	3.3V	屏定时控制器输出3，实际开发用于CI/CA卡识别信号
C25	TCON4	3.3V	屏定时控制器输出4，未用
A24	TCON5	3.3V	屏定时控制器输出5，实际开发用于CI/CA卡识别信号
D22	TCON6	3.3V	屏定时控制器输出6，测试端TP8
B25	TCON7	3.3V	屏定时控制器输出7/SDIO命令（SDIO：实际上用于SD卡通道使用）
C24	TCON8	3.3V	屏定时控制器输出8/SDIO时钟

续表2.55

引　脚	引脚符号	引脚电压范围	引脚功能描述
E24	TCON9	3.3V	屏定时控制器输出9/SDIO数据位0
D25	TCON10	3.3V	屏定时控制器输出10/SDIO数据位1
D23	TCON11	3.3V	屏定时控制器输出11/SDIO数据位2
A25	TCON12	3.3V	屏定时控制器输出12/SDIO数据位3
时钟/晶体			
AE21	XTALI		时钟振荡输入
AD21	XTALO		时钟振荡输出
TV信号解调DEMOD部分			
M19	IF_AGC	5V	中放AGC
M20	RF_AGC	5V	用于控制调谐器AGC
AE29	ADCINN_DEMOD		IF解调器差分信号正相输入
AD29	ADCINP_DEMOD		IF解调器差分信号反相输入
USB			
U24	USB_DP_P0		USB0差分对D+
U25	USB_DM_P0		USB0差分对D-
T24	USB_DP_P1		USB1差分对D+
T25	USB_DM_P1		USB2差分对D-
R24	USB_DP_P2		USB3差分对D+
R25	USB_DM_P2		USB3差分对D-
Power & Ground 供电与地			
W1、W2、AB24		HDMI处理单元1.2V供电	
AC17	AD12-RGB		VGA单元1.2V供电
AD18	AVDD12_DEMOD		中放解调电路1.2V供电
B23	AVDD12-LVDS		LVDS和MINI LVDS单元1.2V供电
AD10	AVDD10_LDO		3.3V转1.0V LDO控制输出，上接4.7μF电容到地，并通过1.3kΩ电阻接3.3V上
AE4	AVDD10_ELDO		3.3V转1.0V LDO控制输出，供以太网
C10、AE17	AVDD33_MEMPLL		PLL供电，3.3V
P25	AVDD33_USB		USB单元供电，3.3V
N2、AB25	AVDD33_HDMI_RX		HDMI单元供电，3.3V
AE10	AVDD33_VGA_STB		VGA单元供电，3.3V
AD17	AVDD33_VIDEO		VIDEO单元供电，3.3V
AE18	AVDD33_DEMOD		IF解调电路供电，3.3V
AE20	AVDD33_XTAL_STB		晶体振荡单元供电，3.3V
AD22	AVDD33_AADC		音频ADC转换单元3.3V供电
AE22	AVDD33_HPA		遥控单元供电3.3V
AE23	AVDD33_ADAC		音频DAC处理单元供电
AD4	AVDD33_ETH		以太网EHT处理单元供电，3.3V
A23	AVDD33_LVDSA		LVDS处理单元3.3V供电
E25、AB3、AA4	VCC3IO VCC3IO_B/_C		控制系统I/O口3.3V供电
H7、J5、K1～K7	DDRV		DDRV I/O端口1.5V供电

续表2.55

引 脚	引脚符号	引脚电压范围	引脚功能描述
H14、J10、J11、J15、K16、L1～L8、M1～M8、N6～N9、P9、R9、R17、T9、T17、U10～U16	VCCK		控制系统CORE供电1.2V
C11、C12、D15、E5、E15、F6～F8、F15、G1、G7～G9、G14、H6、J6、J9、J12～J14、J16、J17、K9～K15、K17、L9～L17、M9～M17、N10～N17、P8、P10～P16、R10～R16、T10～T16、U8、U9、U17、V8、V12、L18、W18			芯片地端
G10、G15、P17、N7、R18、V10、V13、W15、V14、V15、W17、Y17、AC18、V16、AD20、Y18、V17、W19、AA18、V9、Y8、W8、F17、G16、E20、H15			各音视频处理单元、以太网等地端

3. MT5505芯片特点

① 兼容全球多标准广播电视模拟ATV信号的解调器。

② DVB-C解调器（可选）。

③ 强大的双核CPU。

④ 3D图形支持Open GL ES 2.0标准。

⑤ 一个传输流TS解复用器。

⑥ multi-standard 多标准视频解调码。

⑦ 丰富的多标准音频编解码器。

⑧ H.264编码器功能。

⑨ HDMI1.4a接收器，支持3D节目源传送。

⑩ 2D/3D转换（可选）。

⑪ 以太网MAC+PHY，即将以太网媒体接入控制器（MAC）和物理接口收发器（PHY），整合进同一芯片。

⑫ 局部调光（LED背光模组）。

⑬ TCON控制技术。

⑭ 面板（屏）超频控制器（可选）。

⑮ 输出信号：双通道LVDS、MINI LVDS（可选）、EPI（可选）。

注：“可选”指此项功能可选择开发。

4. MT5505常规功能汇总

智能电视能实现众多的功能，既有传统电视机处理TV/AV、HDTV、VGA、HDMI

的功能，还可播放USB保存的各种多媒体格式的音视频节目，播放3D节目，具有DTV功能、网络功能、语音功能、多屏互动功能，这些功能均由MT5505一块芯片完成。因没有更多芯片资料，现只能通过以下内容来简单介绍智能芯片的特点，通过这些内容，我们发现智能电视与当今电脑、手机、智能播放器技术有许多相似，通过列出的众多名词术语帮助大家进一步了解当今前沿电视技术的发展。MT5505执行的一些功能可参考前述MT5502有关内容。

（1）主控CPU特色。

① 内置ARM的Cortex-A9双核处理器。

② 有完整的系统处理方案，Cortex-A9浮点单元（浮点单元FPU，能提供高性能的单精和双精度浮点指令），支持boot串行Flash、NAND Flash、eMMC引导、JTAG ICE 仿真调试接口、看门狗定时功能。

（2）传输流解复用器（Transport Demultiplexer）特点。

① 采用新一代解复用器设计技术，支持传输流TS处理。

② 支持外部CI卡密锁识别。

③ 支持内部CI卡识别（配合外部解调器）。

④ 支持CI、CI+接口及控制器。

⑤ 支持DTMB TS输入数据速率及格式接收处理。

◎知识链接……………………………………………………………………………

传送流TS的技术原理

传送流（Transport Stream）简称TS流，是采用MPEG-2标准的一种码流。MPEG-2标准于1994年被运动图像专家组制定出来，分成系统层、视频压缩层和音频压缩层。系统层主要用来描述音视频的数据复用和音视频的同步方式。在系统层定义了TS（传输流）和PS（节目流）两种形式的码流。PS通常用于相对无错的环境，例如DVD中，其长度为2048字节；TS通常用于相对有错的环境，例如数字电视的地面广播传输中，分组长度规定为188字节。TS流和PS流都是由编码后的基本数据流（ES）根据一定的格式打包形成PES包，再加入一些系统信息而构成的。

根据MPEG-2协议，在发送端，基本流的PES打包由音/视频编码器完成，复用器接收编码端的音视频数据流以及辅助数据流，按照一定的复用方法将其交织成为单一的TS流。为了实现音视频同步，在码流中还必须加入各种时间的标志和系统的控制信息。接收端和发送端正好相反。

传输流TS的结构长度为188字节，分成包头和包负荷两部分。包头主要包括同步字节和PID以及其他信息，同步字节用来指示一个TS包开始，PID表示TS包的类型。例如，一个节目里的音频PES包，在转换成为TS包后会具备同样的PID，这样，接收端只需要接收具有此PID的TS包，就可以将该节目的音频解出来了。包负荷是包的实际内容，根据具体情况，可以放置PES包或PSI包。传输流由一个或者多个节目构成，而每一个节目由视频流、音频流、私有信息流以及其他数据包构成。

PSI包在传输流解复用中占据重要地位，它通过4个表格来定义码流的结构，分别是节目关联表（PAT）、节目映射表（PMT）、条件接收表（CAT）和网络信息表（NIT）。其中最为关键的部分是PAT表和PMT表。

PAT 表是PSI信息的索引表，PID值固定为0。在PAT表中列出了该传输码流中所有节目的PMT表的PID值。如果接收方希望接收其中一个节目，即可根据这个PID值解出对应于该节目的PMT表，从中可以查询到与该节目相关的所有音频流、视频流，以及私有信息的PID，在接收时就可以只接收具有这些PID 值的包。解码这些PID值的传输包就可以解出音频和视频的PES包，最终解出音频流和视频流。

………………………………………………………………………………………

（3）MPEG1、MPEG 2解码器。

① MPEG MP@ML、MP@HL编码格式信号（理解此格式信号需参考下面介绍的MPEG内容介绍，并参考表2.57）。

② 支持去块效应滤波器。

③ 支持全高清Full-HD60fps（fps表示每秒传输帧数）的解码。

◎知识链接……………………………………………………………………

MPEG有关知识解释

（1） MPEG概念。

MPEG标准是国际标准组织——运动图像专家组制定的一系列利用数字压缩手段使运动图像频带压缩的国际标准。MPEG标准中数字压缩的基本步骤为：首先将模拟视频转换为数字视频后按时序分组，然后每个图像组（GOP：group of pictures）选定一个基准图像利用运动估计减少图像间的时间冗余，最后将基准图像和运动估计误差进行离散余弦变换（DCT：discrete cosin transform）、系数量化和熵编码（VLC＆RLC：variable length coding and run length coding）以消除空间冗余，目前MPEG已颁布了三个活动图像及声音编码的正式国际标准，分别称为MPEG-1、MPEG-2和MPEG-4。

MPEG-1标准用于运动图像及其音频编码标准，着重于高压缩率，从而具有低带宽和低分解力，视频速率大致为1.5Mbps，满足VCD应用。MPEG－2标准与MPEG－1标准相似，但传送比特率比其高，有较高的带宽和分解力。它提供了广播级的视频图像和CD级的音质，故它不但应用于广播电视领域，还可用于有线电视网、电缆网络以及卫星直播提供广播级的数字视频。MPEG-4技术的标准是对运动图像中的音频和视频，术语称为“AV对象”，高效率地编码、组织、存储、传输。交互性及灵活性较高，压缩的多媒体文件体积减小，方便网络实时传播。

（2）MPEG-2标准的多样性。

① MPEG-2按编码图像进行分类，可分为三类，分别称为I帧、P帧和B帧。I帧利用单帧图像内

的空间相关性，而没有利用时间相关性。I帧主要用于接收机的初始化和信道的获取，以及节目的切换和插入，I帧图像的压缩倍数相对较低。I帧图像是周期性出现在图像序列中的，出现频率可由编码器选择。P帧和B帧图像采用帧间编码方式，即同时利用了空间和时间上的相关性。P帧图像只采用前向时间预测，可以提高压缩效率和图像质量。P帧图像中可以包含帧内编码的部分，即P帧中的每一个宏块可以是前向预测，也可以是帧内编码。B帧图像采用双向时间预测，可以大大提高压缩倍数。

② MPEG-2按图像分辨率大小分类，又分成4级（level）：低级（LL：low level），输入信号的像素为ITU-R 601格式的四分之一；主级（ML：main level），输入信号的像素为ITU-R 601格式；高级-1440（H14L：high－1440 level）为4：3模式电视高清晰度格式；高级（HL：high level）为16：9模式电视的高清晰度格式，见表2.56。

表2.56 MPEG-2按图像分辨率大小分类

级	输入图像格式	图像宽高比	应用范围
低级（Low Level）	352 × 240 × 30		
主级（Main Level）	720 × 480 × 30		
高级1440（High-1440）	1440 × 1080 × 30	4：3	HDTV
高级（High Level）	1920 × 1080 × 30	16：9	

③ MPGE2按类（Profile）分，可分为5类，分别是：

- 简单型（SP：simple profile），分基准帧 I 和预测帧P。
- 主型（MP：main profile），比SP增加了双向推测帧 B 。
- 信噪比分层型（SNRP：SNR scalable profile）。
- 空间可分层型（SSP：spatial scalable profile）。
- 高级类（HP：high profile）。

级与类之间的关系：类规定了MPEG可以使用的讲法元素及如何使用，它解决了此标准的通用性问题，而级规定了语法，规定了语法元素的取值范围，即规定每种标准的特性问题。二者的组合构成了MPEG-2视频编码标准中在某种特定应用下的子集，也就是特定集合的压缩编码工具，从而产生了规定速度范围内的编码流。如MPEG MP@ML表示MPEG标准形成的主型@主级标准形成的MPEG-2信号，即分辨率为SDTV级别的信号，表2.57列出了MPGE-2按类的分类情况。

表2.57 MPGE-2按类分类

MP@ML	SDTV，DVD
MP@HL	HDTV
SP@ML	数字有线电视
HP@LL	无此组合

（4）MPEG-4解码器（可选）。

支持ASP@L5 和全高清Full-HD60fps格式解码。

（5）支持Soreson H.263格式信号的解调。

FLV流媒体格式是一种新的视频格式，全称为Flash Video.FLV，是Macromedia公司开发的属于H.263文件压缩视频格式。这种格式是在Sorenson公司压缩算法的基础上开发出来的。FLV压缩与转换格式非常方便，适合做短片，故Soreson H.263就是FLV1影视播放格式。此技术使得智能电视能播放Flash短片等。

（6）H.263解码功能（可选）。

（7）H.264（或叫MPEG4.10 / AVC）HD 解码器功能（可选）。

此解码器能对MP@L4.2，HP@L4.2，constrained BP@L4.2 视频标准和Full-HD 60P 格式信号进行解码处理。

说明：MPEG-4 AVC 将数据压缩到过去常用的MPEG-2 格式所能够实现的数据大小的1/2 左右，并保持相同图像质量。主要用于Blue-ray 蓝光碟，而且还在AVC-Intra 编码解码器中应用。

（8）VC-1（SMPTE421M）解码器。

VC-1是一种视频编码。VC-1（SMPTE_421M）是美国电影及电视学会视讯协会制定的编解码器技术标准。此解码器支持对SP@ML，MP@HL，AP@L3 及Full-HD 60P解调。

（9）DivX（XviD）解调器（可选）。

DivX（XviD）解调器支持对DIVX3 / DIVX4 / DIVX5 / DIVX6 / DIVX HD / DIVX PLUS和Full-HD 60P等编码文件进行解码。

（10）AVS解码器（可选）。

支持Jizhun profile@Level 6.2（支持4：2：0 格式）、Full-HD 60P解码。

Jizhun profile@ 6.2就是按照 MPGE-2类（profile）与级（Level）组合形成的一种音视频编码格式。

（11）RMVB解码器（可选）。

这种解码器支持Real Video8/9/10编码格式的信号解码。 支持对Full-HD 60P解码。

（12）VP8解调器（可选）。

支持VP8version 2（WebM）、Full-HD 60P编码信号的解码。

① VP8 是一个开放的图像压缩格式，最早由美国一家视讯压缩科技公司 On2 Technologiesis 开发，随后由 Google 发布。VP8 的授权确认为一个开放源代码授权。目前最新的视频压缩格式On2 VP8，它加入了40多项的创新技术，在压缩效率和性能方面超越了市面上所有其他视频格式。On2 VP8是第8代的On2视频，能以更少的数据提供更高质量的视频，而且只需较小的处理能力即可播放视频，为致力于实现产品及服务差异化的网络电视、IPTV和视频会议公司提供理想的解决方案。

② WebM由Google提出，是一个开放、免费的媒体文件格式。可以在电视、上网本、平板电脑、手持设备等中流畅地使用。

（13）WebP解码器（可选）。

WebP是Google新推出的影像技术，它可让网页图档有效进行压缩，同时又不影响图片格式兼容与实际清晰度，进而让整体网页下载速度加快。

（14）H.264 HD720p 编码功能（高清720P）。

此编码器支持MP@L3.1（main）、BP@L3.1（baseline）、1280×720p视频标准进行编码。也支持CBR恒定码速、B-frame帧压缩的文件格式和 CABAC编码。

① CBR是欧美漫画电子书的专用格式，其实是用Winzip制作而成，把文件后缀由.CBR改成.zip就可以解压缩。

② 采用帧内或帧外压缩技术形成的一种文件格式，分I-frame，P-frame，B-frame三种。I-frame帧就是一张“内部编码的图片”，其实就是相当于一张完整的图片，和传统的图片文件一样。P-frame 帧和B-frame 帧内只包含部分图像信息，因此它们所需的存储空间小于I-frame 帧。B-frame 帧（双向可预测帧）可以节省更多存储空间，因为它可以利用本身与前后各帧的差别来确定自身内容（即只存储它与之前之后各帧所不同的内容）。P-frame 帧（可预测的帧）只包含与前一帧中不同的部分。P-frame 帧压缩程序只对与前帧不一样的内容进行压缩，而没有变化的背景就未存入P-frame帧内，这就节省了存储空间。

（15）静止图像Still Image 解码。

对JPEG图片解码，具有PNG 1.2兼容格式解码器及其硬件加速器功能。

说明：PNG是图像文件存储格式的一种，其目的是试图替代GIF和TIFF文件格式，同时增加一些GIF文件格式所不具备的特性。图片存储格式还有JPG等。

（16）3D TV支持。

① 支持HDMI1.4a版本3D节目源，1920×1080P@24Hz（帧封装）、1280×720P@50/60Hz（帧封装，真正的高清图像）、1920×1080p［Side-by-side（half）/ Top-and-Bottom］、1920×1080I［Side-by-side（half）/ Top-and-Bottom］、1280×720p［Side-by-side（half）/ Top-and-Bottom］。

② 支持MEPG（MVC）3DTV节目源。

说明：MPEG-4 MVC是运动图像数据压缩编码系统。MVC代表多视图视频编码。它是MPEG-4AVC/H.264 的扩展标准，用于高效率的编码自由视点视频和3D 视频。MPEG-4MVC被用作Blue-ray 3D 光盘的数据压缩系统。

③ RealD 3D 电影的解码。美国Real D公司是全球数字3D电影发展的领头羊，目前该公司的数字3D放映系统在全球数字3D市场占90%，在美国国内市场占97%的份额，该公司一直致力于对数字3D放映系统的推广。

④ 支持Sensio 3D格式的解码。Sensio 3D是Sensio公司制造的3D节目处理器，它可以实现任何设备任何格式的3D视频输出，从而提供一种低成本、影院品质的视频体验。MT5505具有此款3D处理器的特点和能力。

⑤ 支持主动式快门3D眼镜开关控制。快门式3D技术实现的3D图像效果出色，很受市场欢迎，其缺点是匹配的3D眼镜价格较高。 主动快门式3D主要把图像按帧一分为二，形成对应左眼和右眼的两组画面，连续交错显示出来，信号处理板送出同步的红外信号发射信号，眼镜接收此信号并转换成控制3D眼镜的左右镜片开关信号，使左、右双眼能够在正确的时刻看到相应3D立体效果了。

⑥ 支持1920×1080×60Hz高清屏帧内逐行R、L线扫描，形成3D节目源，即行交错3D显示（Line By Line Format）。

⑦ 3DTV功能。

• 3D图像深度及收敛控制器。这是3D立体成像的关键技术，因为深度图像匹配在三维数字成像与造型、三维光学检测领域中具有重要的作用及研究价值，其匹配精度的高低、速度的快慢直接影响到最终三维模型的测量精度与速度。故3D成像需要相应的控制器。

• 对R/L眼镜进行开关控制。

• 3D视频画面放大/边沿消隐。

• 支持2D转3D控制。

2D转3D电影画面通常要做到以下几点：

• 利用视差形成景深。制作3D效果时，关键一步是通过运算形成景深效果。其基本技术原理是人眼观察物体时所形成的视差（parallax）。简单来说，视差就是从有一定距离的两个点上观察同一个目标所产生的方向差异。从目标看两个点之间的夹角，这便是视觉差，两点之间的距离称作基线。只要知道视差角度和基线长度，就可以计算出目标和观测者之间的距离。人类正是通过这种方式，感知到物体的层次、远近等深度信息。

• 为电影画面增加深度信息。将每幅图像转化为一个深度图，黑白色表示景深范围，白色最近，黑色最远。这是可以将2D图片自动转换为假3D场景惯用的手段。每幅图像的深度值都被确定后，就可以将每幅图像制作出立体效果了。

• 最后便是合成一幅仿真的3D图像。电视机根据此原理来虚拟2D转3D成像画面。

⑤ 支持2D转3D，同时在高清1920×1080/60Hz屏上显示。

（17）2D图形特色。

① 支持多标准色彩模式。

② 支持直接色彩模式。支持ARGB8888（32位色，ARGB各代表8位，A表示透明度），ARGB4444（A表示透明度，每个像素占4位，即A=4，R=4，G=4，B=4，那么一个像素点占4+4+4+4=16位），ARGB1555（表示每个像素占16位色，1 位表示透明度，只能显示两种状态，透明和非透明），RGB565（每个像素占4位，即R=5，G=6，B=5，没有透明度，那么一个像素点占5+6+5=16位）。通常我们都是使用ARGB8888，它占内存最多，一个像素占32位，8位=1字节，所以一个像素占4字节的内存。假设有一张480×800的图片，如果格式为ARGB8888，那么将会占用1500KB的内存。

③ 调色板，支持256色索引模式、16色索引模式、4色索引模式。

◎知识链接……………………………………………………………………

调色板相关知识介绍

索引颜色模式是网上和动画中常用的图像模式，当彩色图像转换为索引颜色的图像后，包含近

256种颜色。索引颜色图像包含一个颜色表。如果原图像中颜色不能用256色表现，则Photoshop会从可使用的颜色中选出最相近颜色来模拟这些颜色，这样可以减小图像文件的尺寸。颜色表用来存放图像中的颜色并为这些颜色建立颜色索引，颜色表可在转换的过程中定义或在生成索引图像后修改。

色索引是位图图片的一种编码方法，需要基于RGB三基色模式或CMYK等更基本的颜色编码方法。可以通过限制图片中颜色总数的方法实现有损压缩。

挑选一张图片中最有代表性的若干种颜色（通常不超过256种），编制成颜色表。在表示图片中每一个点的颜色信息时，不直接使用这个点的颜色信息，而使用颜色表的索引。这样，要表示一幅32位真彩色的图片，使用索引颜色的图片只需要用不超过8位的颜色索引就可以表达同样的信息。使用索引颜色的位图广泛用于网络图形、游戏制作等场合，常见的格式有GIF、PNG等。

CMYK也称作印刷色彩模式，是一种依靠反光的色彩模式，和RGB类似，CMY是3种印刷油墨名称的首字母，青色Cyan、品红色Magenta、黄色Yellow。其中K是源自一种只使用黑墨的印刷版Key Plate。从理论上来说，只需要CMY三种油墨就足够了，它们三个加在一起就应该得到黑色。但是由于目前制造工艺还不能造出高纯度的油墨，CMY相加的结果实际是一种暗红色。

……………………………………………………………………………………

④ 由点或由行、列线条绘制原始图像。

⑤ 矩形填充和渐变填充功能。

⑥ BitBit函数采用色键控制技术。

◎知识链接……………………………………………………………………

技术术语介绍

（1）BitBit函数。

此函数就是从称为“源”的设备描述表中，将一个矩形区的像素传送到称为“目标”的另一个设备描述表中相同大小的矩形区。源和目标设备描述表可以相同。此函数语法如下：

BitBit（hdcDst，xDst，yDst，cx，cy，hdcSrc，xSrc，ySrc，dwROP），其中，xSrc和ySrc参数指明了源图像左上角在源设备描述表中的坐标位置；cx和cy是图像的宽度和高度；xDst和yDst是图像复制到的设备描述表中的坐标位置；dwROP是光栅操作符。

注意：BitBit是从实际视频显示内存传送像素，也就是说，整个显示屏上的图像都存于显存中，若图像超出了显示屏，那么BitBit只传送在显示屏上的部分。

BitBit的最大限制是两个设备描述表必须兼容，就是说两者的每个像素都具有相同的位数。所以，不能用它将屏幕上的某些图形复制到打印机。

在电脑中常提到位图，位图是一个二维的位数组，此数组的每一个元素都与图像的像素一一对应。现实世界的图像被捕获以后，图像被分割成网格，并以像素作为取样单位。位图中的每个像素值都指明了一个单位网格内图像的平均颜色。BitBit函数指原样复制。整个视频显示器可看作是一幅大位图，其上的像素由存储在视频显示适配卡上内存中的位来描述。所以，我们可以使用BitBit函数将图像从视频显示的一个区域复制到另一个区域。这就是位块传送（bit-block transfer）。此函数是像素移动程序，实际上对像素执行了一次位运算操作。

（2）色键。

色键技术在很多领域广泛应用，尤其是电影、视频、游戏行业。色键技术是从素材中删除背景并露出后面的另一个素材。这种技术也称为色度键控。

………………………………………………………………………………………

⑦ 像素支持Alpha混合模式和可选的Alpha预乘格式。alpha混合模式是一种常见的颜色处理模式，是把源点的颜色值和目标点的颜色值按照一定的算法进行运算，得到一个透明的效果。alpha混合的基本公式：result = ALPHA × srcPixel +（1−ALPHA）× destPixel，其中，alpha是0到1之间的一个数，表示混合时的透明程度，alpha为0时结果就是目标点的原值，alpha为1时是源点的原值；srcPixel是源点颜色值；destPixel是目标点颜色值；result是结果，将会赋给目标点。此公式用于程序编写时使用。

⑧ Stretch BitBit。用在双缓冲视图中，用来显示一幅图像。BitBit函数从源矩形中复制一个位图到目标矩形，必要时按目标设备设置的模式进行图像的拉伸或压缩。也就是将内存中的位图拷贝到屏幕上，并且可以根据屏幕画图区域的大小来进行伸缩，适应响应的屏幕（或图像控件）。

⑨ YCBCR或RGB色空转换。

⑩ 支持直接色彩位块（BitBit）函数转换。

（18）3D通道特色。

采用高性能双核着色架构，支持OpenGL ES 1.1、OpenGL ES 2.0、OpenVG 1.1、MMU。

（19）Image Resizer图像大小调整。

① 支持16pbb或32pbb色彩显示格式。说明，bpp即bit per pixel，每个像素颜色总数。目前常见的色彩数有高彩（High Color）为15bpp（32，768色）或16bpp（65，536色），全彩（True Color）为24bpp（16，777，216；16M色）或32bpp。一般来说，色彩深度越大，所能表现的色彩越丰富，而 24bpp就被称为真彩色，能真实地表现图像的色彩。此技术实现画面伸缩控制。

② 支持420/422视频格式。

③ 支持420/422/444图片格式 JPEG Format。

④ 视频任意状态下的缩放，缩放比例从1/128X到128X。

（20）视频处理。

具有以往电视所具有的画质处理技术，还有现在平板电视所具有的一些特殊技术，这些技术主要包含以下画质处理技术：视频冻结和过扫描、肤色校正、GAMMA校正、3D COMB Filter（3D梳状滤波器）、3D降噪、LTI亮度锐度校正、CTI色瞬态校正，黑白电平扩展、彩色增强引擎、色饱和度和色调设置、亮度和对比度设置、自适应亮度管理电路、自动检测视频、电影和固定模式节目源、3：2/2：2 pull down 电影模式检测、支持FHD全高清运动自适应去齿技术（去隔行扫描技术）、可程控变焦效果、逐行扫描输出、支持OSD与图像混合时透明感显示（也称作alpha blending，α混合技术，现在的2D或3D游戏，为了追求透明光影效果，通常都会使用到alpha blending技术）、帧速率转换等。TV下模式有：4：3模式（Normal）、16：9全屏模式（Full）、电影模式（Cinema）、动态扩展模式（Panorama）4种显示模式。

（21）其他功能描述。

① 支持Flash 10.1、支持USB2.0、支持I^2S音频输出、支持SD卡接口、支持摄像头（要购买公司提供的外设）。

② 音质均衡高级设置、平衡、自动音量控制、环绕声等。

③ 定时开关机功能。可设置液晶电视在预定的时间自动开机或关机；无信号自动关机，即TV状态下，无信号约15min后自动关机，进入待机状态。

④ USB、VGA、HDMI等节目源即插即用功能。该机芯生产的产品，作为电脑终端显示设备，无需单独配备安装软件，做到真正的即插即用。

⑤ 方便快速在线升级程序，可选以下方式：一种是从VGA接口通过专用工装，烧写uboot程序，例如从USB接口或SD卡座，不需要专用工装，采用普通U盘直接插入即可；第二种是网上在线升级。

⑥ OSD显示。多色彩OSD模式、OSD光标方式、立体OSD及OSD伸缩。

（22）支持FHD或WXGA屏OD（Over Drive）超频驱动输出显示。

（23）TCON板控制技术（可选）。

① 通过程控时序灵活的定时控制（包括行时序控制、列时序控制、多线定时控制、多帧定时控制等）。

② 支持栅极驱动调制脉冲。

③ 支持基于命令的定时。

④ 支持屏驱动极性反转信号POL，每30s反转一次。

⑤ 支持1/2/4/8帧极性反转、一行反转、2行反转，直至达到255线点反转。

（24）局部调光功能（可选），按块（可对画面超过80个块控制）。

（25）LVDS输出。

① 支持6/8/10bit单线链路或6/8/10bit双链路LVDS传输器输出。

② 内置扩频技术的目的是降低EMI干扰。

③ 可程控面板时序输出。

◎知识链接……………………………………………………………………

相关知识说明

（1）EMI。

EMI是Electro Magnetic Interference的缩写，有传导干扰和辐射干扰两种。传导干扰是指通过导电介质把一个电网络上的信号耦合（干扰）到另一个电网络中。辐射干扰是指干扰源通过空间把其信号耦合（干扰）到另一个电网络中。在高速PCB及系统设计中，高频信号线路、集成电路的引脚、各类接插件等都可能成为具有天线特性的辐射干扰源，能发射电磁波并影响其他系统或本系统内其他子系统的正常工作。

（2）扩频技术。

扩频就是扩频时钟技术。扩频时钟技术是近年来流行的一种数字电路辐射技术。扩频时钟与普通时钟的区别是普通时钟信号的周期十分稳定，扩频时钟人为地使时钟发生抖动。扩频时钟抖动的结果是谱线变宽，峰值降低。谱线变宽会导致一部分能量在接收机带宽以外，从而使测试量值变小。

扩频时钟技术与低通滤波技术有以下几点区别：

① 有效的频率范围不同。低通滤波通常是将信号中的高次谐波幅度进行衰减，幅度降低，对于较低次谐波（特别是基频）没有任何抑制作用。扩频时钟对于较低次的辐射，甚至基频也有降幅作用，这取决于频率的抖动范围是否大于测量接收机的接收带宽。

② 作用范围不同。滤波的作用是局部的。对某一路信号进行滤波只能降低这一路时钟的高频干扰幅度，这路时钟经过电路分频或驱动后，高频成分会再次恢复。因此，采用滤波的方法需要在所有时钟信号出现的电路上滤波。扩频时钟的作用是全面的，只要基本时钟是扩频的，无论这个时钟再分频，还是再驱动，全部电路中的时钟都是扩频的。

③ 对波形的影响不同。扩频时钟技术对时钟的影响在于频率的抖动，而时钟的上升/下降沿不变，与普通时钟一样陡峭，这对于高速数字电路来说十分必要。滤波对时钟波形的影响是使脉冲的拐角钝化，并延长了脉冲的上升沿。拐角钝化对电路的工作没有影响，而上升沿变长会导致电路工作速度下降。

④ 原理不同。扩频时钟技术是将时钟的谱线扩宽，利用测量方法中接收带宽一定的条件，使谱线的一部分能量被接收，从而获得比较小的测量值。而滤波的技术是将能量滤除掉，降低干扰的幅度。因此，可以认为扩频时钟是针对电磁兼容标准提出的一种容易通过试验的对策，而滤波是真正抑制电磁干扰能量的对策。

……………………………………………………………………………………

（26）Mini-LVDS（可选）。

通过两路输出端口输出8对10bit Mini-LVDS信号，满足FHD 60Hz，WXGA 60Hz屏显示。

Mini-LVDS是日本TI开发的连接液晶控制器LSI和液晶驱动器IC的接口技术，它解决了像素数明显增加的笔记本电脑的液晶显示屏。由于笔记本电脑像素的增加，满足电磁干扰EMI标准的难度也越来越大，且安装有液晶控制器LSI和液晶驱动器IC的印制电路板的大小和厚度对液晶显示屏的薄型化也带来深刻影响。Mini-LVDS信号幅度为200MV，传输时钟频率为122MHz，并且采用了时钟信号上升沿和下降沿传输信号的双边传输模式，差动输出，数据传输速度为244Mbps。总线宽度为数据信号传输4信道、时钟信号1信道，共计5信道。Mini-LVDS是连接屏驱动电路板的数字信号，如图2.241所示。

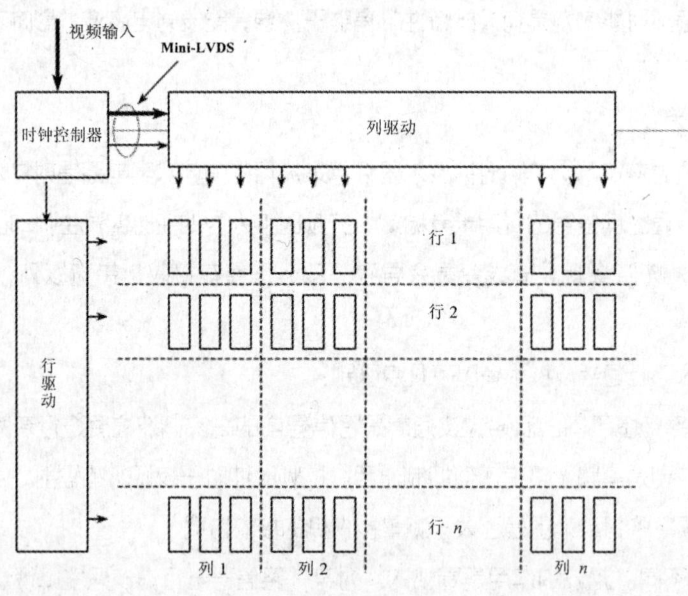

图2.241 Mini-LVDS技术

（27）接收VGA信号。

VGA接收范围从VGA~UXGA（1600×1200）分辨率信号。

（28）分量信号输入。

支持两路分量YPBPR/YCBCR信号输入，信号格式为480i / 480p / 576i / 576p / 720p / 1080i / 1080p。

（29）HDMI信号接收器。

支持3通道HDMI1.4a输入，其特点是传输数据率可超过3.3GHz/s，支持3D视频格式，音频回传通道ARC（利用HDMI中的通道输出音频），满足EIA/CEA-861B标准，支持CEC（简化数字家庭的操作，一个遥控器通过CEC信号可让使用者控制HDMI接口上所连接的装置），支持快速切换。

（30）伴音部分。

① 音频ADC。支持4对L/R音频输入。

② 音频数字输入。支持1bit（2通道）I^2S音频输入。

③ TV音频解调。支持TV状态下BTSC / EIA-J / A2 / NICAM / PAL FM / SECAM各种音频格式解调，标准的自动检测制式，立体声解调。

④ 支持3对音频DAC转换。

⑤ 音频DSP数字处理。支持AC-3（杜比数字音频）解码和E-AC3（即杜比数字+技术是专为所有的高清节目与媒体所设计的下一代音频技术）解调、MPEG-1层I/ II解码，支持WMA/HE-AAC解码，支持杜比HDDCO和MS10多码流解码器，均衡器，低音扩展，3D虚拟环绕声，音频和视频唇音同步，低音/高音处理，自动音量控制，支持I^2S数字音频输出，输出音频方式有5.1声道输出+2声道+2通道（旁路），两路S/PDIF输出。

⑥ TV SIF伴音中频处理。兼容多制式音频信号的接收解调，直接接收IF中频、全数字AGC控制和载波恢复、嵌入式SAW滤波器和中频放大器（这部分电路也可外接图像、伴音表面滤波器SAW、模拟IF解调器和AGC等电路）。

◎知识链接……………………………………………………

名词解释

① E-AAC（High-Efficiency AAC）。“高性能 AAC”为有损数据压缩技术，其中包含高级音频编码（AAC）、Spectral Band Replication（SBR）和Parametric Stereo（PS，v2版本才有）。

② WMA（Windows Media Audio）。它是微软公司推出的与MP3格式齐名的一种新的音频格式。由于WMA在压缩比和音质方面都超过了MP3，更是远胜于RA（Real Audio），即使在较低的采样频率下也能产生较好的音质。一般使用Windows Media Audio编码格式的文件以WMA作为扩展名，一些使用Windows Media Audio编码格式编码其所有内容的纯音频ASF文件也使用WMA作为扩展名。

…………………………………………………………………

（31）DDR3控制器。

具有32位接口，支持传输数据率达1600Mbps，支持1GB\2GB或4GB DDR3芯片、32位数据总线提供高达1GB的存储空间，支持DDR3-1333/DDR3-1600。

（32）I/O端口特点。

① 三个内置数据异步接发传输器UART Tx和先进先出数据接收缓存器Rx FIFO。

② 内置10/100M以太网MAC和以太网PHY，支持网络远程唤醒Wakeup-On-Lan（WOL）。

注：Wake-on-LAN简称WOL或WoL，中文多译为“网络唤醒”、“远端唤醒”技术。WOL是一种技术，同时也是该技术的规范标准，它的功效在于让已经进入休眠状态或关机状态的电脑，透过局域网络（多半是以太网络）的另一端对其发令，使其从休眠状态唤醒、恢复成运作状态，或从关机状态转成开机状态。此外，与WOL相关的技术还包括远端下令关机、远端下令重新开机等遥控机制。

③ 8个基本的串行接口。其中有4个在常规状态下使用，另外2个在待机状态下被激活，1个作为VGA保存VGA DDC时使用或一般用途，1个从串行接口接入用于HDMI EDID

数据。

④ 有7个PWM端口，其中两个在待机模式下可以被激活。

⑤ 遥控接收器、实时时钟和看门狗控制器，内置3路USB2.0/1.1、SD卡接口，支持智能Smart Card接口，支持串总线的Flash或一个串与一个NAND Flash，支持6路ADC转换输入和JTAG接口。

通过上面列出MT5505处理各种信号的特点，可以看出智能电视使用此芯片功能非常强大，许多功能在普通电视技术上不曾见到。通过列举这些内容，使我们更好地了解了智能电视为何能播放各种多媒体节目、玩3D游戏、互动控制、画面伸缩、视频聊天等，其实是IC内部集成了众多的多标准的多媒体解码电路，并有强有力的各标准软件支持。

2.4.7 LM41机芯主板关键单元电路介绍

本节将介绍ATV、DTV、AV视频、VGA、HDTV、HDMI、USB及网络、伴音电路与控制系统相关的eMMC存储器、DDR3动态帧存储器等内容。

1. TV信号处理——调谐器（DTV/ATV）

① 调谐器特点。LM41机芯使用的调谐器既能对ATV信号进行调谐，也能对有线电视传送有DVB-C数字信号进行调谐。调谐器、主芯片MT5505和主芯片外设标准CI/CA卡插座相关电路组成了一个标准数字电视接收系统，实现真正数字电视播放，无需用户外购机顶盒。

图2.242所示是LM41机芯调谐器电路图，此调谐器型号为DMI21-C2I4RH，型号中字母RH表示器件脚是向右侧卧，若字母是V，表示立式，LH表示左卧，VH表示立卧。引脚带有L/T，表示为有环路（Loop Through）输出。此款数模一体化调谐器DMI21-C2I4RH可以接收DVB-T/T2/C（DVB-C表示欧式数字有线电视信号标准，DVB-T表示数字地面波

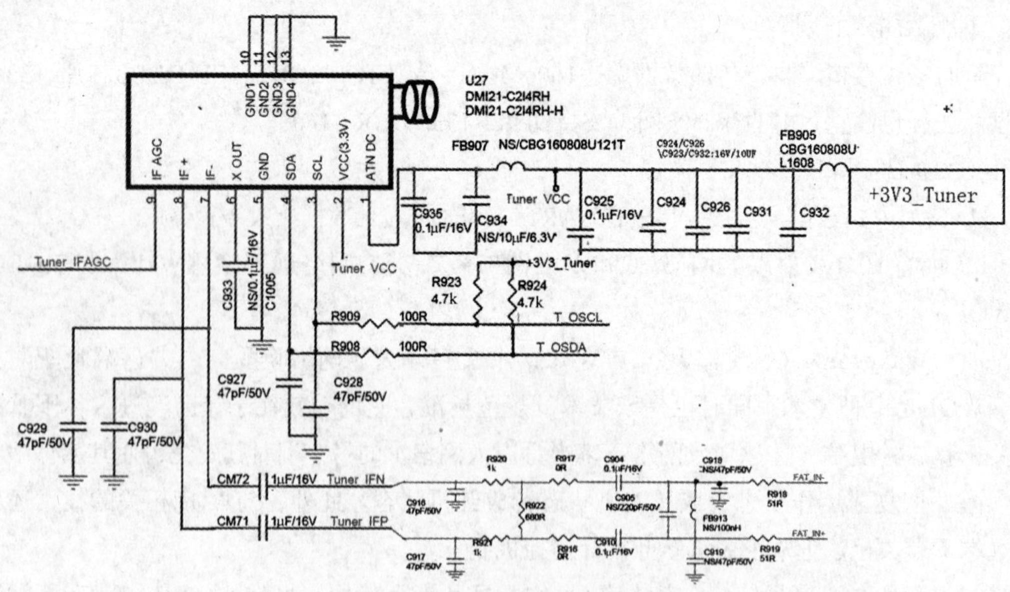

图2.242 LM41机芯调谐器电路图

信号，这也是我国采用的标准）、ISDB-T（日式标准地面波）、DTMB（中国标准）、ATSC（美制地面波标准信号）标准DTV信号及全制式PAL、NTSC、SECAM制式模式电视信号。各种数字电视信号标准频率范围见表2.58。

表2.58 各种数字电视信号标准频率范围

分类	最低MHz	最高MHz	
DVB-T/ T2	174	870	地面波（欧制）
DVB-C	47	870	有线（欧制）
ATSC	57	858	地面波（美制）
ISDB-T	90	863	地面波（日制）
DTMB	47	870	地面波（中国标准）
Analog	45	863	模拟CATV

调谐器内设置VL、VH、UHF三波段，采用低中频（Low IF，中心频率在3 ~ 10MHz），频带宽6M或8M。

调节器接收RF信号频率范围：42~870MHz。接收ATV或DTV信号时，谐振不同，声表面滤波器的工作特性也不同。DMI21-C2I4RH调谐器的尺寸为25mm × 18.3mm × 9.2mm。其引脚功能见表2.59。

表2.59 DMI21-C214RH调谐器引脚功能

序 号	引 脚	功 能
1	ANT_DC	Antenna feed-through（Opt）（天线馈入供电）
2	VCC	3.3V（3.13 ~ 3.47V）
3	SCL	I^2C bus clock，最高不超过3.47V
4	SDA	I^2C bus data，最高不超过3.47V
5	GND	GND
6	X_OUT	内部OSC振荡器输出16MHz时钟供其他电路使用
7	IF_N	Digital IF output 1，IF差分输出负极性，0.5VPP
8	IF_P	Digital IF output 1，IF输出正极性，0.5VPP
9	IF AGC	IF gain control input，AGC控制输入，0 ~ 3.3V

DMI21-C2I4RH调谐器内部采用NXP芯片TDA18273HN作为调谐处理芯片，接受来自MT5505的输出总线控制。

② 调谐器工作过程。无论是ATV还是DTV，都可用图2.243来说明信号的处理过程。

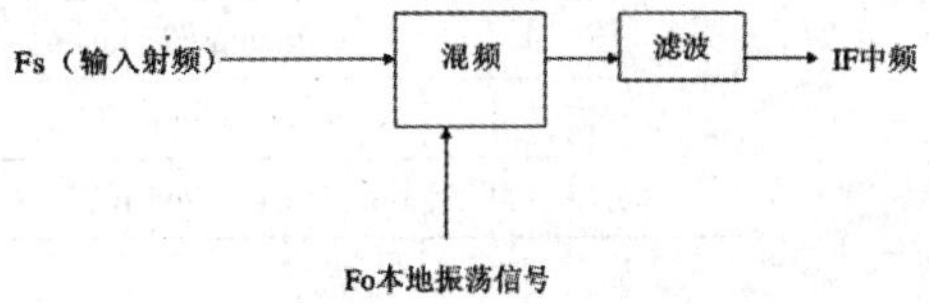

图2.243 调谐器工作过程

输入射频信号FS与本振信号混频，差拍出图像中频信号IF。这一点与以往普通电视机调谐电路工作原理相同，智能电视使用的调谐器与以往电视使用的调谐器有较大区别，此部件内部使用的是硅集成电路，电路上不再使用线绕电感、变容二极管、自动频率跟踪电路和提供30V调谐电压。整个调谐过程中需要的本地振荡频率由晶体振荡器提供基准时钟实现。图2.244所示是TDA18273HN内部处理框图。表2.60是对IC内单元电路缩写内容的解释。

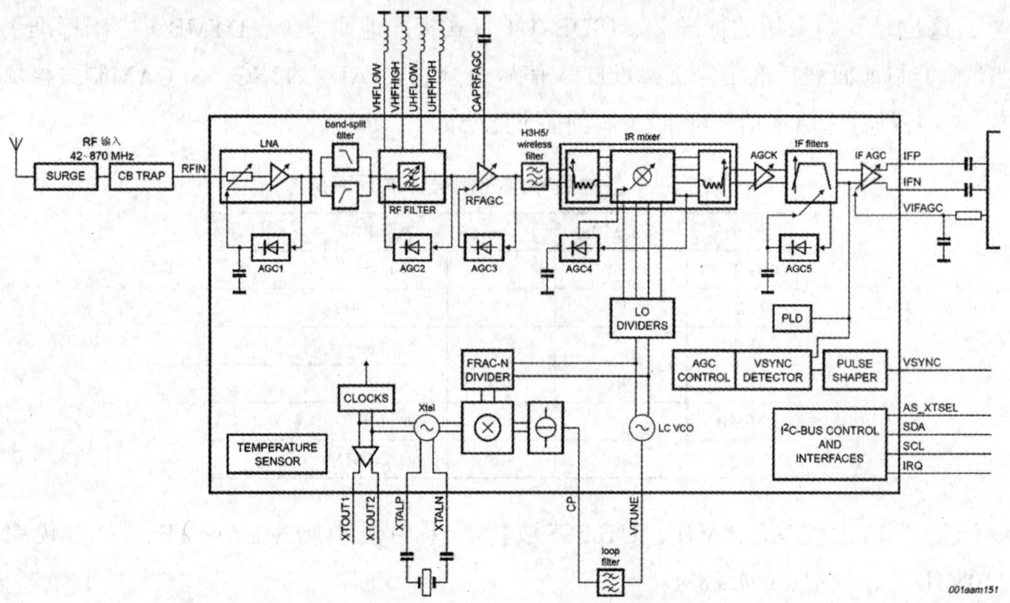

图2.244　TDA18273HN内部处理框图

表2.60　IC内单元电路的缩写

缩写语	描　述	说　明
FRAC-N	Fractional-N	N分之一分频
VSYNC	Vertical SYNChronization	场同步
VHF	Very High Frequency	甚高频
DVB	Digital Video Broadcasting	数字视频广播
LO	Local Oscillator	本地振荡器
UHF	Ultra High Frequency	超高频
LNA	Low-Noise Amplifier	低噪声放大器
PLD	Power Level Detector	功率电平检测器
Xtal	Crystal	晶体振荡
IR	Image Rejection	镜像抑制
CB	Citizen Band	民用波段
SAW	Surface Acoustic Wave	声表面滤波器，根据ATV或DTV要求设置带宽
RF	Radio Frequency	无线电频率（RF）
IF	Intermediate Frequency	中频
AGC	Automatic Gain Control	自动增益AGC控制
AGCK	Automatic Gain Control step Killer	自动增益AGC控制抑制

ATV与DTV两类信号处理均由TDA18273HN电路来完成，二者工作过程基本相似，只是RF信号中载波信号搭载的节目不同，ATV信号搭载的是不同频道的节目，而DTV信号搭载的是不同节目流组成的数据包，通过QAM调制后再通过有线、无线或地面波方式传输。

ATV信号经调谐器送出38MHz中频信号到MT5505进行中频信号放大、视频检波等处理。有线DTV射频信号经同轴电缆把数字信号送入调谐器内TDA18273HN，后经

SURGE作抗高频干扰处理、CB带通滤波选择，进入增益自动控制的LNA低噪声放大电路进行幅度校正，再送入波段分离滤波器，过滤上限或下限频率，再经波段放大器[低（48.25～168.25MHz）、中（175.25~447.25MHz）、高（455.25~855.25MHz）]和增益放大电路、进入混频器，送出复用信道IF中频信号。混频器输入的本振荡频率由晶体振荡器提供基准时钟给时钟管理，产生可调本振信号给混频器。经混频后得到频率为36.125MHz的中频信号，输入SAW声表面后，平衡送出两路IF信号去主芯片MT5505。

③ ATV中频信号处理。TV信号处理分两类，一类是ATV处理，一类是DTV信号处理。这部分信号的处理均在MT5505组成的电路中完成。

对于ATV信号，它主要在MT5505内部进行中频放大、视频检波、音频鉴频等处理，形成音频、视频信号分别去音频和视频各自通道。形成的ATV视频信号与AV端口送入的视频信号进行选择切换后，一路AV视频信号去U49缓冲电路（如图2.245），缓冲后输往AV输出端口。另一路去主芯片内亮色分离、亮色解码电路形成模拟YCBCR信号，再经ADC转换后，去主芯片与外挂的DDR3电路进行格式转换，形成满足物理屏要求的格式信号，再经LVDS编码后，形成LVDS信号去屏上显示。

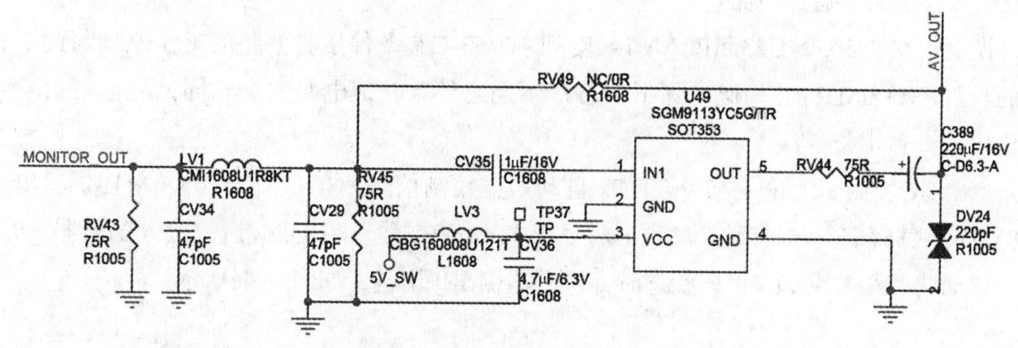

图2.245　ATV中频信号处理

④ DTV（DVB-C信号）数字中频处理。

• DTV信号解码。调谐器输出的IF中频信号输往MT5505要完成信道解调与信道解码，最终形成数字亮色、数字分量和数字音频去后续各自处理电路。

MT5505接收来自调谐器的IF信号，经ADC转换后，在IC内进行QAM解调等处理后，输出数据信号去信道解码器。信道解码主要进行解交织、RS解码与解扰处理。其中，去交织处理便是与发送端交织处理过程相反的一种技术处理。而交织技术也是为纠正串数据发生的比特差错及一些突发错误采取的一种编码技术。RS纠错技术解决随机误码非常不错，而交织纠错对突发误码处理能力强，解码也是一种实时输出的防误码的编码技术，它是一种纠错码。

调谐器送往MT5505的IF中频信号经QAM解调和信道解码后，最终形成传输流TS信号，按照DVB标准物理接口送入传输流多路解复用电路。TS流通常由bit0~bit7位数据信号及后端多功能解复用电路所需的时钟CLK、帧同步信号等组成。TS多路复用流信号输出可以是并总线方式也可以是串总线方式。根据解复用器端口输出，并总线方式通常为11路信号，串总线输出通常为4路信号。TS流信号驱动电压范围取决于解码电路的驱动能力，通常为3.3V。

• DTV节目流有条件接收。条件接收器电路设计在MT5505内部，并涉及DVB-C条件接收。MT5505与外设的PCMCIA卡座接所连接的CA卡、U23（SN74CBTLV3245APWR）组成有条件接收DVB-C数字电视节目电路。

所谓的DVB-C条件接收就是指解密接收，是基于DVB-C标准的有线数字电视系统，系统发送端的多路数据复用信号加有加密信息，它与数据、图像、声音三路复用比特流一起打包成MPEG2传送流，经QAM调制而送出。

复用TS流信号在MT5505内进行解复用处理后，形成的一个节目的TS流信号将输往条件接收电路，当判定TS流为清流TS信号时，MT5505将自动进行解复用处理，关闭输往PCMCIA卡TS的输出端口，并会在屏幕上显示DTV节目。当主芯片判定TS流为加密节目流时，MT5505接入PCMCIA卡座的输出端口打开，同时输出指令与CA卡作解密处理，整个TS解密处理由CA卡上的芯片来完成，将解密后的数据流返回MT5505进行节目、MPEG2解压等处理，形成数字音视频信号去各自电路处理，数字视频去相应的格式转换电路，音频去数字音频电路。

说明：MT5505、U23和PCMCIA组成的DVB-C有条件接收电路的工作原理与此书介绍的长虹PM38iSD机芯相似，除了主芯片不同之外，其他电路完全相同，故读者可参考PM38iSD机芯相关内容。

⑤ AGC控制。无论是ATV或DTV自动增益控制信号AGC从MT5505（M19）输出，经RV47、RT5耦合，经接地CT3和串联电阻RT14、RT15、C19滤波后，接入调谐器（9）脚，自动调节ATV或DTV工作状态时，调谐器输出IF增益，如图2.246所示。

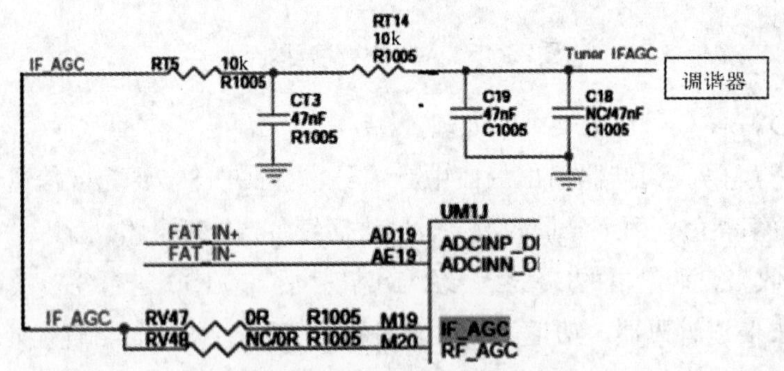

图2.246 AGC控制电路

2. AV视频输入

LM41机芯AV输入由插座P3输入，如图2.247所示。电路中R216是按国标规定设计的不平衡电阻。国标规定：电视设备或视频通道作为一个单元在相互连接的输入或输出点对地不平衡的标称阻值为75Ω，这样实现标准设备间匹配较为方便。C180为抗跳脉冲设计的滤波电容。RV41、CV28耦合至MT5505（AB16）脚。同样音频通道设计的元件也考虑了输入、输出设备阻抗匹配，左右音频信号接入主芯片AB19、AB21脚内电路。AV视频

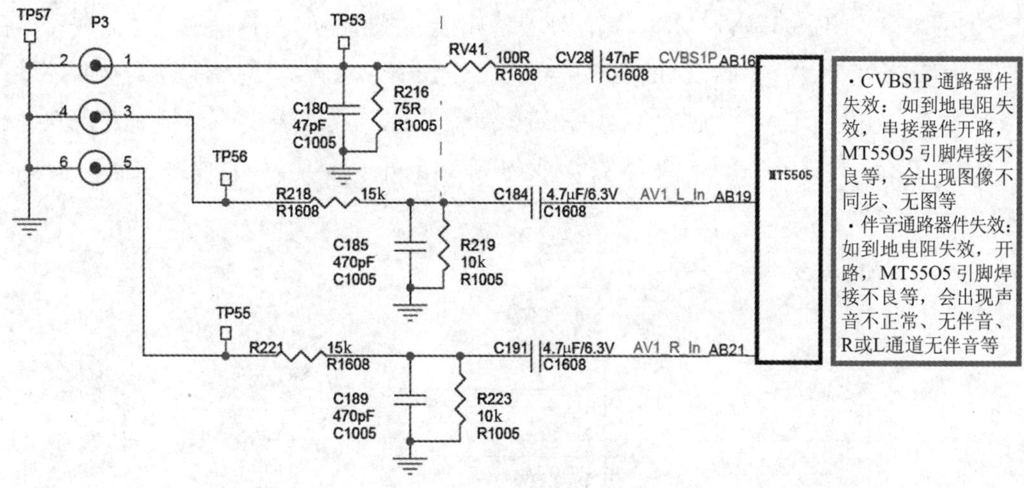

图2.247　AV视频输入电路

信号经MT5505内电路选择后，去亮色梳状分离、亮色解码、格式转换电路、LVDS编码电路，最后输出LVDS去屏上处理显示。

3. VGA信号

VGA信号从插座的1脚接入“R”，经RV36、CV27抗干扰、阻抗匹配，再经RV35、CV26耦合到MT5505（AB13）脚。插座2脚接入G→RV32、CV24进线抗干扰、阻抗匹配→RV31、CV23耦合去MT5505的AE12脚。同时G信号还经RV30、CV32耦合→MT5505 的AC12脚，作为从G通道取SOG同步信号。插座3脚接入B→RV28、CV21进线抗干扰、阻抗匹配→RV25、CV20耦合→MT5505（AB12）脚。

VGA行场同步信号定义了VGA显示像素在屏幕上的位置，没有行场同步信号，输入屏幕上不会显示VGA画面。VGA行同步信号由插座（13）脚接入→C409滤波、RV63、RV64阻抗匹配耦合至MT5505（AC11）脚。VSYNC同步信号从（14）脚接入→C408滤波→RV37、RV38匹配耦合至MT5505（AC10），如图2.248所示。

图2.248中AD12脚VGACOM为VGA输入共用端，此脚外接CV25、RV34、RV33到地。此路信号影响RGB信号，在MT5505内，外电路严重变质会导致VGA信号输入无效。

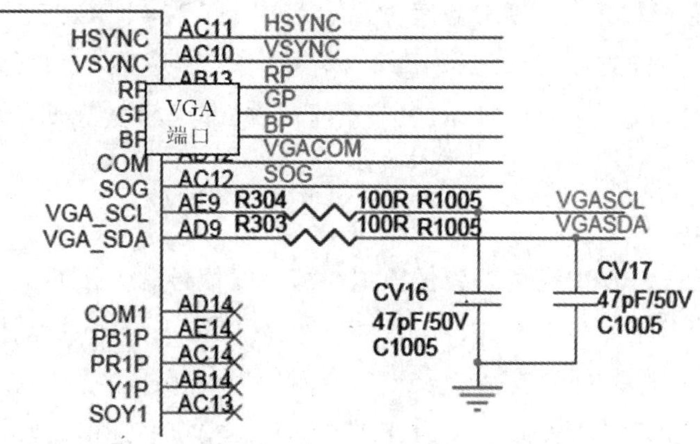

图2.248　VGA信号电路

MT5505的AE9、AD9脚是VGA信号源，外设备连接电视机的DDC通信通道，读取保存在用户存储器中的DDC协议。VGA的插座（4）脚VGA RX、11脚VGA TX是两对接收、发送串接口通道，常用于整机系统软件使用特定工具时，此工具将连接VGA插座实现软件刷新，RX、TX通道供电驱动来自5Vsb形成的3Vsb电压。整个VGA插座引脚功能如图2.249、图2.250所示。

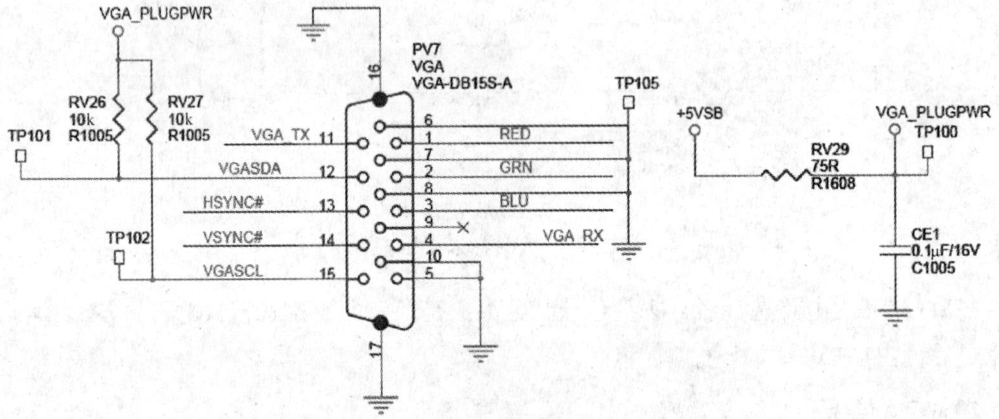

图2.249 VGA插座引脚功能一

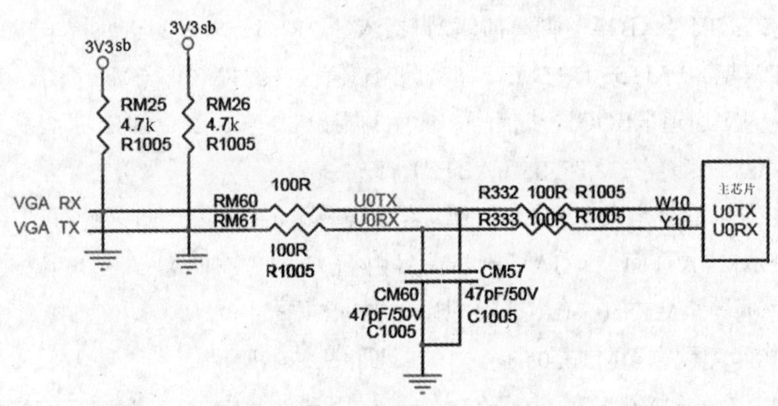

图2.250 VGA插座引脚功能二

VGA的L声道音频信号从J12插座输入，经电阻R224，R227匹配，C187滤波，C186、R228耦合至MT5505（AC20）脚。R信号从J12输入后，经R225、R226分压电阻电压匹配后，经C190滤波，C192、R229耦合至MT5505（AB23）脚，经内部选择去伴音处理电路。

4. HDTV接收（图2.251）

HDTV信号就是YPBPR亮色差分量模拟高清晰度信号源。按照美国高清标准，标准高清信号的分辨率分别是1280×720p/60和1920×1080i/60；按照欧洲标准分别是1920×1080i/50Hz。720p时，行频支持为45kHz，而1080i/60Hz的行频支持是33.75kHz，1080i/50Hz的行频要求就更低了，仅为28.125kHz。LM机芯还能接收标准清晰度电视信号575i、480p。

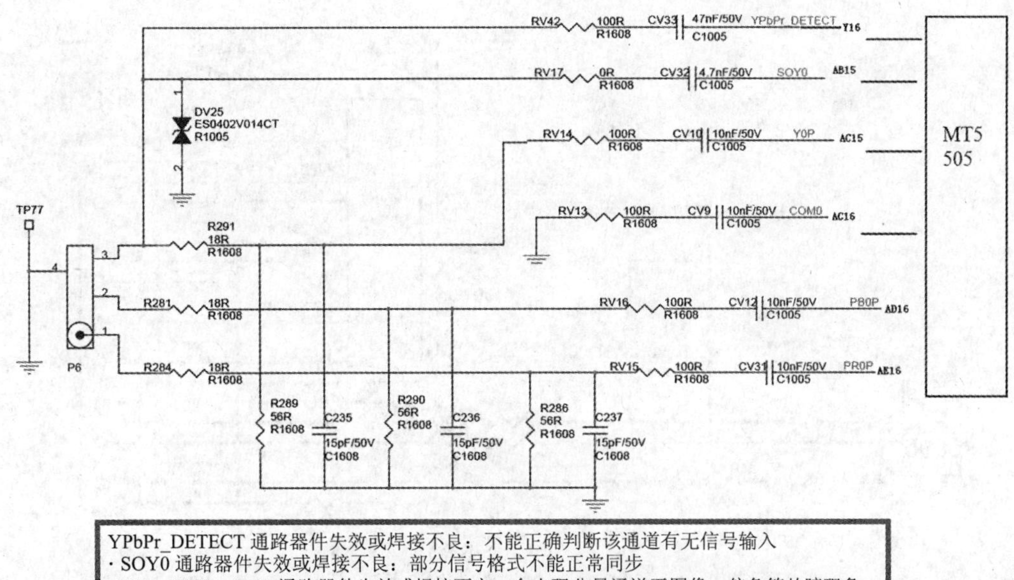

图2.251 HDTV接收电路

图2.251中，Y信号分成了三路，其中一路送入主芯片Y16脚内部，作为控制系统判定HDTV接入扫描格式判定信号，当此路信号存在时，按动遥控器上AV键，显示节目源状态时，此时HDTV状态节目源便会有提示（如有一个输入箭头符号的出现，表明此时HDTV端口有节目接入）。第二路作为SOG信号输往主芯片AB15脚，去IC内部进行同步处理，以产生行场同步信号，作为后续YPBPR信号处理及显示同步跟踪信号。若此路信号不正常，会导致HDTV接收无效。第三路Y代表画面中黑白画面信息的信号。AC16脚COM0是作为HDTV信号YPBPR输入的共用参考通道。

HDTV节目源音频信号从插座P7送入，R声道经R231、C193、R235到主芯片MT5505（AB22）脚，L声道经R230、C194、R233接入MT5505（AB18）脚，去MT5505内部音频切换电路，然后去伴音电路处理。

5. HDMI

HDMI节目源是一种未经压缩处理的真正数字高清节目源。LM41机芯能接收三路HDMI节目源，分别从PH2、PH3、PH4端口接入，其中PH2可以兼容接收HDMI1.4a以下版本的HDMI节目，PH3、PH4接收1.3版本节目。PH2、PH3、PH4端口的区别在于，PH2多了音频回转通道，图2.222所示为PH2工作电路图。

图2.252中，插座（15）、（16）脚两路总线HDMI_1_SCL/SDA是用于读取HDMI节目源EDID的通道。EDID是VESA组织定义的一种数据结构，是为PC显示器设置的优化显示格式数据规范，它存储在显示器中专用的E^2PROM存储器中，数据结构是128Byte，PC主机和显示器通过DDC通道访问存储器中的数据，以确定显示器的显示属性，如供应商信息、最大分辨率图像大小、颜色设置、厂商预设置、频率范围的限制以及显示器名和序列号的字符串。

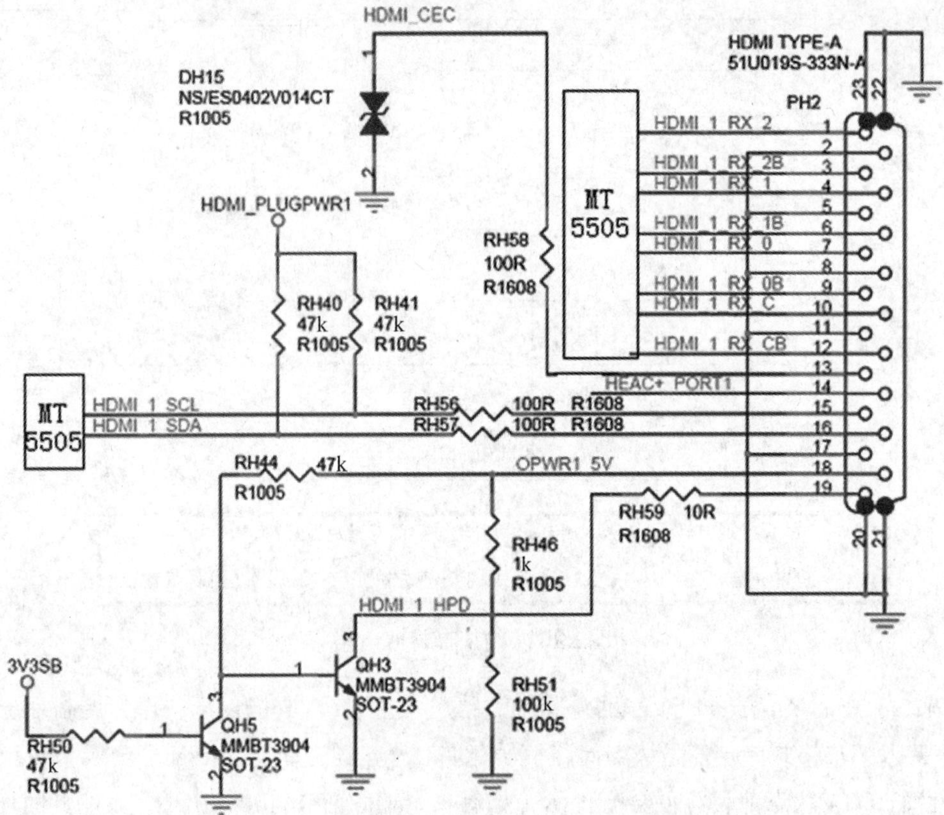

图2.252　PH2工作电路图

插座19脚HPD为热插拔检测。外设接入电视时，外设提供5V给HDMI座18脚提供OPWR1_5V。电路中因存在3V3SB电压，QH5饱和、QH3截止，此时OPWR1_5V通过RH46、RH59给19脚供电，19脚上的5V电压又给外设内部HDMI电路供电，外设识别此电压后，输出总线读取保存在整机用户存储器中的EDID。同时QH3的集电极HDMI_1_HPD接入主芯片T8脚，以此作为系统对HDMI热插拔的识别信号，同时还作为此智能机芯产品在节目源中提示用户电视机已接入HMDI节目源的提醒功能依据。成功读取了EDID后，外设输出TMDS数据信号（4对数字信号）通过PH2插座接入MT5505。当外设拔下时，HDMI插座识别19脚电压消失，从而中止输出HDMI信号。

插座PH2（13）脚的HDMI-CEC，用于远程遥控控制时使用。两设备均带有HDMI功能，且开通此功能时，便可实现远程遥控控制。插座PH2（14）脚HEAC+_PORT1具有数字音频回传功能。

HDMI信号数字差分信号在MT5505内反转成数字YPBPR信号，送入格式转换电路。解码的数字音频信号，经DAC转换形成模拟音频到音频切换电路。

6. USB节目源（见图2.253）

LM41机芯主芯片设置有三路USB端口，但此机芯用USB功能较多。有三路多媒体USB端口、一路内置Wi-Fi无线网卡，一路射频遥控接收，一路摄像头，共有6路USB信号，其中Wi-Fi信号由插座XSU13接入。射频遥控接收器由插座XSU15接入。插座XSU19

作为摄像头将摄取的图像信号转换成USB格式信号送入UM1主芯片。CON13插座和PU1作为三路USB端口在使用。由于USB端口多，而主芯片USB端口有限，故电路中设计有集线器HVB。

送入主芯片的三路USB信号，对其压缩的数据包进行解析、解码后，形成音视频信号到各自电路处理。

（1）USB信号概念。

USB端口通常设置有4个引脚，分别是一路供电、一对D+、D−数据信号和接地端，如图2.254所示。

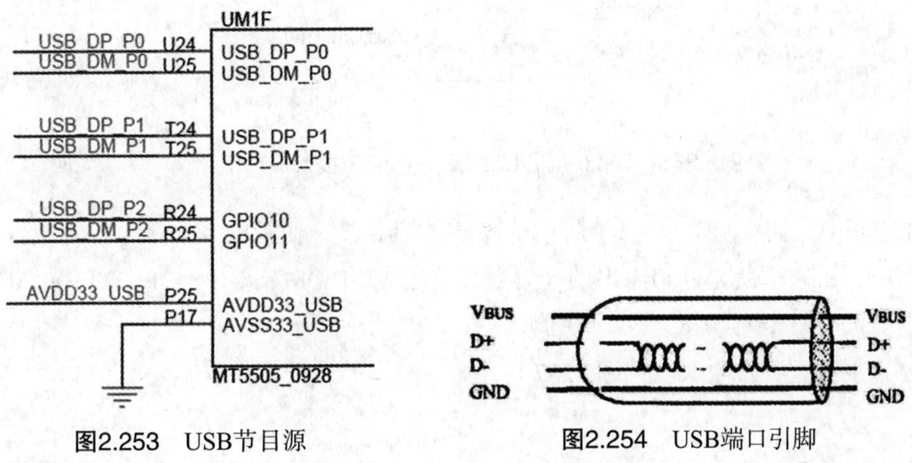

图2.253 USB节目源　　　图2.254 USB端口引脚

USB传送的数据信号按USB协议定义了数据包传输标准。USB数据包由5个部分组成，即同步（SYNC）字段、包标识符（PID）字段、数据字段、循环冗余检验（CRC）字段和包结尾（EOP）字段。图2.255显示了包的结构。

同步字段（SYNC）	PID字段（PID）	数据字段	CRC字段	包结尾字段（EOP）

图2.255 USB数据包结构

同步字段作为任何包的起始字段，长度为8bit数据位，目的是使得USB设备与总线的包传输率同步；包结束字段EOP则用3位（全速或低速情况）或8位（高速情况）表示，作为发送端发出的包结尾信号；协议中定义PID字段为4个包类型和4个校验字段位，作为包类型的唯一标志；数据字段用来携带主机与设备传递的实质信息，传输顺序是先低字节位，后高字节位；为了检测数据信息的传输错误，协议定义了CRC字段，在数据位填充之前由发送端产生，在接收端进行译码和错误检测。

（2）USB端口内置无线Wi-Fi。

Wi-Fi即Wireless-Fidelity缩写，是一种无线保真技术，与蓝牙技术一样，同属于在办公室和家庭中使用的短距离无线技术，覆盖半径约100m，传输速度达11Mbps，且有移动性。此无线信号使用2.4GHz或5.8GHz附近的频段，该频段目前尚属免执照的民用频段。Wi-Fi是连接有线局域网络与无线局域网络之间的桥梁。其工作原理相当于一个内置无线发射器的

HUB或者是路由器发射的射频无线信号，再由Wi-Fi接收路由器AP接收无线信号，经处理形成USB格式信号输往主芯片。图2.256所示是LM41机芯USB端口作Wi-Fi接入端口电路图。

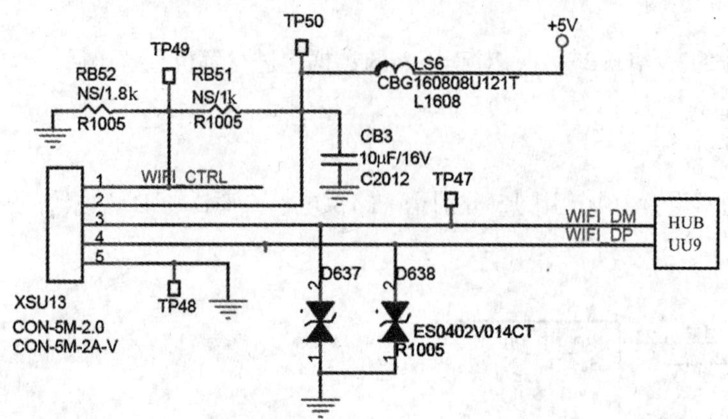

图2.256 LM38机芯USB端口作Wi-Fi接入端口电路图

图2.256中，插座XSU13（1）脚用于Wi-Fi启动使能，由控制系统送来控制信号，实际也可不用此控制信号。Wi-Fi输出的一对数字信号WIFI_DM、WIFI_DP去USB的HUB集线电路USX2064（UU9）（8）、（9）脚。

（3）射频遥控接收头（见图2.257）。

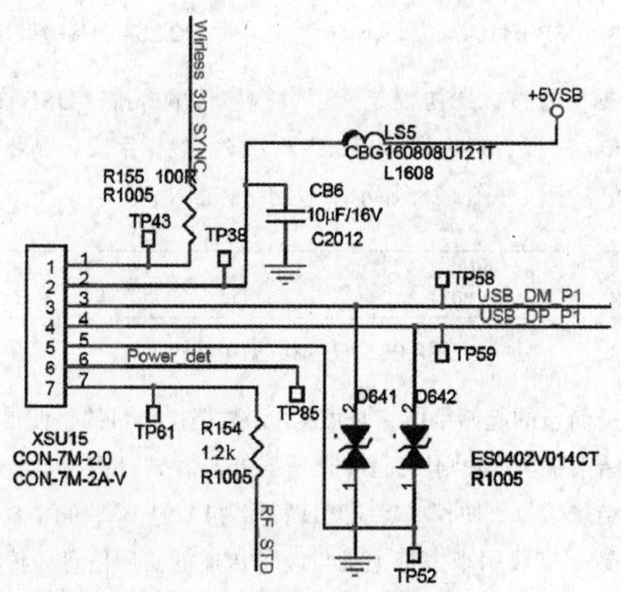

图2.257 射频遥控接收头

接收射频遥控器2.4GHz无线信号，并转换成USB格式的数字信号接入主芯片MT5505（T24）、（T25）脚。XSU15（1）脚接收屏送来的3D同步信号，去3D同步红外3D发射板，控制3D眼镜。插座（6）脚为POWER DET信号，此信号是由系统送出的二次开机启动射频遥控电路的控制信号。也就是说开机后才能使用射频遥控器。XSU15（7）脚RF_STD是来自键控电路的控制信号，作为遥控对码的识别信号。当电视机购入使用时需要进行遥控和3D眼镜对码。注：这是针对使用射频遥控器的用户。

LM41机芯个别产品采用射频遥控器时，首次开机需进行对码操作，否则屏幕会弹出遥控器对码提示。

射频遥控器对码方法：打开电视机后，同时按下遥控器“3D”和“数字”键一秒以上，红色指示灯快速闪烁，遥控器进入对码模式，再将遥控器尽量靠近电视屏幕正下方偏左处，红色指示灯长亮后熄灭，电视屏幕上出现“对码成功”提示框，表示对码成功。之后就可使用遥控器方便地对电视机进行操作。若对码失败，请重新进行对码操作。对于使用红外遥控器的用户，无需遥控对码。

（4）摄像头。

插座XSU19送来一对USB信号接入MT5505（R24、R25）脚。XSU19接本机所配摄像头，启动摄像头时，将摄取的光信号转换成电信号，并以USB标准信号输入MT5505，经解包、解码处理后去图像通道。麦克风摄取的音频信号转换成数字音频I²S信号输往功率放大器TAS5711做功率放大，推动扬声器工作，如图2.258所示。

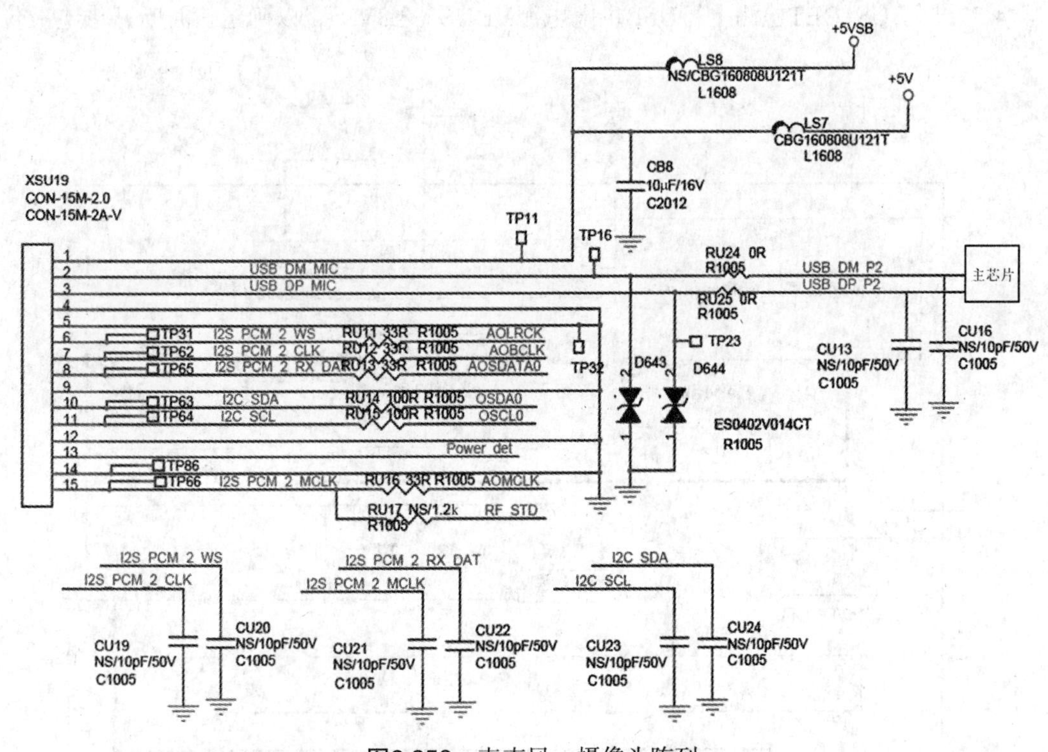

图2.258　麦克风、摄像头阵列

图2.258中2、3脚送来摄像头图像信号去主芯片。而6、7、8、15脚送来耳麦数字音频，此4路信号去功率放大器TAS5711。10、11脚为总线通道，传送控制系统对耳麦控制的指令。13脚POWER DET表明此部分电路的使用是在开机后进行，此信号来自系统输出的开机指令。（15）脚接RF STD是想通过耳麦实现开机控制，但实际未用此功能。

（5）USB多媒体节目端口。

PU1端口送入一对USB信号接UU9（1、2）脚，而CON13组合插座实为两路USB端口，其中一对USB数据信号USB2_DM、USB2_PM去UU9（3、4）脚，UU9（6、7）脚用于插座CON13送来的另一对USB数据信号USB3_DM、USB3_PM输入端。

（6）USB集线器（HUB）。

LM41机芯有较多USB端口，实现功能较多较强，但主芯片的USB端口只有3路，故在主芯片外部增加了USB节目源集线电路。

LM41机芯使用的集线电路型号为SMSC（美商史恩希股份有限公司）研发的USX2064。此部件采用USB2.0标准，具有给电池充电的功能，功耗低，是拥有4个下行端口的嵌入式USB多功能转译控制器MTT。4端口支持低速、全速和高速上所有启用的下行USB端口设备（USB上行口就是电脑端，下行端口就是下接设备），36脚QFN封装，面积6×6mm²。IC内有1.8V核供电稳压器，完全集成有USB终端上拉、上拉电阻，可设计内电路提供24MHz运行时钟晶体，也可由外电路提供时钟。图2.259所示是IC内部处理框图。

• 30、31脚USBDP_UP、USBDM_UP为USB数据通道，此路数据连接到上行USB总线数据信号（主机端口或上行集线器），即上行端口。

• 27脚VBUS_DET检测上行USB供电电源VBUS（3.3V），以确定何时断开供电上位

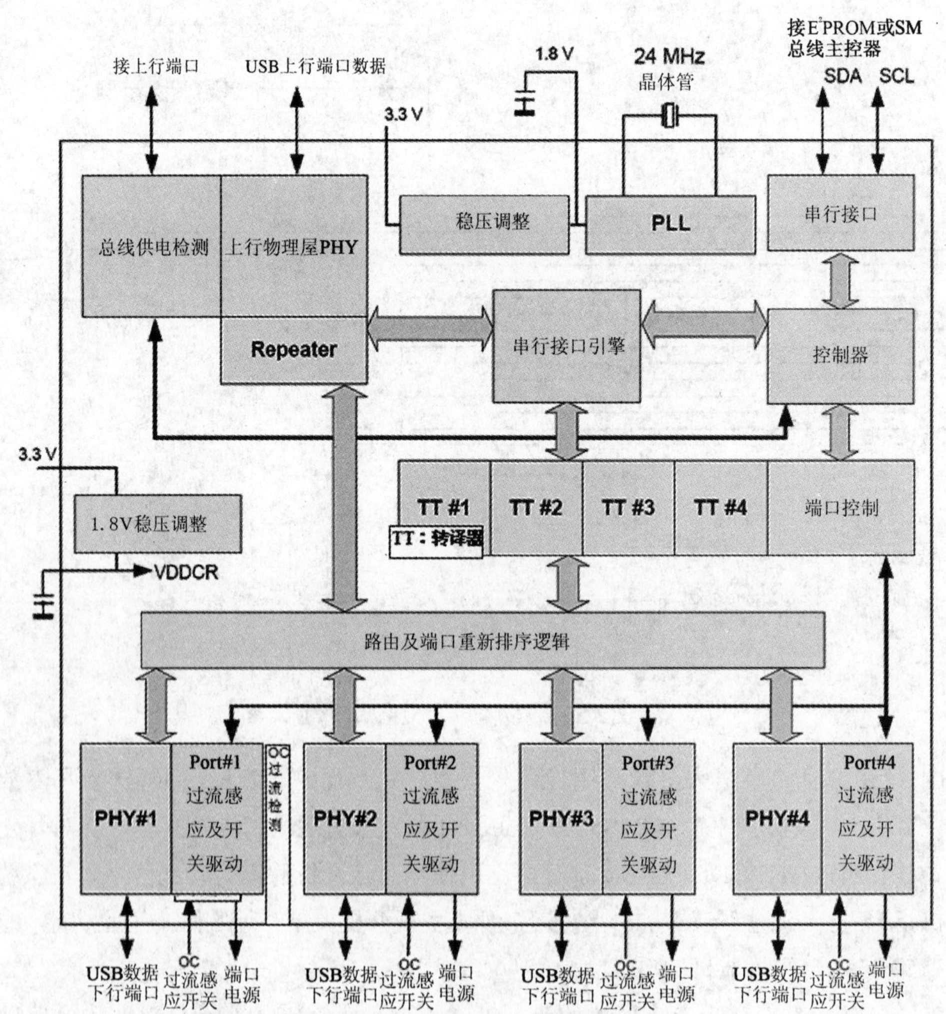

图2.259 IC内部处理框图

电阻，中断输出。

- 2、4、7、9脚和1、3、6、8脚是高速USB数据通道，这些通道连接到下行USB端口。禁用这些功能时，接10kΩ上拉电阻在3.3V上。
- 12、16、18、20脚：USB端口供电使能，给下行USB端口供电，高电平有效。
- 13、17、19、21脚：OCS下行USB设备电流检测输入指示。
- 35脚RBIAS：USB收发器偏置。
- 22、24脚：IIC总线通道。
- 25脚HS_IND/CFG_SEL1：上行端口指示灯/配置编程选择。
- 32、33脚接时钟晶体振荡。
- 26脚RESET_N：复位信号输入，系统输入低电平恢复信号，约1s恢复到正常额定值。
- 28脚SUSP_IND/LOCAL_PWR/NON_REM[0]：激活/暂停状态指示LED，本地电源检测，不能先移除选项。
- 11脚TEST：测试端。
- 14脚CRFILT：VDD内核稳压外接滤波电容。该引脚必须接一个1.0μF±20%（或更大）（ESR<0.1Ω）电容到VSS。
- 36、29、23、15、10、5脚：3.3V供电。
- 34脚PLL：外接滤波电容到地。
- 37脚：接地。

图2.260所示是USX2064在LM41机芯应用时的电路图。

UU9的1、2脚用于PU1端口输入的一对USB数据信号，3、4脚用于CON13插座输入的一对USB数据信号USB2_DM、USB2_PM，6、7脚用于插座CON13送来的另一对USB数据信号USB3_DM、USB3_PM。而插座XSU13插座送来内置Wi-Fi的一对USB标准数据信号WIFI_DM、WIFI_PM接UU9的8、9脚。三路USB信号经选择后，从30、31脚输出上行USB信号到主芯片USB_DP_P0、USB_DM_P0，去主芯片U24、U25两脚。

7. SD卡节目源

SD卡特点如下：

① 容量：32MB，64MB，128MB，256MB，512MB，1GB(B:Byte,字节）。

② 兼容规范版本1.01。

③ 卡上错误校正。

④ 支持CPRM内容保护机制识别码。

⑤ 两个可选的通信协议：SD模式和SPI模式。

⑥ 可变时钟频率：0~25MHz。

⑦ 通信电压范围：2.0~3.6V。

⑧ 工作电压范围：2.0~3.6V。

⑨ 低电压消耗：自动断电及自动睡醒，智能电源管理。

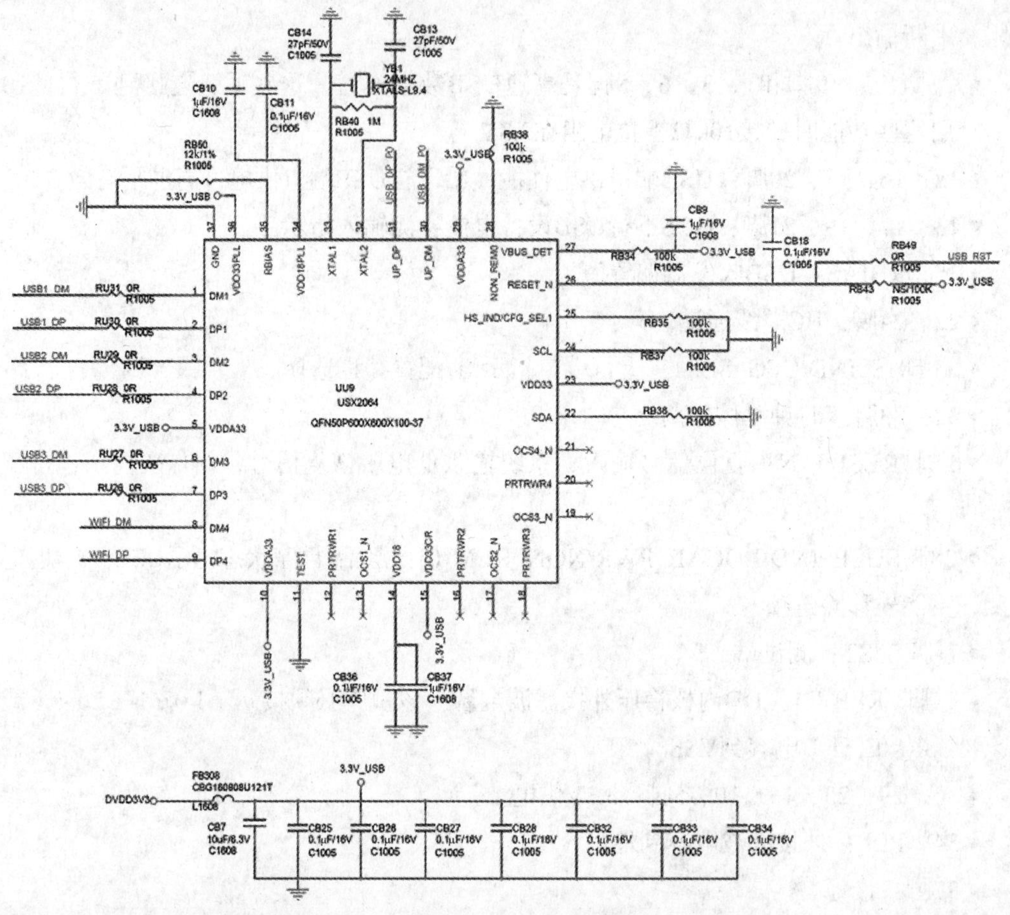

图2.260 USX2064在LM41机芯应用电路图

⑩ 无需额外编程电压。

⑪ 卡片带电插拔保护。

根据SD卡的特点，SD卡与主芯片之间的通信有SD与SPI两种方式。其中，SD方式采用6线制，使用CLK、CMD、DAT0~DAT3进行数据通信。SPI方式采用4线制，使用CS、CLK、DataIn、DataOut进行数据通信。SD方式时的数据传输速度与SPI方式要快，采用单片机对SD卡进行读写时一般都采用SPI模式。采用不同的初始化方式可以使SD卡工作于SD方式或SPI方式。故可利用这两种模式实现多媒体功能，通过SD卡对主芯片连接的Flash存储器进行软件程序刷新。图2.261所示是LM41机芯主板设计的与SD卡通信时的卡座部分电路图。

SD卡与主芯片之间传送信号的作用：SDIO_D2是SD卡传送的BIT2信号，SDIO_D1是数据位 bit1，SDIO_D3是数据位bit3，SDIO_D0是数据位bit0，SDIO_CLK传送的是时钟信号，SDIO_CMD传送的是命令控制信号，SD_DETECT是SD卡检测信号，SD_WPSD是SD卡写保护。

说明：要读写SD卡，首先要对其进行初始化。初始化成功后，可通过发送相应的读写命令对SD卡进行读写。SD卡文件系统目前有3种FAT文件系统：FAT12、FAT16和FAT32。它们的区别在于文件分配表（File Allocation Table，FAT）中每一表项的大小（也

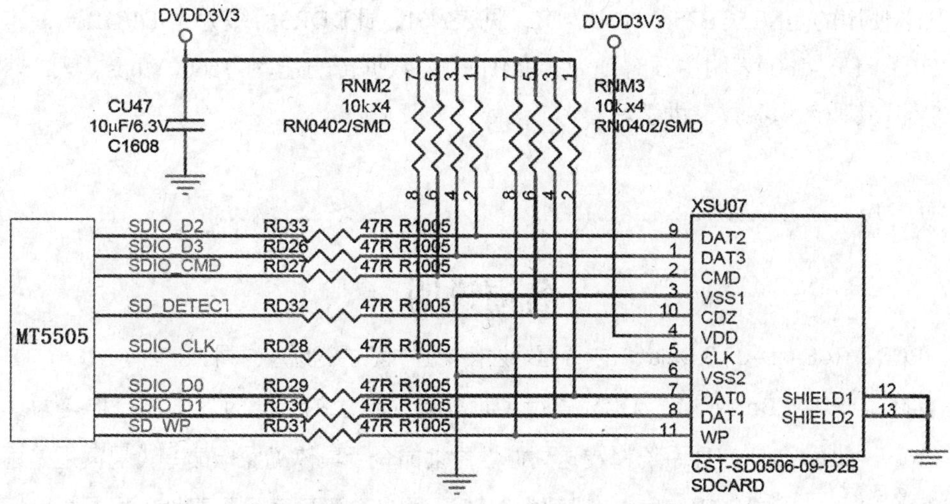

图2.261 SD卡通信部分电路图

就是所占的位数），FAT12为12位，FAT16为16位，FAT32为32位。

8. DDR3

（1）概述。

LM41机芯使用两块DDR3，提供了较DDR2 SDRAM更高的运行效能与更低的供电。此机芯使用的DDR3型号为NT5CB256M16BP-DI，它可以与K4B4G1646B-HCK0$互换。它是一块高速双数据总线结构的DRAM，可以在时钟上升沿与下降沿进行存取数据操作，从而不需增加时钟频率，加快数据传输。NT5CB256M16BP有系列产品，区别在其后缀，如

表2.61 DDR3芯片其他系列参数

	-BE* DDR3（L）-1066 CL7		-CG/CGI* DDR3（L）-1333 CL9		-DI/DII* DDR3（L）-1600 CL11		-EJ/EJI* DDR3-1866 CL12		-FK/FKI* DDR3-2133 CL13		单 位
参数	Min.	Max.	Min.	Max.	Min.	Max.	Min.	Max	Min.	Max.	tCK（Avg.）
时钟频率	300	533	300	667	300	800	300	933	300	1066	MHz
tRCD	13.125	-	13.125	-	13.125	-	12.84	-	12.155	-	ns
tRP	13.125	-	13.125	-	13.125	-	12.84	-	12.155	-	ns
tRC	50.625	-	49.5	-	48.75	-	47.08	-	45.155	-	ns
tRAS	37.5	70k	36	70k	35	70k	34.24	70k	33	70k	ns
tCK（Avg.）@CL5	3.0	3.3	3.0	3.3	3.0	3.3	-	-	2.5	3.3	ns
tCK（Avg.）@CL6	2.5	3.3	2.5	3.3	2.5	3.3	2.5	3.3	2.5	3.3	ns
tCK（Avg.）@CL7	1.875	2.5	1.875	2.5	1.875	2.5	1.875	2.5	1.875	2.5	ns
tCK（Avg.）@CL8	1.875	2.5	1.875	2.5	1.875	2.5	1.875	2.5	1.5	2.5	ns
tCK（Avg.）@CL9	-	-	1.5	1.875	1.5	1.875	1.5	1.875	1.5	1.875	ns
tCK（Avg.）@CL10	-	-	1.5	1.875	1.5	1.875	1.5	1.875	1.25	1.875	ns
tCK（Avg.）@CL11	-	-	-	-	1.25	1.5	1.25	1.5	1.25	1.5	ns
tCK（Avg.）@CL12							1.07	1.25	1.07	1.25	ns
tCK（Avg.）@CL13									0.938	1.25	ns
tCK（Avg.）@CL14									0.938	1.07	ns

LM41机芯使用的是NT5CB256M16BP-DI，见表2.61，此DDR3后缀为“-DI/DII”，其关键参数DDR3（L）-1600表明主频时钟为800MHz时，数据传输速率为1600Mbps。表2.61罗列出了该芯片其他系列参数，供学习参考。

◎知识链接……………………………………………………………………………………

名词说明

① tRCD：RAS-to-CAS Delay，内存行地址传输到列地址的延迟时间。

在实际工作中，Bank地址与相应的行地址是同时发出的，此时这个命令称之为“行激活”（Row Active）。之后系统将发送列地址寻址命令与具体的操作命令（是读还是写），这两个命令也是同时发出的，所以一般都会以“读/写命令”来表示列寻址。根据相关标准，从行有效到读/写命令发出之间的间隔时间定义为tRCD（RAS至CAS延迟，RAS就是行地址选通脉冲，CAS就是列地址选通脉冲），我们可以理解为行选通周期。tRCD是DDR的一个重要时序参数，广义的tRCD以时钟周期数为单位，比如tRCD=3，就代表延迟周期为两个时钟周期，具体到确切的时间，则要根据时钟频率而定，DDR3-800系列，tRCD=3，代表30ns的延迟。

② tRP：Row－precharge Delay，内存行地址选通脉冲预充电时间。

③ tRAS：Row－active Delay，内存行地址选通延迟。tRC控制内存周期时间。

④ TCK（Avg.）是指多少个脉冲周期内的平均值。

⑤ CL5就是时序中CL值=5。CL就是CAS Latency，意为CAS的延迟时间，这是纵向地址脉冲的反应时间，也是在一定频率下衡量支持不同规范的内存的重要标志之一。CL在一定程度上反映出了该内存在CPU接到读取内存数据的指令后，到正式开始读取数据所需的等待时间。不难看出同频率的内存，CL低的话更具有速度优势。

……………………………………………………………………………………………………

（2）NT5CB256M16BP存储器的特点。

① 供电按照JEDEC标准，供电为1.35V-0.067V/+0.1V & 1.5V ± 0.075V。

② 内有8个bank（BA0～BA2）。

◎知识链接……………………………………………………………………………………

Bank名词解释

Bank即内存库结构数量。Bank在SDRAM内存模组上，"Bank 数"表示该内存的物理存储体的数量。在存储器内部，记忆体的资料是以位元（bit）为单位写入一个矩阵单元中，每个储存单元我们称为Cell，一个Bank 由许多Cell组成。每个Cell由行（Column）、列（Row）控制相通。这样的阵列组成的存储体称为记忆体晶片的逻辑Bank，如图2.262所示。图2.263示出了一个Cell在行列控制信号不断送入，对Cell的Cs电容进行反复充电或放电，实现存储一个二进制信号（0或1）。由于Cs会漏电，故必须进行定时的刷新。刷新是指将存储单元的内容重新原样再置一遍，而不是将所有单元都清零。RAS信号控制是否进行读写的工作。CAS信号控制信号是否传送至I/O引脚上。两者协同工作完成Cell单元读写操作。DDR3有8个Bank，其内部有8个这样的存储矩阵阵列，每个Bank间的关系如图2.264所示。DDR3寻址的流程是先指定Bank地址，再指定行地址，然后指定列地址，最终确定寻址单元。

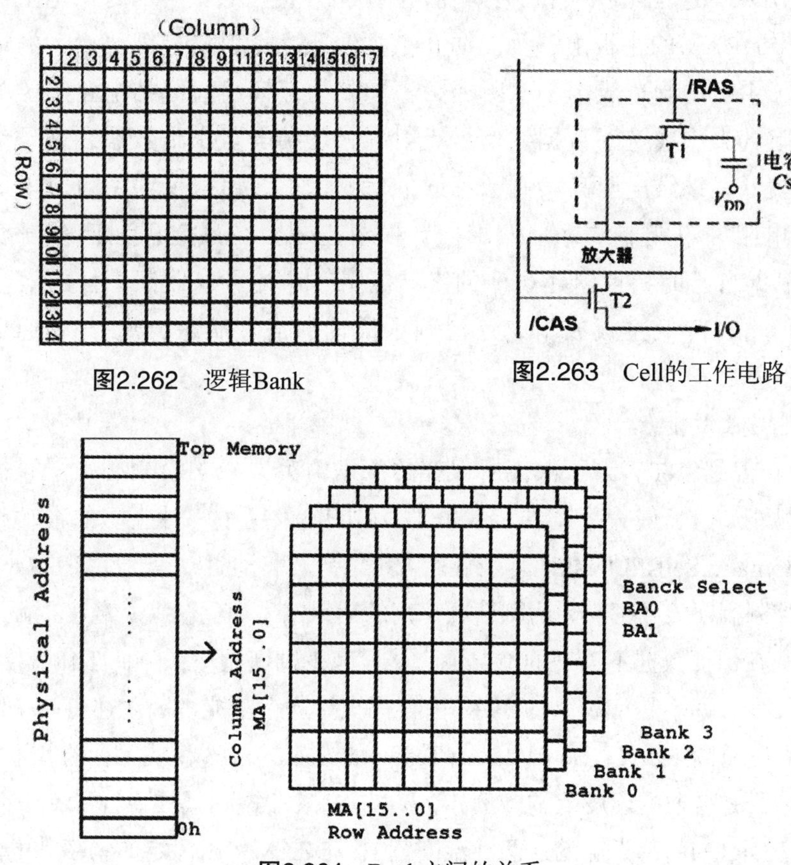

图2.262 逻辑Bank

图2.263 Cell的工作电路

图2.264 Bank之间的关系

③ 差分时钟方式输入CK+，CK–。

④ CAS编程：CAS延时为5，6，7，8，9，10，11，12。

⑤ CAS写入延时：5，6，7，8，9。

⑥ 可程控顺序或交织突发类型。

⑦ 程控突发脉冲宽度。

⑧ 输出驱动器采用阻抗控制。

⑨ 差分双向数据选通。

⑩ 通过ZQ脚自动校正。ZQ也是一个新增的引脚，在这个引脚上接有一个240Ω的参考电阻。这个引脚通过一个命令集，经片上校准引擎自动校验数据输出驱动器导通电阻与ODT的终结电阻值。当系统发出这一指令之后，将用相应的时钟周期（在加电与初始化之后用512个时钟周期，在退出自刷新操作后用256个时钟周期，在其他情况下用64个时钟周期）对导通电阻和ODT电阻进行重新校准。

⑪ OCD校正功能。从DDR2起，控制信号中就增加了OCD技术。OCD即off-chip driver，指离线驱动调整，目的是提高信号的完整性。

⑫ 动态ODT。这也是一项新的控制技术，ODT是内建核心的终结电阻器。我们知道使用DDR SDRAM的主板上，为了防止数据线终端反射信号需要大量的终结电阻，这大大增加了主板的制造成本。实际上，不同的内存模组对终结电路的要求是不一样的，终结电阻的大小决定了数据线信号反射率，终结电阻小则数据线信号反射率低但是信噪比也较低；终结电阻高，则数据线的信噪比高，信号反射率也会增加。因此主板上的终结电阻并不能非常好地匹配内存模组，还会在一定程度上影响信号品质。DDR3可以根据自己的特点内建合适的终结电阻，这样可以保证最佳的信号波形。使用DDR3不但可以降低主板成本，还得到了最佳的信号品质，这是普通DDR不能比拟的。

⑬ 自动自刷新功能。

⑭ 自刷新温度SRT。为了保证所保存的数据不丢失，DRAM必须定时进行刷新，DDR3也不例外。为了最大程度的节省电力，DDR3采用了一种新型的自动自刷新设计（ASR，Automatic Self-Refresh）。当开始ASR之后，将通过一个内置于DRAM芯片的温度传感器来控制刷新的频率，因为刷新频率高的话，电力消耗就大，温度也随之升高。而温度传感器则在保证数据不丢失的情况下，尽量减少刷新频率，降低工作温度。DDR3的ASR是可选设计，并不是市场上的DDR3内存都支持这一功能，因此还有一个附加的功能就是自刷新温度范围（SAT，Self-Refresh Temperature）。通过模式寄存器，可以选择两个温度范围，一个是普通的温度范围（例如，0~85℃），另一个是扩展温度范围，例如最高到95℃。对于DRAM内部设定的这两种温度范围，DRAM将以恒定的频率和电流进行刷新操作。

⑮ IC封装分78球脚或96球脚BGA封装。

⑯ 芯片有两类参考基准电压。对于内存系统工作非常重要的参考电压信号VREF，在DDR3系统中将分为两个信号。一个是为命令与地址信号服务的VREFCA，另一个是为数据总线服务的VREFDQ，它将有效地提高系统数据总线的信噪等级。

（3）DDR3应用。

图2.265所示是NT5CB256M16BP在长虹LM41机芯上应用时的电路图。此IC引脚功能见表2.62。

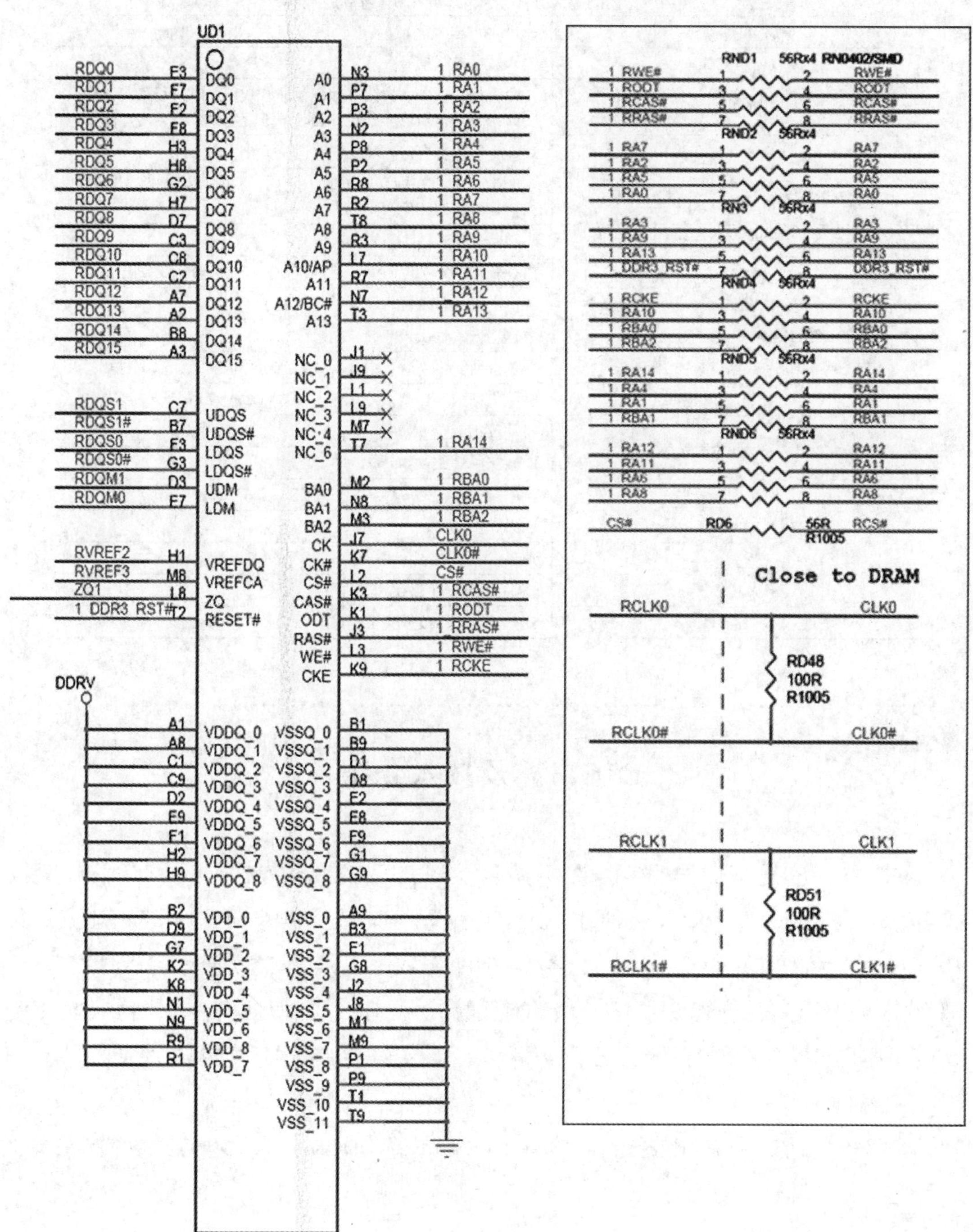

图2.265　NT5CB256M16BP在长虹LM41机芯上的应用电路图

表2.62 IC引脚功能

A0～A14	地址输入，A10具有自动预充电功能。在进行读写时，由命令来指示A12是否为突发脉冲
BA0～BA2	Bank地址输入信号
DM，（UDM，LDM）	输入数据掩膜信号
RAS，CAS，WE	命令信号，RAS为低时，行地址有效，此时进行读写操作。CAS为低时，列地址有效，此时可进行数据读写
CS，（CS0），（CS1），（CS2），（CS3）	片选。低电平有效，高电平时所有命令无效
CKE，（CKE0），（CKE1）	时钟使能，在内存闲置时，此信号将关闭时钟输入。在进行操作时，CKE应为高电平
CK、CK#	时钟差分信号
ODT	内存颗粒的终结电阻，用于调整DQ、DQS、DM终结电阻
RESET#	低电平异步复位，复位后为高电平
DQ（DQ0～DQ15）	数据输入、输出，双向数据总线
LDQS（LDQS#），UDQS（UDQS#）	数据选通。输入时数据进行读，此信号输出时，数据进行写
TDQS，（TDQS#）	终结数据选通控制信号，输入时进行数据读写
ZQ	自动校正
VDDQ	DQ供电：1.35V -0.067V/+0.1V或1.5V ± 0.075V
VDD	供电，1.35V -0.067V/+0.1V或1.5V ± 0.075V
VSSQ	DQ的地
VSS	地
VREFCA	CA基准电压（CA地址）
VREFDQ	DQ基准（DQ数据输入、输出）

◎知识链接······································

DDR3涉及技术介绍

（1）突发脉冲。

突发（Burst）是指在同一行中相邻的存储单元连续进行数据传输的方式，连续传输的周期数就是突发长度（Burst Lengths，简称BL）。内存的读写基本都是连续的，因为与CPU交换的数据量一般为64字节，而现有的Bank位宽为8字节（64bit），故一次连续传输需要8次，这时就涉及我们经常遇到的突发传输的概念BL。在进行突发传输时，只要指定起始列地址与突发长度，内存就会依次自动对后面相应数量的存储单元进行读/写操作，而不再需要控制器连续地提供列地址。

（2）屏蔽。

屏蔽不需要的数据，采用数据掩码（Data I/O Mask，简称DQM）技术，内存可以控制I/O端口取消哪些输出或输入的数据。

（3）数据选取脉冲（DQS）。

DQS是DDR中的重要功能，它的功能是在一个时钟周期内准确地区分出每个传输周期，便于接收方准确地接收数据。每一个芯片都有一个DQS信号线，它是双向的，在写入时它用来传送由系统发来的DQS信号，读取时，则由芯片生成DQS数据向系统发送。也就是说，DQS就是数据传送的同步信号。在读取时，DQS与数据信号同时生成（即在CK与CK#的交叉点）。

DDR3与系统间的信号通道中设计了许多阻值小的电阻，这些电阻的参数与连接信号类型有关。电路中设计这些小电阻的作用是为了防止辐射和起电压匹配作用。通常数据data、地址address、CLK、DQS、DM、CLKE、WE、CAS、RAS、CS电路中均串有小电阻，而DQS、DM、CLK串接电阻需是单颗粒的，其他可用网络排阻。

（4）DDR3故障检修。

DDR3形成的电路完成各种格式信号、应用程序的音视频数字运算处理，存储数字处理过程中产生的临时数据。故DDR3组成的电路会引起不开机、图异、声音不正常等故障。故障检修的要点是对DDR3的供电、基准电压形成及各通道电路上串接的匹配电阻进行检查。如果仍不能排除故障时，应更换电路板。DDR3故障检修可采用软件查询工具。

……………………………………………………………………………………………

9. eMMC存储器

LM41机芯使用的eMMC型号为THGBM4G5D1HBAIR，它是东芝研发的芯片，其存储量达4GB，BGA封装，153个引脚。芯片内包括先进的东芝NAND闪存（存储量32Gb）和控制器芯片。按照JEDEC/ MMCA4.41版本要求，它可以支持1I/O，4I/O 和8I/O 通信模式。eMMC存储器优势是内部封装的控制器，实际接口按标准设计，并能管理内存，简化电路设计过程。图2.266所示是THGBM4G5D1HBAIR的引脚与功能分布图，行列交叉点的符号便是该引脚功能，如P5标的功能便是VssQ。

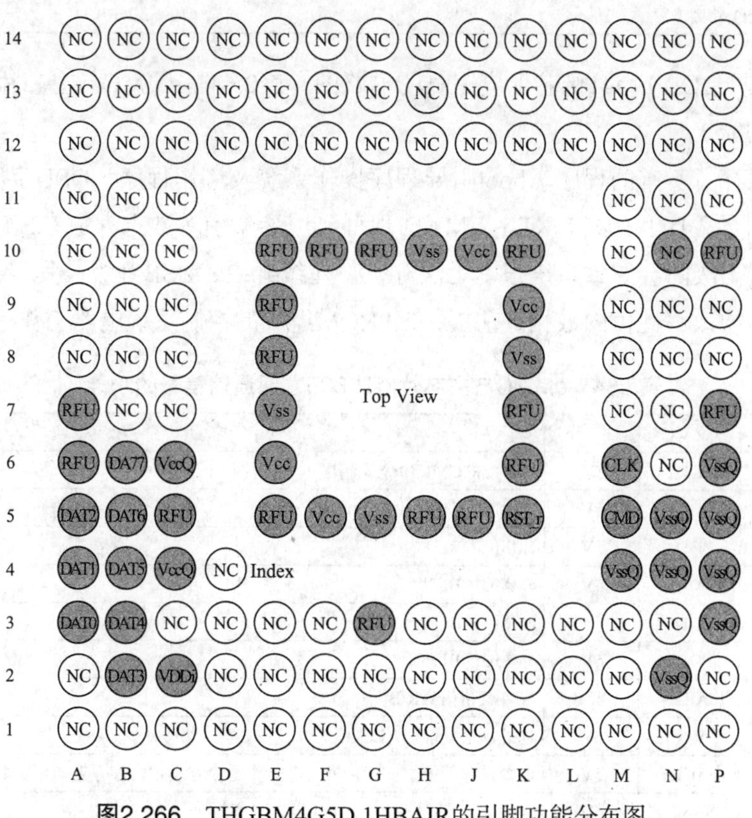

图2.266 THGBM4G5D 1HBAIR的引脚功能分布图

图中NC表示此脚没执行功能，空脚，可以是悬空状态，也可以接地。RFU表示保留将来开发使用，该脚应悬空。整个芯片大小为11.5mm×13.0mm×1.0mm。

eMMC存储器供电特点：Vcc = 2.7~3.6V，VccQ = 1.65~1.95V或2.7~3.6V，耗电90mA，休眠时耗电100μA。图2.267所示是eMMC存储器内部电路图。

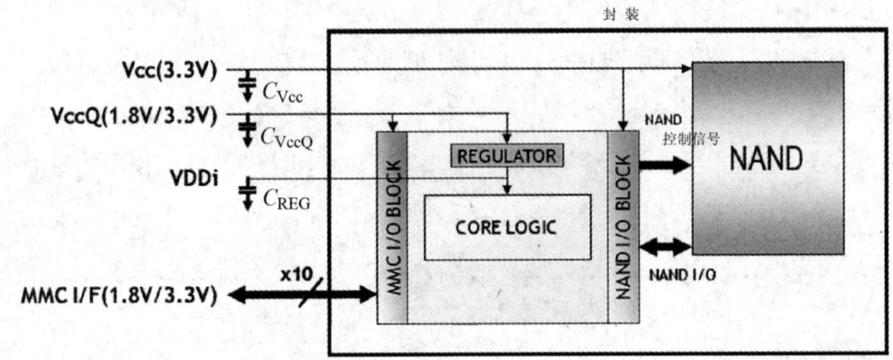

图2.267 eMMC存储器内部电路图

eMMC供电脚外接电容等参数有严格要求，见表2.63，不能随意改动参数值。

表2.63 eMMC供电脚参数

参　数	符　号	单　位	最小值	典型值	最大值
VDDi外接电容	C_{REG}	μF	0.10	–	1.00
Vcc 外接电容	C_{Vcc}	μF	–	2.2 + 0.1	–
VccQ 外接电容	C_{VccQ}	μF	–	2.2 + 0.1	–

图2.268是此IC在LM41机芯上应用时的电路图。表2.64是eMMC与主芯片MT5505之间通信信号的功能。

eMMC保存了所有的程序（boot引导程序操作系统及应用程序、OSD字库、智能语音库等），而引导程序和HDCP KEY、MAC 地址、屏参索引等数据存放在E^2PROM 中。故eMMC存储器出故障会导致系统根本无法开机。在线升级、USB升级，其实都是在改写此IC中的程序。要改写此IC的数据，前提是E^2PROM组成的控制系统电路工作。

表2.64 eMMC与主芯片MT5505之间通信信号的功能

MT5505	eMMC	偏　压	作用说明
AB2	PDD2	5V	eMMC的CMD命令控制出
AA3	PDD3	5V	eMMC的CLK
AA2	PDD4	5V	eMMC的BIT0
Y3	PDD5	5V	eMMC的BIT1
Y2	PDD6	5V	eMMC的BIT2
Y1	PDD7	5V	eMMC的BIT3
AC1	PARB#	3.3V	准备就绪信号R/B#
AA5	PAALE	5V	地址锁存使能，ALE
AB5	PACLE	5V	命令锁存使能，CLE，另一功能作为缺省设置，参考功能预置表，接U1
AB6	POWE#	5V	写使能，接U1

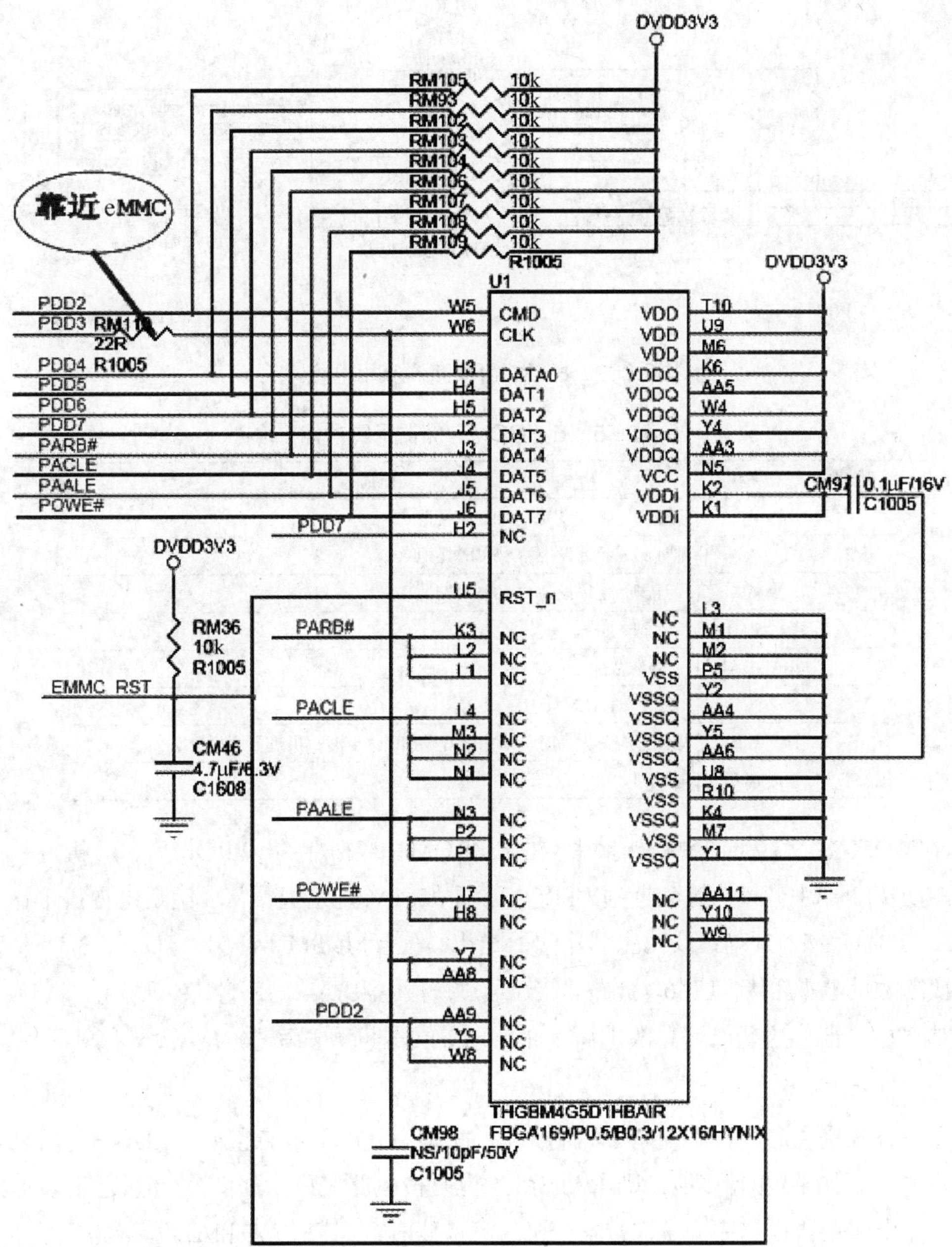

图2.268 eMMC在LM41机芯上的应用电路图

10. E^{2}PROM存储器

LM41使用的存储器型号为AT24C32CN-SH-T。E^{2}PROM 主要用于存储用户常用操作数据（如图像亮度、对比度网络IP地址等），HDMI的key数据，网络功能需要的MAC 地址数据，待机功能设置，节目源识别以及与总线调整相关的数据及引导程序。AT24C32CN-SH-T 供电电压在1.8～5.5V，系统通过写保护脚（WP 脚）及IIC总线来进行读写操作，I^{2}C总线频率在100kHz左右。其应用电路图如图2.269所示，引脚功能见表2.65。故E^{2}PROM不能用空白存储器代替。为方便维修，有些产品也将关键数据放

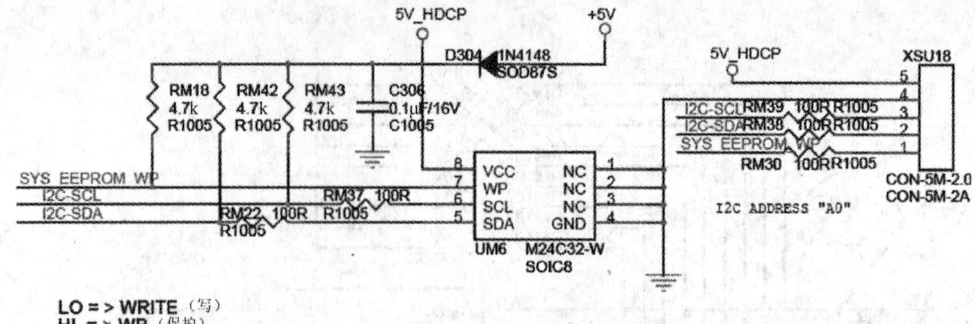

图2.269　E^2PROM存储器应用电路图

表2.65　E^2PROM存储器引脚功能

引　脚	名　称	功能描述
1	A0	地址脚，地址设为“A0”时接地
2	A1	地址脚，地址设为“A0”时接地
3	A2	地址脚，地址设为“A0”时接地
4	GND	接地脚
5	SDA	I^2C总线数据线
6	SCL	I^2C总线时钟线
7	WP	写保护脚，为高时，禁止进行操作，为低时，可进行读写操作
8	VCC	电源脚

置在eMMC或NAND Flash中，如果用空白E^2PROM替换损坏的E^2PROM后，开机过程中系统会自动从Flash中调入关键数据到E^2PROM中，如MAC地址等，从而满足电视机工作。

E^2PROM存储器通信总线由主芯片UM1送出，先经MOSFET管Q18、Q21将3.3V驱动电平转换5V驱动电平后接入UM6。此路总线还通过跨接电阻RA41、RA42接入UA4（TAS5711）伴音功率放大器。这些电路总线电压不正常时，可先断开功率放大器总线再判定。

11. 复位电路

复位方式受主芯片UM1（W9）脚控制。此脚为高电平或悬空时，由AE8脚内电路组成复位电路。如果W9脚接地，则由AE8脚外设复位电路完成。如图2.270所示，显然此脚复位电路由UM1内电路完成。进行不开机故障检修时，应检查W9和AE8脚外电路。

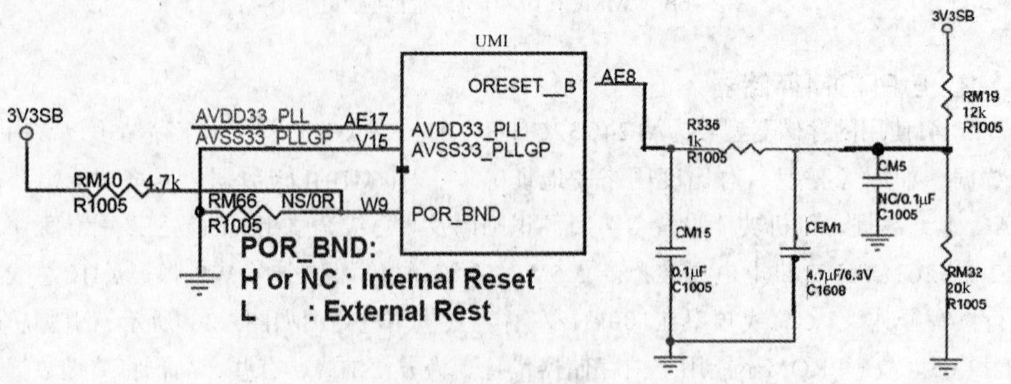

图2.270　复位电路

12. 时钟振荡

时钟振荡电路为控制系统提供基准时钟，同时还经内部时钟管理为其他电路分频产生各电路工作所需时钟。时钟振荡电路供电为3V3sb，时钟锁相环电路供电也是3.3V。不开机、自动关机或图异等故障与时钟振荡相关，如图2.271所示。

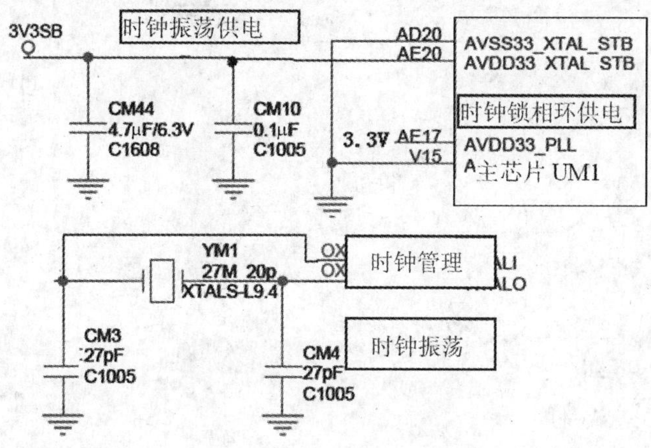

图2.271　时钟振荡电路

13. 控制系统启动过程与输出各类控制信号

（1）控制系统启动过程。

LM41智能机芯控制系统由主芯片UM1（MT5505）与外挂的UD1、UD2（H5TQ4G63MFR，DDR3）、U1（eMMC 存储器，THGBM4G5D1HBAIR）、UM6（M24C32-W）组成。DDR3与主芯片组成的电路是在控制系统中的时钟、复位及U1、UM6和UM1组成的电路工作后才开始工作。接通电源后，电源产生12V电压经主板上U8形成5Vsb给控制系统UM1中的时钟、复位、键控、遥控电路供电，并使POWERON/OFF引脚电平置高，使主板电路中开关电路U6、U7、Q451等工作，主板各DC-DC块工作，eMMC块得电，运行boot引导程序，并检测与主芯片进行DDR3数据交换的I/O端口，此时可通过打印端口输出主芯片、eMMC和DDR3运行信息，然后读取E^2PROM中保存的开/待机信息，实现一次开机或二次开机控制。开机后，将UM1内核中的应用程序快速调入DDR3中，同时启动背光源、屏电路工作。

（2）控制系统启动系统输出整机控制信号。

控制系统输出整机电源、背光电路、图声电路等控制信号是有时序的，首先启动电源，再启动图像、伴音通道工作，随后启动逻辑板、背光灯。

①背光控制信号。主板输往背光电路的控制信号有两路，分别是背光启动控制信号和背光亮度控制信号，这两路控制信号使电源产生的24V电压送往背光振荡和功率转换电路，最终形成供电光源工作所需电压。图2.272中QA01为主板背光亮度控制电路，从C极输出电压去背光电路。QA02为背光启动控制电路，从C极输出高电平去背光振荡电路，启动振荡电路工作。

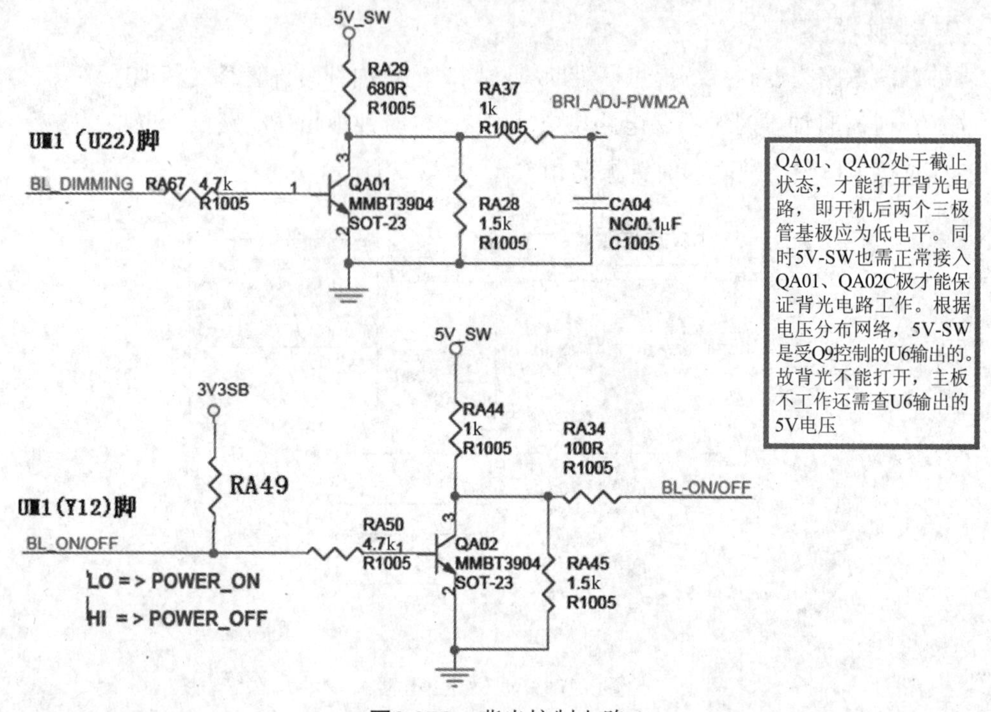

图2.272　背光控制电路

要想确定背光是否点亮，拆开电视机后盖后，观察屏组件后部一些漏光孔。背光正常点亮时，这些部位将有光，如果没发现一点光亮，应判定背光电路未工作。背光灯不工作与逆变电路或主板有关，二者区别方法是将主板U8输出的5V电压通过20kΩ电阻分别接在主板插座J1（1）（2）（3）脚，此时背光点亮，便可确定故障在主板的背光启动和背光亮度控制电路，即检查图2.272中的电路以排除故障。这种强制方法仍不能使背光点亮时，故障便在背光源电路或替换背光电路板。

② 开/待机控制信号。开/待机控制信号可输往电源组件，控制PFC校正电路和主电源（主板小信号处理、伴音电路、背光电源工作所需电压的电源电路）实现开/待机控制。待机控制的目的是方便用户使用，但又要考虑到电视长时间待机耗能（国标要求整机耗电低于0.5W/24小时），此机芯通过系统控制电源组件送入主板12V打开或关闭来实现。此机芯电源只送出一路12V电压，通过编号为JI的插座接入主板，然后通过U8、Q5形成控制部分所需5Vsb和3.3Vsb，这两路电压在待机与开机状态均存在，而12V经主板DC-DC转换电压形成的满足其他电路工作的电压均要受控制，如图2.273所示。

开机信号由控制系统Y9脚输出OPWRSB，先经QP2电平转换后，送出开机高电平接入LM41机芯的Q9、Q10基极，控制U8工作，输出5V-SW和12V启动主板相关电路工作。对于LM41iSD机芯，QP2输出的开机信号接入Q103、Q104基极，使U102导通工作，使5V、12V去相关电路，实现开机控制。待机时，QP2、U102停止工作，整机主板除开/待机电路工作外，其他伴音、图像电路全部停止工作，如图2.274所示。

QP2的C极输出的高电平信号通过RP5接入插座J1（1）脚STB，对电源PFC校正电路进行开/待机控制。待机时Y9脚送出低电平，主板U102（或U8）停止输出，同时电源组

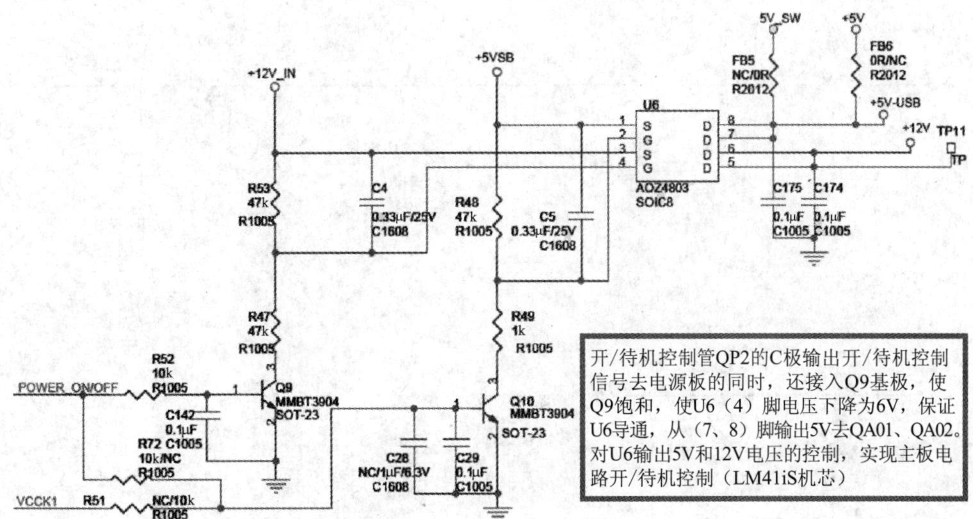

图2.273 待机和时序控制电路

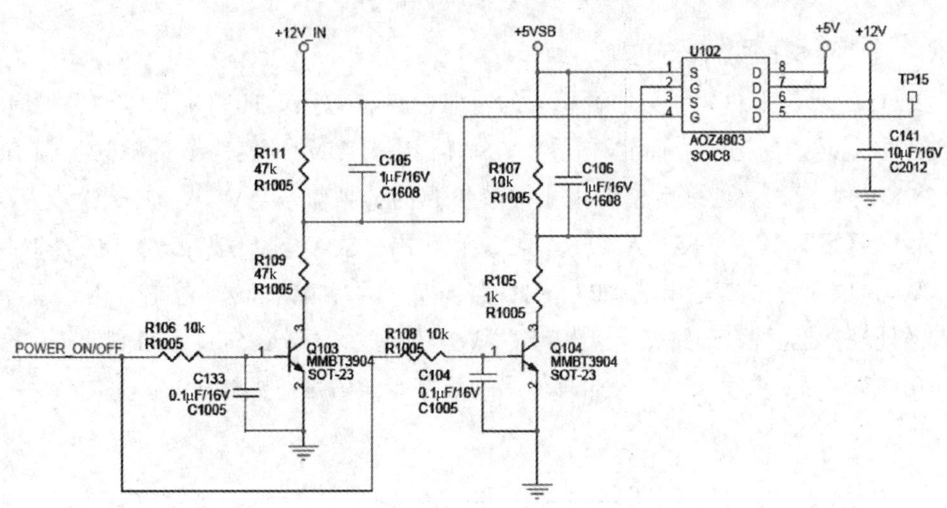

图2.274 待机控制电路

件PFC停止工作，整机中只有系统电路中遥控、键控等电路处于工作状态。另外，开机时系统Y9脚输出的OPWRSB信号送入QP3基极，由QP3的C极输出5V高电平Power_det去XSU15，启动射频遥控器工作；另一路经插座XSU19，启动麦克风话筒，实现话筒控制开机控制。

（3）上屏电压控制。

逻辑板接收主板送入的LVDS信号，同时还需要主板送往逻辑板的供电电压，此供电受控制系统送出的LVDS_PWR_EN控制，如图2.275所示。

开机后，系统输出高电平使QA03饱和，U22工作，输出12V经U22去逻辑板。去逻辑板的供电低于正常值便会出现灰屏、图异或黑屏故障。

14. 伴音信号处理

伴音信号处理电路由主芯片MT5505与功率放大器TAS5711等电路组成。

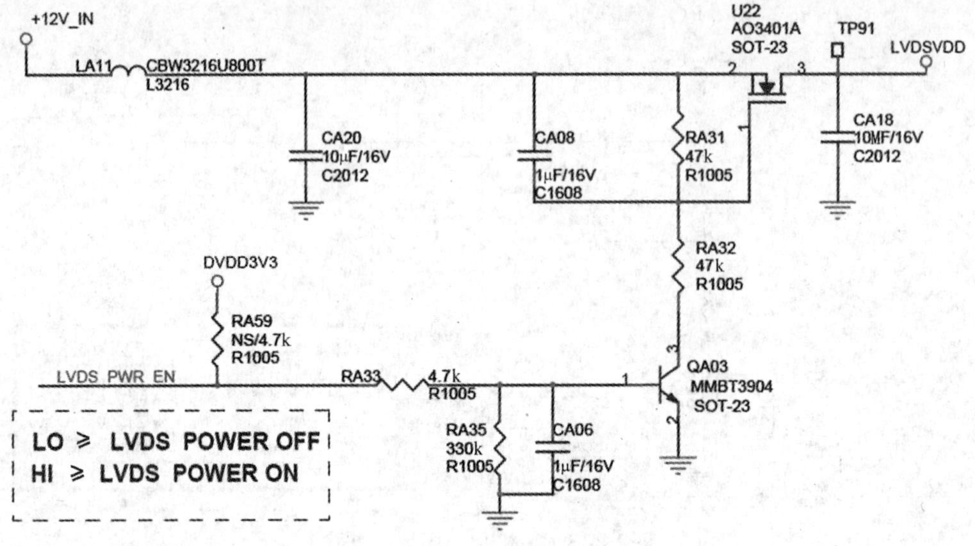

图2.275　上屏电压控制电路

（1）主芯片MT5505音频处理。

图2.276所示是主芯片中与伴音相关的电路，只有VGA、HDTV、AV节目源音频信号有自己去主芯片的通道。而TV信号、USB信号、HDMI、网络节目源的音频信号均在MT5505内进行相关处理后，产生相关节目源的音频信号与VGA、HDTV、AV等节目源切换选择后，其中一路从AD24、AC25脚输出，去AV输出缓冲放大电路NJM4558（UA2A），放大后去AV输出端口P5。另一路切换后的音频信号送入主芯片内数字音效电路作音效处理，然后输出4路数字音频I^2S总线去功率放大器TAS5711。AE6脚输入的是来自HDMI的音频回传数字信号，AB4脚输出的数字音频信号通过SPDIF端口供外设数字功率放大器工作。

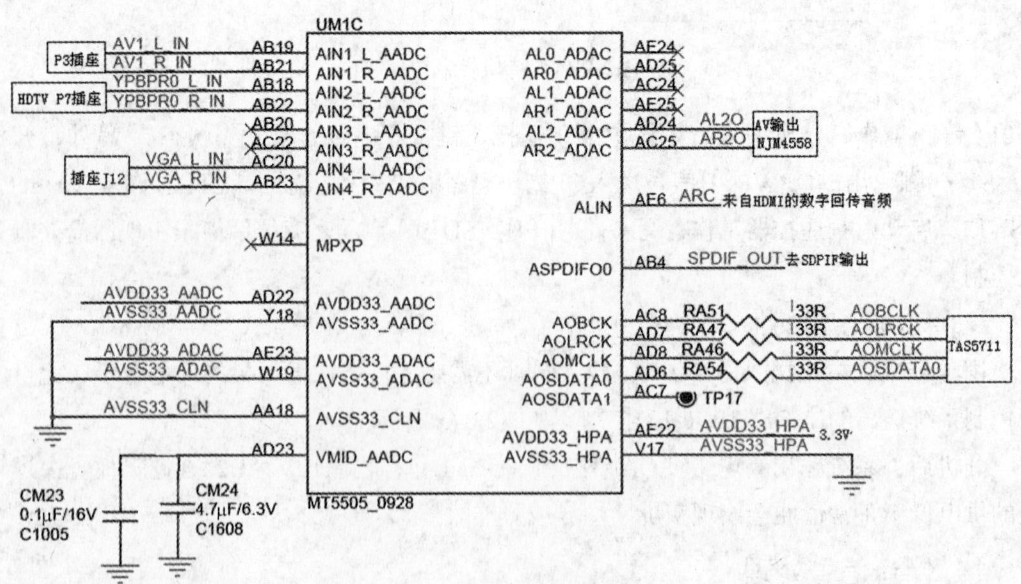

图2.276　主芯片中与伴音相关的电路

SPDIF严格的写法是S/PDIF，是“SONY/PHILIPS Digital Interface Format”的缩写，它是由SONY与PHILIPS公司在20世纪80年代制定的一种数字音频信号传输标准，可以传输LPCM流和Dolby Digital、DTS这类数字音频信号。其标准的输出电平是0.5*V*pp（发送器负载75Ω），输入和输出阻抗为75Ω（0.7~3MHz频宽）。常用的SPDIF接口有光纤、RCA和BNC。SPDIF使用双相标记编码（Bi-phase Mark Coding，BMC）法，属于调相（Phase-Modulation）式传输的一种。SPDIF仅用一条线路就可进行数字音源传输，同时传递音源信息与时钟信息。

（2）伴音功率放大器TAS5711。

图2.277所示是TAS5711在LM41机芯应用时的电路图。

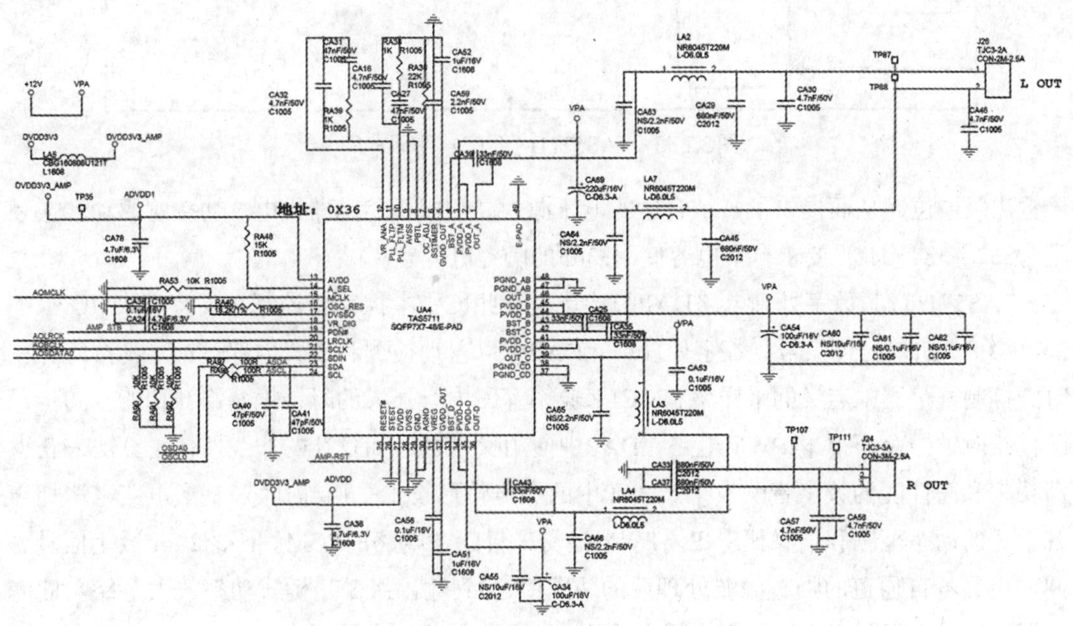

图2.277　TAS5711在LM41机芯的应用电路图

TAS5711是一块驱动功率达20W、接8Ω负载、驱动电压为18V的伴音功率块。IC内设置有I²S串行音频端口、数字音频处理电路DAP、SRC（Sample Rate Convertor，采样频率转换器，将所有的信号转换成统一的采样率进行传输）、噪声整合非线性校正电路、PWM脉宽输出通道、独立的由MOSFET管组成的半桥式功率放大电路、采样率自检及PLL锁相环电路、IIC总线串口，独立声道从24dB~静音状态的音量控制范围，支持两路单通道和一路半桥输出模式，支持8~48kHz取样率（LJ/RJ/I2S）等，图2.278所示是IC内部信号处理框图。

IC供电数字信号处理部分由一个3.3V电源提供，功率部分（典型值）由18V供电。IC内部还有一个电压调节器提供适当的电压给功率级MOSFET栅极驱动电路供电。此外，所有电路不需要一个浮动的电压供电，如高侧栅极驱动器供电由内部的自举电路与外部一个自举电容形成电压提供。当功率级的输出为低时，电源连接在栅极驱动器输出引脚（GVDD_X）给自举电容充电。当功率级的输出为高电平时，自举电容电位偏移使栅极高

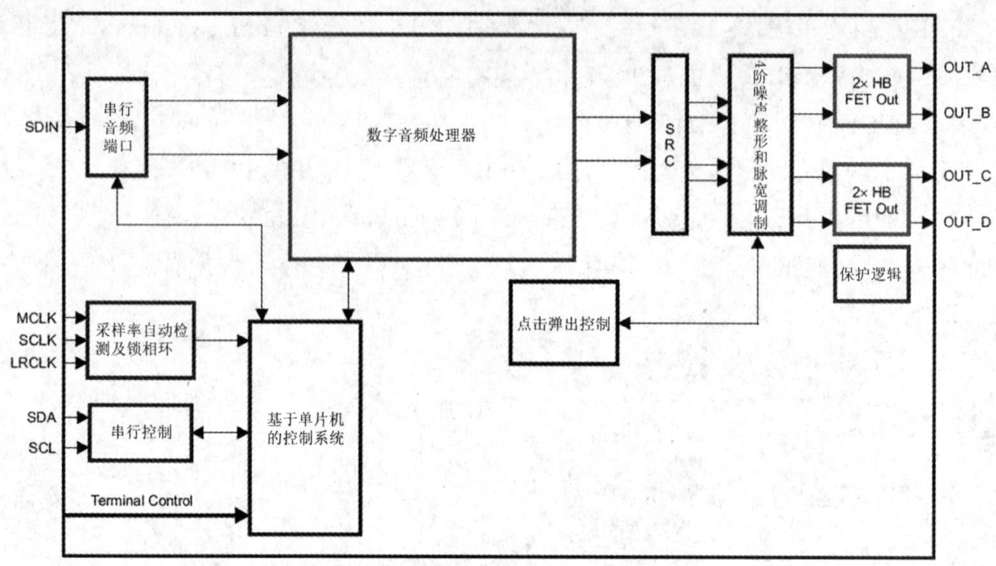

图2.278 TAS5711内部信号处理框图

于输出级电位，从而提供了一个合适的电压源为高侧栅极驱动器供电。功率管驱动转换频率为352 ~ 384 kHz，要求自举电容使用33nF的陶瓷电容。

TAS5711音频数字处理电路DAP的特点是：此IC受主控系统控制，支持接收MCLK、SCLK和LRCLK时钟信号。数字处理单元DAP可以自动检测和设置内部时钟，支持所有在时钟控制寄存器中定义的采样率和MCLK速率。IC内有强大的时钟振荡修补功能，同步跟踪校正时钟振荡。IC内PWM电路在DAP中使用噪声整形和复杂的非线性校正算法来获得高功率和高性能的数字音响效果。DAP中的噪声整形技术采用4阶噪声整形电路来增加声音带宽的动态范围和信噪比SNR。PWM接受来自DAP电路的PCM编码的24bit数字信号，并输出经各自通道的隔直滤波处理后的两路PWM到输出级BTL桥式功率放大电路。此滤波器可启动也可关闭，滤波截止频率低至1Hz。R、L两通道包括取样频率44.1kHz和48kHz在内的音频信号去加重滤波器，此加重滤波器可启动还可使能关闭。PWM调制幅度还能设置93.8% ~ 99%的限制。此外IC内还有音效电路DRC（动态范围控制，一种功率限制技术，在播放轻音乐、夜间模式时保护听力），EQ（均衡），3D及低音增强等音效处理电路。

TAS5711引脚功能见表2.66。

2.4.8 总线调整方法介绍

按“菜单”键后，在菜单字符未消失前，依次按数字键“0816”，进入工厂菜单。按P+/P−可以选择调节的项目，通过V+/V−键调节每个项目的参数。各索引号下的参数功能及使用方法如图2.279所示。

2.4.9 软件升级

软件升级分为以下3种：

① USB升级。升级文件+U盘即可。

表2.66 TAS5711引脚功能

序 号	引 脚	功 能
①	1脚	半桥A输出（伴音L声道）
②	2、3脚	PVDD_A，半桥A电源输入
③	4脚	BST_A，半桥A高边自举供电
④	5、32脚	GVDD_OUT，栅极驱动内部稳压器输出，外接滤波电容，该引脚不能用来驱动外部设备
⑤	6脚	6脚定时电容，控制OUT-X脚输出斜坡时间。当IC所有电路都处于关闭状态时，内部电流对6脚电容充电，形成电位控制PWM输出占空比，减小喇叭中发出的POP声
⑥	7脚	OC_ADJ，模拟过流编程，内接过流检测电路，要求接电阻到地
⑦	8脚	PBTL，此脚为低电平时，意味着功率放大器工作在BTL（桥式输出）或SE（单端输出）模式。高电平时，意味着PBTL即双声道并联单声道，此IC可组合成两通道SE输出和一路BTL输出
⑧	9脚	AVSS，模拟单元地端
⑨	10脚	PLL_FLTM，PLL负环路滤波器终端
⑩	11脚	PLL_FLTP，PLL正环路滤波器终端
⑪	12脚	VR_ANA，内部调整块1.8V电源输出，此引脚不能用于外部器件供电
⑫	13脚	AVDD，3.3V模拟电源
⑬	14脚	A_SEL，低电平时为0，IIC识别地址为0x34，高电平时为1，IIC总线识别地址 0x36
⑭	15脚	MCLK，主时钟输入
⑮	16脚	OSC_RES，振荡器定时电阻。通过18.2 kΩ的电阻连接到DVSSO（17脚地）
⑯	17脚	DVSSO，振荡器的地
⑰	18脚	VR_DIG，内部调节器1.8 V数字电源电压输出。该引脚不能用于外部器件供电
⑱	19脚	PDN，掉电，低电平激活。判断噪声整形和PWM停止响应，整个单元进入低功耗状态
⑲	20脚	LRCLK，输入左/右时钟的串取样音频数据
⑳	21脚	SCLK，串音频数据时钟（移位时钟）。SCLK为串行音频端口输入数据位时钟
㉑	22脚	SDIN，串行音频数据输入。SDIN支持3个离散（立体声）数据格式（16bit，20bit，24bit，left-justified，right-justified，I^2S 串数据格式）。内部PWM驱动输出源于SDIN 说明：通常数据处理位数是8位、16位、32位等，但ADC模数转换器位数有时因某种原因影响，不是8的整数倍，可能9位、10位、12位、14位等；采样生成的数据在存储时，就有了“向左对齐，右边填0”和“向右对齐，左边填0”两种存储方法，这就是Left-Justified和Right-Justified。无压缩的WAV文件，一般使用Left-Justified。比如一个12位的采样结果1010 0001 0111将被存储为1010 0001，0111 0000。I^2S是在LRCK（WS）改变后的第2个SCLK才开始传输最高位数据；而justified是在LRCK改变后的第1个SCLK就开始传输最高位
㉒	23脚	SDA，IIC串行控制数据接口输入/输出
㉓	24脚	SCL，IIC串行控制时钟输入
㉔	25脚	RESET#，复位。激活时，低电平有效。系统复位是通过应用逻辑低到这个引脚产生。RESET是恢复DAP到其默认状态的异步控制信号，并置PWM在硬静音状态（三态）
㉕	26脚	STEST，进入工厂测试状态。直接连接到DVSS（地）
㉖	27脚	DVDD，3.3V数字电源
㉗	28脚	DVSS，数字单元地
㉘	29脚	GND，功率级的模拟地
㉙	31脚	VREG，数字调节器输出。不被用于外部电路供电
㉚	34、35脚	PVDD_D，半桥输出D电源供应输入
㉛	37、38脚	PGND_CD，半桥C和D为电源地
㉜	40、41脚	PVDD_C，半桥式功率输出C电源输入
㉝	43	BST_B，半桥B高侧自举电源
㉞	44、45脚	PVDD_B，半桥输出B的电源供应输入
㉟	46脚	OUT_B，半桥B输出
㊱	47、48脚	PGND_AB，半桥A和B为电源地

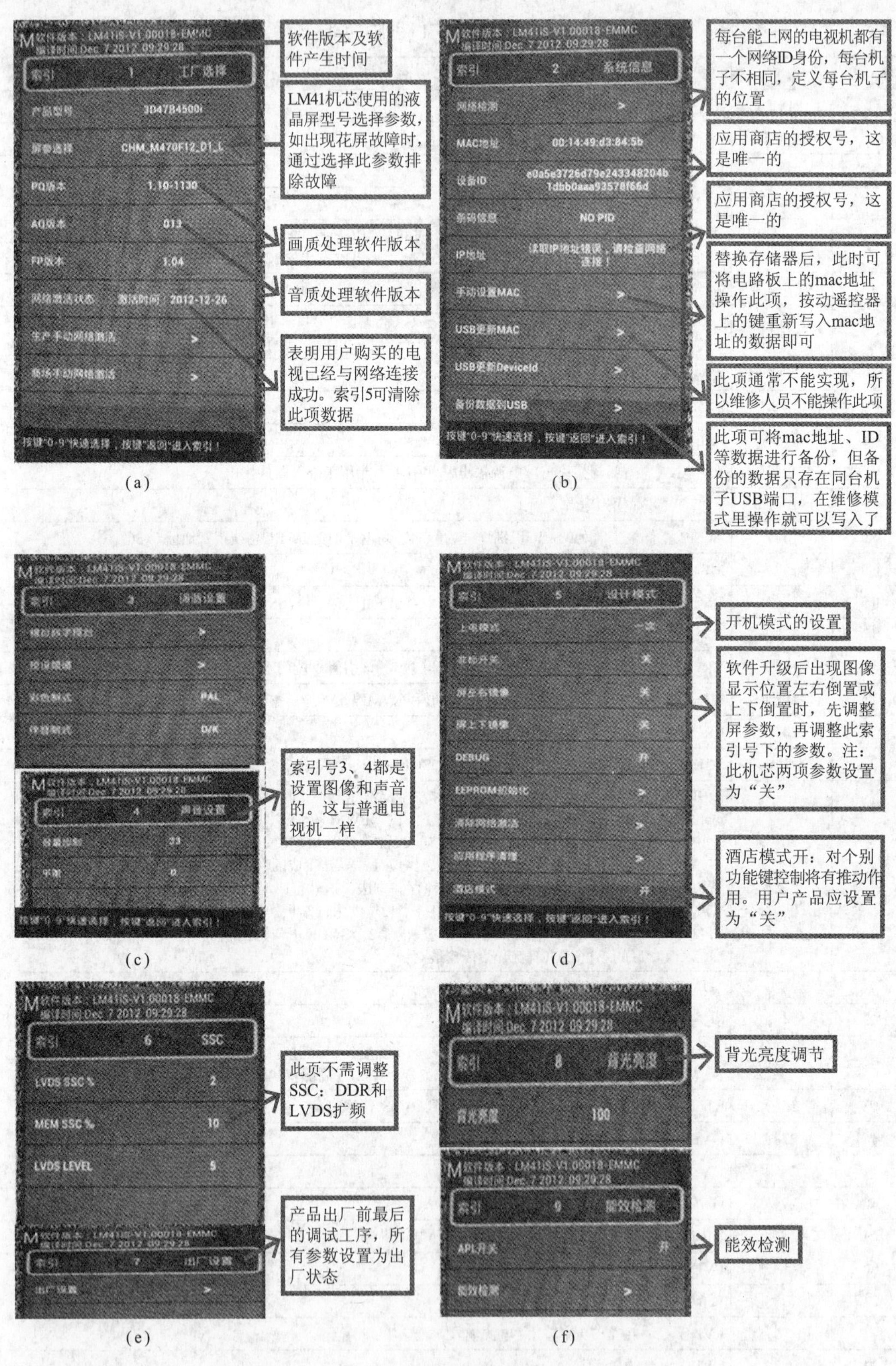

图2.279　各索引号下的参数功能及使用方法

② 故障板重新烧写Boot loader升级程序。先烧写引导程序，再使用USB升级。

③ 网络升级。

1. U盘升级

（1）升级需求。

① 可以开机的正常机芯板的升级，从低版本升级到高版本。

② 应用程序异常，在工厂菜单清理应用程序等措施无效的机芯板。

（2）升级方法。

① 准备相应产品的ZIP软件包，解压得到一个后缀名为.pkg的文件和一个后缀名为.zip的文件。例如，下载的一个产品软件LM41iSD-V1.00041-FP1.45-P.rar，解压后分别有chandroid_ota_LM41iSD_datapart.zip和upgrade_LM41iSD_EMMC_V0.00001_part.pkg两个文件，或者除了.zip和.pkg两个文件外，还带有一个.bin的文件。

② 把两个文件或三个文件拷贝到U盘根目录下（U盘最好格式化一次），拷贝完成后把U盘插到电视机的USB端口，电视机关机重新启动。

③ 电视机屏幕显示"升级中……"，大约5min后，升级完成，电视机自动重启，新软件开始工作。

注：如果遇到不能升级的情况，请先进入工厂菜单查看机芯代码和升级文件上的代码是否一致，如果一致再尝试更换U盘。如果U盘识别时间超过8s，开机升级将不成功，请更换U盘。

2. 网上在线升级

（1）升级需求。

① 软件进行了持续性改进，用户、市场、售后等渠道反馈的热点问题得到了解决；

② 增加了某些功能，或者系统稳定性有较大提升。

（2）升级方法。

① 公司通过欢网平台，统一网络发布。

② 从1.00085版起，使用新版升级系统，服务器有新版软件时，电视机屏幕会弹出升级提示，用户自主选择是否升级。

③ 虽然有升级过程断电保护，但升级过程最好不要断电，耐心等待升级完成。因升级断电造成不能启动或者启动后异常的机子，可以使用USB升级恢复。

3. 用户界面下升级

（1）升级需求。

① 名字为chandroid_update.zip的升级包，请确保升级包完整，文件名和包内文件均不能改动。

② 含有升级文件，分区格式为FAT32的U盘。将升级文件放在U盘根目录下。

（2）升级方法。

① 进入用户升级界面。电视机开机后，将存有软件的U盘插入USB端口，将电视切换到图2.280所示界面，即可进入软件升级界面，按照屏幕上的提示系统会自动完成升级。

② 手动升级。如果按照第一种方法操作仍不能进入用户升级界面。还可从整机设置—系统设置—进入软件版本与升级—选中"手动升级"—屏幕上将显示"升级说明"，

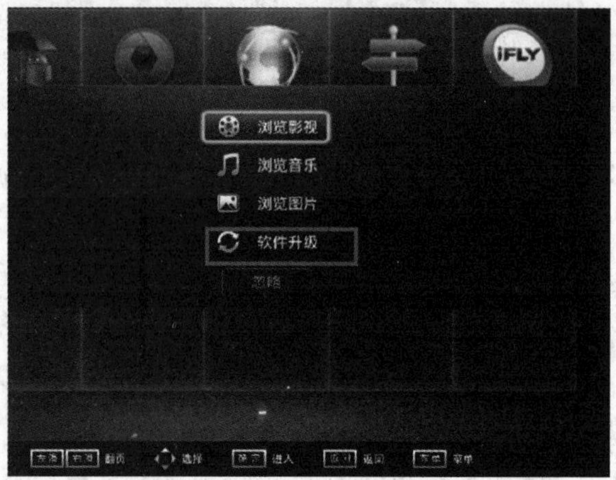

图2.280 用户界面下自动升级

如图2.281所示，系统会提示当前检测软件版本信息，如图2.282所示，点击“升级”，系统会自动完成软件包刷新。否则出现图2.283所示的提示信息。

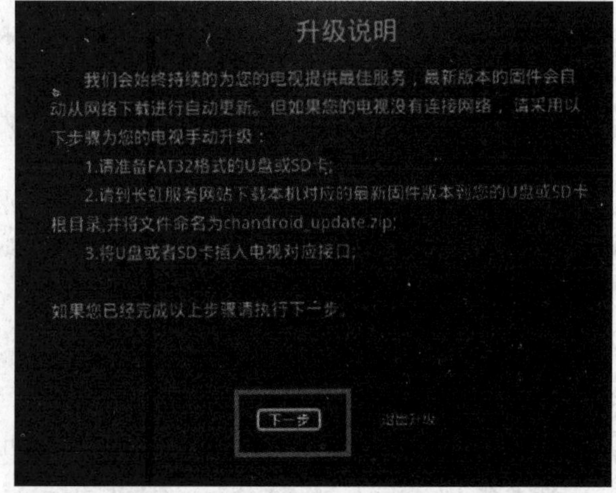

图2.281 用户界面下的“升级说明”

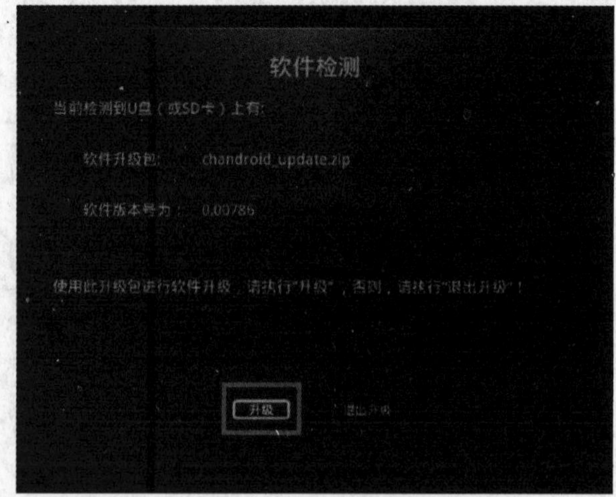

图2.282 软件版本信息

出现图2.283所示的结果，需确认：

- U盘是否插在USB端口，U盘是否损坏，USB端口是否正常。
- U盘根目录下是否存在唯一的文件名为chandroid_update.zip的文件。

图2.283　无法升级

5. 故障板重新烧写bootloader升级方法

（1）升级需求。

① 机芯板上的eMMC Flash损坏，换上新的Flash时需要用此升级方法。

② 机芯板借用。对于LM41iSD机芯，强烈建议不要跨系列借用机芯板。

（2）升级文件。

将升级文件（Mboot）：Python_chv1_cn_secure_emmcboot.bin放在电脑某文件夹中。

（3）升级方法（LM38、PM38机芯均可相互参考）。

① 打开平台软件FlashTool0.6.7_0817，点击其中文件名为FlashTool.exe的执行文件，如图2.284所示。

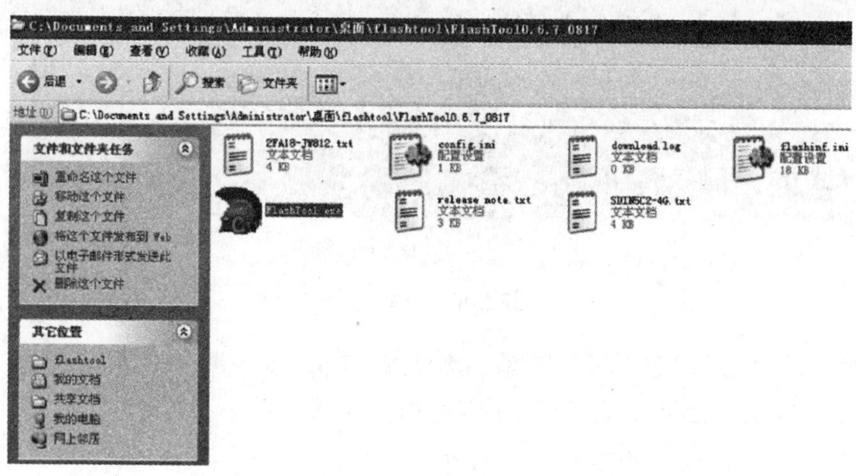

图2.284　打开平台软件

② 设置平台内的各项参数（见图2.285）。点击 ，变成绿色，表明工装连接成功。

③ 选择升级软件。根据软件放置在电脑中的路径进行，然后点击Upgrade，升级过程便开始执行，如图2.286所示。

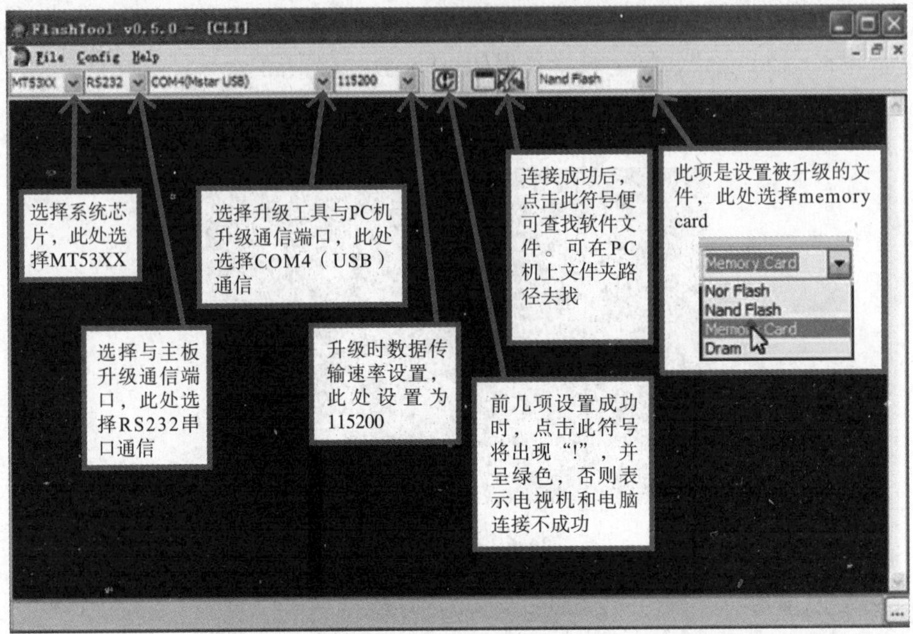

图2.285 设置参数

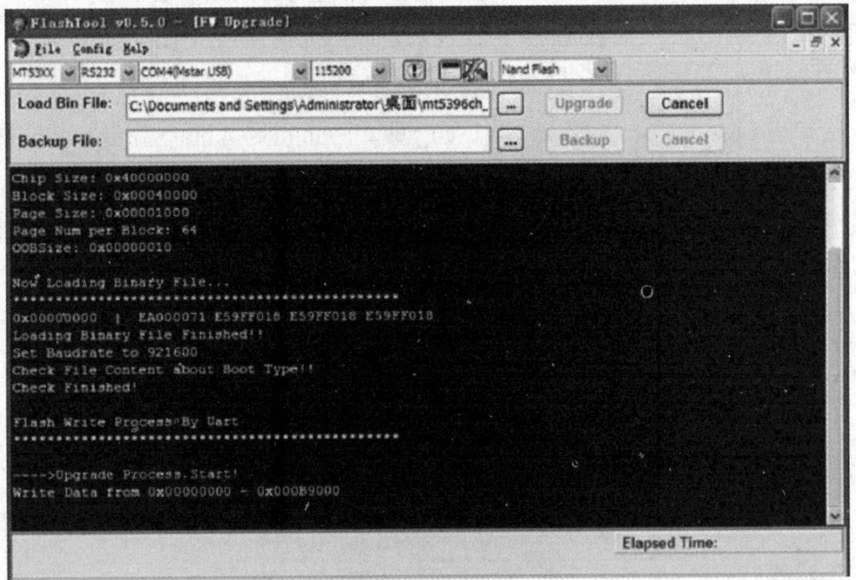

图2.286 开始升级

④ 升级完成。如图2.287所示，将在屏幕上显示Upgrade process Finished!

⑤ 烧写完毕后，使用USB升级方法进行PKG的升级。

LM41i机芯产品与软件版本查询见表2.67。

2.4.10 LM41机芯典型故障汇编

1. LED42C3000I（ZLM41A–IJ）不开机

首先按主板供电分布网络检查主板各路电压是否正常，发现按本机键或遥控键均没有

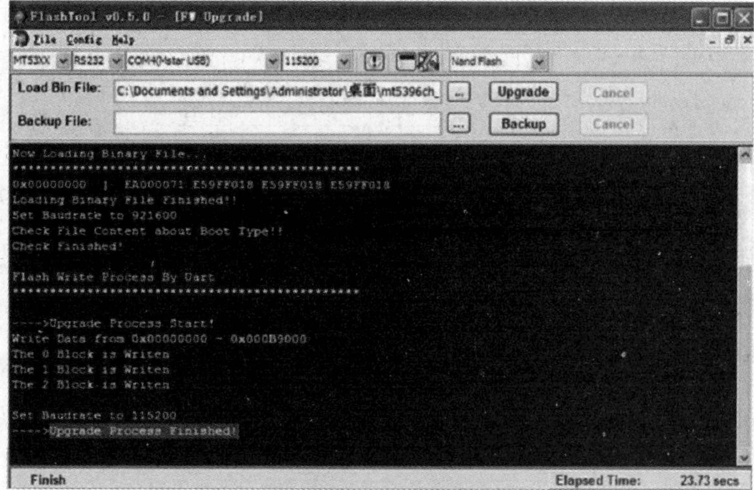

图2.287 升级完成

表2.67 LM41i机芯产品与软件版本查询表

软件版本	实际型号	工厂菜单机型	屏参选择
ZLM41A-i-J整机厂PKG升级包V1.00041-20130529	3D42B2000iC（L63）	3D42B2000iC（L63）	CHM_M420F12_D4_L
	3D42B2080i（L63）		
	3D42B2180i（L63）		
	3D42B2280i（L63）		
	3D42C3000i/3100i	3D42C3000i	CHM_M420F12_D5_L
	3D42C3300i/3080i		
	3D47C3000i/3100i	3D47C3000i	CHM_M470F12_D2_L
	3D47C3300i/3080i		
	3D46C2000i/2080i	3D46C2000i	CHM_M460F12_D1_A
	3D46C2180i/2280i		
	3D50C2000i/2080i	3D50C2000i	CHM_M500F12_D5_A
	3D55C2000i/2080i	3D55C2000i	CHM_ M550F12_D1_A
	3D55C2180i/2280i		
	LED32C3070i/3080i	LED32C3070i	CHM_M320X12_E9_A
	LED42C3070i/3080i	LED42C3070i	CHM_M420F12_E1_L
整机厂USB升级程序ZPM41AiJ-V1.00041-EMMC-0523	3D51C1100i	3D51C1100i	COC-51PMH-4000
	3D51V50	3D51V50	COC-51PMH-4000
	3D51C1080i	3D51C1100i	COC-51PMH-4000
整机厂USB升级程序PM41i-V1.00041-EMMC-0523	3D51C4000i	3D51C4000i	COC-51PMH-4000
	3D60C4000i	3D60C4000i	SAM-S60FH-YD03
	3D60C4300i	3D60C4000i	SAM-S60FH-YD03
整机USB升级文件LM41iSD_V1.00041-EMMC	3D47B4000i	3D47B4000i	CHM_M470F12_D1_L
	3D50B4000i	3D50B4000i	CHM_M500F12_D3_A
	3D55B4000i	3D55B4000i	CHM_M550F12_D1_L
	3D55B8000i	3D55B8000i	LGD_LC550EUN_FFF1
	LED42B4500i	LED42B4500i	CHM_M420F12_E3_A
	LED32B4500i	LED32B4500i	CHM_M320X12_E8_A

动作，着重检测核心供电Vcore和CPU晶体振荡、3.3V供电和DDR供电，在测量DDR供电时发现正常的1.5V电压为0V，而这个电压是由DVDD3V3提供经UD3 AZ1084S-Adj降压得到，断开UD3 测量负载没有发现短路现象，更换UD3，故障排除。

2. 3D55C2000IC（ZLM41A-IJ）不开机

测量主板5Vsb电压正常，3.3Vsb电压只有0.3V，此电压是由5Vsb经Q5转换的而来，怀疑Q5性能不良，或者是3.3V负载短路，断开Q5测量其2脚输出发现对地阻值基本为0Ω很小（用二极管挡测量，黑笔接地，红笔测，其对地电阻应为0.882Ω），经检测发现C113（6.3V，4.7μF）贴片短路，更换后故障排除。

3. LED39C2000I（ZLM41G-iJ-1）不通电

此机器不通电，首先检查主板供电正常，进一步检查开/待机控制电路，发现U6输出5V脚短路，由于U6通过Q9、Q10两路控制分别控制+12V_IN和+5Vsb通断，为后端电路提供+5V_USB和+12V电压，怀疑U6损坏，取下该IC测量未见短路情况，测量与之相关电路后发现Q10基极C28贴片电容短路，更换此电容后故障排除。

4. LED39C2000I（ZLM41G-iJ-1）不开机（指示灯亮）

指示灯亮，操作遥控键和本机按键，电视无任何反应，指示灯也不闪烁，通电检查主板供电：+12V，开机STB-POW4.3V，背光亮度BL-ADJ3.2V，背光启动BL-ON为0V。很明显主板未正常提供BL-ON电压给背光电路，再次检查主板各IC供电1.8V、3.3V正常，于是怀疑主芯片UM1（MT5505）有问题，用力按压主芯片，电视机能正常开机，证明该主芯片焊接不良，于是使用焊台再次对主芯片加热处理后，老化3天故障未再次出现。

5. 3D42C2000I（ZLM41G-IJ）不开机，指示灯有时亮有时不亮

该机通电指示灯有时亮有时不亮，测量电源板（HSM30D-8M3 240）12.3V输出在5～8V波动，断开主板，12.3V电压正常（仔细观察表还是有些波动），测量NCP1251的5脚二次供电整流二极管输出没有电压，排查发现开关变压器BCK-03005L的绕组开路，经仔细分理出线头认真焊接并进行绝缘处理焊回后试机，机器恢复正常。

6. 3D46C2000i（ZLM41A-IJ）热机死机

检测主板CPU的5V、3.3V、1.5V、1.2V都正常，测动态帧U01基准电压只有0.55V，正常情况应该为0.75V，故判断为BGA基准电路有问题，替换UD1基准的两个分压电阻RD15、RD16（1kΩ），通电长时间试机无问题，故障排除。

7. 3D42B4500i（LM41iS）花屏

此机为商场样机，现象为花屏有声音。故障维修先进行改屏参处理。进总线看总线内机型已经不是3D42B4500i，屏参也不是42英寸的，把机型改为3D42B4500i，关机开机后图像已经不再花屏，因为是商场样机，促销员看出图像与其他电视颜色有区别，仔细一看，跟其他电视相比颜色是要淡一点，再进总线查看发现机型在3D42B4500i下有几种屏参，参照型号把屏参改为M420F12-D3-L后关机，重新开机颜色正常。

8. 41机芯产品进入应用商店下载应用程序时，出现图2.287所示的提示，并给出错误代码为102

出现故障代码102表示长虹用户系统未登录，即机器的产品型号、条码信息（即SN，与产品机号是相对应的）未录入公司数据库，产品的SN数据信息、产品型号在总线调整第一页的第一项中。产品的条码信息是第二页第四项的条码信息后显示的24个数据，如图2.288所示。遇到102故障时，先请售后反馈问题机器的产品型号、条码信息至总部，由总部将SN输入数据库，这样用户的故障问题便得到解决。

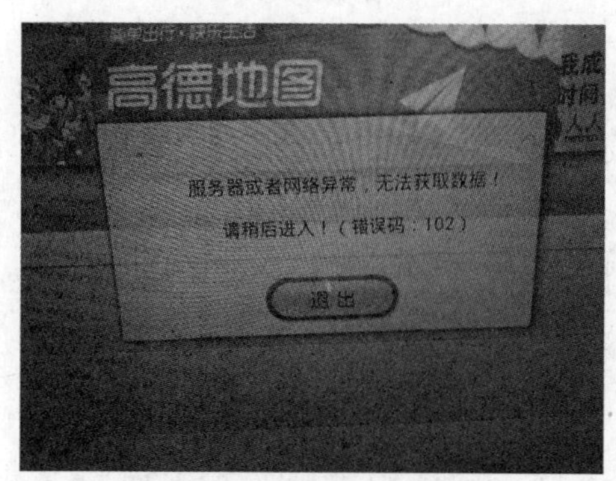

图2.287　错误代码102

图2.288　产品信息

9. LM41机芯产品进入应用商店下载应用程序时，出现图2.289所示的提示，并给出错误代码为101

出现此情况时进入工厂菜单第一页，查看倒数第二项是否提示“已登录0”，如果是

图2.289　错误代码101

这样，需公司重新提供设备新的ID号（即图2.288中的设备ID），并放入U盘，插入电视机USB端口，再在总线状态下，启动第二页中的“USB 更新DeviceId”升级处理，再重新进入总线状态，看设备ID是否改写，便可解决此问题。

注：有时进入应用商店后应用很少，原因也是此种情况引起，解决方法同此例。

10. LM41机芯产品进入应用商店下载应用程序时，出现错误代码为103

出现此种情况通常是产品的应用平台——欢网处出现了问题，这样的现象需提供工厂菜单的产品型号给公司售后，由他们联系欢网协调解决。

第3章 TCL爱奇艺电视工作原理与维修

3.1 爱奇艺电视产品概述

3.1.1 爱奇艺机芯概况

爱奇艺机芯为MS901，代表产品是L48A71、L40A71，是TCL公司在2013年推出的一款智能云机芯。此机芯产品除了可以接收传统模拟电视信号ATV、AV1、AV2、YPBPR（分量）、PC（电脑）及数字HDMI节目源信号外，还具有有别于普通平板电视的功能，如DVB-C数字电视信号接收功能。它是一款数字DVB-C与模拟一体接收机，另外整个机芯由于采用Android操作系统及硬件（拥有双核CPU+超级四核GPU，采用Android 4.1和UI5.0 界面）的支持，实现了网页浏览、智能语音、多屏互动、体感智能控制、基于本机内容和网络内容全搜索功能、丰富的应用商店为用户提供大量可供下载程序、游戏和工具应用等。整个机芯还支持HDMI端口，接收来自MHL端口的信号（方便实现移动设备MHL端口信号接入电视机HDMI端口，在电视机上显示MHL超高清晰节目），支持无线Wi-Fi，具有3D功能，支持USB3.0接口，支持SD卡插口（支持播放这些储存设备中的电影、音乐、图片播放功能等多媒体资源，同时SD卡接口还可用于下载和安装应用程序。USB接口支持鼠标和键盘等外部设备）。

整个机芯采用1920×1080的全高清屏。图3.1示出了该机芯接收信号源的种类、信号源的名称和模拟端口的符号。

信号源	端口符号	信号源	端口符号	信号源	端口符号
USB2.0接口	USB2.0	USB3.0接口	USB3.0	麦克风	麦克风
HDMI-2接口	HDMI-2	HDMI-1/MHL接口	HDMI-1 MHL	天线输入	天线输入
SD卡接口	SD	网络输入接口	网络输入	数字音频输出	数字音频输出
PCMCIA插槽	PCMCIA	（注：本部分机型可能无此插槽）		AV1音频/视频输入	AV1 音/视频输入
电脑输入接口	电脑输入	（注：电脑输入的音频共用YP_BP_R的音频端子）		音频/视频输出	AV 音/视频输出
AV2输入（包括：音频-右、音频-左和视频2）	AV2/YP_BP_R输入：音频-右 音频-左 视频2/P_R P_B Y			YP_BP_R输入（包括：音频-右、音频-左和YP_BP_R）	

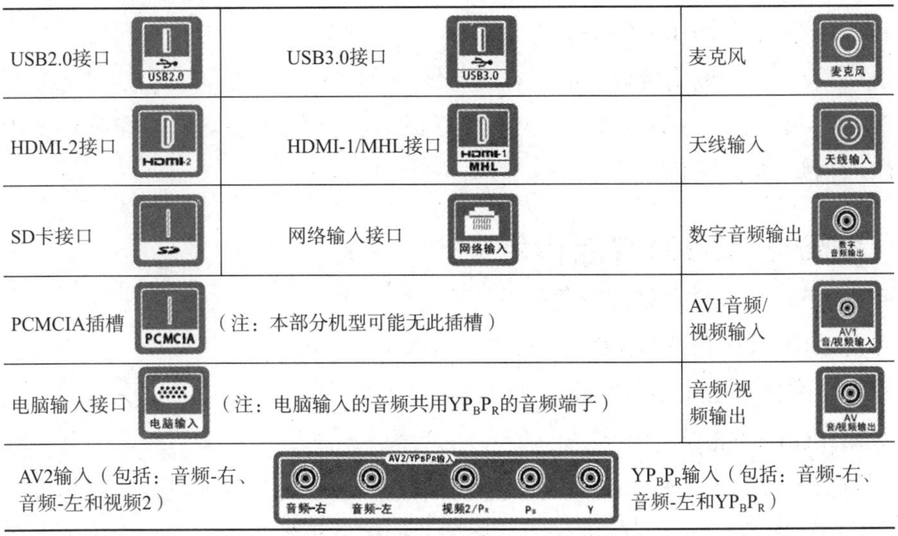

图3.1 MS901接收信号源的种类、信号源的名称和模拟端口的符号

下面是L48A71产品所拥有的关键技术指标：

（1）基本参数。

① 产品定位：全高清电视、LED电视、3D电视、网络电视、智能电视。

② 屏幕尺寸：48英寸。

③ 屏幕比例：16∶9。

④ 分辨率：1920×1080。

⑤ 液晶面板：A+屏。

⑥ 背光灯类型：LED发光二极管。

⑦ 最佳观看距离：4.1~5.0m。

说明：A屏就是亮点、暗点不超过3个 。A+屏是指亮点、暗点不多于1个且不在屏中央部。LED屏是指液晶电视背光源采用LED灯串在一起形成背光条，背光条供电为直流供电。每只二极管的供电电压为2.7~3.6V。

（2）网络功能。

爱奇艺高清影视、在线免费影视、1080P电影零缓冲、T-Cloud家庭云、应用程序商店。

（3）3D显示。

支持3D显示快门式 、在线3D、在线2D转3D、3D眼镜、蓝牙。

（4）USB媒体播放。

USB支持视频格式：VC1，H.264，MPEG4，MPEG2，RMVB，FLV，SWF，WMV等。USB支持音频格式：AC3，WMA，MP3，AAC，DTS，Dolby Digital Plus等。USB支持图片格式：JPEG，BMP，PNG，GIF等。

（5）遥控器。

五合一遥控器。

（6）电视接口。

① HDMI接口：2个HDMI 3d输入。

② 网络接口：1个网络接口、内置Wi-Fi。

③ 其他接口：1个USB3.0输入、2个USB2.0输入、2个mic输入、数字音频输出、扩展卡PCMCIA插槽、SD卡插槽。

3.1.2 爱奇艺MS901智能特色

爱奇艺MS901的软件、硬件特色如下：

① 系统采用双核CPU+四核GPU。

② 操作系统采用Android4.2.9plus。

③ 采用10Gb+64Gb超大内存。

④ 琴键式五合一遥控器 RC71。此遥控器采用个性化的音阶式设计，立体浮雕图标17键设计，利用高度差、立体浮雕图标手感极佳，操作过程完全不用看，大大方便了所有年

龄段的人群使用。将各功能按键划分开来，在弱光环境下操作也更为方便，无需查找按键功能，轻松实现盲控。随心进行观看影视节目、上网、娱乐、社交等所有功能的操控。此机芯使用的遥控器不但能实现传统电视信号的控制，还具有“鼠标、语音、体感、机顶盒”等控制功能，如图3.2所示。

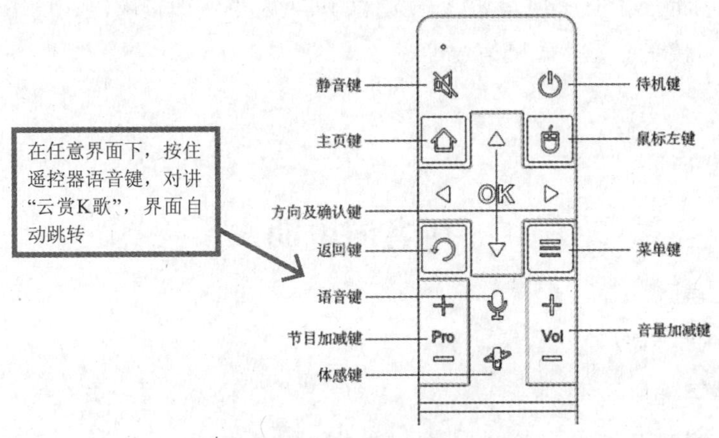

图3.2　琴键式五合一遥控器RC71

⑤ 个性化的UI设计。产品外观时尚，机身色彩淡雅，拥有29mm超薄、5.9mm极窄的机身边框。

简易的6窗口控制界面，只需点击遥控器上的“主页”键，便可直达6个窗口，分别是推荐、影视、电视、应用、设置、搜索。选择“推荐”时，将出现图3.3所示的已播放的和今日最新的一些影片等信息。

图3.3　“推荐”窗口信息

⑥ 开机即上网设计。

⑦ 频道视频1s切换。

⑧ 全平台语音搜索。

⑨ 大型3D游戏、跳吧、云赏K歌。

⑩ 3D功能特色。自然光快门3D、全通道3D输入、全通道2D转3D、3D解码、支持央视3D频道。

⑪ 画质。具有动态背光调节 、全高清A+屏、40000：1动态对比、HMR960Hz高速运动画面处理、1080P全程高清覆盖。

⑫ 音质。鹦鹉螺超薄电视音响、独立四驱扬声器、SRS环绕立体声、杜比数字+、DTS+。

⑬ 该机芯内部还带有机顶盒功能，支持CI/CA大小卡识别解码，USB3.0，两路麦克风，内置Wi-Fi，接受蓝光播放机信号等。

◎知识链接……………………………………………………………………

新名词说明

（1）鹦鹉螺音响。

它是音箱的一种发声方式。

（2）杜比数字+。

为所有的高清节目与媒体所设计的一种高清传输格式，使用杜比数字+技术能得到更高品质的音频，更多的声道和更大的灵活性，使声音效果更震撼。采用杜比数字+技术，可以传输7.1声道以上更高品质的音频，码率高达6Mbps，支持HDMI1.3传输。

（3）DTS（“Digital Theatre System”的缩写）即数字化影院系统。

DTS公司是美国一家专注于发展高品质娱乐体验的数码高科技公司。对音频编码、解码及后期制作整个过程采用了一套全新的音频处理技术。此技术处理后不会对音频造成衰减，它是一种无损音乐格式。这种技术有别于Dolby Digital（杜比数字系统）音频处理技术。杜比数字系统在影片制作时，是将音效数据存储在电影胶片的齿孔之间，显然由于齿孔空间的制约，需对音频采用压缩模式，结果会导致音效的损失。而DTS技术却采用另一种完全不同的音频保存技术，它将音效数据存储到另外的CD-ROM中，并使其与影像数据保持同步，从而实现无失真影音同步再现给用户。

……………………………………………………………………

3.1.3 MHL功能介绍

MS901机芯可接收MHL设备输出的数字信号，通过电视机HDMI端口进行处理显示。用MHL连线将带有MHL功能的设备与电视机上的HDMI（MHL）端口连接，即可通过电视操作MHL设备。连接示意如图3.4所示。MHL设备能够连接到电视机的HDMI端口，得益于设备中多了一个MHL-to-HDMI的桥接器，如SiI9292（见图3.4），实现了移动设备与HDMI设备之间速率高达1080P/60Hz的

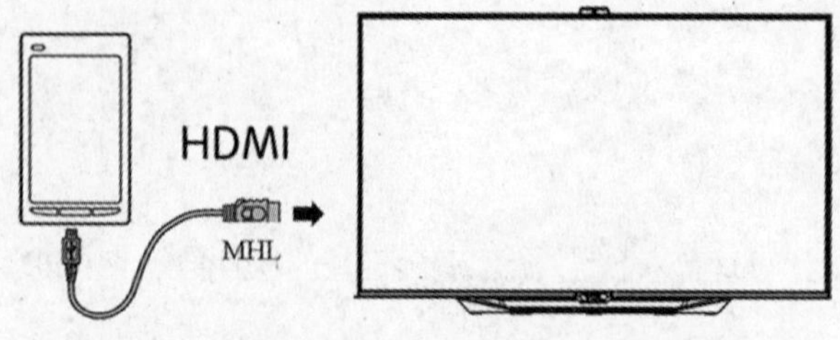

图3.4 MHL设备与电视机HDMI端口连接

视频传输及音频传送。

诺基亚、三星电子、索尼、东芝与Silicon Image共同组建了移动高清链接MHL（Mobile High-Definition Link Consortium）协会。MHL设备是一个经优化的移动高清接口新标准，用于支持通过一根数据线将手机和其他便携设备直接连至HDTV和显示器上，并由显示器对移动设备充电。MHL可提供1080P分辨率的连接线接口标准，有望优于现有迷你HDMI的传输速度；此外，在传输高清影像的同时还能进行充电。MHL设备现广泛应用于手机、PDA、数码相机、数码摄影机、便携数字播放器等设备上。

MHL连接设备有以下优点：

（1）连接线。

5引脚接口，移动设备可以通过一条单独电缆输出高质量视频（达到1080P/60Hz高清画质）和数字音频（支持最高192 kHz的音频传输，可以提供最高7.1声道环绕声和压缩音频）。同时接收来自电视和显示器，以及市面上现有的多用途连接器等的5V电压和500mA电流，不断为便携式设备提供动力以及充电。

（2）控制。

从便携式设备到音频/视频设备，消费者可以在其中展示数字媒体，并且可以通过指令和控制技术遥控器访问内容。

（3）保护。

凭借高带宽数字内容保护（HDCP）技术，高价值视频和音频内容可以避免未获授权的拦截和复制。

3.1.4 爱奇艺MS901机芯六大交互方式

TCL爱奇艺电视独创了六大交互方式，它们分别是：

① 遥控电视。独创的音阶式、全盲控遥控器，17键满足全部功能需求。

② 语音操控。科大讯飞新技术首次独家提供全球领先的最新中文语音智能操控，语音操控电视和机顶盒的各项功能包括换台、音量调节、点播视频、打开应用、搜索百度百科和应用程序。

③ 鼠标操控。像操控电脑一样操控电视，上网更快捷。

④ 遥控机顶盒。首家实现用电视机遥控器操控有线机顶盒。

⑤ 体感操控。支持激流快艇、快乐乒乓、赛车等多款游戏体感操控，让身体运动起来。

⑥ 手机操控。首家实现手机遥控电视机和有线机顶盒，与3亿爱奇艺手机客户端多屏互动、高清变素推拉片，让手机成为电视的触控遥控器。

3.1.5 WiDi（无线高清技术）

WiDi功能在MS901机芯的7600系列产品上使用。

WiDi（Intel Wireless Display）全称为无线高清技术，它是通过Wi-Fi信号来实现电脑和显示设备的无线连接。硬件配置简易，使用方便。只需将电脑的无线网卡打开，无需连接电脑网络，无需连接电视网络，即可完成电脑和电视之间的近距离传输通信（基本在

10m以内）。

1. WiDi连接方法

① 在电视机主页的多媒体工具中找到T-CAST图标（部分软件显示为WiDi图标）。按遥控器将光标移到该图标后按OK键进入，如图3.5所示。

图3.5 找到T-CAST（WiDi）图标

② 双击Intel（R） WiDi，等待电脑检测到WiDi链接，会弹出提示框如图3.6所示，点击连接后向下拖动提示框滚动条，在最下方点击确定。电视即可显示电脑屏幕，此时电视可以由电脑鼠标操作。

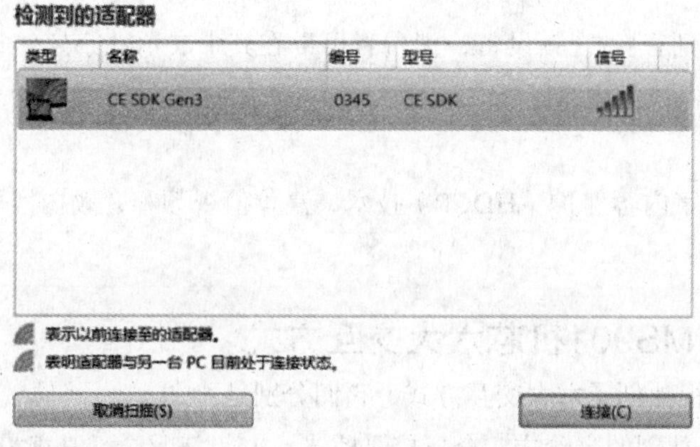

图3.6 连接WiDi

2. 电脑（WIN7系统）上WiDi模式选择的操作步骤

① 右键点击电脑屏幕空白处（见图3.7），在列表中选择屏幕分辨率，单击左键，会弹出对话框，如图3.8所示。

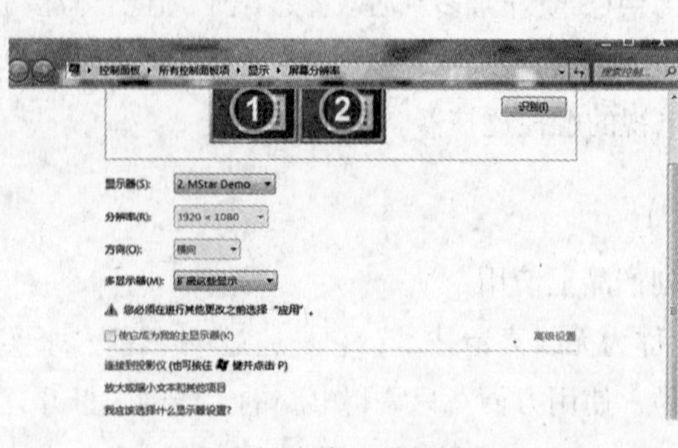

图3.7 右键点击电脑屏幕空白处

图3.8 屏幕分辨率

② 在对话框中的“多显示器（M）”中选择所需要的WiDi模式，如图3.9所示。然后拖动提示框滚动条，在最下方点击确定，即可开始用电脑操作电视。

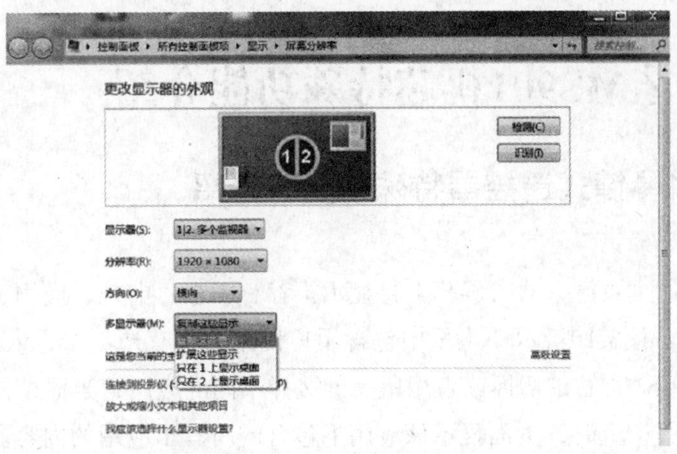

图3.9 选择WiDi模式

说明：这里有4种模式可供选择。

① 将电脑显示内容复制到电视屏幕显示，电视同步播出电脑输出的音视频内容。此种模式电视和电脑显示内容相同。

② 扩展显示电脑桌面，例如文件夹数量已超过一个桌面时，电脑显示第二页桌面文件夹，电视则显示第一页。鼠标既可操作电脑也可操作电视，两个屏幕则可分开执行各自桌面的各项内容。

③ 只在电脑上显示桌面。

④ 只在电视上显示电脑桌面。

3. 退出WiDi的方法

按遥控器返回键，电视屏幕会弹出提示框“是否退出yes或no”，默认是yes，按遥控器OK键即可退出WiDi。

4. WiDi实现条件

实现WiDi需有如下配置：

① CPU：Intel i3、i5、i7。

② 无线网卡：Centrino Advanced-N 6200/6300/1000。

③ 操作系统OS：Win7、Win8。

④ 显卡：Intel HD Graphics集成显卡。

另外，笔记本电脑是否可以运行WiDi是由硬件配置及Intel的WiDi安装程序决定，与电视机无关。需要在电脑上安装Intel（R） WiDi的可执行文件，在Intel的官方网站上均可下载。电视端本身已装好，直接在全部应用中可以看到。另外部分安卓手机在安装Intel（R） WiDi可执行文件后也可进行上述操作。

T-CAST是TCL在业内率先提出的融合了无线、有线双通道多屏分享技术的创新功能，该功能将最新的数字互连技术WiDi和MHL嵌入智能电视平台，提供了简单、便捷地在大屏幕高清电视上分享和操作笔记本和智能手机内容的完美解决方案。

3.2 爱奇艺MS901机芯特殊功能介绍

3.2.1 RC71琴键式遥控器特殊功能键介绍

1. 主页键

按遥控器上的主页键，此时屏幕上将显示推荐、影视、电视、应用、设置、搜索6个应用分类界面。如图3.10所示。主页中包含用户使用的所有选项，进入到主页后，用户可按遥控器的上/下/左/右键切换或者用鼠标键选择不同的应用，当遥控器的焦点移到这6个应用中的任何一个上时，页面显示该应用下包含的所有子应用的内容。按OK键进入选项，按返回键退出选项。

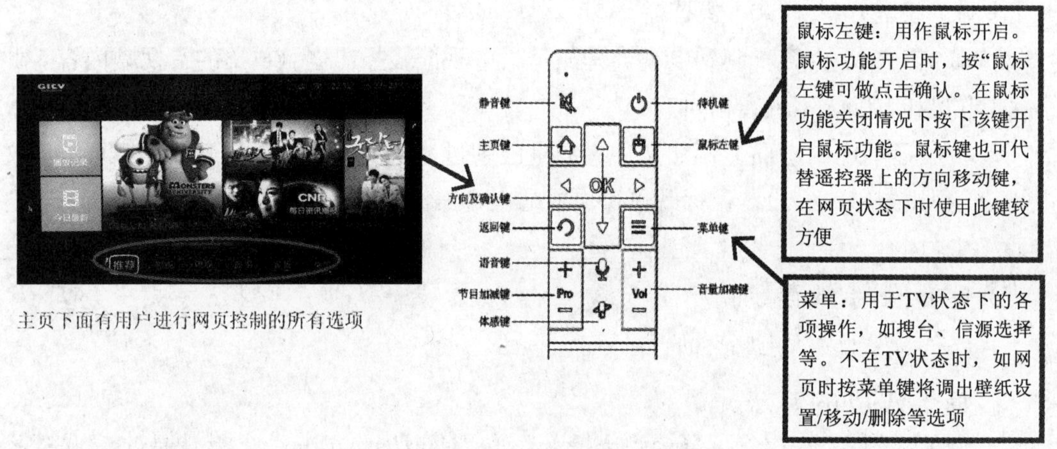

图3.10 主页键

2. 菜　单

菜单键用于TV状态下的各项操作，如搜台、信源选择等。

3. 体感键

手势识别按键，按下该键并挥动遥控器做手势动作，主机将执行定义的相应功能。在互动游戏时，可进行人机互动控制。

提示：遥控器上除鼠标左键、体感键与语音键外的其他按键，在遥控器有2.4G无线连线的时候做2.4G无线按键发送，2.4G无线连接不正常的时候发送红外按键键值；电源键只发送红外键值。

4. 语音键

该功能键需要在网络连接正常前提下方可使用。语音识别可执行：语义定向操控、语义全域搜索、语义换台三大功能。这三大功能的具体实现是按下语音键，打开语音助手界面，按鼠标左键，调出帮助信息，其中有更多的使用方法介绍。

（1）语义定向操控。

所谓语义定向操控，是指对语言指令进行智能分析，并精准执行的语音识别技术。用户只需要说一句话（一个指令），便可完成对电视的应用、功能、日常设置的开启和操控。如用户在使用电视的任意界面下，按住遥控器语音键，对讲“云赏K歌”，界面将自动跳转至“云赏K歌”页面，如图3.11所示。

图3.11　语义定向操控

（2）语义全域搜索。

所谓语义全域搜索，是指对语言指令进行智能分析，在互联网和本地范围内搜索相关内容，用户可根据自己的喜好选择相关内容浏览和使用。如在任意界面下，按住遥控器语音键，对讲“刘德华”，自动搜索出关于刘德华的所有内容，如图3.12所示。

图3.12　语义全域搜索

（3）语义换台。

所谓语义换台，是指通过语言直接控制机顶盒，完成电视频道切换的技术，用户只需要通过设置，将机顶盒频道信息和电视机进行匹配，便可直接通过语音进行换台，无论是“芒果台”还是“湖南卫视”都可精准跳转，使用更加便捷。机顶盒频道信息和电视机进行匹配过程的方法见“产品用户使用手册”上的介绍。

提示：MS901机芯遥控器使用前必须与电视进行对码，否则无法进行语音、键控、体感等控制。对码方法：开机，距离电视机1m以内，同时按下体感键和鼠标左键2s以上，遥控器进入自动对码状态；若成功则电视机上显示“对码成功”，若20s内电视机无提示则不成功，此时无法使用交互功能，需要重新对码。电视机提示RF异常时，表明遥控器对码不成功，此时用户按了语音、体感、鼠标键，电视机均会提示对码异常。

另外，MS901系列生产的V8500系列产品遥控器型号为RC520，此遥控器对码的方法是：

① 同时按下鼠标左键和体感键。

② 待指示灯开始闪烁，此时可放开按键。

③ 指示灯快速闪烁。

④ 指示灯停止闪烁，然后熄灭，表示对码成功。

⑤ 点击鼠标左键，画面上出现“鼠标对码成功”，体感功能默认打开。

3.2.2 语音功能的实现

1. 语音功能描述

离线状态下支持语音控制频道切换；打开预装应用；语音控制基本的命令等功能。

联网状态下可支持语音切换频道；语音控制和电视连接的数字电视机顶盒；语音打开安装的应用；语音控制命令；语音搜索影视、音乐内容；语音搜索电视节目；语音打开日常网页；语音搜索互联网内容；语音聊天；语音输入文本信息等功能。

支持遥控器语音输入，同时支持手机语音输入方式（需要下载安装手机多屏互动软件，参考第1章内容）。

2. 电视语音助手3.0的使用方法

语音助手的目的是引导用户使用语音进行电视机功能的控制和使用。

① 任意界面下，按遥控器“语音”按键，弹出语音助手界面，根据界面提示输入控制命令。

② 再次按下遥控器“语音”按键，重新输入语音控制命令，如图3.13所示。

③ 按遥控器“返回”按键，关闭语音助手界面。

④ 语音助手界面显示过程中，按遥控器“左”键（或者说“语音帮助”命令），弹出语音帮助界面，用户可仿照类似用法，发出控制命令。当然用户也可以根据自己的习惯说法，进行探索，发现意料之外的惊喜。按遥控器“右”键（或者说“取消帮助”命令），关闭语音帮助界面。

3. 语音输入法的使用方法

在进行网页浏览或网页查找信息时，将用到语音输入法功能。

① 按遥控器上下左右按键，将焦点调整到需要输入文本的输入框（或者将鼠标光标移动到输入框），按OK键，调出输入法界面，如图3.14所示。

图3.13　电视语音助手3.0

图3.14　语音输入法

② 在输入法界面下，按遥控器“语音”按键，弹出语音输入界面后，直接语音输入需要输入的内容。输入完毕后，语音自动转换为文本文字，输入到输入框中。

③ 用户可利用输入法的功能对语音输入的文本进行修改、编辑等操作，如图3.15所示。

图3.15　对文本进行修改、编辑

◎知识链接……………………………………………………………

语音控制使用说明

语音控制电视机将是未来电视发展的趋势，因为它用口说代替了手输入，显然网页的浏览通过语言控制是非常方便的，功能强大，但智能电视机语音功能的实现依赖存储在存储器语库中的信息量。人的语言是丰富的，再加上各自发音习惯的不同，地方语音太多，虽然MS901机芯采用目前最前沿的讯飞的语音识别方案，但目前能实现的语音控制是有限的，故有时会出现有些语音不能识别的情况。该机芯语音操作能实现关机功能，但不能实现语音开机功能，其目的是考虑到待机节能方面，如果待机实现语音控制，控制系统中许多芯片将处于工作状态，故目前未开通此功能。另外，在进行语音控制之前，要保证网络的流畅性，以及语音操控时要长按语音键，电视机做出反应后开始语音控制。

……………………………………………………………………………………………………

3.2.3 六窗口中典型的几大窗口特点及使用方法

按遥控器上的主页键，进入图3.16所示页面，在页面的下方会显示六个控制窗口。按遥控器的上下左右键选择窗口，按OK键进入六窗口页面及窗口下子页面进行控制。

1. 推　荐

① 点击播放记录，可查看最近观看的节目列表。按菜单键可清空观看记录。

② 点击今日最新，查看当天或最近更新的节目菜单。

2. 影　视

影视界面将所有视频类资源进行分类组合，形成高清专区（凡是高清1080P的资源都会收录进来，每天更新一次）、电视剧、综艺、电影、娱乐、动漫、3D专区（佩戴随机配套3D眼镜观看）、旅游纪录片、财经、搞笑、片花、教育12大类，基本涵盖了用户常用的视频分类，用户可根据自己的喜好进入相应的选项进行观看。

这一海量影视服务平台的形成，是TCL与百度、爱奇艺、PPS三家影视资源高度整合的结果，打造出了中国第一个免费为用户提供TV视频的服务平台，它集合了6万多集国内外电视剧，3千多部国内外热门电影，2.5万集动漫，10万辑综艺、娱乐节目等海量资源。利用P2P和视频预加载技术实现用户快速无缝切换、浏览节目，更加流畅观看高清节目。而且主页上的“电影”每天都更新，选中这些电影后，点击OK键直接进入播放。退出或关机之后可以到播放记录里查找观看即可。要提醒的是，网上的影视节目还没有做到预约。

3. 电　视

① 电视界面分为三个部分，当前播放的电视信源窗口、全部频道以及首页快捷进入频道。进入全部频道，按菜单键可以将选定的频道设置为首页快捷进入频道，如图3.17所示。

② 进入电视播放过程中，按“菜单键”可调出电视基本设置菜单，根据提示可进行关于电视节目观看的相关设置。用户根据提示进行如声音、图像（对比度、亮度、色饱和度等）等控制。

图3.16 六大窗口页面

图3.17 电视基本设置

◎知识链接……………………………………………………………………

“电视控制”解疑

（1）电视信源设置。

① 方法一。按遥控器上的菜单键（黄色键），开启屏幕子菜单，选择信源，从选项中选定需要的信源。

② 方法二。进入主页—设置—信源选择，从选项中选择需要的信源。

请注意：电视机默认打开了来电通功能，即没有接入信号的信源，会是灰色的不可选。如果需要选择没有信号的信源，可以到主页—设置—高级设置中，将来电通设置为关闭即可。

（2）开机后上次使用的信源仍保持不变。

MS901机芯产品具有信源记忆功能，关机前在AV，开机后便在AV，即每次开机后将默认开启上次关闭时的界面。

（3）搜索电视台节目。

进入主页—设置—信源选择，根据信号来源，选择模拟接收或者数字接收。按遥控器上的菜单键，开启屏幕子菜单，在电视设置菜单下选择电视设置—搜台，按“OK”键进入（TV信源下有效），进入搜台界面后，按遥控器左右键选择扫描方式，按“OK”键开始扫描。若要退出，按返回键即可。

（4）语音转换频道。

对于家中用机顶盒的用户，可以使用语音控制电视机转换频道。按遥控器语音键，对着遥控器说出想要观看的电视频道名称、频道号即可。但要实现机顶盒频道与电视机频道一致，即保证使用频道名称换台能准确执行，需要确保机顶盒设置—高级设置—频道列表和机顶盒的频道列表完全一致。若不一致可以进行编辑以让其一致，见整机用户使用手册上介绍的方法。

………………………………………………………………………………

4. 应　用

应用界面包括多媒体、云赏K歌、应用商店、多屏互动、游戏中心、跳吧等常用的12个应用，如需下载其他应用可到应用商店进行下载，另外，在全部应用中可找到本机出厂前预装好的全部应用，如图3.18所示。

在应用商店里，可自由选择您喜欢的应用，根据页面提示下载使用。在“全部应用”里可以找到下载在本地的以及出厂预装的所有应用，按“菜单键”即可进行卸载和排序功能操作。

在进行“跳吧”应用时，需要使用型号为CM550S的摄像头，如图3.19所示。

图3.18　应用界面

图3.19　摄像头

3.2.4　爱奇艺多屏互动

1. 目的

多屏互动是指通过手机或PAD与电视机进行互动操作的应用，手机安装爱奇艺多屏互动应用，可实现手机与电视机跨屏操控和高清自适应技术，即用手机可以遥控电视，实现浏览界面、调节音量、翻页、快进快退等跨屏操控功能。所谓高清自适应技术是指打通手机与电视端的高清跨屏互动操控，用户手机安装爱奇艺客户端后，只需用手指在手机上进行推送和拉取，即可将云端高清影视内容进行跨屏分享，享受高清，更加方便快捷。

2. 多屏互控的实现（具体还可参考第1章有关TCL部分的内容）

① 在智能手机上安装爱奇艺客户端，将手机与电视处在同一局域网。

② 打开手机客户端，在“我的奇艺”中找到“爱奇艺电视”，打开。

③ 手机会自动搜索同一局域网内的爱奇艺电视，点击连接。

④ 连接成功后，手机顶部出现小电视图标。

⑤ 点击小电视图标，调出遥控器操控界面，点击是确定，上下左右滑动控制焦点，长滑翻页，在播放界面上下左右滑动可控制音量和进度，还有返回和菜单键，点击底部的小电视图标可收起遥控器界面。

3. 手机变素推拉

爱奇艺手机端连接TCL爱奇艺电视，可以实现手机变素推拉片，将手机正在看的低像素片源推送到电视上，能够自动转换成全高清或高清分辨率，完美展现电视播放的优势；电视正在观看的影视综艺，也可以推送到手机上，自动变素成适合手机的低像素，让播放更流畅。

这与传统的互动推拉的大传小、小传大有许多相似性，具体操作方法如下：

① 手机变素推送到电视。在爱奇艺手机客户端内容界面任意位置的专辑图片上长按，或活动播放界面上长按，待出现彩色小方块后，将其拖到控制页面的绿色区域，可将此内容变素推送到电视上播放，如图3.20所示。

② 电视变素拉放到手机。当焦点位于电视上某个专辑图或者播放界面时，长按小电视图标，出现彩色小方块，将其从绿色区域拉出来，即可在手机上播放，如图3.21所示。

图3.20　手机变素推送到电视

4. 多屏互动条件

① 手机是Andriod系统或者iOS系统的智能手机。

图3.21　电视变素拉放到手机

② 安装控制软件。多屏互动功能需要用手机扫描电视上多屏互动功能显示的二维码，安装手机客户端后才可使用。里面有多个功能，每个模块都有单独介绍。

爱奇艺视频多屏互动是其中的一个功能，主要针对视频收视和遥控。如果想单独安装，也可以扫描爱奇艺视频里面的二维码，下载安装。安装后运行，在图片或播放界面长按，出现彩色小方块后，将其甩到顶部，分享至电视播放，此时手机自动切换为遥控器模式，点击影视图标和电视图标可轻松切换控制模式。

3.2.5　遥控器控制机顶盒实现方法

1. 遥控器与机顶盒的设置

① 打开设置—机顶盒设置—按OK键，弹出说明，如图3.22所示。

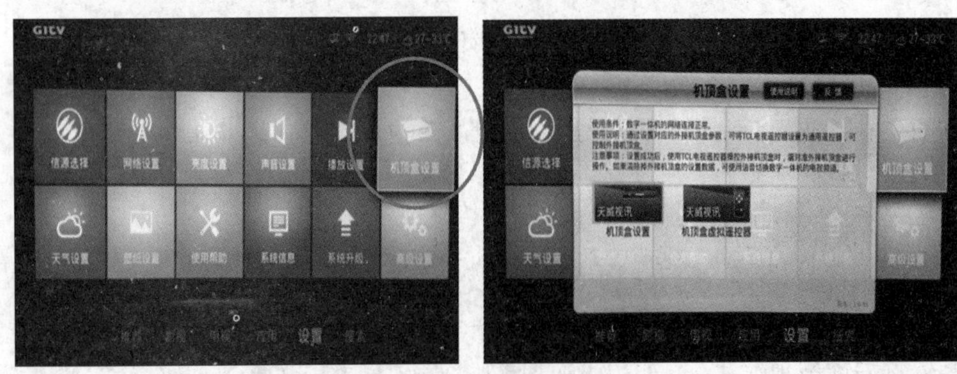

图3.22　机顶盒设置说明

② 阅读完使用说明后，按OK键弹出机顶盒设置提示对话框。选好所用数字电视提供商（运营商）、机顶盒型号等参数要求，根据当地具体情况填写对话框，设置完成后点击保存，如图3.23所示。

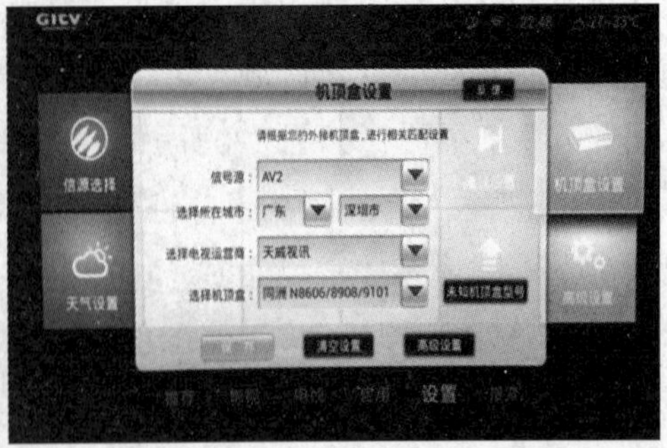

图3.23　填写具体参数

③ 弹出设置成功对话框，可以选择完成或测试，如图3.24所示。

④ 根据提示测试设置是否正确，如不正确请确认信息后重新设置。

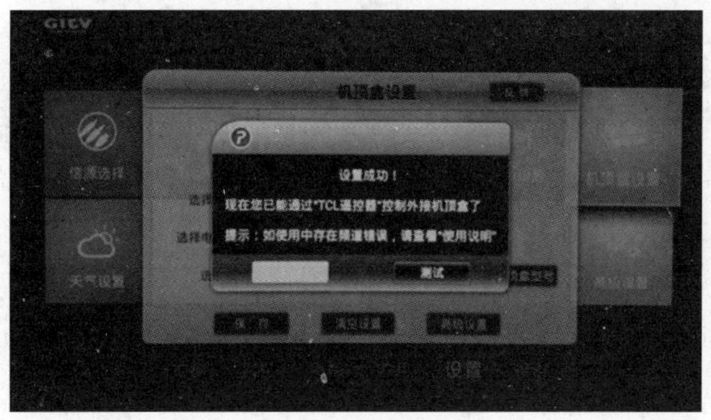

图3.24　设置成功

以上步骤还可以参考产品用户使用手册。

2. 遥控器控制机顶盒的方法

遥控器对机顶盒的控制可采用语音和按键控制两种方式。

（1）对机顶盒的属性进行设置。

① 先将电视联网，机顶盒和电视相连，进入应用程序“智控设置”中，打开“机顶盒设置”。

② 根据提示，可手动填写机顶盒的属性，也可以利用“智能定位”、“智能匹配”进行机顶盒属性的自动配置，利用“台序管理”对台序进行自定义修改（注意，必须保持电视机端的频道顺序和机顶盒的频道顺序一致）。注：机顶盒的背面会有机顶盒的相关信息，请用户查看机顶盒上的信息介绍。一般在机顶盒的侧面、后面、背面等地方有显示。如果确实找不到型号，可以和机顶盒提供商沟通获取。

③ 填写完机顶盒属性后，点击“确定”即可。

④ 当电视全屏播放电视频道时，若此信号源与机顶盒预设的信号源一致，则遥控器将自动切换到机顶盒状态，遥控器的上下左右等按键将自动被转发到机顶盒。

⑤ 当电视切换到其他信号源，或返回主页、应用程序等状态下，遥控器自动退出机顶盒控制。

⑥ 当用户未设置机顶盒型号，而用机顶盒看电视频道时，用户按上下左右键，电视将提示“是否开始设置机顶盒”，用户可选择“开始设置”，启动机顶盒设置界面。

（2）语音小助手。当机顶盒设置完成后，可按遥控器语音键，弹出语音小助手，说出想要跳转的频道或音量调节，即可通过语音完成相应操作。

3.3　爱奇艺MS901机芯工作原理与维修

3.3.1　MS901机芯概述

TCL品牌在2013年推出了高端智能机芯，先后有V7600（除支持有线MHL高清传送节目外，还支持无线WiDi高清传送）、V8500（使用遥控器为RC520）和H6600

（支持人脸识别、语音识别、手势识别、教育云电视、身份识别以及空鼠遥控器六大交互系统，让电视的功能更丰富，使用更便捷，应用更智能）系列，它们都与MS901机芯有许多相同处，不同之处是电路板上的元件具体使用有些不同，而且在不同时期出厂还存在软件差异。在MS901之前推出的是MS801智能机芯，两机芯相比MS901机芯主IC做了更改，采用MSD6A901作为主芯片，主频增加至双核1.2GHz，eMMC存储量16GB，支持USB 3.0，另外HDMI2还兼容MHL功能。V8500系列使用MS901K主板，除继承了MS901所有功能外，还集成了MST6M40（位号U1202）和侧AV小板，支持VB1输出或者120Hz LVDS 信号输出。MS901是一款优秀的智能电视处理机芯，采用的芯片支持PAL 解码，NTSC 和SECAM可选，支持DVB–C 单向数字电视，需要外接PCMCIA 卡，目前不支持DTMB。视频解码能力强，要求解码90%以上音视频格式。表3.1列出了MS801、MS901和MS901K三种机芯的关键性能。

表3.1　三种机芯的关键性能

特　点	关键IC	主板端口
机芯：MS801，代表产品L46V101A、L55V101A，操作系统Android 4.0UI		
TV、数字DTV、互联网、全信源偏光3D、内置无线Wi-Fi、QQ社区(包括QQ视频通信、QQ游戏大厅、QQ音乐、QQ视频、腾讯、微博等)、手势识别控制和游戏、语音控制与识别、遥控器带空鼠、语音、体感、键盘 3D眼镜：GX101PF 3D	主芯片MSD6A801、3块DDR3（U602~U604）、eMMC 存储器（U700）、SPI Flash：EN25F1（U501）、数字功率放大器STA381DW（U800）、RF 遥控接收板和遥控器、LVDS倍频MST6M30QSC	机芯主板上都为MINI 接口：1 路AV、1路TUNER、1 路USB/网线、1 路HDMI、1 路Wi-Fi、1 路PCMCIA 卡。外接的TV-BOX 上有3路HDMI、2 路USB2.0、1路网口。全触摸遥控器：RCT TCL BLACK 3.7V 34MA 50UA 0
机芯：MS901，代表产品L48A71、L50A71S、L48A71S、L46V7600A-3D、L55V7600A-3D、L42H6600A-3D、L47H6600A-3D、L55H6600A-3D、L50E5690A-3D、L65E5690A-3D、L55E5690A-3D，操作系统Android4.2		
数字DVB-C与模拟一体接收机、多种智能游戏、语音功能，本机遥控器智能控制机顶盒，支持SD卡、U盘、USB移动硬盘、MP3等存储设备，支持WiDi无线高清技术，支持USB3.0，支持MHL，支持USB接口的鼠标和键盘等外部设备等，内置Wi-Fi	主芯片MSD6A901、LVDS倍频MST6M30QSC、eMMC 存储器（8/16GB）、SPI Flash：EN25F16（16MB）、DDR3：K4B2G1646C（2GB+2GB+4GB、1.6GHz）、功率放大器TAS5707	1 路TUNER、1路YPBPR、1路mini AV输入、一路RJ45、一路同轴数字音频输出、3路USB、2路HDMI1.4a，支持MHL（7600系列还支持WiDi）、1 路PCMCIA卡、2路麦克风。遥控器采用17琴键式，型号RC71
机芯：MS901K，代表产品L50E5620A-3D、L55E5620A-3D、L85H9500A-UD 、L50E5690A-3D、L65V8500A-3D、L50V8500A-3D，操作系统Android4.2。8500系列使用4K屏		
数字DVB-C与模拟一体接收机、多种智能游戏、语音功能，本机遥控器智能控制机顶盒,支持SD卡、U盘、USB移动硬盘、MP3等存储设备,支持WiDi无线高清技术，支持USB3.0，支持MHL，支持USB接口的鼠标和键盘等外部设备等。具有手势识别、语音识别和身份识别等智能功能	主芯片MSD6A901、Flash：W25Q16-00B、eMMC：MTFC16GJTEC-W、DDR3：K4B2G1646C(U501~U503)、功率放大器TAS5707、LVDS倍频电路MST6M40、USB 分时复用切换（HUB）U2541、SII9687 双核CPU+四核GPU的配置，还带有USB3.0和HDMI1.4	ATV、DTV、AV1、AV2、YPBPR（分量）、PC（电脑）及数字HDMI、网络等。使用射频无线遥控的，遥控器上带有USB充电端口

① 4K屏即分辨率为3840×2160的屏。

② MS901K上使用的是6M40，6M40 芯片是双核RISC 处理器（RISC即Reduced Instruction Set Computing，精简指令集），支持3D_L/R 同步信号的相位、极性、持续时间的编程，支持最大8路PWM信号输出，供扫描式背光控制使用。最大支持5 组LVDS信号输入（5 对信号+1 对CLOCK），支持10对VB1号输入，支持8组LVDS 信号输出（5 对信号+1 对CLOCK），最大支持16 组VB1输出（F8组，B8）。目前以上两组输出会兼容，输出MLVDS 信号，8组（6对信号+1 对CLOCK）。6M40 最高支持16 通道3GHz V-BY-ONE 信号输出——4K×2K@120Hz。

3.3.2 MS901机芯主板特色与实物介绍

MS901机芯主板使用的IC及在电路中的功能见表3.2。主板各插座传送信号功能说明见表3.3。图3.25是MS901K机芯主板实物图（MS901机芯可参考），图中将IC的位置及功能、插座分布做了说明，图3.26标识了DC-DC转换位置，方便查找元件位置。

表3.2 主板使用IC及在电路中的功能

位 号	型 号	电路中的作用
U004	AOZ1284PI	24V转12V
U001	MP2143	3V或5V转1.5V供DDR工作
U005	RT8110D	5V形成
U002	AS1117-2.5	5V转2.5V
U003	AS1117-3.3	5V转3.3V
U006	TPS54519	5V转VDDC1V15，供系统工作
U007	RT9711	5V开关供USB
UT1	TDA18273HN	调谐控制块
U400	MSD6A901IV	主芯片：控制、图像、声音、多媒体、网络等
U402	EN25F16	NOR FLASH
U501~U503	K4B2G1646C	DDR3
U601	RT9711 APB、RT9711C	VCC-PCMCIA供CI、CA卡工作
U602	MTFC16GJTEC-WT	eMMC存储器
U701	TAS5707	功率放大器
U801	TS8121CLF	网络隔离变压器
U802	MK-970	加密游戏解密块

表3.3 主板各插座功能

插 座	功 能
P001	1、2、4脚24V/12V接入，3、5、6、9脚接地，7脚3V3sb输入;8脚3D_CTRL，10脚POWER ON开/待机控制，11脚DIM-PWM背光控制，12脚BL-ON OUT 背光启动，连接主板与电源板间的通道
P103	1脚地，2脚3D-PWM（3D_DIM）背光亮度，3、4脚空置
P002	键控、指示灯
P003	遥控、环境光感应
P004	遥控、指示灯
P102	DTV状态时TS数据流通道
P202	YPBPR亮、色差分量输入及AV2共用通道（共用PR）
P208	YPBPR分量输入音频端口（AV2也用此端口）
P204	SPDIF数字音频输出
P203	音视频输出端口
P207	多功能连接插座：Wi-Fi、USB、麦克风、AV1端子音视频输入（接小板）
P205	三种USB信号输入
P301	HDMI端口

续表3.3

插 座	功 能
P302	HDMI端口（兼容MHL）
P303	VGA端子
P601	CI/CA卡槽
P602	SD卡座
P701	
P702	接喇叭的插座
P801	RJ45网线端口
P902	上屏插座
P905	3D发射板插座

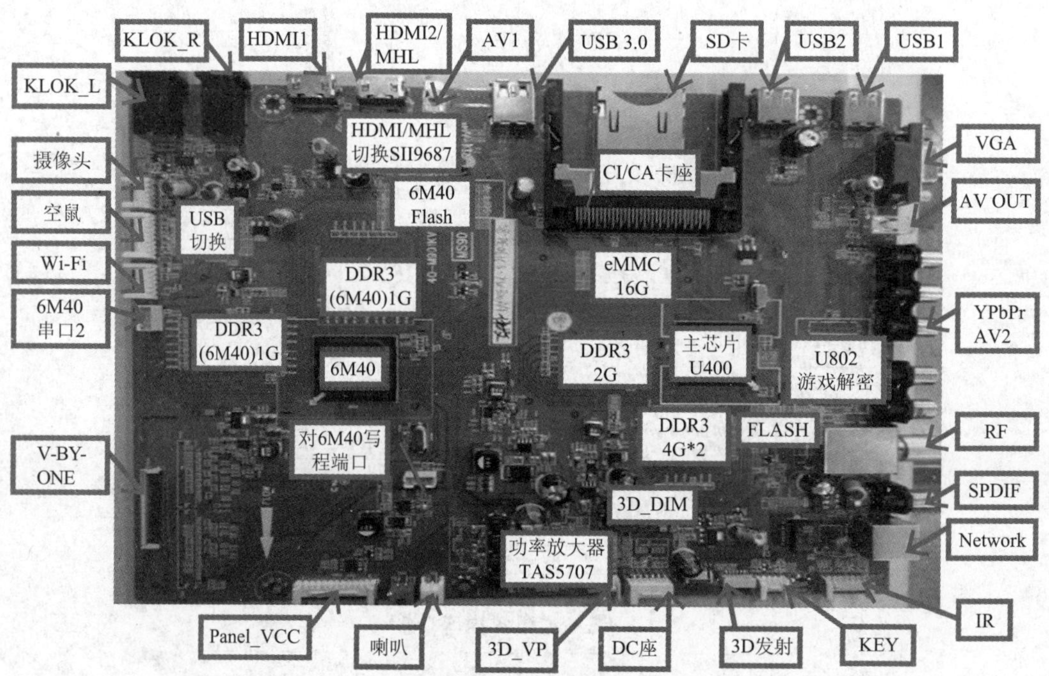

图3.25 MS901K主板图解

3.3.3 主板供电系统

主板供电是由插座P001送入，如图3.27所示。电视机接通220V后，电源板送往主板的第一路电压是3V3sb，主芯片组成的控制系统工作后，送出开关电源信号POWER-ON_OUT到电源；电源组件送出第二路电压24V/12V去主板，经主板各DC-DC转换块或开关切换电路产生整机工作所需要的各类电压。

（1）3V3sb分布网络。

3V3sb分布网络如图3.28所示。

（2）24V/12V分布网络。

由电源提供的24V/12V电压的功率不能满足整个主板工作的需求（持续输出电流为5A），但液晶屏组件供电也是由此电压源提供，单屏组件工作就需要提供4A的工作电流，而主芯片各单元电路工作后所需电流远超过4A，再加上电路上还设计有其他电路，

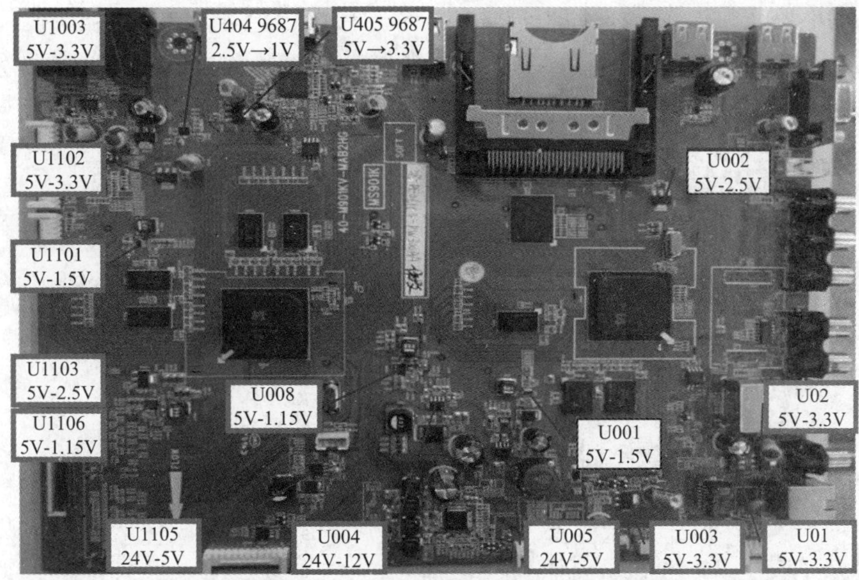

图3.26 主板各DC-DC块实物图解

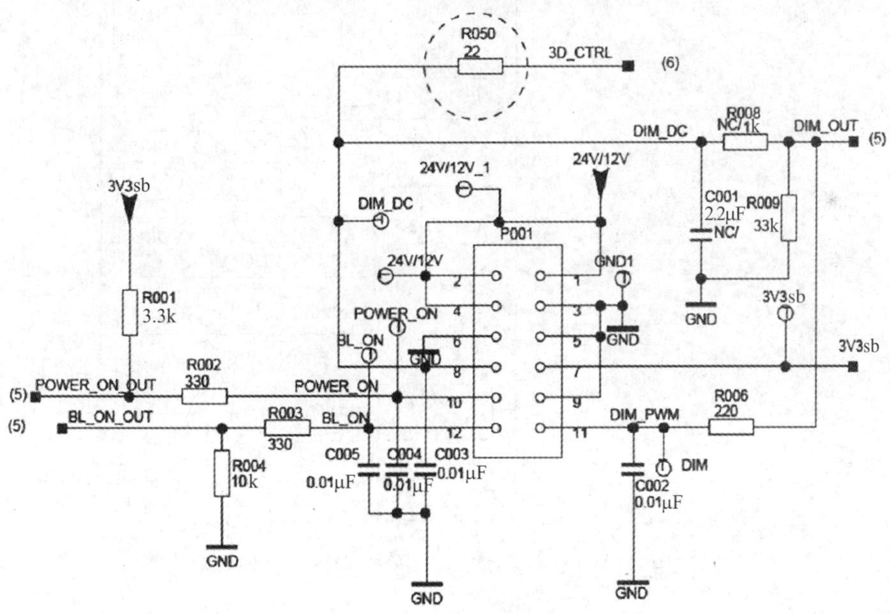

图3.27 主板供电

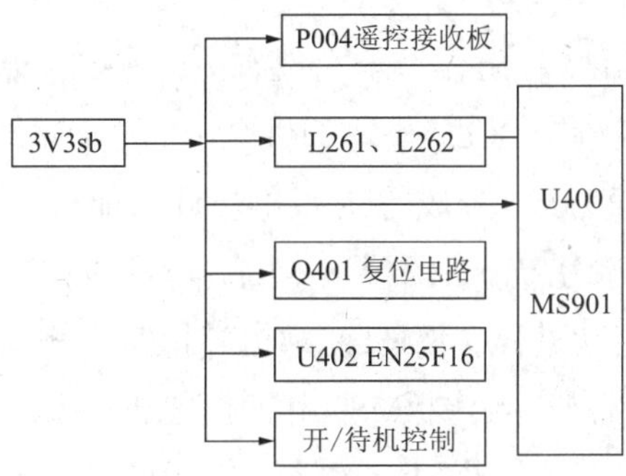

图3.28 3V3sb分布网络

加之不同的电路所需工作电压不同，故电路上需要设计给不同的单元供电的系统，通常平板电路在主板上设计有DC-DC块，用来形成不同单元电路所需的电压，图3.29所示为24V/12V在主板上形成各种电压的分布网络。

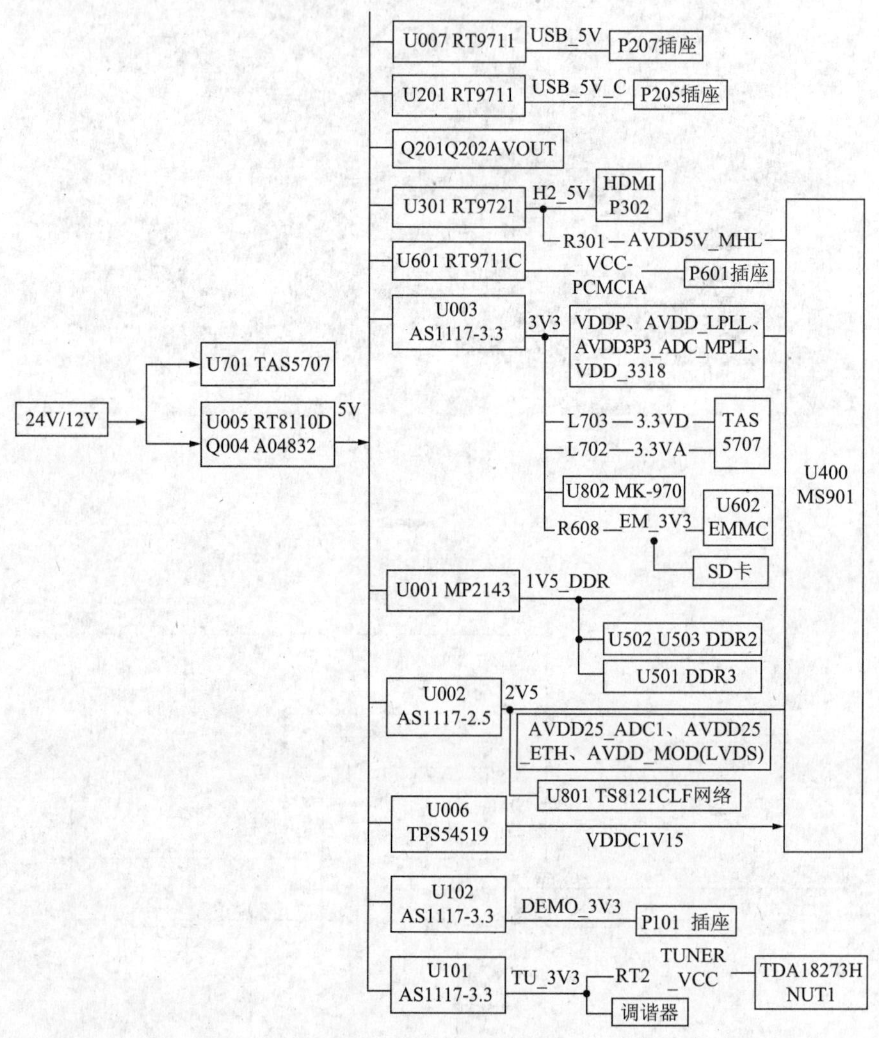

图3.29 24V/12V在主板上形成各种电压的分布网络

注：MS901K 机芯主芯片内核CORE供电由U008（MP8606DL）输出VDDC1V15满足。

（3）主板控制系统供电建立特点。

从整机电压分布网络可以看出，系统中没有E^2PROM存储器，而是用存储量更大的Flash模块来完成用记数据存储，Flash模块的供电由3V3sb提供。而系统中的三块DDR、eMMC是由开机后建立的24V/12V形成的5V供电。此智能机芯与长虹的LM38机芯采用的操作系统相同，均是Android系统，故两类不同品牌的智能电视机的控制系统工作过程是相似的。整机的供电网络启动过程与长虹LM38机芯相似，其工作过程是：

① 开关电源提供3V3sb电压，给主板MS901的时钟振荡电路、复位电路、Flash块供电。

② 待复位过程完成，系统运行Flash模块中的引导程序，启动CPU各I/O端口，并

使CPU的开/待机端口C3脚输出POWER_ON开机电平去电源组件，此时电源组件输出24V/12V电压，此电压通过U005形成5V给整个主板供电。

③ 此+5V电压经主板的U003产生系统MS901、eMMC存储器所需的3.3V电压，经U001产生1V5-DDR给MS901与外部三个DDR组成的格式转换和程序电路SDRAM运行提供动力。此时系统将检测SDRAM端口，为二次开机后应用程序调入DDR运行做准备。

④ 内核与DDR3运行正常，将读取Flash模块中的开机或待机信息，如果有待机功能，系统将使开/待机脚电平置低，系统回到待机状态，否则将eMMC模块中的数据调入DDR，整机开机，等待用户输入控制命令。

3.3.4 主板各DC-DC转换模块特点

1. RT8110D（U005）

此IC与Q004组成降压型DC-DC转换电路。RT8110D是一块同步降压型DC-DC转换模块，IC内有固定振荡频率的PWM脉宽控制调整器，内部集成有单相同步降压型、驱动外部MOSFET管工作的驱动器。采用一个基准电压为0.8V的电压比较器实现对输出电压的监测，从而实现输出电压稳定控制，通过调整反馈脚电压比例还能实现更低的输出电压。其内部开关转换频率达400kHz，其目的是减小外部使用元件的大小，缩小元件占用的面积和空间，降低电路板面积。IC内采用低边MOSFET管导通电阻RDS（ON），不仅可以降低部件自身功耗（这样部件能提供大电流，但无需加太大的散热片，仅依靠贴在电路板来散热），还能用于提供低边驱动时电感回路电流。RT8110D具有电压检测、电流限制、过流保护和过热等保护装置。输入电压范围宽（8～32V）、小封装、内有软启动电路、高直流增益电压PWM控制方式、快速瞬态响应、400kHz固定频率开关切换电路、无铅获绿色认证等。图3.30所示为此IC与外部的两个N沟道 MOSFET管组成的开关转换电路。

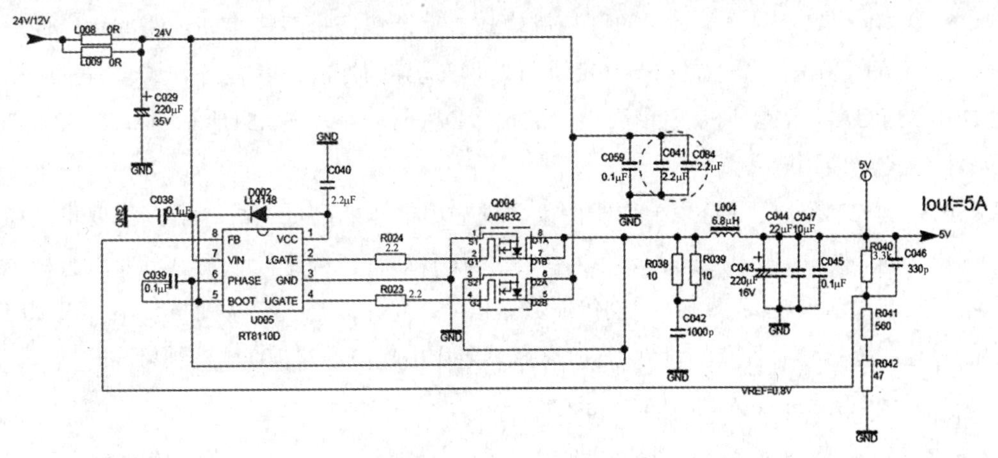

图3.30 开关转换电路

RT8110D的引脚功能是：1脚供电，由内部调整电路输出；2脚接低边驱动输出；3脚接地；4脚接高边驱动输出；5脚接高边自举电压形成电路，为高边驱动提供栅极驱动电压，外接自举二极管D002；6脚高边驱动浮地，在5、6脚间外接电容为自举电容C039；7

脚为IC的供电脚；8脚为反馈电压控制端，内接0.8V基准比较电压，通过改变8脚输入电压的比例，可调整开关电路形成电压的大小，实现小电压输出的应用。

此DC-DC转换电路，通过设计R040、R041、R042的比例，实现输出电压为5V的直流转换。高边驱动管工作时，24V/12V通过Q004中第二个N沟道MOSFET管DS极、电感L004、电容C043等形成电流回路，此时有逐渐增加的电流通过L004、C043，二者建立能量，同时6脚电压会因为L004储能的增加而被抬高。但由于电路中C039容量较小，故瞬间5脚的电压已由开始的1脚的VCC电压被抬升至1脚再加6脚电压。当高边驱动MOSFET管截止时，低边驱动MOSFET管导通，此时此MOSFET管为L004、C003放电提供了电流回路，也为C039提供了充电电路，1脚VCC通过自举二极管D002、C039、低边驱动（Q004上部的MOSFET管）及地端形成充电回路，使5脚电压保持在VCC+6脚电压上。因为电路转换频率太快，6脚电压将保持在5V左右，而5脚电压将由1脚电压叠加6脚电压来实现，故6脚称作“浮地”。由此可见，在电容C043正端得到的电压是由Q004内部两只MOSFET管反复开关动作对C043充放电来实现的。通过设置8脚与C043之间的反馈电阻可调整PWM脉宽变换速度，实现输出电压大小的控制。

故此电路中，8脚外接元件变质会导致C043正端电压改变。此机芯要求C043正端有恒定5V输出，以此保证整个机芯主板稳定工作，故电阻中Q004、L004、C043、D002、C039是关键件，不可随便改变参数。此电路输出5V电压不正常会影响整个机芯的工作，出现不开机或自动停机故障。

2. MP2143（在U001上使用）

MP2143是一款内部具有开关MOS管、开关降压变换器模式的直流电压转换控制集成电路，提供了仅需要少量外部元件的电源提供方案。MP2143输入电压范围为2.5 ~ 5.5V，具有持续输出3A电流的能力，并有优秀的负载能力和线性调整能力。输出电压最低可控制在0.6V。MP2143采用恒定导通时间控制模式，保证快速瞬态响应和环路的稳定性。并具有环路电流限制保护和过温保护功能。MP2143优异的性能使其在各种场合得到应用，包括DSP、FPGA、智能耳机、便携式仪器和DVD机驱动等。图3.31所示是MP2143在TCL MS901机芯上的应用电路图。

图3.31中，7脚外接电阻大小会改变此部件输出电压的高低，故在电路需要得到稳定的1.5V电压时，此引脚电阻不能改变参数。因为DDR3工作频率高，对供电要求很稳定，电压不稳定或纹波幅度高，均会影响传输数据信号不稳定，出现自动死机、不开机和应用出现故障等问题。8脚为使能脚。此脚所需启动电压由供电通过R033降压得到。

3. AOZ1284PI（在U004上使用）

AOZ1284PI是一块高压、高效、使用方便、能提供4A电流的降压优化型电压调整器，能实现输入电压在3.0 ~ 36V范围内，通过设置提供连续驱动电流达4A，输出电压在30 ~ 0.8V的供电。内部集成有高边驱动N沟道MOSFET管（导通电阻为50mΩ），整个电路控制采用逐周期电流（Cycle-by-cycle）限制控制，通过设置4脚外接电阻大小设置开关切换频率在200kHz ~ 2MHz之间切换。7脚外接电容可设置软启动时间。IC内还设置

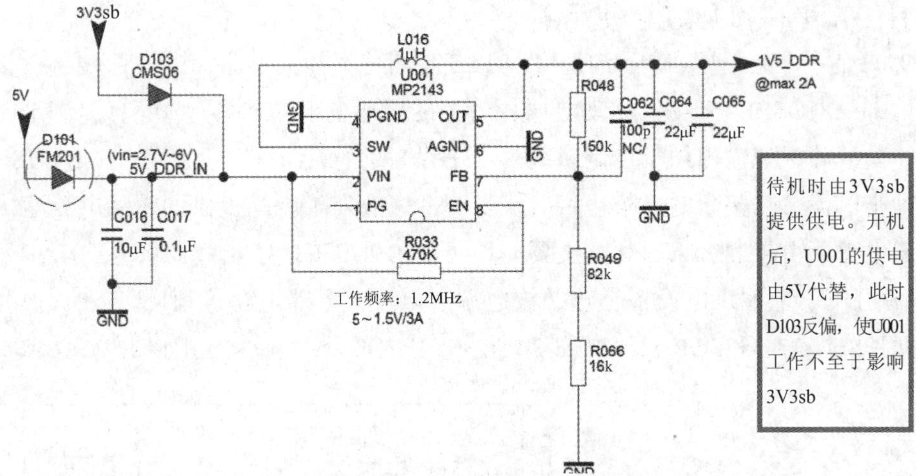

图3.31 MP2143在MS901机芯上的应用电路图

短路保护、过压保护、过热保护等。2脚为自举电压形成端，形成的高电压为高边驱动MOSFET管供电。6脚反馈电压与IC内0.8V基准电压比较，产生误差信号由5脚外接滤波元件形成电压，经误差放大电路调整驱动PWM脉宽，故5脚为比较器补偿端。AOZ1284PI内部处理电路框图如图3.32所示。图3.33所示为其在MS901机芯上24V转12V的应用电路图。

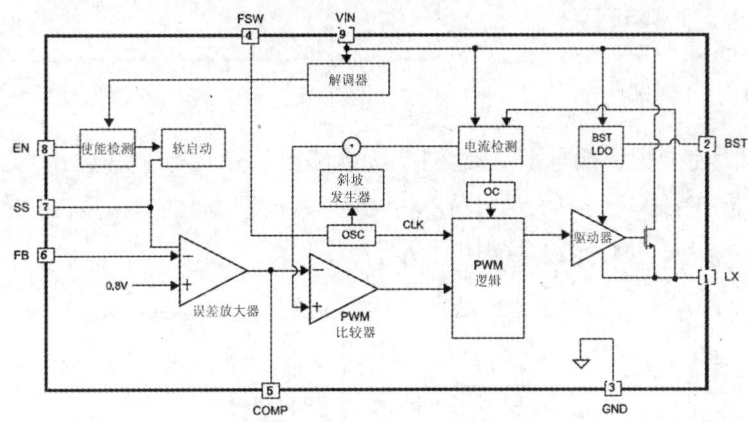

图3.32 AOZ1284PI内部处理电路框图

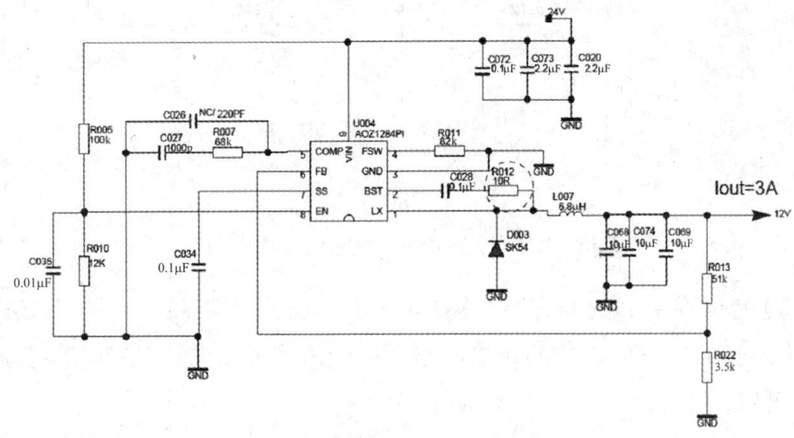

图3.33 AOZ1284PI在MS901机芯上的应用电路图

4. RT9711（在U007上使用）

RT9711是一个低电压、单N沟道MOSFET高侧功率开关电路，IC内部配备一个充电泵来给内部的MOSFET管提供驱动电压，管子的导通电阻RDS只有80mΩ，满足USB供电要求，其故障标识输出用于控制系统对USB设备的管理。另外还附加有插入USB时限制浪涌冲击电流，热关断电路防止大电流引起的事故发生。IC提供的驱动电流达1.5A，最大输出电流不得超过2.5A。此IC主要应用于USB供电或USB集线器供电、UAB外设、ACPI电源分配、电池供电设备、热插拔电源、电池充电器电路等领域。RT9711的引脚分布有两种SOT-23-5和SOP-8，如图3.34所示，其内部处理电路框图如图3.35所示。

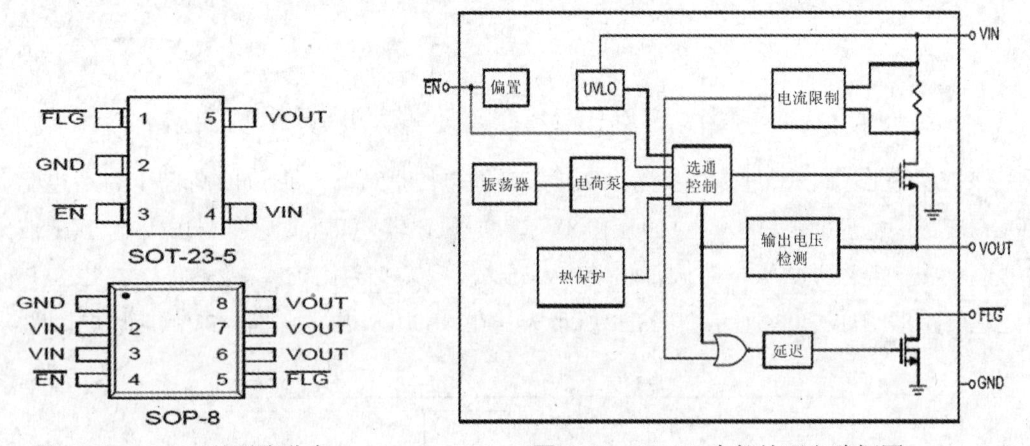

图3.34 RT9711的引脚分布

图3.35 RT9711内部处理电路框图

IC的EN脚为使能脚，低电平有效。1脚为电路出故障时的标识输出，低电平时表明USB端口有故障。图3.36所示为RT9711在MS901机芯上应用时的电路图，它输出的5V电压接入插座P207转接板，供USB设备使用。

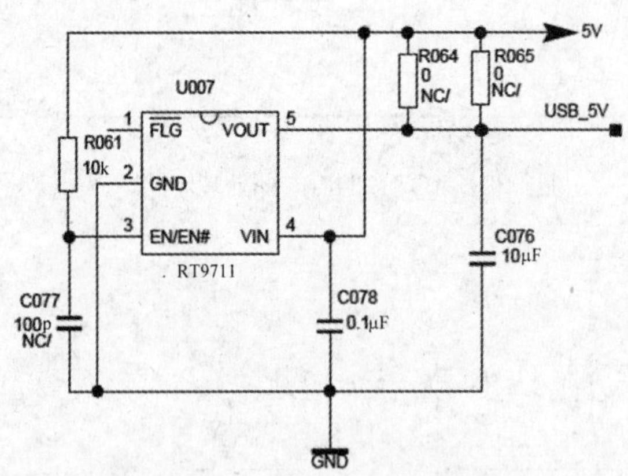

图3.36 RT9711在MS901机芯的应用电路图

注：① RT9711在MS901机芯的U201开关块上也有应用。U201形成USB_5V_C电压，此电压接入P205插座所连接的转接电路，供USB设备工作，其3脚EN控制信号来自主芯片的AG28脚。

② RT9711还用于通过U601后，输出供PCMCIA卡工作的5V电压，其相关电路如图3.37所示。

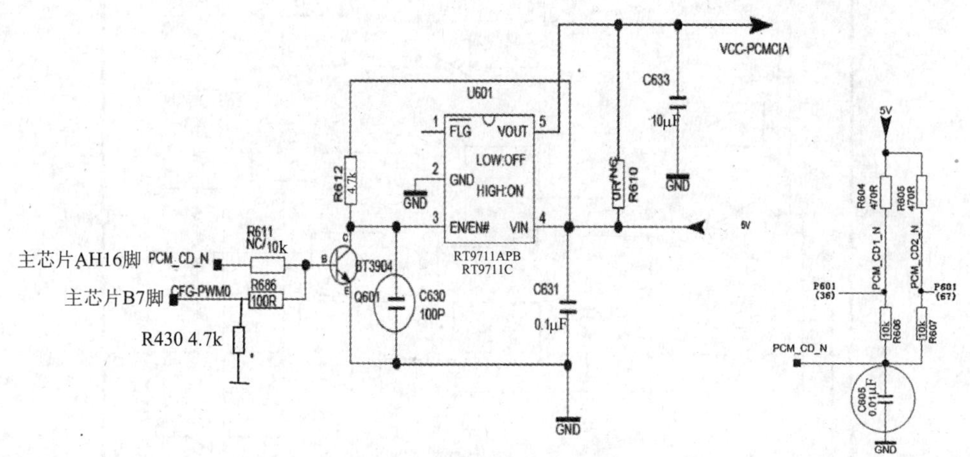

图3.37 RT9711应用电路

RT9711的3脚是使能信号，与P601插入CI卡状态有关，具体见表3.4。实际应用中没有用主芯片AH16脚送出的PCM_CD_N信号，而是使用了B7脚送出的CA/CI卡控制信号。当电视机确定有CI/CA卡接入时，此路控制信号使Q601饱和，从而保证3脚有低电平触发信号，在5脚输出5V供CI/CA卡工作。

表3.4 RT9711的引脚

PCM_CD1_N	PCM_CD2_N	PCM_CD_N
GND	GND	L 0V
GND	NC	H 2.5V
NC	GND	H 2.5V
NC	NC	H 5V

5. TPS54519（U006）

TPS54519 是一款具有集成了两个N沟道MOSFET功率管的全功能同步降压电流模式转换器，通过电流控制模式来减少使用外部元件的数量，运行开关频率高达2MHz，可以减少使用外部储能电感的体积，并借助一个小型3mm × 3mm 耐热增强型QFN 封装来最大限度地降低IC 封装尺寸，从而实现小型化设计。通过集成的30mΩ MOSFET和典型值为350μA 的电源电流，效率得以大幅提升。通过使用使能脚进行关断模式控制，使关断电流减少至2μA。欠压闭锁被内部设定为2.6V。输出电压启动由软启动脚建立的缓慢上升电压来控制。内置0.6V基准电压比较器，采用逐周期电流限制、过热和频率折返保护。此IC现广泛在低压、高密度电源系统，高性能数字信号处理器（DSP），可编程栅极阵列（FPGA），特定用途的集成电路（ASIC），网络互连及光纤通信基础设施等电路环境中应用。图3.38是TPS54519内部处理框图。图3.39为IC引脚形状示意图。图3.40为TPS54519在MS901机芯上的应用电路图，表3.5列出了此IC的引脚功能。

图3.40中， 5V电压经此IC与外部设置的电路形成VDDC1V15电压，主要供主芯片内核工作。IC的6脚外接电阻不能随便改变大小。Q009接收内核对CORE供电检查输出的控制信号，通过控制Q009导通状态控制电路中R059、R098是否接入FB脚，来调整此DC-DC转换块输出1.5V的调整电压。U006输出电压异常会导致整机不工作或自动关机。

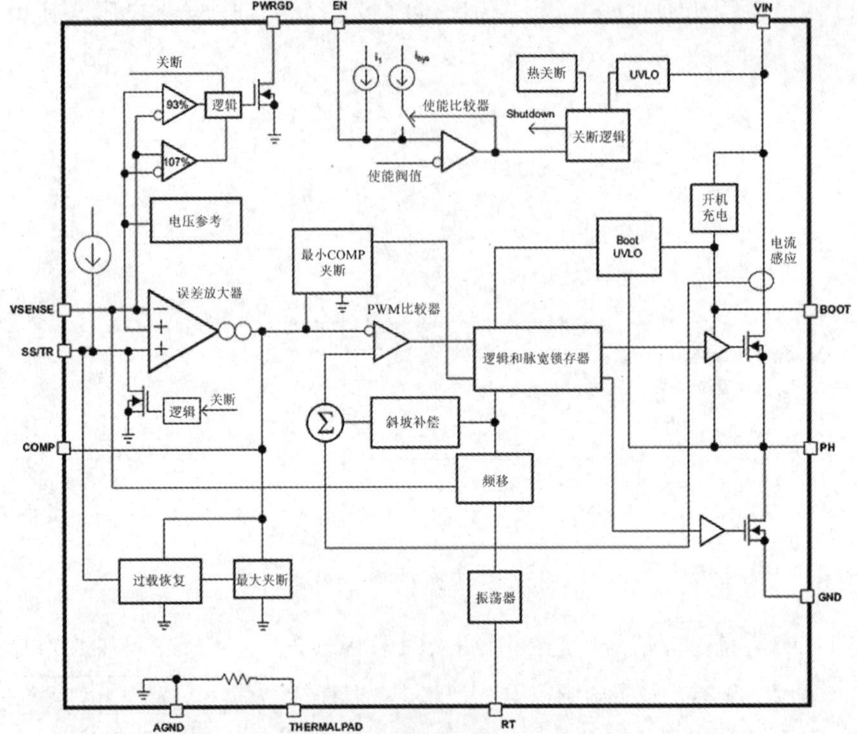

图3.38　TPS54519内部处理框图

图3.39　TPS54519引脚形状示意图

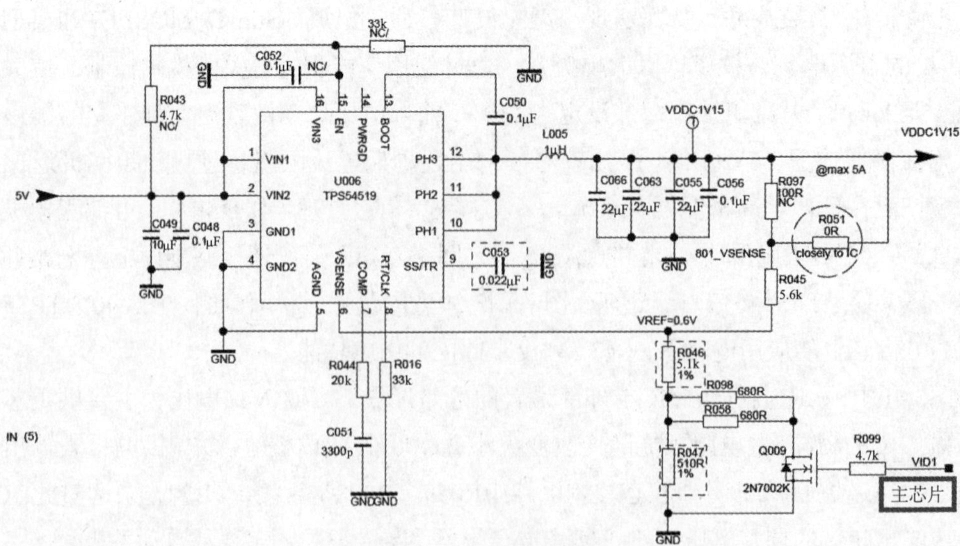

图3.40　TPS54519在MS901机芯的应用电路图

表3.5 TPS54519的引脚功能

引脚符号	引脚	功能描述
AGND	5	模拟电压地
BOOT	13	在PH与BOOT脚之间接一自举电容。此脚建立电压低于欠压值时，IC的输出将被迫使停止输出
COMP	7	输入与输出电流经内误差比较放大器输出端，外接频率补偿元件
EN	15	使能脚，内部上拉电流源。此脚电压低于1.18V时将禁止工作。用两个附加电阻设置UVLO开/关的门限值。高于1.25V，IC启动工作
GND	3, 4	功率部分地
PH	10, 11, 12	内部高边驱动功率管的源极和低边驱动MOSFET管的漏极，欠压保护时门限值2.1V
Thermal Pad	17	地脚，必须连接到裸露的电源板上，保证电路正常工作
PWRGD	14	开漏输出，显示为低。因热关断、过流、过压/欠压或EN关闭，将使输出为低
RT	8	定时电阻
SS/TR	9	软启动，外接一只电容设置输出电压上升时间，该脚还有监测功能
VIN	1, 2, 16	输入电压 2.95~6V
VSENSE	6	输出电压反馈输入，通过外接电阻送入IC内部，与0.6V基准电压比较，设置IC输出端电压高低

6. MP8606DL——1.15V 核供电转换IC（MS901K机芯使用）

MS901K主芯片和6M40上使用的核电压1.15V并没有使用TPS54519，而是使用了新型电压转换器MP8606DL。它比TPS54519 具有更高的持续供电电流，规格能达到6A。TPS54519规格为5A。机芯单板用量为2个，其中U008为机芯核供电，U1106为6M40的核供电。

此电源块属于BUCK降压，电路中需要注意三个外围参数的理论设置，FB为反馈电压设置，通过分压电阻调整，可以改变输出电压的大小，参考电压0.6V。图3.41所示为MP8606DL在MS901K机芯的应用电路图。

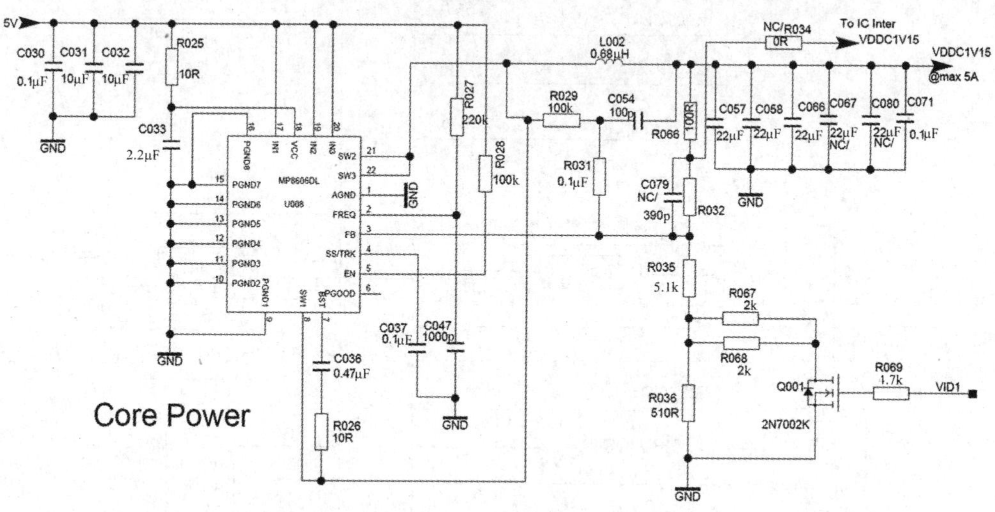

图3.41 MP8606DL在MS901K机芯的应用电路图

MP8606DL引脚功能说明：2脚频率设定脚；3脚FB反馈脚；4脚SS/TRK软启动；5脚EN使能，当高于1.6V时IC启动工作，此脚与供电脚之间常有100kΩ电阻。6脚PGOOD，漏极输出；7脚电压自举端，此脚与SW脚之间接自举电容，形成提供一个浮动电源为高边开关管栅极提供驱动电压；8，21，22脚为SW开关驱动输出，外接储能电感。

3.3.5　主板关键IC、关键电路介绍

MS901整机机芯均是围绕主芯片MSD6A901IV完成TV、AV、HDTV、VGA、USB、HDMI、MHL、网络等各类信号接收处理，MS901机芯主板外接一些功能板，如DTV接收板、USB接收转接板等，这些电路此文不做介绍，现就主板涉及的电路给大家介绍。图3.42所示

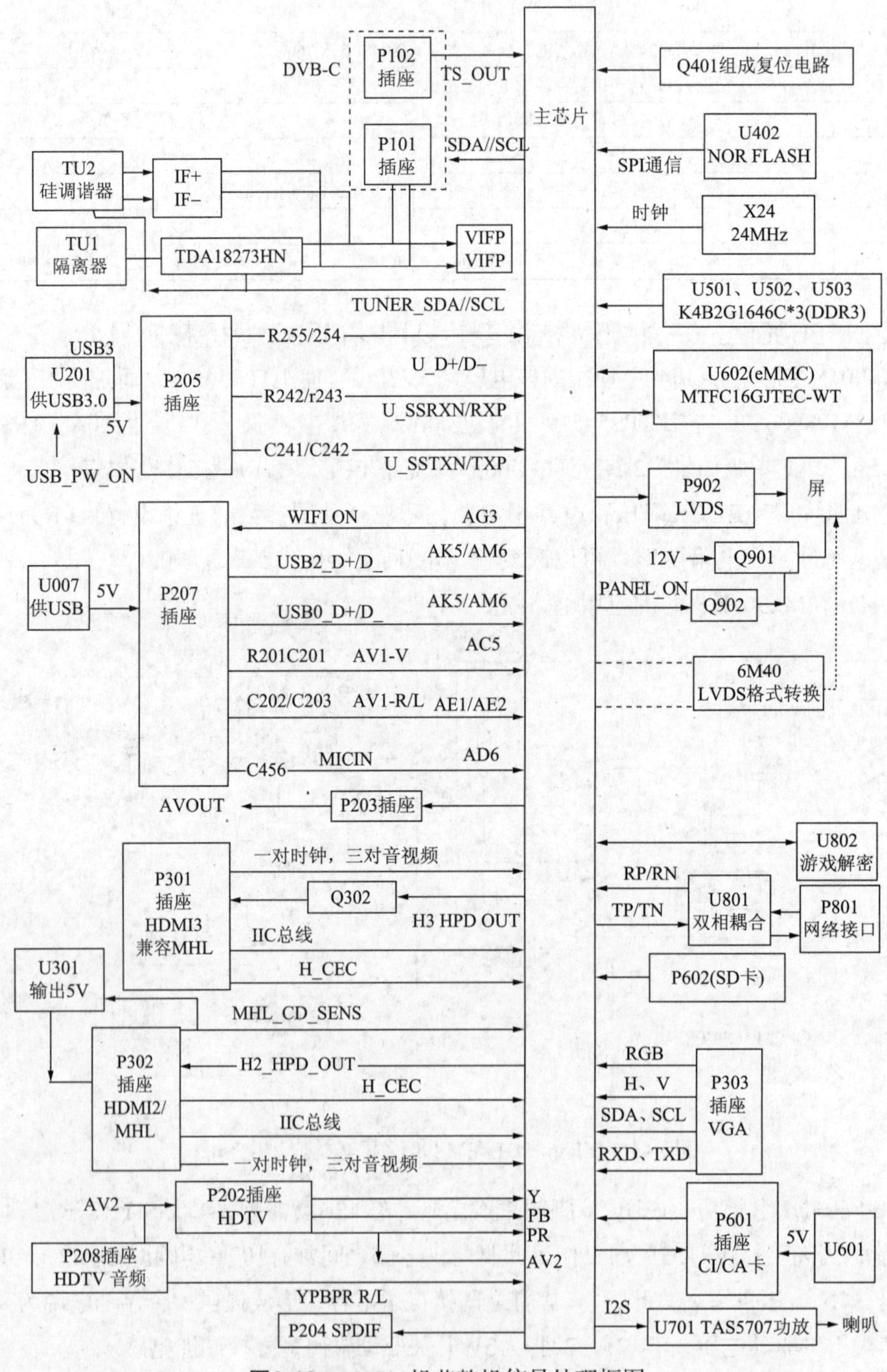

图3.42　MS901机芯整机信号处理框图

为MS901机芯整机信号处理框图。MS901与MS901K的区别在于电路上少了6M40处理电路。同机芯生产的整机因为推出时间不同，主板中使用的DDR3或eMMC型号可能不同，整机软件版本也有多种，软件下载需到官方网站下载。

1. 主芯片MSD6A901IV功能特点介绍

此芯片是Mstar公司研发的芯片，内有高速运行的ARM9 cortex双核微处理器，主频1.2GHz，4核ARM mali400 MP4 GPU，基于Linux 的记忆管理单元，全双工异步发送/接收器（UART，Universal Asynchronous Receiver/Transmitter），支持8bit / 10bit 双通道LVDS 输出，支持PAL、NTSC、SECAM等电视制式解码，MPEG解码、H.264 高清解码、3D 制式、DVB-C 有线数字电视解调，另外与HDMI 兼容支持1 路MHL 输入（支持MHL 1.2 协议，最大支持75MHz@1080P 24/30Hz输入），最后还支持1 路USB3.0输入。由于芯片内嵌入了ARM9 cortex 双核微处理器、4核的ARM mali400 MP4 GPU及基于Linux的操作系统，所以能够实现MS901产品所具有的一切智能功能。MSD6A901IV的引脚分布如图3.43所示。

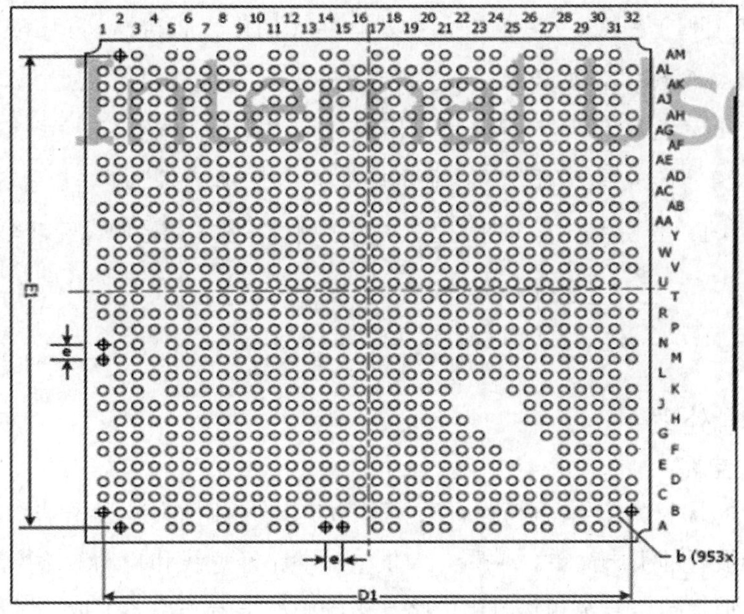

图3.43　MSD6A901IV的引脚分布

◎知识链接………………………………………………………………

主芯片涉及新知识介绍

① Cortex-A9系统处理器具有高速计算、运行速度高、耗能低的操作系统，提供交互媒体和图形体验，为用户提供丰富的应用生活服务。在低功耗或散热受限的敏感型设备中，采用Cortex-A9处理器最为理想，Cortex-A9 处理器可作为单核或配置成多核处理器，在各种智能应用产品上广泛应用。此处理的更多特点可参考其他资料介绍。

② Arm mali400 MP4 GPU是ARM微处理器生产商研发的一种图形处理器。Arm mali400 MP4 GPU是世界上第一个符合OpenGL ES 2.0标准的多核GPU，将二维和三维加速性能扩展到1080像素的分辨率，同时保持 ARM功耗和带宽效率方面的领先地位。Mali-400 MP通过OpenVG 1.1支持二维矢量图形，通过OpenGL ES 1.1 和 2.0支持三维图形，并基于开放标准提供完整的图形加速平台。此图形处理器实现了从单核到四核的灵活配置，以实现在智能手机、平板电脑到平板电视、智能游戏机各种场合的应用。虽然采用多核配置，但只需单一驱动程序栈，因此应用程序移植、系统集成和维护过程也就变得非常简单了。由于它采用同行业的标准接口和通信控制接口，从而可以嵌入在系统集成电路中，还能实现与其他架构进行总线通信，并且支持广泛第三方应用程序、中间件和工具。

③ 双核、多核。双核就是有两个Core，是CPU最重要的组成部分，即核心电路，它由单晶硅以一定的生产工艺制造出来的，CPU所有的计算、接受/存储命令、处理数据都由核心电路执行。双内核应该具备两个物理上的运算内核，多核的概念大家也就不难理解了。理论上芯片厂家可以生产满足应用需要的速度越来越快的单核处理器，但实践证明系统处理时钟速度达3GHz时，单核的功耗却增加很多，如在2005年计划中的4.0GHz “Tejas”处理器，芯片的运行时功耗超过100W。IC功耗增加意味着需要加大散热的设备，才能保证它稳定工作，但增加冷却设备会导致设计成本上升，同时还无法保证电路稳定，显然这不可行，故英特尔这一成果被中断，后采用双核或多核来提高处理速度，同时解决了散热的问题。这就是现在的平板产品、电脑和手机产品都在广泛使用多核，并且整机内控制系统并没有用像电风扇之类的冷却设备的原因。

---

2. RF信号处理

（1）调谐电路。

MS901机芯接收的RF信号可设计成两种方案，一种是由硅调谐器TUN2部件来完成，此调谐器设置的引脚简单，一路3.3V供电，一路经总线和自动增益控制电路后，在总线控制下完成模拟信号选频，输出两路平衡的中频信号去主芯片或数字信号信道调谐后，去DVB-C解压电路。另一种方案是将调谐器内的电路设计在主板上，这样设计的好处是，当电视机出现调谐方面的故障时，可以进行电路维修，降低设计成本和用户的维修成本费用。这种调谐方式由主板设计的TDA18273HN（电路编号为UT1）来实现，这是一个可以接收模拟和数字信号具有硅调谐器功能的IC，它能用于地面和有线电视接收。支持所有模拟和数字电视标准，并输出IF信号去TV模拟信号检波电路或去数字信号的信道解调器。

（2）TDA18273HN特点。

① 内部集成有完全的中频选择特性部件，因此外部电路上无需设置声表面滤波器SAW。

② 兼容世界范围内多标准地面无线电视和电缆电视信号接收。

③ 完全集成OSC振荡。

④ 全过程频率自动跟踪校正功能。

⑤ 整个IC只需一路3.3V供电（最高不超过3.6V），无需外加30V调谐电压。接收42~870MHz频道内节目。可以接收UHF且相位抖动小（0.4°~0.6°）。

⑥ 功率电平检测器。通常模拟频道峰值功率与数字频道的平均功率是不同的。当模拟频道被调制时，它的平均功率会降低。

⑦ 集成有宽带增益控制（针对DTV进行AGC控制）。

⑧ 16MHz晶体振荡器设计有缓冲输出，满足各种单晶体设计的场合应用。

⑨ 上拉3.3V的I^2C总线接口，接受来自微处理器的控制信号，实现模拟频道调谐、伴音制式切换、节目自动搜索和数字电视自动调谐接收。

⑩ 自动增益AGC同步跟踪控制模式。

⑪ 时间跟踪校正非常快。

⑫ IF输出信号频率变化范围在3~5MHz。

⑬ 1.7MHz，6MHz，7MHz，8MHz到10MHz的信道带宽。

⑭ 具有兼容第二代欧洲数字地面电视广播传输新标准DVB-T2 和有线电视新标准DVB-C2的考虑。

⑮ 防静电标准−2kV~2kV。

图3.44所示是TDA18273HN内部信号处理框图。IC的引脚功能见表3.6。图3.45所示是此IC在MS901机芯上的应用电路图。

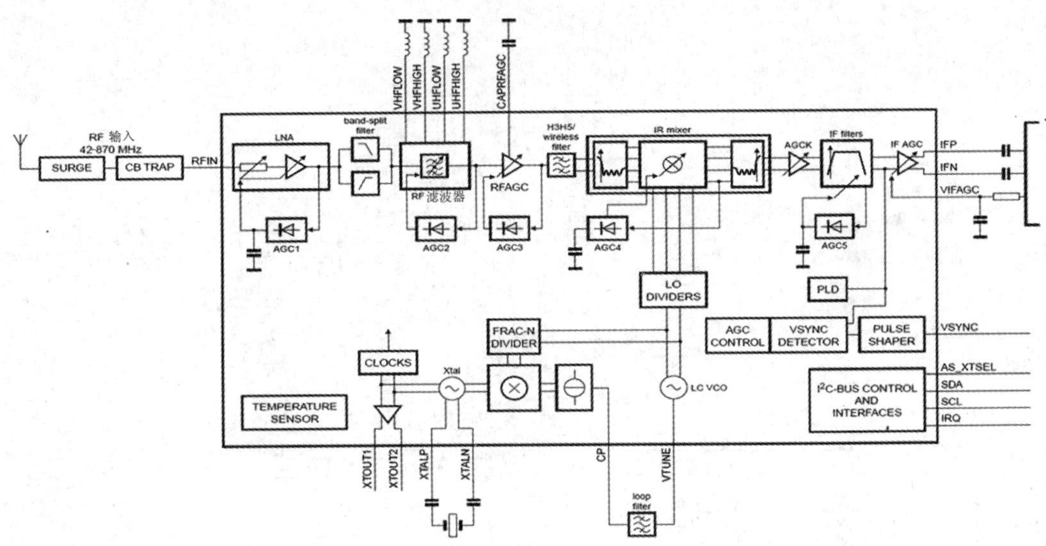

图3.44 TDA18273HN内部信号处理框图

UT1在主芯片送出I^2C总线信号控制下，完成对RF信号的VHF、UHF频道模拟或数字信号或信道选频、调谐后，送出IF正反相两路信号分成两路，一路接入主芯片的AJ1、AJ2引脚，另一路经插座P101去DVB-C信道解调和解复用处理电路。UT1增益控制信号来自

表3.6　TDA18273HN引脚功能

序　号	引　脚	功　能	序　号	引　脚	功　能
1	VCC1-R	RF单元供电（3.3V）	23	GND6	数字地
2	RFIN	射频信号RF输入	24、25	IFN、IFP	IF正、负极输出
3、4	NC		26	GND7	数字地
VCO	GND1	数字地	27	VCC-IF	IF单元供电（3.3V）
6	AS_XTSEL	I^2C总线地址和时钟电平选择输入	28	VIFAGC	来自中放电路的IF自动增益控制输入端（最大3.3V）
7	GND2	数字地	29	VSYNC	AGCS同步输入
8、9	TEST1/2	控制模式测试	30	IRQ	内部响应输出
10	GND3	数字地	31	VHFSUPPLY	RF调谐器VHF供电
11、12	SDA/SCL	3.3V驱动总线接口接入	32	VHFLOW	甚高频VHF低输入
13	GND4	数字地	33	VHFSENSE	甚高频VHF检测
14、15	XTAL	接16MHz晶体	34	VHFHIGH	甚高频VHF高输入
16	VCC-SYNTH	合成电路供电	35	VCC2-RF	RF调谐器供电
17	CAPREGVCO	VCO校正器滤波输入	36	UHFLOW	超高频UHF低输入
18	GND5	数字地	37	UHFSUPPLY	超高频UHF供电
19	VTUNE	VCO调谐电压输入	38	UHFHIGH	超高频UHF高输入
20	CP	充电泵输出	39	RFAGC_SENSE	RF AGC检测器
21、22	XTOUT1/2	晶体振荡器缓冲输出1/2	40	CAPRFAGC	AGC滤波电容

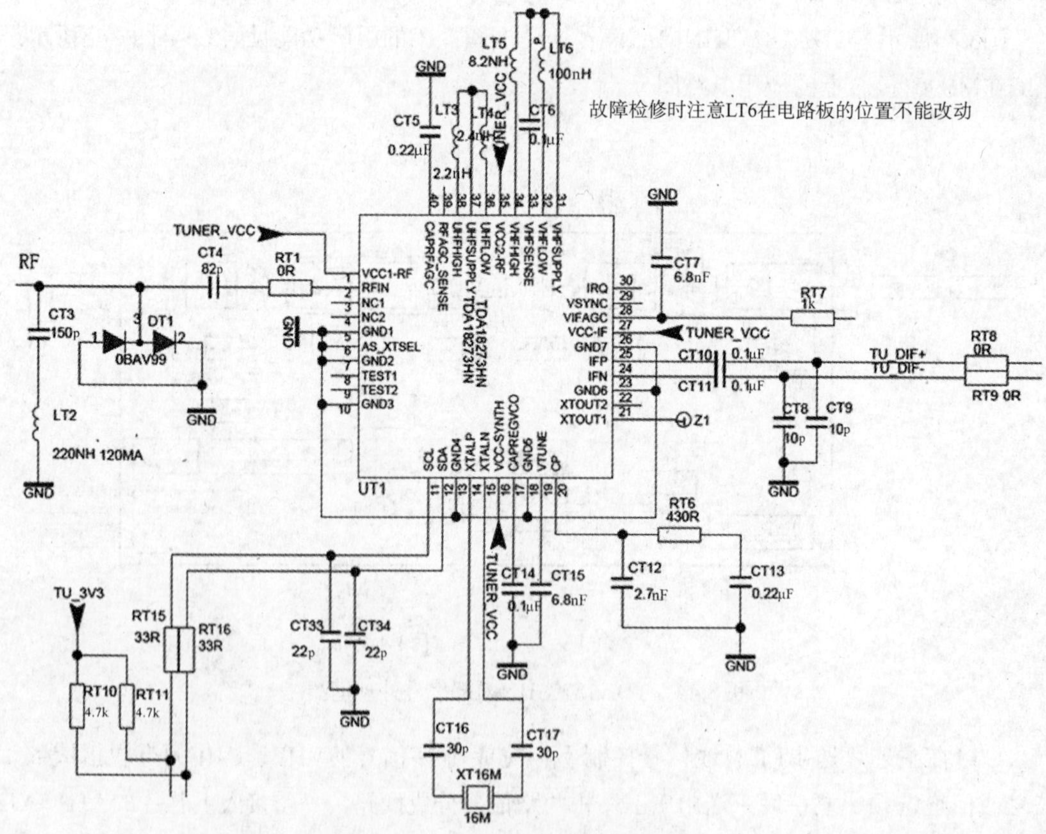

图3.45　MS901机芯的应用电路图

两部分电路，当电视机工作在模拟TV状态时，由主芯片内中频放大处理检测出增益变化电平，由AG1脚输出去调谐器控制IF增益，此路增益控制信号通过电阻R140接在3.3V电源上，再经R107、RT7接入UT1（28）脚，控制UT1输出IF信号增益。UT1输出IF信号频率自动校正由I^{2}C总线控制自动跟踪完成。当电视工作在DVB-C数字电视状态时，由DVB-C模块输出信道增益DIF_AGC_DTMB经插座P101（5）脚、R108、RT7去UT1（28）脚，实现对调谐器输出数字电视复用信道幅度控制。

要说明的是，当电路中使用调谐器TUN2时，UT1组成的电路将不再使用，同样电路使用UT1时，TUN2组成的电路将不再使用。电视机工作在模拟电视信号状态时，TUN2或UT1输出的模拟信号中的IF中频信号均并入主芯片AJ1、AJ2脚，电视机工作在数字状态时IF信号均通过插座P101（4）（6）脚接入信道解调电路。TUN2组成电路如图3.46所示。TUN2工作需3.3V供电和一路I^{2}C总线，完成模拟及DVB-C信道调谐，输出IF正反相两路数字中频到P101所接DVB-C信道解调电路和主芯片做视频检测处理。

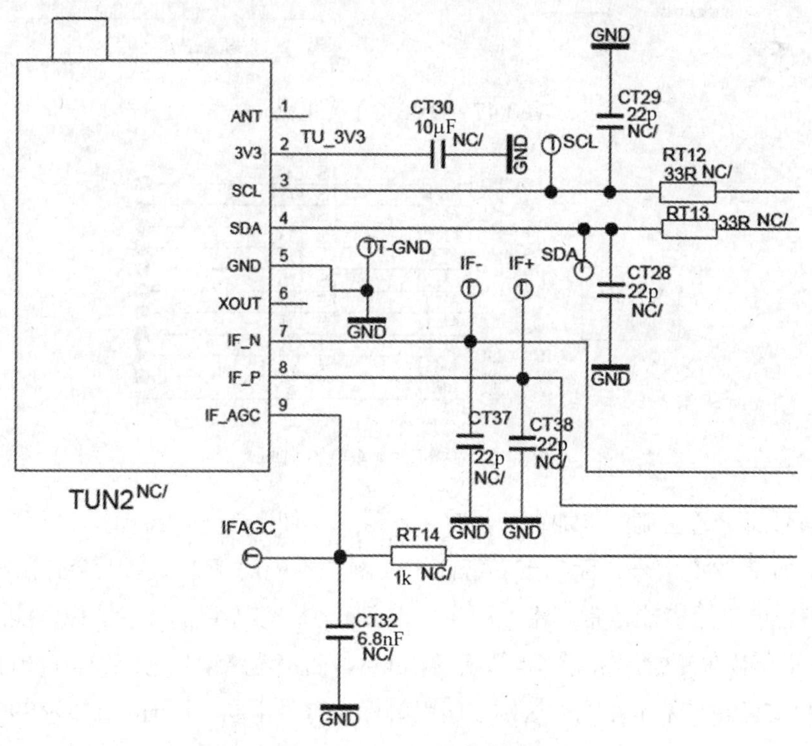

图3.46　TUN2组成电路

（3）模拟ATV电视信号。

电视机工作在模拟ATV电视状态时，主芯片MSD6A901IV（U400）AJ1、AJ2脚送入的两路IF中频信号在IC内进行中频放大、AGC检测、视频检测等处理后，形成的视频信号直接去视频切换电路，与AV端子送入的信号进行选择后，去数字梳状分离、色解码、ADC变换、格式转换、LVDS编码等处理后，经LVDS插座去屏逻辑处理电路，被逻辑电路分解成驱动液晶屏TFT晶体管工作所需的行列驱动信号，控制TFT导通、截止，在TFT薄膜晶体管DS极间形成电压差，控制相对液晶分子旋转角度，从而实现对透过液晶分子背光量的控制，最终在液晶屏正面形成要看到的电视画面。

（4）DVB-C信号。

电视机切换到DVB-C状态时，调谐器送出数字信道信号接入P101、P102两插座（见图3.47）所接的DVB-C单元电路。对数字IF信号进行系列解复用处理，最终形成TS数据流信号（TSD0~TSD7）、时钟信号TS_CLK_DEMO、同步信号TS_SYNC、数据有效信号TS_VLD去主芯片U400的AL12、AK12等引脚，如图3.48所示。

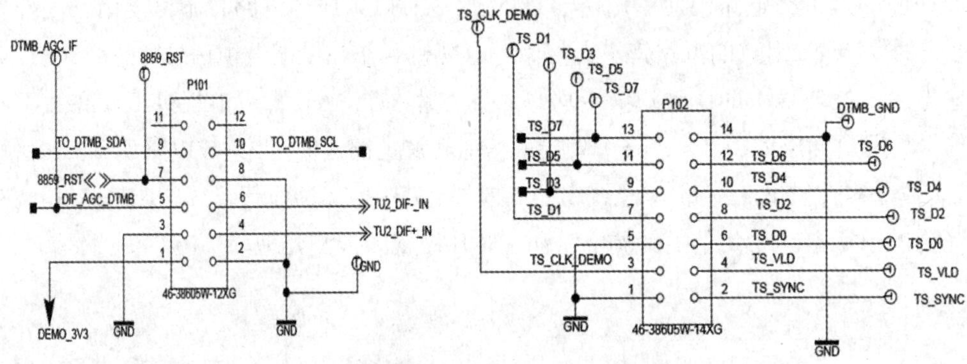

图3.47 DVB-C单元电路

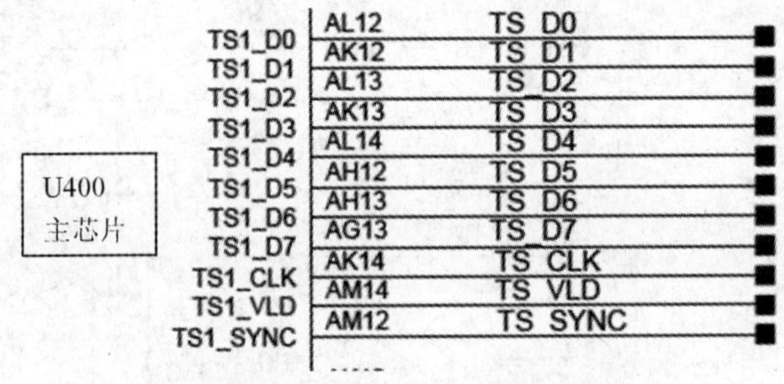

图3.48 主芯片U400的引脚

当TS信号属于透明流（未加密信号时）信号，即使不接入CI/CA卡，屏幕上也能显示图像。对于加密TS流信号，无CI卡和智能卡时图像不能解密，屏幕上会弹出相应提示，插入相应CI智能卡后应能正常解密，图像、声音正常，移除智能卡后图像不能解密，插入智能卡后，应能恢复正常解密能力。该机芯CI/CA卡插座电路编号为P601。P601引脚功能与长虹PM38机芯的JP15基本相同，区别在于引脚标注符号不同，同时TCL的MS901主板电路上没有设置长虹电视上使用的双向选择开关U23这样的电路，这部分电路全在主芯片U400内部。图3.49所示是P601插座各脚传送的DTV信号与主芯片进行通信的控制信号和加密及被解密后的数据流信号。

主芯片与CI/CA卡间传送的信号分两部分，一是由CI/CA卡中控制系统进行控制的数据、地址及指令信号，启动CI/CA卡系统电路，另一部分是加密的TS流数据信号去CI/CA卡电路进行解密处理，经过解密后的信号包TS又返回主芯片进行解复用和解压处理，形成数字图像信号和数字音频信号去各自通道。图像信号经格式转换、LVDS编码后去屏上显示处理。伴音信号去音效处理电路，经音频选择、音效处理后，去功率放大器电路放大

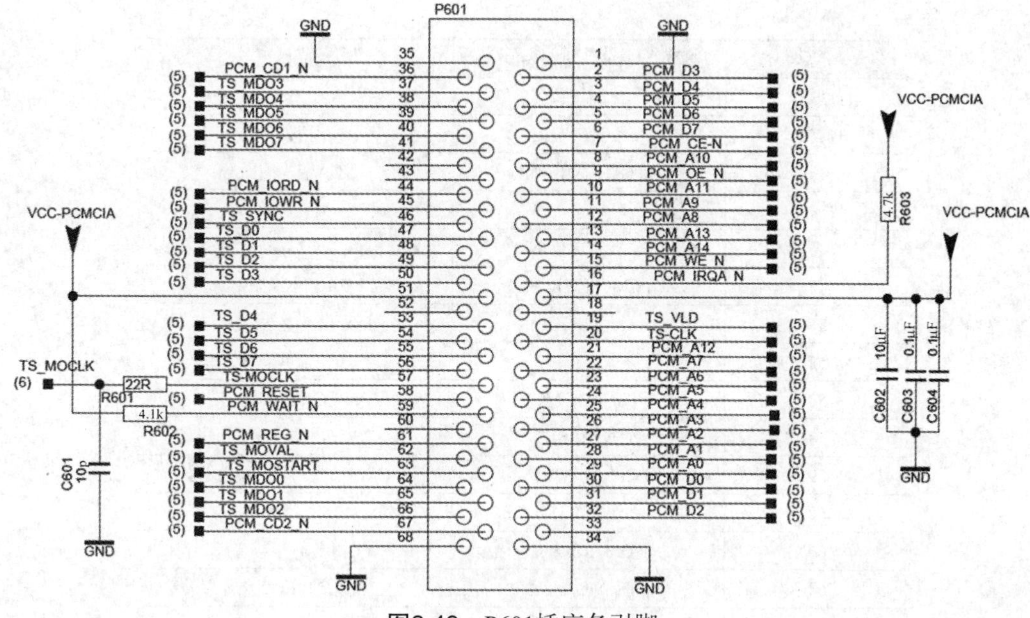

图3.49 P601插座各引脚

推动扬声器工作。

DTV功能实现条件如下：

① CI/CA卡，与当地电信商联系购买当地销售的CI/CA卡。

② 将CI/C卡插入PCMCIA卡槽中（P601）。

③ 主板开关电源U601输出正常5V去CI/CA卡。

CI/CA卡插入PCMCIA卡槽（见表3.7），有识别信号PCM_CD1_N、PCM_CD2_N送入主芯片，主芯片判定后，启动与PCMCIA通信的控制信号、数据、地址信号与PCMCIA卡的系统电路进行数据交换。同时该识别信号合并接入Q601的b极，Q601饱和，Q601的c极为低电平接入U601（3）脚，从而保证U601（4）脚输入5V通过内部电路从5脚输出去

表3.7 PCMCIA卡槽引脚功能介绍

引 脚	符号（与主芯片间交换信号）	功能描述
1	GND	地
2 ~ 6、30 ~ 32	PCMD0 ~ PCMD7	8位卡识别数据信号
8、10 ~ 14、21 ~ 29	PCMA0 ~ PCMA14	共15路地址信号
7	PCM_CE-N	CI/CA卡输入使能信号
9	PCM_OE_N	CA卡输出使能信号
15	PCM_WE_N	CA卡写控制使能
16	PCM_IRQA_N	中断请求控制
17	VCC-PCMCIA	CA卡5V供电
18	NC	空脚
19	TS_VLD	TS加密数据流有效信号（MPEG2）
20	TS-CLK	TS加密数据流中的时钟信号
46	S_SYNC	TS加密数据流中的同步信号
47~50、53~56	TS_D0~TSD7	TS加密数据流8位信号（并传输）

续表3.7

引　脚	符号（与主芯片间交换信号）	功能描述
33		空脚
34、35	GND	地
36	PCM_CD1_N	CI/CA卡检测信号
42、43		空脚
44	PCM_IORD_N	CI/CA卡读控制信号
45	PCM_IOWR_N	CI/CA卡写控制信号
51	VCC-PCMCIA	5V供电
52		空脚
57	TS_MOCLK	MPEG-2时钟输出
58	PCM_RESET	PCM卡复位信号
59	PCM_WAIT_N	PCM卡扩展周期控制信号
60		空脚
61	PCM_REG_N	PCM卡寄存器选择
62	TS_MOVAL	有效MPEG2输出
63	TS_MOSTART	MPEG2输出开始
64～66	TS_MDO0～TS_MDO2	
67	PCM_CD2_N	卡检测信号
68	GND	地

PCMCIA卡电路。U601型号是RT9711A，在此作5V开关控制。

注：有关CI/CA卡更多电路知识见长虹PM38机芯DTV部分的介绍。

3. AV1、AV2、HDTV信号、VGA信号电路介绍

四路模拟信号经相应插座送入主芯片，其中AV1音视频信号从P207连接的转换电路板接入主电路板，经R203、C202进入主芯片U400。节目源AV2视频信号共用了PBPR信号源的PR通道，经R213、C212进入主芯片U400。音频R/L信号也共用YPBPR音频插座P208，再进入主芯片音频处理电路。TV/AV经主芯片切换后的视频信号从主芯片输出，经Q201、Q202缓冲放大后，去AV输出端口。输出R/L音频信号经Q203、Q204放大后，去AV输出端口。表3.8列出各路模拟信号源与主芯片相关引脚及关键元件信号，供维修参考。

表3.8　各路模拟信号与主芯片相关引脚中的关键元件

节目源	经过元件	U400（脚）	说　明
AV1-V	R201、C201	AC5	
AV1_LIN	R203、C202	AE1	
AV1_RIN	R202、C203	AE2	
AV1共用端VCOM0	C206、R207	AA6	此通道元件变质会影响AC5脚信号输入
AV2_V_IN	R213、C212	AB5	
AV2-R/YPBPR-R	R208、C207	AE3	
AV2-L/YPBPR-L	R210、C208	AD1	
AVOUT1	Q201、Q202放大	AC4	AV音视频输出，去插座P203
AVOUT1_R	Q203、C234	AG5	

续表3.8

节目源	经过元件	U400（脚）	说 明
AVOUT1_L	Q204、C235	AG4	
YPBPR- HD1_SOG_IN	R215、C215	Y3	去同步分离电路恢复成行场同步信号，此路信号异常，会导致YPBPR节目画面图像不同步或无图1。此路信号来自Y通道分支
YPBPR-Y	R215、C214	Y2	Y信号对应负相端R219、C218接地
YPBPR-PB	R214、C213	W1	PB对应负相端R218C217接地
YPBPR-PR	R212、C211	AA2	PR对应负相端R217C216接地
VGA-R	R349、C350	W3	R对应负相端C355、R346到地
VGA-G	R350、C351	V3	G对应负相端C356、R347到地
VGA-B	R353、C353	T2	B对应反相端C354、R348到地
VGA_HS	R352	Y4	行同步信号
VGA_HS	R351、C352	U2	HS另作VGA接收SOG识别信号
VGA_VS	R354	Y5	场同步信号
VGA_SCL（15）脚	R339	J5	2条总线4路数据信号可分别在软件写程时使用，二者选择其一作为写软件时使用。同时VGA的I²C总线还通过主芯片去读取保存在用户存储器中的DDC数据，见图3.50
VGA_SDA（12）脚	R341	J6	
VGA_TXD（11脚）	J6	J6	
VGA_RXD（4）脚	R345	J5	

说明：

① VGA插座P303中有两对通信通道，在写程时使用。二者均并入主芯片J6、J5脚，软件升级要么使用I²C总线通道，要么使用TX、RX通道对系统进行软件刷新，如图3.49所示。

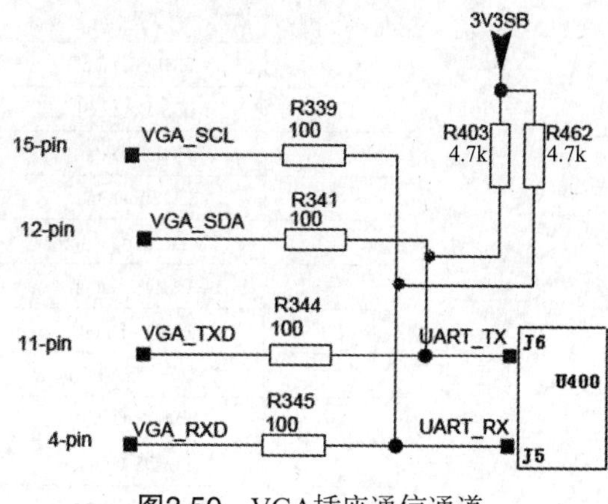

图3.50 VGA插座通信通道

② 表3.9中列出了许多模拟信号输入的同时，还对应列出了一路负相输入通道。负相输入端通常通过*RC*串联接地，这是由于信号输入的内电路是一个差分运算放大器，采用这种正、反相输入设计，可抵消信号在传输过程中受到的干扰。反相输入通道如果出现故障会影响正相端信号去后续电路处理，出现相应节目源无图或图异。

③ SOG信号用于恢复行场同步信号。当有节目送入相应通道的正相端，正、反相将产生电压差，主芯片检测到电压差存在时，便启动相应节目源所接电路工作。

4. HDMI高清晰度多媒体信号处理

（1）HDMI概念。

高清晰度多媒体接口（High Definition Multimedia Interface，HDMI）是一种全数字化图像和声音传送接口，用一根线传送未压缩的音频及视频信号。HDMI可用于机顶盒、DVD播放机、个人电脑、电视游乐器、综合扩大机、数字音响与电视机等设备。在传送时，各种视频数据被HDMI收发芯片以“最小化传输差分信号”（TMDS）技术编码成数据包。将原始数据通过异或非等逻辑算法形成10位的数据差分信号。HDMI对音频信号的传送既能支持非压缩的8声道数字音频传送，也能传送任何压缩音频流，如Dolby Digital或DTS，同时支持SACD所使用的8声道的1bit DSD信号。HDMI 1.3规格中，还支持超高数据量的非压缩音频流，如Dolby TrueHD与DTS-HD。

HDMI的接口分4类，分别是HDMI Type A、B、C、D，如图3.51所示。

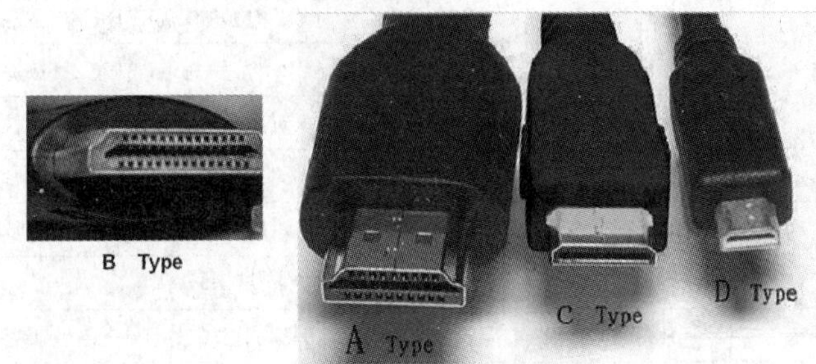

图3.51 HDMI的接口

① A型端口。插座引脚有19个，现在电视产品几乎都使用此端口，端口宽度为13.9mm、厚度为4.45mm。其引脚传送信号种类见表3.9。

表3.9 A型端口引脚传送信号种类

引 脚	传送信号	引脚信号描述
1	TMDS Data2+	TMDS 数据2+
2	TMDS Data2 Shield	TMDS 数据2 屏蔽线
3	TMDS Data2–	TMDS 数据2–
4	TMDS Data1+	TMDS 数据1+
5	TMDS Data1 Shield	TMDS 数据1 屏蔽线
6	TMDS Data1–	TMDS 数据1–
7	TMDS Data0+	TMDS 数据0+
8	TMDS Data0 Shield	TMDS 数据0 屏蔽线
9	TMDS Data0 –	TMDS 数据0–
10	TMDS Clock+	TMDS 时钟信号+
11	TMDS Clock Shield	TMDS 时钟信号 屏蔽线
12	TMDS Clock–	TMDS 时钟信号–
13	CEC	CEC
14	Reserved (N.C. on device)	保留引脚（如探测设备是否正在运行）
15	SCL	SCL
16	SDA	SDA
17	DDC/CEC Ground	DDC/CEC 接地
18	+5V	+ 5V
19	Hot Plug Detect	热插拔监测

② B型端口。引脚有29针，宽度21mm，传输A型端品两倍的TMDS资料量，相当于DVI Dual-Link传输，用于传输高分辨率（WQXGA 2560 × 1600以上）信号，电视设备上使用率较低，主要是一些专业领域使用。其引脚功能见表3.10。

表3.10 B型端口引脚功能

引 脚	传送信号	引脚信号描述
1	TMDS Data2+	TMDS 数据2+
2	TMDS Data2 Shield	TMDS 数据2 屏蔽线
3	TMDS Data2–	TMDS 数据2–
4	TMDS Data1+	TMDS 数据1+
5	TMDS Data1 Shield	TMDS 数据1 屏蔽线
6	TMDS Data1–	TMDS 数据1–
7	TMDS Data0+	TMDS 数据0+
8	TMDS Data0 Shield	TMDS 数据0 屏蔽线
9	TMDS Data0–	TMDS 数据0–
10	MDS Clock+	TMDS 时钟信号+
11	TMDS Clock Shield	TMDS 时钟信号屏蔽线
12	TMDS Clock–	TMDS 时钟信号–
13	TMDS Data5+	TMDS 数据5+
14	TMDS Data5 Shield	TMDS 数据5 屏蔽线
15	TMDS Data5-	TMDS 数据5–
16	TMDS Data4+	TMDS 数据4+
17	TMDS Data4 Shield	TMDS 数据4 屏蔽线
18	TMDS Data4-	TMDS 数据4–
19	TMDS Data3+	TMDS 数据3+
20	TMDS Data3 Shield	TMDS 数据3 屏蔽线
21	TMDS Data3-	TMDS 数据3–
22	CEC	CEC
23	Reserved (N.C. on device)	保留引脚（如探测设备是否正在运行）
24	Reserved (N.C. on device)	保留引脚（如探测设备是否正在运行）
25	SCL	SCL
26	SDA	SDA
27	DDC/CEC GND	DDC/CEC 接地
28	+5V	+5V
29	Hot Plug Detect	热插拔监测

③ C型端口。19针，尺寸为10.42mm × 2.4mm，向微型化发展，主要应用在便携式装置上，例如DV、数码相机、便携式多媒体播放机等领域，其引脚功能与A型有些不同，引脚功能见表3.11。

表3.11 C型端口引脚功能

引脚	传送信号	引脚信号描述
1	TMDS Data2 Shield	TMDS 数据2屏蔽线
2	TMDS Data2+	TMDS 数据2+
3	TMDS Data2 –	TMDS 数据2–
4	TMDS Data1 Shield	TMDS 数据1 屏蔽线
5	TMDS Data1+	TMDS 数据1+
6	TMDS Data1 –	TMDS 数据1–

续表3.11

引脚	传送信号	引脚信号描述
7	TMDS Data0 Shield	TMDS 数据0屏蔽线
8	TMDS Data0+	TMDS 数据0+
9	TMDS Data0 –	TMDS 数据0–
10	TMDS Clock Shield	TMDS时钟屏蔽线
11	TMDS Clock+	TMDS 时钟+
12	TMDS Clock –	TMDS 时钟–
13	DDC/CEC Ground	DDC/CEC地
14	CEC	CEC
15	SCL	SCL
16	SDA	SDA
17	Reserved (N.C. on device)	其他用途
18	+5V Power	5V
19	Hot Plug Detect	热插拔检测

④ D型端口。19针，最新的接口类型，端口更小，尺寸近似于miniUSB接口，尺寸为2.8mm × 6.4mm，更适用于便携和车载设备应用。其引脚功能见表3.12。

表3.12 D型端口引脚功能

引 脚	传送信号	引脚信号描述
1	Hot Plug Detect	热插拔监测
2	Utility	多种用途
3	TMDS Data2+	TMDS 数据2+
4	TMDS Data2 Shield	TMDS 数据2 屏蔽线
5	TMDS Data2–	TMDS 数据2–
6	TMDS Data1+	TMDS 数据1+
7	TMDS Data1 Shield	TMDS 数据1 屏蔽线
8	TMDS Data1–	TMDS 数据1–
9	TMDS Data0+	TMDS 数据0+
10	TMDS Data0 Shield	TMDS 数据0 屏蔽线
11	TMDS Data0–	TMDS 数据0–
12	TMDS Clock+	TMDS 时钟信号+
	TMDS Clock Shield	TMDS 时钟信号 屏蔽线
14	TMDS Clock–	TMDS 时钟信号–
15	CEC	CEC（用一个遥控器控制多台电器设备）
16	DDC/CEC Ground	DDC/CEC 接地
17	SCL	SCL
18	SDA	SDA
19	+5V	+5V

◎知识链接……………………………………………………………………………………

HDMI特点

① 无需加增益电路，传送距离达20m。

② 兼容EDID和DDC2B标准，是设备之间智能选择最佳匹配的连接方式。

说明：

● EDID（Extended Display Identification DATA，扩展显示识别数据），最初是为PC显示器优化显示格式而设计的规范，存储在显示器中专用的容量为1Kb的EEROM存储器中。而HDMI接口，则遵从并且扩展了此规范。HDMI接口在数字电视中采用EDID数据结构，与PC显示器的最大区别是编程数据可以是128Byte的倍数，它不仅规定了数字电视显示的格式，也规定了数字电视视频信号和数字音频信号。

● DDC2B是主机与显示设备准双向通信的协议标准，主要基于I^2C通信协议。只有主机向显示设备发出需求信号，并得到显示器的响应后，显示设备才会向主机送出EDID资料。

③ 强大的版权保护机制HDCP，有效防止盗版。

HDCP全名为High-bandwidth Digital Content Protection，中文名称是“高带宽数字内容保护”。HDCP就是在使用数字格式进行传输的信号基础上，加入一层版权认证保护的技术。这项技术是由好莱坞内容商与Intel公司合作开发，并在2000年2月份正式推出。HDCP技术可以应用到各种数字化视频设备上，例如，电脑的显卡、DVD播放机、显示器、电视机、投影机等设备上。

这项加密技术有别传统的加密技术，它采用双向保护措施，输出与接收设备都有HDCP协议才能实现正常播放，输出与接收设备一方无HDCP保护协议，都将无法正常显示HDMI画面。采用HDMI双向保护技术还能防止非法复制、录制。否则会出现复制、录制的节目质量非常不好，甚至无法使用。

④ 兼容DVI标准。

⑤ 支持热插拔等。

⑥ 发展成为视听设备的标配端口。

……………………………………………………………………………………………

◎知识链接……………………………………………………………………………………

HDMI传输信号的原理

HDMI传输信号采用Silicon Image公司发明的最小化传输差分信号的技术。TMDS是一种成对出现的数字差分方式信号。通过异或及异或非等逻辑算法将原始数据转换成10位，前8位数据由原始数据运算后获得，第9位指示运算方式，第10位对应在编码过程中保证信道中直流偏移为零，电平转化实现不同逻辑接口间匹配，转换后的数据信号以差分方式传送，它是一个串行的传输设计。

HDMI端口传送的信号通常有三对数字信号，一对时钟信号构成了音视频信号的传送，同时还传送一对SCL、SDA信号进行设备间通信，如读取EDID和HDCP使用，见上面端口A、D的介绍。在一个时钟周期内。每个TMDS通道能传送10bit的数据流，这10bit数据又由若干不同的编码格式构成。

◎知识链接

HDMI的HDCP密钥组成及特点

每个支持HDCP的设备都有独一无二的密钥，通常由40组56bit的数组组成，可单独存放在E^2PROM存储器中，也可放置在Flash中，它设置在发送、传输和接收设备中，如图3.52所示。

HDCP传输器在发送信号前，将会检查传输和接收数据的双方是否是HDCP设备，它利用HDCP密钥（Secret Device Keys）让传输器与接收端交换，这时双方将会获得一组ID号并开始进行运算，其运算的结果会让两方进行比照，若运算出来的数值相符，传输器就可以确认该接收端为合法的一方。

传输器确定了接收端符合要求，传输器便会开始进行传输信号，不过这时传输器会在信号上加入一组密码，接收端必须实时进行解密才能够正确的显示影像。换句话说，HDCP并不是确认双方合法后就不管了，它还在传输中加入了密码，以防止在传输过程中偷换设备。具体的实现方法是HDCP系统会每2秒进行接收确认，同时每128帧画面会在发送端和接收端计算一次RI值，比较两个RI值来确认连接是否同步。

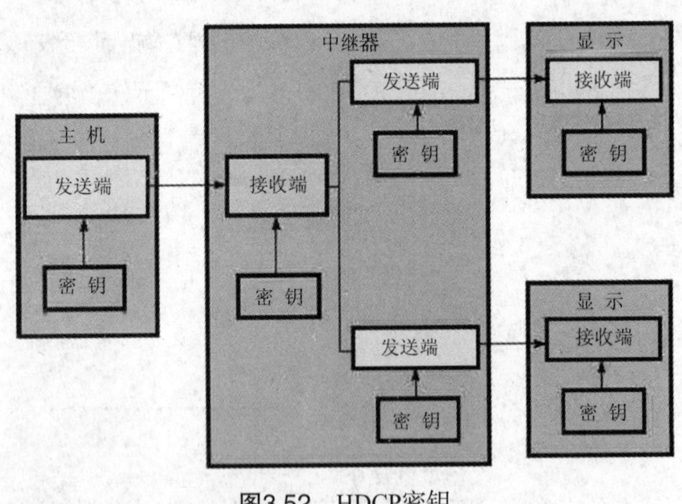

图3.52 HDCP密钥

◎知识链接

HDMI标准的发展

HDMI标准从1.1版本经过1.2、1.3版本发展到现在的1.4a版本。

HDMI 1.0规范在开始的时候，就定义了支持Dolby Digital 5.1（包括Dolby Digital EX）和DTS（包括DTS-ES）。

HDMI 1.1增加了支持DVD-Audio的功能，HDMI 1.2增加了SACD功能，HDMI 1.3增加了对新的无损数字环绕音频格式Dolby TrueHD和DTS-HD Master Audio的支持。

HDMI1.3标准特点如下：

① 传送信号速率提高。HDMI 1.3规格中，TMDS连接带宽从原来1.2版本的最高165MHz提到 340MHz，数据传输率也从4.96Gbps提升到10.2Gbps，可以支持更高数据量的高清数字流量，如果采用Type B型双路TMDS连接，则可以在此基础上再提升一倍系统带宽。HDMI 1.3可以支持更高的帧刷新率，1080p@120Hz格式、720p@240Hz和1080i@240Hz，以及更高的分辨率（1440p）。

② 支持高色深。在HDMI 1.3标准之前，HDMI标准只支持24bit色深（R/G/B每种8bit色深），而HDMI 1.3则可以支持24bit/30bit/36bit/48bit的（RGB或者YCbCr）色深。可以传输色阶更加精确的图像。

③ 支持扩展色域。在新一代平板电视中采用的“xvYCC”（又名“x.v.Color”）广色域标准也得到了HDMI 1.3版本的支持。xvYCC是国际照明协会IEC最新的广色域标准，支持xvYCC的显示设备可以显示出更加生动、自然的色彩，特别是红色和绿色表现力非常出色。

④ 支持无损压缩数字音频流。1.3版本之前的HDMI标准只支持最高192kHz、24bit的压缩数字音频，对于最新的多声道无损压缩技术以及非失真压缩音源缺乏支持（如Dolby TrueHD和DTS-HD Master Audio，它们已经在新一代家庭影院和数字光盘中开始使用）。因此HDMI 1.3标准中加入对它们的支持。

⑤ 提供更加精准的音视频同步功能。

⑥ 向下完全兼容，同时也兼容DVI标准。

HDMI1.4标准特点如下：

HDMI1.4版本在2009年6月正式推出。HDMI1.4推出后，标准规定了HDMI线缆制造商在销售和宣传HDMI 1.4版标准线缆时，在2012年1月1日前去除所有HDMI线缆版本号标识，规定厂商应在明确显示所使用技术的前提下应用版本号标识，如“HDMI v.1.4 with Audio Return Channel and HDMI Ethernet Channel”（即表示此电缆属于HDMI 1.4版，同时支持ARC音频回授通道和HEC以太网通道），但严禁使用笼统的“HDMI v.1.4 compliant”（兼容HDMI 1.4）。

HDMI1.4线缆共有5种类型，今后规范的标识方式分别为：

① Standard HDMI Cable 中文规范名称：标准HDMI线（最高支持1080/60i）。

② Standard HDMI Cable with Ethernet：标准以太网HDMI线。

③ Standard Automotive HDMI Cable ：标准车载HDMI线。

④ High Speed HDMI Cable ：高速HDMI线（支持1080p、Deep Color、3D）。

⑤ High Speed HDMI Cable with Ethernet：高速以太网HDMI线。

HDMI1.4版本较1.3版本增加了如下典型功能：

① HDMI以太网通道（HDMI Ethernet Channel，HEC）。HDMI1.4版本数据线将增加一条数据通道，支持高速双向通信，用于百兆以太网发送和接收数据，可满足任何基于IP的应用。

HDMI1.4以太网通道允许基于互联网的HDMI设备和其他HDMI设备共享互联网接入，无需另接一条以太网线。新功能还提供了一个连接平台，允许HDMI设备之间共享内容。

② 音频回授通道（Audio Return Channel，ARC）。该通道可减少音频向上传送、处理和播放时所需要的线缆数量。在高清电视直接接收音频和视频内容的状态下，这个新通道能让高清电视通过HDMI线把音频直接传送到A/V功率放大器接收机上，无需另外一条线缆。

③ 3D传送。

④ 支持4K×2K分辨率。

HDMI设备支持的高清分辨率将达到4K×2K，四倍于高清的1080p，能够和众多数字家庭影院以同样的分辨率传输内容。4K×2K具体格式：3840×2160 24Hz/25Hz/30Hz；4096×2160 24Hz。各HDMI接口规范的对比见表3.13。

表3.13 各HDMI接口规范的对比

版本号/发布日期	信号频率	数据带宽	对比上一代规范	备 注
1.0（2002.12）	165MHz	4.95Gbps	原始标准，最近已基本淘汰	已废弃
1.1（2004.5）	165MHz	4.95Gbps	增加DVD-Audio支持等	已废弃
1.2（2005.8）	165MHz	4.95Gbps	增加SACD音频支持等	已废弃
1.2a（2005.12）	165MHz	4.95Gbps	增加兼容性认证等要求	极少使用
1.3（2006.6）	340MHz	10.2Gbps	提高通信带宽，增加TrueHD和DTS-HD音频支持等	将废弃
1.4（2006.6）	340MHz	10.2Gbps	以太网络通道/音频回传通道/3D功能/支持4K×2K分辨率/色彩空间的扩展	逐渐成为主流

（2）HDMI在MS901机芯上的应用。

MS901机芯的主芯片U400设计有3路HDMI接收端口，但实际只使用了两个端口，其中有一路还能兼容接收来自MHL的数字信号。主板设计的HDMI插座P301是用于普通HDMI信号的输入端口，如图3.53所示。根据前面介绍的内容可以看出，此HDMI端口使用的是A型端口。

图3.53中插座P301（15、16）脚所接总线，是HDMI设备连接主芯片M901的通道，通过此总线接入U400（R6、T6）两脚，再经主芯片输出的SPI总线读取保存在Flash块中的HDCP数据，实现连续读取TDMS数据包的目的。19脚热插拔识别信号来自Q302的C极，Q302基极控制信号H3_HPD_OUT来自主芯片R5脚。当电视机接上外设的HDMI端口时，外设5V（H3_5V）通过插座P301（18）脚接入电视机的主板上，此电压有以下几个用途：

① 给15、16脚总线提供偏压，实现总线通信。

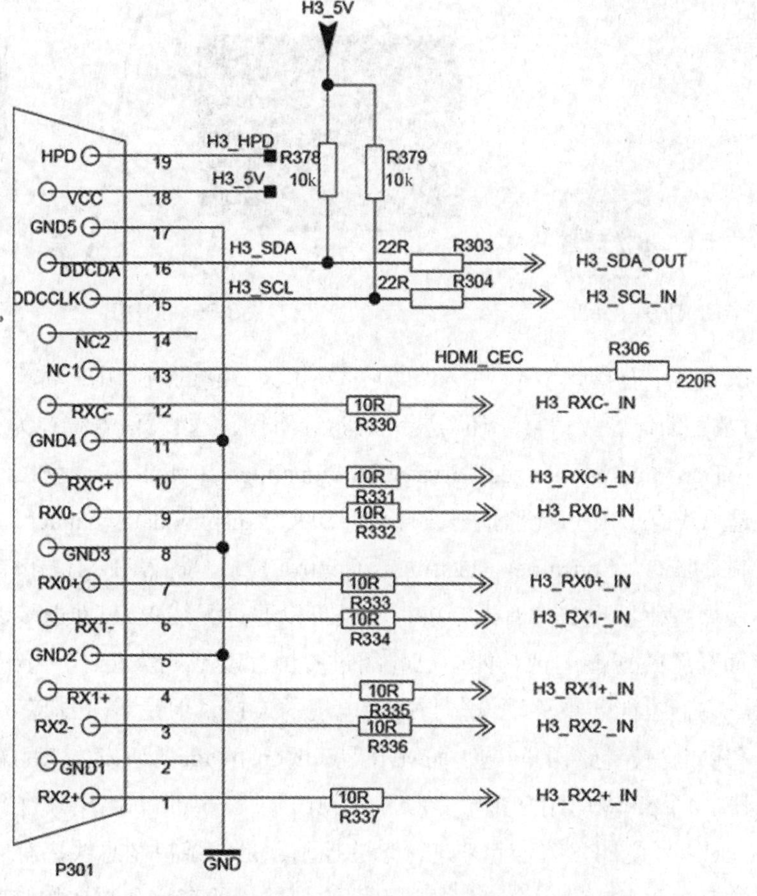

图3.53 HDMI插座P301

② 经R370给INH3_DET提供偏压，INH3_DET信号经电阻R431接主芯片L6脚，主芯片内部控制系统检测到此路信号有电压时，便从R5脚输出热插拔信号。

③ 给Q302提供偏压，Q302截止后，P301（19）脚得到5V高电平热插拔识别信号，外设得电工作，送出TDMS数据包信号去主芯片，主芯片对TDMS信号进行反编码处理后，形成数据图像与数字音频信号去各自电路处理。

5. MHL高清端口信号

主板设计的HDMI插座P302既用于HDMI节目源，又用于MHL（Mobile HD Link，移动高清连接）节目源，电视机的输入端口将标注同节目源能接收两种信号的标志，如图3.54所示。外部设备输入HDMI信号时，P302作用与P301的HDMI相同。

（1）MHL概念。

MHL（Mobile High-Definition Link）是移动终端高清影音标准接口，如图3.55所示。它是为解决移动终端设备与电视机微型USB端口HDMI之间传输高清音视频流，MHL只有1根电缆线，通过此线缆使手机等设备中的高清节目通过HDMI端口接入，并在电视上呈现。

电视机上有了HDMI数字高清连接端口，为何还要MHL高清端口？这是因为HDMI标

图3.54 HDMI插座P302　　　　图3.55 MHL

准接口引脚数量太多，有19脚（A、D、C型），端口大，它的引脚用于传送TMDS，传送的信号中有3对数字图像音频信号，还需要一对时钟信号，这4对信号统称为TMDS最小化传输差分信号（Transition Minimized Differential Signaling，TMDS）。另外还有3个引脚用于控制，它们是总线I^2C［通过此路信号实现包括DDC（display data channel）、HDCP读取和消费电子控制（CEC，Consumer Electronics Control）］。显然HDMI端口在移动设备上使用对设备实现微型化不现实。有人会讲，不是可以通过无线Wi-Fi推送多媒体节目吗?说得不错，前面介绍的智能电视功能中已介绍过多屏互动或叫大传小、小传大的智能功能的应用手段，它们也能实现移动设备与高清电视的连接，但是Wi-Fi却存在信号带宽、手机辐射干扰和供电消耗补给的问题。而MHL是Silicon Image所研发出来的新型接口。它只有5个pin，其中4个pin专门用来传输音频和视频信号，1个pin专门用来进行控制。它等于把TMDS和CEC或者说DDS结合起来进行总的控制，是一条控制总线，有了这条控制总线可以把所有的音频和视频进行全方位的控制，它使数据的存储和数据的传输变得更加容易，这就是MHL新型接口的好处。采用这种方式传送音视频信号，信号传输速率较HDMI快3倍，速度达到2.2Gbps、功耗低，而且还能像USB端口那样对移动设备进行充电。这样能实现将手机支持的包括MPEG4，H.264，AVI，Quick time，或者是windows media，甚至是RM/RMVB等各种多媒体节目送入高清平板电视上显示。

（2）MHL的连接方式。

① 移动设备USB端与电视机的HDMI端连接，需要MHL转HDMI的适配器，将MHL转成HDMI信号来显示，如图3.56所示。

② 移动设备和电视。移动设备内部均有MHL芯片，有的电视机HDMI端设计为既能接收HDMI信号又能接收MHL信号，其原因也是在芯片内部集成有MHL芯片，这时移动设备

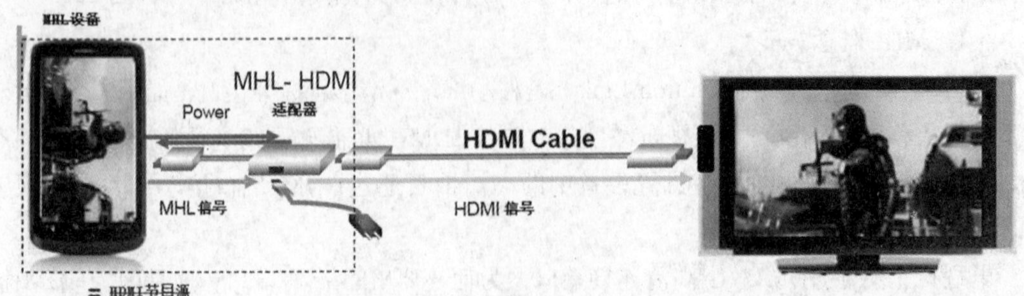

图3.56 将MHL信号转成HDMI信号

可直接用MHL线输往电视机的MHL端口，实现无损失地直接在电视机上显示手机等移动设备上的节目。这些产品的连接方式如图3.57所示。

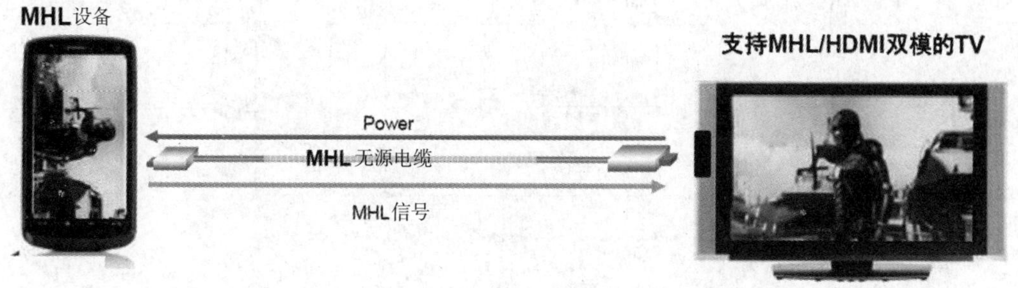

图3.57 移动设备和电视的连接

图3.58所示是MS901机芯在使用MHL时，使用插座P302这个兼容HDMI和MHL信号源的端口，同时给出了P302作为MHL端口时各引脚功能。

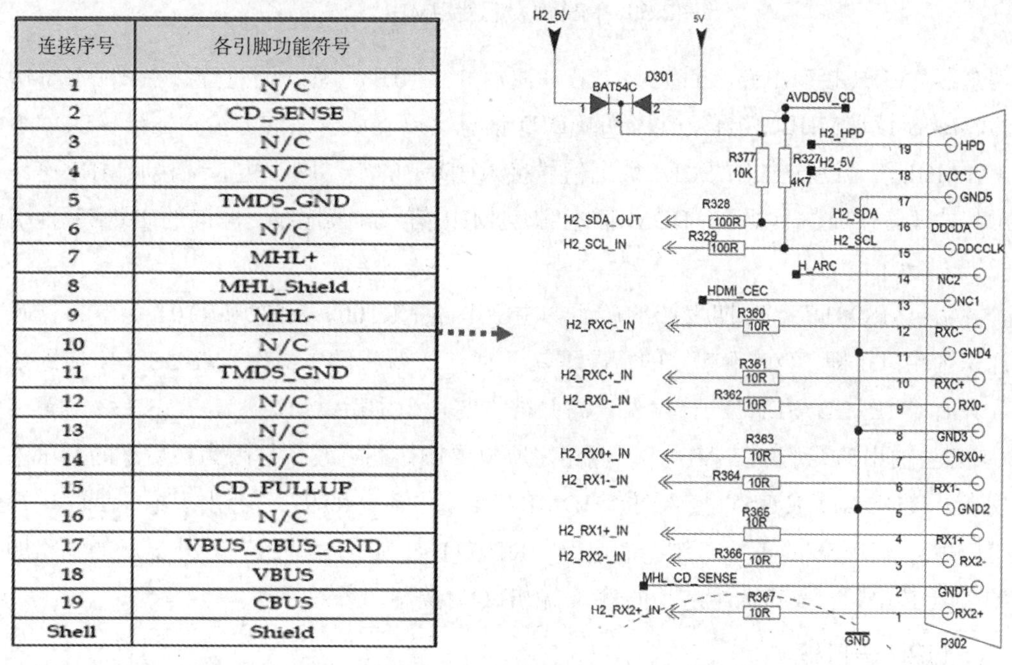

连接序号	各引脚功能符号
1	N/C
2	CD_SENSE
3	N/C
4	N/C
5	TMDS_GND
6	N/C
7	MHL+
8	MHL_Shield
9	MHL-
10	N/C
11	TMDS_GND
12	N/C
13	N/C
14	N/C
15	CD_PULLUP
16	N/C
17	VBUS_CBUS_GND
18	VBUS
19	CBUS
Shell	Shield

图3.58 P302各引脚功能

如图3.59所示，移动设备输出MHL信号接入兼容接收MHL的HDMI接口时（共用HDMI端口），电视机的HDMI端口2脚功能变为MHL_CD_SENSE，它是MHL接入的识别信号，此路信号通过电路中上拉电阻R102接5V供电上，2脚置高电平时一路信号经R101去U301（3）脚（MHL供电开关），使U301输出5V，满足电视机接收MHL信号时的供电。如果经D301、上拉电阻R327给HDMI（15）脚供电，此时MHL源端CD_PULLUP脚得电，将给带有MHL端口的移动设备供电，同时还能充电（这是mini USB端口所具有的特点，同样电视机具有MHL端口时，也具有此特点）。2脚的MHL_CD_SENSE识别信号通过R101、R100后形成MHL_VBUS_EN，经R310去主芯片AK3脚，由主芯片识别后，

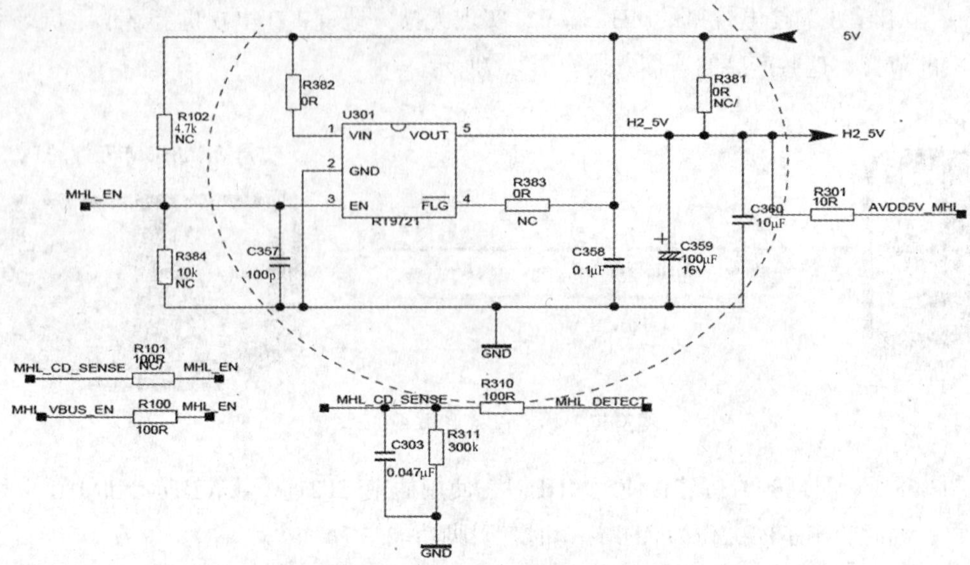

图3.59 MS901机芯使用MHL端口

启动主芯片MHL接口电路。首先与主芯片通信的是MHL设备，通过连接在HDMI（19）脚的C-BUS 读取MHL输出移动设备的EDID 信息，以确认合适的分辨率输出（DDC等数据），MHL移动设备输出的MHL数据信号接入HDMI的7、9脚，主芯片接收MHL信号，并对其处理后在屏幕上显示。HDMI插座8脚为MHL信号屏蔽地线。P302的HDMI其他引脚功能失去作用。

说明：MS901机芯中期生产的产品，主板电路上R100，R102和R101 为空，这时主芯片识别端口（即 I/O口不起控的情况下是一直有5V输出的）MHL_VBUS_EN 应默认置低。只有MHL_CD_SENSE 有输入置高并被主芯片识别后，MHL_BUS_EN 才会置高，U301 才会输出5V 到MHL_VBUS。电路之所以要作如此更改，是因为在后来的测试中，发现在外接HDMI，H2_5V 接入时，HDMI 产生漏电流，RT9711 会出现电压从输出端倒灌至EN脚，影响5V的正常工作。故电路中RT9711 改为了RT9721，另外最新的电路删除了R102 上拉电阻，直接由主芯片的输入/输出I/O口控制。

6. USB节目源

（1）USB信号处理。

如图3.60所示，MS901机芯能接收传统的3路USB2.0端口送来的信号，实际使用了其中的两个作为USB2.0端口，另外一个作为最新标准的USB3.0端口。USB0（主芯片的A2、B2脚）和USB2（主芯片的AK5、AM6脚）两类差分USB信号来自插座P207小板上的USB端口。USB2端口信号也可以是Wi-Fi信号。Wi-Fi启动控制信号Wi-Fi_ON由主芯片MSD6A901IV的AG3脚输出，经P207（17）脚接入Wi-Fi端口。两路USB工作所需供电USB_5V，由U007电源块送出，经P207（19）（20）脚送入小板内。图3.60中主芯片的AK7~AK6脚送入的是USB3.0的3对差分信号。USB3.0信号来自P205插座所接小板上USB3.0端口送来的一对D+/D-信号。D+/D-分别经R254、R255接入主芯片AK7、AL8脚内

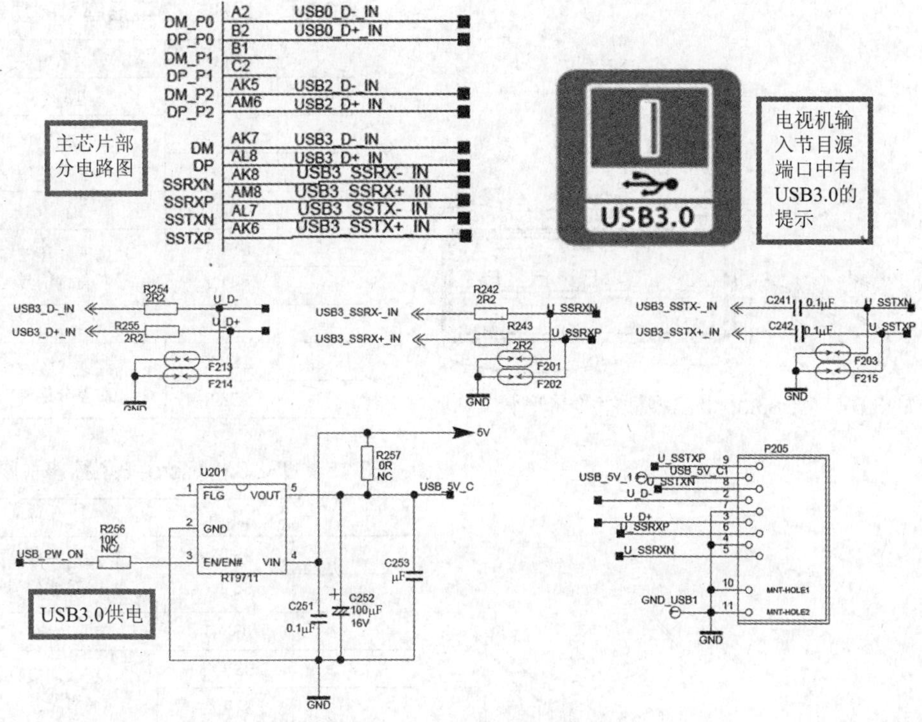

图3.60 USB信号处理电路

部电路。除此之外还将传输一对发射信号U_SSTXP、U_SSTXN和一对接收数字信号U_SSRXP、U_SSRXn分别接主芯片的AK8、AM8和AK6、AL7四脚。这三路信号经主芯片识别和重新解码后，形成数字音视频信号去图像及伴音电路处理。

USB3.0供电由U201输出，U201（3）脚控制信号来自主芯片输出的USB_pw-on，3脚为电平时，U201输出5V供P205所接小板上USB3.0设备工作。

（2）USB3.0常识。

USB外设因随身携带方便、存储内容种类丰富而被广泛应用在各种电子应用设备上，它已成为最广泛的外设接口。随着电子应用技术的发展，高清视频、3D节目源、高达千万像素数码相机、大容量的手机以及便携媒体播放器等的出现，人们对USB端口数据传输速率需求日渐提高，为此USB接口规范也需要有相应的配套升级，从而出现了“SuperSpeed USB”（超高速USB），即USB 3.0。USB3.0由英特尔公司（Intel）、惠普（HP）、NEC、NXP半导体及德州仪器（Texas Instruments）等公司共同开发，考虑了包括个人计算机、消费及移动类产品的快速同步即时传输，实现比传统USB速度快10倍的USB互连技术。

① USB3.0端口特点。USB3.0连接器有两种，一种是A型端口，一种是B型端口。端口A允许向后兼容A型连接器，即USB3.0与USB2.0一起使用，也允许现有的超高速设备使用现有的USB线缆连接USB3.0超高速A型连接器。USB3.0标准A型插座接口形状如图3.61所示，引脚功能见表3.14。USB3.0标准A插座的塑料外壳为蓝色。USB2.0与标准A型USB3.0端口可共存于一个平台上。

图3.62所示是USB3.0 Micro-B型插座接口形状图，其引脚功能见表3.15。注：所有插

表3.14 USB3.0 A型插座引脚功能

引　脚	引脚符号	功能描述
1	VBUS	电源
2	D−	USB2.0就有的一对差分数据信号
3	D+	
4	GND	地
5	SSTX+	超高速发送的一对差分信号
6	SSTX−	
7	GND	地
8	SSRX+	超高速接收的一对差分信号
9	SSRX−	

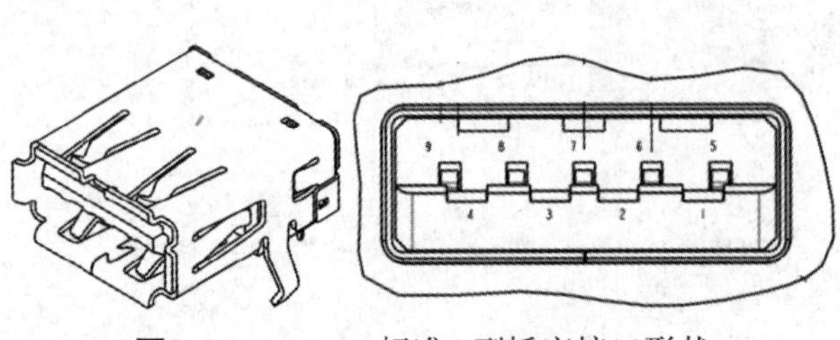

图3.61 USB3.0标准A型插座接口形状

表3.15 USB3.0 Micro-B型插座引脚功能

引　脚	引脚符号	功能描述
1	SSTX+	超高速发送的一对差分信号
2	SSTX−	
3	GND	地
4	SSRX+	超高速接收的一对差分信号
5	SSRX−	
6	ID	OTG识别
7	D+	USB2.0就有的一对差分数据信号
8	D−	
9	VBUS	电源

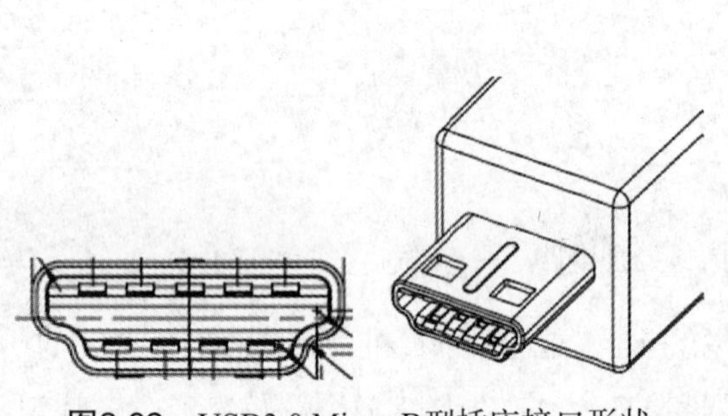

图3.62 USB3.0 Micro-B型插座接口形状

座的塑料外壳在USB3.0 Micro-B型连接器系列必须变成蓝色，与USB3.0标准A插座外壳相匹配的颜色。

由此可见，USB3.0的端口A与端口B脚排列有些不同，端口B多了ID识别脚（OTG一种直连传输协议）。USB的On-The-Go通常缩写为USB OTG，USB2.0便有了此补充标准。USB已不只是连接PC机的一种方式。打印机与照相机用USB直接连接便能传送信号，平板电脑或智能手机与电视机使用USB可连接键盘和鼠标。这便是USB直连（OTG），用于两个外设直接连接或无需考虑谁担当主机，这是USB的一种传输协议。

② 由上面介绍的USB两种端口引脚功能可以看出，USB3.0采用成对四线制差分信号方式传送节目，支持双向数据流传输与发送，就是这种传输方式使得USB3.0速度猛增，使其传输速率达5Gbps。USB2.0只有4条线（电源，地线，一对D+/D−数据线），而USB3.0在USB2.0的基础上又增加了4条线，用于接收和发送信号。因此，USB3.0线缆和端口应有8条线或8个线端。

③ 对需要更大电力支持的设备提供了更好的支持，最大化优化总线的电力供应。USB3.0供电VBUS范围要求在4.45～5.25V，大功耗的HUB端口输入或输出端驱动电流900mA，低功耗的HUB输入或输出端口驱动电流最小150mA。由此可见，USB3.0相比USB2.0供电电流（USB 2.0为0.5A）提升了50%～80%。这意味着采用USB3.0端口的主机为部件提供更多的功率，从而实现通过USB对电池、LED照明、手机等外设电子设备充电

时，所需时间更短。

④ 增加了新的电源管理功能。不需要时自动减少耗电。

⑤ 采用10bit编码方式进行全双工数据通信，提供了更快的传输速度，USB3.0数据传输速率是USB2.0的8~10倍。传统USB 2.0是为了给各种外设和应用提供充足的带宽，而传输速率最高才480Mbps（即60MB/s），实际应用中能够达到速率320Mbps，且传输的通道只有一对。USB3.0理论传输速率达到5Gbps（即640MB/s）。

⑥ 向下兼容USB 2.0及USB 1.1设备。

⑦ 线缆传输距离要求。由于USB传输数百兆大数据流，线缆长度最好不要超过3m。

⑧ 操作系统。目前Windows 7、Vista、Linux等明确表示能支持USB3.0。TCL智能MS901机芯采用Android 4.0UI也支持USB3.0标准。

⑨ USB3.0和USB2.0识别方法（见图3.63）。

• 观察颜色可判定二者不同：USB3.0基座采用蓝色。

• 观察端口触片。USB2.0只有4个，USB3.0有9个。USB3.0的前4个端口与USB2.0相同，后方的5个端口属于USB3.0独有。

• USB3.0标识识别：USB3.0标识如图3.64所示。

图3.63 USB3.0和USB2.0

图3.64 USB3.0标识

（3）USB端口可用于软件升级。

USB软件升级，目的是解决智能电视出现开机异常或图异、伴音异常等各种故障。开机不正常的故障可用USB强制升级方法解决。MS901机芯产品软件升级采用USB2.0端口才能实现。目前USB3.0 还不支持强制升级，带来的问题是MS901主板如果要强制升级需要外接小板。原因是USB3.0的驱动比较复杂，导致Mboot文件变大，芯片厂家Mstar公司衡量后目前软件仍未支持。采用USB升级有两种方式，一种是强制升级（未开机时的升级），其方法如下：

① 下载BIN 格式强制升级软件，命名为MstarUpgrade.bin（MS801命名方式，MS901命名为V8-MS90101.bin，MS901K 命名为V8-MS90102.bin）。

② 插入USB，上电时长按待机键约10s 即可开始升级，有屏时强制升级可以看到屏上显示“正在升级中。”

③ 升级完成后重启机器，进行恢复出厂设置。

另一种是普通升级（开机后升级），其方法如下：

① 下载ZIP 普通升级软件，命名前缀与当前机器软件相同。

② 插入USB，进入主菜单—系统设置—软件升级—本地升级。

③ 下载完成后点击“确定”重启，开始升级。

④ 升级完成后机器会重启，进行恢复出厂设置。

7. 网络信号

MS901机芯产品可以通过有线网络或内置的无线网卡连接互联网。

有线网络信号经RJ45插座、10/100 Base-T以太网隔离变压器U802（TS8121CLF）耦合，输出两对数据信号去主芯片进行网络处理，然后在屏幕上显示。有线网络有关的电路图如图3.65所示。同时该机芯还可以通过无线网络上网。

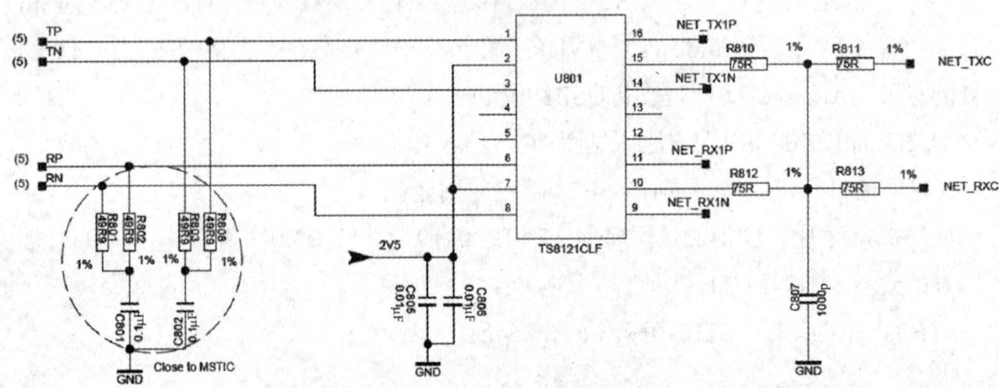

图3.65　MS901机芯的有线网络连接

MS901机芯通过网络可实现多种智能游戏，通过语音功能或电视机的软键盘执行网页搜索功能，还能实现网络信息查找、收看、浏览，以及通过网络查看天气预报、股票行情、新闻等，在Android应用商店提供了大量可供下载程序、游戏和工具应用，丰富用户的娱乐生活。安装了爱奇艺视频手机客户端的用户，使电视机与手机处于同一局域网中，还可以通过网络实现手机对电视机遥控（互动控制）和手机推拉片两大功能（将手机上的节目转入电视上观看）。要实现网络或手机节目推送电视观看，首先要建立网络，该网络的建立有以下3种：

（1）无线网络设置。

设置无线网络时，需要家中配置无线路由器，先用手机Wi-Fi登录网站，然后在TV菜单下，选择进入系统设置—网络设置—Wi-Fi网络设置—Wi-Fi网络开关，按屏幕上的要求填写好路由器名称和密码后，以后使用电视便无需再填写网络名称和密码，只需启动无线功能即可。当用户选择使用无线网络时建议使用机芯内置DONGLE，不必再外接Wi-Fi DONGLE（无线接收器）。

（2）有线网络设置。

① 如果用户网络可动态获取IP地址，可选择“自动获取IP地址”进行网络连接。

② 如果需要输入静态IP，可以选择“手动设置IP地址”。进入手动输入IP地址界面后，按“OK”键调出软键盘，按左/右键选择数字，按OK键确认输入，“删除”按钮回删一个字符，即光标所在的前一个字符。每输入完一组数字，请调整至下一输入框开始输入，直到全部完成为止，选择“确定”保存输入并开始自动连接网络。

（3）ADSL拨号上网。

第一次进入ADSL设置时，用户名和密码为空，光标在“用户名”输入框，按OK键调出软键盘，输入用户名后，选择完成，按返回键返回输入框，按下键移动到“密码”输入框，同样方式完成密码输入后返回输入框。

8.网络游戏解码芯片U802（MK970）

U802主要针对《丛林大冒险》这个游戏，它是上海渐华的产品。引脚中P0.0~P0.3和P1.0~P1.3 都是双向输入/输出端口，CS为低电平使能端口，VSS 接地，VDD 供电（3.3V），DATA是数据通信端口，也是双向输入/输出端口，CLOCK 是时钟通信端口，是单向输入端口。我们的电路中只使用了三路端口，CS、DAT 还有CLK，外接一个3.3V 供电和GND。图3.66所示为U802应用电路图。

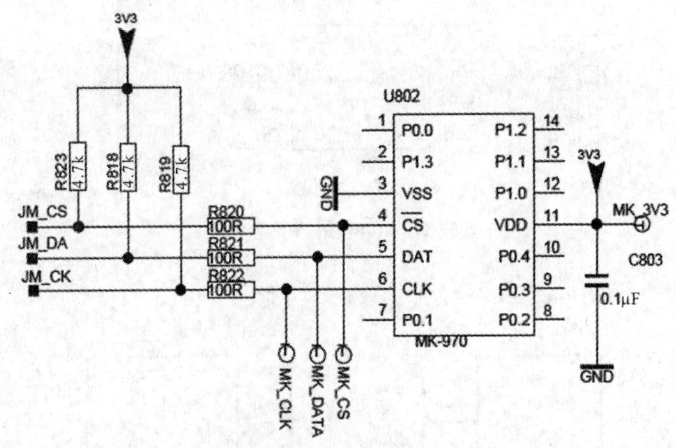

图3.66 U802应用电路图

3.3.6 MS901控制系统

控制系统由主芯片，主芯片通过SPI总线连接的U402（EN25F16 Flash），时钟振荡器X24M（24MHz），Q401及周围元件组成的复位电路，U602（MTFC16GJTEC-WT eMMC存储器），U501、U502、U503三块DDR及多路输入/输出GPIO端口等电路组成。MS901机芯控制系统与其他智能电视一样，系统的运行离不开引导系统Mboot、操作系统（Android系统）和应用系统。这些程序通常置入该机的eMMC存储器中，同时也保存了HDMI/VGA 的EDID等参数。以下将对控制系统的关键IC组成的电路进行介绍。

1. 串接口Flash块EN25F16（U402）

U402的型号为EN25F16，编号中“EN”代表品牌“易扬”，25F代表“SPI Flash串口闪存”，“16”是密度（16=16Mbit/2Mbyte）。芯片的特点如下：

① 单电压供电。供电电压范围2.7~3.6V。

② 高工作频率。时钟频率最高可达100MHz。

③ 低功耗。5mA典型工作电流，1μA典型掉电电流。

④ 双输入/输出端口（Dual Date I / O）。通过双输入/输出端口功能，四通道可以使传

输速率有效地提高至200Mbps。

⑤ 软硬件写保护。通过软件保护所有的记忆体或部分。WP＃脚实现启用/禁用保护。

⑥ 高性能编程/擦除速度。页编程时间为1.5ms，标准的扇区擦除时间为150ms，块的擦除时间为800ms，码片擦除时间为18s。

⑦ 可锁定512 byte OTP作为保密区域。

⑧ 程序保存时间长达20年。

⑨ 擦写次数可达10万次。

⑩ 芯片工作温度范围：–40℃~ +85℃。

⑪ 封装方式有三种，见图3.67。

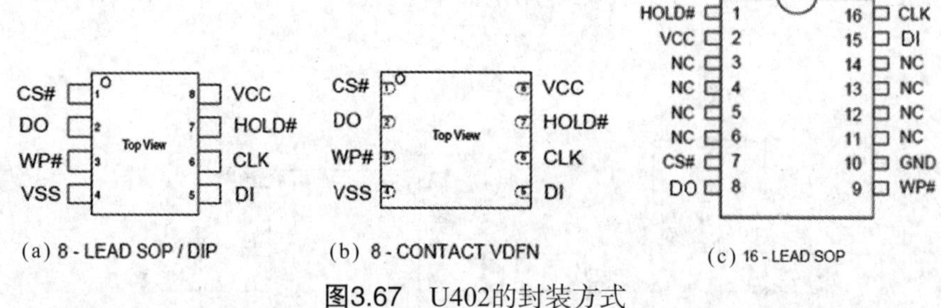

图3.67 U402的封装方式

IC内部信号处理框图如图3.68所示，其引脚功能见表3.16。

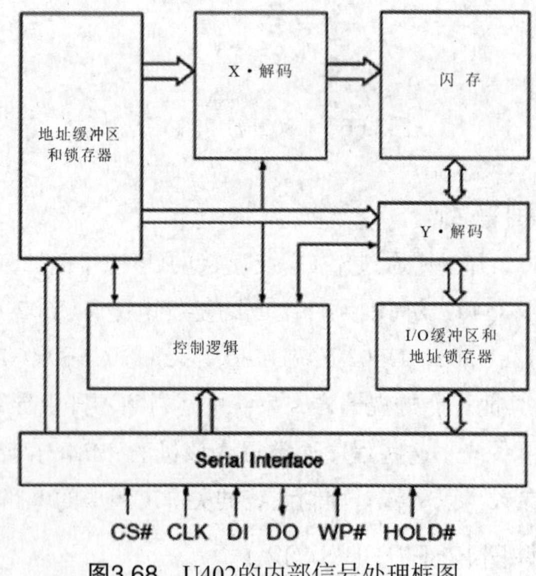

图3.68 U402的内部信号处理框图

图3.69所示是此U402在MS901机芯上的应用电路图。该存储器保存了整机运行的Mboot引导信息、字符信息、开机logo、HDCP KEY 等信息。此IC不工作会导致系统开机不正常。

2. 复位电路

MS901机芯系统复位电路分两部分，第一部分是由Q401组成的上电复位电路，参

表3.16 U402的引脚功能

符 号	引脚名	说 明
CLK	Serial Clock Input	串时钟输入
DI	Serial Data Input	串数据输入
DO	Serial Data Output	串数据输出
CS#	Chip Enable	片使能，此脚为高电平时，器件处于取消状态，DO端口呈高阻状态，此时芯片将处于待机低功耗模式，除非芯片内部处于擦除、编程或状态寄存器处于周期运行中。此脚为低电平时，芯片被选择，芯片功耗增加，表明此时可以写入数据，或从设备中读取数据。上电后，在接受一个新的指令前，CS＃必须从高向低变化
WP#	Write Protect	写保护。写保护（WP＃）引脚可被用来防止状态寄存器被写入。用于与状态寄存器的块保护（BP0，BP1and BP2）和状态寄存器保护（SRP），部分或整个存储器阵列可以与硬件保护相结合
HOLD#	Hold Input	锁住信号输入。此脚功能允许部件暂停。HOLD变为低电平时，CS脚也为低电平，芯片的DO脚呈高阻状态，DI和CLK脚将被忽略。当多个设备共享同一SPI信号，保持功能可以是有用的
VCC	Supply Voltage (2.7-3.6V)	供电端
VSS	Ground	地

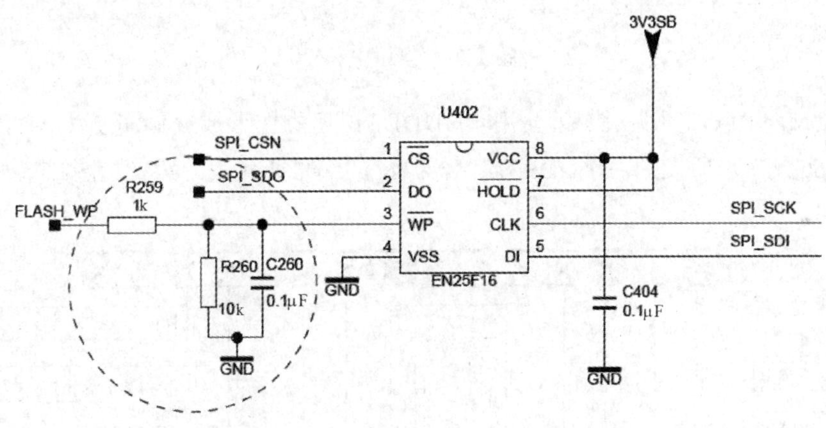

图3.69 U402在MS901机芯的应用电路图

考电压是STB3.3V。通过设置*RC*时间常数，在Q401发射极和基极之间形成充电时间差，改变Q401的导通时间，进而输出满足复位要求的高电平。第二部分是由Q404组成的掉电检测复位电路，其中一路参考电压是STB3.3V，另外一路可以是24V（复位点17.16V），也可以是12V（复位点是8.32V）。关机时STB3.3V是最后掉电的，先掉电的24V或12V电压下降到一定程度会触发复位，Q404导通会输出高电平复位。而POW_PW则会在待机关机时拉低箝位复位电平，控制待机、开关机时系统都无需复位。复位电路如图3.70所示。

3. DDR3

MS901机芯使用的是运行速度快、存储量大的DDR3，型号为K4B2G1646C，采用三块DDR3的原因是电视机执行功能强大，在运行过程中产生了大量的数据需要存储，DDR3容量更大，数据存取更快。此IC既作为机芯图像格式转换过程中数据暂存的存储器，同时又作为系统应用程序运行时的存储器。存储器在长虹智能PM38和LM38机芯

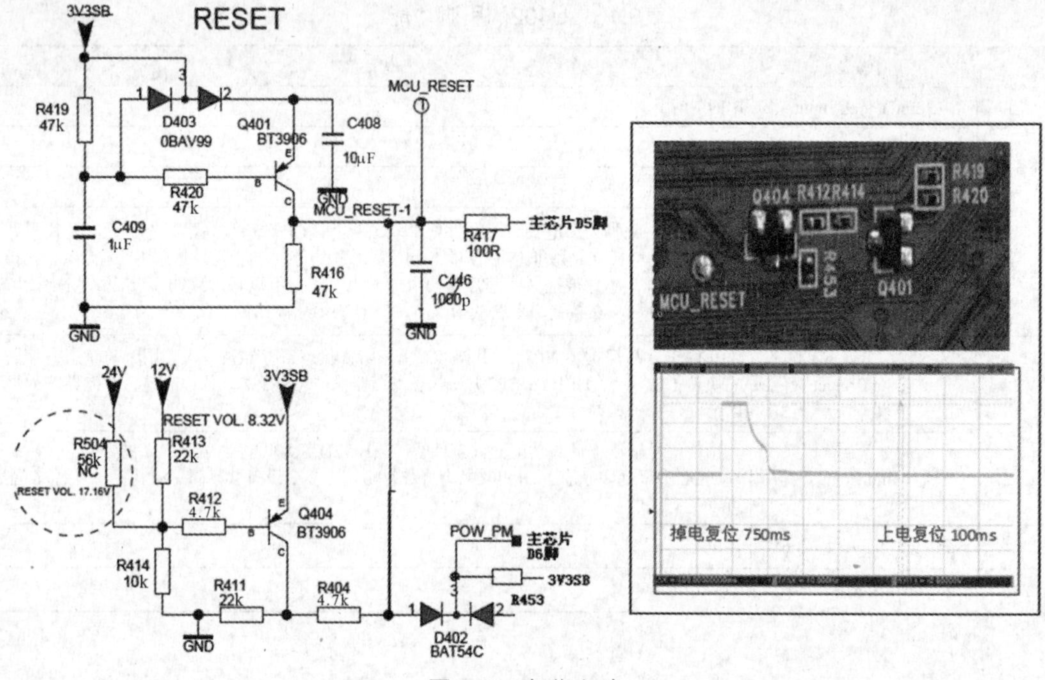

图3.70 复位电路

上也使用。MS901机芯用三块型号相同的DDR3相互协作形成存储量更大的存储设备。K4B2G1646C是三星研发的一块DDR3存储器，IC的编号所代表的意义如图3.71所示。

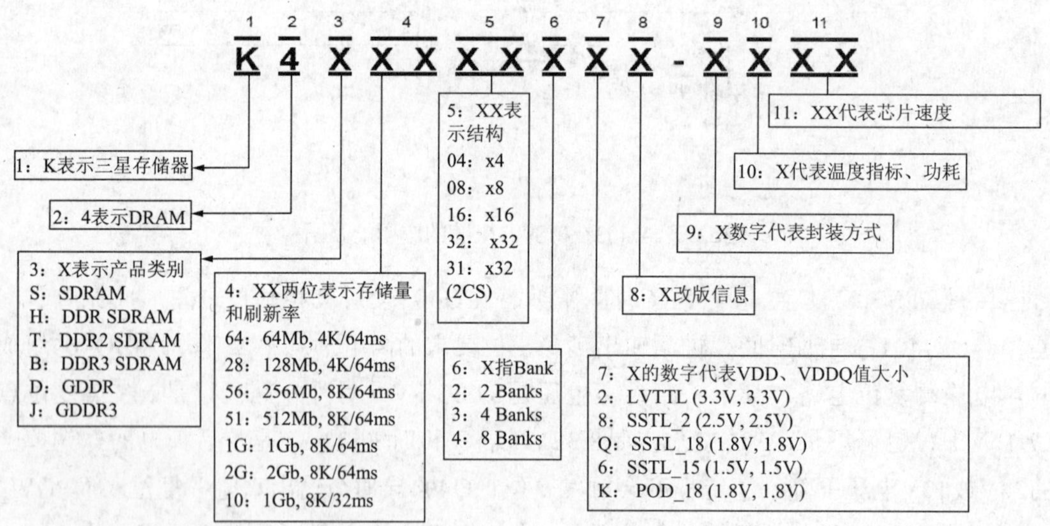

图3.71 K4B2G1646C编号的意义

备注：芯片编码中第11位的XX两位数表示芯片运行时钟频率等。例如，

75：7.5ns，PC133（133MHz CL=3）；

60：6.0ns（166MHz CL=3）；

50：5.0ns（200MHz CL=3）；

40：4.0ns（250MHz CL=3）；

B0：DDR266（133MHz @ CL=2.5，tRCD=3，tRP=3）；

B3：DDR333（166MHz @ CL=2.5，tRCD=3，tRP=3）；

CC：DDR400（200MHz @ CL=3，tRCD=3，tRP=3）；

E6：DDR2-667（333MHz @ CL=5，tRCD=5，tRP=5）；

E7：DDR2-800（400MHz @ CL=5，tRCD=5，tRP=5）；

F7：DDR2/3-800（400MHz @ CL=6，tRCD=6，tRP=6）；

F8：DDR2/3-1066（533MHz @ CL=7，tRCD=7，tRP=7）；

H9：DDR3-1333（667MHz @ CL=9，tRCD=9，tRP=9）；

K0：DDR3-1600（800MHz @ CL=11，tRCD=11，tRP=11）；

7A：GDDR3-2.6Gbps（0.77ns）；

08：GDDR3-2.4Gbps（0.8ns）；

1A：GDDR3-2.0Gbps（1.0ns）；

12：GDDR3-1.6Gbps（1.25ns）；

14：GDDR3-1.4Gbps（1.4ns）。

根据此处介绍的三星DDR3相关知识可以看出，MS901机芯使用的存储器型号为K4B2G1646C-K0，它是一块动态随机存取DDR3的存储器，其存储量达2Gb、IC接口供电采用SSTL_15标准，即VDD、VDDQ供电为1.5V、信号传输率达1600MHz。而电路中，U501采用的是容量为4G的DDR3，运行速率也为1600MHz。为了满足电路工作需要，扩充存储容量，电路中对U502、U503采取位扩充技术，方法是，电路中U502、U503两块IC的引脚中，除了数据线和DM（数据输入标识）、DQS数据选通各自不同外，地址线、时钟等信号均共用，分别接入两IC对应引脚上。而U501的地址信号、数据信号等控制信号的种类与U502、U503相同，但它们是由主芯片另外的接口输出的，如图3.72所示。三块随机动态存取IC共同协作，完成图像格式转换和应用程序运行。另外三块IC的1.5V供电来自U001。U502在运行过程中所需基准电压A-MVREFCA-T1由1.5V通过R488、R489分压产生，A-MVREFDQ-T1由R490、R491分压产生。U502的两路参考电压由R480、R483和R481、R482分别对1.5V分压产生。U501的两路基准电压由R492、R493和R494、R495分别对1.5V分压产生。

U501~U503之一有故障会导致系统停止工作，出现不开机、图异等故障。U501~U503故障的判定可用打印软件进行，详见后续内容介绍。

4. eMMC

eMMC的英文全称是embeded MultiMedia Card，中文意思是嵌入式多媒体卡，是由MMC协会制定的一种内嵌式存储器标准。它具有非易失性，由闪存和闪存控制器两部分组成，封装采用JEDEC标准BGA封装。目前能生产此类部件的有三星、东芝（TOSHIBA）或海力士（Hynix）、镁光（Micron）等企业，此存储器解决了同机芯配不同品牌的eMMC时的通用性技术问题。它使硬件电路设计简化，使电路的设计时间缩短，研发成本下降，加快了新品上市速度。eMMC均采用小型化BGA 封装。接口信号传输速

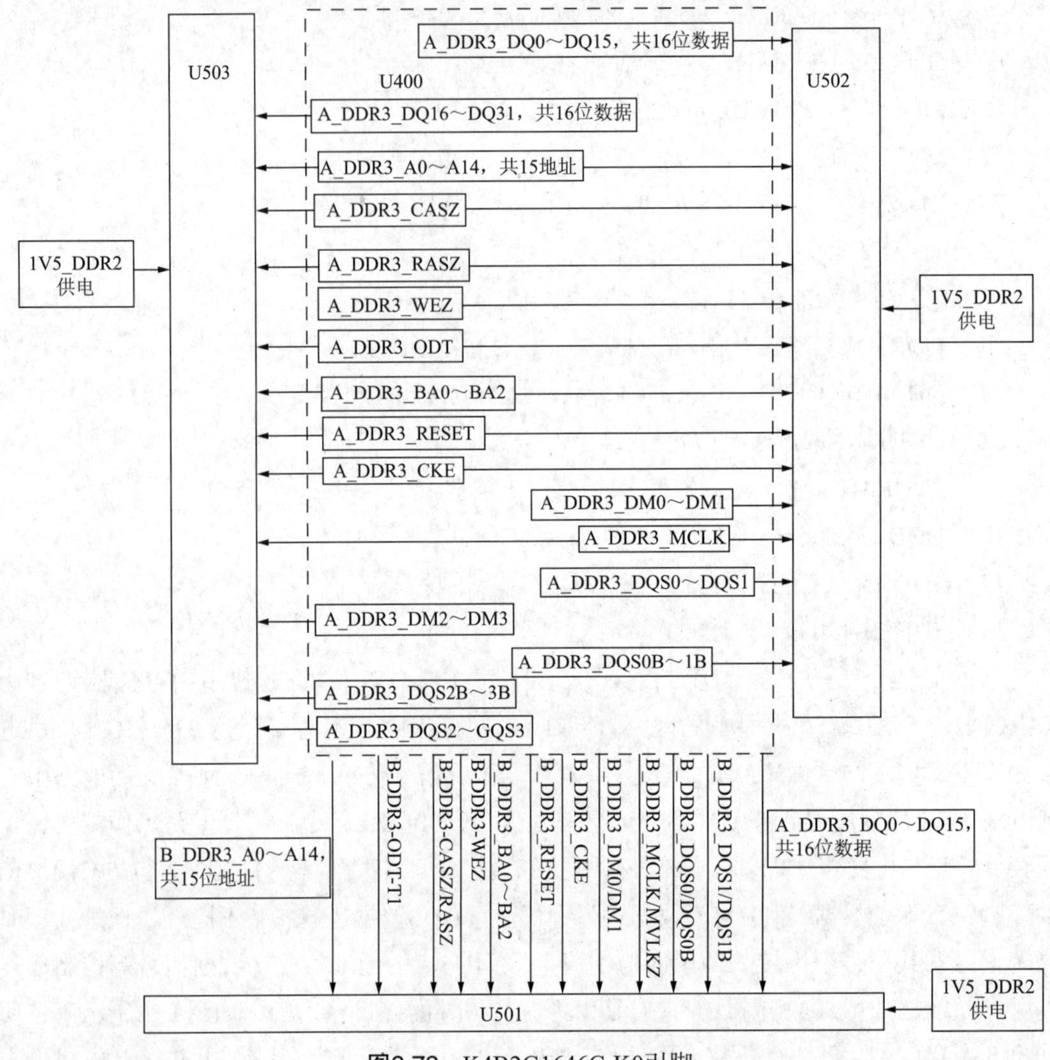

图3.72　K4B2G1646C-K0引脚

度最高达每秒52MB，且具有软件刷新升级的特点。供电有1.8V和3.3V两类，它在电路中的功能相当于NAND Flash，即保存整机主程序和应用程序，包括整机ID等。图3.73示出了此类IC的内部处理电路工作原理。

从图3.73可以看出，VCC是给eMMC内部NAND供电的，而VCCQ是给eMMC控制单元供电的。eMMC内部处理器访问的是NAND的物理地址，而外部对eMMC的访问是针对eMMC块内控制单元进行处理并数据关联后提供访问NAND存储器的地址、数据和控制信息。图3.74所示是eMMC在MS901机芯的应用电路图。

图3.74中的eMMC由镁光公司研发生产，信号传送的地址与数据信号均复用D0 ~ D7通道，CMD是进行数据操作的命令，eMMC_RST是复位命令。在复位期间，IC上电至正常值后主芯片发出CMD指令，eMMC通过CLK去识别执行CMD指令，通过D0 ~ D7完成数据的写入与读取，再经内控制转换成对NAND块的读写操作。

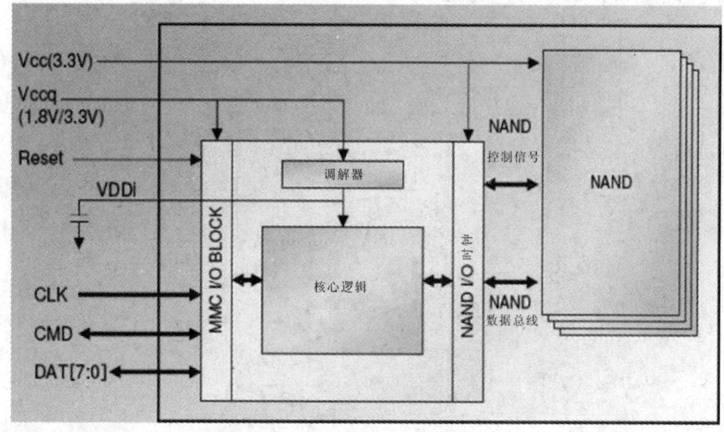

图3.73　eMMC内部处理电路

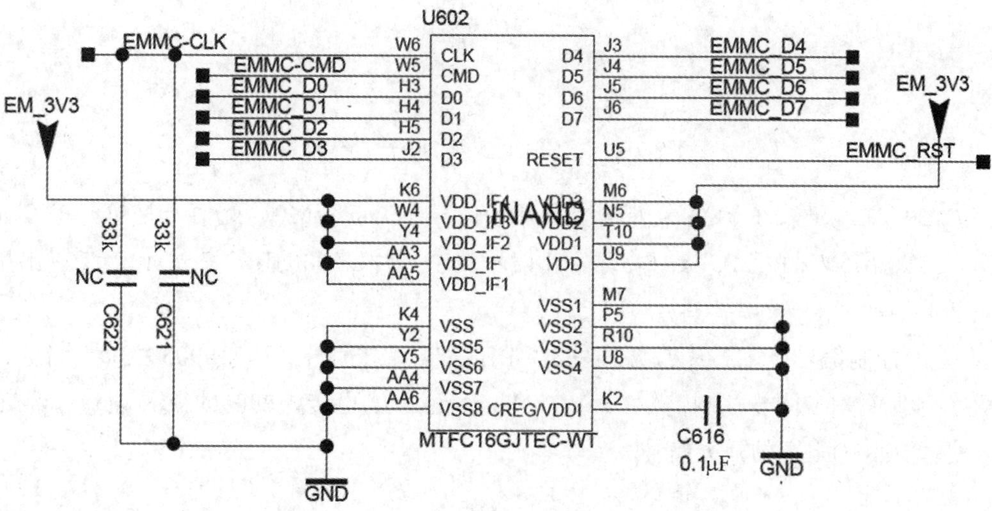

图3.74　eMMC在MS901机芯的应用电路图

5. 控制系统的控制信号

① 遥控IR信号：由主板P003（2）脚IR接入主芯片M4脚。

② 键控：由主板插座P002（2）脚接入主芯片K6脚。

③ POWER_ON/OFF：电源启动开关信号。此路信号经R002接电源板插座P001（10）脚，启动电源组件工作，输出12V/24V电压接入主板和背光电路。正常工作时，此脚应为高电平，其偏压由上拉电阻R001接3.3Vsb上提供。

④ 背光启动控制信号BL_ON_OUT，此路信号由主芯片输出后通过R003、P001（12）脚接入背光电路。工作时，此路信号应为高电平。

⑤ Wi-Fi_ON启动开关信号，经插座P207（17）脚接入Wi-Fi接收端口，实际上此路信号可以不用。

⑥ PANEL-ON屏供电启动信号，此路信号去Q902基极，经Q902控制Q901，将12V电压通过 Q901去上屏插座P902，去屏逻辑板电路。正常工作时，PANEL-ON为高电平，使Q902处于饱和导通状态，Q901工作，12V接入D极，如图3.75所示。

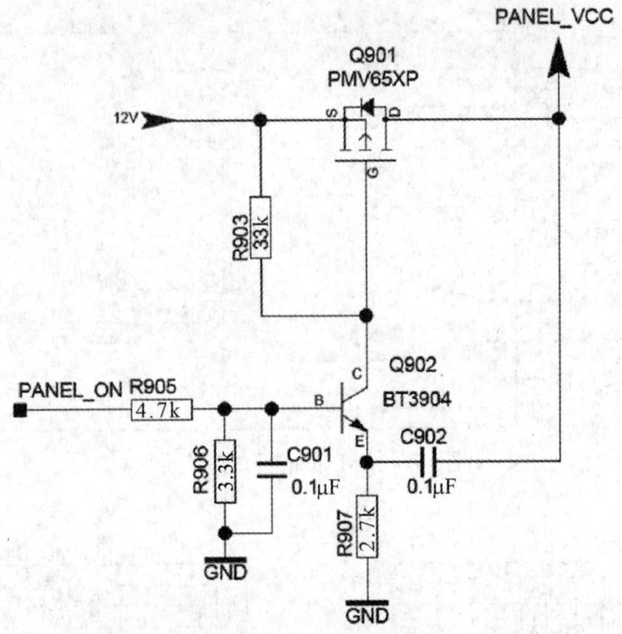

图3.75 PANEL-ON屏供电启动信号

⑦ DTV接收时，CI/CA卡供电控制开关信号CFG-PWM0，此信号是打开RT9711C（U601）输出5V去PCMCIA的关键。此信号从主芯片U400的B7（PWM0）脚输出接入U601（3）脚。

⑧ 3D控制信号：主芯片C8输出的3D_RESET_OUT信号经插座P905去3D发射板，还有从屏组件送来3D同步控制信号3D_VSYNC_IN经R900也接入P905的3D发射板，经3D发射板发射控制3D眼镜的开关信号。

3.3.7 伴音系统

伴音系统由主芯片、功率放大器TAS5707等组成。

主芯片完成TV、AV、HDTV、HDMI、USB、网络信号、MICI（话筒）等节目源音频的接收及处理。主芯片涉及音频信号处理的引脚如图3.76所示。这些引脚是数字处理过程形成各种基准电压电路中的滤波元件，它们变质将导致伴音噪声、声音小或无伴音等故障。

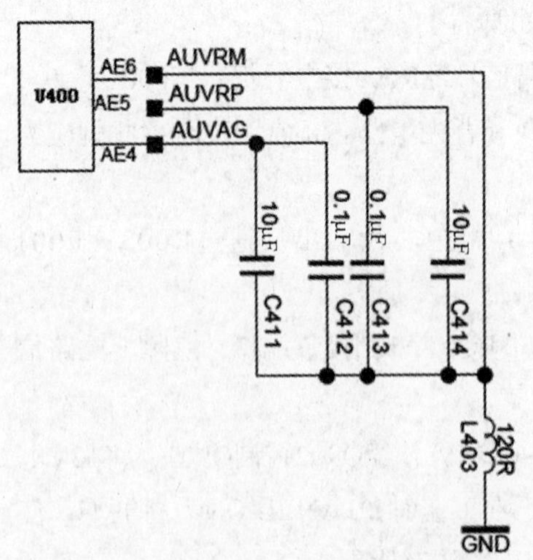

图3.76 主芯片涉及音频信号处理的引脚

各路音频经主芯片切换、音效处理后，输出I^2S数据信号从主芯片输出，经电阻R714～R717去TAS5707。TAS5707引脚功能与长虹LM38机芯相同，在此不再介绍。TAS570的18脚MUTE静音信号并不在电路上设置，遥控静音时通过I^2C总线控制来实现。TAS5707的25脚复位信号由外接电容C713建立电压的过程来实现，这一点与长虹采用此IC时的电路设计理念有些不同。

3.3.8 系统软件相关调试资料

1. 整机总线调整模式介绍

MS901机芯总线调试有三种模式，工厂调试、设计调试和维修人员调整模式。

（1）工厂模式的进入与调整。

① 方法一：在主页上进入TV—菜单键—电视设置—图像设置—对比度—再依次按数字键“9-7-3-5”便可进入。

② 方法二：直接按回看键（工厂菜单中Factory—Factory hotkey 为ON 时有效）。

注：初次升级后，需要开关电源一次，确保数据正常。

进入工厂调试模式后，屏幕上显示的参数项目见表3.17。

表3.17 工厂调试模式下屏幕上显示的参数项目

选 项	功能说明	功能OK
0-Factory hotkey	工厂快捷键开关（OFF：关闭；ON：开启），生产线调试完毕后请设置为OFF状态	OK
1-Warm up	OFF：正常模式，无信号15 分钟后会自动待机 ON：老化模式，无信号保持雪花状态，不进入待机模式。工厂在生产线无信号老化时，将值设为ON,屏幕左下角将显示老化时间。交流关机开机则重新计时	OK
2-Device ID TEST	检查MAC、DEVICE ID、网络连接等是否正常	OK
3-ADC Adjust	ADC 数据校正	OK
4-White Balance	白平衡数据调整，通常可以不调。如果要调试通常不改动R、B、G offset三个参数，只改动R、G、Bgain三个增益参数。进入此调整项中的White Balance init，调整此项参数表明在进行初始化操作	OK
5-Shop	出厂前复位。确认OK 后 清除所有的工厂信息，用户不能进入工厂菜单	OK
6-Num Reset	系统初始化，回到初始值。不清除白平衡和ADC 数据，仅供研发使用，请勿调整	OK
7-Power on mode	ON: 交流上电后直接开机 STB：交流上电待机（默认） LAST：交流上电后保持上次关机状态	OK
8-USB Update	USB 盘升级	OK
9-Preset Factory Channel	设置工厂调试频道，以便工厂调试生产	OK

（2）研发设计菜单。

注意：研发菜单仅供研发调试用，请勿随意改动。

① 方法一：在主页上进入TV—子菜单键—电视设置—图像设置—对比度—再依次按以下数字“1-9-5-0”，见表3.18。

表3.18 研发设计菜单

选 项	功能说明	功能OK
Design mode hotkey	工厂设置快捷键开关（OFF：关闭；ON：开启）	OK
Factory menu	进入工厂调试菜单	OK
Other	其他设置，仅供研发使用，请勿随意调整，见表3.20内容	OK
Server menu	产品信息显示，USB 在线软件升级功能，仅供售后和研发使用，请勿随意调整	OK
Param setting	参数设定，仅供研发使用，请勿随意调整	OK
Hotel menu	酒店菜单，仅供售后和研发使用，请勿随意调整	OK

② 方法二：直接按回看键（工厂菜单中Design Mode hotkey 为ON 时有效），见表3.19。

表3.19 其他设置

选 项	说 明	设 置
Watch Dog	看门狗定时器	on
Test pattern（测试画面）	芯片内部产生的white pattern 。有white（max）/R/G/B/Black 四种pattern，可以用来确定屏的最大亮度，以及色域是否满足要求	white
Uart Enable	开关 Uart	on
DTV AV Delay	DTV 非标信号AV 延迟	on
Initial Channel	初始化工厂频道	ATV
Panel Swing	LVDS Swing 微调	1
Audio Prescale	音频输出增益微调	177
3D Self-Adaptive Detect level:	3D 自动模式识别	low
Uart Debug	Debug 工具可以使用COM口读取寄存器	0

注：初次升级后，需要开关电源一次，确保数据正常。

Param setting 项功能说明：

- Picture setting：用于调整各图像状态下亮度对比度、色度和背光强弱。
- SSC Adjust：用于设置MCU 和LVDS 时钟展频开关和幅度。
- Sound：用于声音各项设置。
- DBC：背光曲线设置。
- CI 卡：此项关闭，有DTV功能时打开。
- WIFI CHECK，Wi-Fi 检测。
- USB FILE：进入USB 多媒体。
- Overscan adjust：重显率调整。

（3）售后服务菜单。

进入方法：在主页上进入TV—子菜单键—电视设置—图像设置—对比度—再依次按以下数字 “9-7-0-5”，见表3.20。

2. 软件升级相关内容

（1）Project ID 的检查与更改。

不同机型对应不同的Project ID 编号，该编号存在eMMC里。如果能看清屏上显示的内容，可在工厂菜单里按如下步骤检查或修改Project ID：Main menu/Factory—10—Other—project info。

盲选ID的方法：按遥控器上062598—MENU，进入ID号调整。ID不正常会导致应用商店中的应用无法使用。

（2）屏参修改方法。

在TV屏幕花屏、黑屏、倒屏等无法正常显示的情况下，可以通过串口修改屏参，使TV屏幕正常显示。

表3.20 售后服务菜单

选　项	值	功能说明	功能OK
Main menu/Server			
Chassis Name	MS901	机芯名称	OK
Serial Number	xxx	串码	OK
Epolisy Number			
Dongle version		Dongle 版本	
USB Update		USB 升级	
Project ID		ID 号	OK
Non-Standard_DTV		DTV非标调整	OK
Non-Standard_VF1		非标调整	OK
Non-Standard_VF2		非标调整	OK

用Secure CRT软件工具手动修改屏参的步骤如下：

```
$su 进入模式
#cd config/panel 进入目录
#ls 显示当前目录下的文件，找到需要的新屏参文件，记下
#cd /返回根目录
#cat /config/sys.ini 查看当前屏参文件
#mount -o remount rw /tvservice 获取权限
#busybox vi tvservice /config/model/CN_1_L46V7600A-3D.ini打开文件
输入i开始编辑，例如将光标移到FullHD_LSC460HQ08.ini，改为新屏参文件，按键盘上ESC 键退出编辑模式
#:wq 重新进入命令模式
#reboot 重启
回车按着不动
#set db_table 0
#sa 保存
#re 重启
```

（3）MS901机芯液晶彩电Mboot软件升级方法。

出现不开机故障或更换SPI存储器后，需要重新写入Mboot。Mboot写入方法见表3.21。

抄写Mboot 软件的方法如下：

① 从电脑的USB或COMx用相应的连接线连接到抄写小板的相应接口上。

② 用VGA串口连接线连通Debut小板上的插座和主板上的VGA插座，Debug板另一端接电脑。

表3.21 Mboot写入方法

升级方法	升级步骤	适用情况	时间及备注
ISP TOOL抄写	① 电脑安装Mstar Tool驱动，确认串口读写正常 ② 拷贝最新版本的Mstar ISP TOOL抄写工具，老版本会存在抄写保护或识别不到IC甚至连接不上的情况 ③ 进入串口打印状态，开机时进入控制台，输入DU（Disable Uart），然后关闭串口打印，这种状态下更容易实现后面的连接 ④ 下载要抄写的Mboot软件，打开Tool，选择要抄写的软件。Config设置需要留意地址为92、B2，速率一般在300以下，太高了有时候会识别不到 ⑤ 进入Auto界面，确认erase、blank、program、verify都已选择，不需要保存原来数据则选择All chip擦除，点击Connect，识别到IC型号后，点击RUN即可开始抄写Mboot	Mboot为空或数据错误不能无屏升级但又需要升级Mboot	5min升级彻底，类似预抄写需要注意Mboot有2M和1M的区分，2M是最彻底的
强制升级	① 下载Mboot升级软件，命名为mboot bin ② 插入USB，长按待机键开机，即可启动Mboot升级 USB中不能包含优先级更高的主程序强制升级包	原Mboot状态OK，需要快速升级Mboot	1min
USB普通升级	工厂快捷键—USB升级—Mboot升级，文件命名mboot .bin	能正常开机显示	20s

③ 打开Mstar ISP Tool 工具，串口选择正确后，再点击Read，把要抄写的Mboot程序读到ISP 工具中。

④ 点击Config，把速率Speed设置到300kHz 左右。ISP Slave Address选择0x92，Serial Debug Slave Address 选择0xB2，如图3.77所示。

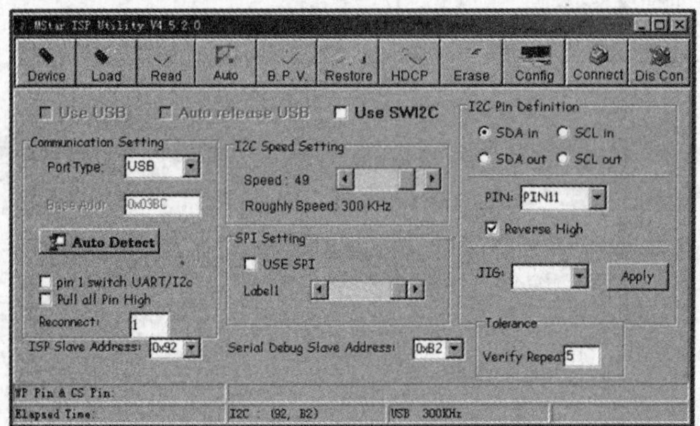

图3.77 抄写Mboot软件

⑤ 点击Connect，待显示连接OK 后，点击AUTO—Run，稍等一会，待Mboot 抄写完成，会出现图3.78所示界面。

⑥ 抄写完后需关机再开机。

（4）抄写主程序。

① 网线升级。

• 设置电脑IP，默认子网掩码，也可设为其他IP，但要保证电脑和电视IP 在同一网段。

• 在PC 上打开tftpd 工具，点击Browse 找到要烧写的主程序，如图3.79所示。

• Board 插入网线，和PC 连接到同一局域网，PC 作为server。

• 连上调试工具，打开SecureCRT 终端。

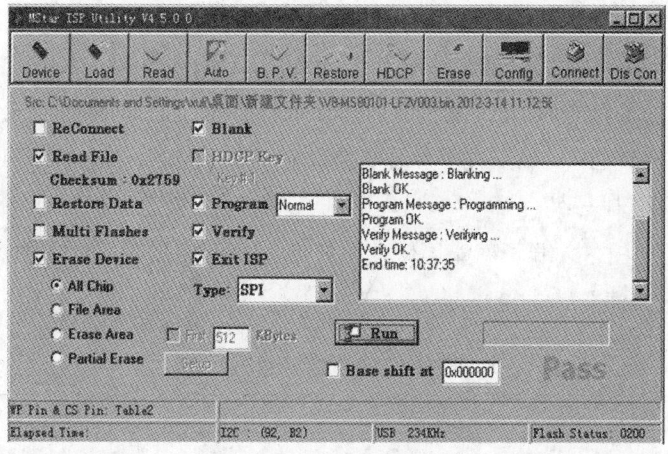

图3.78 Mboot抄写完成

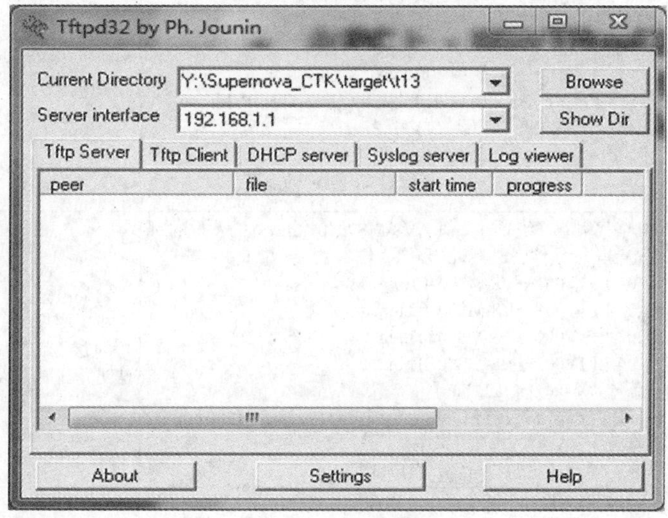

图3.79 找到要烧写的主程序

• RESET 板子，进入Mboot 后，在提示符号<< Amber3 >>#后，根据实际情况（ipaddr与serverip要在同一个网段）输入下列指令，设定网络环境，例如，

<< Amber3>>#setenv ipaddr 1.1.1.2

<< Amber3 >>#setenv serverip 1.1.1.1

<< Amber3>>#saveenv

同一套电脑与电视只需要设置一次网络环境。

• 在SecureCRT 终端执行mstar 命令烧写code：

<< Amber3 >>#mstar

• 烧写完成，重新开机后，即可进行测试。

② 普通USB 升级。将升级文件V8-MS90101-LF1RXXX.zip 拷入U 盘接在电视USB端口，遥控器选择系统设置—系统升级—系统软件升级—本地升级，按OK键后系统开始升级，中途不要有任何操作，如出现提示框，点击确定。普通升级即有屏升级，对板上已有

主程序的机器可进行普通升级。

③ 强制升级。先将强制升级文件MstarUpgrade.rar 拷入U 盘，接在电视机上方的两个USB 端口。上电后长按电视机按键上的POWER 键2s以上，屏幕将提示系统进入升级状态，中途不要有任何操作。如出现提示框，点击确定。强制升级即有屏升级，对板上已有程序的机器可进行强制升级。

注：MS901 的USB3.0 端子不能用做强制升级，只可用做普通USB2.0端口。

主程序的升级方法见表3.22。

表3.22 主程序升级方法

升级方法	升级步骤	适用情况	时间及备注
网口+ 串口升级	① 下载网络升级使用的软件压缩包，解压到电脑 ② 网线连接TV及电脑 ③ 运行tftpd32软件，选择升级文件夹中Auto update.txt所在目录 ④ 连接串口，长按电脑Enter键通电，进入软件控制台 ⑤ 输入以下指令 mmc erase //擦除原eMMC数据 setenv serverip 192.168.1.1 //主机IP，需要电脑固定此IP地址 setenv ipaddr 192.168.1.2 //设置TV端IP地址 save //保存 mstar //自动运行TXT内指向的数据烧录	Mboot已正常，但机器不支持强制升级	10min
强制升级 （无屏升级）	① 下载bin格式强制升级软件，命名V8-MS9010*.bin，*为软件的对应系列。需和当前软件底层驱动强制名对应， V8-MS90101-LF1V001→V8-MS90101.bin V8-MS90102-LF1V001→V8-MS90102.bin V8-MS90103-LF1V001→V8-MS90103.bin V8-MS90104-LF1V001→V8-MS90104.bin （MS801命名为MstarUpgrade bin） ② 插入USB，上电时长按待机键约10s即可开始升级，有屏时强制升级可以看到屏上显示“正在升级中” ③ 升级完成后重启机器，进行恢复出厂设置	Mboot已正常，由于无图像或死机等问题导致机器无法进行正常升级时可使用无屏升级	Mboot不升级 7min
普通升级 （有屏升级）	① 下载zip普通升级软件，命名前缀与当前机器软件相同 ② 插入USB，进入主菜单—系统设置—软件升级—本地升级 ③ 下载完成后点“确定”重启，开始升级 ④ 升级完成后机器会重启，进行恢复出厂设置	有屏有图像且可以正常升级	同时升级Mboot 5min
网络升级	① 联网 ② 系统设置—软件升级—网络升级	客户升级使用、网络有软件更新包	同时升级Mboot 5min

3.3.9 MS901维修资料

1. 典型故障汇编

（1）L46V7600A-3D电视出现开机系统初始化后死机。

此现象说明该机主程序有问题，首先准备升级软件，如V8-MS90101-LB1V015_20140111093655903.zip，将文件名改为V8-MS90101.bin，再放入U盘中，并连接电视机的USB2.0的端口，电视机通电，长按开机键约10s，系统将自动完成升级，交流关机重新开机，故障现象排除。显然此故障的排除采取的是强制无屏升级方法。

（2）L48C71图像亮度忽暗忽亮。

处理此问题可先进入总线调试模式调整状态，找到Other进入Param setting，再找到DBC背光曲线设置中的BACKLIGHT，将其由“1”设置为“0”关闭即可。

（3）L46V7600A-3D（MS901）花屏，图像时有时无。

通电试机发现图像一闪一闪的，还有横竖彩色线，出现此类故障，与主板的格式转换电路有关，也与LVDS倍频转换电路MEMC电路有关，屏逻辑板有故障也会引起此种故障。建议采用板替换法判定，用MS99 MEMC板替换发现故障消失了（板号是40-42P720-MEE2XG），故障修复。

（4）L46E5300A电视接入USB（USB2.0）无图。

观察U盘接入后，盘上灯不亮，怀疑P207插座虚接，重插现象仍存在，检查P207插座（19、20）脚5V_USB电压非常低，此5V供电来自主板电源开关块U007，通过更换U007（RT9711）故障排除。

（5）L46V7600A-3D（MS901机芯）系统初始化就死机。

在待机时遥控开机出现系统初始化，然后就处于死机状态，遥控按键都不起作用，试用MS901（057）版的强制升级版V8-MS90105.bin进行强制升级，强制升级完成后，交流关机再开机，机器工作正常。升级方法：将V8-MS90105.bin放到U盘根目录，然后插到USB 2.0接口即扩展板上的接口上，断电上电后，长按按键面板的电源键，一段时间后会出现升级中的提示，松手即可，升级后连接网络，会提示在线升级，在线升级后故障消除。

（6）L48A71（MS901机芯）黑屏。

该机为用户网购机，使用不到一个月，出现图像倒立，重新调试屏参后出现花屏，而且看不清任何字符。按有关资料介绍的L48A71（爱奇艺）无屏调节屏幕参数的方法：062598+子菜单+019，结果不但没有好，反而变黑屏了，再怎么调也调不出来画面了。用MS901的强制升级软件升级无效，经与用户商量后将机器拉回售后接升级版，用ISP升级Mboot后机器正常开机，再升级主程序后一切正常。为了验证故障出现的原因，再次进入工厂菜单，发现机器屏参调到001为倒屏，调到014正好，调到019黑屏。看来019不是针对所有L48A71的。将机器再次盲调062598+子菜单+014后机器一切正常。

① 电视开机，2~3min后，按下电视机主页键（使电视机处于非主页画面），然后快速输入062598+子菜单+019，如果设置成功电视机会重启。

② 如果电视机没有重启生效，再次按下电视主页键后输入062598+子菜单+019。用这个方法我在用户家调了一个小时都没有调好，经过反复测试发现在开机后30~40s不要按主页键，直接输入062598+子菜单+014，就一切正常了（在TV状态下这个时间刚好由雪花变为蓝屏的状态）。

（7）有关Wi-Fi问题及处理方法。

Wi-Fi常见问题：Wi-Fi连接后显示网络错误，Wi-Fi连接不稳定、时断时续，多设备接入后网络死掉，Wi-Fi时好时坏，Wi-Fi信号显示弱，网络播放卡顿，Wi-Fi不能开启等。

解决方法：升级主机软件版本（1，2，3，4，5，6，7）；建议用户恢复电视机系统出厂设置（对应状态1，2，3，4，5，6，7）；升级路由器固件版本，或更改路由器加密算法（对应状态2，3，4）；升级网络带宽；开机插播Wi-Fi模组和天线、更换Wi-Fi模组。

Wi-Fi接收效果差与路由器有关，如使用TPlink的TL-WR740N和TL-WR2041N问题较多，对应解决方法是升级路由器固件（更改加密方式也可解决一部分问题），也可建议用户采购其他品牌的路由器。

信号显示弱的问题，一些是因为用户电视和路由器之间的距离比较远，中间有多个承重墙，或是路由器自身比较老旧，信号有问题，此时可建议用户改善路由器和电视之间的摆放，或者更换路由器。

视频卡顿问题多为服务器和信号质量引起，建议用户升级网络带宽（1M升到4M或更高），在晚间高峰期观看视频影片时采用标清模式，减少带宽占用。同时避免路由器和电视之间阻挡过多引起的信号变弱。

还有一部分原因为系统升级引起的Wi-Fi错误，这时需要在新版本输出时自己验证排查。属于机内Wi-Fi模组硬件本身的问题概率较小。

TL-WR740N路由器升级为V5-V6-V7后，掉线情况便不再出现，图3.80所示是其官方网站介绍该软件的内容。

TL-WR740N_V5_V6_V7_130415标准版	
软件名称	TL-WR740N_V5_V6_V7_130415标准版
运行环境	Win9x/Win2000/WinXP/Vista/Win7
软件大小	1.05MB
上传日期	2013/4/23
立即下载	
软件简介	1，适用于TL-WR740N V5，V6，V7版本的标准版升级软件，不同型号或硬件版本不能使用该软件,升级前请确认版本。 2，增加WPS 10次错误PIN自动锁定一分钟的功能； 3，增加WAN口速率和双工模式可调功能； 4，修复当家长控制条目的小孩MAC相同时，只有第一条能够正常生效的问题； 5，修复特定ADSL线路路由器断电重启产生非法断线，提示帐号密码验证失败后不会自动重新连接问题； 6，解决PPPOE拨号时，某些情况出现死机问题； 7，优化IGMP逻辑，保证多播视频能正常观看； 8，优化路由器DHCP功能； 9，优化WAN口动态IP地址上网方式； 10，解决备份QSS获取的新PIN码不生效，重新载入备份文件之后PIN码依然显示为出厂值问题。

图3.80　TL-WR740N-V5-V6-V7软件介绍

路由器加密方法的设定：进入路由器内无线网络设置—无线安全设置，按图3.81所示进行设置，建议将加密算法AES改为TKIP。

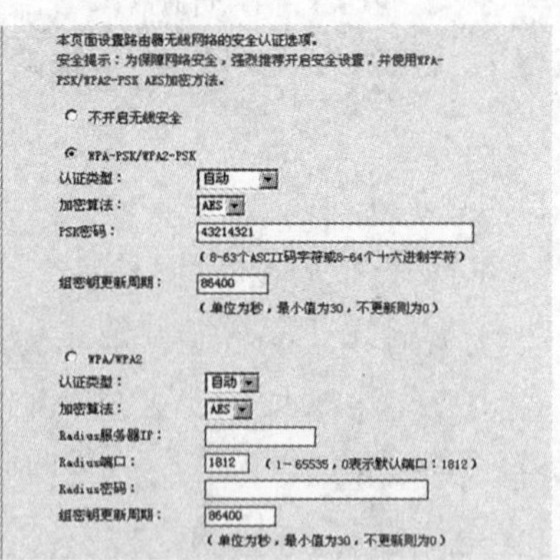

图3.81　路由器加密

升级路由器固件版本操作步骤：进入路由器设置界面—系统工具—软件升级，出现图3.82所示画面，此时可进行设置。以TP-LINK为例，首先查询机器背面的型号，进入官网下载专区，查询相应机器型号的固件进行升级，建议升级为最新版固件（标准版）。

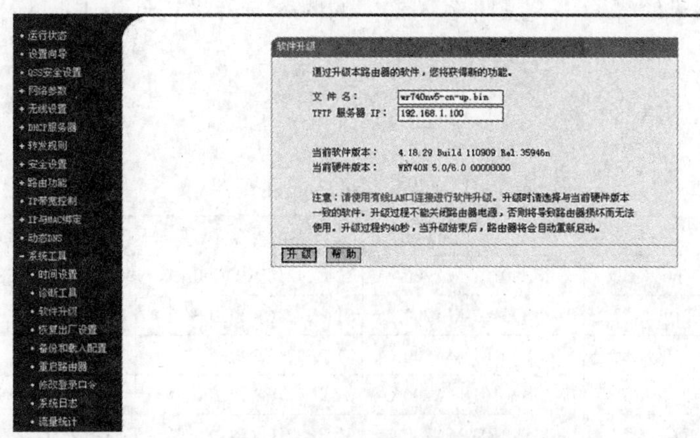

图3.82 升级器由器固体版本

路由器升级操作指导如下：

① 升级软件必须与当前产品型号和硬件版本一致。

② 升级过程中不能关闭路由器电源，否则可能导致路由器损坏。

③ 升级时要使用有线方式连接，不要使用无线方式连接。

如果路由器升级界面类似图3.83（含“TFTP服务器IP”字样），请按以下步骤进行升级：

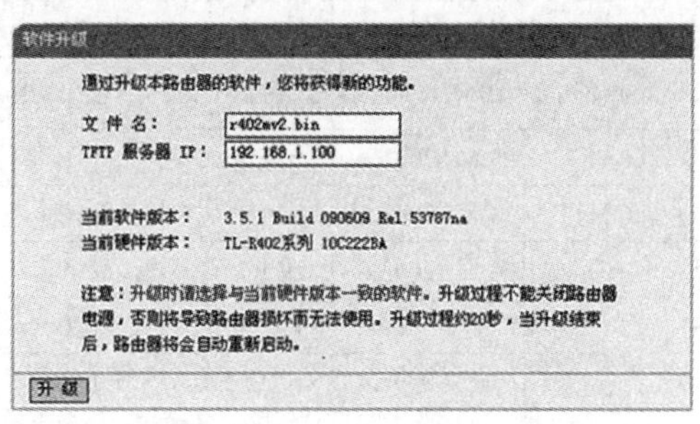

图3.83 路由器升级界面

① 关闭系统的防火墙，包括系统自带的防火墙以及另外安装的防火墙软件。XP系统可按照以下步骤关闭系统自带防火墙：右击电脑的“本地连接”选择属性，然后再点击“高级”，再点击“设置”，把防火墙关闭。

② 双击升级包中的tftpd32.exe文件，并确保在整个升级过程中该软件均处于开启状态。

③ 登录路由器管理界面，在系统工具—软件升级界面直接点击“升级”即可。

升级过程中的几种常见错误提示如下：

① 如果升级过程中出现类似“升级不成功，请检查您是否已经开启TFIP服务器”的

错误提示，请再一次检查您的升级操作是否正确。请确认是否有双击打开TFTPD32.EXT工具或者是否关闭了操作系统的防火墙。

② 如果升级过程中出现类似“文件传输错误，请检查输入是否正确。”的错误提示，请检查和确保升级界面中“文件名”框内的内容与升级软件包中.bin文件的文件名是一致的。

2. MS901机芯配件资料（见表3.23）

表3.23 MS901机芯配件资料

序 号	机 芯	机 型	数字板组件号	电源板组件号	显示屏物编	屏参信息
1	MS901	L46V7600A-3D	08-MS90101-MA200AA	81-PE421C8-PL200AA	4A-LCD46O-SS6STA	1
2	MS901	L48C71	08-MS90103-MA200AA	81-PE421C8-PL200AA	4A-LD48O5-CS2STA	20
3	MS901	L55H6600A-3D	08-MS90101-MA300AA	81-PE421C6-PL200AA	N/A	1
4	MS901	L46V7600A-3D	08-MS90101-MA200AA	81-PE421C8-PL200AA	4A-LCD46O-SS6STA	1
5	MS901	L48A71	08-MS90103-MA200AA	81-PE421C8-PL200AA	4A-LD48O5-CS2STA	14
6	MS901	L55V7600A-3D	08-MS90101-MA300AA	81-PE421C6-PL200AA	N/A	
7	MS901	L55V7600A-3D	08-MS90101-MA200AA	81-PE421C8-PL200AA	4A-LCD55O-SS5STA	2
8	MS901	L42H6600A-3D	08-MS90101-MA300AA	81-PE421C6-PL200AA	N/A	
9	MS901	L46V7600A-3D	08-MS90101-MA200AA	81-PE421C8-PL200AA	4A-LCD46O-SS6STA	1
10	MS901	L55V7600A-3D	08-MS90101-MA200AA	81-PE421C8-PL200AA	4A-LCD55O-SS5STA	2
11	MS901	L48A71	08-MS90103-MA200AA	81-PE421C8-PL200AA	4A-LD48O5-CS2STA	14
12	MS901	L48A71	08-MS90103-MA200AA	81-PE421C8-PL200AA	4A-LCD48O-CS1STA	19
13	MS901	L55V7600A-3D	08-MS90101-MA200AA	81-PE421C8-PL200AA	4A-LCD55O-SS5STA	2
14	MS901	L46V7600A-3D	08-MS90101-MA300AA	81-PE421C6-PL200AA	N/A	
15	MS901	L47H6600A-3D	08-MS90101-MA300AA	81-PE421C6-PL200AA	N/A	
16	MS901	L48A71	08-MS90103-MA200AA	81-PE421C8-PL200AA	4A-LCD48O-CS1STA	19
1	MS901K	L50E5690A-3D	08-S901K04-MA200AA	81-PE461C6-PL200AB	4A-LD50E5-CMDSTA	18
2	MS901K	L50V8500A-3D	08-S901K02-MA200AA	81-PE461C6-PL200AB	4A-LCD50E-CM6STA	4
3	MS901K	L65E5690A-3D	08-S901K04-MA200AA	81-PE301C1-PL200AB	4A-LCD65ES-CM2	11
4	MS901K	L55E5620A-3D	08-S901K05-MA200AA	81-PE461C6-PL200AB	4A-LCD55E-CS1STA	17
5	MS901K	L55V8500A-3D	08-S901K01-MA200AA	81-PE521C3-PL200AA	4A-LCD55E-CS1STA	3
6	MS901K	L85H9500A-UD	08-MS90104-MA200AA	08-PE852C0-PW200AA	4A-LD85ES-SS2STA	13
7	MS901K	L55E5690A-3D	08-S901K05-MA200AA	81-PE521C3-PL200AA	4A-LCD55E-CS1STA	10
8	MS901K	L65V8500A-3D	08-S901K03-MA200AA	08-PE301C1-PW200AA	4A-LCD65E-AU3PTA	5
9	MS901K	L55E5690A-3D	08-S901K05-MA200AA	81-PE461C6-PL200AB	4A-LCD55E-CS1STA	10
10	MS901K	L50E5690A-3D	08-S901K04-MA200AA	81-PE461C6-PL200AB	4A-LCD50E-CM6STA	12
11	MS901K	L50E5620A-3D	08-S901K04-MA200AA	81-PE461C6-PL200AB	4A-LCD50E-CM6STA	16

第4章　海信智能电视工作原理与维修

4.1　海信智能电视概述

海信2013年主推的智能电视被誉为全球速度最快、操作最方便的极简电视——VIDAA电视，此系列产品采用Android4.0操作系统，遥控器设置有“四大应用一键直达”，即直播电视、在线视频点播、APP应用中心、家庭媒体中心4个直达功能键。

VIDAA分K600和K680两系列。K600系列硬件采用双核CPU+四核GPU。具有自动记忆待机前的画面、自动记忆切换前界面、自动记忆浏览历史，以及在线升级功能。

K680系列硬件采用4K屏（分辨率达3840×2160的4K超高清显示屏配置），产品覆盖VIDAA系列39英寸、42英寸、50英寸、58英寸、65英寸全部规格。整机实现USB、HDMI接口的4K读取，为用户提供豆果、ZAKKA两款4K应用。控制及图像处理配置有强劲的双核CPU+四核GPU，对运行一些大型3D游戏且在多任务同时处理的情况下，能保证系统的稳定运行。K680系列产品是K600系列VIDAA产品的升级之作。K600系列和K680系列代表产品见表4.1。两大系列产品采用的主芯片型号为MTK5505。与VIDAA电视两大系列采用同芯片的还有K280J3D和K280X3D系列产品。

K280J3D和K280X3D系列产品生产的代表产品有 LED32K280X3D、LED39K280X3D、

表4.1　K600系列和K680系列代表产品

系列	型号
K680系列	LED65K680X3DU
	LED58K680X3DU
	LED50K680X3DU
	LED42K680X3DU
	LED39K680X3DU
	LED55K600X3D
K680系列	LED65K680X3DU
	LED58K680X3DU
	LED50K680X3DU
	LED42K680X3DU
	LED39K680X3DU
K600系列	LED55K600X3D
	LED47K600X3D
	LED42K600X3D
	LED39K600X3D
	LED32K600X3D

LED42K280X3D、LED46K280X3D、LED32K280J3D、LED39K280J3D等。这些产品属于普及型智能产品，功能较简单。

2013年海信推出了K610/K360系列智能电视，其代表产品有LED55/50/42/39/32K610X3D，LED50/48/46/42/40/39K360X3D和LED32K360。K610、K360系列产品使用的主芯片型号为MT5505AKDI，K360与K610的区别在于外观不同，同时K360使用的芯片是MT5505，而K610使用的是MT5505A。两大产品的3D眼镜均为快门式，采用Android 4.0版本操作系统。K610系列遥控器型号为CRF6A16，K360系列遥控器型号为CN3B12。K360与K610采用全新的Vision1.1操作界面，控制界面分为三大区域，如图4.1所示。按遥控器上的“小聪键”（见图4.4），在任何状态下调出整合式菜单，可对电视机进行调整和设置，而无需进行信号源切换或界面转换，如图4.2所示。注：Vision1.1操作界面是基于Android 4.0系统所定制的。

图4.1　K360/K610控制界面

图4.2　K360/K610整合式菜单

为了方便大家了解这些产品，图4.3示出了VIDAA电视遥控器功能键的作用。图4.4示出了K280J3D、K280X3D、K360X3D系列产品遥控器功能键的作用。

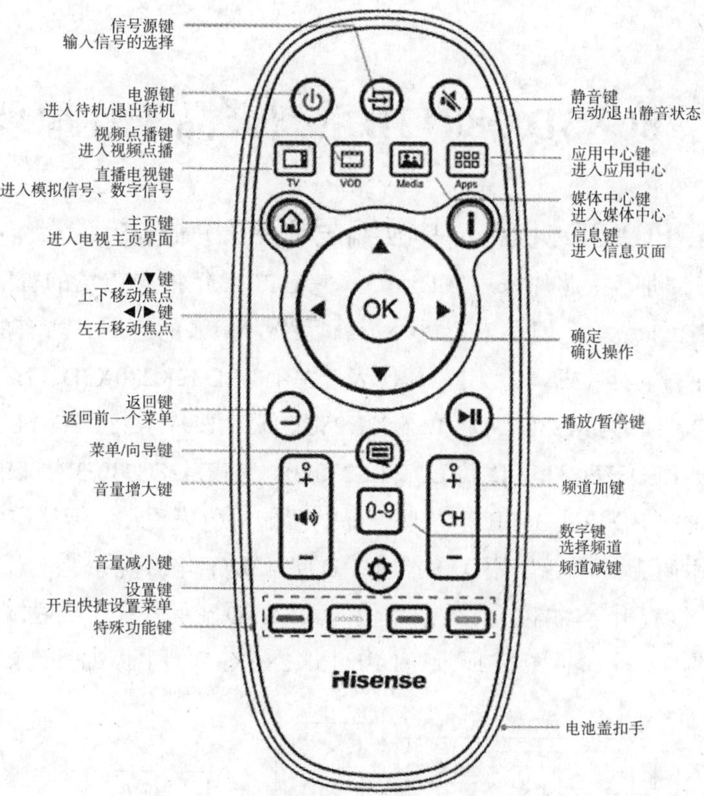

图4.3 VIDAA电视遥控器功能键作用

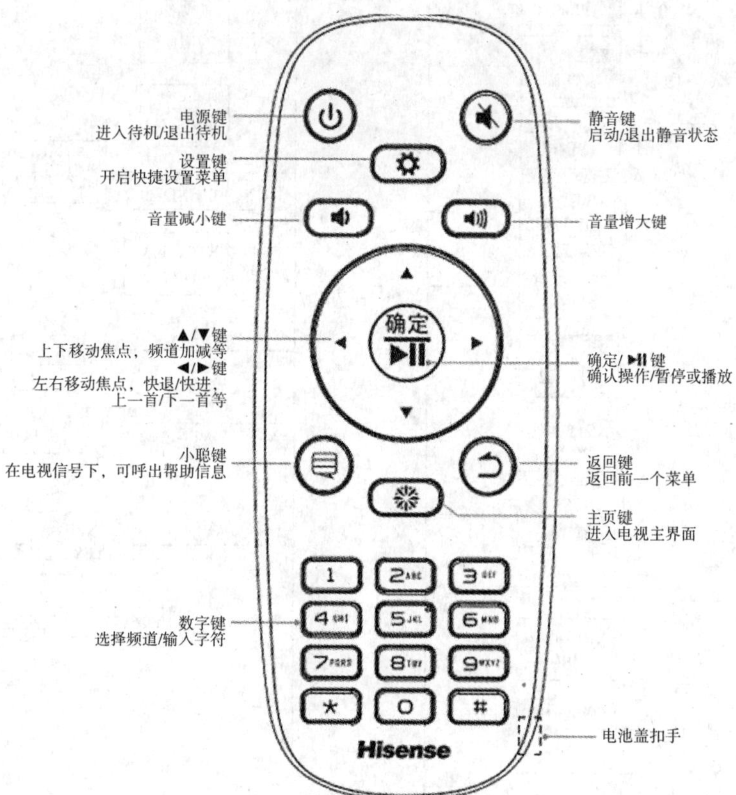

图4.4 K280J3D、K280X3D、K360X3D系列产品遥控器功能键作用

4.2 海信280X3D/280J3D系列产品工作原理与维修

4.2.1 海信280X3D机芯（主板编号5277）概述

海信280X3D机芯主芯片采用MT5505，它是2013年推向市场的智能产品，机芯采用智能Android操作系统，但不支持机外下载后缀为APK的应用，所有的应用仅在电视机的应用商店中推荐下载安装使用。其代表产品有LED32K280X3D、LED39K280X3D、LED42K280X3D、LED46K280X3D、LED32K280J3D、LED39K280J3D、LED42K280J3D、LED46K280J3D、LED32EC330J3D、LED39EC330J3D、LED42EC330J3D、LED32EC350JD、LED39EC350JD、LED42EC350JD。这些产品的智能特色表现在：智能空间、体感游戏、多屏互动、应用商店。声音采用DTS技术（DTS：数字化影院系统）。具有3D转2D、2D转3D、3D亮度提升等功能。有的采用快门式SG3D显示方式。接收端子有RF、AV、VGA、HDMI和RJ45网口。图4.5所示是LED46K280X3D（主板编号为RSAG2.908.5277

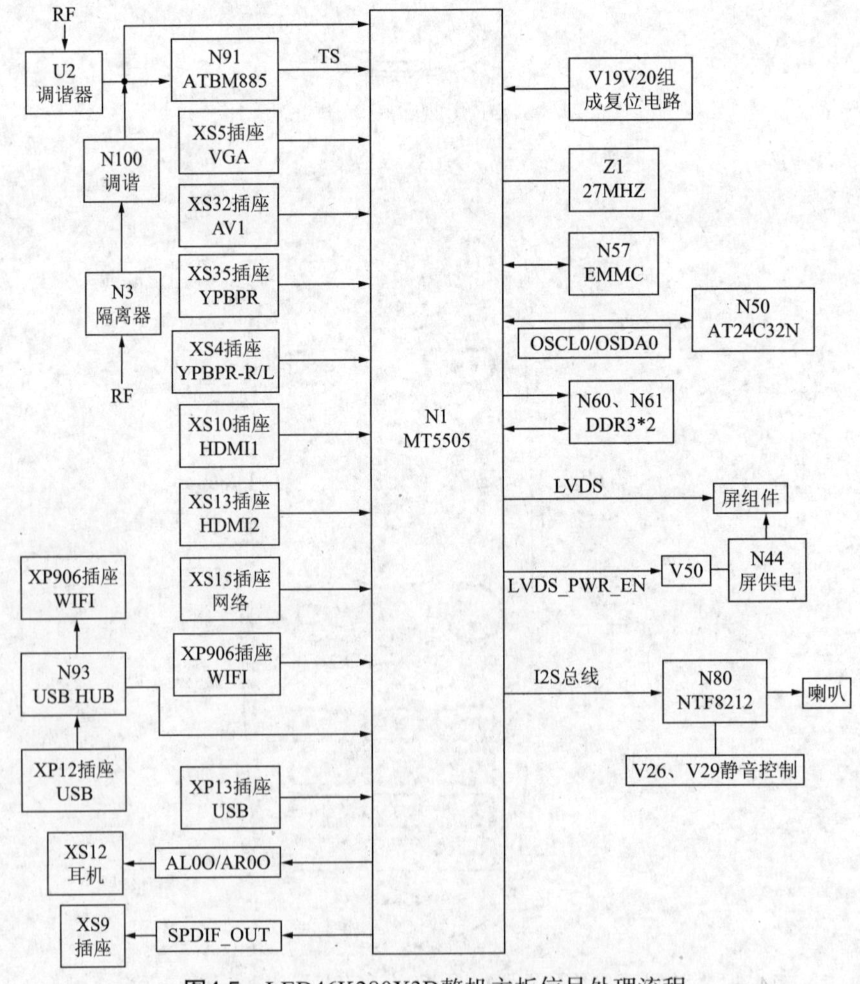

图4.5 LED46K280X3D整机主板信号处理流程

板）整机主板信号处理流程。表4.2是该机芯产品主板使用主要IC型号与功能。图4.6所示是280X3D及280J3D系列产品使用的主板RSAG2.908.5277实物图解。

表4.2 海信280X3D机芯产品主板使用主要IC型号与功能

引 脚	型 号	功 能
N1	MT5505	主芯片的图像、伴音、网络及控制均在此IC中完成
N11	AP1084DG、AZ1084D-ADJ	可调整输出电压值DC-DC块，该机需要DVDD3V3
N40	AO4459	开/待机控制，用于12V开关控制
N42	AO4459	VCCK控制，5V经此IC进行开关控制
N10	TLV70233DBVR	用于5Vsb转3Vsb
N33	TPS54528	用于12V转VCCK，给CORE供电
N80	NTF8212	数字主伴音功率放大器
N50	AT24C32N-10SI-2.7	用户存储器，同时还保存工厂调试数据和EDID等数据
N57	KLM4G1FE3A-A001	eMMC存储器，整机运行程序
N7	PIC12F609-I	3D同步功率放大模块
N60、N61	NT5CB64M16AP-CF	格式转换及程序应用数据暂存
N36	AIC2862-5GR8TB	DDRV形成供DDR3的DC转换
T1	PM44-11BP	网络隔离、耦合变压器
N93	AU6259-JGF	USB HUB集线器，用于USB切换
U2	DTOS40CVH051B	调谐器，输出中频IF信号
N91	ATBM8859	数字信号信道解调，形成TS
N100	MxL601	硅调谐电路，输出中频信号，U2与N100使用其中之一

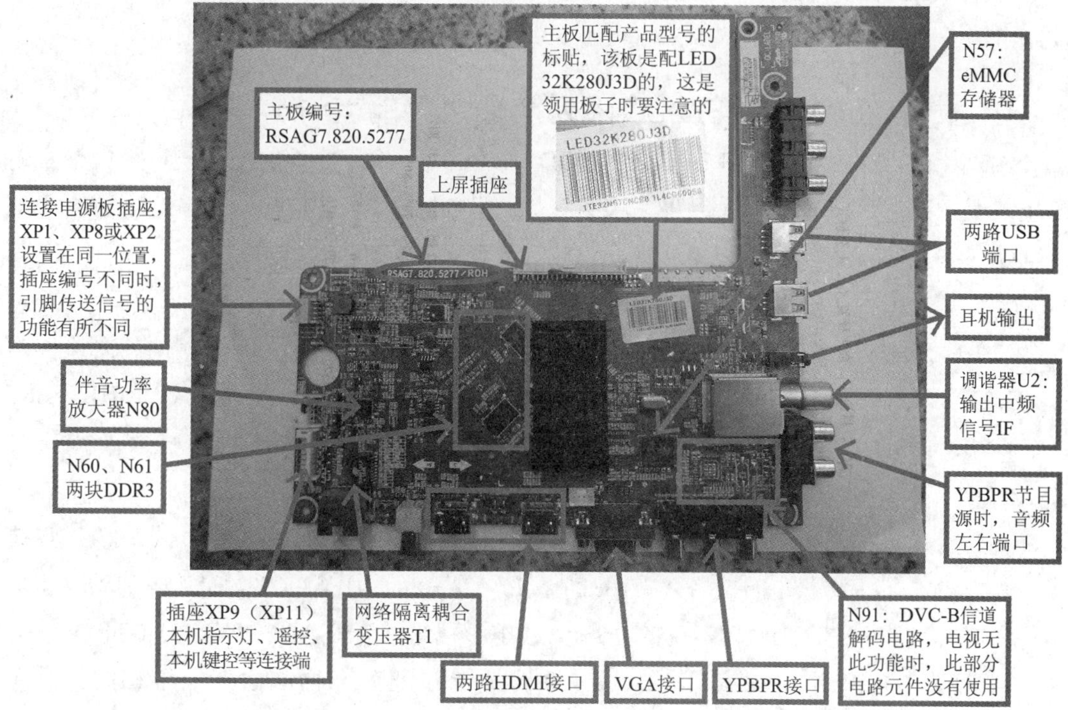

图4.6 280X3D系列产品主板RSAG2.908.5277实物图解

注：E^2PROM存储器设计在主板的背面。

图4.7所示是主板上各DC-DC转换块的位置。

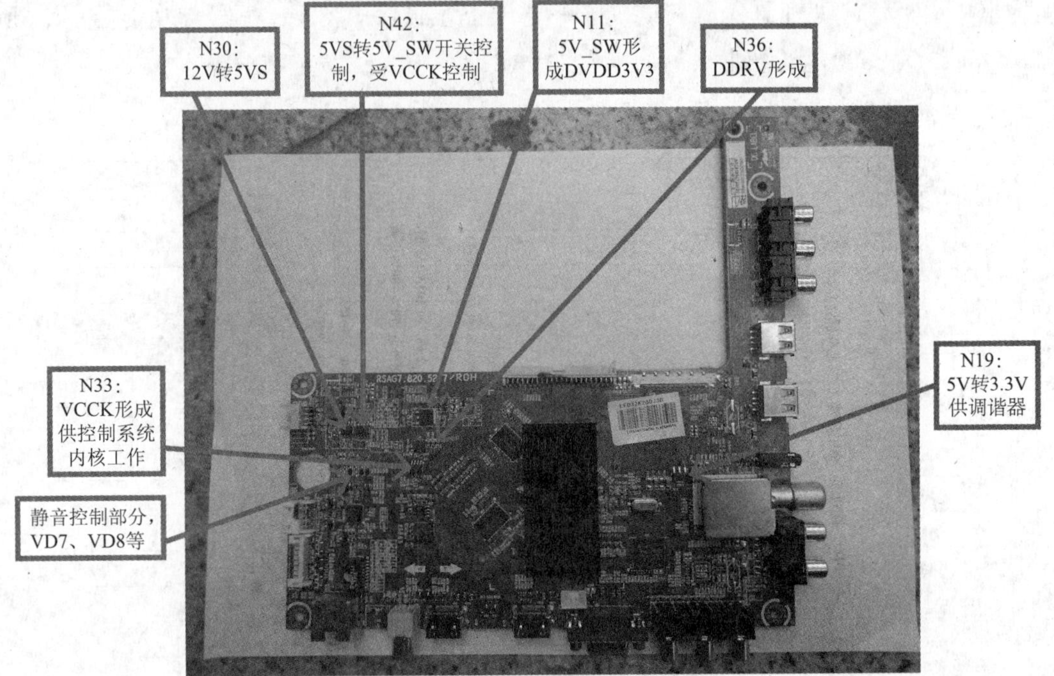

图4.7 主板上各DC-DC转换块的位置

说明：主板背面还设计有DC-DC转换块或开关控制块，它们是12V开关控制块N40，它受开/待机控制，待机时N40无12V输出，实现主板开机、待机控制。N44是屏供电开关控制电路。

4.2.2 海信280X3D/280J3D系列产品之间的差异

（1）LED32K280X3D、LED32K280J3D 除了铭牌、标牌之外完全相同，无同轴音频输出。采用红外PR-3D 技术，无内置Wi-Fi。主板电源接口采用7脚的接口。主板组件为RSAG2.908.5277-01\ROH165072，料号165072；液晶屏为HE315HHR-B21（1000）\PW1\ROH；电源板组件为RSAG2.908.5023-03\ROH。

（2）LED39K280X3D、LED39K280J3D 除了铭牌、标牌之外完全相同，采用快门式SG-3D 技术，无内置Wi-Fi。主板电源接口采用7PIN 接口。液晶屏为V390HK1-LS6（C8）\JK\ROH。主板组件为RSAG2.908.5277-03\ROH，料号165302。电源板组件为RSAG2.908.4406-01\ROH。

（3）LED42K280X3D、LED42K280J3D 除了铭牌、标牌之外完全相同，采用SG-3D 技术，无内置Wi-Fi。主板电源接口采用10PIN 接口。液晶屏为HE420GFD-B52\S0\PW1。主板组件为RSAG2.908.5277-02\ROH，料号165179；电源板组件为RSAG2.908.4981-02\ROH。

（4）LED46K280X3D、LED46K280J3D 除了铭牌、标牌之外完全相同，采用SG-3D 技术，无内置Wi-Fi。主板电源接口采用13PIN 接口。液晶屏为HE460GFD-B31\PW1\ROH。主板组件为RSAG2.908.5277-04\ROH，料号165357；电源板组件为RSAG2.908.4688-08\ROH。

说明：海信电视常常以主板编号来作为机芯的定义。此文介绍的K280X3D等主板编号均为RASG2.908.5277。由于产品不同，而形成了5277-01、5277-02等系列主板编号，故整个电路板工作方式基本相同，工作原理彼此参考。

4.2.3 主板电压分布网络

主板连接电源组件的插座是XP1、XP8或XP2，不同机型同位置的插座编号可能不同。但传递的是电源送往主板的12V_IN、5Vsb、VCC_A电压和主板送往电源的开关信号Standby、背光控制信号BL ON/OFF、BL-Adjust等，如图4.8所示。不同机型电源输出电压不同，有的产品电源只输出一路电压12V，此时主板所需的5V电压由主板相关DC-DC电路形成。有的产品电源组件输出的电压有12V和5Vsb，此时主板电路上将取消像N30这样的电路，5Vsb电压将代替5VS给主板相关电路供电。

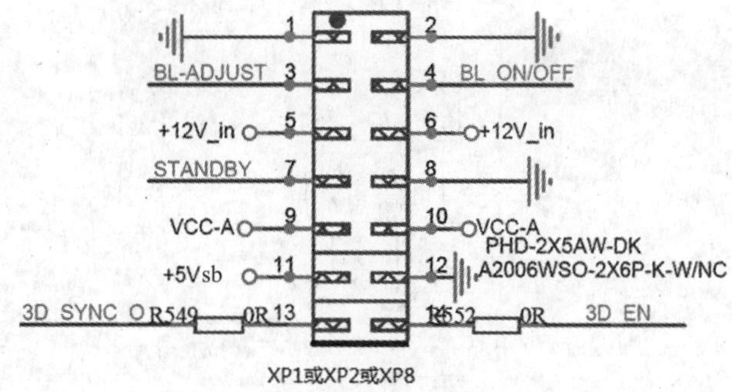

图4.8 主板连接电源组件的插座

1. 5Vsb（见图4.9）

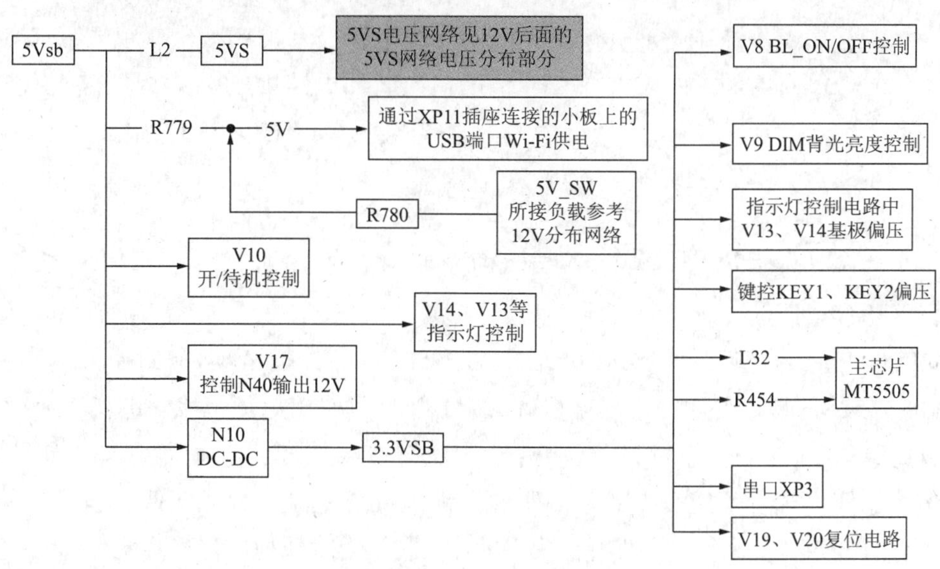

图4.9 5Vsb电压

注：电源有5Vsb电压输往主板时，5Vsb电压分布除了参考此分布电路外，5Vsb分布形成的5VS、5V_Sw可参考12V分布网络。

2. 12V电压分布网络（5VS电压分布网络也画在其中，见图4.10）

部分产品的5VS由电源提供12V通过N30产生。有产品5VS是电源直接提供的，这时电路上将不再安装N30及周围元件。

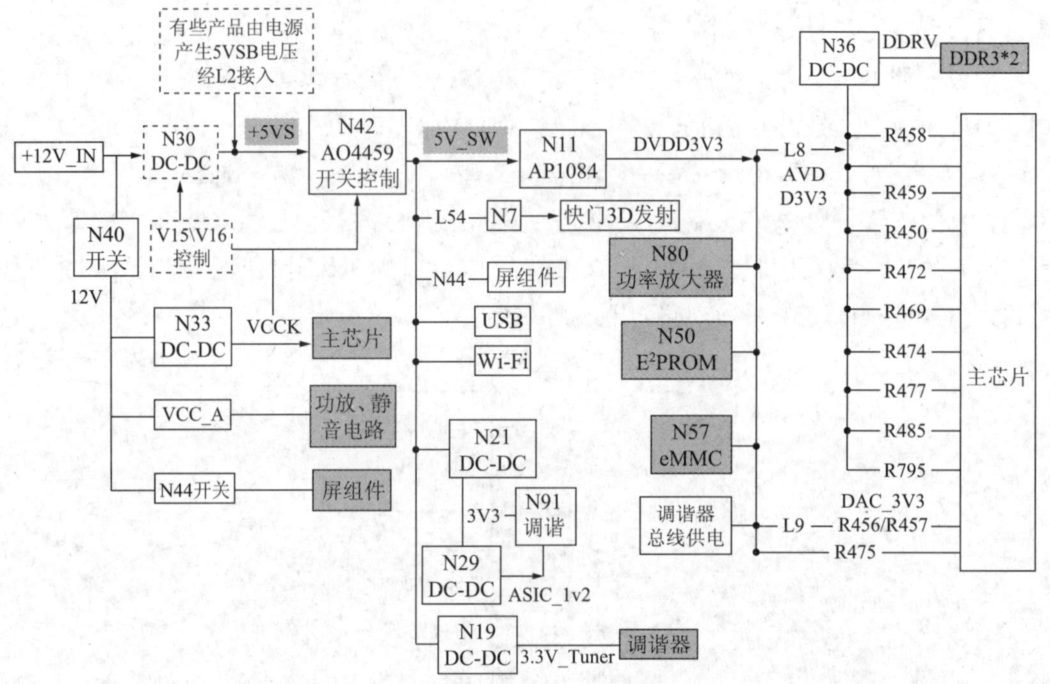

图4.10　12V电压分布网络

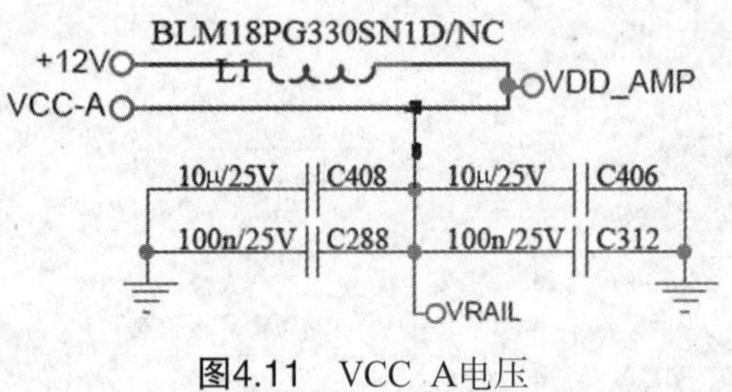

图4.11　VCC_A电压

3. VCC_A（见图4.11）

VCC_A电压是供伴音功率放大器工作的。当电源仅有12V电压，而没有VCC_A电压输出时，电路中L1将接入电路取代VCC_A。当电源有VCC_A电压输出时，L1将不再使用。

4.2.4　主板DC-DC转换IC特性介绍

1. TPS54528

此IC有两种封装型号，TPS54528DDA和TPS54528DDAR，都是8脚封装。

TPS54528的特点是输入电压范围在4.5~18V，可输出电压范围在0.76 ~ 6V，是能向负载提供5.6 ~ 7.9A电流的降压型转换块。IC采用D-CAP2™自适应实时同步降压型控制架构，能使设计者采用很少的外部元件设计出待机电流小、成本低、满足各种终端设备所需的电源。整个控制环路主要依靠D-CAP2™实现快速响应，无需采用外部补偿元件。这种自适应实时D-CAP2™控制支持自适应导通时间控制，支持在高负载条件和轻负载模式Eco-mode™操作下PWM模式间的无缝转换。Eco-mode™轻负载生态模式使得TPS54528在轻负载时保持高效率。此IC有自己的特色电路，能使输出端采用等效电阻（ESR）很小的输出电容，如POSCAP或SP-CAP或超低等效阻抗ESR陶瓷电容器。内部采用高侧导通电阻65 mΩ，低侧导通电阻36 mΩ的开关功率管。开关转换频率达650kHz，采用逐周期电流限制控制技术，内有5.5V欠压保护电路（门限值为3.75V）和过温关断保护电路，TPS54528内部电路处理框图如图4.12所示。TPS54528引脚功能见表4.3。

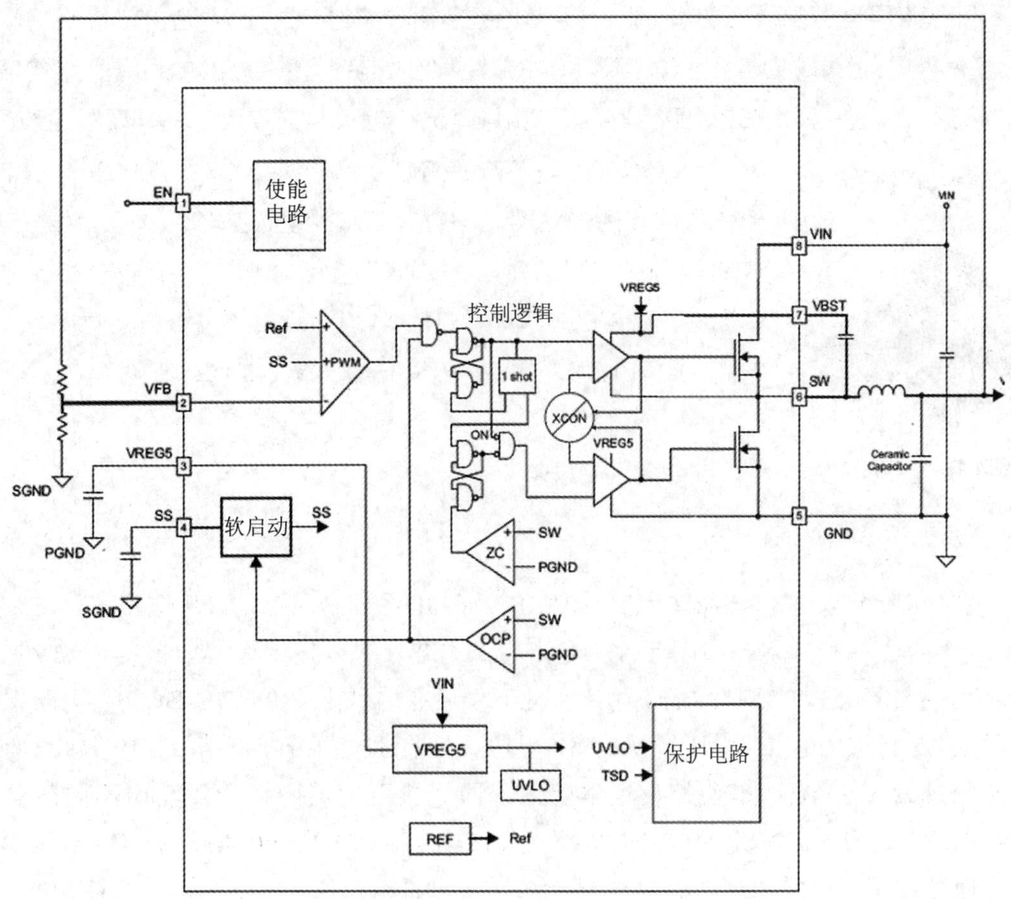

图4.12 TPS54528内部电路处理框图

表4.3 TPS54528引脚功能

引脚功能符号	引脚	功能描述
EN	1	使能输入控制。高电平有效，不得低于1.6V
VFB	2	转换器输出端反馈输入。内置基准电压为0.765V
VREG5	3	5.5V电源电压输出。此脚需接IUF电容到地。EN脚为低电平时，此脚不会有输出
SS	4	软启动控制。此脚必须外接一只电容到地
GND	5	地脚
SW	6	开关的高侧FET和低端FET之间的节点连接
VBST	7	高侧FET管栅极驱动供电端，在VBST与SW脚之间接一只0.1μF电容。在VBST与5.5V电源端内接了一只二极管
VIN	8	IC供电端

◎知识链接……………………………………………………………………

新名词解释

1. POSCAP

这是一种电容的简称，是一种高分子有机半导体固体电容器。其正极采用钽烧结体或铝箔，负极采用具有高导电性的高分子材料。阳极采用烧结钽，阴极为高导电高分子聚合物的叫钽聚合物电容。阳极为铝，阴极仍为高导电高分子聚合物的叫铝聚合物电容。性能好的属于钽聚合物电容，但价格高。高频特性及低ESR深受好评，被广泛用于笔记本电脑、电源模块等开关电源的输入输出端。POSCAP的构造基本上与普通钽电解电容器相同，最大的不同是电解质采用了导电性好的高分子材料。正极采用钽烧结体充分发挥钽的高介电系数特性。不但实现了小型电容器的大容量化，同时负极采用导电性高分子材料实现了更低的ESR及可靠性方面的改善。POSCAP的额定电压为2.5~25V，容量为2.2~1000μF，ESR最低达5mΩ，其实物可参考图4.13。

图4.13 POSCAP

2. SP-CAP

聚合物铝电解电容。

……………………………………………………………………

图4.14所示是TPS54528在海信280X3D/280J3D系列产品上的应用电路图。IC在电路板上编号为N33，它与周围元件一起产生供主芯片中内核工作的VCCK（1.2V）电压。图4.15所示是TPS54528的实物图。此元件还在编号为N30的DC-DC转换电路中应用。N30是将输入的12V电压转换成5VS电压，见前述电压分布网络。N30、N33两个电路的最大区别在于2脚所接反馈电阻值不同，从而满足同型号IC输出不同值电压的目的。其次是N30输出的5VS电压要比N33输出VCCK电压延时，VCCK电压建立后，通过V15、V16控制后5VS电压才会输出，如图4.16所示。故N30输出5VS电压不稳定时，需要检查2脚外接反馈元件。

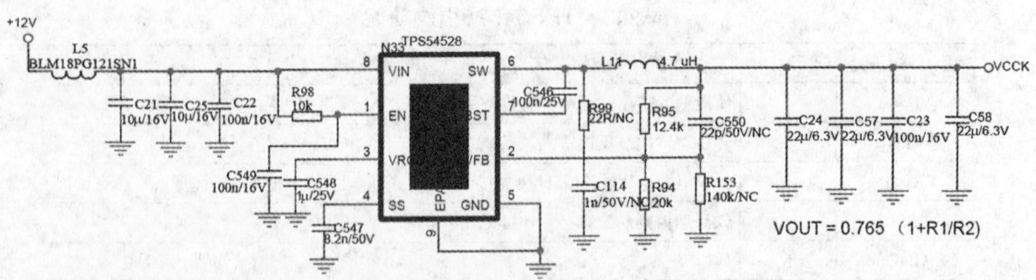

图4.14 TPS54528在海信280×3D/280J3D系列产品上的应用电路图

图4.14中，2脚外接电阻比例决定了该电源输出电压值为1.2V。2脚电阻变质会导致IC输出电压变高或变低。1.2V用于主芯片内内核CORE工作，要求电压值稳定且没有纹波，故输出端电感L11及滤波电容C23、C24、C57、C58不能随意替换。6、7脚所接电容为自举

图4.15 TPS54528实物图

电容，它与1脚外接电阻R98故障都可能导致此IC无输出。1.2V电压没有输出或输出异常，会导致不开机或自动关机故障。

图4.16中的2脚接有5V_En使能控制信号，VCCK电压形成后，V15饱和，V16截止，从而保证N30（1）脚为高电平，使D极有5VS电压输出。当VCCK电压没有建立时，即使电源有12V输往N30，N30也不会有5VS电压输出，因为V15截止，V16饱和，N30将停止工作，整个图像通道也将停止工作。

2. AO4459

AO4459作为开关转换应用，同时提供大的驱动电流以满足输出所接负载工作功率要求。AO4459内部集成有两只P沟道MOSFET管。此IC最大电流达6.5A，加之导通RDS阻抗低，自身功耗电低。

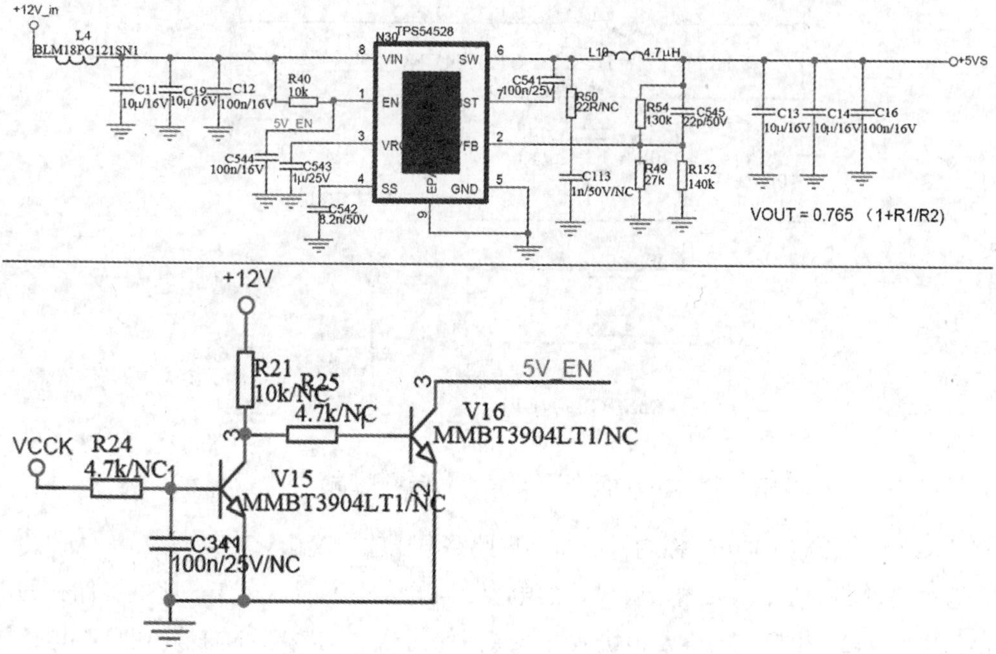

VOUT = 0.765（1+R1/R2）

图4.16 编号为N30的DC-DC转换电路

① 应用1。AO4459作为12V开关控制部件，受开/待机控制，如图4.17所示。

二次机后，主芯片输出开机OPWRSB低电平信号，使V17截止、V11饱和，N40的SG极处于正偏而工作，在D极得到12V电压，后经主板各DC-DC转换，形成主板各电路所需电压，见前述12V电压分布网络。N40性能差会导致整机不工作。整机不工作还应检查12V滤波电容C120、C151等。

② 应用2。AO4459还用在位号为N42的电路上。N42为5V开关控制电路。5VS电压经N42开关控制后，输出5V_Sw供后续电路工作，见12V分布网络中5V_Sw电压分布。由图4.18

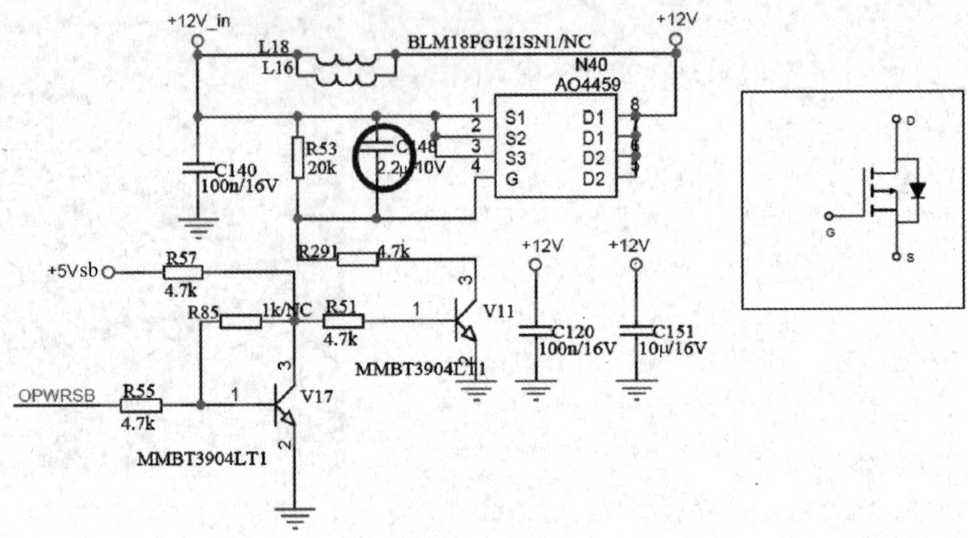

图4.17 AO4459作为12V开关控制部件的应用

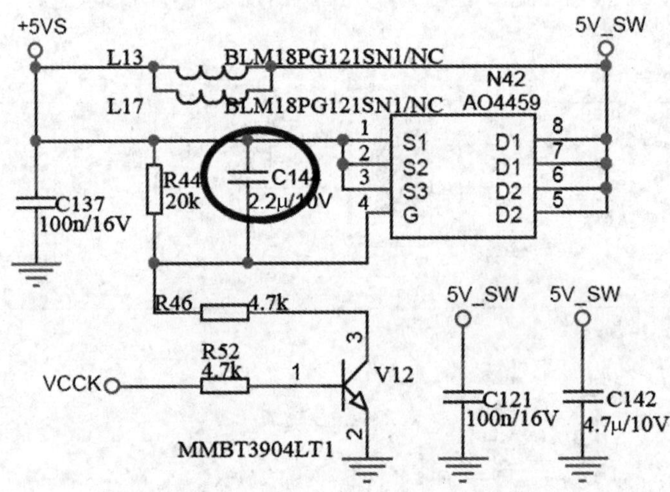

图4.18 AO4459在N42（5V开关控制电路）的应用

可知，N42工作受VCCK电压控制，从而实现此路电压输出晚于VCCK。

这里要说明的是，N42输入脚设计的电容C14的大小不能随意变，此电容储存的电荷使得关机后N42输出5V_Sw不要很快消失，从而保证5V_sw连接的N11输出的3V3电压不会很快消失，保证eMMC存储器在掉电后晚于VCCK断电，避免掉电后eMMC丢失数据的几率，这非常重要。

③ 应用3。AO4459还用于屏供电开关控制电路，如图4.19所示。

二次开机过程中，当开机信号发出，VCCK等电压建立，控制系统工作，控制系统送出启动屏工作的控制信号LVDS_PW_EN呈高电平，使V50饱和，N44内P沟道MOSFET管 G极电压置低，使N44工作，从D极输出12V或5V去屏组件（根据屏需要，主板提供12V或5V电压）。N44提供给屏的电压驱动不足，会出现背光亮、黑屏或白屏现象，也有可能出现花屏现象。

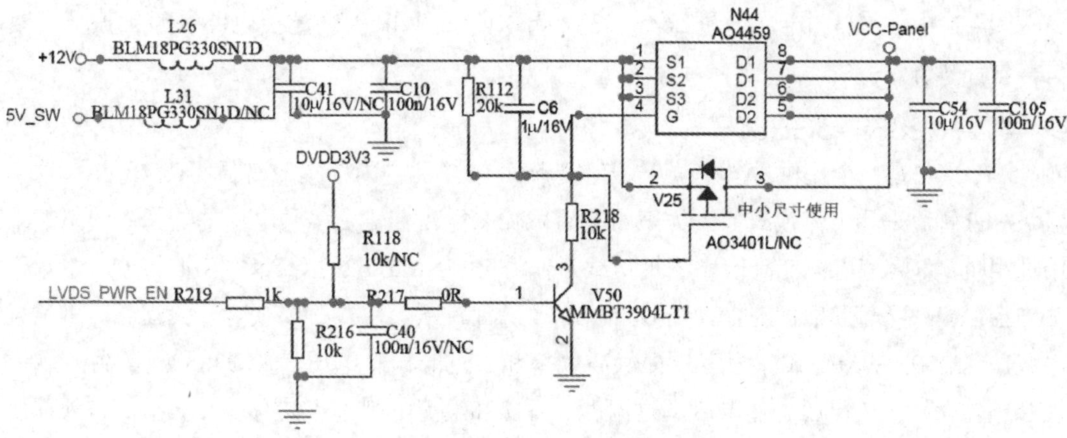

图4.19 AO4459在屏供电开关控制电路的应用

注：小屏幕电视屏供电开关控制可由V25来代替N44完成。

3. TLV70233

TLV70233是TLV70**系列中的一种，它是一块固定输出3.3V电压的DC-DC转换块，面积为2.9mm × 2.9mm，封装为 SOT23-5。TLV70033提供200mA电流，是一块低功耗、低压降稳压器。内有过热、过温保护电路。此部件广泛在手机、平板、MP3、智能家居控制ZigBee®、蓝牙等终端设备中应用。TLV70**系列封装有两种形式，SOT23-5和SON，引脚分布如图4.20所示。

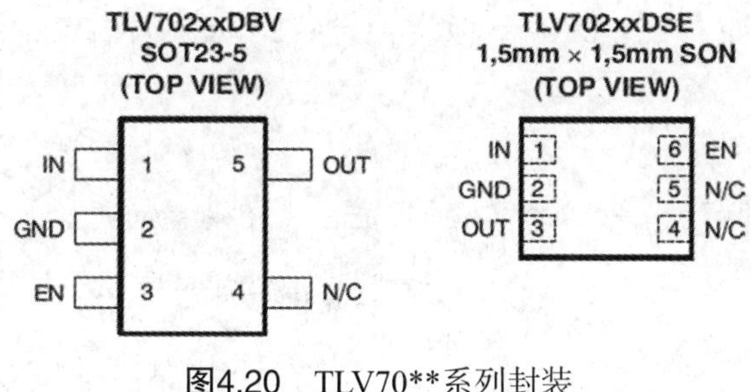

图4.20 TLV70**系列封装

海信电视采用SOT23-5封装的TLV70233，其应用电路如图4.21所示。N10将5Vsb电压转换成3V3sb电压供控制系统时钟振荡等电路。若N10输出3.3V不正常，则系统不会工作，整机也不会工作了。

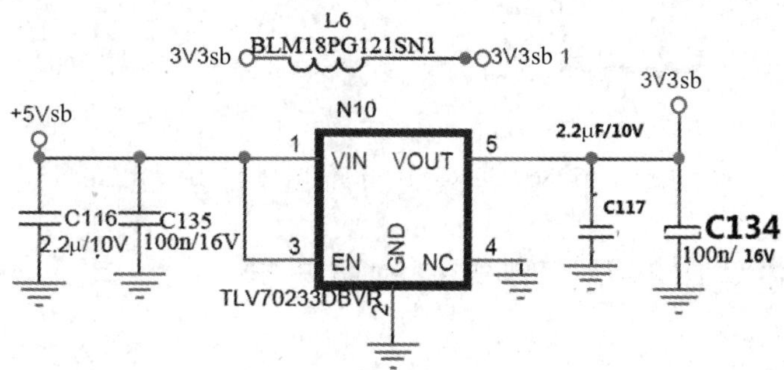

图4.21 TLV70233在海信电视中的应用电路

图4.21中，3V3sb电压通过L6形成3V3sb1电压，此电压供键控电路、时钟振荡、复位等电路工作。

4. AIC2862-5GR8TB

AIC2862是一个提供2A电流的同步整流降压转换器，内部集成有低阻Rds（on）功率MOSFET管。采用电流模式控制方案，具有宽输入电压、输出多种电压的能力。输出端采用低阻抗ESR陶瓷电容能高效率满足负载工作需求。AIC2862配备自动PSM 和 PWM 两种工作控制模式。轻负载时，芯片工作在PSM（脉冲跳跃）模式，以减少开关损耗。重负载时，IC工作在PWM模式，为客户提供高效率和出色的输出电压。AIC2862还配备了软启动和整体保护（欠电压、过电压、过温度、短路和电流限制），具有设计成本低、外部使用元件少和PCB面积占用少的优点。IC采用SOP-8封装。此元件除了在智能电视上使用之外，还能在调制解调器和路由器的网络系统、分布式电源系统、线性稳压器、机顶盒等电子设备上使用。

此IC工作典型技术指标：输入电压范围4.75～23V、输出电压0.925～12V。内部高低边开关管R_{DS}(ON)：140mΩ和120mΩ。工作频率在340kHz与550kHz间切换。图4.22所示是AIC2862-5GR8TB在海信电视上应用时的工作原理图。

图4.22中，1脚与3脚之间所接电容C49为自举电容，为高边驱动管工作时G极供电。3脚为放大后的开关脉冲输出脚，经过储能电感L41与输出端所接电容C35、C386、C400、C392平滑滤波后，得到满足高速运转DDR电路工作所需的DDRV电压（2.5V）。N36输出形成的DDRV不稳定会导致DDR数据出错，结果出现不开机、图异等故障。

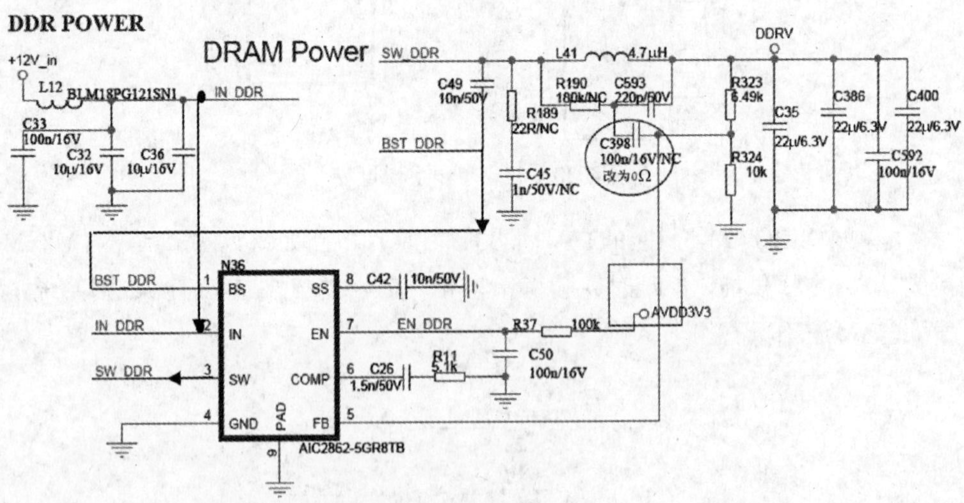

图4.22 AIC2862-5GR8TB在海信电视上的应用电路图

4.2.5 主板主要电路及IC特点与故障判定

1. 主芯片介绍

海信280X3D/280J3D系列主板使用的主芯片型号为MT5505，该芯片功能强大，海信的众多智能机如K610X3D、K360X3D等系列32～55英寸产品也使用了MT5505AKDI。MT5505内部集成了CPU、DSP、GPU等诸多处理单元电路。芯片具有如下特色：

① 兼容接收标准多制式模拟ATV信号、中频信号放大、检测等处理。

② 集成了有线数字电视DVB-C解调及解复用处理电路，与外部设置的PCMCIA卡电路组成了DVB-C信号接收处理电路，无需外置机顶盒，供使用本机遥控器便能实现真正高清数字电视。

③ 强大的双核CPU：主芯片内置ARM的Cortex-A9双核处理器，支持boot从串Flash、NAND Flash、eMMC引导，支持Android智能操作系统。

④ 3D图形支持Open GL ES 2.0标准，满足手机、PDA和游戏主机、智能电视等嵌入式设备，实现一个跨编程语言、跨平台的编程三维图像（二维的亦可）接口，从而实现智能产品3D游戏功能的应用。

⑤ 具有多制式视频解码器，能完成不同标准格式解码。

⑥ 音频编解码器支持多种压缩标准。根据软件开发的不同，功能将不同。表4.4列出了在280X3D系列产品应用时能处理各种音视频格式节目源。

表4.4 280X3D系列产品标准格式解码

封 装	视频解码			音频解码
	类型	分辨率（最大）	比特率（最大）	
.avi	Xvid	1280×720	8M bps	AC3, M PEG1（Layer 1，2，3）
.avi .m pg .ts	MPEG2	1920×1080	25M bps	AC3, M PEG1（Layer 1，2，3）
.ts .m kv .avi	H.264	1920×1080	25M bps	AC3, AAC. MPEG1（Layer1，2，3）
.avi .m pg .m ov	M PEG4 ASP	1920×1080	8M bps	AC3, MPEG1（Layer1，2，3）
.m p4	H.264	1280×720	4M bps	MPEG1（Layer1，2，3），ACC
.rm .rm vb	Real8/9/10	1280×720	1.5M bps	Cooker
.flv	H.264	720×567	1.0M bps	MPEG1（Layer1，2，3）

⑦ H.264编码器。

⑧支持3D的HDMI1.4标准。

⑨ 2D/3D转换。

⑩ 将以太网MAC+ PHY物理层整合一起，也就是将以太网媒体接入控制器（MAC）和物理接口收发器（PHY）整合进同一芯片。

⑪ 局部调光（LED背光模组）。

⑫ TCON控制技术。

⑬ 屏超频控制技术。

⑭ 双链路LVDS，MINI LVDS（可选），EPI（可选）。

MT5505更多的技术特点与功能可参考长虹智能LM41机芯介绍。

◎知识链接…………………………………………………………

海信与长虹均使用MT5505

海信与长虹均使用了MT5505，两品牌智能电视的区别在于控制芯片的软件不同，且个别控制引脚功能定义不同，这与以往普通CRT电视使用同一个厂家的芯片，但因注入的驱动系统不同而出现了不同掩膜芯片是一样的。表4.5列出了MT5505部分引脚功能在两品牌上的描述。

表4.5 MT5505部分引脚功能

引 脚	长虹41机芯	海信280X3D
R6、R7	OSDA0、OSCL0，去功率放大器TAS5711、E^2PROM存储器	OSDA0、OSCL0，去E^2PROM、屏组件、功率放大器NTF8212
W10、Y10	U0TX、U0RX接升级端口	U0TX、U0RX接升级端口
AE21、AD21	27MHz晶体	27MHz晶体
AE20	时钟振荡3.3V供电	
AB6	（U1）eMMC存储器J6	（N57）eMMC存储器J6
AB10	遥控控制信号	
AE8	复位电路	
Y9	开/待机控制	OPWRSB开机/待机
AB19、AB21	AV1_L_IN、AV1_R_IN	没有用
AB18、AB22	YPBPR0_L_IN、YPBPR0_R_IN	AV1_L_IN、AV1_R_IN
AD6～AD8、AC8	数字伴音I^2S输出去功率放大器	数字伴音I^2S输出去功率放大器
AB4	SPDIF_OUT	SPDIF_OUT
AE6	HDMI的音频回传功能	HEAC+_PORT1用于HDMI网络以太网连接
AD19、AE19	INFAT_IN+、INFAT_IN-：调谐器	
M19	IF_AGC	IF_AGC

由表4.5可知，两品牌使用同一IC、不同软件时，IC的引脚功能基本相同，其实二者最大差异还是在“人机交换界面”上，以及电路板元件排版上的不同。

…………………………………………………………………………

2. 控制系统

控制系统由主芯片N1、27MHz时钟振荡晶体、复位电路V19/V20、eMMC NAND Flash存储器N57、两块DDR3存储器和用户存储器E^2PROM及主芯片各种控制端口电路组成。

（1）E^2PROM存储器。

该机芯的E^2PROM存储器型号为AT24C32N，其数据交换由I^2C总线与主芯片的R6、R7脚内部电路交换完成。7脚所接SYS_EEPROM_WP信号为写保护信号，通常状态下为高电平，在进行数据改写时为低电平。此存储器供电来自主芯片的AA9脚。供电所需3.3V电压来自N11，如图4.23所示。

存储器N50主要保护用户使用和工厂调试的数据。用户控制数据包括调谐电视节目、音量、画质调整参数等。工厂调试数据主要是针对进入总线调试后的数据，包括白平衡、开机LOGO、开机语言选择、电源开机模式（记忆、待机、一次开机）等。通常N50从电

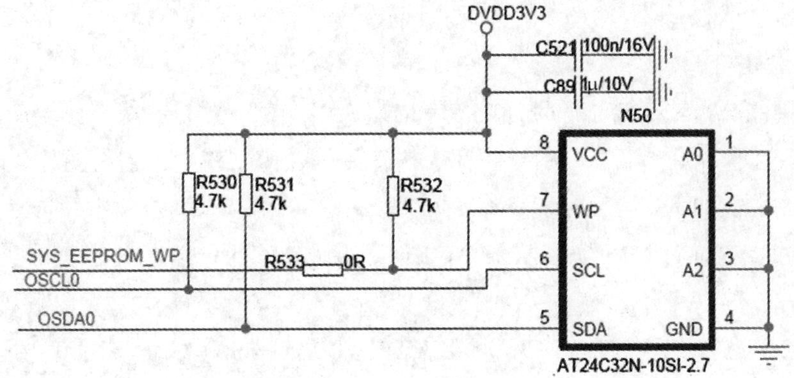

图4.23 E^2PROM存储器

路断开，也能开机，但IC变质引起I^2C总线异常时会引起不开机、开机字符显示异常、接收各种节目信号异常、黑屏等故障。

（2）复位电路V19、V20（见图4.24）。

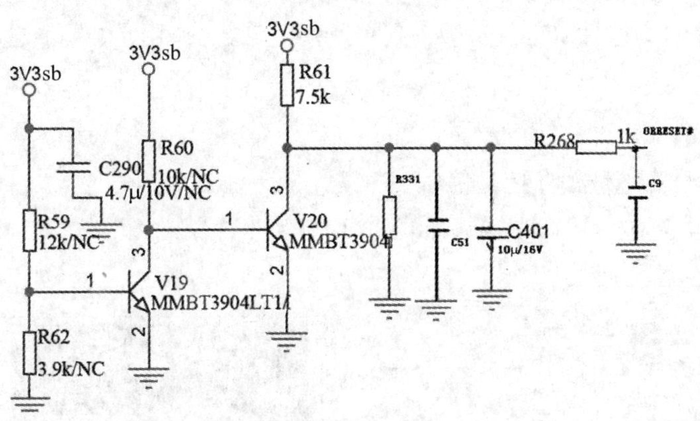

图4.24 复位电路V19、V20

此机芯复位信号形成有两种方式，一是在复位引脚，不需要设计V19、V20等电路，只需在电路中设计C31、C401、C9、R61等元件，利用内部电路与复位引脚外接三只电容在上电到电容建立电压的时间进行复位。另一种方案是在IC的外部设计V19、V20这样的电路，利用C290建立电荷的时间实现对V19、V20的导通、截止控制，3V3sb通过R61对复位引脚电容建立电压的过程来实现复位。复位引脚复位电平建立是一个由低逐渐上升到3.3V的电压建立过程，使得主芯片内控制系统所有电路得电恢复到最初规定的状态，此过程相当于电源的软启动过程。电源在建立时，因电路中存在电容性元件，供电脚电压不会立即达到工作电压，由于系统运行工作有严格的时序关系，电路要求有稳定时钟提供，故电路只有在复位完成，系统供电达到稳定时，时钟电路开始振荡，系统才开始工作。系统电压建立的过程便是复位电压建立的过程。

（3）时钟振荡（见图4.25）。

主芯片时钟振荡选择的是27MHz的晶体，为所有电路工作提供基准时钟。

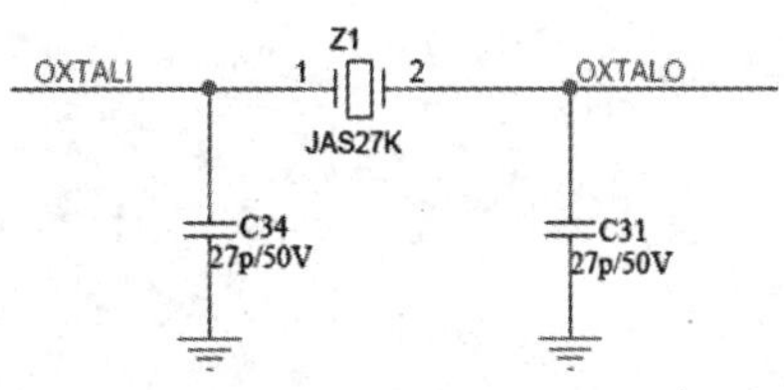

图4.25 时钟振荡

时钟振荡电路出现故障会导致不开机、TV/AV图像无彩等故障。

（4）eMMC存储器。

该机使用的eMMC存储器型号为KLM4G1FE3A-A001，这是一块三星生产的eMMC存储器。它保存了整机运行的boot引导程序、操作系统及应用程序。它与主芯片之间信息交换各路信号的功能如下：

① POWE：主芯片AB6脚输出的POWE信号接eMMC的J6脚，它是eMMC数据交换写使能信号。

② PDD2：主芯片输往N57（W5）脚CMD，其功能是eMMC命令控制信号。

③ PDD3：接N57（W6）脚CLK，它是eMMC数据传送时钟控制信号。

④ PDD4：接N57（H3）脚DATA0，eMMC传送数据位bit0。

⑤ PDD5：接N57（H4）脚DATA1，为传送数据位bit1。

⑥ PDD6为传送数据位bit2。

⑦ PDD7为传送数据位bit3。

⑧ PAPB：来自主芯片MT5505的AC1脚，此路信号的作用是数据传送给eMMC的准备就绪的控制信号。

⑨ PACLE为命令锁存使能信号。

⑩ PAALE信号为地址锁存控制信号。

图4.26是此IC（N57）与主芯片N1间传送信号的工作原理图。

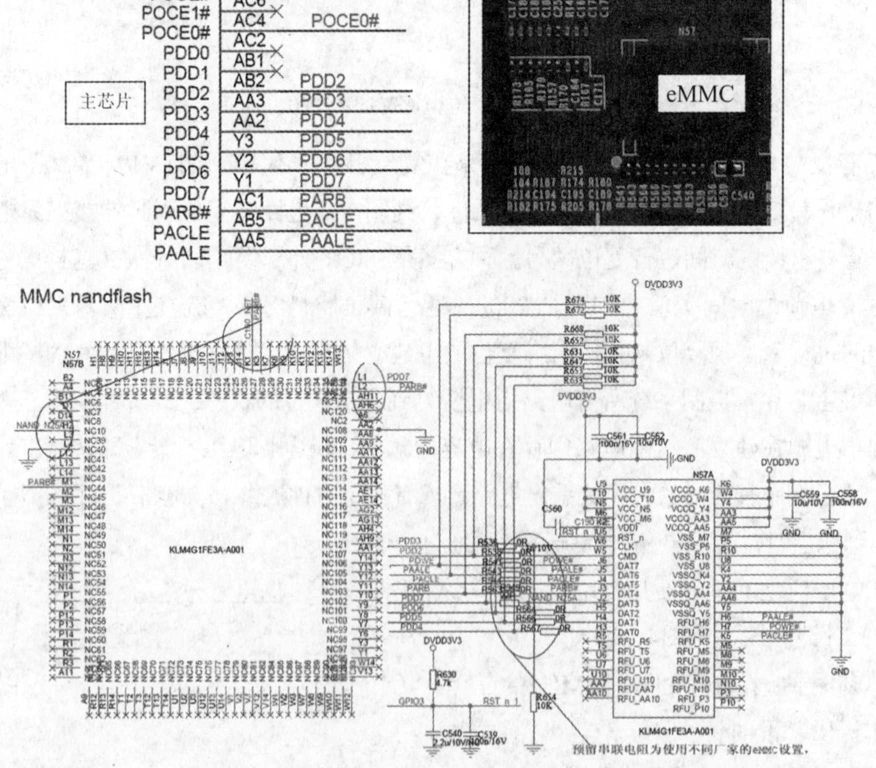

图4.26 N57与主芯片N1间传送信号的工作原理图

eMMC引脚多，但有许多引脚没用，加之IC焊接方式特殊，故维修焊接困难，我们能进行维修处理的是对电路中信号通道偏置电阻、供电等进行检查。eMMC组成的电路不工作会引起不开机、死机等故障。维修中可采取先进行程序刷新，再检查电路的方式来进行。

（5）系统配置。

系统硬件配置与电脑主板上设置许多跳线的道理是一样的。电视机为实现同芯片不同特色的产品，也可通过主芯片预留功能脚的状态来配置系统的硬件。这个功能预留脚便是AC9脚的OPCTRL0、Y12脚的OPCTRL3、AA10脚的OPCTRL4，三脚电平状态与整个硬件系统配置有关，见表4.6。

表4.6　三脚电平

BGA配置（主芯片）	OPCTRL0	OPCTRL3	OPCTRL4
ICE网络模式+27M+串boot	0	0	0
ICE网络模式+27M+内带ROM区保存boot的 NAND Flash	0	0	1
ICE网络模式+27M+内带ROM区的保存boot的MEC存储器	0	1	0

海信280X3D系列产品主板上设计有27MHz时钟振荡晶体，整机也具有网络功能，同时系统选择有eMMC存储器。故AC9、Y12、AA10引脚外部电路是按图4.27所示电路设计来满足系统配置的。

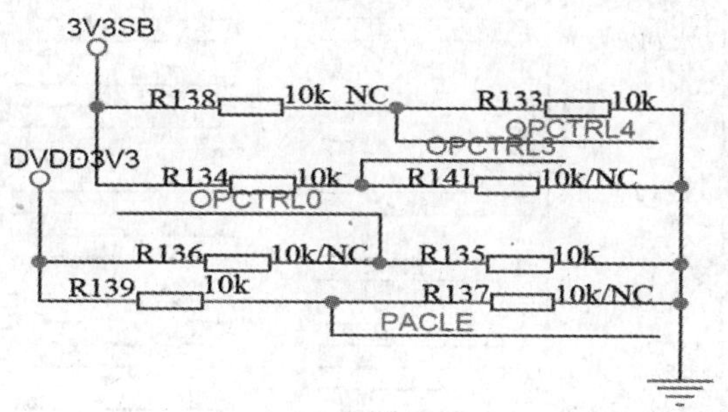

图4.27　AC9、Y12、AA10引脚外部电路

图4.27中R138未使用，实现OPCTRL4状态电平为低电平。R141未接，R134接入电路，实现OPCTRL3状态电平为高电平3.3V。而OPCTRL0电平状态也因为R136没有接入电路而呈现0V低电平。三路电平状态影响系统配置正常运行，故三脚外电路状态发生改变将会引起系统无法运行，从而出现不开机故障。

（6）DDR3。

该电路使用了两块NANYA南亚公司制造的256Mb DDR SDRAM。它是一种采用高速CMOS电路制作I/O端口，内有4个bank，如图4.28所示。此DDR SDRAM内部配置双倍速数据传输架构，实现高速传输数据。该DDR3运行特点是，系统开机后，主芯片先将主程序从eMMC加载到DDR3 SDRAM 中，然后才开始任务的运行。

该DDR3型号为NT5CB64M16AP-CF，它们在电路的位号是N60、N61，其应用电路图如图4.29所示。

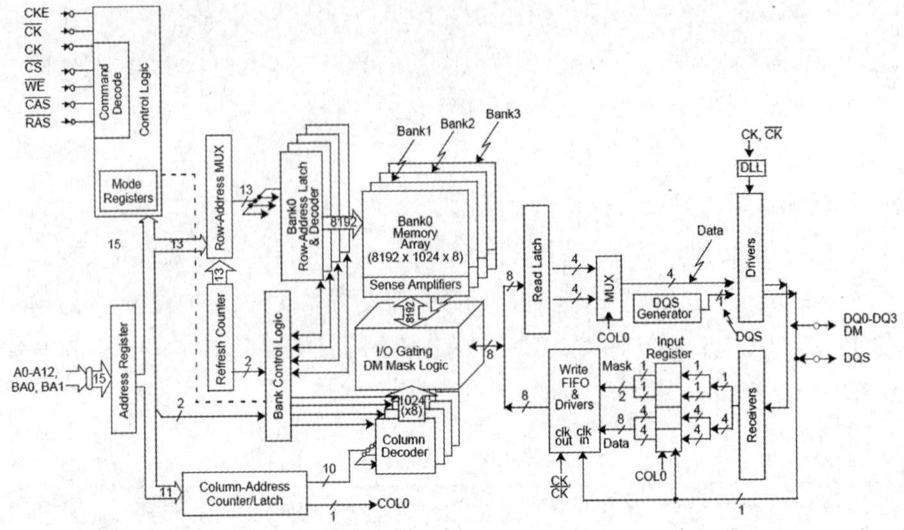

图4.28 DDR SDRAM

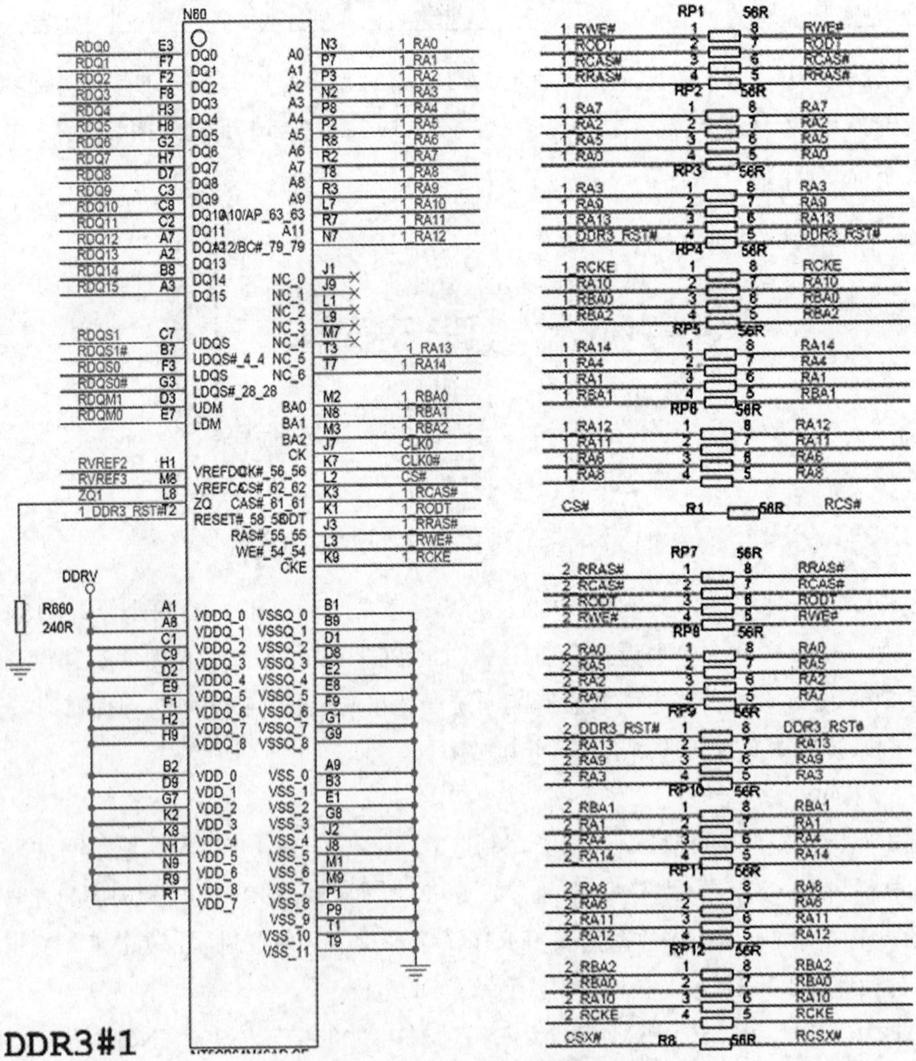

图4.29 DDR3的应用电路图

此DDR3的特点：I/O端口按SSTL 25标准设计，运行电压为2.5V（SSTL_2兼容）。内程传输标准采用DDR333时，VDD = VDDQ = 2.5V，工作频率为166MHz，传输带宽为2.66GB/s，传输标准为DDR400时，VDD = VDDQ = 2.6V，工作频率为200MHz，传输带宽为3.2GB/s。数据传输位达256M位（位越宽，数据处理速度越快），基于台湾南亚科技110纳米设计流程来设计生产此芯片。数据传送与接收受双向数据选通（DQS）控制。DQS在边沿对齐时进行数据读取，在中心对齐时进行数据写入操作。采用差分时钟输入方式正反相方式传送（CK 和 CK#）。IC内部4个bank采用并行控制。具有自动刷新和自我刷新模式等特点。NT5CB64M16AP-CF的引脚功能见表4.7。

表4.7 NT5CB64M16AP-CF的引脚功能

IC引脚符号	引脚功能描述
CK，CK#	时钟CLK，以差分方式出现，所有地址信号和控制输入信号是在CLK两对时钟上升沿交叉处被采样。读数据（写数据）是在两对时钟下降沿交叉点时进行
CKE，CKE0，CKE1	时钟使能。CKE为高电平时激活，低电平时停用，此时内部所有时钟信号及输入缓冲和输出驱动受其控制。CKE变低时，预充电电源关闭自刷新操作（所有bank闲置），或激活断电（或激活存储BANK），CKE与它们是同步状态。在进行数据读写访问时，必须保持CKE高电平状态。在电源掉电时，CK的CKE将被禁用。在DDR自动刷新时，除CKE外，所有的输入缓冲区也被禁用
CS，CS0，CS1	片选。CS为低电平时，所有命令将屏蔽。它提供了系统外部多个存储器BANK选择。CS为系统命令代码的一部分
RAS，CAS，WE	命令输入信号
DM	数据掩膜。用于写数据时使用。在写访问时，DM被输入数据完全同步取样时，输入的数据将被掩膜
BA0，BA1	Bank地址输入信号
A0-A12	地址信号总线
DQ	数据输入与输出总线
DQS，LDQS，UDQS	数据选通。读数据时输出，写数据时输入。LDQS对应的数据在DQ0-DQ7; UDQS对应的数据在DQ8-DQ15
NC	空脚
ZQ	电器连接
VDDQ	DQ供电。2.5V，0.2V
VSSQ	DQ地
VDD	供电2.5V，0.2V
VSS	地
VREF	SSTL_2基准电压，此脚供电通常是VDDQ的一半（VDDQ / 2）

注：SSTL(Stub Series Terminated Logic)接口标准，也是JEDEC所认可的标准之一。该标准专门针对高速内存，特别是SDRAM接口。SSTL规定了开关特点和特殊的端接方案，它是为了在高速存储总线上提高信号完整性而创建的。SSTL_3是3.3V标准，SSTL_2是2.5V标准，SSTL_18是1.8V标准。

表4.8列出了与NT5CB64M16AP-CF同一个系列的其他DDR3的参数，供大家使用时参考。

海信K280X3D系列主板上使用两块同型号的DDR3（位号N60、N61），两块DDR3采用数据位扩展来实现存储器存储量的加大和数据传输速率的提高，满足电视智能控制的无缝切换连接和画面快速显示等。故N60、N61在电路上的区别在于数据位传送不同，N60

表4.8 其他DDR3的参数

架	型 号	封 装	速 度		传输标准
			Clock（MHz）	CL-t_{RCD}-t_{RP}	
64M×4	NT5DS64M4CT-5T	TSOP2	200	3-3-3	DDR400
	NT5DS64M4CT-6K		166	2.5-3-3	DDR333
32M×8	NT5DS32M8CT-5T	TSOP2	200	3-3-3	DDR400
	NT5DS32M8CT-6K		166	2.5-3-3	DDR333
16M×16	NT5DS16M16CT-5T	TSOP2	200	3-3-3	DDR400
	NT5DS16M16CT-6K		166	2.5-3-3	DDR333
64M×4	NT5DS64M4CS-5T	TSOP2 Green Packing	200	3-3-3	DDR400
	NT5DS64M4CS-6K		166	2.5-3-3	DDR333
32M×8	NT5DS32M8CS-5T	TSOP2 Green Packing	200	3-3-3	DDR400
	NT5DS32M8CS-6K		166	2.5-3-3	DDR333
16M×16	NT5DS16M16CS-5T	TSOP2 Green Packing	200	3-3-3	DDR400
	NT5DS16M16CS-6K		166	2.5-3-3	DDR333

注：“333”是内存传输标准，标准的DDR SDRAM内存分为DDR 200，DDR 266，DDR 333以及DDR 400几种传输标准，其标准工作频率分别100MHz，133MHz，166MHz和200MHz，对应的内存传输带宽分别为1.6GB/s，2.12GB/s，2.66GB/s和3.2GB/s，非标准的还有DDR 433，DDR 500等。

数据通道传送的是DQ0~DQ15位的数据通道，而N61传送的是DQ16~DQ31的数据通道，两块IC的数据传送与接收有各自的双向数据选通（DQS）信号进行认识控制。NQ60受RDQS1/RDQS1#和RDQS0/RDQS0#两对信号控制，而N61由受RSDQ2/RDQS2#、RDQS3/RDQS3#两对信号控制。图4.29为N60使用此IC时的应用电路图。主芯片与N60、N61进行数据交换过程中，信号通道中有匹配电阻，这样的电阻也叫终端电阻。终端电阻，阻抗很小，起到减弱传输信号反射的作用在终端开路或短路的情况下，传输电路信号会全部被反射回来，对信号的准确传送将造成一定的干扰。这种干扰也叫驻波干扰。另一个作用是可以减少信号边沿的陡峭程度，从而减少高频噪声以及过冲等。因为信号通道中串联的电阻，与信号线的分布电容以及负载的输入电容等形成一个 *RC* 电路，这样就会降低信号边沿的陡峭程度。大家知道，如果一个信号的边沿非常陡峭，含有大量的高频成分，将会辐射干扰，另外，也容易产生过冲。故这样的电阻在电路上要接在靠近接收的那一端。DDR电路中均设计有这样的电阻，虽然小但必然有，如果取消会导致电路信号受干扰，系统工作不稳定。

NT5CB64M16AP-CF组成的电路工作异常，会出现黑屏，不开机，开机卡死，开机闪亮线等问题。

3. 控制系统输出的控制信号

（1）开/待机控制信号OPWRSB。

OPWRSB由主芯片Y9输出。此控制信号对整机的控制方式有两种，一是主板去控制电源组件，实现开/待机工作。这种情况通常是电源组件有5Vsb输出，开/待机控制信号经主板V10的C极输出高电平去电源组件，对电源输出12V和VCC-A进行控制，以此来实现开/待机控制，如图4.30所示。

图4.30 开/待机控制电路

另一种是通过控制主板DC-DC转换电路N40开关块工作或不工作来实现。这种控制方式通常是电源只有一路12V输出。开机控制信号经V17、V11去控制N40，N40工作时将输入的12V经开关控制后输出12V送入后续电路。当不工作时便停止输出，以此来实现开/待机控制，见12V电压分布网络和AO4459介绍的内容。系统启动后，会自动启动一次开机电路，实现一次快速开机过程，以此整个系统运行，并检测各I/O端口，包括与DDR3通信的端口，再根据E^2PROM中读取到的开/待机信息，来实现待机或开机OPWRSB控制。若读取信号为有待机功能，系统会自动进入待机状态，否则一次开机。

（2）背光启动控制信号BL_ON/OFF（见图4.31）。

此路信号在二次开机过程中输出，由主芯片的AB8脚输出经V8控制背光源。正常工作时V8应处于截止状态，C极呈高电平时才能启动背光电路工作。

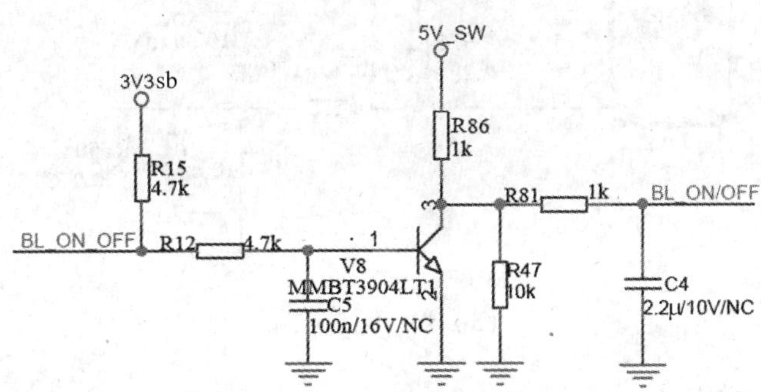

图4.31 背光启动控制电路

（3）背光亮度控制（见图4.32）。

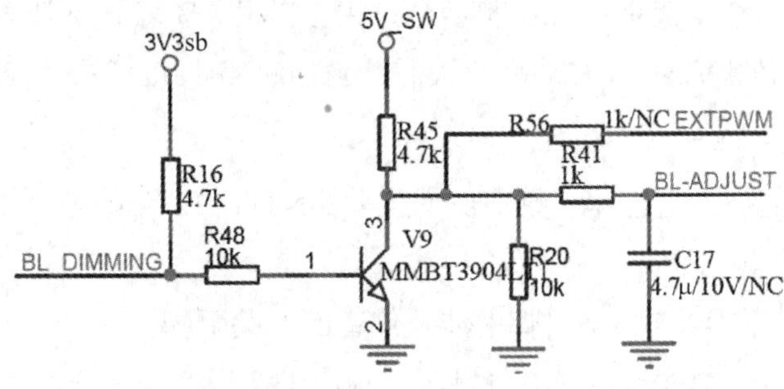

图4.32 背光亮度控制

主芯片E22脚输出BL_DIMMING背光亮度控制信号经V9倒相放大后，经R41、插座XP1（或XP8）去背光电路。根据整机使用的屏不同，决定电路中电阻R56是否接入电路，接入R56时，表明V9输出背光亮度信号去屏TCON板。通常采用LG屏时，电路上将连接R56，此时的背光亮度信号将去TCON板，经TCON板与图像通道亮度混合处理后，由TCON板再送出与画面亮暗有关系的背光亮度信号再接入R41端，随V9输出的背光亮度叠加，一起去背光电路板实现背光源随图像亮度变化而调整。

说明：背光控制等级可进入工厂设计模式进行设置，背光控制分为白天、夜晚、PWM0-350、PWM350-500、PWM500-1000、PWM1000-10000、PWM10000-、…等背光等级。

（4）键控信号KEY（见图4.33）。

插座XP11接收键控电路送来的两路键控控制电压KEY1、KEY2，分别接主芯片的AA6、V11脚，由控制系统将输入键控电压转换成识别码，由系统相应认识码识别后去执行相应的键控对应的功能。电路中设计R662、C97和R670、C101目的是防高频脉冲窜入，还有防静电打火的作用，两电容必须接入电路。R666、R676接入电源3V3sb1，是为保证键控的控制能力。

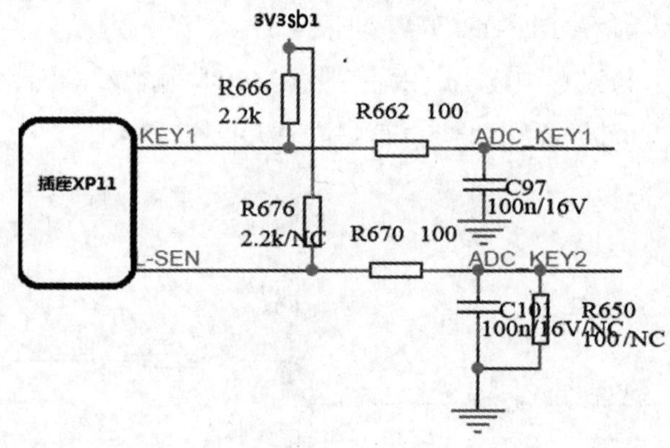

图4.33 键控电路

（5）遥控信号OIRI。

OIRI遥控信号从插座XP11引入，经主板R619送入主芯片的AB10脚。

（6）指示灯控制信号（见图4.34）。

控制系统输出的红、蓝指示灯控制信号，由主芯片AB7、AB9脚输出，分别经V13、V14推动，V28、V46和V24、V45功率放大后，由插座XP11接指示灯控制电路。

4. 伴音处理电路

该机伴音处理电路由主芯片、数字功率放大器NTF8212等组成。

（1）主芯片音频处理。

图4.35所示是主芯片MT5505引脚中涉及伴音的有关引脚。

TV节目源、USB、HDMI及网络节目源音频信号产生、处理全在主芯片内。而VGA、YPRPB节目源下音频信号由芯片外输入，VGA共用YPBPR音频通道，两路节目源下音频

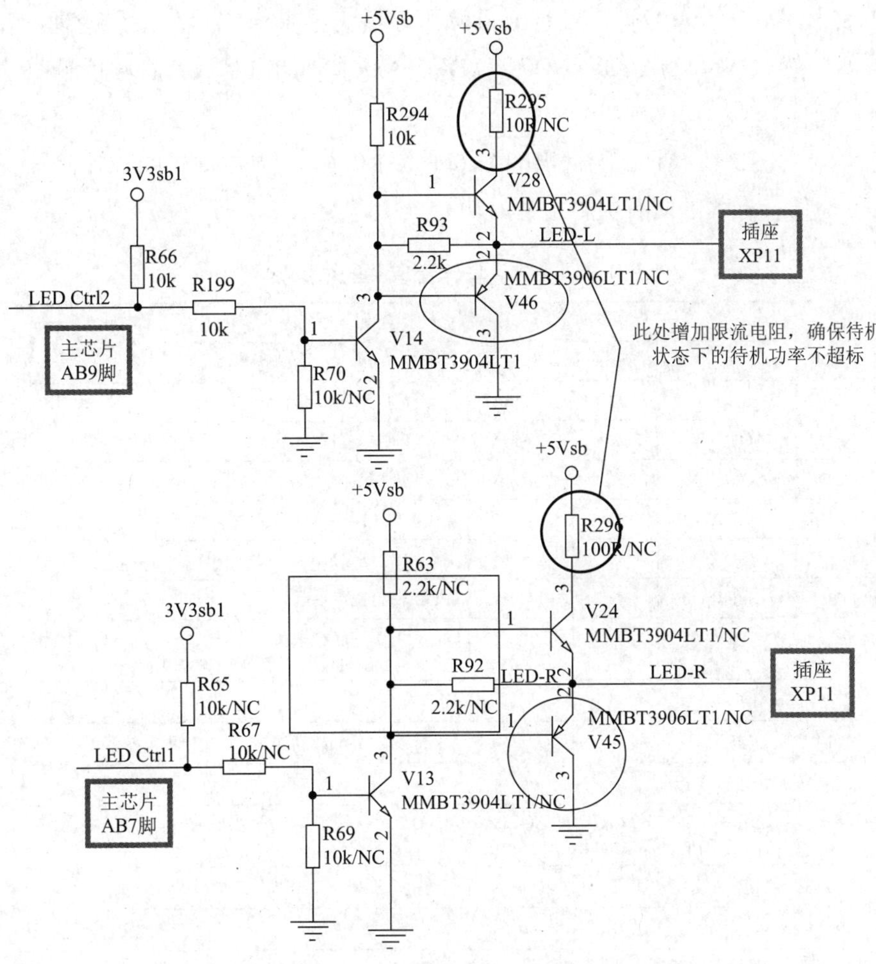

图4.34 指示灯控制电路

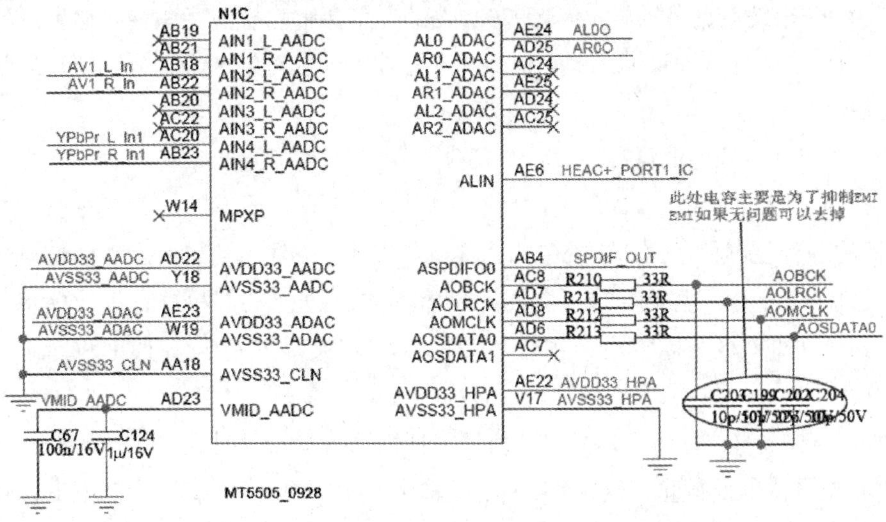

图4.35 主芯片MT5505引脚中涉及伴音的有关引脚

信号从插座XS4两孔输入，L经C175、R166耦合接入主芯片AC20脚，R经C176、R165接主芯片AB23脚。AV端子的音频信号L经C262、R186耦合接入主芯片N1的AB18脚，R经

C265、R183接入N1的AB22脚。各种节目源下音频信号在N1内进行解码处理、音频切换和音效处理。然后从N1的AC8、AD7、AD8、AD6脚输出4路数字音频信号I^2S去功率放大器电路。

主芯片N1的AE24、AD25脚输出的AL0O、AR0O，是去往耳机的音频信号。表4.9列出了主芯片与伴音有关的所有引脚定义的功能。

表4.9 主芯片与伴音有关的引脚定义

Audio输出相关引脚				
引脚	符号	I/O口	工作电流	引脚功能描述
AC8	AOBCK	O	2~8mA	主伴音脉冲编码调制，PCM音频数据位时钟输出
AD7	AOLRCK	O	2~8mA	PCM音频左/右时钟
AD8	AOMCLK	I/O	2~8mA	PCM音频主时钟
AD6	AOSDATA0	O	2~8mA	主伴音PCM音频串行数据输出位0
AC7	AOSDATA1	O	2~8mA	主伴音PCM音频串行数据输出位1
AB4	ASPDIFO0	O	4~16mA	SPDIF输出
AE6	ALIN	I	4~16mA	Digital Line-in 数字线，作为HEAC+_PORT1_IC音频回转功能，此脚为信号输入脚使用
TV Audio ADC				
W14	MPXP	I		Audio ADC input数字音频输入（海信未用）
音频输入				
AB19、AB21; AB18、AB22;AB20、AC22;AC20、AB23共4对8脚，分别组成4对R、L音频信号输入通道，用于不同节目音频端口				
AD23	VMID_AADC	I		基准电压形成
内部DAC转换后模拟音频输出				
AE24、AD25；AC24、AE25；AD24、AC25共3对6路作为R、L音频输出通道				

从表4.9列出的数据可以看出，AD23脚外部电路会影响模拟音频输入通道音频信号的处理，也就是影响这些通道输入音频信号在主芯片中处理时的效果，此脚出现异常，会引起无音或音量小、杂音等故障。

（2）耳机伴音处理电路。

如图4.36所示，电路中V21、V18是输入耳机R、L音频通道中的静音控制电路。两三极管基极的静音控制信号MUTE_602来自静音控制电路V26。V26受控制系统输出的静音控制信号MUTE控制，也受由V27组成的关机静音电路送来的关机静音信号控制。进行静音控制时，V29的C极为高电平，并接入V21、V18基极，使V21、V18饱和导通，从而使耳机没有音频送入而静音。

耳机电路中的V35是插入耳机识别信号。耳机插头未接入时，V35基极接R551到地，使V35基极电压太低而截止，这样V35发射极输出的HP_MUTE_CTRL为低电平，此信号经电阻R677接入主芯片N1（MT5505）。N1内电路识别此脚电平后，启动N1输出主伴音去功率放大器电路使扬声器发音。使用耳机时，WR脚悬空，5V电压通过R423、R421给V35基极供电，V35导通，这时HP_MUTE_CTRL较高电压接入N1。N1识别后，关闭主伴音通道，使输往耳机的音频信号输出，这样耳机便发出声音了。

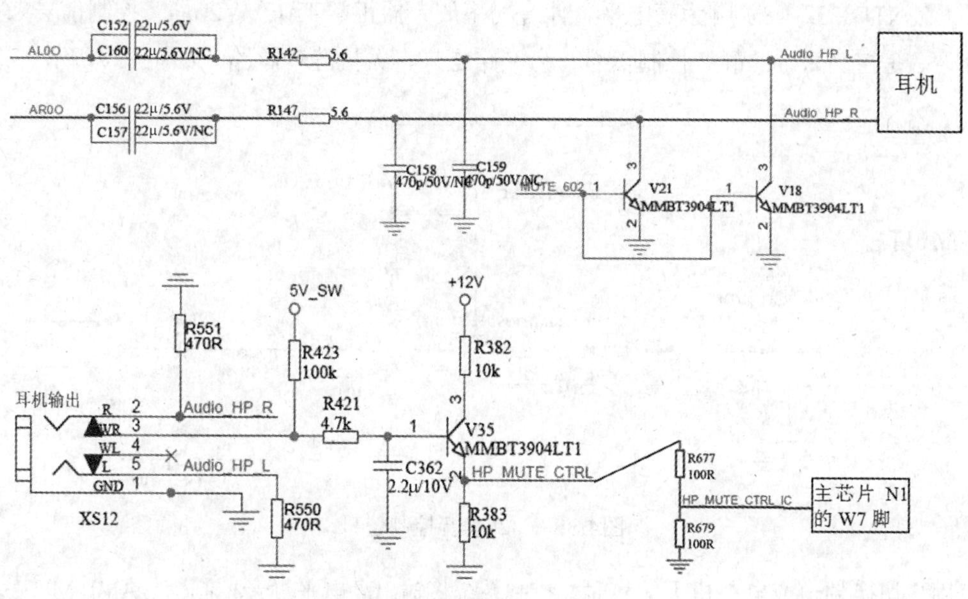

图4.36　耳机伴音处理电路

（3）主伴音处理电路（见图4.37）。

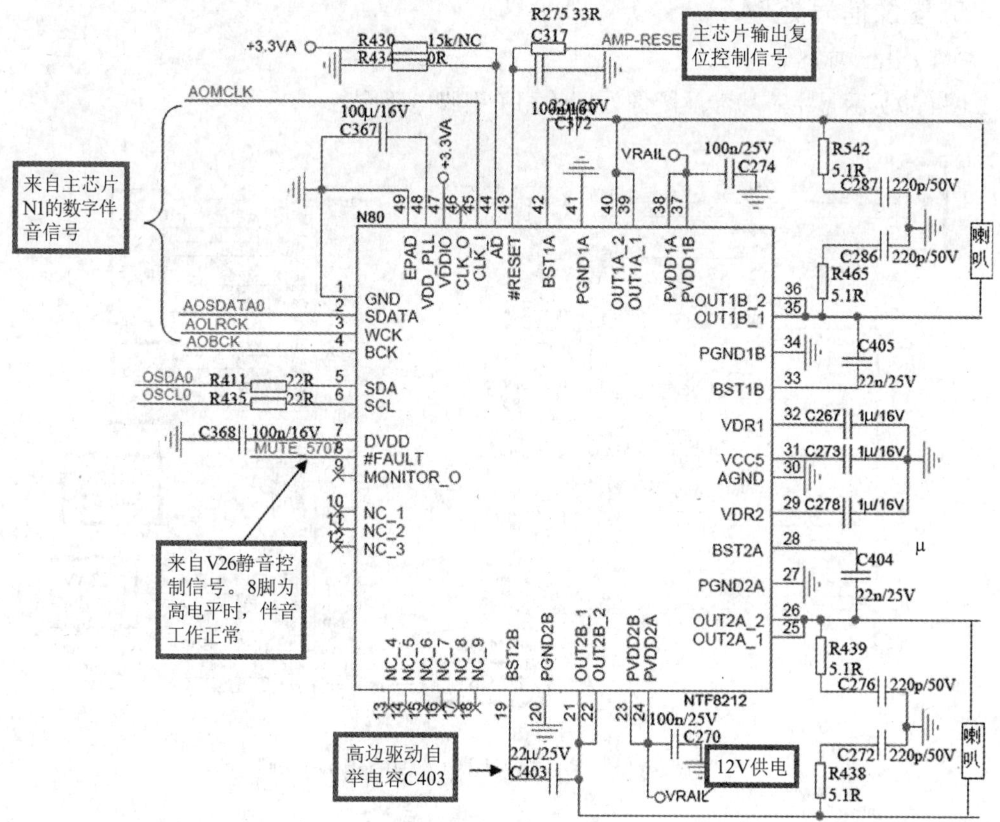

图4.37　主伴音处理电路

说明：伴音功率放大器8脚为静音控制脚。正常工作时，V26基极为低电平，C极为高电平，使NTF8212（8）脚为高电平，伴音功率放大器正常工作。V26静音控制信号来自两部分，一是控制系统的静音控制信号，另一路是来自关机静音电路，如图4.38所示。

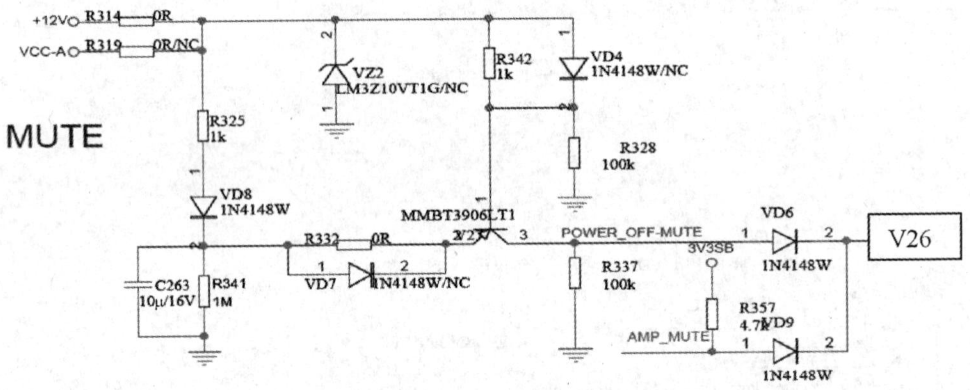

图4.38 V26静音控制信号

用户切换频道或电视机无信号时，控制系统将输出高电平静音控制信号AMP-MUTE经二极管1N4148W去V26基极。同样关机时，C263储存的电荷使T1饱和导通，有高电平控制信号接入V26基极。V26饱和导通，使功率放大器8脚电压为低电平，功率放大器停止工作。

5. 图像信号处理

（1）主芯片部分。

图4.39所示是主芯片涉及图像处理的相关引脚电路图。

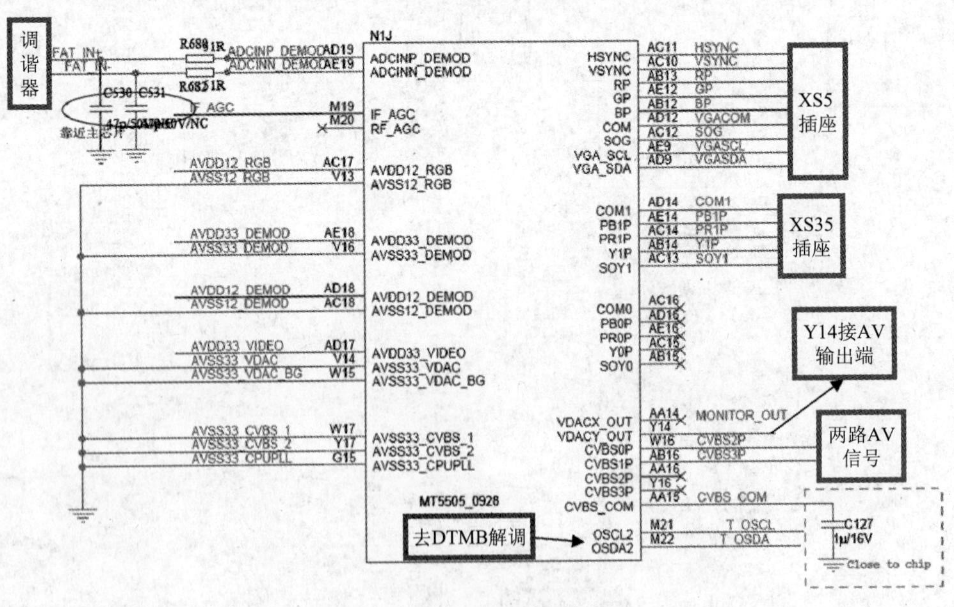

图4.39 主芯片涉及图像处理的相关引脚

主芯片MT5505中涉及图像处理单元的引脚功能见表4.10。

（2）TV信号处理。

表4.10 MT5505与图像处理有关的引脚功能汇总

引 脚	符 号	描 述	说 明
AE10	AVDD33_VGA_STB	模拟VGA处理3.3V供电	
AC17	AVDD12_RGB	VGA处理供电	本机VGA输入端口用
AC11	HSYNC	VFE行同步信号输入，驱动电压5V	
AC10	VSYNC	VFE 场同步信号输入，驱动电压, 5V	
AB12	BP	VGA-B输入	
AC12	SOG	Sync on Green 取自绿基色的同步信号	
AE12	GP	VGA-G 输入	
AB13	RP	VGA-B输入	
AD12	COM	VGA输入通道共用端	
AE9	VGASCL	VGA端口总线通信	
AD9	VGASDA		
AD16	PB0P	复合视频0-Cb 输入	没用
AE16	PR0P	复合视频0-Cr输入	
AC15	Y0P	复合视频0- Y输入	
AB15	SOY0	同步信号取自Y0	
AE14	PB1P	复合视频1-Cb输入	高清端口，插座XS35输入
AC14	PR1P	复合视频1-CR输入	
AB14	Y1P	复合视频1- Y输入	
AC16	COM0	复合视频0通道的共用地端	
AD14	COM1	复合视频1通道的共用地端	
AC13	SOY1	同步信号取自Y1	
AA15	CVBS_COM	CVBS单元共用地端	XS35、AV1、AV2视频输入的共用地端
W16	CVBS0P	CVBS0输入	AV1视频使用
AB16	CVBS1P	CVBS 1输入	AV2视频输入，共用XS35高清插座Y孔
AA16	CVBS2P	CVBS 2输入	未用
Y16	CVBS3P	CVBS3输入	
W17	AVSS33_CVBS_1	CVBS处理地端	中频IF处理相关
Y17	AVSS33_CVBS_2	CVBS处理地端	
G15	AVSS33_CPUPLL	模拟信号处理PLL地端	
M19	IF_AGC	中放IF解调AGC信号输入	
M20	RF_AGC	去调谐器Tuner的AGC	
AE19	ADCINN_DEMOD	IF差分负相端输入	
AD19、	ADCINP_DEMOD	IF差分正相端输入	
AD18	AVDD12_DEMOD	模拟电源1.2V；为IF解调供电	
AE18	AVDD33_DEMOD	IF解调3.3V供电	
AA14	VDACX_OUT	视频DAC转换后输出	未用
Y14	VDACY_OUT	视频DAC转换后输出	视频输出去AV输出端子
V14	AVSS33_VDAC	视频DAC处理单元地	
AD17	AVDD33_VIDEO	视频DAC处理3.3V供电端	
W15	AVSS33_VDAC_BG	视频DAC转换地端	

该机TV信号的处理分RF调谐部分和IF解调部分。虽然MT5005芯片集成了有线数字电视DVB-C解调及解复用处理电路，但海信280X3D系列（主板编号2577）产品未开发此功能。IF解调电路全在MT5505内部，涉及的引脚有M19、M20、AE19、AD19、AD18、AE18，见表4.10。而调谐部分由U3隔离耦合器、N100（MX601）组成。

图4.40 MX601硅调谐器

MX601是Max-Linear公司推出的满足全球电视标准的硅调谐器，能对模拟电视信号进行处理，也能接收处理数字地面波DVB-C，其外形如图4.40所示。

MX601内部集成有自动增益LNA、混频器、低通滤波器、自动增益放大器、基带DSP以及锁相环，输出IF中频信号等，该芯片的特色在于能够通过天线或有线接收从44MHz到885MHz连续频段信号。它支持中国CMMB，美国ATSC、ATSC-M/H，欧洲DVB-T等多制式电视广播标准。采用此IC的调谐电路，所占电路板体积小、耗电低、外部使用元件少、设计成本低、抗干扰能力强，且能直接安装在主板上，方便维修。目前采用这种有别于传统电视机需要独立的调谐器的电视机很普遍。图4.41所示是MX601在海信280X3D系列产品上的应用电路图。

图4.41中，2、3脚输入信号来自天线或闭路电视的射频电视信号RF，隔离器与电路中*L*、*C* 等元件组成抗干扰滤波元件，滤除干扰信号后，经L111平衡输往N100（2、3）脚，如图4.42所示。

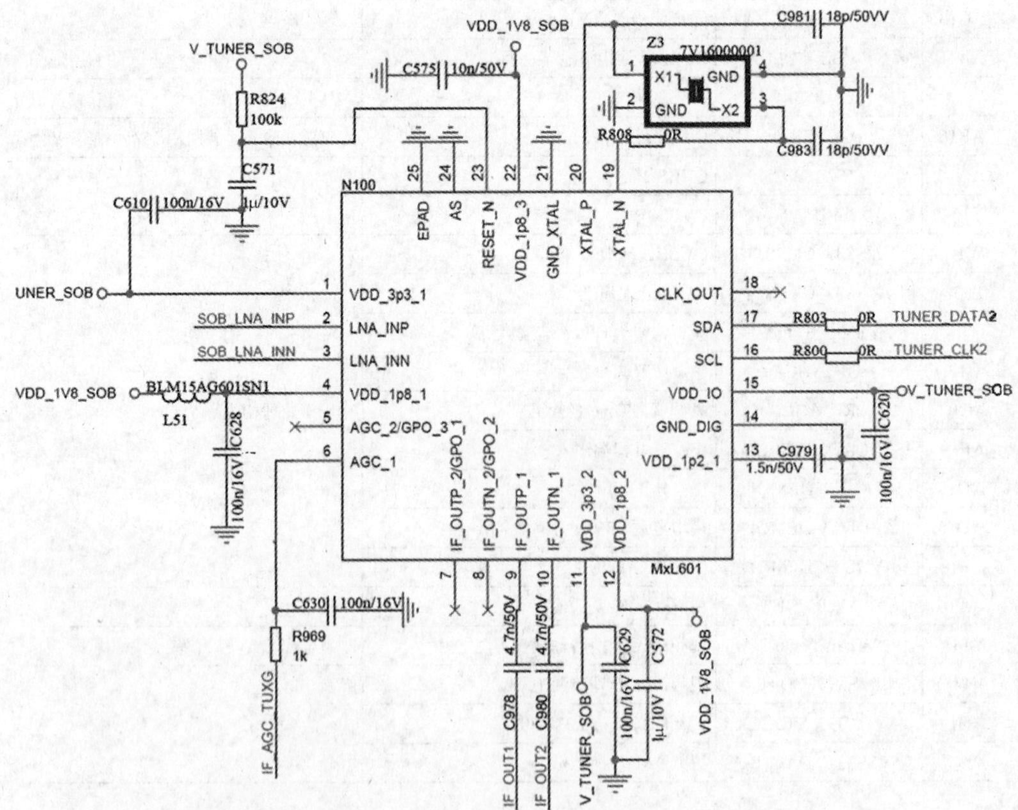

图4.41 MX601在海信280X3D系列产品上的应用电路图

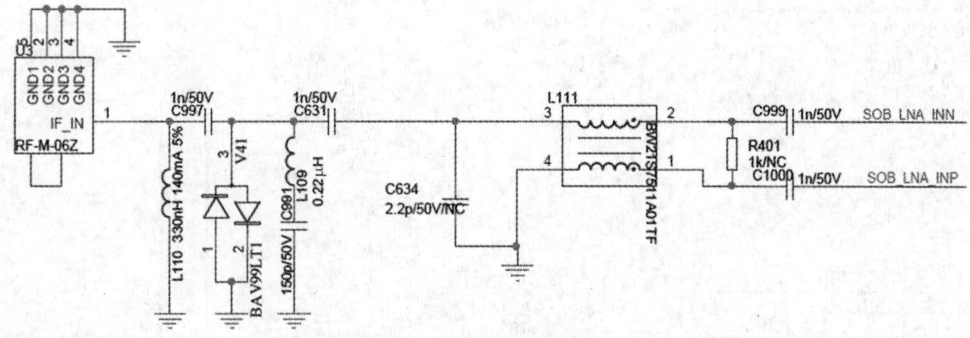

图4.42　射频信号电路

N100的6脚为AGC控制信号，来自主芯片MT5505的M19脚，经R689、R687送入N100（6）脚。9、10脚为经N100调谐后输出的38MHz的IF信号，送往主芯片N1（MT5505）的AD19和AE19脚。芯片供电分为3.3V和1.8V两种。29、20脚为调谐时钟振荡晶体，为调谐提供基准时钟。16、17脚为控制系统输出总线，完成调谐控制等，并将调谐信息通过总线传送给存储器进行存储。

◎知识链接…………………………………………………………………

硅调谐器

硅调谐器采用先进的数字设计技术和硅半导体COMS制造工艺，将以往铁盒调谐器中的解调器、解码器、控制器等集成在一块数字处理IC内，构成SoC单芯片，这就大大降低了系统成本。此类调谐器目前发展迅速，已有多种电子产品所需的硅调谐器面世，接收调制视频的射频信号的电子产品有许多种类，如卫星机顶盒、有线机顶盒、电视机、手机电视、电脑电视卡、PCMCIA电视卡等。硅调谐器目前制造成本仍然偏高，价格比以往同规格的铁盒调谐器要高。

………………………………………………………………………………

（3）VGA信号处理（见图4.43）。

（4）AV、YPBPR节目源。

主芯片涉及视频处理的相关引脚，见表4.10 MT5505引脚功能介绍。图4.44是这些节目源信号通道电路图。主芯片识别信号是否接入，是通过判定输入信号脚与COM端电位差来执行。故COM或输入通道元件漏电改变两脚电位差时，会导致系统无法判定，而不能接收、处理相应信号。

（5）AV输出视频信号。

主芯片输出的AV视频信号如图4.45所示。主芯片中涉及AV输入的引脚见表4.10 MT5505引脚介绍。

（6）HDMI信号。

该机有两路HDMI信号输入通道端口，两路信号通道组成相同。图4.46是其中一路

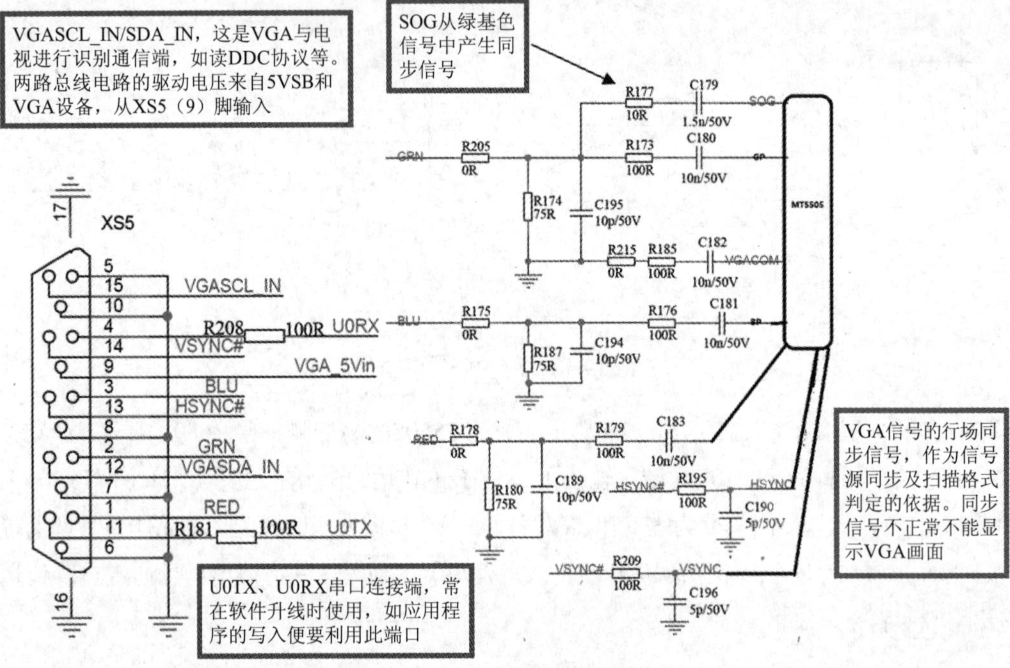

图4.43 VGA信号处理电路

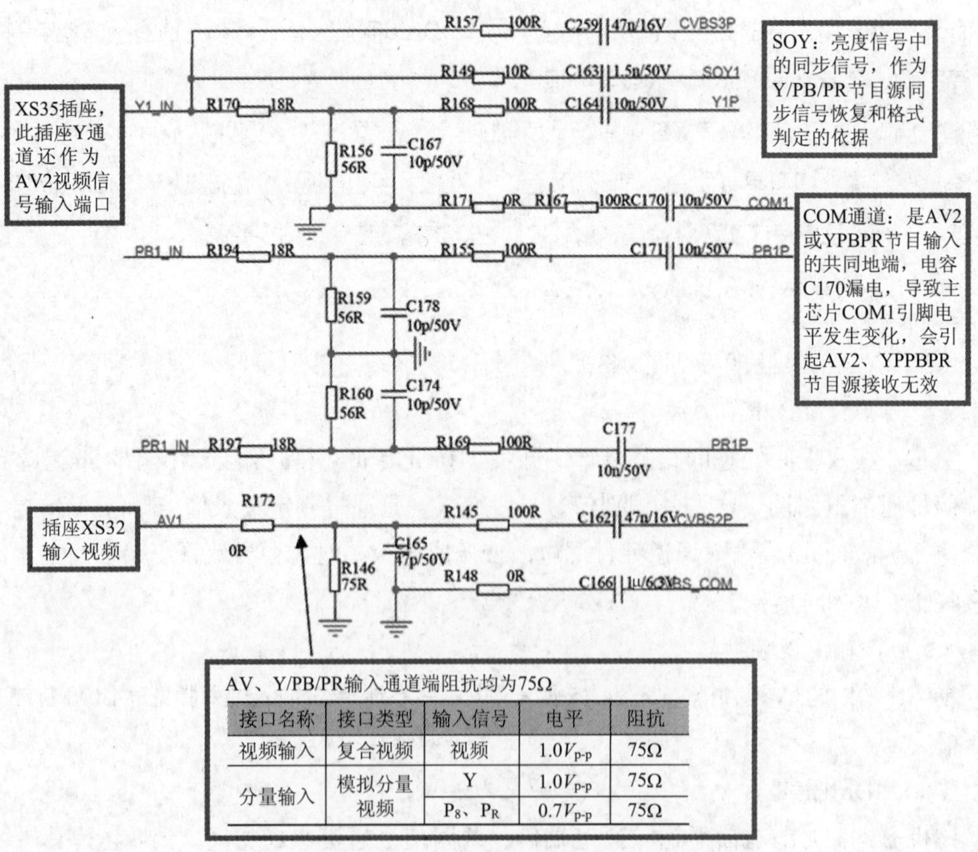

接口名称	接口类型	输入信号	电平	阻抗
视频输入	复合视频	视频	$1.0V_{p\text{-}p}$	75Ω
分量输入	模拟分量视频	Y	$1.0V_{p\text{-}p}$	75Ω
		P_B、P_R	$0.7V_{p\text{-}p}$	75Ω

图4.44 节目源信号通道电路图

HDMI信号输入端口的工作电路图及图解。主芯片MT5505内HDMI处理单元供电有3.3V和1.2V两种。3.3V由R475、R477接入，1.2V由R476、R482、R483接入。

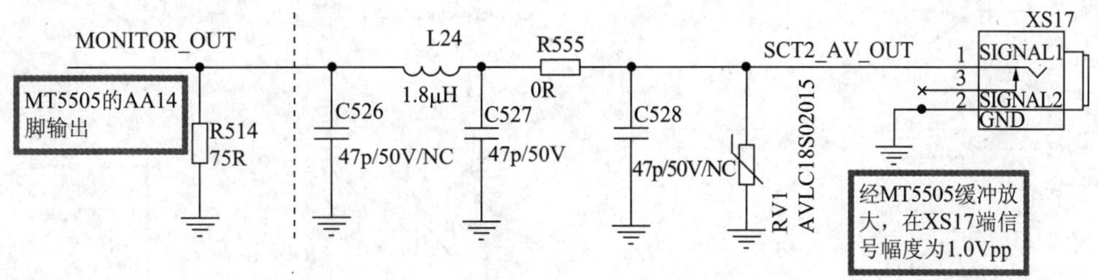

图4.45 主芯片输出的AV视频信号

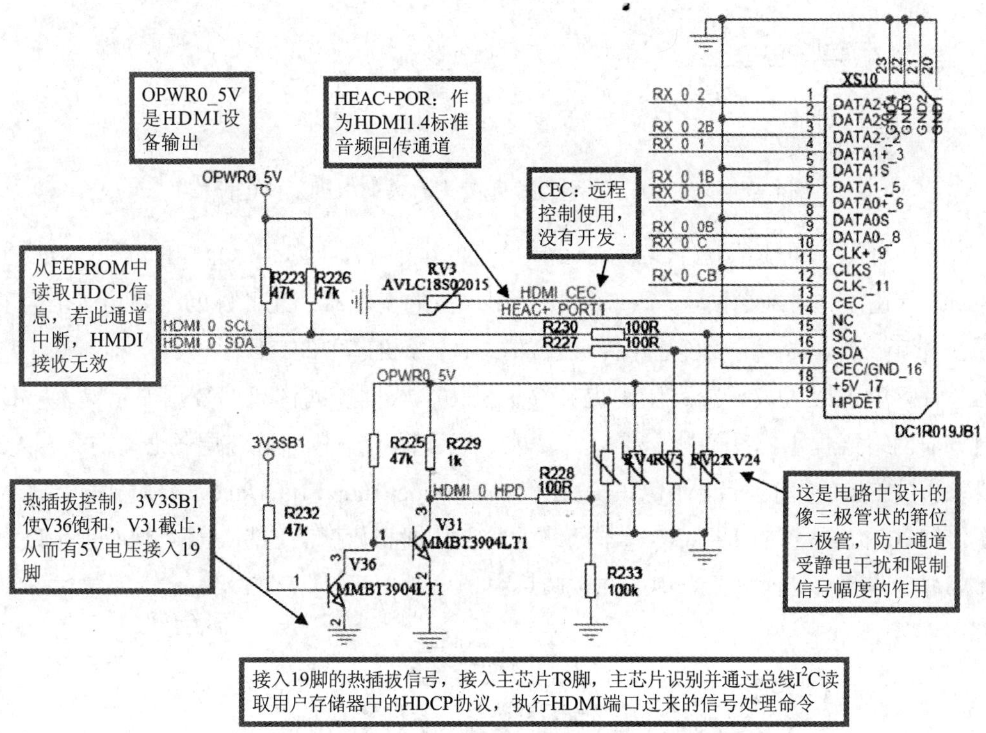

图4.46 HDMI信号输入端口的工作电路图

（7）USB节目源。

图4.47所示是MT5505主芯片与USB处理有关的引脚工作电路图。

USB端口除了用于用户播放存储在U盘中的各种多媒体音视频节目外，还能用于软件升级。将装有程序的U盘插入USB端口，系统会自动进行软件升级。

（8）网络信号处理。

MT5505内设置以太网微控制器、以太网媒体接入控制器（MAC）及物理接口收发器（PHY）等，外部元件少，涉及引脚也少。

MAC就是媒体接入控制器，以太网MAC由IEEE-802.3以太网标准定义。此部分控制器设置在MT5505内，它实现了一个数据链路层。无需在IC外再设计数据接口，只有PHY层的管理接口，它包括用于发送器和接收器的两条独立信道。

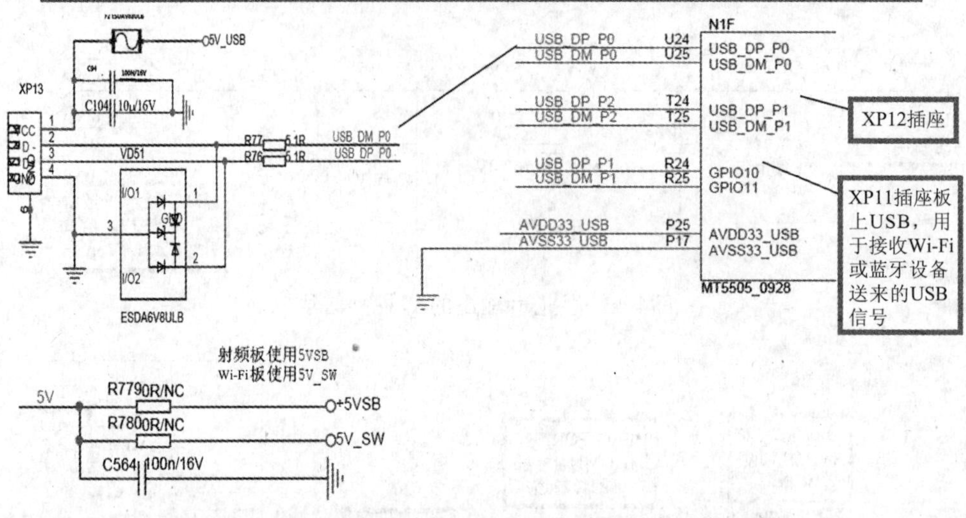

图4.47 MT5505主芯片与USB处理有关的引脚工作电路图

PHY整合了大量模拟硬件，而MAC是典型的全数字器件。以太网PHY除了RJ45连接器外，通常还设计有绝缘模块，一般采用一个1：1的变压器，此部件的主要功能是为了保护PHY避免由于电气冲击而引起电路元件的损坏。该机芯中的J1便是PHY层的器件。物理层的芯片称为PHY。数据链路层则提供寻址机构、数据帧的构建、数据差错检查、传送控制、向网络层提供标准的数据接口等功能。以太网卡中数据链路层的芯片称为MAC控制器。通过IEEE定义的标准MII/GigaMII（Media Independed Interface，介质独立界面）界面连接MAC和PHY。MII界面传递了网络的所有数据和数据的控制。图4.48所示是以太网PHY部分电路图，其他电路全集成在主芯片中。

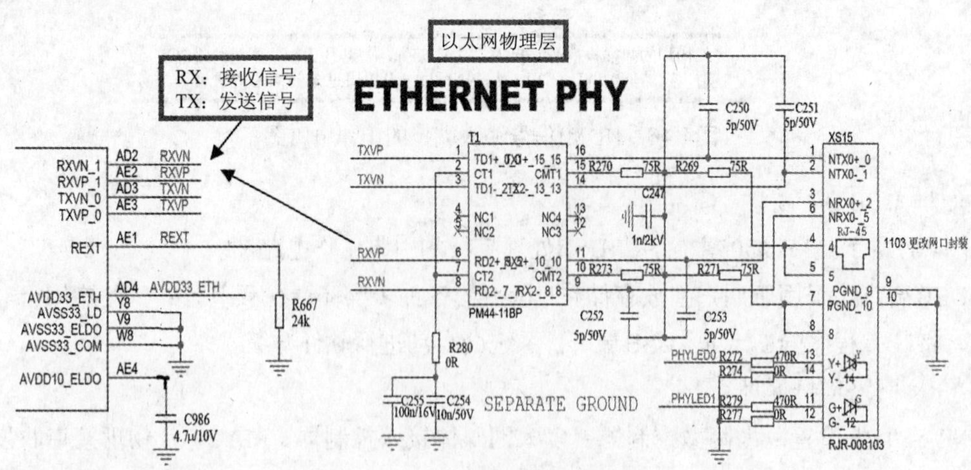

图4.48 以太网PHY部分电路图

XS15即RJ45网口，其作用如下：

① 上传或下载网络信号。

② RJ45上的指示灯控制信号来自主芯片G22、F22两脚。Y+和Y-接黄色灯，来自G22

脚。G+和G-接绿色灯，来自F22脚。两灯状态与网络状态有关。一般来讲，绿灯分为亮或不亮（代表网络速度），黄灯分为闪烁或不闪烁（代表是否有数据收发）。绿灯长亮代表网络速度100M，表示网络连接成功；不亮代表网络速度10M或网络连接不正常。黄灯长亮代表无数据收发；闪烁代表有数据收发。故网络正常传送数据时绿灯闪亮，黄灯闪烁。网络连接不成功时，应检查网线和网络设置等。

主芯片MT5505的AE1脚接24kΩ电阻到地，此脚与以太网电路有关。AE4脚为内部LDO电路3.3V转1.0V电压形成外接的滤波电容。此1.0V电压供以太网单元。AD4脚3.3V供电来自AVDD3V3，经电阻R795接入以太网处理单元。

（9）主板与屏TCON板之间的通信。

该机芯上屏插座有两种，一是编号为XP21，另一是XP27。图4.49是XP27的工作电路图。MT5505输出14对LVDS信号，经各自通道设计的匹配电阻后通过XP27去TCON板。主板送往TCON板的信号除LVDS信号（图像信号、同步信号及时钟信号均一起编码成LVDS传送）去TCON板外，送往TCON板的信号还有：

① I^2C总线信号，实现对TCON软件的调试。个别产品不用此I^2C总线。

② TCON板供电电压，它来自N44。N44是P沟道 MOSFET开关管，控制系统输出开关信号，使主板输出12V或5V电压提供给屏TCON板（见前面电源IC部分介绍）。主板提供给TCON的屏电压不能发生错误，否则会损坏TCON板。此路供电不足会出现白屏、灰屏、花屏和黑屏等现象。

③ LVDS_SEL用于主板送往TCON板LVDS信号传输格式标准的设置。通过此脚设置的R603、R601在路状态决定不同屏接入LVDS信号的格式。当使用CMI（奇美屏）时由主芯片送出LVDS EN使能信号来实现。LVDS格式选择信号错误会引起图像花屏，如图4.49所示。

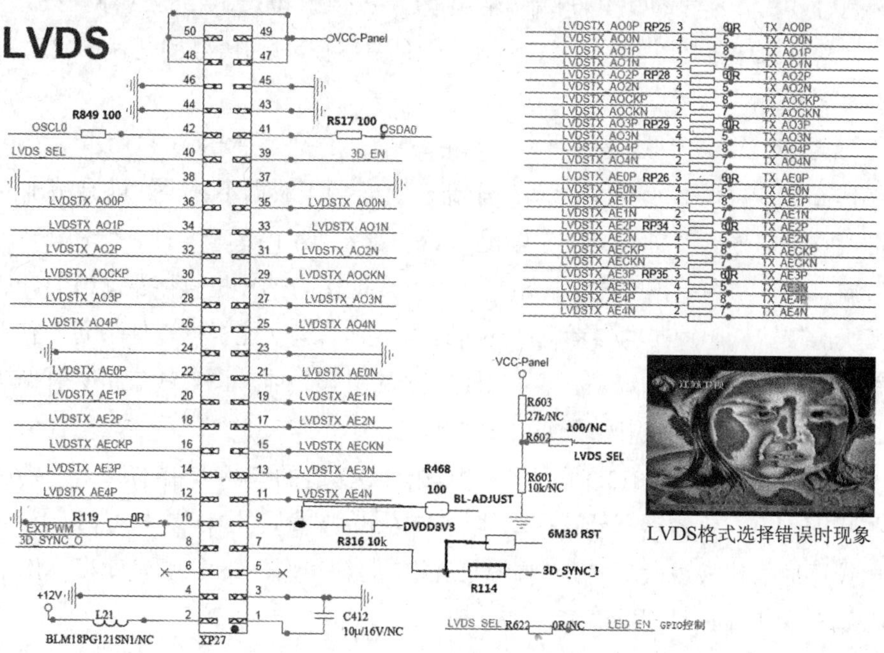

图4.49　XP27的工作电路图

④ EXTPWM和BL_ ADJUST是背光控制信号。EXTPWM是主板供TCO板的背光亮度信号，使用LG屏时有此控制信号。BL-ADJUST是TCON板返回主板背光电路的控制信号，见控制系统部分背光电路控制。

⑤ 3D-EN、3D_SYNC_O、3D_SYNC_I。3D-EN是主芯片输出3D使能信号，即启动或关闭3D画面的控制，去TCON板。3D_SYNC_O是屏组件输出的3D同步信号。3D_SYNC_I是主板送往TCON板的3D信号同步，如图4.50所示。

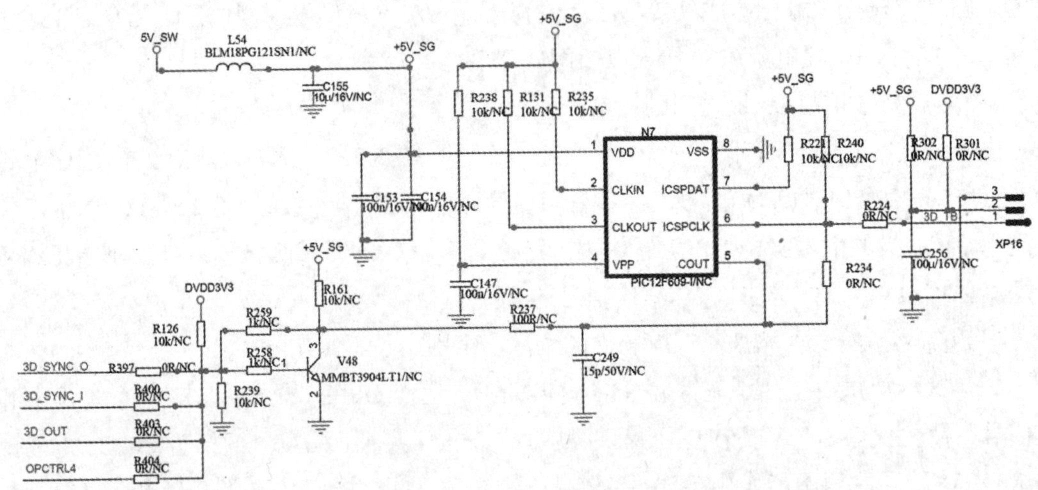

图4.50　3D-EN、3D_SYNC_O、3D_SYNC_I 信号

启动3D时，由主芯片MT5505输出同步信号通过XP27（39）脚去TCON板，TCON板接收主芯片GPIO07输出3D_SYNC_I频率为60Hz的同步信号，与送往TCON的图像同步信号进行混合处理，然后输出120Hz的同步信号3D_SYNC_O经R398再返回到主芯片GPIO08脚进行调制后，从主芯片的GPIO09端口输出3D_OUT经R403、R258去V48基极，经V48倒相放大后，送入3D控制处理器N7（6）脚。在介绍输往N7的信号的处理过程时，我们需要了解不太常见的N7的特点。

N7型号为PIC12F609，这是一块高性能精简指令集单片机RISC CPU（单片机CPU），它有8个引脚，供电范围2 ~ 5V，可多次刷新，断电40年数据不丢失，内有精确的时钟振荡器，可接收外部输入时钟，具有中断能力。IC设置有6个端口，其中有5个I/O口和一个端口输入端口；很弱的上拉电压，拉出电流大，故能作为单片机直接驱动LED灯；具有一个比较模块比较器，比较器的参考电压还可程控。其引脚功能根据软件不同会有不同，故此IC的每一个端口具有多重定义，表4.11是汇总的引脚功能。图4.51是此IC引脚功能分布图。表4.12列出端口复用时引脚要执行的功能。

显然，海信280X3D/280J3D系列产品中具有3D功能的产品采用N7时，需要通过写入软件，并利用IC内的比较运算器这一功能。N7（6）脚输入的3D信号，经过由3、6、5脚组成的比较运放器比较放大后，从5脚输出3D信号经插座XP16去3D发射板，用于控制快门式3D眼镜开关工作，再现3D画面。

表4.11 N7引脚功能汇总

端 口	引脚	比较器	定时器	中 断	基本功能
GP0	7	CIN+	-	IOC（控制反转）	ICSPDAT在线串行编程数据
GP1	6	CIN0–	-	IOC	ICSPCLK在线串行编程时钟
GP2	5	COUT	T0CKI	INT/IOC	-
GP3（此端口仅能作为外部时钟输入脚）	4	-	-	IOC	MCLR/VPP
GP4	3	CIN1-	T1G	IOC	OSC2/CLKOUT
GP5	2	-	T1CKI	IOC	OSC1/CLKIN
-	1	-	-	-	VDD
-	8	-	-	-	VSS

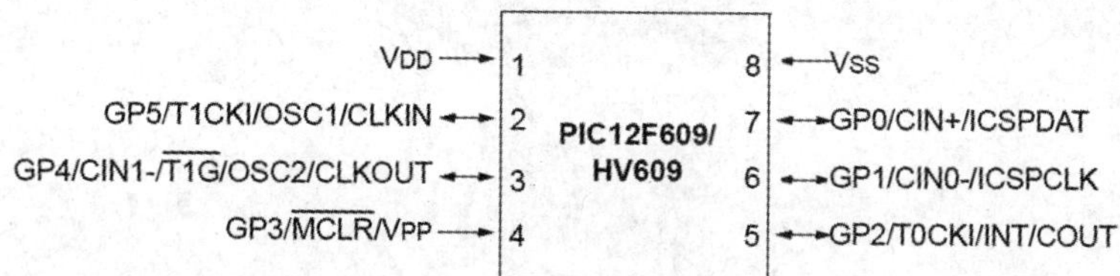

图4.51 N7引脚功能分布图

表4.12 端口复用时N7引脚执行的功能

引脚	功能	说明
GP0/CIN+/ICSPDAT（7脚）	GP0	用于程控I/O口。上拉电压和中断电平的变化
	CIN+	比较器正相输入端
	ICSPDAT	串程控数据I/O口
GP1/CIN0-/ICSPCLK（6脚）	GP1	程控I/O口
	CIN0–	比较器正相输入端
	ICSPCLK	串程控时钟
GP2/T0CKI/INT/（5脚）	GP2	程控I/O口
	T0CKI	Timer0时钟输入
	INT	外部中断信号输入
	COUT	比较器输出
GP3/MCLR/VPP（4脚）		常用于中断变化输入
	MCLR	主清除（输入）或内部上拉电源端
	VPP	程控电压
GP4/CIN1-/T1G/OSC2/CLKOUT（3脚）	GP4	程控I/O口
	CIN1–	比较器反相输入
	T1G	Timer1门控（计数使能）
	OSC2	晶体或谐振器
	CLKOUT	FOSC/4，4分频OSC输出
GP5/T1CKI/OSC1/CLKIN（2脚）	GP5	程控I/O口
	T1CKI	Timer1定时时钟输入
	OSC1	接晶体或谐振器
	CLKIN	外部时钟输入或连接RC振荡器
VDD（1脚）	VDD	供电端
VSS（8脚）	VSS	地端

4.3 电视机3D成像原理

4.3.1 3D成像原理

人眼看到的立体图像，机理是左眼、右眼用不同视角观看同一幅图像，两幅图像由大脑合成形成了一幅立体图像，如图4.52所示。

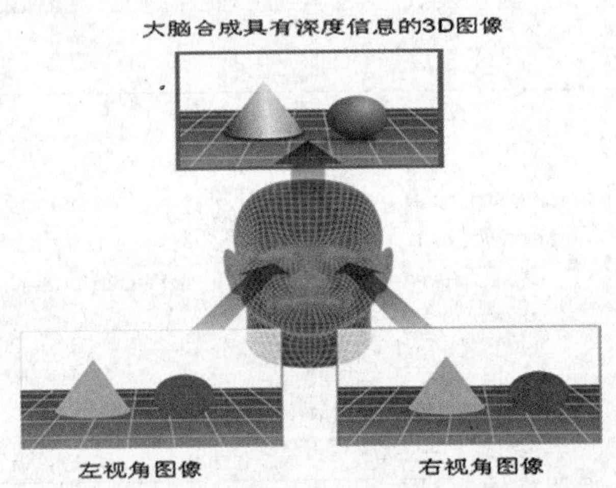

图4.52 人眼看到立体图像的原理

2D电视画面转换成3D画面显示，需要两种渠道，一是2D电视信号进行3D转换，形成3D节目源。同时人眼需佩戴3D眼镜。3D眼镜使用最多的是快门式和偏光式两种。图4.53展示了3D显示技术的方式，但其中有些技术目前因制造成本的考虑，还未开发使用，如裸眼式。

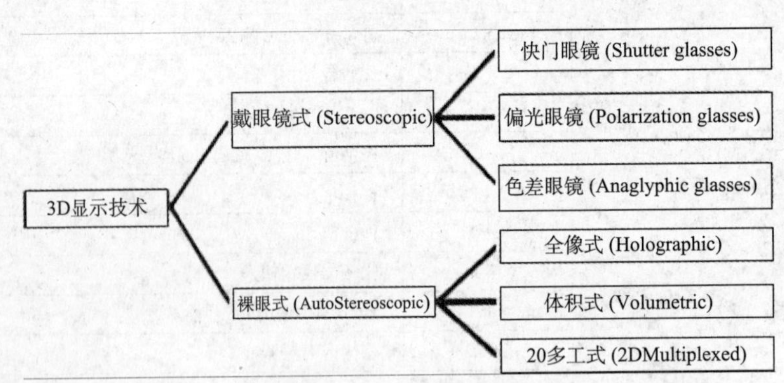

图4.53 3D显示技术

电视机最常用的3D技术是快门式3D眼镜和偏光眼镜技术。

1. 快门式实现原理（见表4.13）

主动快门式3D主要是通过提高画面的刷新率来实现3D效果的，通过把图像按帧一分为二，形成对应左眼和右眼的两组画面，连续交错显示出来，同时红外信号发射器将同步

表4.13 3D信号处理技术（快门式）

步骤	名称	描述
1	3D信号格式识别和初步变换	HDMI解码器必须能识别1.4强制要求的Frame Packing等格式，并转换成IC内部可以处理的格式（通常是L+R的帧序列，以便利用IC原有的MP+PIP通道直接完成后续处理）
2	左右眼图像分离度控制	相同的信号内容在不同尺寸的屏上观看立体感和舒适度不同，必须向用户提供分离度调整接口，以保证用户可以按需调整3D景深
3	频率变化和输出格式化	对24/50/60等输入频率都必须转化为输出需要的帧频100/120/240，配液晶屏时为了减少Crosstalk还要做插黑帧处理
4	OSD叠加和分离度控制	在输出前需要将OSD和3D图像逐帧叠加，而且还应该提供OSD分离度调整接口
5	开关同步信号产生和控制	对于帧顺序方式的3D系统，基于场同步且可微调的同步信号是保证开发和眼镜匹配的基础

控制快门式3D眼镜的左右镜片开关，使左、右双眼能够在正确的时刻看到相应画面。这项技术能够保持画面的原始分辨率，很轻松地让用户享受到真正的全高清3D效果，而且不会造成画面亮度降低。液晶电视信号经TCON、控制系统等电路处理后，在显示屏上以120Hz的频率轮流显示左右两幅图像；同时TCON板送出与显示屏图像同步的120Hz 3D同步信号，去控制观看者佩戴的液晶眼镜的开关，控制左右液晶眼镜开或关，当左眼图像出现时，左眼的液晶透光，右眼的液晶不透光；相反，当右眼图像出现时，只有右眼的液晶透光，从而保证左右两眼看见相应视角的图像。快门式3D眼镜具有3D状态，保持了2D状态的分辨率，可以实现FHD 3D，观看视角大。不足之处是3D眼镜成本高，需充电或更换电池。

2. 偏光式实现原理（见表4.14）

偏光式3D技术是利用光线有“振动方向”的原理来分解原始图像，先把图像分为垂直向偏振光和水平向偏振光两组画面，然后3D眼镜左右分别采用不同偏振方向的偏光镜片，这样人的左右眼就能接收两组画面，再经过大脑合成立体影像。在液晶电视上，应用偏光式3D技术要求电视具备240Hz以上的刷新率。

可以使天然光变成偏振光的光学元件叫作偏振片（polarizer）。偏振片对入射光具有遮蔽和透过的功能，可使纵向光或横向光一种透过，一种遮蔽。光波的光矢量方向不变，只是其大小随相位变化。太阳、电灯等普通光源发出的光，包含着在垂直于传播方向上沿

表4.14 3D信号处理技术（偏光式）

步骤	名称	描述
1	3D信号格式识别和初步变换	HDMI解码器必须能识别1.4强制要求的Frame Packing等格式，并转换成IC内部可以处理的格式（通常是L+R的帧序列，以便利用IC原有的MP+PIP通道直接完成后续处理）
2	左右眼图像分离度控制	相同的信号内容在不同尺寸的屏上观看立体感和舒适度不同，必须向用户提供分离度调整接口，以保证用户可以按需调整3D景深
3	频率变化和输出格式化	对24/50/60等输入频率都必须转化为输出需要的帧频60/100/120，配液晶屏时为了减少Crosstalk还要做插黑帧处理
4	OSD叠加和分离度控制	在输出前需要将OSD和3D图像逐帧增加，而且还应该提供OSD分离度调整接口

一切向方向振动的光，而且沿着各个方向振动的光波的强度都相同，这种光叫作自然光。自然光通过偏振片P（叫作起偏器）之后，只有振动方向与偏振片的透振方向一致的光波才能通过。也就是说，通过偏振片P的光波，在垂直于传播方向的平面上，只沿着一个特定的方向振动，这种光叫作偏振光，如图4.54所示。

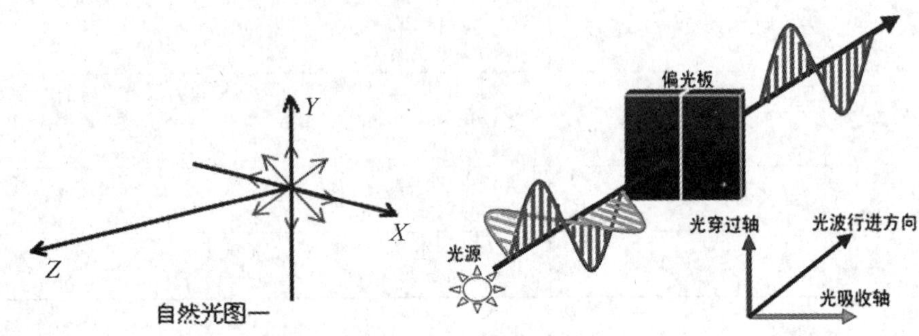

图4.54 偏振光

还有一种叫作色差式3D眼镜，它采用被动式红-蓝（或者红-绿、红-青）滤色配合形成3D眼镜。如红-绿3D眼镜先由旋转的滤光轮分出光谱信息，使用不同红、绿颜色的滤光片进行画面滤光，使得一个图片能产生出两幅图像，人的每只眼睛都看见不同的图像。这样的方法容易使画面边缘产生偏色，如图4.55所示。

图4.55 色差式3D眼镜

这种技术历史最为悠久，成像原理简单，实现成本相当低廉，眼镜成本仅为几块钱，但是3D画面效果也是最差的。故电视机上不常用此类眼镜。

4.3.2 3D信号格式

3D信号格式是将一幅2D的画面（见图4.56）转换成一帧内左（L）右（R）两幅画面显示，同时将左右同步控制眼镜，这种3D格式也叫作SBS格式（Side by Side Format），如图4.57所示。3D画面也可是上帧（R）、下帧（L）或帧内逐行R、L线形成3D节目源进行

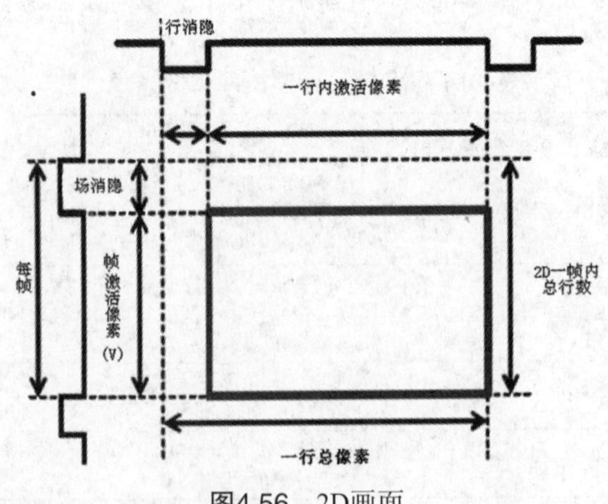

图4.56 2D画面

显示，如图4.58、图4.59所示。图4.58这种3D格式也叫作TB格式（Top Bottom Format）。图4.59这种格式也叫作LBL格式（Line By Line Format）。图4.60是帧封装方式的3D节目源，即FP格式（Frame Packing Format，帧包装格式）。

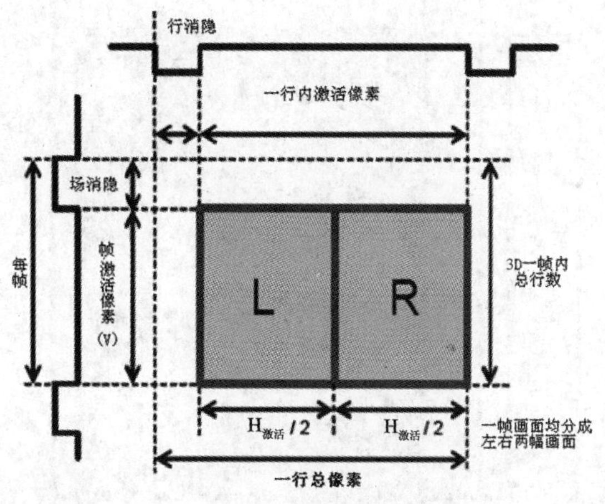

图4.57 3D画面

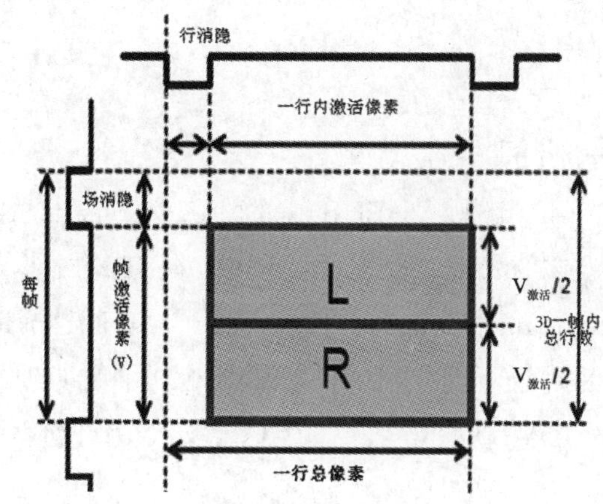

图4.58 TB格式

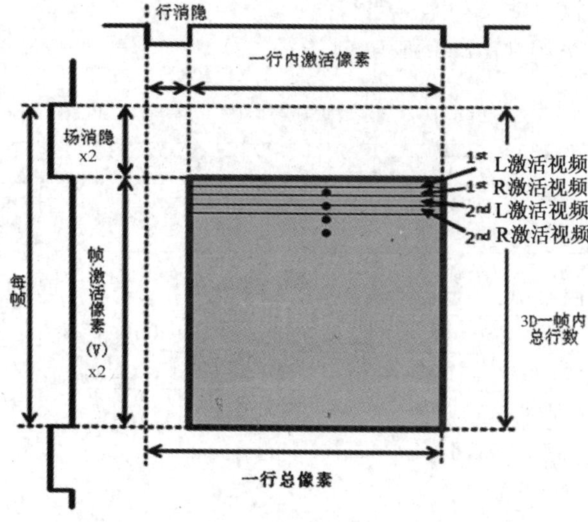

图4.59 LBL格式

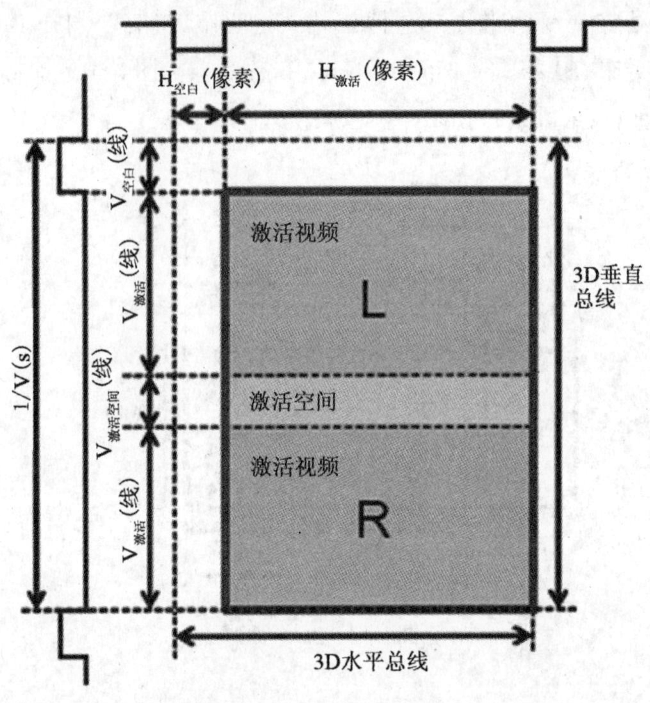

图4.60　FB格式

4.3.3　3D格式识别机制

电视机与发送端的协调，电视机的EDID中的VSDB（Vendor-Specific Data Block，厂商指定数据块）要列出可支持的3D格式，而发送设备在HDMI数据包内要增加3D格式标志信息（HDMI Vendor Specific InfoFrame），接收与发送设备间达成EDID信息，这样各种格式的3D信号进入电视以后通过下面介绍的关键步骤处理，便能进行3D显示播放了。不过目前HDMI1.4标准传送的HDMI高清3D信号只有FP格式支持自动识别。

4.3.4　海信3D电视使用的3D眼镜故障判定与处理

1. 海信3D电视使用的3D眼镜型号

表4.15列出了海信电视常用的3D眼镜型号。

表4.15　海信电视常用的3D眼镜

眼镜类型		眼镜型号（一格内眼镜可通用）	后续最终产品	备　注
偏光		FPR3D11、FPR3D12、FPR3D15、FPR3D16	FPR3D16	FPR3D16于2013年2月底上市
快门	红外	FPS3D02、FPS3D04、FPS3D02A/02D、FPS3D06	FPS3D06	红色为2012年新品
	射频1	FPS3D05/05D、FPS3D07A	随LED50K310退市眼镜退市	
	射频圆偏	FPS3D05YP、FPS3D05DYP	随770产品退市眼镜退市	
	射频2	FPS3D05E、FPS3D07	FPS3D07	

注：快门式FPS3D06/3D07/3D07A采用纽扣电池，其余眼镜采用充电电池。

2. 海信各种快门式3D眼镜检测方法

（1）FPS3D02性能判定。

判断方法如下：

① 配戴眼镜观看3D节目，打开眼镜开关，绿灯亮约1.5s后熄灭，镜片变暗，观看3D效果正常，说明眼镜没问题；如果绿灯不亮，镜片不变暗也无3D效果，说明眼镜没电。

② 确认充电线是好的，连接眼镜进行充电，正常充电指示灯显示红色。

③ 如果指示灯无显示，说明不能充电。

④ 连接充电线打开眼镜开关，是看3D信号，如能显示正常，说明仅仅是电池无法充电，其他正常。接充电线是可以正常使用的。

返修方案：如确定不能充电，需更换电池，FPS3D02是超声波焊接，外壳拆开就会破坏，所以需返回外购厂家维修。

FPS3D02 LED指示灯状态如下：

① 电源开启：绿灯亮约1.5s。

② 电源关闭：绿灯闪烁3次。

③ 正常工作：指示灯无显示。

④ 低电指示：绿灯每秒闪烁一次，以提醒使用者电池电量低，请及时充电。

⑤ 充电指示：充电时LED红灯指示，充满后红灯自动熄灭。

（2）FPS3D04性能判定。

判断方法如下：

① 3D电视画面打开后，拨动FPS3D04开关，从OFF状态拨到3D状态，绿灯亮，镜片变暗，观看3D效果正常，说明眼镜没问题；如果绿灯不亮，镜片不变暗也无3D效果，说明眼镜没电。

② 确认充电线是好的，连接眼镜进行充电，正常充电指示灯显示红色。

③ 如指示灯无显示，说明不能充电。

④ 连接充电线打开眼镜开关，查看3D信号，如能显示正常，说明仅仅是电池无法充电，其他正常。接充电线是可以正常使用的。

返修方案：如确定不能充电，需要换电池，可拆开外壳进行更换电池，电池需使用同等型号。

FPS3D04 LED指示灯状态如下：

① 电源开启：从OFF状态拨到3D状态，指示灯绿灯亮。

② 电源关闭：从3D状态拨到OFF状态，指示灯熄灭。

③ 正常工作：指示灯无显示。

④ 低电指示：绿灯每秒闪烁一次，以提醒使用者电池电量低，请及时充电。

⑤ 充电指示：充电时LED红灯指示，充满后红灯自动熄灭。

（3）自制FPS3D02A/02D。

判断方法如下：

① 3D发射信号（红外发射装置）打开后，打开眼镜开关，红蓝指示灯交替闪烁，镜片变暗，观看3D效果正常，说明眼镜没问题；如果指示灯不亮，镜片不变暗也无3D效果，说明眼镜没电。

② 确认充电线是好的，连接眼镜进行充电，正常充电指示灯显示红色。

③ 如指示灯无显示，说明不能充电。

④ 连接充电线打开眼镜开关，查看3D信号，如能显示正常，说明仅仅是电池无法充电，其他正常。接充电线是可以正常使用的。

返修方案：如确定不能充电，需要换电池，可拆开外壳更换电池，电池需使用同等型号。

若无3D效果，应看一下是否进入2D模式？如进入2D模式，应调整到3D模式。

FPS3D02A/02D指示灯状态如下：

① 电源开启：按一下开关键，红灯闪烁一次，电源开启。

② 电源关闭：按一下开关键，指示灯熄灭，电源关闭。

③ 自动关闭：若3min内没有接收到同步信号，则电源自动关闭，指示灯熄灭。

④ 模式切换：开机状态下，双击模式键（类似鼠标双击操作），即可对3D模式和2D模式进行切换操作。

⑤ 工作状态：正常工作时，3D模式下，红、蓝灯交替闪烁，频率约每2s一次；2D模式下，蓝灯闪烁，频率约每2s一次。

⑥ 待机状态：使用过程中，由于角度或距离变化导致眼镜无法正常接收到同步信号，眼镜将自动运行15s，如果15s后没有收到同步信号，液晶镜片停止工作，眼镜将进入3min待机模式；如果在待机模式时接收到同步信号，眼镜将自动恢复至工作状态。

⑦ 低电量状态：电池电量低时，红灯每秒闪烁1次，请及时充电。

⑧ 充电状态：充电时，红灯长亮，充电完成后，红灯自动熄灭。

（4）FPS3D06检测。

判断方法如下：

① 3D发射信号（红外发射装置）打开后，打开眼镜开关，指示灯闪一下，镜片变暗，观看3D效果正常，说明眼镜没问题；如果指示灯不亮，镜片不变暗也无3D效果说明眼镜没电。

② 更换新纽扣电池CR2025，确认眼镜是否正常。

③ 如还无法正常工作，检查眼镜电路及镜片是否接触良好。

FPS3D06指示灯状态如下：

① 眼镜开启：按一下开关键，指示灯亮一次进入开机状态。

② 眼镜关闭：开机状态下，按一下开关键，指示灯连续闪烁两次，进入关机状态。

③ 工作状态：正常工作时，指示灯约4s闪烁一次。

④ 自动关闭：若3min内没有接收到同步信号，则电源自动关闭，指示灯熄灭。

⑤ 待机状态：使用过程中，由于角度或距离变化导致眼镜无法正常接收到同步信

号，眼镜将自动运行15s，如果15s后没有收到同步信号，液晶镜片停止工作，如果在3min之内接收到同步信号，眼镜将自动恢复到工作状态。

⑥ 低电量状态：电池电量低时，指示灯每秒闪烁一次或镜片闪烁，请及时更换新电池。

（5）自制FPS3D05/05D/05（D）YP/05E。

判断方法如下：

① 3D发射信号（FPS3D05E使用射频发射装置2；其余眼镜使用射频发射装置1）打开后，打开眼镜开关，红蓝指示灯交替闪烁，镜片变暗，观看3D效果正常，说明眼镜没问题；如果指示灯不亮，镜片不变暗也无3D效果，说明眼镜没电。

② 确认充电线是好的，连接眼镜进行充电，正常充电指示灯显示红色。

③ 如指示灯无显示，说明不能充电。

④ 连接充电线打开眼镜开关，查看3D信号，如能正常显示，说明仅仅是电池无法充电，其他正常。接充电线是可以正常使用的。

返修方案：如确定不能充电，需要换电池，可拆开外壳更换电池，电池需使用同等型号。

3D显示效果不正常时应重新对码。

操作步骤如下：

① 使用对应的3D电视或者3D发射装置。注意：请将其他射频3D电视或发射装置关闭，否则可能对码错误。

② 在眼镜开机状态下长按住模式键2s以上，此时蓝灯亮，表示进入配对模式。当蓝灯灭时，表示配对已操作成功。

③ 对码完成后，眼镜自动进入工作状态。此时按开关键能看到镜片亮暗变化。

无3D效果时看一下是否进入2D模式？如进入2D模式，应调整到3D模式。

FPS3D05/05D、FPS3D05（D）YP、FPS3D05E指示灯说明如下：

① 按开关键，红灯闪烁一次，表示眼镜已进入开机状态，等待接收信号；再按一次进入待机模式。

② 眼镜有三种模式选择：3D模式、右眼模式、左眼模式。模式切换采用双击模式键，该键双击一次切换到下一个模式，多次双击会依次在3种模式之间循环切换。

指示灯显示方式如下：

① 3D模式：红、蓝灯交替闪烁，频率约每2s一次。

② 右眼模式：蓝灯闪烁，频率约每2s一次；左眼模式：红灯闪烁，频率约每2s一次。

③ 红灯闪烁（频率约每秒一次）：表示电池电量不足需要及时充电，充电完成后指示灯灭。

④ 对码时蓝灯会亮大约1s的时间，表示眼镜与电视配对成功。

⑤ 红灯连续不规则闪烁：电路可能处于复位状态，有异常。

（6）自制FPS3D07、FPS3D07A。

判断方法如下：

① 3D发射信号（FPS3D07使用射频发射装置2；FPS3D07A使用射频发射装置1）打开后，打开眼镜开关，镜片变暗，观看3D效果正常，说明眼镜没问题；如果指示灯不亮，镜片不变暗也无3D效果，说明眼镜没电。

② 更换新纽扣电池CR2025，确认眼镜是否正常。

③ 如还无法正常工作，检查眼镜电路及镜片是否接触良好。

3D显示效果不正常应重新对码。

操作步骤如下：

① 使用对应的3D电视或者3D发射装置。注意：请将其他射频3D电视或发射装置关闭，否则可能对码错误。

② 在眼镜开机状态下长按住开关键2秒以上，此时开始对码，指示灯连续闪烁两次表示对码成功。

③ 对码完成后，眼镜自动进入工作状态。此时按开关键能看到镜片变暗变化。

无3D效果时看一下是否进入2D模式？如进入2D模式，应调整到3D模式。

FPS3D07、FPS3D07A指示灯说明如下：

① 眼镜开启：按一下开关键，指示灯亮一次，进入开机状态。

② 眼镜关闭：开机状态下，按一下开关键，指示灯连续闪烁两次，进入关机状态。

③ 工作状态：正常工作时，指示灯约4s闪烁一次。

④ 待机状态：如果30s内接收不到有效射频信号，眼镜会自动关闭镜片；60s内仍接收不到有效射频信号，眼镜进入待机状态。待机后需要按开关键才能重新开启眼镜。

⑤ 低电量状态：电池电量低时，指示灯每秒闪烁一次或镜片闪烁，请及时更换新电池。

3. 3D快门眼镜对码

3D眼镜在使用时需要对码，即使在卖场使用时也需对码，其方法见表4.16。

表4.16 3D快门眼镜对码

序 号	对码操作	对应型号
步骤1	打开需要对码的电视机，开启电视的3D状态 注意：请将其他射频3D电视关闭，否则可能对码错误	
步骤2	在眼镜开机状态下长按住开关键2s以上，此时开始对码，指示灯连续闪烁两次表示对码成功	FPS3D07/FPS3D07A
	在眼镜开机状态下长按住模式键2s以上，此时蓝灯亮，表示进入配对模式。当蓝灯灭时，表示已配对操作成功	FPS3D05/05D、FPS3D05E、FPS3D05YP/05DYP
步骤3	对码完成后眼镜自动进入工作状态。此时按开关键能看到镜片亮暗变化	

3D快门眼镜常见问题如下：

① 屏幕上显示3D画面，戴上3D眼镜观察时仍然是不重合的画面（见图4.61）。

出现此情况时需检查快门式3D眼镜是否休眠，拨动开关眼镜上的“开关”试试。检

图4.61 3D画图不重合

测眼镜上同步灯是否亮。测试发射板发射波形是否正常，频率是否正常（120Hz）。对于三星屏，如果信号是50Hz，同步频率为100Hz，如果信号是60Hz屏，同步频率为120Hz；对于奇美屏，同步频率固定为120Hz。

② 长时间观看3D节目感觉比较晕（见表4.17~表4.19）。

表4.17 问题一

问题	戴上眼镜观看3D画面，感觉比较晕，3D效果不明显
原因	射频眼镜没有对码
	可能左右眼反了
解决措施	如果是射频眼镜，请使用对应的眼镜对码后再观看
	将眼镜反过来戴，即左镜腿戴右耳朵上，右镜腿戴左耳朵上，试一下效果是否正常。如效果正常，进入3D菜单/左右交换，看一下设置是“左右”还是“右左”。调整此项，正常戴眼镜，观看效果是否正常

表4.18 问题二

问题	商场演示的时候带上眼镜看画面是重影的，没有3D效果
原因	红外快门式：商场演示环境有限，3D电视放的特别矮，人站着观看的时候太高，人眼正对的位置已经高过了屏幕最上方，导致接收不到同步信号
	红外快门式：不同的电视同步发射窗位置不同，有的在右下角位置，如果在左边比较偏的位置观看会出现接收不到同步信号的情况
	偏光式：商场演示环境有限，3D电视放的特别矮，人站着观看的时候太高，偏光显示方式下，垂直方向偏离中心太远观看重影会比较严重
解决措施	商场演示的时候建议人眼在屏幕中心位置观看

表4.19 问题三

问题	眼镜需按开关键好几次才能开机，效果正常
原因	红外快门式：旁边的电视也在3D状态，干扰了正在操作的3D眼镜
解决措施	将旁边的3D电视退出3D状态或关掉，按眼镜开关键开机，可通过指示灯查看开机状态，也可查看眼镜镜片，如镜片明显变暗表示眼镜开机

第5章　汇编资料

本章收集了长虹各机芯产品软件升级的方法、利用软件查询智能电视故障，并提供代表性的TP-LINK路由器的设置方法，供读者参考使用。

5.1　软件识别与软件升级

当整机出现不开机、自动关机、部分功能异常、图异等故障时，就需要对产品进行软件刷新或软件升级。不同机芯软件不同，同机芯因屏或整机功能不同，软件也将不同。为此我们需要从众多所给的软件中找到解决故障所需的软件，才能保证产品工作正常。显然软件识别较为重要。本章将给大家介绍PDP、LCD电视软件识别方法和软件升级的过程，方便维修时查阅。

5.1.1　长虹PDP电视软件识别

软件的识别有两个途径：

（1）进入总线调试状态可查到产品的软件版本。

① 图5.1是PDP电视PS36i机芯产品进入总线调试状态时显示的部分界面，页面显示软件版本是PM36I-SN43-V1.001［858-SN43-V1001］，软件编写时间是2011年7月19日，这些就是当前PDP产品的软件版本信息。

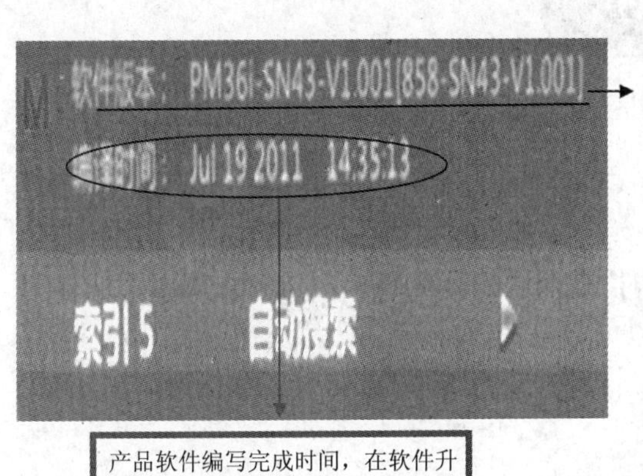

此行提供的信息：

PM36I	P：表示PDP产品	36i：36机芯
SN43	表示使用了三星43英寸屏	
V1.001	表示软件版本	
858	产品系列	

根据此行信息可以判定：该产品是PDP产品PM36i机芯，产品系43英寸，使用了三星屏，产品系列为858。再根据36机芯产品系列汇总推断，该产品的机型是3DTV43858，再根据产品软件查询表（表5.1）便知该产品需要V1.001版本的软件。根据此机芯软件升级方法进行操作，便可完成软件升级。注：PM36i机芯只有两种产品3DTV43858和3DTV51858

图5.1　PDP产品的软件版本信息

表5.1中SN43表示使用的是三星S42AX-YD15屏，SW51表示使用的是三星S50HW-YD14屏。代码在主板上贴的15个数字标签中可以查到，根据代码可以查到对应产品的软

表5.1 PM36i机芯软件汇总表

代 码	软件编号	代 码	软件编号
01	PM36i-SN43-V0.166[858-SN43-V1.003]	06	PM36i-SW51-V1.001[858-SW51-V2.001]
02	PM36i-SW51-V0.166[858-SW51-V2.003]	07	PM36i-SN43-V1.003[858-SN43-V1.002]
03	PM36i-SN43-V1.000[858-SN43-V1.001]	08	PM36i-SW51-V1.003[858-SW51-V2.002]
04	PM36I-SW51-V1.000[858-SW51-V2.001]	09	PM36i-SW51-V1.004[858-SW51-V2.002]
05	PM36i-SN43-V1.001[858-SN43-V1.001]		

件版本，见图5.6的说明。

② 图5.2所示是PM38i机芯进入总线状态显示的软件版本信息。

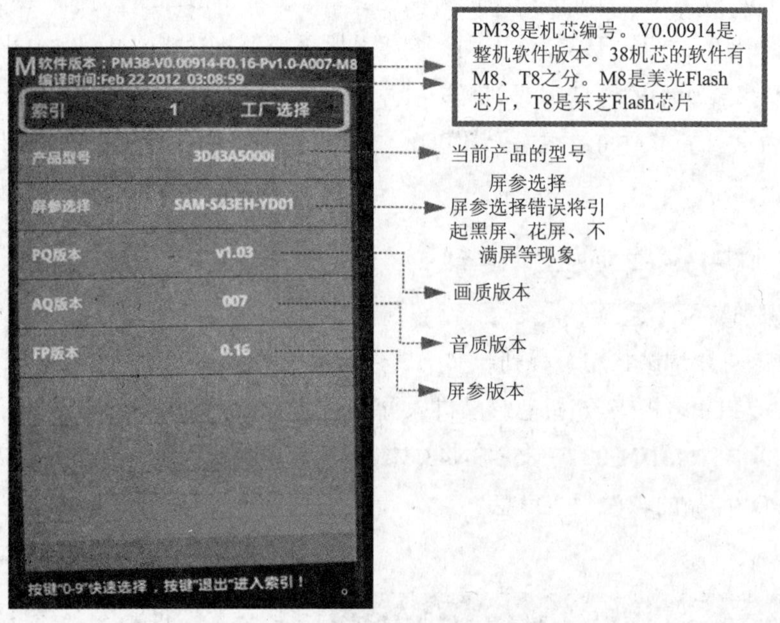

图5.2 软件版本信息

◎知识链接……………………………………………………………………

PM38i机芯软件种类说明

PM38机芯软件有两套，文件名分别为M8、T8，如图5.3所示，打开其中的M8文件夹，将出现两个文件，分别是系统引导文件（简称boot软件）mt5396ch_5502a_v2_cn_secure_nandboot和整机系统程序软件upgrade_PDP_M8.pkg。文件T8也有这两软件，其中boot文件名是相同的，不同是系统软件，原因是Flash模块型号不同。Boot软件需要用工装升级，升级完成如果整机可开机，便再用USB升级；将upgrade_PDP_M8.pk或upgrade_PDP_T8.pkg，同时放入USB中，由系统自动识别，按USB升级方法完成升级。

注：不同种类的PM38机芯PDP产品软件升级后，如果出现图异不正常，此时只需进入总线调试状态选择相应的屏参，即可满足整机功能与图像显示。

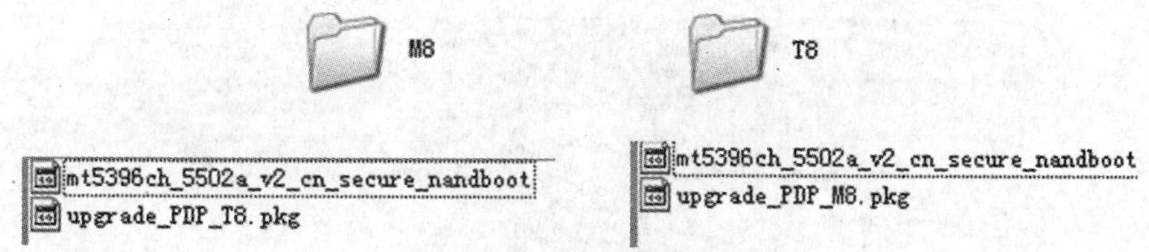

图5.3 PM38机芯软件

特别提示：调试时，确认整机机型和实际屏型号后，再进行屏参调试，否则可能出现黑屏无法再调整的结果。

③ 图5.4所示是PS30机芯进入总线调整状态显示的信息。

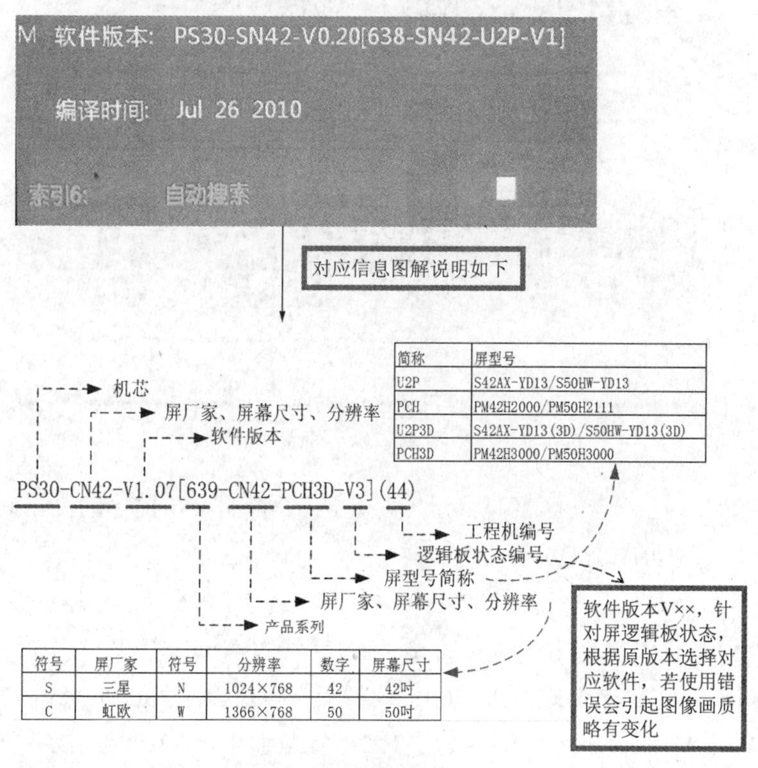

简称	屏型号
U2P	S42AX-YD13/S50HW-YD13
PCH	PM42H2000/PM50H2111
U2P3D	S42AX-YD13(3D)/S50HW-YD13(3D)
PCH3D	PM42H3000/PM50H3000

符号	屏厂家	符号	分辨率	数字	屏幕尺寸
S	三星	N	1024×768	42	42吋
C	虹欧	W	1366×768	50	50吋

图5.4 PS30机芯进入总线调整状态显示的信息

（2）从主板所贴标签的24位数字和15位数字的标签中，判定整机的软件信息。

2009年前后长虹生产的产品软件版本及整机使用的屏型号、生产日期等，都能从主板贴的标签上进行识别。这个时期的主板Flash块贴有整机软件版本信息的标签，如图5.5所示。再根据图5.6、图5.7贴的15、24位标签识别整机使用的屏具体型号，或者根据整机实际使用的屏的型号和产品机型，确认产品的软件版本。具体识别方法如下。

第一步：查看主板Flash块上贴的标签，如图5.5所示。

第二步：确认整机使用的屏S3的具体屏型号，根据主板贴的标签24位或15位数字中代表区格码的数字进行判定，如图5.6、图5.7所示。此机芯所贴15位数字标签中的9~11位

图5.5 软件版本标签关键数字图解

图5.6 “15”位条码标签关键数字图解

图5.7 24位条码标签关键数字图解

数字代表了屏的区格码，此处区格码显示数字是227，根据公司提供的区格码查询表，可知，227对应的屏为S50HW-YD09。

第三步：结合当时产品的机型PT50700（P03）或 PT50618，根据PS20机芯软件查询表，可知主板Flash块贴有图5.5标签的产品的软件版本可以是表5.3中的PSC20-M50-V1.06-S3-618或PSC20-M50-V1.06-S3-700，软件版本也可以是PSC20-M50-V1.08-S3-618-SDI、PSC20-M50-V1.08-S3-618-SKN 、PSC20-M50-V1.08-S3-700-SDI 、PSC20-M50-V1.08-S3-700-SKN。软件版本中带有SKN、SDI，表示屏外层保护屏不同。618、700两系列产品软件可通用，而且还可用最高版本PSC20-M50-V2.05-S3－LZJ升级使用。软件高版本与低版本之间的区别在于播放多媒体节目时，信号格式更多、兼容性更强。

（3）主板标签15位或24位数字与功能对应关系图解。

① 主板上贴的15位数字标签（见图5.8）。

显然15位条码中5~11位数字所代表的内容与维修有较大关系，见表5.2。图中第5.6位显示的数据是“34”，根据表5.3可知，贴此标签的主板是PS20机芯，再根据9~11位的“227”，知道PS20机芯生产的是50英寸使用三星S50HW-YDOP屏的产品。再根据软件版本显示，就能选出正确的软件。

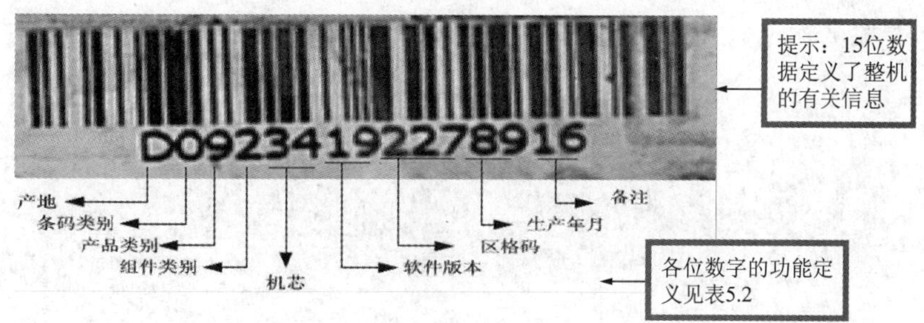

图5.8　主板上贴的15位数字标签

表5.2　15位条码各位数字的功能定义

条　码	对应信息	备　注					
第1位	产地	产地	绵阳本部	广东长虹	吉林长虹	江苏长虹	…
		代码	D	G	C	N	…
第2位	条码类别	条码类别	整机	部件	…		
		代码	1	0	…		
第3位	产品类别	产品类别	CRT	LCD	PTV	PDP	…
		代码	1	7	8	9	…
第4位	组件类别	识别组件所属类别，1：LCD主板，2：PDP主板，4：CRT（IPQ）板…					
第5、6位	机芯	识别组件所属机芯,见产品机芯与编码对应表					
第7、8位	软件版本	识别组件所属软件版本，可在软件查询表中查询					
第9～11位	屏区格码	识别组件对应屏型号，可在区格码表中查询					
第12～13位	生产年月	识别组件生产年月，以十年为周期，月以32进制表示					
第14～15位	备用	不用时为“00”					

表5.3　产品机芯与编码对应关系

代码	机芯	代码	机芯	代码	机芯	代码	机芯
01	HD-1	21	PS12	41	PS20A	61	LM32
02	HD-2	22	PS22	42	LM24	62	PS30
03	CH-13D	23	PT16	43	LS15B	63	PS27S
04	CH-13G	24	PS13	44	DLS04	64	LS28i
05	CH-16C	25	CH-23A	45	PM24	65	PS30i
06	CH-16E	26	CHD-10B	46	LA23	66	LS30i
07	CH-16G	27	LP25	47	DPS06	67	LS30A
08	CH-16H	28	LS25	48	DPM07	68	PS30IS
09	CHD-2B	29	DLM02E	49	DPS04	69	LS35
10	CHD-2C	30	CH-18H	50	FD-02A	70	LS30S
11	CHD-6A	31	FD-01	51	LS26	71	FD-03
12	CHD-8	32	PS19	52	LS29	72	FM-01
13	CHD-8B	33	LS20A	53	PS26	73	LS30iS
14	CH-18B	34	PS20	54	PS27	74	LM34i
15	LP09	35	CH-16F	55	PS27i	75	
16	LS12	36	CH-F+VGA	56	LS26i	76	
17	LS15	37	LS23	57	LS20D	77	
18	LT16	38	FD-02	58	LS20i	78	
19	LS19	39	CHD-10A	59	LS20B	79	
20	LS20	40	CHD-10C	60	LS30	80	

② 主板上贴的24位数字（见图5.9）。

图5.9 主板上贴的24位数字

24位条码中，11～18位的数字维修人员需掌握，其中11、12位是产品软件的技术代码。PS20机芯软件代码与软件编号对应表见表5.4。根据代码可查到该机的软件版本。软件代码03表示软件版本为PSC20-M50-V1.01-S2。13～15位（227）为屏区隔码，根据公司给的区隔码查询表，可查得此机使用的屏为三星屏S50HW-YD09。16位数字表示产品生产年份，17、18位的数字表示产品生产的月份，故16～18位的数字812表示2008年12月生产的产品。

表5.4 PS20机芯软件代码与软件编号查询表

代 码	软件编码	代 码	软件编码
01	PSC20-M42-V1. 01-S2	21	PSC20-M42-V1. 06-S3-700
02	PSC20-M42-V1. 02-S2	22	PSC20-M50-V1. 07-H11-618
03	PSC20-M50-V1. 01-S2	23	PSC20-M50-V1. 07-H11-700
04	PSC20-M50-V1. 02-S2	24	PSC20-M42-V1. 06-G1A-618
05	PSC20-M42-V1. 04-S2-618	25	PSC20-M42-V1. 06-G1A-700
06	PSC20-M50-V1. 04-S2-618	26	PSC20-M42-V1. 06-S3-628
07	PSC20-M42-V1. 05-S2-618	27	PSC20-MXX-V1. 06-LDS(P03)
08	PSC20-M42-V1. 05-S2-700	28	PSC20-M50-V1. 06-LDS(P03)
09	PSC20-M50-V1. 05-S2-618-SKN	29	PSC20-MXX-V1. 06-ZGF(P03)
10	PSC20-M50-V1. 05-S2-618-SCD	30	PSC20-MXX-V2. 06-RBS(P03)
11	PSC20-M50-V1. 05-S2-700-SKN	31	PSC20-M50-V2. 05-S3-LZJ
12	PSC20-M50-V1. 05-S2-700-SCD	32	PSC20-M42-V1. 08-G1A-618
13	PSC20-M50-V1. 05-S3-618	33	PSC20-M42-V1. 08-G1A-700
14	PSC20-M50-V1. 05-S3-700	34	PSC20-M42-V1. 08-S2-618
15	PSC20-M42-V1. 06-S2-700	35	PSC20-M42-V1. 08-S2-700
16	PSC20-M50-V1. 06-S2-700-SKN	36	PSC20-M42-V1. 08-S3-618
17	PSC20-M50-V1. 06-S2-700-SCD	37	PSC20-M42-V1. 08-S3-628
18	PSC20-M50-V1. 06-S3-618	38	PSC20-M42-V1. 08-S3-700
19	PSC20-M50-V1. 06-S3-700	39	PSC20-M50-V1. 08-H11-618
20	PSC20-M42-V1. 06-S3-618	40	PSC20-M50-V1. 08-H11-700

图5.10所示的两个标贴是同一主板上所贴的条码。

5.1.2 PDPD电视U盘软件升级操作方法

1. PS20/PS20A机芯

（1）代表产品（见表5.5）。

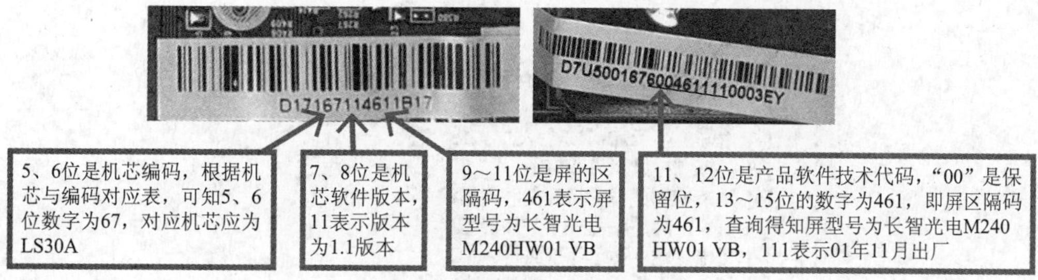

图5.10　15位和24位条码示例

表5.5　PS20/PS20A机芯代表产品

机　芯	主芯片	代表产品
PS20	MST6M69L	PT42618、PT42700(P03)、PT42618、PT50618、PT50700(P03)
PS20A	MST6M69FL-LF	PT42618NHD(P06)、PT42618NHD(P08)、PT42718NHD、PT42900NHD(P06)、PT50618(P06)、PT50618A、PT50618A（H）、PT50619、PT50619A、PT50718、PT50718A、PT50718（B）、PT50718（X）、PT50900FHD(P06)、PT50900FHD(P08)

（2）PS20/PS20A机芯U盘升级方法。

① 将要升级的bin文件名改为“MERGE.bin”，保存在USB盘根目录下，将U盘插入电视机USB接口。

② 将音量降到最低，按静音键3s左右，再按本机“菜单”键，进入D模式。

③ 进入“Function Option”—“USB 软件升级”，系统会自动寻找要升级的bin文件，根据提示并选择“是”，进入升级程序，完成后系统自动重启。

④ 升级完成，进入总线调整状态，检查版本号是否发生变化，确认升级成功。

（3）PS20、PS20A因软件问题故障处理。

① PS20A机芯U盘升级时打不到“升级软件”。

答：可能是升级文件后面还有其他扩展名。PS20机芯使用三星42英寸屏时的升级软件名是PSC20-M42-V1.08-G1A-618.bin，后缀只有一个“bin”。软件升级时，此软件名应改为“MERGE.bin”，放入U盘后，再按上述介绍方法操作即可完成软件升级。若无法升级需查找扩展名，其方法是，在电脑上打开U盘，点击工具—文件夹选项—查看—“隐藏已知文件类型的扩展名”，设置为“取消”，此时便能看见升级软件扩展名，如图5.11、图5.12所示。

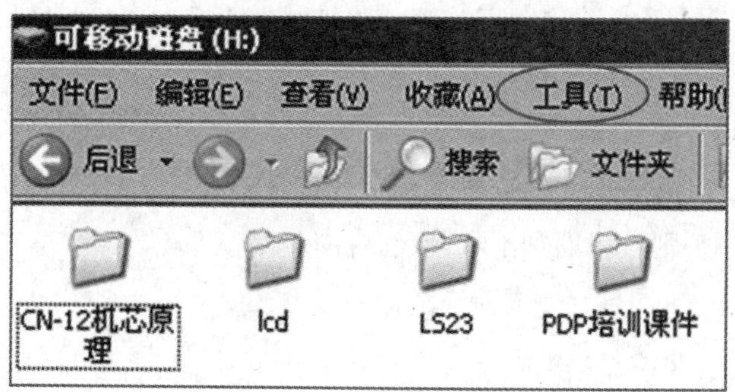

图5.11　查找扩展名一

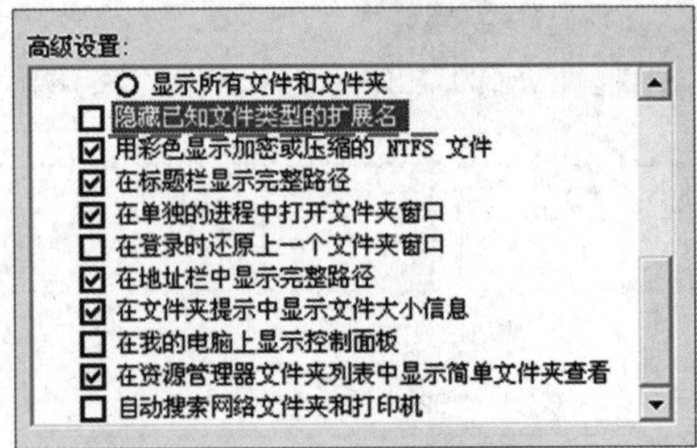

图5.12 查找扩展名二

② 要升级的bin文件名必须改为“MERGE.bin”（更改时注意不要留空格），并保存在USB盘根目录下。

③ PS20机芯升级软件对应的屏与实际使用屏型号不一致时，U盘升级可能不成功，此时请用工装升级。

2. PM24机芯

（1）代表产品（见表5.6）。

表5.6 PM24机芯代表产品

机 芯	主芯片	代表产品
PM24	MT8222	PT42818NHD、PT50818、PT42818NHD（P09）、PT50818（P09）、PT50818（A）

（2）PM24机芯U盘升级方法。

① 将升级文件如PM24-M42-V1.11-WS-U1P-LG.BIN，更名为“CHPDP.bin”，再拷贝到文件系统为FAT32的USB设备的根目录下，将USB设备接入电视机USB接口。

② 在TV源下将音量调节到0后，按静音键不放，持续4s以上，再按本机菜单键进入工厂菜单，如图5.13所示。

③ 按菜单键退出工厂菜单，将电视切换到USB源下，进入到USB设备的文件目录中（如果没进入到文件目录将无法升级）。

④ 按菜单键进入工厂菜单，进入功能预置子菜单。

⑤ 选择升级项进入升级菜单，按遥控器播放键（OK键）开始升级，如图5.14所示。

⑥ 升级完成后，电视自动重启，按POWER键待机再开机（退出工厂菜单）。

（3）升级问题处理。

早期生产的PM24机芯不支持文件系统为NTFS的U盘，应使用文件系统为FAT32的U盘，如图5.15所示。否则，将识别不到升级软件。

3. PS27i机芯

（1）代表产品（见表5.7）。

（2）PS27i机芯U盘升级方法。

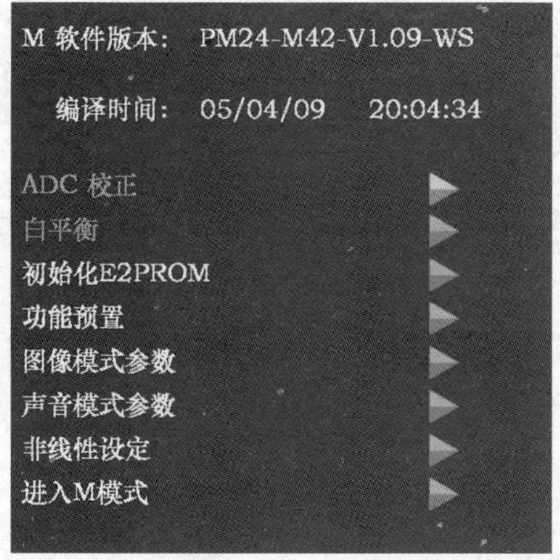

图5.13　工厂菜单

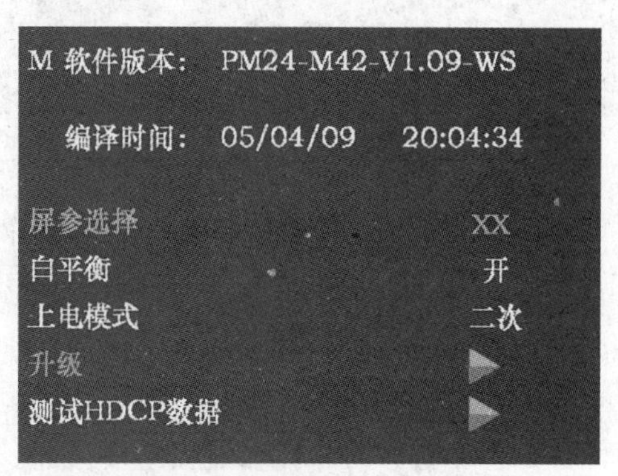

图5.14　功能预置子菜单

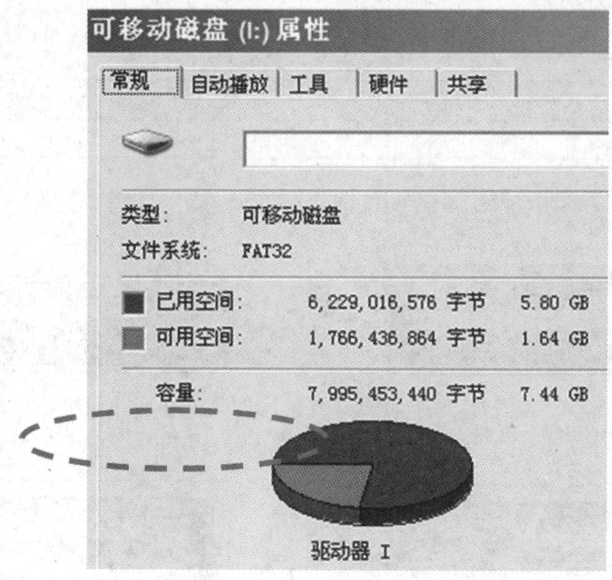

图5.15　文件系统为FAT32的U盘

表5.7　PS27i机芯代表产品

机　芯	主芯片	代表产品
PS27i	MST6M58ML+ PNX8935E	iTV42738NHD、ITV42738NHDX、ITV50738、ITV50738X、3DTV58938FS

① 方法1（见图5.16）：

- 将升级程序拷贝到U盘根目录下，文件名必须采用“CHPDP.bin”。
- 在交流关机情况下，将U盘插入USB接口。
- 在用户菜单中，菜单—设置—服务—软件升级—确定，进入自动升级状态。
- 升级完成，电视机自动关机后重新打开。

② 方法2：

- 前两个步骤同方法1。

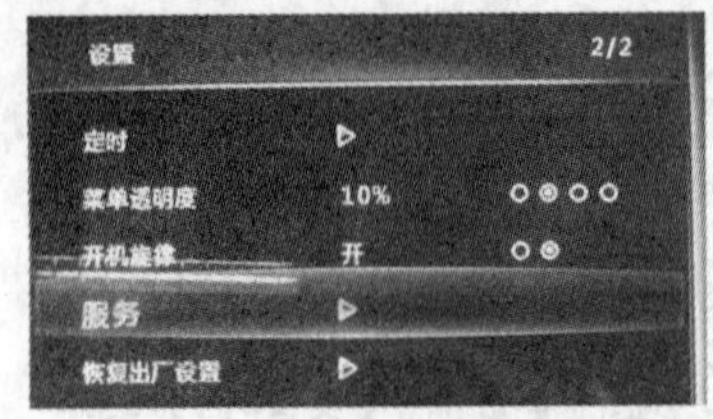

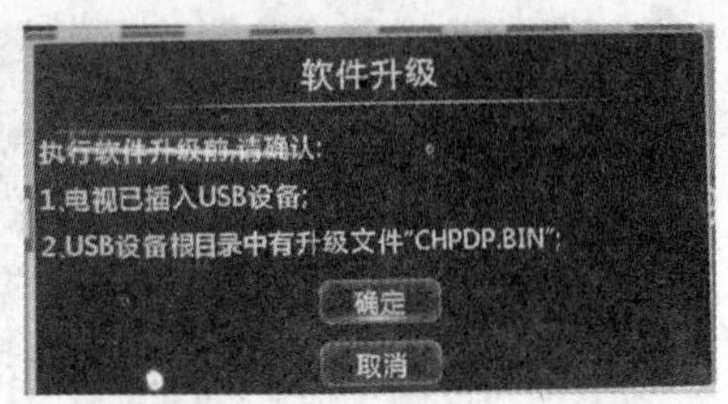

图5.16 用户菜单方式升级方法示意

• 先将音量减为0，按遥控静音键6s以上，再按本机菜单键即可进入维修模式主菜单。

• 在维修模式菜单中选择“软件升级”，电视将主动寻找升级软件，若找到升级软件后选择“确定”，电视将自动升级。

• 升级完成电视机自动关机后重新打开。

4. PS26机芯

（1）代表产品（见表5.8）。

表5.8 PS26机芯代表产品

机芯	主芯片	代表产品
PS26	MST6M15JS	PT42638NHD、PT50638

（2）USB升级方法（见图5.17~图5.20）。

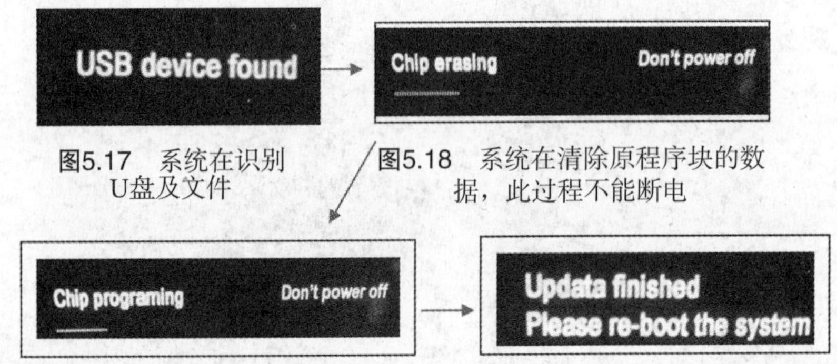

图5.17 系统在识别U盘及文件

图5.18 系统在清除原程序块的数据，此过程不能断电

图5.19 系统在为Flash块写程序，此过程不能断电

图5.20 写程已完成，请重新启动系统

① 将升级程序拷贝到U盘根目录下，文件名必须采用“CHPDP.bin”，再将软件放入U盘根目录下，在待机情况下，将U盘插入USB接口。

② 按住本机按键板除POWER键外的任意一个键不松手，然后遥控或按住按键板的POWER键开机。观察指示灯是否快速闪烁，同时屏幕上是否显示“USB device found”，如不是，则关机，重复第2步、第3步；如是，则松手，此时屏幕显示“Chip erasing Don’t power off”，进入自动升级状态。

③ 观察屏幕上的提示，如是“ Update finished ”，“Please re-boot the system”，表示升级成功，关机再重新启动即可。

注意：空白Flash块不能通过U盘进行软件升级。

5.1.3 液晶电视产品软件识别

1. 根据主板的标贴进行识别

液晶电视的软件版本识别与PDP电视的软件版本识别具有相似性，此类产品也是在主板上贴有15位数字和24位数字的标签，如图5.21所示。

软件识别说明1：主板上贴的24位数字就是整机的机号。24位数字中的13～15位为使用屏型号的编号，有3位，叫区格码。左图中的13～15位数字是165，对照《组件(类别、机芯、软件版本)、屏区》资料查出的屏型号和生产厂家是LG公司生产的LC370WUN-SAB1。知道了屏的型号对选择正确的软件来说是必要的

软件识别说明2：主板上贴的15位数字中涉及了屏的编号，有3位，叫区格码。在数字中9～11位，如左图中的204，对照《组件(类别、机芯、软件版本)、屏区》资料查出的屏型号和生产厂家是LG公司生产的LC470WUN-SAA2，知道了屏的型号对选择正确的软件来说是必要的。其次是根据15位数字中的7、8位数字，查到整机的软件编号，如左图中的7、8位的数字是08，根据《组件(类别、机芯、软件版本)、屏区》查到LS20A机芯软件编号为08的软件版本为LPC20A-MXX-V1.09-WX，再根据这个版本查找LS20A机芯所给软件，便知道所需要的软件种类了

图5.21 液晶电视主板15位、24位数字标贴与软件关系识别图解

2. 进入整机总线调试状态，确认软件版本

图5.22所示是液晶电视LS30机芯产品进入总线调整状态后所看到的画面。

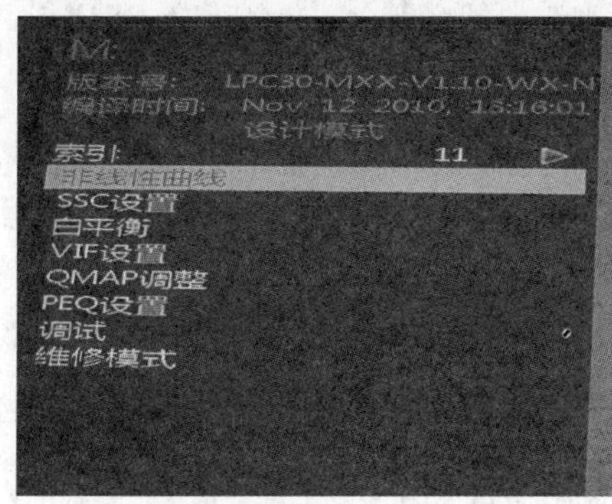

图中标明了该机使用的软件版本号为LPC30-MXX-V1.10-WX-N，软件编写完成时间是2010年11月12日

LPC30表明是LS30机芯，其软件编号LPC30-MXX-V1.10-WX-N，版本达到了V1.10。在公司给出的软件中去下载此软件到U盘中即可进行软件了

图5.22 LS30机芯产品进入总线调整状态后看到的画面

从2012年年初起，长虹公司生产的平板电视产品采用组件条码管理，以后产品可以通过软件识别板条码来识别，如图5.23所示。在主板组件直接标注了产品的机芯、屏型号、软件版本号等信息。所以软件升级时直接看这个标贴就行了（注：有时还是需要进入总线状态查看软件版本，因为主板也是调换过或被维修过的）。

5.1.4 液晶电视U盘软件升级方法

本节介绍部分机芯的U盘升级方法，供维修时参考。

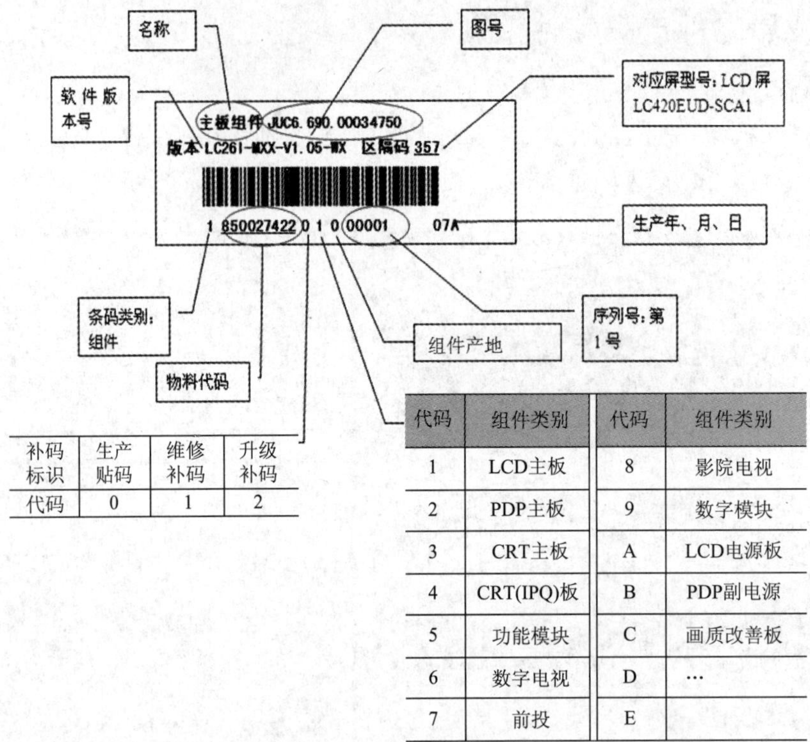

补码标识	生产贴码	维修补码	升级补码
代码	0	1	2

代码	组件类别	代码	组件类别
1	LCD主板	8	影院电视
2	PDP主板	9	数字模块
3	CRT主板	A	LCD电源板
4	CRT(IPQ)板	B	PDP副电源
5	功能模块	C	画质改善板
6	数字电视	D	…
7	前投	E	

图5.23 软件识别板条码

1. LS26机芯软件升级及常见故障处理

LS26机芯代表产品有LT2672P、LT3272P、LT3772P、LT42710F、LT42729F等。

（1）LS26机芯主板升级方法及步骤。

① 将升级程序拷贝到U盘根目录下，文件名必须采用MSTFLASH_LONG_FILE_NAME.bin。

② 在待机情况下，将U盘插入USB接口。

③ 按住本机按键板除POWER键外的任意一个键不松手，然后遥控或按住按键板的POWER键开机。

④ 观察指示灯是否快速闪烁，同时屏幕上是否显示"USB device found"。如不是，则关机，重复第2步、第3步；如闪烁，则松手，此时屏幕显示"Chip erasing Don't power off"，进入自动升级状态（提示：升级过程中不能断电）。

⑤ 观察屏幕上的提示，如是" Update finished "，则表示升级完成，显示"Please reboot the system"后，升级成功。

⑥ 交流关机，再重新启动整机。

注：如果Flash块是空白，没有程序，则无法使用USB升级，必须采用工装升级。

（2）LS26i网络部分软件升级。

特别说明：升级软件前，请不要注销本机。

软件升级步骤如下：

① 在软件主界面，选择设置项，如图5.24所示。

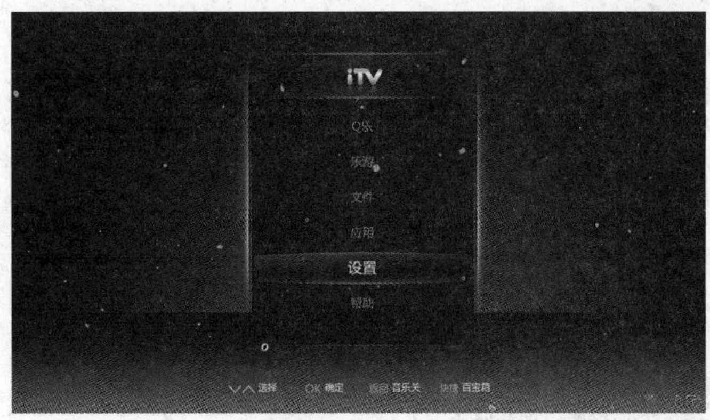

图5.24　设置

② 按OK键进入设置界面，并选中软件升级项，如图5.25所示。

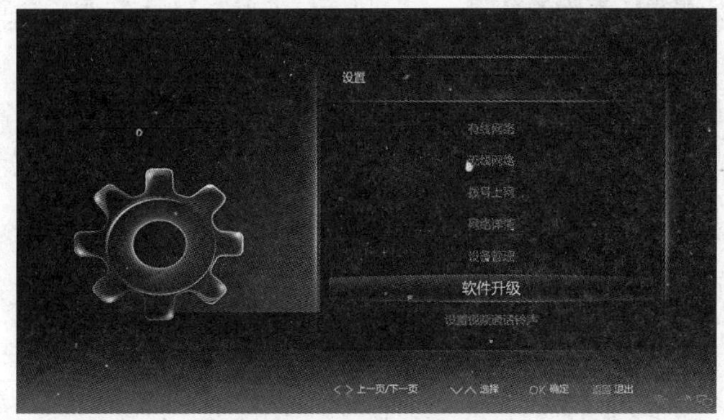

图5.25　选中软件升级

③ 按OK键进入软件升级界面，如图5.26所示。

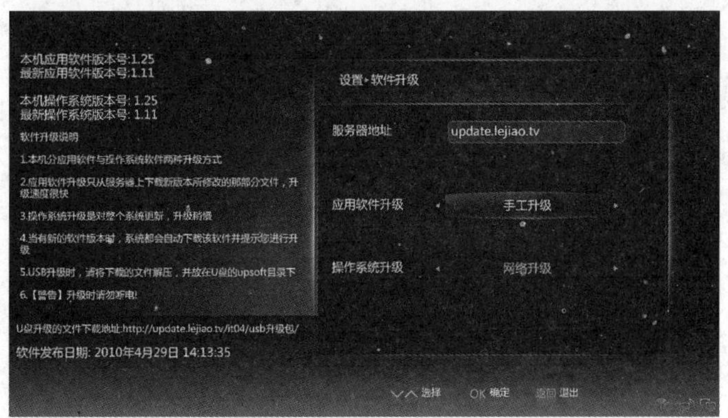

图5.26　进入软件升级界面

◎知识链接……………………………………………………………………………

升级说明

1. 应用软件升级

应用软件升级是升级部分程序，需从网络上获取修改的文件进行升级，文件容量较少，升级速度很快，该部分升级不需要手工操作。

2. USB本地升级

在操作系统栏选择“ U 盘本地升级”，升级的软件文件名是it04softxxx.imz，xxx 代表版本号，例如1.22 版本就是it04soft122.imz，该文件放在U盘的upsoft目录下（升级软件界面也有提示）。

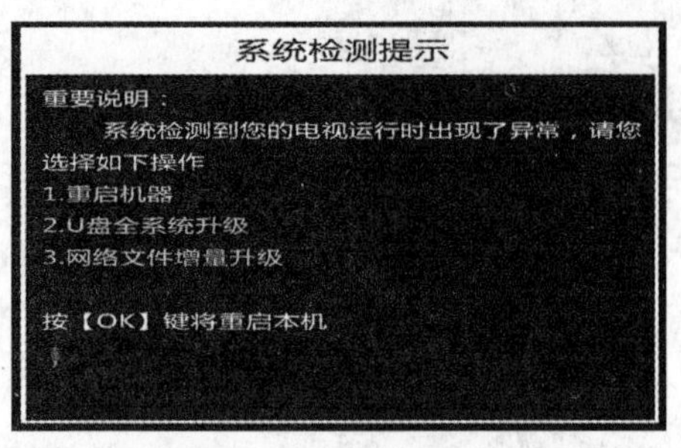

图5.27 电视机纠错机制

特别说明的是，不能更改文件名，否则版本会混乱，整个电视的升级功能都会受影响。同时为了防止升级时选择错误的升级文件，请保证upsoft目录下只有该升级用的imz 文件。电视系统软件连续几次重启后，会出现图5.27提示。这是电视机纠错机制启动了，请按照提示操作即可，其中“U 盘全系统升级”方式与上述升级说明完全一样。

---

2. LS35机芯

（1）代表产品（见表5.9）。

表5.9 LS35机芯代表产品

机芯	LM35
芯片	MST6M181VS
代表产品	LT26730X、LT32730EX(L31)、LT42730EX(L31)、LED24770X、LED26770X、LED32770X、LED37770X、LED24660

（2）LS35 机芯在线升级方法及步骤。

① 将升级程序拷贝到U盘根目录下，文件名必须采用MERGE.bin。

② 在开机的情况下，将U盘插入USB接口。在TV模式下通过遥控器，输入菜单—数字键6—数字键1—数字键1—数字键8，即可进入升级模式菜单。

③ 观察指示灯是否快速闪烁，同时屏幕上是否显示“找到升级文件”。如不是，则关机，重复第2步；如是，选择确定，此时屏幕显示“NOTICE（注意），电视正在进行升级”等字样，进入自动升级状态。

④ 升级完成后，电视会自动重启来完成升级。

注：如果Flash块是空白的，没有程序，则无法使用USB 升级，必须采用工装升级，升级方法与LS30 机芯相同。

（3）升级相关问题说明。

① 主要针对同型号机器的程序升级过程，要求机型与升级的软件要一一对应。升级通常是低版本升级高版本的过程。

② 升级方法。将下载的升级软件或公司提供的软件解压后放到U盘根目录下，按要求

设置软件升级名称，在待机时将U盘插到电视机USB端口，电视机二次开机，电视机会自动识别出新软件，并弹出升级对话框，选择“是”，自动开始升级。

如果电视机自身软件版本高于下载的软件，电视机则不能弹出升级界面提示。

例如：LS30iS机芯的860系列，目前最新的软件版本是LPC30IS-MXX-V2.04-WX-HD-860，将公司提供的“2D-HD-V2.04-860售后.rar”解压后，得到LPC30IS-MXX-WX-HD-860_2_0_1-1_0.bin和ls30is upgrade.bin文件，把这两个bin文件放到U盘根目录下，插到电视机上即可进行U盘软件升级。

3. LM32机芯

（1）代表产品（见表5.10）。

表5.10 LM32机芯代表产品

机芯	LM32
芯片	MT8223LFMU
代表产品	LT32719、LT32710（L23）、LT37710X（L23）、LED19860X、LED23860X

（2）LM32 机芯整机软件升级。

① 采用电脑串口工装升级。工装接口为VGA 接口，将升级工装与整机的VGA 插座相连（其中，整机VGA 插座的第4 脚为整机的RX；整机VGA 插座的第11 脚为整机的TX；整机VGA 插座的第5、6、7、8、10 脚为整机的GND），在连接升级线之前必须保证电脑和整机共地，以防止整机升级端口失效。连接好工装后可用专用的升级工具进行升级，升级完成后将整机断电重启即可。

② 使用U盘在多媒体源下进行升级。

• 将升级软件（.bin文件）的名字更改为CHLCDTV.bin 后拷入U盘（U盘必须是FAT32文件系统格式）。

• 将U 盘插入整机的USB接口。

• 遥控开机后，通过遥控器TV/AV键或者电视机本机键切换到USB源。

• 根据系统提示按OK键进行升级（升级完成后整机会自动重启）。

注：升级过程中整机不能短电，否则整机不能重新开机，需用第1 种升级方法重新升级后才能开机。

标清屏（1366×768 分辨率）软件版本显示格式为LMC32-MXX-V0.02-WX，高清屏（1920×1080 分辨率）软件版本显示格式为LMC32-MXX-V0.02-FH。

LM32机芯采用I^2C 数据总线控制，程序存储在Flash 存储器（位号U3）中，电视机的工作状态数据（包括预存搜台数据）和HDMI 的KEY 存储在E^2PROM 存储器24LC32A（位号U4）中。注意：主程序写入Flash 中；HDMI 的KEY 数据利用工装写入到24LC32A中。LM32机芯DDC数据已经放入机芯主程序，无需单独写入。24LC32A 的主要数据在程序初始化时自动完成，参数以软件调试样机的最佳状态为参考（与M 模式出厂参数一致）。

（3）HDMI KEY写入。

在写入HDMI KEY之前，确保主板的+5VSTB 和+5V 全部正常供电，将写入HDMI KEY 的VGA 带线插头工装连接到主板上的VGA 插座（装了J10 插座的主板可通过4 芯线插头工装连接到主板的J10 插座），写入KEY，完成后进行读出操作，确认写入数据正确。

4. LM34i机芯

（1）代表产品。

iTV32650、iTV37650、iTV40650X、3DTV42788I、3DTV42790I、3DTV47790I等。

（2）U盘升级方法。

按照设计通知的软件版本要求，从存档处领用LM34i机芯对应的USB升级软件。文件名为upgrade_loader.pkg，将该文件拷贝到USB盘中。 再将U盘插入USB端口，重新开机；屏上字符OSD显示“系统正在升级中，请勿断电”；升级完成后，系统会自动重启。

（3）网上在线升级。

使用网络时，网络状态下会检测到有新版本的软件，并自动升级，请按照屏上提示操作。

5. LS39机芯

（1）适用机型。

LED32A2000V、LED32A2000V、LED23A4000V、LT26630V、LT32630V、LT32630V、LT39630V、LT42630V、LED32770V、LED32770V、LED32770V。

（2）进入总线调试方法。

音量降为0，再依次按遥控上的静音、菜单、0912键。

（3）U盘升级方法。

① 将升级程序拷贝到U盘根目录下，文件名必须是Merge.bin。

② 在待机情况下，将U盘插入USB接口。

③ 遥控开机，切换到TV源下。

④ 通过遥控器“菜单”键按出主菜单，再依次输入“6”，“1”，“2”，“8”后进入升级界面，按照提示进行升级。

⑤ 升级完成后电视机将自动重新启动，初始化前期数据，并进入工厂调试菜单。

⑥ 重新配置屏参和系列号。

注意：部分屏升级后会出现黑屏状态，升级完成重新启动后，请依次按“静音”+“菜单”+“0”+“9”+“1”+“2”+“6”+“7”+“2”进行内部、外部调光切换，屏被重新点亮后，再选择屏参和系列号。

⑦ 遥控关机再开机。

注意：如果Flash块是空白的，没有程序，则无法使用USB升级，必须采用工装升级，升级方法与LS20、LS30、LS35、机芯相同。

6. LM38/iSD机芯

（1）适用机型。

A3000系列、A4000系列、A5000系列、A6000系列、A7000系列等智能机。

（2）进入总线方法。

按“菜单”键后，在菜单消失前，依次按数字键“0816”，进入工厂菜单。

（3）U盘升级方法。

软件下载完成后解压得到两个pkg格式文件，将两个文件复制到U盘根目录下，U盘一定要是正品，否则识别不到文件，将U盘插到电视机USB接口上，重新开机，电视将自动强制升级，升级完成后电视自动重启。

7. LM41iS机芯

（1）适用机型。

3D32B4000、3D42B4500I、3D42B4000I、3D47B4500I、3D47B4000I、3D50B4500I、3D50B4000I、3D55B4500I、3D55B4000I。

（2）进入总线调试方法。

按“菜单”键后，在菜单消失前，依次按数字键“0816”，进入工厂菜单。

（3）U盘升级方法。

将upgrade_CN55051ICS_emmc.pkg文件复制到U盘根目录下，U盘一定要是正品，否则识别不到文件，将U盘插到电视机USB接口上，重新开机，电视将自动强制升级，升级完成后电视自动重启。

5.1.5 软件升级工具及升级方法

平板软件升级除了使用U盘进行升级外，有的产品因为更换空白Flash块或整机没有USB端口，则必须使用升级工具才能完成程序的写入，这样才能保证整机正常工作。无论是PDP还是LCD电视，整机图像处理通道使用的芯片有两大系列，一是MST芯片，另一是MTK芯片。长虹生产的PS26、PS27、PS30、PS30i、LS26、LS30、LS20、PS20、LS29等机芯使用的芯片均是MST芯片（芯片编号开头带有MST三个字母）。而LM24、PM38i等机芯使用的是MTK芯片。现就这两系列芯片软件升级的方法给大家做一介绍。

1. MST系列芯片软件升级方法

（1）通用性工装升级介绍。

① 工装结构及使用范围介绍。此工装为长虹平板电视使用的通用性升级工具，其型号为CDCHV1.1，此工具的使用方法，在百度网站都搜索得到。此工装可满足众多产品使用，如MST系列芯片、MTK系列芯片等长虹平板机芯软件升级，如图5.28所示。

通用性工装的结构及使用方法：工装上各插座处标有各型产品升级时使用标志。LS10、LS12、LS20、LS23、LS26等主芯片使用MST的整机，都可使用工装板上的插座JP4与电脑相连接，插座JP5与整机主板或数字板相连。工装板的供电由插座JP1通过USB线接电脑的USB端口提供。有时主板供电可由单独外加电源或整机通电提供。

在软件升级前要拨动开关，实现信号与JP3或JP5输出。写程开关拨动位置与机芯的关系见表5.11。

② MSTAR芯片平台软件。它是一个引导程序，是电脑与工装、主板之间相互通信的

图5.28 通用性工装

表5.11 写程开关拨动位置与机芯的关系

机 芯	拨动开关位置	工装与PC机连接端口	工装与被升级主板连接	备 注
LS12、LS15、LS19、LS20、LS23、LS26等	1、2向上3、4向下	JP4接PC机并口	JP5与被升级版VGA相连	对控制系统软件升级
LS16	1、2、4向下，3向上	JP2接电脑串口	JP3接被升级主板VGA	控制系统升级
LM24	1、2、4向下，3向上	JP2接电脑串口	JP3经VGA转接连接器再接主板VGA	需加VGA转接器

软件，通常是一个后缀为“.exe”的安装程序。MSTAR芯片生产的整机都需要此软件支持才能使用上述工装软件升级，此文件夹名为MSTV_Tool****，或ISP_Tool V4.3.9.9或ISP_Tool4497等，点击这些文件夹后将有ISP_Tool V4.3.9.9.exe或ISP_Tool4497.exe两个执行程序文档出现，双击这些文档便会显示Mstar安装界面，如图5.29、图5.30所示。

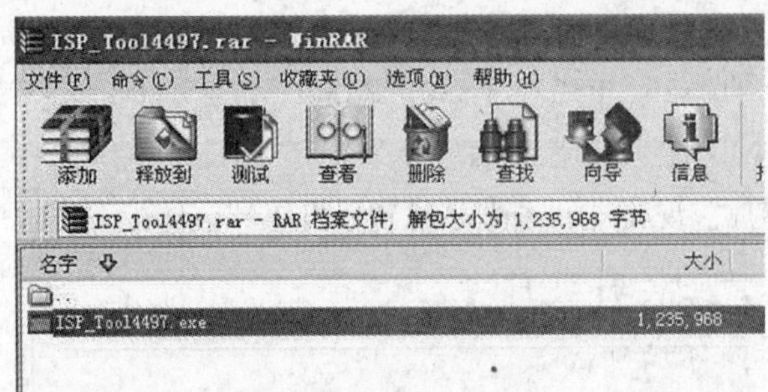

图5.29 Mstar安装界面一

图5.30 Mstar安装界面二

② MST系列芯片软件升级方法。我们以AOC生产的L32DS99X产品为例进行介绍，此方法也适用于长虹LS20、LS23、LS26、LS30等机芯。

使用长虹通用CDCHV1.1升级工装，接好JP4并口线、USB线，按图5.29、图5.30所示的方法进入图5.31所示的界面。

点击AUTO DETECT，检测电路连接状态，按此按钮出现OK，表明PC机与工装连接正常。如果出现“ERROR”，则需重新检查连接线，此状态与主板VGA线连接无关。反复试，直到出现OK为止。

点击Connect，PC机发出指令，经工装、主板，并通过ISP总线找到Flash程序块。点击此按钮，显示Device Type is MX25L3205，表明PC机、工装和电视机通信正常，反之则表示工装与整机之间通信有故障或主板有故障。此时需检查主板供电及主板控制系统相关电路，或工装与主板VGA线是不是通信电路有故障，如对AOC的L32DS99X整机升级，长虹工装的VGA插座12、15脚需与整机VGA插座的12、15脚对应相通（I^2C总线通道）。如果电路无故障，此时可点击Device，设置整机实际使用的Flash块型号，如图5.32所示，然后点击Dis Con后，再点击Connect，直到屏幕上显示图5.33所示的Device Type is MX25L3205和OK提示符。

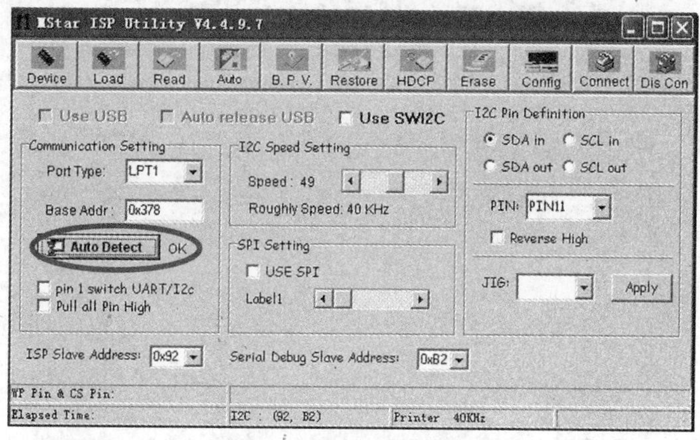

图5.31　软件升级界面

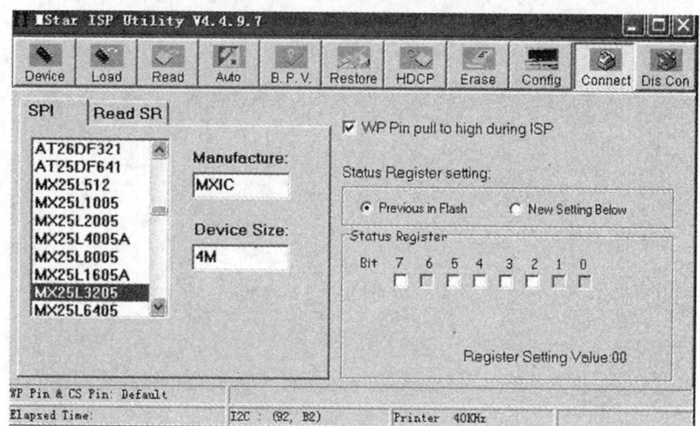

图5.32　设置Flash型号

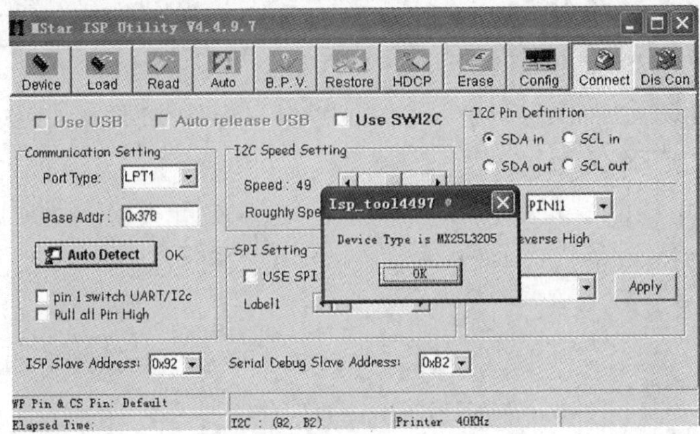

图5.33 Flash型号放置完成

点击图5.33方框中的OK按钮，画面显示图5.34，点击Read，选择程序放在PC机中的位置，打开文件AOC_L32DS99X_CHN_MST9A885GL_CMO_V315B3_WX_BL_V1[1].02_20090810_13C8.bin（软件一定要确认正确，否则会导致升级不成功），出现图5.35所示的画面。

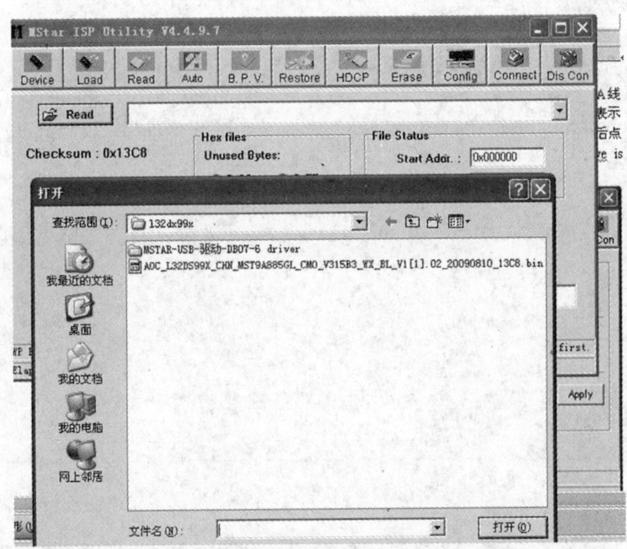

图5.34 查找升级程序

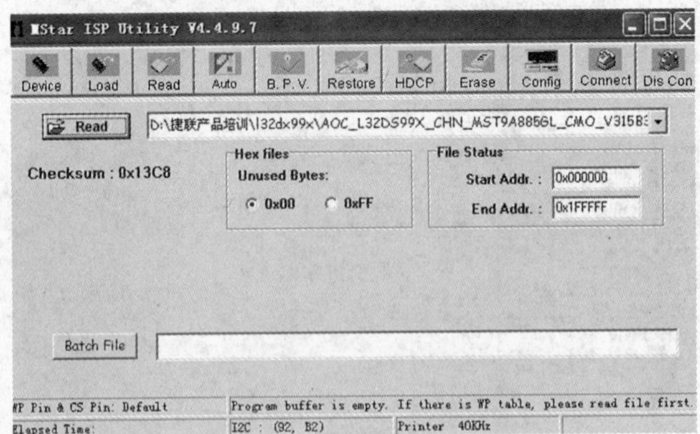

图5.35 打开升级软件

进行原Flash块程序保护，避免重新写数据时将原本特有数据弄丢。出现图5.36所示的画面，点击保护数据的Restore，点击AUTO（自动）参数，出现图5.37所示画面，左边的各项选项将其勾选，右边白色框内显示Program File Ready !!（程序准备就绪）。

开始程序刷新，点击RUN，此时程序将开始升级，过一段时间升级成功，将显示图5.37所示的画面。

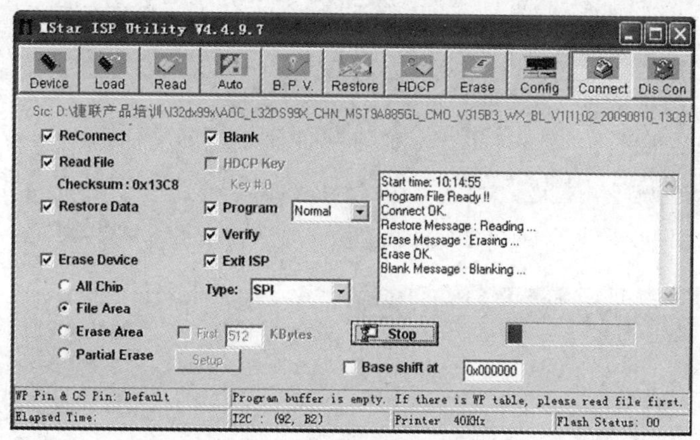

图5.36 原Flash块程序保护

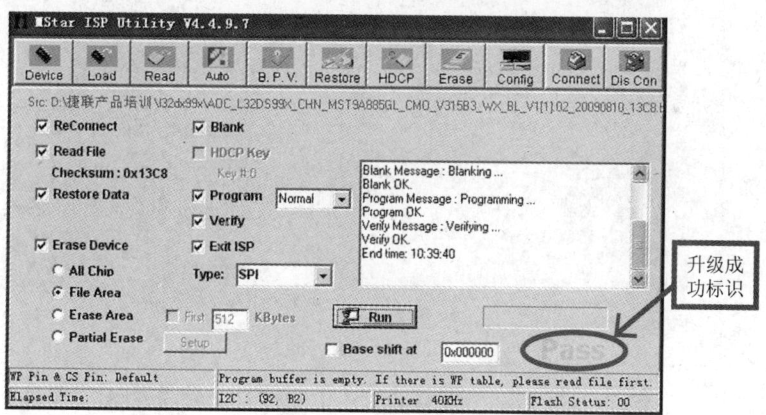

图5.37 程序升级成功

（2）MST系列芯片其他软件升级方法。

① 工装介绍。此工装无需串口、并口线，需要VGA、USB线各一根，工装一个和工装工作驱动程序，实物如图5.38所示。

② 用此工装升级前需做以下准备工作：

• 观察计算机是否安装了MST USB驱动程序，方法是：桌面右键单击“我的电脑”，用左键点击“属性”，进入“系统属性”，再点击“硬件”，显示“硬件管理器（D）”。点击此处，将显示“管理器”各项目，如图5.39所示。

• 点击端口（COM和LPT），此时只有图5.39所示的端口显示，并未显示与USB有关的端口，即没有安装USB软件升级驱动程序。

• 安装能实现PC机通过USB端口的工装软件驱动程序。

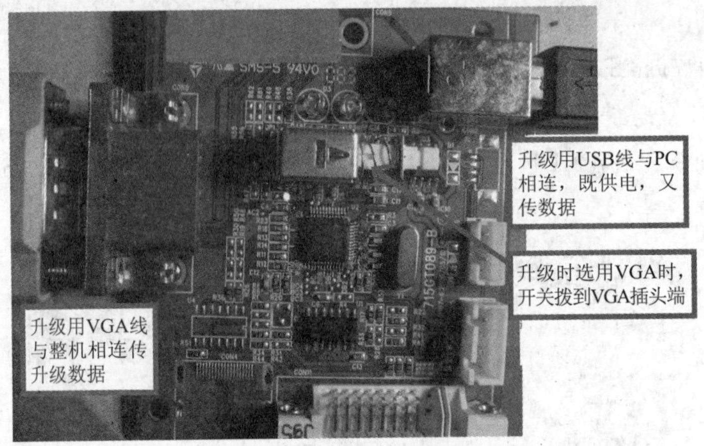

图5.38 升级工装实物

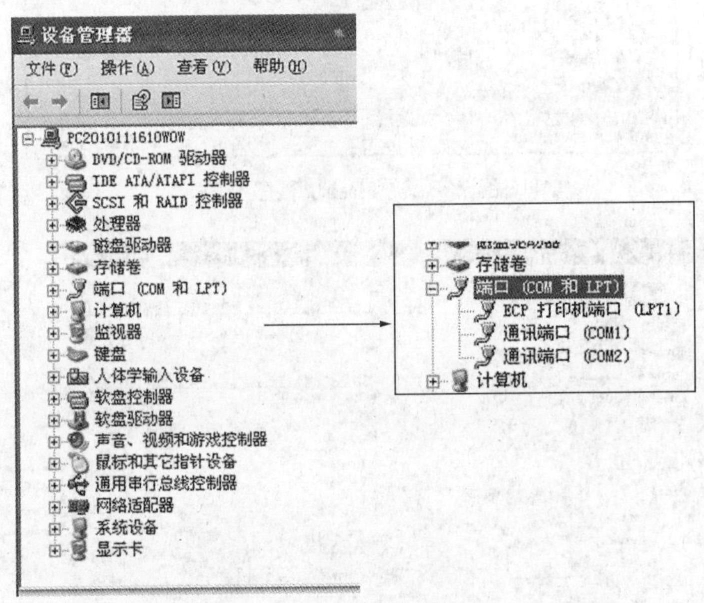

图5.39 观察计算机是否安装了MST USB驱动程序

升级程序前，将工装按图5.38接好连线的拨动开关。安装程序名为“MST TOOL”的驱动程序，它是一个压缩包“MSTAR-USB-驱动-DB07-6 driver.rar”，解压缩包，有图5.40所示的内容。这些内容中点击“Setup.msi”或“Setup.Exe”都可安装或卸载程序（Repair Mstar debug tool driver”表示安装或修复程序，“Remove Mstar debug tool driver”表示卸载程序。卸载后需重新安装时，需拔掉升级工装。在程序安装过程中出现图5.41、图5.42所示的画面，请点击“仍然继续”，直到屏幕上显示图5.43所示的画面，表示软件升级成功。如果显示图5.44的画面内容，表明软件升级失败。

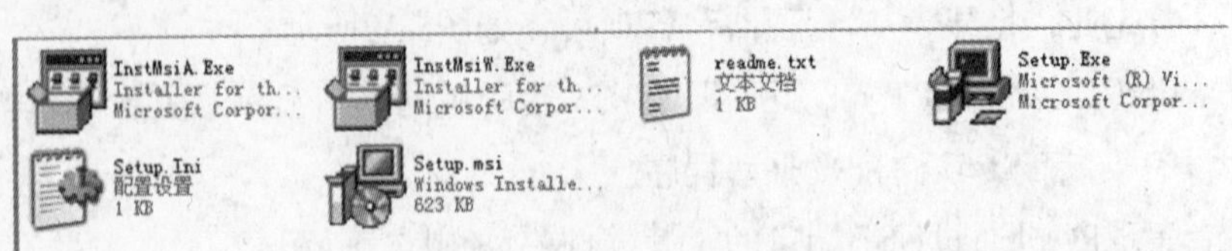

图5.40 驱动程序压缩包

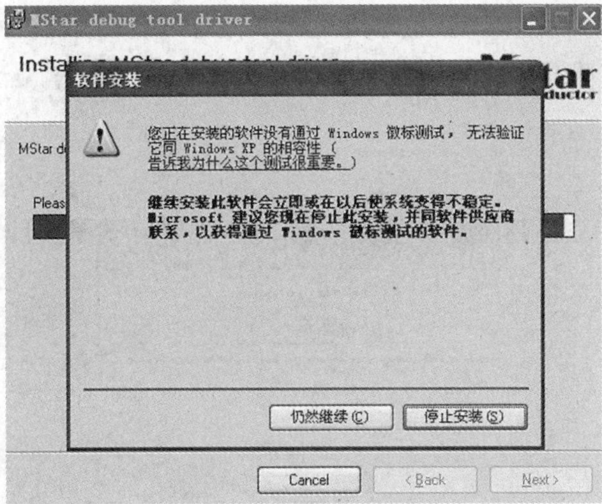

图5.41 程序安装过程一

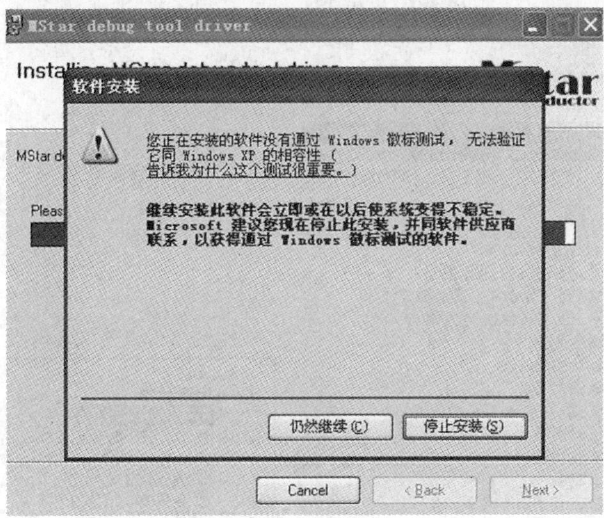

图5.42 程序安装过程二

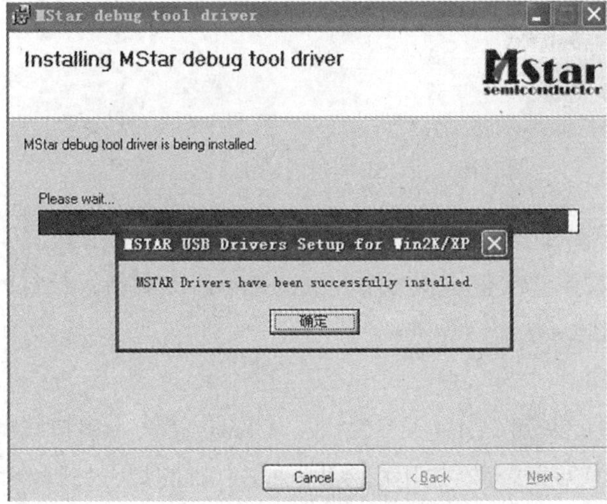

图5.43 程序安装成功

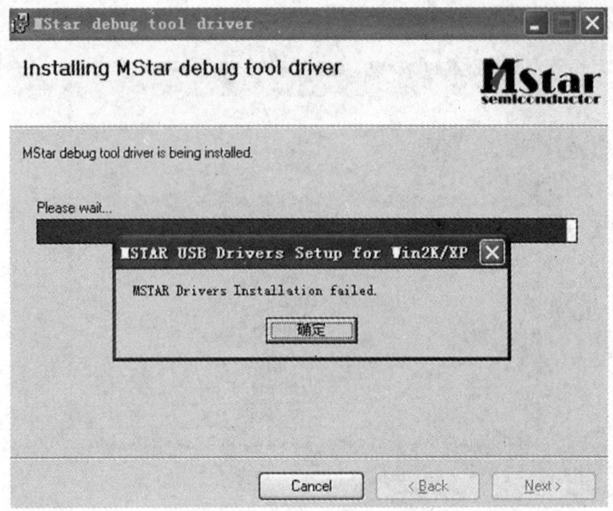

图5.44 程序安装失败

• 带USB端口的USB工装驱动程序安装成功。此时再进入计算机设备管理器，查看端口已多了“Mstar USB serial Port（COM16）”，如图5.45所示。

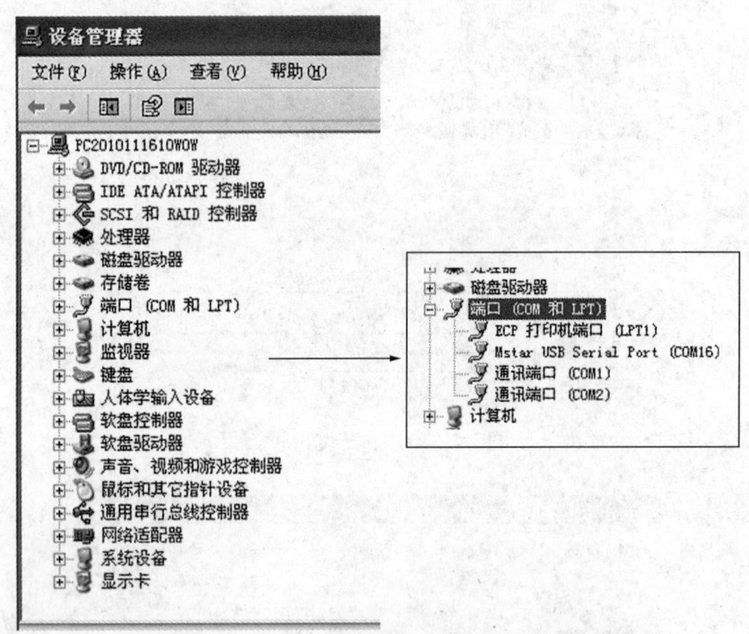

图5.45 带USB端口的USB工装驱动程序

2. MTK系列芯片软件升级方法

电路采用MT8222生产的整机就可用此方法进行软件刷新，长虹LM41，PM38等机芯产品软件升级也可用此方法。

（1）使用的工具。

长虹工装（型号CDCHV1.1）及VGA线、USB连接线、串口线各一根，如图5.46所示。VGA线采用通用VGA线时，通用工装JP7插座VGA的12、15脚传送的数据信号要与主板VGA插座12、15脚总线或4、11脚总线通道保证通畅，才能实现软件升级。例如，长虹

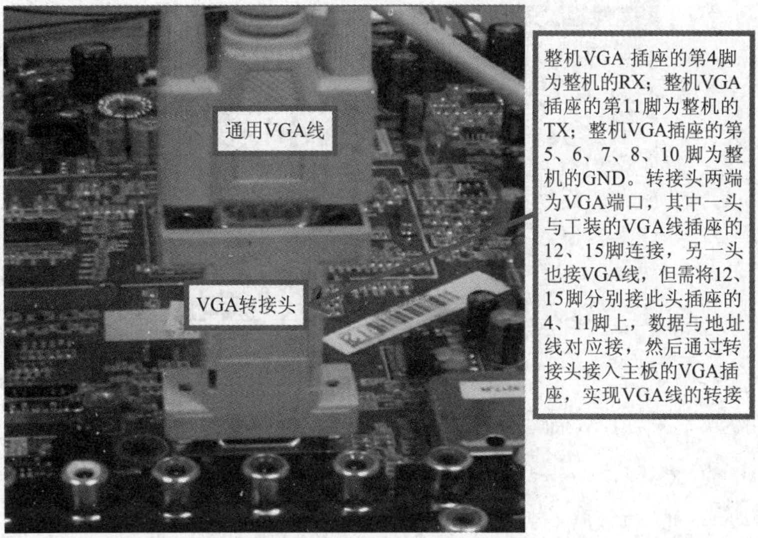

图5.46　长虹通用工装

的LM24机芯、AOC生产的LE32K07M产品，主板VGA插座的4、11脚才是软件升级时的RX\TX通信通道，而工装VGA插座的12、15脚送出的是RX\TX信号，故此时需改为VGA线，这样才能保证数据传送正常，实现软件升级。

（2）通用工装CDCHV1.1上拨动开关设置为1、2、4上（ON方向），3下。

（3）软件升级驱动程序。

使用MTK_ISP_SETUP1的文件，并点击执行程序PL-2303 Driver Installer.exe进行安装。

（4）软件升级过程。

① 点击文件MTKTool2.46.03.rar中 MtkTool.exe 进入图5.47所示界面。

② 选择芯片类型。

主芯片型号是MTK8222，而在升级平台的芯片选项里面没有此选项，我们在升级时选择MT8226（见图5.48）。

③ 选择对应连接端口。

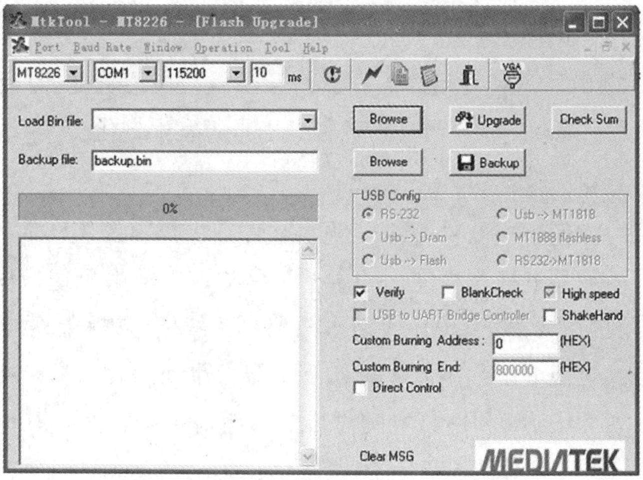

图5.47　软件升级界面一

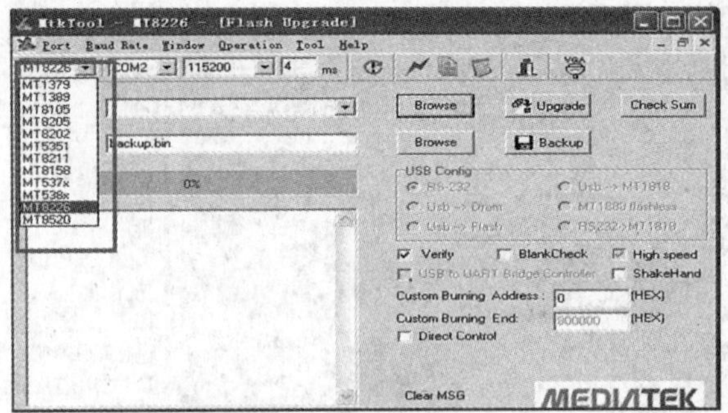

图5.48 选择芯片类型

本例使用COM2接口，如果升级不成功，也可选择COM1，如图5.49所示，速度选择为115200，时间设置为4ms。

④ 选择对应的升级软件。

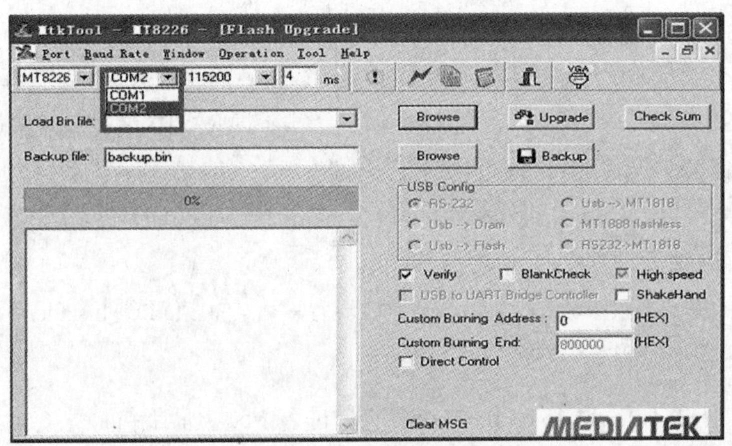

图5.49 选择对应连接端口

点击BROWSE，选择文件夹，选择本机对应软件AOCSLIM_LE32K07M_CH_MT8222H_TPT315B5L02A50L_V2[1].10_20101203_7C20.bin.将VERITY、High speed、direct control三项勾选，再点击Upgrade，便开始进行升级，此时屏幕上将显示图5.50所示的画面，升级完成会显示结束时间。

⑤ 升级完成，断电后重新开机即可。重新开机后，在菜单键下查看软件升级版本是否发生变化，成进入总线调整状态下查看软件版本是否发生变化。

3. 软件升级其他内容

没有升级工装时如何解决软件升级问题？软件升级需要工装，有时我们不可能拥有各种各样的工装，而液晶电视主板使用的主芯片种类较多，由于主板使用的Flash块是通过SPI总线与Flash块进行数据交换的，如图5.51所示，我们可以将需要升级的空白Flash块焊接到此正常工作的主板上，利用此主板作为平台，单独给此主板提供一路5V（即接入5VSTB端即可）供电，升级时利用原主板的升级工装、引导程序，读取需要写入相应产品的升级软件程序，从而实现对不同产品的软件升级。

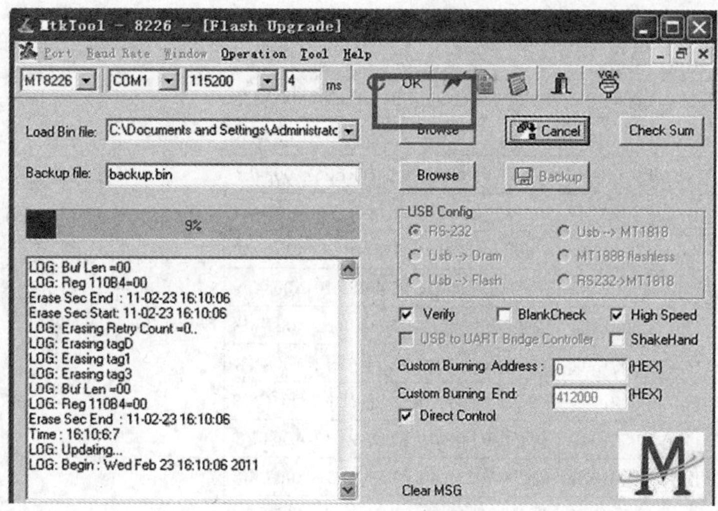

图5.50 软件正在升级

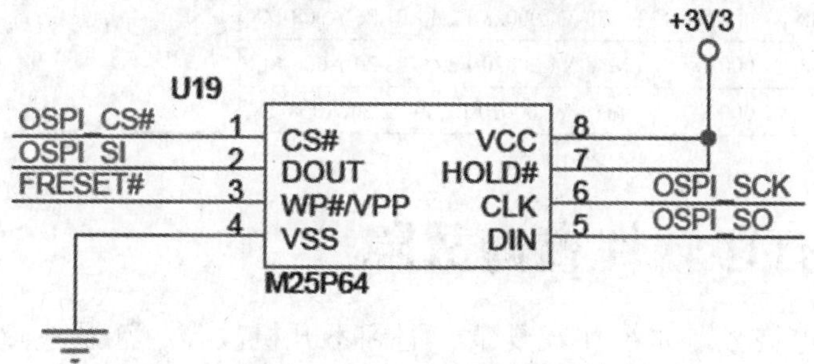

图5.51 主板Flash块的通信方式

整机有USB功能的产品，如果能开机，我们还可以使用USB端口进行软件刷新，这在前面的内容中已做了详细介绍，此处不再详述。

PM38机芯软件汇总表见表5.12。

表5.12 PM38机芯软件汇总表

序号	机芯	软件编号简写	版本号	备注
1	PM38i	PM38-V1.00040-13	PM38-V1.00040-F2.55-P1.39-A009-M8	3D50A3000i、3D50A3000iV、3D50A3600i、3D50A3600I、3D50A3600iV、3D50A3700iV、3D50A3700i、3D50A3038、3D50A3039、3D42A3000i、3D42A3000iV、3D42A3600i、3D42A3600iV、3D42A3700iV、3D42A3700i、3D42A3038、3D42A3039。电路板为JUC7.820.0055637，虹欧屏，无DTV、SD卡功能
2		PM38-V1.00040-12	PM38-V1.00040-F2.55-P1.39-A009-T8	
3		PM38-V1.00028-11	PM38-V1.00028-F2.46-P1.26-A008-T8	
4		PM38-V1.00028-10	PM38-V1.00028-F2.46-P1.26-A008-M8	
5		PM38-V1.00020-08	PM38-V1.00020-F2.40-P1.20-A008-M8	
6	PM38i-A	PM38-V1.00020-07	PM38-V1.00020-F2.40-P1.20-A008-T8	3D42A3000i（P36）、3D42A3000iV（P36）、3D42A3600i（P36）、3D42A3600iV（P36）、3D42A3700iV（P36）、3D42A3700i（P36）、3D42A3038（P36）、3D42A3039（P36）。当整机使用三星屏时使用电路板JUC7.820.00060836。无SD卡、DTV功能。
7		PM38-V1.00040-13	PM38-V1.00040-F2.55-P1.39-A009-M8	
8		PM38-V1.00040-12	PM38-V1.00040-F2.55-P1.39-A009-T8	
9		PM38-V1.00028-11	PM38-V1.00028-F2.46-P1.26-A008-T8	
10		PM38-V1.00028-10	PM38-V1.00028-F2.46-P1.26-A008-M8	
11		PM38-V1.00020-08	PM38-V1.00020-F2.40-P1.20-A008-M8	
12		PM38-V1.00020-07	PM38-V1.00020-F2.40-P1.20-A008-T8	

续表5.12

序号	机芯	软件编号简写	版本号	备注
13	PM38iD	PM38-V1.00040-13	PM38-V1.00040-F2.55-P1.39-A009-M8	3D43A5000iV、3D51A5000iV、3D51A5000i、3D43A5000i、3D43A5059、3D51A5059、3D43A5058、3D51A5058,具有数字电视DTV、SD卡、使用三星屏，电路板号为JUC7.820.000055119
14		PM38-V1.00040-12	PM38-V1.00040-F2.55-P1.39-A009-T8	
15		PM38-V1.00028-11	PM38-V1.00028-F2.46-P1.26-A008-T8	
16		PM38-V1.00028-10	PM38-V1.00028-F2.46-P1.26-A008-M8	
17		PM38-V1.00020-08	PM38-V1.00020-F2.40-P1.20-A008-M8	
18		PM38-V1.00020-07	PM38-V1.00020-F2.40-P1.20-A008-T8	
19		PM38-V1.00013-06	PM38-V1.00013-F2.31-P1.12-A008-M8	
20		PM38-V1.00013-05	PM38-V1.00013-F2.31-P1.12-A008-T8	
21		PM38-V1.00010-04	PM38-V1.00010-F2.31-P1.12-A008-M8	
22		PM38-V1.00010-03	PM38-V1.00010-F2.31-P1.12-A008-T8	
23	PM38 iD-A	PM38-V1.00040-13	PM38-V1.00040-F2.55-P1.39-A009-M8	3D43A5000iV、3D51A5000iV、3D51A5000i、3D43A5000i、3D43A5059、3D51A5059、3D43A5058、3D51A5058,具有数字电视DTV、SD卡、使用三星屏，电路板号为JUC7.820.000063791
24		PM38-V1.00040-12	PM38-V1.00040-F2.55-P1.39-A009-T8	
25		PM38-V1.00028-11	PM38-V1.00028-F2.46-P1.26-A008-T8	
26		PM38-V1.00028-10	PM38-V1.00028-F2.46-P1.26-A008-M8	
27		PM38-V1.00020-08	PM38-V1.00020-F2.40-P1.20-A008-M8	
28		PM38-V1.00020-07	PM38-V1.00020-F2.40-P1.20-A008-T8	

5.2 利用打印软件查询故障

现在的智能电视控制系统比较复杂，遇到不开机故障，涉及故障部位较多，既有Flash块还有DDR，采用数字万用表检查不开机、自动关机太困难，此时如果我们借助软件进行故障排查，就容易多了。软件查询使用的工具仍旧是升级所使用的工装。

5.2.1 MTK系列芯片

长虹生产的PM38机芯、LM38机芯、LM41机芯、TCL爱奇艺，海信L/DAA等，可以采用下述方法来排查整机控制系统引起的不开机故障，确认故障产生的大致范围。这一过程其实就是跟踪系统运行过程，根据跟踪启动的过程大致可以知道故障发生的部位。

按前述连接升级工装的方法，将升级工装与电视机主板和电脑连接正常。

下面安装USB驱动程序。

（1）安装驱动程序。

此驱动程序是将PC的USB口虚拟成COM口以达到扩展端口的目的。PC与CP2101之间的数据传输是通过USB完成的，因此，无需修改现有的软件和硬件就可以通过USB向基于CP2101的器件传输数据。在网上下载文件名为CP2102的压缩包，如图5.52所示，点击压缩文件，出现一个.exe的安装文件，点击并安装文件。CP2101是一个高度集成的USB转UART桥接器。

（2）电脑端口查询。

安装完USB驱动程序，进入“我的电脑”桌面，右键单击“我的电脑”，选择“设备管理”，查看端口状态。发现电脑的端口多了USB端口（COM8端口），如图5.53所示。

图5.52 安装驱动程序

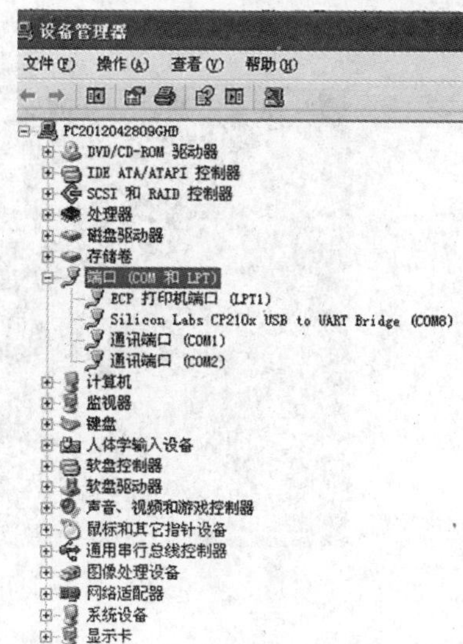

图5.53 查询电脑端口

（3）安装打印软件。

打开“终端（读打印信息）”文件，会出现图5.54所示的内容。点击其中文件名为“ttermpro.exe”的安装文件（见图5.55）进行安装。安装完毕会出现图5.56所示的界面。

最后点击图5.56中File菜单，选中第一项 “new connection”，使port端口为COM8，点击 OK，如图5.57所示。

（4）软件查询打印信息获取。

关闭电视机主板电源，重新启动电源，电脑屏幕上将会出现打印信息。如果是一台正

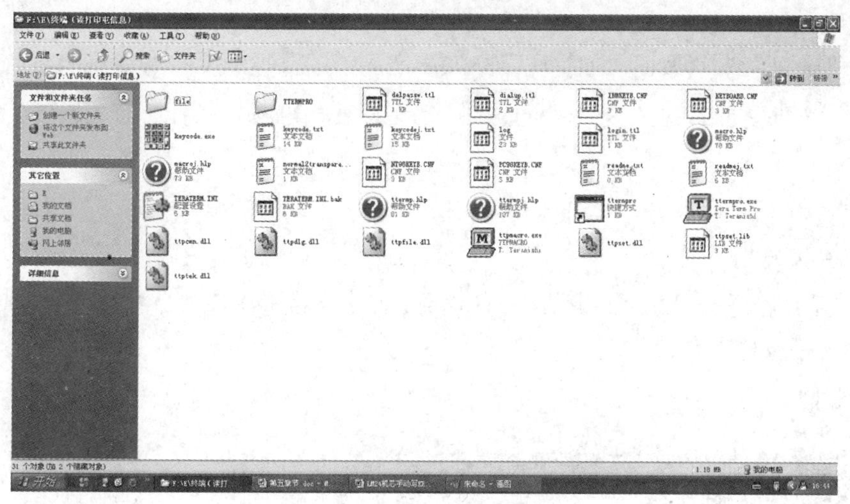

图5.54 终端（读打印信息）文件

图5.55 点击安装文件

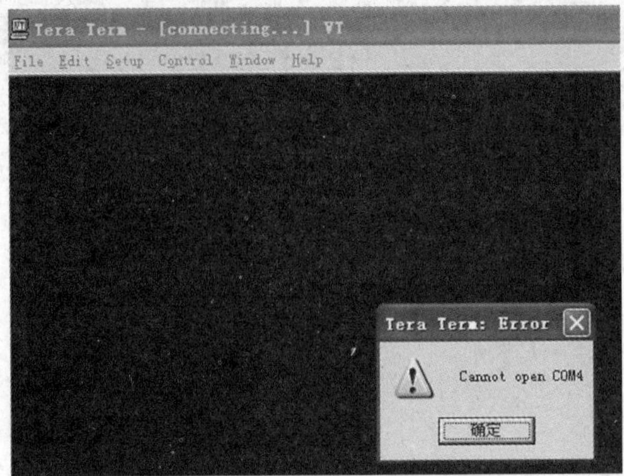

图5.56　打印软件安装完毕

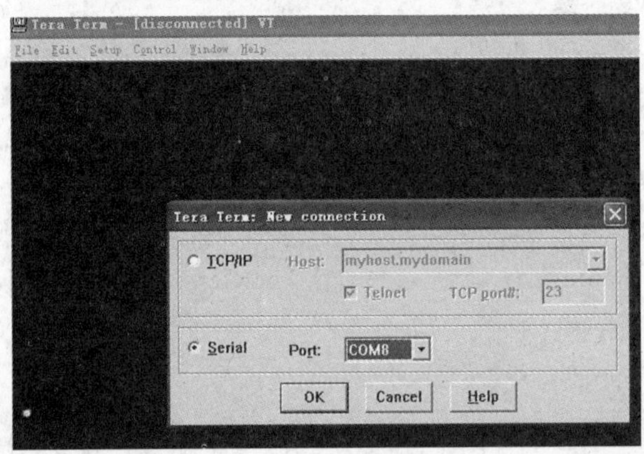

图5.57　设置端口

常的电视机会显示多项数据，如3D43A5000Ir 产品，屏幕显示的打印信息的最后项显示为下面列出的一串字母，它表明整机程序运行基本正常，也就是系统所有电路处于正常工作状态。

```
[xh_drv] get DRV_CUSTOM_CUST_SPEC_TYPE_PRODUCT_NAME_STR
3D43A5000i
```

如果打印信息显示为下面列举的一些信息，表示整机的DDR电路有故障，此时应围绕DDR电路进行故障排查。

错误故障1：

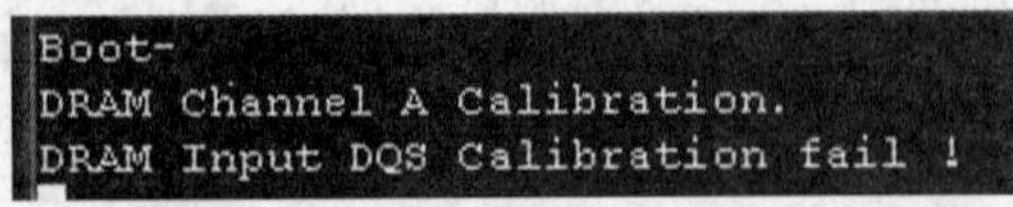

此打印信息表明，系统boot引导正常，问题发生在DRAM即DDR电路中，且在DQS通道上，这时维修人员针对DDR周围电路进行排查，故应能排除故障。

错误故障2、RD3（UD1）：

```
[xh_drv] get DRV_CUSTOM_CUST_SPEC_TYPE_SW_VERSION_INFO_STR =PM38-V1.00010-F2.31-
Pv1.1-A008-T8$

[xh_drv] get DRV_CUSTOM_CUST_SPEC_TYPE_GET_CURRENT_PANEL_IS_3D 1

[xh_drv] get DRV_CUSTOM_CUST_SPEC_TYPE_DTV_ATV_SEL 1

[xh_drv] get DRV_CUSTOM_CUST_SPEC_TYPE_NETWORK_DATA_ADDRESS adr = 0x c00  size =
 160

[xh_drv] get DRV_CUSTOM_CUST_SPEC_TYPE_BARCODE_STR NO PID
```

正常运行应显示：

[xh_drv] get DRV_CUSTOM_CUST_SPEC_TYPE_SW_VERSION_INFO_STR =PM38-V1.00010-F2.31-Pv1.1-A008-T8$

[xh_drv] get DRV_CUSTOM_CUST_SPEC_TYPE_GET_CURRENT_PANEL_IS_3D 1（表明使用3D屏）

[xh_drv] get DRV_CUSTOM_CUST_SPEC_TYPE_DTV_ATV_SEL 1

[xh_drv] get DRV_CUSTOM_CUST_SPEC_TYPE_NETWORK_DATA_ADDRESS adr = 0x c00 size =

160

[xh_drv] get DRV_CUSTOM_CUST_SPEC_TYPE_BARCODE_STR NO PID

Boot-

/sbin/sh: Boot-: not found （boot未检测到）

/ # DRAM Channel A Calibration. DRAM A检测

/sbin/sh: DRAM: not found 未发现

/ # HW Byte 0 : DQS（21 ~ 49）, Size 29, Set 32, HW_Set 39.

显示上述打印软件信息，表明故障出在DDR变频电路，如图5.58所示。

通过检查是PM38机芯产品变频电路中RD3变质引起。

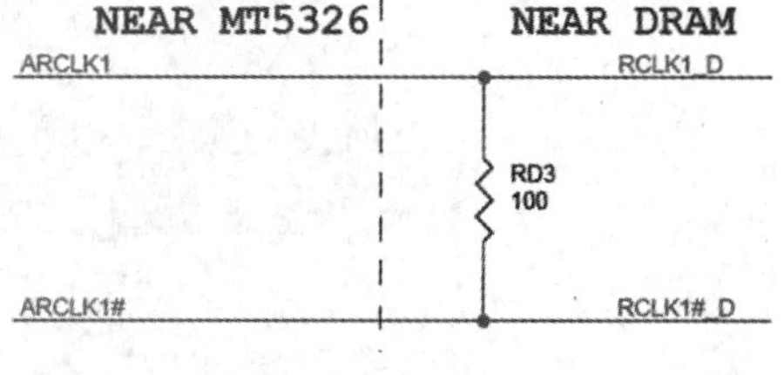

图5.58 DDR变频电路

5.2.2 MST系列芯片

MST系列芯片生产的整机要使用SecureCRTV 5.1.0 Build263绿色汉化版的软件，使用MST芯片升级工装进行升级。

1. 连接好升级工具与电脑、电视机的连接线（见图5.59）

2. 安装打印软件

① 点击安装“SecureCRTV5.1.0 Build263绿色汉化版”进行注册，并安装，最后显示如图5.60所示。

② 点击协议，选择serial，并点击连接，出现图5.61所示界面，设置正确的COM。

③ 拔掉主板供电再通电，如果机芯工作正常，此时会显示许多打印信息，如图5.62所示。

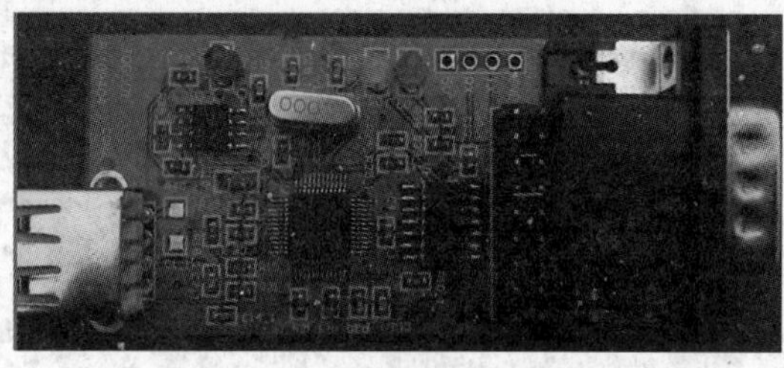

图5.59 连接好升级工具

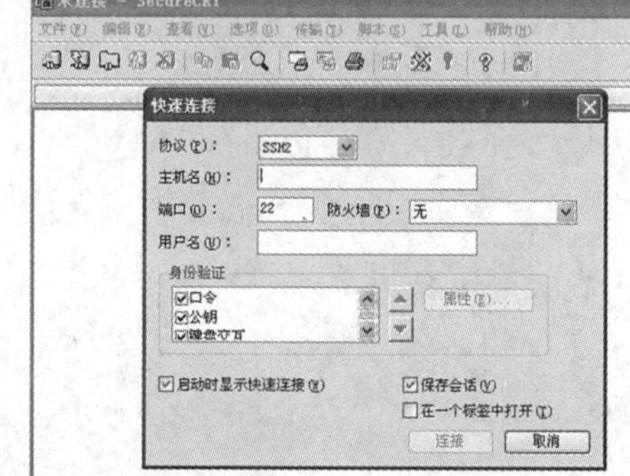

图5.60 安装打印软件

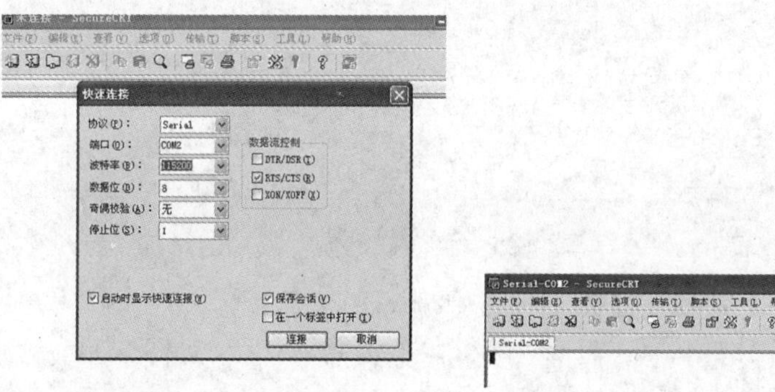

图5.61 设置端口

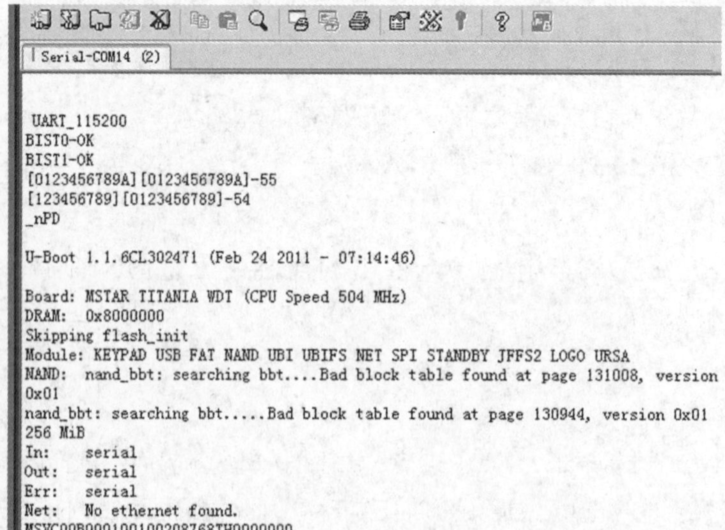
```
Serial-COM14 (2)

 UART_115200
BIST0-OK
BIST1-OK
[0123456789A][0123456789A]-55
[123456789][0123456789]-54
_nPD

U-Boot 1.1.6CL302471 (Feb 24 2011 - 07:14:46)

Board: MSTAR TITANIA WDT (CPU Speed 504 MHz)
DRAM:  0x8000000
Skipping flash_init
Module: KEYPAD USB FAT NAND UBI UBIFS NET SPI STANDBY JFFS2 LOGO URSA
NAND:  nand_bbt: searching bbt....Bad block table found at page 131008, version
0x01
nand_bbt: searching bbt.....Bad block table found at page 130944, version 0x01
256 MiB
In:    serial
Out:   serial
Err:   serial
Net:   No ethernet found.
MSVC00B000100100208768TH0000000
```

图5.62 显示打印信息

下面介绍如何利用打印信息排查故障（长虹LS30机芯，属于MST芯片）。

● unknown Flash。图5.63显示的数据表明，NAND Flash（U75）有故障，整机出现指示灯亮，但无法开机故障。

```
UART_115200
BIST0-UART_115200
BIST0-OK
BIST1-OK
[0123456789A][0123456789A]-55
[123456789][012345678]-54
_nPD
U-Boot 1.1.6CL302471 (Feb 24 2011 - 07:14:46)  BOOT引导程序制造时间
Board: MSTAR TITANIA WDT (CPU Speed 504 MHz)台湾MST芯片
DRAM:  0x8000000
Skipping flash_init  FLASH初始化
Module: KEYPAD USB FAT NAND UBI UBIFS NET SPI STANDBY JFFS2 LOGO URSA
NAND:  Job End Time out   NAND FLASH运行超时
unknown FLASH         未找到FLASH
```

图5.63 NAND Flash （U75）有故障

● 显示图5.64所示信息时通常是DDR2电路出了故障，整机无开机动作，此故障系1.8V供电引起。

● 显示图5.65所示信息，没有其他打印信息，此情况仍表明DDR2电路有故障，经检查系R135引起。

```
UART_115200
BIST0-FAIL
BIST1-FAIL
[][]-33
[][]-33
```

图5.64 DDR2电路故障一

```
UART_115200
BIST0-OK
BIST1-OK
[0123456789A][0123456789A]-55
[123456789][0123456789]-54
_nPD
```

图5.65 DDR电路故障二

● 显示图5.66所示信息，此情况表明U40时钟主芯片、U75工作正常，此时能进入待机状态，二次开机后又返回到待机状态。经检查是因为 U15外部的RP26电阻连焊了。

● 显示图5.67所示信息，此情况表明U14有故障，经检查系RP13电阻连焊，出现此情况不能开机，只能待机。

```
reg_PHY_ID=1c
  UART_115200c phy
BIST0-OK
BIST1-FAIL
[0123456789A][0123456789A]-55
[][]-33
_nPD
直到显示
Wait for PM51 standby...........PM51 run ok...........
==== Enter Standby Mode !! ====
```

图5.66 RP26电阻连焊

```
UART_115200
BIST0-OK
BIST1-OK
[0123456789][]-43
[123456789][0123456789]-54
```

图5.67 RP13电阻连焊

● 显示图5.68所示信息，表示U14（DDR）中的 RP20有故障。

● 显示图5.69所示信息，表示U14中的RP15出了故障，不会有开机动作。

```
UART_115200
BIST0-OK
BIST1-OK
[][0123456789A]-35
[123456789][012345678]-54
```

图5.68 RP20故障

```
UART_115200
BIST0-FAIL
BIST1-OK
[][]-33
[123456789][0123456789]-54
```

图5.69 RP15故障

- 长虹3D50738iV指示灯亮，二次不开机。

检修过程：指示灯亮，可以判断电源提供给主板CPU的+5V电压基本正常，引起二次不开机的原因有主芯片U1（MST6I48）本身故障；Flash存储器U02（MX25L1605）本身故障；DDR存储器U06/U07（K4T1G164QE）本身故障；主芯片、Flash、DDR工作电压及它们间连接的电路故障；主芯片U1内部CPU工作的条件（工作电压、振荡、复位、总线等）故障。为了准确判断故障部位，首先连接MST 升级工装开机读取打印信息，具体如下：

```
UART_115200
BIST0-OK
BIST1-OK
[123456789A][123456789A]-55
[123456789A][0123456789]-54
_nPD
U-Boot 1.1.6CL302471（Dec 10 2010 - 01:54:21）
Board: MSTAR TITANIA WDT（CPU Speed 504 MHz）
DRAM: 0x8000000
Skipping flash_init      →漏过FLASH  init程序
Module: KEYPAD USB FAT NAND UBI UBIFS NET SPI STANDBY
JFFS2 LOGO
NAND:
unknown FLASH     →未知的FLASH
```

从打印信息可以看出启动程序Mboot运行正常，DDR 自检正常，最后一排显示“unknown Flash”表示不能识别、未知的NAND Flash，说明Flash本身损坏、供电异常或与主芯片连接电路有问题，首先用万用表测量3.3V供电，正常，检测Flash存储器U02与主芯片U1传输数据的数据输入/输出、时钟等信号通路，未见异常，初步判断为Flash本身有故障，更换Flash存储器U02（电路见图5.70），试机，故障排除。

- 长虹3D42A3000iV（PM38机芯，属于MTK芯片系列）热机不定时自动停机，有时会自动重启，有时不能重启。

检修过程：工作一段时间后有时候能启动成功，有时启动不成功，引起该故障的原因较多，主芯片， Flash存储器，DDR本身，连接的电路及工作电压，主芯片内部CPU工作的条件，程序等均有可能引起，而且开机后要过一段时间才停机，用万用表也较难直

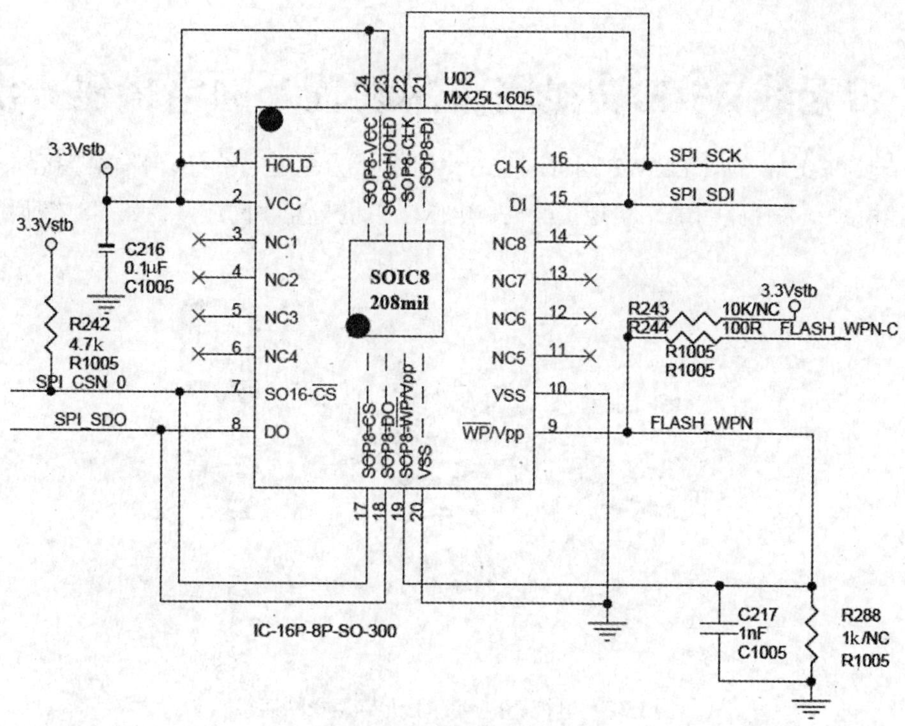

图5.70　Flash存储器电路

接测量出失效元件。先连接好工装，监控打印信息，出现故障时，信息如图5.71所示，根据错误信息判断故障在主芯片、DDR及主芯片与DDR通信的电路上。首先测量主芯片与DDR的工作电压、基准电压，发现MT5502的VREF电压为0.64V，正常情况下为0.76V，MT5502的VREF由1.52V通过RM79和RM80分压产生，两个电阻的阻值都为220Ω，断开CM70，测量RVREF电压仍然为0.64V，判断为主芯片不良。考虑到MT5502AADJ基准电压脚未短路，电压稍微低了点，试把RM79和RM80阻值更改为33Ω，通电测量VREF电压为0.75V，长时间试机，未见异常，故障排除。

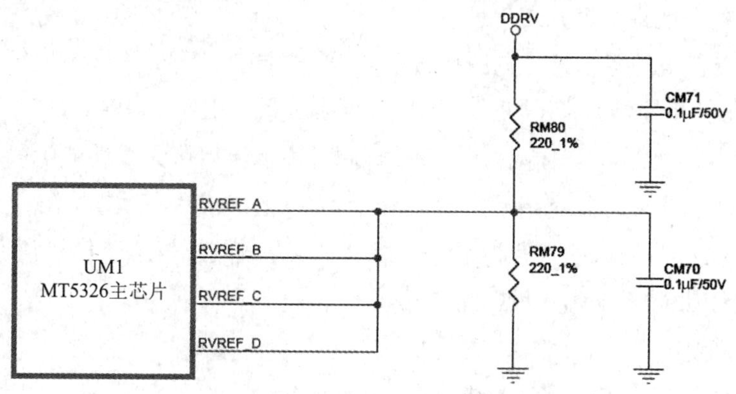

图5.71　出现故障时的打印信息

5.3 带无线Wi-Fi功能路由器设置及网络搭建方法

本节以TP-Link的（TL-WR340G+）54M路由器为例进行介绍。路由连接模式分有线、无线模式。采用路由器，实现了电视、电脑、手机与互联网连接，如图5.72所示。

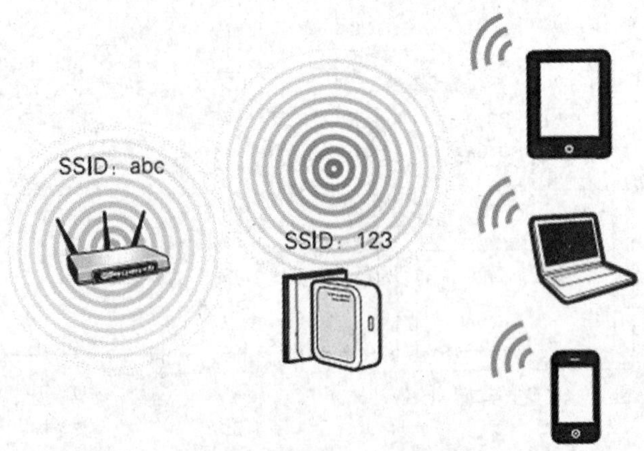

图5.72 电视、电脑、手机与互联网连接

1. 路由器面板功能介绍（见图5.73）

图5.73 路由器正面面板图片

（1）各功能指示灯介绍。

① PWR：电源指示灯（电源接通后指示灯常亮）。

② SYS：系统状态指示灯（指示灯闪烁表示系统工作正常）。

③ WLAN：无线状态指示灯（指示灯闪烁表示已启用无线功能）。

④ WAN：广域网状态指示灯（指示灯常亮或闪烁表示工作正常）。

⑤ 数字1~4：局域网状态指示灯（指示灯常亮或闪烁表示工作正常）。

（2）各功能接口说明（见图5.74）。

① 电源接口。

② LAN接口：连接到计算机或ITV电视。

③ WAN接口：用于连接到internet，可接ADSL、CABLE MODEM或小区宽带。

图5.74 路由器各功能接口

④ RESET接口：用于恢复出厂设置（路由器设置过网络连接，需要在异地重新使用的情况下，要对路由器进行复位操作，并重新设置路由器参数）。

2. 路由器的安装流程（见图5.75）

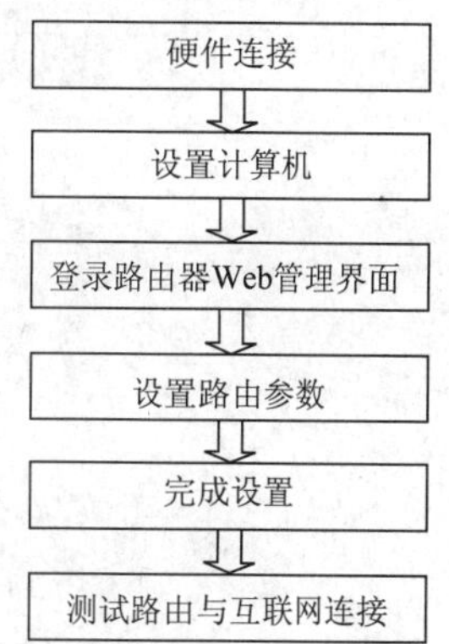

图5.75 路由器的安装流程

3. 路由器连接方式

一种是通过电话线、接ADSL来实现（见图5.76）。

另一种是直接接入局域网，如图5.77所示。

4. 登录路由器的Web管理界面

（1）电脑与路由器通过有线网线连接，打开电脑的IE浏览器，在地址栏中输入192.168.1.1，不同品牌路由器的地址有可能不同（此地址通常在路由器产品的后盖上有标识说明，还可具体参见路由器用户说明书），然后按回车键，如图5.78所示。

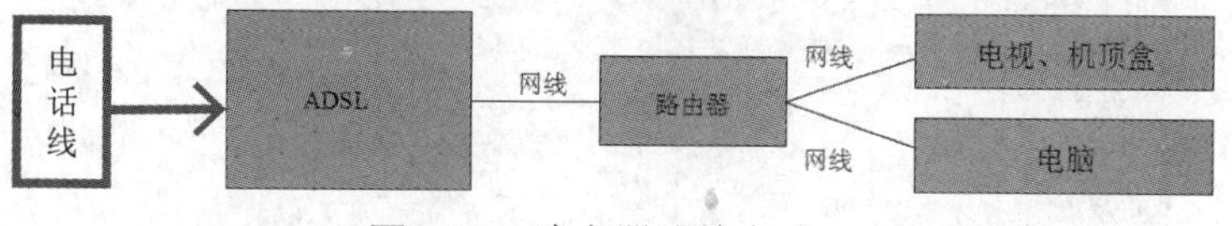

图5.76 路由器连接方式一

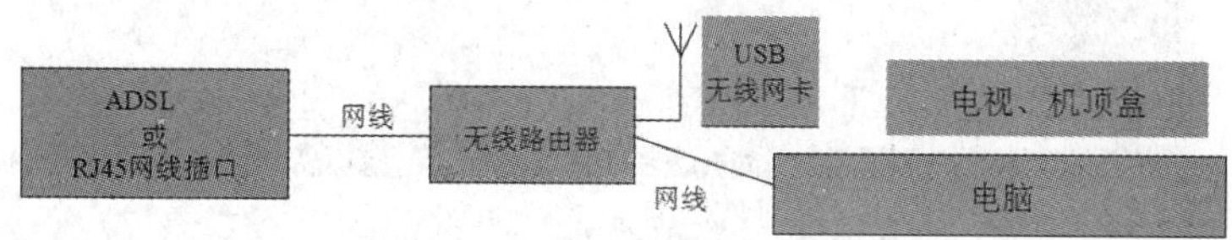

图5.77 路由器连接方式二

图5.78 输入路由器地址

（2）随后将弹出一个新的对话框，如图5.79所示，在对话框中输入路由器默认的用户名和密码（通常在路由器后盖上给出用户名和密码），按鼠标左键单击确定，进入路由器参数设置界面。

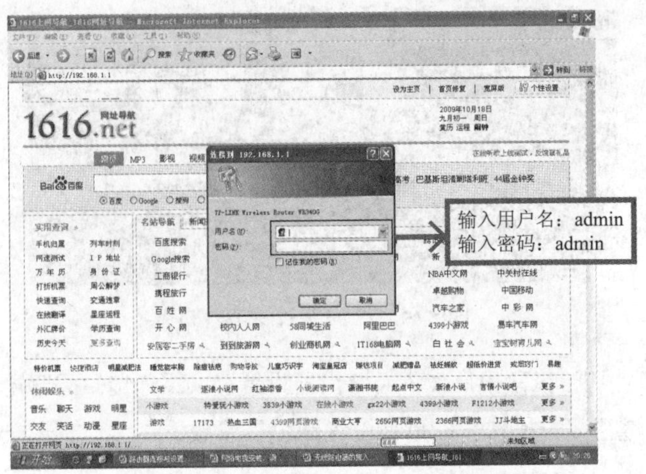

图5.79 输入路由器的用户名和密码

5. 设置路由器参数

（1）进入路由器参数设置界面后，将看到一个设置向导的对话框，如果没有弹出，请按左键单击页面侧栏设置向导，如图5.80所示，屏幕提示下一步，进入新的页面。

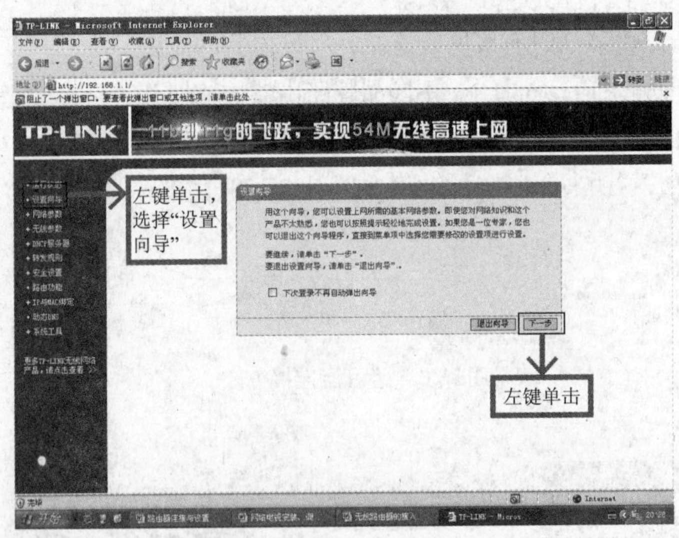

图5.80 路由器参数设置向导

（2）在新的页面，需要根据网络情况选择上网类型。选择使用ADSL虚拟拨号（PPP0E）、静态IP地址等，如图5.81所示。

6. ADSL虚拟拨号（PPP0E）

（1）按照前面介绍的方法进入路由器参数设置向导，再进入“路由器上网方式选择”页面，选中ADSL虚拟拨号，如图5.82所示。

（2）输入用户“上网账号及密码”。输入网络服务商提供的账号和密码，而非路由器的登录用户名和密码，单击下一步，如图5.83所示。

（3）在提示框中输入网络服务商提供给用户的固定IP地址（静态IP）、网关等参

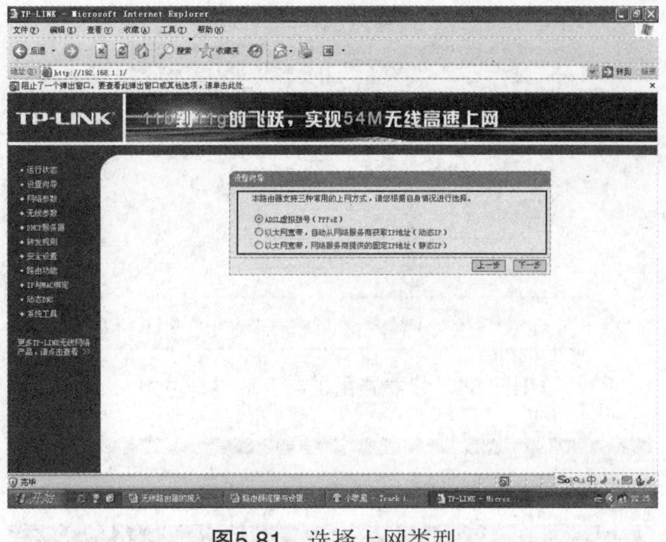

图5.81　选择上网类型

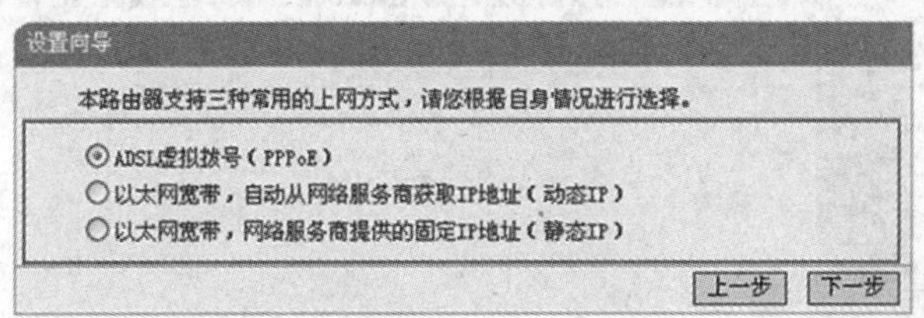

图5.82　ADSL虚拟拨号

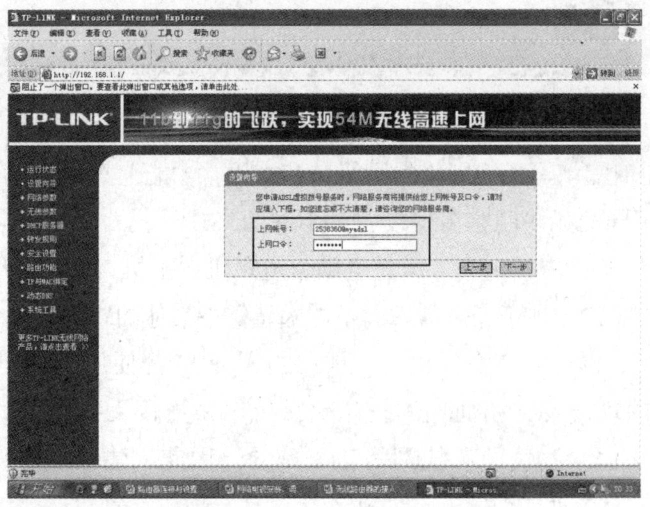

图5.83　输入上网账号及密码

数，建立起路由器与互联网的联系，如图5.84所示。

（4）下面将设置路由器无线网络的参数，如开启无线状态，SSID、信道、通信模式等设置，如图5.85所示。

① 无线网络状态：开启或关闭设备的无线功能，如果需要使用无线上网，此功能必须开启。

② SSID：用来区分不同的网络，此操作就是给路由器的无线广播网“取个名字”。

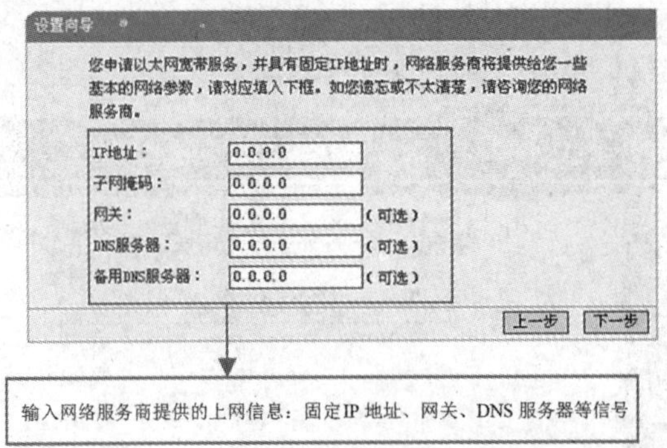

图5.84 建立路由器与互联网的联系

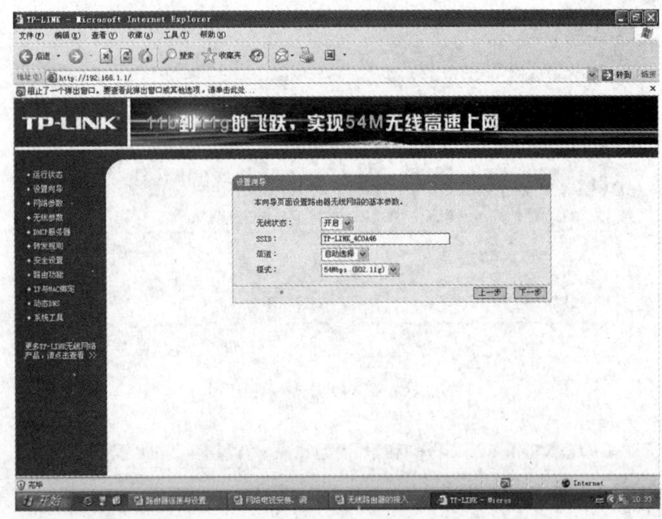

图5.85 设置路由器无线网络参数

用户登录无线网络时需填写无线网络的网络名和密码，才能上网。此网络的名称改写限制在32个字符内。不同的无线网路由器设置了不同的SSID，一个住房附近有许多无线路由器网络。SSID通常由AP广播出来，通过电脑、电视机、手机自带的无线扫描功能可以搜索到当前区域内的SSID。出于安全考虑，不能随意登录其他的Wi-Fi。

需要注意的是，同一生产商推出的无线路由器或AP都使用了相同的SSID，一旦那些企图非法连接的攻击者利用通用的初始化字符串来连接无线网络，就极易建立起一条非法的连接，从而给我们的无线网络带来威胁。因此，建议用户最好能够给自己的SSID命名取一些较有个性的名字。同时在安全设置选项中设置自己的Wi-Fi网络密锁。

③ 信道：设置路由器的无线信号频段，推荐使用11频段（见图5.86），不能使用12和13。如果使用12和13信道，有些电视机会根本搜索不到无线信号，台式机和笔记本的无线上网都正常，但电视不能接入网络。

④ 模式：设置路由器最大传输速率（或无线工作模式），11Mbps（IEEE 802.11b）的数据传输速率为11Mbps，54Mbps（IEEE 802.11b）的最大工作速率为54Mbps，向下兼容11Mbps。本款产品只有这两个选项，如果有多个选项建议选择最大工作速率，如图5.87所示。

（5）设置完成后，确认无误点击“完成”，如图5.88所示。

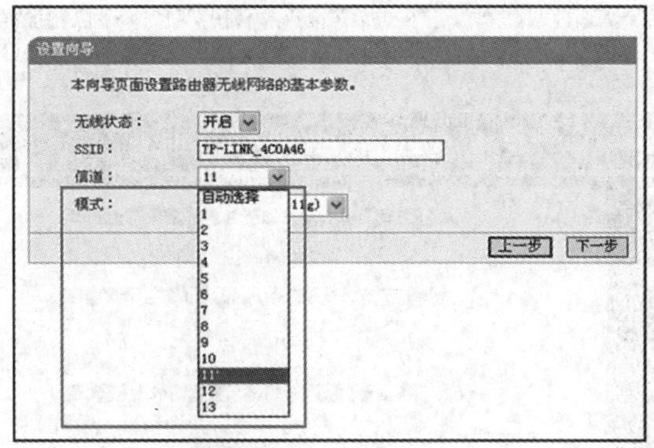

图5.86　设置信道

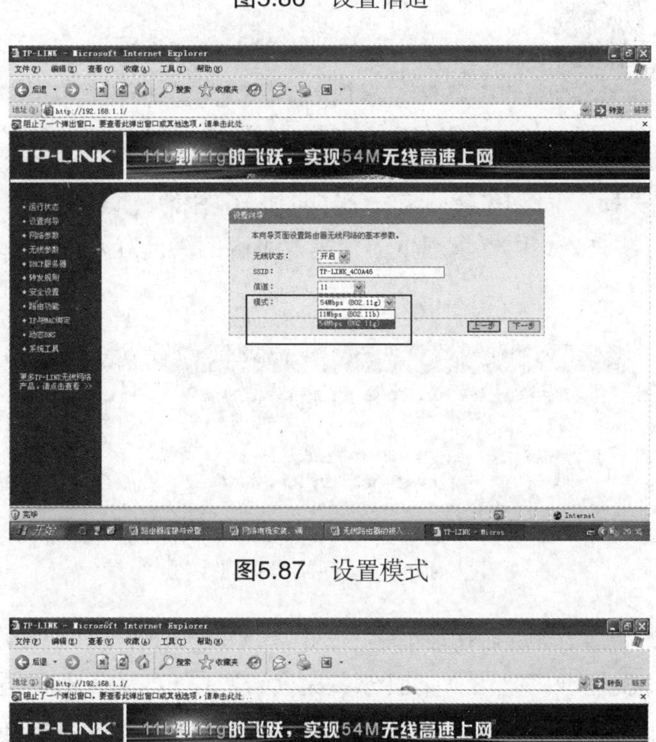

图5.87　设置模式

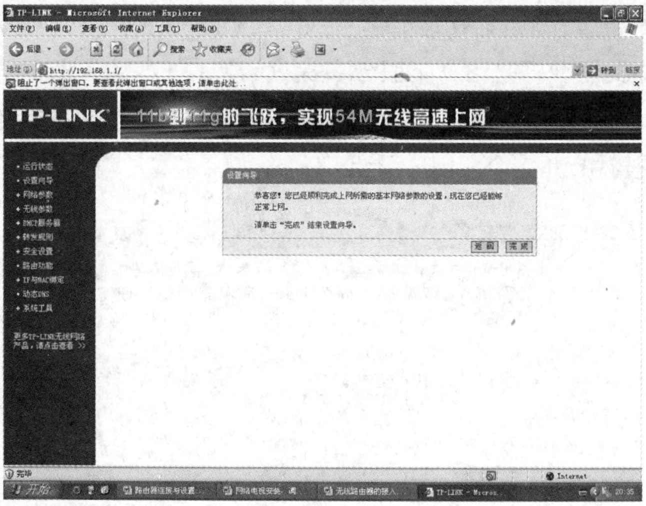

图5.88　完成设置

（6）测试互联网连接：按上述5个步骤操作后，在路由器的管理界面显示运行状态。WAN口状态中，路由器WAN口已成功获取了相应的IP地址、DNS服务器等信息，这表明路由器与互联网、电脑三者间已建立起了关系，已经能够正常上网了，如图5.89所示。

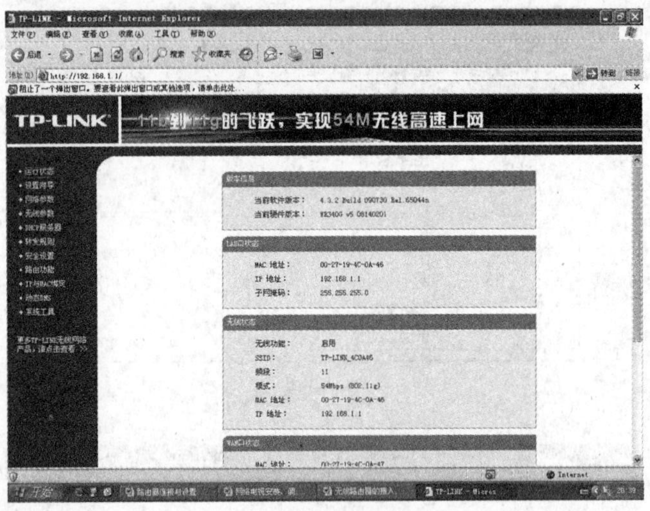

图5.89 测试互联网连接

7. 以太网宽带（小区网络）静态IP地址路由器的设置

按前述介绍方法进入路由器管理页面，进入小区网络设置路由器，即第3种方式，如图5.90所示。

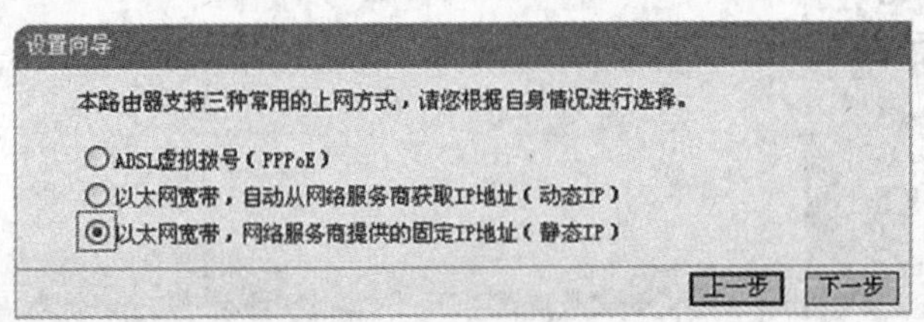

图5.90 小区网络设置路由器

点击“下一步”，出现静态IP地址输入窗口，如图5.91所示，将静态IP地址等数据填入对应输入框内（此组数据是由宽带服务商提供给用户的，如果用户遗失单据或忘记数据，可联系宽带服务商找回），点击“下一步”进入到设置无线网络、信道、传输速度等页面，此后的设置与ADSL完全相同。

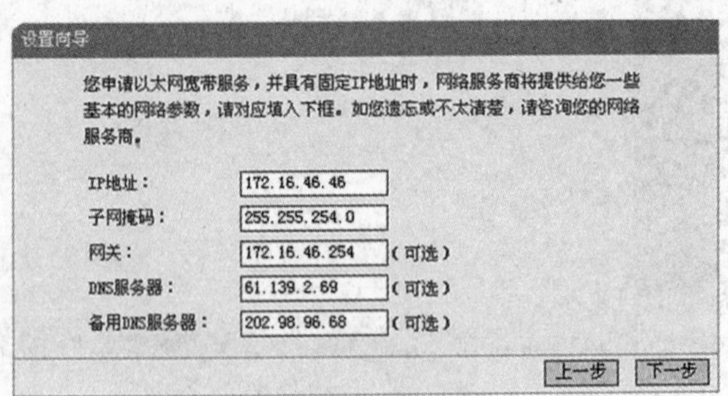

图5.91 静态IP地址输入窗口

8. 以太网动态IP地址路由器设置

（1）进入路由器的管理页面，选择“以太网宽带，自动从网络服务商获取IP地址

（动态IP）”，如图5.92所示，再点击“下一步”。

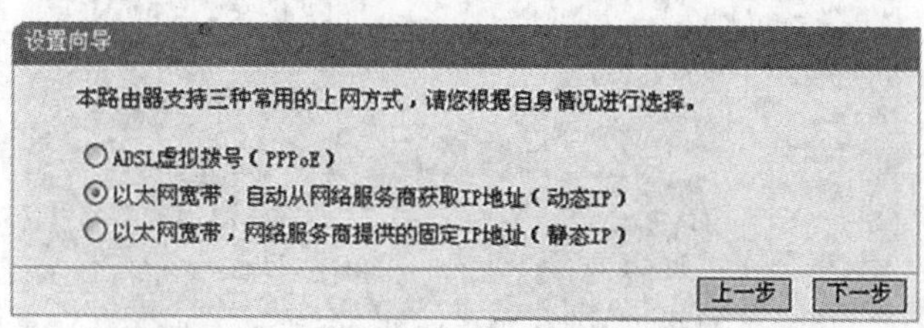

图5.92　以太网动态IP地址路由器设置

（2）进入图5.93所示页面后，设置无线网络相关参数，此处设置方法可参考ADSL，点击“下一步”，屏上显示图5.94所示画面，动态IP网络路由器设置已完成。

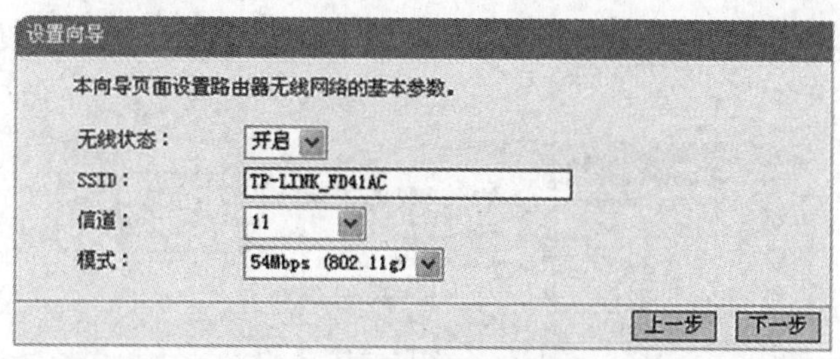

图5.93　设置无线网络相关参数

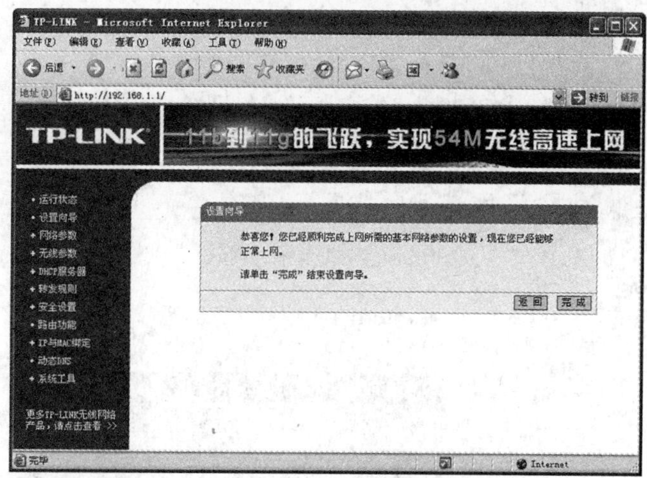

图5.94　动态IP网络路由器设置完成

9. 设置计算机网络参数

设置好路由器，就可设置电视机与路由器之间的连接网络通信协议。以Windows2000或Windows XP系统为例，请参照如下步骤设置计算机。

（1）自动获取IP地址的方法。

① 首先找到桌面上的网上邻居图标，鼠标右键单击，选择属性，如图5.95所示。

② 单击属性选项，弹出新的页面，在新页面中左键单击本地连接，选择属性，左键单击，如图5.96所示。

提示：也可以在“控制面板”—“网络和Internet连接”—“网络连接”中找到本地连接。

图5.95 网上邻居—属性

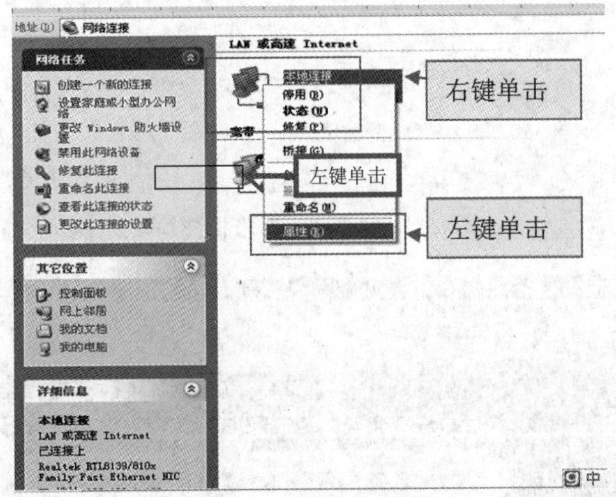

图5.96 本地连接—属性

③ 在随后出现的对话框中，选择Internet协议（TCP/IP），左键双击，如图5.97所示。

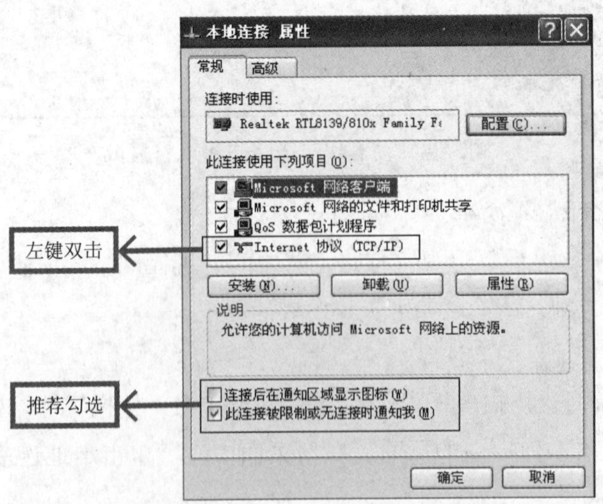

图5.97 Internet协议（TCP/IP）

④ 在弹出的新的对话框中选择自动获得IP地址，自动获得DNS服务器地址，如图5.98所示。

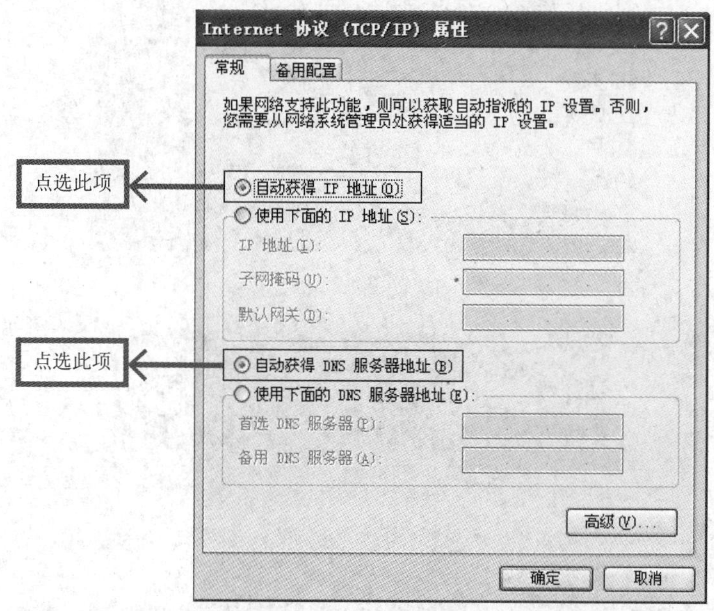

图5.98　自动获得IP地址/自动获得DNS服务器地址

⑤ 单击确定后，将退回到上一对话框，左键单击确定按钮。

（2）根据路由器分配的网络参数设置电视机。

用查看IP地址的方法查询路由器分配的IP地址等信息，当然也可以用网络商提供的IP地址等信息进行设置。

① 利用电脑查看路由器分配给电视、电脑的IP地址。方法是在电脑桌面上，点“开始”选择“运行”，出现图5.99所示画面。

② 在“运行”对话框里输入cmd后（见图5.100），回车，进入图5.101所示画面。

③ 在图5.101光标处输入ipconfig后回车，可出现图5.102、图5.103等结果页面。

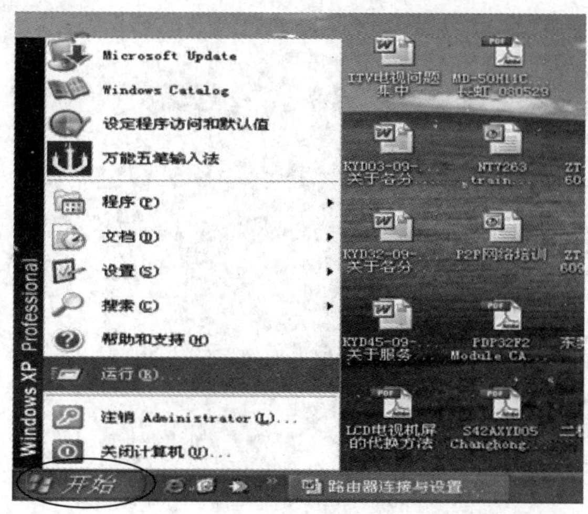

图5.99　开始—运行

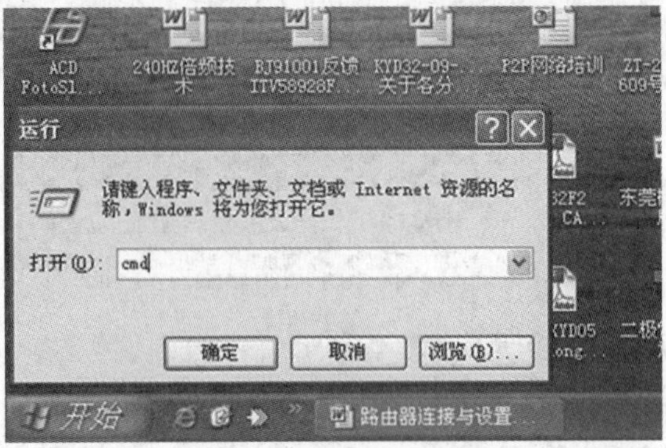

图5.100 输入cmd命令

图5.101 输入ipconfig命令

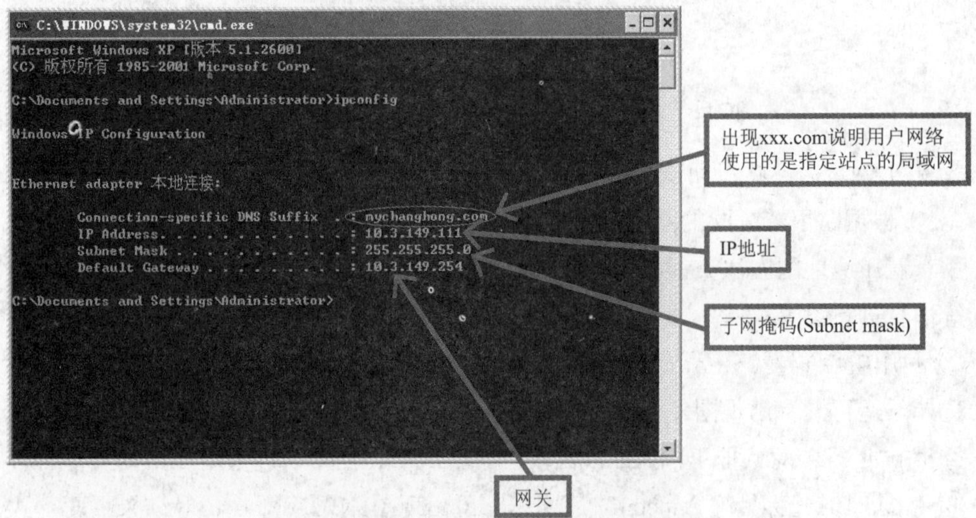

图5.102 路由器分配的参数一

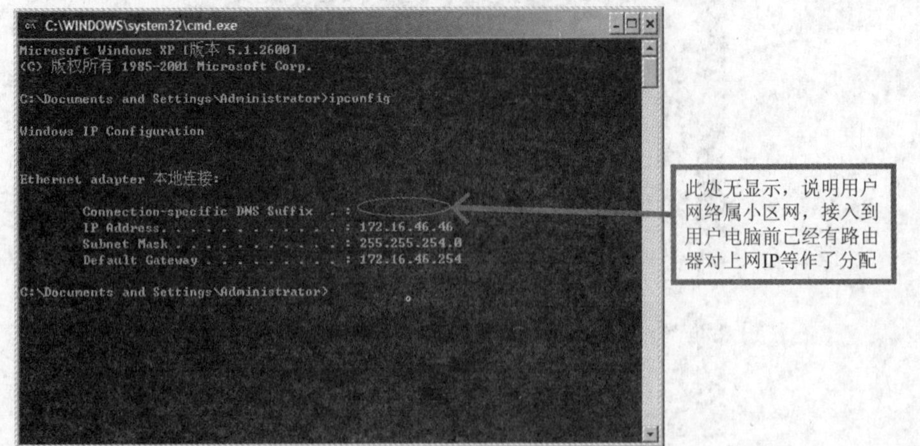

图5.103 路由器分配的参数二

（3）根据电脑查询的IP地址等信息，填入电脑的网络设置框内，电脑便能连上互联网了，如图5.104所示。

如果是电视机，要进入电视机的网络设置里选择有线或无线方式，如图5.105所示。如果是有线将进行IP地址等设置，详细设置方法在前述相关产品已有介绍，设置成功后，电视机便能通过路由器上网了。

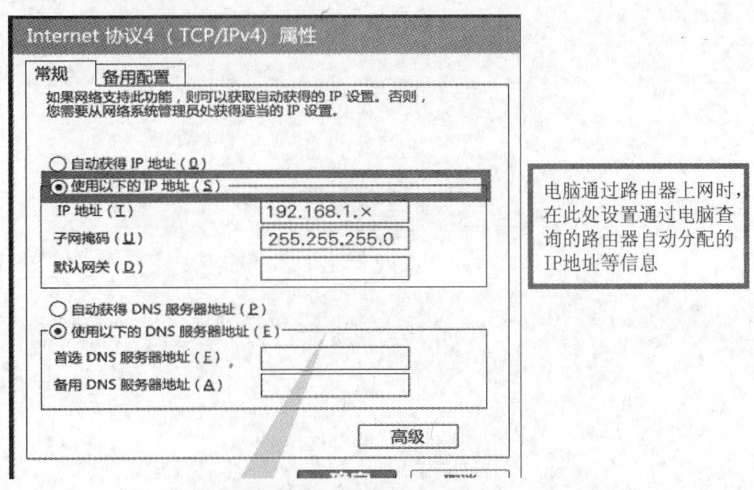

图5.104　电脑连上互联网

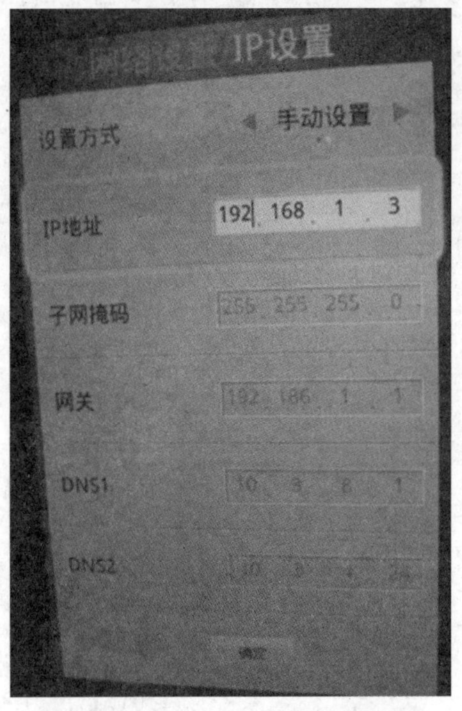

图5.105　电视机的网络设置

科学出版社

科龙图书读者意见反馈表

书　　名 ________________________________

个人资料

姓　　名：__________ 年　　龄：__________ 联系电话：__________

专　　业：__________ 学　　历：__________ 所从事行业：__________

通信地址：________________________________ 邮　　编：__________

E-mail：________________________________

宝贵意见

◆ 您能接受的此类图书的定价

20 元以内□　30 元以内□　50 元以内□　100 元以内□　均可接受□

◆ 您购本书的主要原因有(可多选)

学习参考□　教材□　业务需要□　其他 ______________

◆ 您认为本书需要改进的地方(或者您未来的需要)

____

____

◆ 您读过的好书(或者对您有帮助的图书)

____

____

◆ 您希望看到哪些方面的新图书

____

____

◆ 您对我社的其他建议

____

____

谢谢您关注本书！您的建议和意见将成为我们进一步提高工作的重要参考。我社承诺对读者信息予以保密，仅用于图书质量改进和向读者快递新书信息工作。对于已经购买我社图书并回执本“科龙图书读者意见反馈表”的读者，我们将为您建立服务档案，并定期给您发送我社的出版资讯或目录；同时将定期抽取幸运读者，赠送我社出版的新书。如果您发现本书的内容有个别错误或纰漏，烦请另附勘误表。

回执地址：北京市朝阳区华严北里 11 号楼 3 层

科学出版社东方科龙图文有限公司电工电子编辑部(收)

邮编：100029